Special Forces

Tom Clancy
John Gresham

Special Forces

Die Spezialeinheiten
der U. S. Army

Aus dem Amerikanischen
von Heinz-W. Hermes und Dirk Weimar

WILHELM HEYNE VERLAG
MÜNCHEN

Alle in diesem Buch dargelegten Ansichten und Meinungen geben die des Autors wieder und müssen nicht unbedingt mit denen anderer Personen oder Institutionen, Streitkräfte oder Regierungen irgendeines Landes übereinstimmen.

Umwelthinweis:
Dieses Buch wurde auf chlor- und säurefreiem Papier gedruckt.

Titel der amerikanischen Originalausgabe:
SPECIAL FORCES
A Guided Tour of U.S. Army Special Forces
Erschienen bei Berkley Books, New York

http://www.heyne.de
Redaktion: Dr. Ursel Schäfer, Tübingen
Satz: Leingärtner, Nabburg
Druck und Bindung: Clausen & Bosse, Leck
Printed in Germany 2002

ISBN 3-453-21264-9

Manche Projekte nehmen mehr Zeit in Anspruch als andere und manche Jahre erscheinen einem härter als andere. In den fast zwei Jahren, die über der Arbeit an diesem Buch ins Land gingen, haben wir viele hervorragende Menschen aus der Gemeinschaft der Special Forces kennen gelernt. Einige wurden zu wirklich guten Freunden. Doch neben den glücklichen Zeiten gab es auch dunkle Augenblicke. Es bedarf keiner besonderen Erwähnung, dass das, was die Profis der Special Forces leisten, höchst gefährlich ist. Immer wieder sind Opfer zu beklagen. Die Vereinigten Staaten von Amerika haben Soldaten der Special Forces verloren. An dieser Stelle wollen wir ihrer gedenken:

Specialist Ronald K. Fairchild 3. September 1998
Specialist Henry W. Lane 20. Oktober 1998
Specialist Evitt D. Thirrel 30. Dezember 1998
Chief Warrant Officer Thomas Brooks 9. Januar 1999
Master Sergeant Carl P. Dalton 17. Januar 1999
Specialist Roy B. Rogers 6. März 1999
Specialist Ralph K. Ingram 8. März 1999
Chief Warrant Officer Rohn E. Jolly 6. April 1999
Lieutenant Colonel Timothy A. Boyles 9. September 1999
Sergeant Eric T. Ellingson 9. September 1999
Command Sergeant Major Peter G. Bell 30. Oktober 1999
Master Sergeant Tony J. Sangueza 19. November 1999
Specialist Terry L. Pope 20. November 1999
Staff Sergeant Joseph Juponeic 15. Dezember 1999

Keiner dieser Verluste ging durch die Presse. Diese Männer starben so unauffällig, wie sich die Gemeinschaft verhält, der sie dienten, und die Kameradschaft, zu der sie gehörten. Sie akzeptierten ihr Schicksal in ihrem »speziellen« Beruf. Sie hatten nie einen anderen Wunsch, als ihre Chance zu bekommen und zu dienen. Diesen Männern ist das vorliegende Buch gewidmet: den Kämpfern mit dem Grünen Barett.

Inhalt

Danksagung

Dieses Buch ist genau wie die anderen Bücher der Reihe in Teamarbeit entstanden. Keinem Einzelnen fällt daher der ganze Ruhm zu – oder die ganze Blamage.

Niemandem im Team gebührt mehr Anerkennung als meinem langjährigen Partner und Rechercheur John D. Gresham. Auch diesmal reiste John wieder durch die Weltgeschichte, sprach mit Menschen, machte Fotos, aß Einsatzverpflegung, verbrachte kalte und schlaflose Nächte im Freien, kurzum, er kümmerte sich um all das, was dem Leser das Gefühl vermittelt, selbst dabei gewesen zu sein. Gleich danach muss ich die literarischen Kenntnisse von Tony Koltz hervorheben. Ohne seine ebenso ausdauernde wie leidenschaftliche Art und Weise, brillant mit Worten zu jonglieren, hätte dieses Buch niemals das Licht der Welt erblickt. Dann ist es einmal mehr an der Zeit, Professor Martin H. Greenberg dafür zu danken, dass er uns an seiner Weisheit, Umsicht und Erfahrung als Herausgeber dieser Reihe teilhaben ließ, und in diesem Zusammenhang geht unser herzlicher Dank auch an die Adresse von Larry Segriff und seine Mitarbeiter bei Tekno Books. Ein weiteres Mal verneigen wir uns in Dankbarkeit vor Laura DeNinno für ihre wundervollen Zeichnungen, die ein solcher Gewinn für das Buch sind. Das ist das Team, das an den Büchern dieser Serie gearbeitet hat, und ich hoffe sehr, dass es nicht unser letztes gemeinsames Projekt war. Ihr wart einfach großartig!

Kein Buch dieser Art ist ohne die Unterstützung durch hochrangige Militärs – solche, die sich bereits im Ruhestand befinden, ebenso wie aktive Offiziere in Spitzenpositionen – überhaupt möglich. Was das anging, waren wir einmal mehr in der glücklichen Lage, alle Unterstützung zu bekommen, die wir brauchten und die wir uns nur wünschen konnten. So gilt unser tiefster Dank zwei hochrangigen pensionierten Army-Offizieren: General Carl Stiner und Lieutenant General Bill Yarborough. Beide widmeten uns viel Zeit und halfen uns mit Rat und Tat. Wir stehen tief in ihrer Schuld. Im Büro des Vorsitzenden der Vereinigten Stabschefs (JCS) durften wir mit den Besten der Besten sprechen: General Henry Shelton, Colonel (und gleichzeitig Dr.) Petreaus, Captain Steve Petropelli und Carolyn Piper, die es schafften, unser immer wieder verschobenes Interview doch noch Wirklichkeit werden zu lassen. Beim Büro für Öffentlichkeitsarbeit der U.S. Army hatten wir das Vergnügen, erneut mit Colonel John Smith zusammenarbeiten zu dürfen. Natürlich dürfen wir dabei auch Lieutenant Colonel Ray Whitehead vom Magazin *Soldiers* nicht vergessen. Im Special Operations Command in Florida taten General Peter Schoomaker und sein Stab alles in ihrer Macht Stehende, um uns zu unterstützen. Es ist schön, wenn man Freunde hat.

In Fort Bragg, der Heimat der Army Special Forces, waren es Lieutenant General William P. Tangney, Major General William G. Boykin und die Major Generals Kenneth R. Bowra und John Scales, die uns die Türen ihrer Gemeinschaft für unsere Recherchen öffneten. Im JFK Special Warfare Center gewährte uns Colonel Remo Butler nicht nur Zeit, sondern auch Zugang zu seinem Kommandobereich, in dem die Soldaten der Special Forces geschmiedet werden. Und wir haben uns bei den Teams der Pressestelle des U.S. Army Special Command zu bedanken, die uns praktisch während des gesamten Projekts an der Hand geführt haben. Major Tom McCollum war immer für uns da und begleitete uns auf jedem Abstecher und bei jedem Besuch. Er erledigte seine Aufgabe auf eine Art und Weise, die einfach unbezahlbar ist. Ihn unterstützten Lieutenant Colonel Tom Rhinelander und Carol Jones, die darauf achteten, dass wir immer in der Spur und auf der sicheren Seite blieben.

Draußen im Feld lernten wir den wundervollen Stab von Fort Polk kennen, der sich bei unseren Besuchen am JRTC um uns kümmerte. Major Tom Costello und die unvergleichliche Paula Schlag betreiben dort Medienarbeit, wie sie in der gesamten Welt des Militärs von heute wohl einmalig ist. Sie lenken die Augen der Öffentlichkeit auf das beste militärische Ausbildungszentrum der Welt. Dessen Kommandierende Generäle, Brigadier General Sam Thompson und Brigadier General Charles Swannack jr., hießen uns ein ums andere Mal herzlich willkommen. Im SOT-D waren es Colonel Mike Rozsypal, Lieutenant Colonel John Smith und Major Tim Fitzgerald, die von Yuma bis Mississippi auf uns aufpassten. Schließlich gilt noch unser ganz besonderer Dank Major Bill Shaw und seiner reizenden Frau Mary Kay, die uns in ihrem Heim aufnahmen und verpflegten. Sie haben uns bei unserer Arbeit unterstützt und uns als Freunde willkommen geheißen.

Die eigentliche Story dieses Buches spielte sich aber bei den Special Forces Groups (SFGs) und Teams ab und zu keinem Zeitpunkt mangelte es uns an Material. Normalerweise würde jetzt eine lange Liste von jungen Männern und Frauen folgen, die uns halfen. Doch diesmal verzichten wir allein schon deshalb darauf, weil wir niemanden gefährden wollen. Operationen der Special Forces sind immer mit einem großen Risiko verbunden – man denke nur daran, dass zu dem Zeitpunkt, da dieses Buch gedruckt vorliegt, wahrscheinlich jeder von ihnen gerade auf einem Einsatz im Ausland ist oder sich auf einen solchen vorbereitet. Aus Gründen des Respekts und der Sicherheit haben wir es strikt vermieden, irgendwelche Namen (mit Ausnahme der bereits genannten) zu erwähnen. Das Gleiche gilt für die Fotos; auch da haben wir uns bemüht, Identitäten zu schützen. Unser ganz besonderer Dank gilt den Colonels Ed Phillips und James »Roy« Dunn sowie Lieutenant Colonel Joe Smith, die unsere ständige Anwesenheit und Fragerei geduldig über sich ergehen ließen. Und wir danken den Teams, die uns erlaubten, einen Blick auf ihre Einsätze, Missionen und ihr Leben zu werfen. Beim 1st, 3rd, 5th, 7th, 10th, 19th und 20th SFG gab es jede Menge Soldaten, die uns mit ins Feld und auf ihre Missionen nahmen. Ich hoffe, dass ich all ihre Geschichten richtig wiedergegeben habe, die sie uns so gut und anschaulich erzählt haben. Sie werden auch ohne Namensnennung wissen, wann von ihnen die Rede ist. Unser Dank geht auch an die wunderbaren Menschen vom 160th Special Operations Aviation Regiment (den »Nightstalkers«), die uns auf etliche aufregende Ausflüge mitnahmen. Weiterhin danken wir Colonel Marcos Rojas von der GAC FAC der Guardia Nacional und Colonel José Grant vom 170th SF Bataillon in Venezuela. In einem ganz schlimmen Teil unserer Erde arbeiten diese beiden Offiziere an einer langfristigen Lösung und wir dürfen sie zu unseren Freunden zählen. Schließlich danken wir noch all den Menschen, die uns auf Fahrten, Flüge, Sprünge, zum Schießen und zu Übungen mitgenommen haben. Sie haben uns Unwissende darüber aufgeklärt, wie die Dinge wirklich laufen.

Nun bleibt uns nur noch, all jene dankbar zu erwähnen, die uns in New York geholfen haben. Dies gilt besonders für Robert Gottlieb und Matt Bialer von der Agentur William Morris sowie für Robert Youdelman und Tom Mallon, die ein wachsames Auge auf die rechtlichen Details hatten. Bei Berkley Books gilt unser Dank dem Herausgeber der Reihe, Tom Colgan, sowie David Shanks.

Und natürlich wollen wir auch diesmal nicht vergessen, uns bei all unseren Freunden, Verwandten und Lebensgefährten – einmal mehr – für ihre Geduld zu bedanken. Nun sind wir endlich wieder zu Hause.

Vorwort

Präsident John F. Kennedy stand in dem Ruf, eine Leseratte zu sein. Zu Beginn seiner Amtszeit machte er sich auf Drängen von Roger Hilsman mit den revolutionären Schriften eines Che Guevara und eines Mao Zedong ebenso vertraut wie mit der Militärphilosophie des vietnamesischen Generals Vo Nguyen Giap, dessen Buch *People's War, People's Army* JFK einen Vorgeschmack vermittelte, was die Zukunft bringen würde. Hilsmans Empfehlungen kamen nicht von ungefähr, war er doch zu dieser Zeit Direktor des Nachrichtendienstes des Außenministeriums und außerdem OSS-Veteran aus dem Zweiten Weltkrieg mit eigenen Erfahrungen im Guerillakrieg. In Anbetracht der Informationen aus diesen und anderen Quellen gelangte Kennedy zu dem Schluss, dass die Bedrohung der Sicherheit der Vereinigten Staaten durch zwielichtige, heimliche und verdeckte, politisch motivierte militärische Aggression ein sehr ernstes Problem darstellte. Er befand weiterhin, dass in der turbulenten Welt der 60-er Jahre die Kräfte der Instabilität und Konflikte durch konventionelle Waffen und Taktiken nicht wirksam getroffen werden konnten. Kennedy war überzeugt, erforderlich sei

> *»... [eine] völlig neue Art von Strategie*
> *und eine durch und durch andere Art von*
> *Streitkraft und für diese wiederum eine*
> *völlig anders geartete Ausbildungsform.«*

Allerdings zeigten dann nur recht wenige Weggefährten des Präsidenten die Bereitschaft, seiner Beschäftigung mit unkonventioneller Kriegführung zu folgen, geschweige denn, dass sie zu den gleichen Schlussfolgerungen gelangten. Dieser Fehler sollte für die Vereinigten Staaten noch bittere Folgen haben.

Zu Beginn der 60er-Jahre war man sich im Oberkommando und in Stabskreisen in Amerika (einschließlich der Vereinigten Stabschefs) im Großen und Ganzen einig, dass an Ho Chi Minhs Krieg, der in Südostasien schwelte, nichts Besonderes war. Öffentliche Stellungnahmen sehr hochrangiger Offiziere der Army bagatellisierten die Vorstellung, der Guerillakrieg tangiere Amerika in irgendeiner Form oder könnte größere Probleme hervorrufen. Darüber hinaus bestritten sie, dass wie auch immer geartete Querverbindungen zwischen den politischen Auseinandersetzungen und den Aktionen des kommunistischen Militärs in Südostasien bestünden.

Wenn es nach dem überwiegenden Teil der hochrangigen militärischen Führer ging, reichten die Grundausbildung, Führung, Motivation, die Organisationsprinzipien, Taktiken und Strategien, mit denen Amerika in der Vergangenheit seine Kriege gewonnen hatte, nach wie vor aus, um mit jeder Art von Konflikt fertig zu werden. Für Indochina – und jedes andere Land, in dem ein Guerillakrieg tobte – waren sie jedenfalls angeblich mehr als ausreichend.

Schließlich erkannte der Präsident selbst und nicht sein militärischer Beraterkreis, dass die Frontlinie der Verteidigung gegen paramilitärische Aggressionen in den Herzen und Köpfen der bedrohten Bevölkerung verlaufen musste und nirgendwo sonst. Obwohl die Vereinigten General- und Admiralstabschefs sowie andere hochrangige Militärführer den Enthusiasmus des Präsidenten für die Entwicklung unkonventioneller militärischer Fähigkeiten keineswegs teilten, gab es doch in den Rängen der U.S. Army eine kleine Gruppe, bei der offensichtlich die Einstellung der OSS-Kämpfer weiterwirkte, die im Zweiten Weltkrieg hinter den feindlichen Linien operiert hatten. Diesen unkonventionellen Soldaten hatte man das Siegel *Special Forces* aufgedrückt.

Es war der Wunsch Präsident Kennedys, dass die Special Forces zu einem Elitekorps werden sollten, zu Experten für Guerillakriegführung und Guerillabekämpfung, und er machte diesen Wunsch den Vereinigten Stabschefs sehr nachdrücklich plausibel. Trotzdem ging es mit dem Prototyp für die Special Forces, die in Reaktion auf die Wünsche des Oberkommandierenden (und das ist in den USA nun einmal der Präsident) aufgestellt wurden, nur sehr langsam voran. Das hing mit der militärischen Tradition zusammen. Im Gegensatz zu den Armeen anderer Großmächte in Vergangenheit und Gegenwart hat die U.S. Army schon immer mit einigem Unbehagen auf das Konzept von militärischen Eliteorganisationen geblickt. Sowohl *Special Warfare* (Kommando-Sondereinsätze), wie auch *Special Forces* (die dazugehörigen Kommando-Sondereinsatzkräfte) waren Begriffe, bei denen sich den konventionellen Kräften die Nackenhaare sträubten.

So hielt die Army beispielsweise nicht viel von der Philosophie des großen Sun Tzu, der dargelegt hat, wie spezielle Männer und Einheiten gebildet werden können: »Wenn sämtliche Truppen zusammengeführt sind, wählt ein General aus jedem Lager nur die motiviertesten und tapfersten Offiziere aus, die sich durch Beweglichkeit und Stärke auszeichnen und deren kriegerische Leistungen über dem Durchschnitt liegen. Diese werden dann zu einem speziellen Korps zusammengefasst. Von zehn Männern kommt nur einer in Frage, von zehntausend lediglich tausend.«

Im Gegensatz dazu war das gewaltige Personalsystem der U.S. Army darauf ausgelegt, die Stärke zu erbringen, die eine mehr als 200 Millionen Menschen zählende Nation in Kriegszeiten erfordert. Dieses System wandte sich mit Abneigung bis regelrechter Feindseligkeit auf den Mikrokosmos der Special Forces, weil man von ihnen lediglich minimale Beiträge erwartete, was die konventionelle Kampfkraft anging. So besteht beispielsweise die kleinste Einheit bei den Special Forces, das Detachment A, gerade einmal aus zwei Offizieren, die zehn Soldaten (von denen jeder entweder Unteroffizier oder Mannschaftsdienstgrad mit Spezialausbildung ist) unter ihrem Kommando haben. Von diesen Männern erwartet die Führung der Special Forces *keineswegs*, dass sie gegen eine schwere Mot-Schützendivision antreten. Für sie gibt es andere, weit wertvollere Verwendungsmöglichkeiten. Der Punkt war einfach der, dass es keine Einheit vergleichbarer Größe gab, die mit auch nur annähernd vergleichbaren Fähigkeiten und Kenntnissen aufwarten konnte.

Sergeant Barry Sadlers berühmte »Ballade vom grünen Barett« beschreibt das sehr deutlich. Sergeant Sadler spricht die Argumente aus, weshalb etliche Mitglieder des Generalstabs der U.S. Army eine Erweiterung der Special Forces nicht gerne sahen oder rundheraus ablehnten:

> *Silberschwingen an der Brust. Das sind*
> *Männer, die besten Amerikas. Einhundert*
> *werden wir heute prüfen. Aber nur drei*
> *werden es erlangen, das Grüne Barett.*

Das erste Kapitel von Robin Moores Bestseller aus dem Jahre 1965 *The Green Berets* vermittelt einen Eindruck davon, wie hart der Weg zu den Special Forces ist. Moore zeigt, dass die Männer, die diese Ausbildung durchlaufen, sich über die technischen und militärischen Kenntnisse und körperliche Fitness hinaus in ihrem Charakter, Mut, ihrer Hingabebereitschaft, Integrität und ihrem Patriotismus von den »Allzweck«-Truppen unterscheiden. Diese Männer sind »Special« in jeder Hinsicht. Und genau das brachte die Green Berets immer wieder in Konflikte mit dem Rest der Army.

Das Kapitel Vietnam ist in der amerikanischen Militärgeschichte kein Ruhmesblatt in puncto Strategie, Taktik und Politik. Auf Schlachtfeldern, die nur sehr wenig an das erinnerten, was Amerikaner bis dahin zu Gesicht bekommen – oder erwartet – hatten, erwies sich der Rammbock massiver amerikanischer Feuerkraft als keine angemessene Antwort auf einen schwer fassbaren Gegner, der viel stärker verwundbar war durch die Waffen der politischen und psychologischen Kriegführung als durch Kugeln und Bajonette. Die Special Forces der Vereinigten Staaten von Amerika waren wahrscheinlich das einzige Element der amerikanischen Militärmacht in Vietnam, das die Kunst der Überzeugung erfolgreich einsetzte. Ihr Erfolg bestand darin, dass die Bevölkerung sich vom Vietcong abwandte und der nordvietnamesischen Armee Regionen verschlossen blieben – in den Köpfen der Menschen wie auch geografisches Territorium –, die sonst unter ihre Kontrolle geraten wären.

Mit der Zeit führte die intensive Berichterstattung der Medien über die humanitäre Seite der Einsätze von Special Forces zu Einladungen durch andere Länder – Länder, die sich bis dahin gegen die Präsenz der Soldaten mit den Grünen Baretten mit Händen und Füßen gewehrt hätten, weil deren einzige Fähigkeit scheinbar darin bestand, dass sie sich in der undurchsichtigen Guerilla-Kriegführung auskannten. Mit ihrem Dienst an Hunderten von Orten auf der ganzen Welt und in einigen der kompliziertesten politischen Umfelder, die man sich nur vorstellen kann, haben sie in einem Maße zum Erreichen der strategischen Ziele Amerikas beigetragen, wie das keine andere Kraft innerhalb der amerikanischen Streitkräfte hätte leisten können.

Präsident Kennedys Name wird für alle Zeiten mit der Geschichte und den Idealen der Special Forces der Vereinigten Staaten von Amerika verbunden bleiben – und auch mit dem Symbol, das sie mit solchem Stolz tragen, dem grünen Barett. Am 12. Oktober des Jahres 2001 sind genau 40 Jahre vergangen, seit eine Gruppe regulärer Soldaten der U.S. Army zum ersten Mal vor ihrem Oberkommandierenden antrat und dabei eine unverwechselbare Kopfbedeckung trug, die nie zuvor durch die U.S. Army genehmigt worden war und nun sogar den Segen des Präsidenten höchstpersönlich gefunden hatte. Damit war das *Green Beret* vom nicht genehmigten – sogar verbotenen – zum unverwechselbaren Kennzeichen des besonders sorgfältig ausgewählten und besonders gut ausgebildeten Kerns der amerikanischen Streitkräfte geworden.

Einer dieser Männer war Francis Ruddy, der aufgrund seiner überragenden Führungsqualitäten zum Command Sergeant Major des Special Warfare Center berufen wurde. Ruddy hat Maßstäbe für Verhalten und Leistung gesetzt, die für alle Zeiten mit seinem Namen verbunden sind.

Nach der Ermordung des Präsidenten schlug dann eben dieser Special Forces Command Sergeant Major Francis Ruddy vor, das Special Warfare Center in John F. Kennedy Special Warfare Center umzubenennen. Tief bewegt setzte Ruddy bei der Trauerfeier auf dem Heldenfriedhof Arlington als Zeichen seiner Hochachtung das kostbare grüne Barett ab und legte es ganz sanft auf das frische Grab seines ermordeten Präsidenten.

Seit diesen weit zurückliegenden Ereignissen haben die Special Forces der United States Army in jeglicher Hinsicht die Hoffnungen und Erwartungen Präsident Kennedys erfüllt.

In den Jahren, die ich persönlich im Bannkreis der Special Forces verbracht habe, bestand eine meiner größten Herausforderungen darin, den konventionellen Streitkräften die Welt der Special Forces nahe zu bringen. Obwohl ihre Wurzeln weit in die Geschichte Amerikas zurückreichen, war es doch schwer, das besondere Flair dieses Phänomens zu vermitteln.

Eine Möglichkeit, die ich recht schnell entdeckte, um meinen Kameraden vom Militär und den Tausenden von Besuchern und Bewerbern, die während meiner Dienstzeit von 1961 bis 1964 im Special Warfare Center zu Gast waren, einen Eindruck zu geben, bestand in der »Gabriel-Demonstration«, wie wir sie nannten (nach einem Helden der Special Forces aus dem Vietnamkrieg).

Bei einem »Gabriel« erzählen Soldaten der Special Forces in einer Umgebung, die der Situation eines Feldeinsatzes entspricht, mit ihrem Handwerkszeug an der Seite ihren Zuhörern, um was es in ihrer Ausbildung geht und was es mit den (zu meiner Zeit noch wenig bekannten) Detachments »A«, »B« und »C« auf sich hat.

Doch mag diese Art der direkten Information auch noch so wirkungsvoll sein, sie kann nur zum Teil alle Nuancen einer Philosophie erklären, die es sich zum Ziel gesetzt hat, paramilitärische Macht auf Ziele zu richten, die nicht immer durch den Beschuss und die Bewegungen konventioneller militärischer Verbände verwundbar sind.

Jetzt habe ich endlich ein Buch, das man all jenen in die Hand geben kann, die unsere Gemeinschaft besser verstehen möchten. Tom Clancys Führung durch die Welt unserer geliebten Special Forces dokumentiert in wirklich eindrucksvoller Weise die Besonderheiten und die Feinheiten, die das unkonventionelle Element unseres nationalen Verteidigungssystems ausmachen. Ich hoffe, dass der Leser dieses Buch ebenso genießen wird wie ich und dass er einige der Lektionen daraus ziehen wird, die ich ein Leben lang versucht habe, Menschen der verschiedensten gesellschaftlichen Schichten zu vermitteln, angefangen vom Präsidenten bis zur ganz normalen Hausfrau.

Lieutenant General William P. Yarborough,
U.S. Army (i. R.)
Southern Pines, North Carolina

Einführung

Ich habe mich immer für einen Menschen gehalten, der in militärischen Dingen gut informiert ist, denn schließlich habe ich fast die Hälfte meines Lebens damit zugebracht, die Streitkräfte dieser Welt zu studieren und über sie zu schreiben. Und dann stellte ich beim Eintauchen in die Welt der Sondereinsatzkräfte der U.S. Army (Special Forces) einigermaßen überrascht fest, dass ich ständig korrigiert und von mir bislang Unbekanntem überrascht wurde und noch einiges dazuzulernen hatte. Am meisten erstaunt hat mich, wie wenig ich tatsächlich über diese faszinierende Gemeinschaft und ihre Menschen wusste. Den ersten Fehler beging ich bereits bei der Titelwahl für dieses Buch. Ursprünglich sollte es *Snakeater* heißen, *Schlangenfresser,* weil das die alte Slangbezeichnung aus der Vietnam-Ära für die Special Forces ist. Was für einen *Riesenfehler* hätte ich da begangen! Wie sich allerdings herausstellte, war es nur der erste von vielen, die noch folgen sollten. Trotz einer viel längeren, bald fünf Generationen umfassenden Tradition mussten die SF-Soldaten hart daran arbeiten, ihren Ruf als rücksichtslose Kämpfer abzustreifen, der ihnen nach Vietnam anhaftete. Diesen Ruf hatten Schauspieler und Filme noch zusätzlich populärer gemacht, als ihnen lieb war. Der mit Abstand beste Film, der je über die Special Forces gedreht wurde, *The Green Berets* mit John Wayne in der Hauptrolle, ist im Grunde nichts anderes als ein Propagandafilm aus der Ära des Zweiten Weltkrieges – nur dass die Feinde Vietnamesen sind.[1]

Ungeachtet der Zuneigung, die ich persönlich für »Duke« Wayne hege, muss ich einräumen, dass die Darstellung der Army Special Forces in den Medien im Allgemeinen nur zusammengewürfelter Mist ist – und das war vielleicht der beste Grund, dieses Buch zu schreiben.

Die Realität der Special Forces ist weit entfernt von der öffentlichen Vorstellung einer Truppe harter Männer, die »anderen in den Hintern treten und keine Gefangenen machen«. Die SF-Soldaten sind heute wohl Amerikas professionellste und fähigste Kämpfer. Der mittlerweile üblichen Bezeichnung *Green Berets* ziehen sie den nüchternen Titel *Special Forces Soldiers* vor. Die meisten Mitglieder der SF-Gemeinschaft (auch im Jahre 2001 sind es ausschließlich Männer) verziehen gequält das Gesicht, wenn sie »Green Berets« hören. Trotzdem sind sie auf ihre berühmte Kopfbedeckung immer noch sehr stolz. Untereinander bezeichnen sie sich lieber

1 Trotz der unrealistischen Darstellung der Zustände in Vietnam ist der Film bei den Special Forces sehr beliebt. Nahezu jede Einheit wird im Einsatz wie bei den Übungen eine Kopie in ihrer Reise-Videothek mitführen. Den SF-Soldaten gefällt der »Duke« (John Wayne) und sie führen den Film gern ihren ausländischen Gastgebern vor.

als die »stillen Profis«, also mit einem Begriff, der weit besser den verdeckten und diskreten Charakter ihres Handwerks ausdrückt. Hätten sie die Wahl, würden SF-Soldaten es vorziehen, wenn überhaupt niemand ihre Arbeit bemerken oder am besten ihr Vorhandensein generell ignoriert würde. Ganz sicher liegt der Hauptgrund dafür in der irreführenden Weise, wie sie der Welt präsentiert wurden.

Als mir der Fehler bei der Titelwahl für dieses Buch zum ersten Mal vorgehalten wurde (und von solchen Vorhaltungen gab es etliche!), merkte ich, wie empfindlich die Männer der Special Forces gegenüber dem sind, was Journalisten und andere Medienleute über sie sagen und schreiben. Bedenkt man, dass ihnen nur allzu oft Verbrechen und Fehlverhalten zur Last gelegt wurden, mit denen sie wirklich nichts zu tun hatten, oder sie gar wegen politischer Entscheidungen und Richtlinien kritisiert wurden, auf deren Formulierung sie nicht den geringsten Einfluss hatten, kann man die Empfindlichkeit durchaus verstehen.

Die Angriffe, die vor einigen Jahren vielleicht den größten Zorn in der Truppe auslösten, kamen von CNN und dem Magazin *Time*. In dem später als »Operation Tailwind« (Operation Rückenwind) bekannt gewordenen Skandal bezichtigten *Time* und CNN SF-Angehörige, sie hätten in Kambodscha zu Anfang der 70er-Jahre chemische Waffen gegen fahnenflüchtige amerikanische Soldaten eingesetzt.[2] Zwar ergab die nachfolgende Untersuchung des Verteidigungsministeriums, dass die Geschichte von vorne bis hinten konstruiert war, doch zeigt allein die Tatsache, dass eine solche Story überhaupt aufkommen konnte, dass völlige Unkenntnis in Öffentlichkeit und Medien herrscht, was die Special Forces angeht. Jedem, der sich die Zeit nimmt, ihr Motto *De Oppresso Liber* (Von Unterdrückung befreien) zu überdenken, wird klar werden, dass ein solches Verbrechen angesichts der Werte und Standards eines *jeden* SF-Soldaten ausgeschlossen ist. Die Special Forces haben den wohl verdienten Ruf, Menschen zu retten, menschliches Leben und Menschenrechte zu schützen und gelten generell als Hüter der Freiheit, wo immer sie auftreten. Für einige SF-Soldaten wie den legendären Colonel Arthur »Bull« Simmons und Major Dick Meadows wurde dieser Kodex fast zu einer Besessenheit und trieb sie bis zum letzten Tag an. Diese beiden Männer sind vielleicht die am meisten geachteten Menschen, die Amerika je hervorgebracht hat – genauso geschätzt für ihre persönliche Moral und Ehre wie für ihre körperliche und mentale Stärke. Falls Sie es noch nicht bemerkt haben: Ich mag diese Jungs sehr. Und das hat nicht nur damit zu tun, dass sie zu einer militärischen Eliteeinheit gehören.

2 Es scheint, als hätten einige übereifrige Reporter und Produzenten von *Time* und CNN den Versuch unternommen, aus »Operation Tailwind« eine Story daraus zu konstruieren, die ihnen auf Kosten der Special Forces Publicity bringen sollte. Als die Wahrheit schließlich ans Licht kam, ging der Schuss gerechterweise gründlich nach hinten los. Sämtliche Betroffenen wurden zur Verantwortung gezogen und büßten zumindest ihren guten Ruf ein. Die Hauptverantwortlichen wurden rigoros gefeuert.

Von Anfang an beeindruckte mich an den Special Forces ihr Geschichtsbewusstsein, ihr Bewusstsein für das nationale Erbe. Obwohl sie offiziell erst im Jahre 1952 geschaffen wurden, reichen ihre Wurzeln ein gutes Jahrzehnt weiter in die Vergangenheit zurück, als sie Bestandteil des Office of Strategic Services (das OSS, Amerikas erster Nachrichten- [Geheim-] dienst) waren und gleichzeitig den American/Canadian 1st Special Service Forces (der berühmten Devil's Brigade) angehörten. Zufälligerweise sind sie damit unmittelbare Zeitgenossen der Fallschirmjäger der U.S. Army und der ersten amphibischen Operationen der amerikanischen Marineinfanterie[3] im Zweiten Weltkrieg. Ausgehend von einem kleinen Kader zumeist aus Osteuropa eingewanderter Soldaten bildeten die Special Forces 1952 einen Verband, der gerade einmal die Stärke eines Regiments besaß und den Auftrag hatte, den Guerillakrieg hinter die feindlichen Linien zu tragen. Diese Männer wurden noch als 10th Special Forces Group (SFG) bezeichnet und standen unter der Führung von Colonel Aaron Bank, einem ehemaligen Angehörigen des OSS im Zweiten Weltkrieg. Seitdem sind die Special Forces zunehmend zu Amerikas Augen und Ohren in weit vorgeschobener Position geworden und sie waren allem Anschein nach immer die ersten US-Truppen auf den Schauplätzen eines Krisengebiets.

Aber noch etwas gefällt mir an den Angehörigen der Special Forces: Sie sind keine Angeber. Eigentlich sind sie das genaue Gegenteil von Angebern. Begegnet man zum ersten Mal einem SF-Soldaten, ist es sehr wahrscheinlich, dass man ihn noch nicht einmal als solchen erkennt. Anders als die berühmten SEALs der Navy (Sea-Air-Land-Special Operations Personal) oder die Ranger der Army beeindrucken sie nicht notwendigerweise körperlich und sehen nicht auf den ersten Blick gefährlich aus. SF-Soldaten fehlen auch einige der mehr destruktiven beziehungsweise auf Konfrontation ausgerichteten Qualitäten anderer amerikanischer Special Operations Forces (SOF). Sollten Sie nach einem Sylvester Stallone oder Arnold Schwarzenegger suchen, gehen Sie besser nicht zu den Special Forces der Army. SF-Soldaten passen sich gerne ihrer Umgebung an und erfassen sie in aller Stille, um auf diese Weise die Menschen und die Situation zu verstehen. Dabei helfen ihnen hervorragende Sprachkenntnisse und ein profundes Wissen über die jeweilige Kultur. Dank einer entsprechenden Ausbildung haben sie die besten Voraussetzungen, anders als der normale, tollpatschige Amerikaner auftreten zu können. Darüber hinaus verfügen diese Männer über einen ausgeprägten Sinn für Proportionen, sie wissen immer genau, wie viel Gewalt und Nachdruck in einer

3 Das U.S. Marine Corps (USMC, die Marine-Infanterie der Vereinigten Staaten, kurz Marines genannt) wurde zwar schon 1775 aufgestellt, erhielt aber erst 1942 offiziell den Auftrag, amphibische Angriffe von See her auszuführen. Ungeachtet der Tatsache, dass amerikanische Marineinfanteristen schon seit 225 Jahren Angriffe und Operationen von See her durchführten, wurde ihre neue Aufgabe in der amphibischen Kriegführung der Vereinigten Staaten erst 1920 entwickelt und erstmalig während des Zweiten Weltkriegs zur Anwendung gebracht.

Situation anzuwenden sind und wann sie was zu tun haben. Allein ein Besuch mit ihnen in einem Einkaufszentrum am Persischen Golf demonstriert das eindrucksvoll.

Doch ihre vielleicht interessanteste Qualität – sicherlich auch eine, die sie Politikern so wertvoll macht – ist ihre Flexibilität im gesamten Spektrum der Kriegführung. In den vorangegangenen Bänden dieser Sachbuchreihe wurden dem Leser einige der vielseitigsten und wichtigsten Verbände des Militärs vorgestellt. Amerika und seine Alliierten können zu Recht stolz auf eine solche Ansammlung von Talenten und Fähigkeiten sein, wie sie diese Verbände repräsentieren. Gleichwohl verfügt nicht ein einziger der eher konventionellen Verbände, die in den früheren Bänden der Reihe beschrieben wurden, über vergleichbare Fähigkeiten und die Vielseitigkeit eines A-Teams der Special Forces. Das mag angesichts all der großartigen Dinge, die ich schon in den vorherigen Bänden geschrieben habe, ein wenig übertrieben klingen, aber seien Sie versichert: Wenn ich hier behaupte, die mir bekannten SF-Soldaten seien unter dem Strich die besten Soldaten Amerikas, dann ist das ganz gewiss nicht nur meine persönliche Ansicht. Ein einzelnes A-Team in einer Stärke von gerade einmal zwölf Mann kann heute noch eine medizinische und technische Ausbildung für Einheiten einer fremden Regierung durchführen und morgen schon bei der Evakuierung einer amerikanischen Botschaft helfen. Wer das nicht glauben mag, sollte sich einfach einmal mit den Jungs von der 3rd SFG unterhalten, die vor einigen Jahren dabei halfen, Sierra Leone zu evakuieren. Im Laufe nur eines einzigen Jahres ist ein solches Team in der Lage, einige Monate lang eine friedenssichernde Mission in Bosnien abzudecken und direkt im Anschluss ein paar Monate lang Offiziere des ehemaligen Warschauer Paktes auszubilden. Außerdem hat jede SFG einen speziellen Gefechtsauftrag zur Unterstützung der Interessen und Aufgaben von Kommandeuren in Regionen, die über den gesamten Globus verstreut sind. Dass man genau solche Männer als Erste vor Ort haben möchte, wenn es irgendwo Ärger gibt, steht außer Frage, und deshalb werden sie heute auch genau so eingesetzt. Im Grunde erhält man also einen gewaltigen Gegenwert für eine erstaunlich geringe Investition an Personal, Infrastruktur und Mitteln – und all diese Leistungen werden von einer Gemeinschaft erbracht, die gerade einmal 10 000 Mann stark ist und damit kleiner als eine einzige leichte Division der Army oder eine Brigade der Marineinfanterie. Ich für mein Teil bin überzeugt, dass ich eine anständige Gegenleistung für meine Steuergelder bekomme.

Nun würde ich allzu gerne einfach behaupten, ich hätte all dies schon gewusst, als ich damit begann, dieses Buch zu schreiben. Um bei der Wahrheit zu bleiben: So war es ganz und gar nicht. Die beiden Jahre, die ich mit Recherchen, Erkundigungen und dem Schreiben dieses Buches verbrachte, waren ein langer und oft mühseliger Weg um die ganze Welt und zu mir bislang unbekannten Orten. Offen gestanden, war dies nicht immer bequem und schon gar nicht angenehm. Ich musste vieles, was ich zu wissen glaubte, wieder vergessen und Wahrheiten neu erkennen und lernen, die mir manches Mal nur schwer zu akzeptieren schienen, obwohl sie mir direkt vor Augen lagen. Heute blicke ich mit einigem Stolz auf all das zurück, was in dieses Buch eingeflossen ist, und auch auf das, was letztendlich daraus wurde. Damit schließe ich meine Serie der »Besichtigungstouren« oder, wenn man so will, der »Rundgänge« durch die Streitkräfte ab und ich hoffe, dass man dieses Buch hier als das gelungenste der Serie schätzen wird. Eine Menge großartiger Menschen haben ihr Herzblut und ihre Seele daran gesetzt, dass ich alles richtig mache, und ich hoffe, dass man ihre Handschrift in dem erkennen wird, was ich auf den folgenden Seiten präsentiere. Wenn Sie dieses Buch lesen, denken Sie immer daran, dass es hier – anders als bei einigen anderen der Serie, die sich hauptsächlich auf Technik und Instrumente der Gefechtsführung konzentrierten – fast ausschließlich um Menschen geht. Und diese Menschen gehören meiner Meinung nach zu den besten Amerikanern, die jemals eine Uniform getragen haben: die Männer mit dem Grünen Barett.

Tom Clancy
Peregrine Cliff, Maryland
Juni 2000

Das Einmaleins der Special Forces

Soldaten, die aus dem Himmel herab kämpfen, furchtlose Männer, die springen und sterben. Männer, die meinen, was sie sagen: Das sind die tapferen Männer vom
Grünen Barett.
Silberschwingen an der Brust. Das sind Männer, die besten Amerikas. Einhundert werden wir heute prüfen. Aber nur drei werden es erlangen, das
Grüne Barett.
Ausgebildet, um von dem zu leben, was die Natur ihnen bietet, ausgebildet im Kampf Mann gegen Mann, Männer die am Tag kämpfen und bei Nacht, sie beziehen ihren Mut vom
Grünen Barett.
Zu Hause wartet eine junge Frau, ihren Mann mit dem Grünen Barett hat das Schicksal ereilt. Er starb für die Unterdrückten und hinterlässt ihr sein Vermächtnis:
Hefte die Silberschwingen an die Brust meines Sohnes und mache ihn zu einem der Besten Amerikas. Wenn er ein Mann ist, werden sie ihn prüfen. Und er soll es sich verdienen, das
Grüne Barett.

Staff Sergeant Barry Sadler, »Die Ballade vom Grünen Barett«

Für die meisten von uns sind sie die »Green Berets« – so wie in diesem Lied besungen. Aber einige – für gewöhnlich Verleumder – nennen sie auch *Snakeaters* (Schlangenfresser) nach dem Furcht erregenden Ruf, den sie sich im Vietnamkrieg erwarben. Sie selbst sehen sich als *Special Forces* (Spezialeinsatzkräfte) – oder ganz offiziell und genau formuliert, als die U.S. Army Special Forces. Das grüne Barett ist dabei für sie nichts weiter als eine nette Kopfbedeckung.

Die Vergangenheit der Special Forces ist bewegt und bunt und das spiegeln die Spitznamen wider, die sie erhalten haben. Tatsächlich kommt aber in der offiziellen Bezeichnung, die sie vorziehen, die anspruchsvolle und professionelle Gegenwart der Truppe am besten zum Ausdruck.

Organisatorisch gesehen, sind die Special Forces Teil einer relativ neuen Gruppierung innerhalb der amerikanischen Militärs, der so genannten Special Operations Forces (Sondereinsatzkräfte), abgekürzt SOF. Sie wurden nach dem Nunn-Cohen Amendment zum Goldwater-Nichols Reform Act[4]

4 Ergänzung zu einem Gesetz (Anm. d. Ü.)

Das Denkmal des Special-Forces-Soldaten in Fort Bragg, vor dem Hintergrund des Himmels von North Carolina. Es steht neben dem Hauptquartier des U.S. Army Special Operations Command und symbolisiert die Hingabe aller Profis der Special Forces von gestern, heute und morgen.
John D. Gresham

für die Verteidigung aus dem Jahr 1986 geschaffen und dem US Special Operations Command-SOCOM unterstellt, das auf der MacDill Air Force Base in der Nähe von Tampa, Florida, stationiert ist. Das SOCOM ist das jüngste der acht »unified« Commands[5], aus denen sich die Streitkräfte der Vereinigten Staaten heute zusammensetzen.

In der Praxis gibt es allerdings ganz erhebliche Unterschiede zwischen dem SOCOM und den anderen sieben verbundenen Kommandos. Diese Unterschiede werden im Folgenden Schritt für Schritt erläutert. Aber zuerst werfen wir einen Blick darauf, was die Special Forces tun.

Oder anders formuliert: Warum gibt es Special Forces?

Kriegführung hat viele Gesichter. Da ist einmal das offizielle Gesicht mit den großen stehenden Heeren, rigider Disziplin, formellen Uniformen und geordneten Schlachten (obwohl diese immer durch Chaos bedroht sind). Äußere Form und Disziplin scheinen hier die beste Versicherung gegen unvermeidliches Chaos zu sein.

Der Krieg hat aber auch ein weniger formelles Gesicht. Man kann es als Schattenkrieg, verdeckten Kampf oder auch als Guerillakrieg bezeichnen. Die Geschichte zeigt, dass es immer wieder kleine Gruppen von Kriegern gegeben hat, die ungewöhnliche und unkonventionelle Waffen, Taktiken

5 Unter einem Unified Command versteht man ein zusammengeführtes (ggf. auch teilstreitkraftverbundenes) Kommando, unter Umständen auch unter Einbeziehung anderer Nationen, die sich zu einer Koalition zusammengeschlossen haben. Der Begriff »Joint« hingegen beschreibt eine teilstreitkraftübergreifende Vereinigung, die sich nur auf das US-Militär bezieht, wie Joint Chiefs of Staff. (Anm. d. Ü.).

und Organisationsformen anwendeten, um größere und weitaus stärkere Streitkräfte zu bekämpfen und nicht selten auch zu besiegen. Solche Gruppen (die von den jeweiligen Gegnern natürlich als Banden bezeichnet werden) waren beispielsweise in der amerikanischen Revolution eine äußerst schlagkräftige Waffe und im Vietnamkrieg erwiesen sich Schattenkämpfer als eine ebenso schlagkräftige Waffe gegen die große und unflexible amerikanische Armee.

Ein ganz offensichtlicher Schwachpunkt der »normalen« Schattenkriegführung ist es, dass ihr ein enormes Potenzial an Gesetzlosigkeit innewohnt. Schattenkämpfer gehorchen nur selten den internationalen Gesetzen und Regeln der Kriegführung. So ist zum Beispiel die Unterscheidung zwischen Kombattanten und Nichtkombattanten für Schattenkämpfer normalerweise bedeutungslos. Folglich zögern sie meist nicht, auch Zivilpersonen und zivile Ziele anzugreifen, und häufig werden Zivilisten als menschliche Schutzschilde missbraucht. Schattenkrieg kann gemein, wild und frustrierend sein. Aber – wer sind denn die Bösen?

Krieg zu führen ist naturgemäß keine moralische Handlung. Trotzdem sind Amerikas SOF-Kämpfer bestrebt, so wenig wie möglich von moralischen Prinzipien abzuweichen. Mit anderen Worten: Ihr Ziel besteht nicht ausschließlich darin, die nützlichste, erfinderischste und gefährlichste Truppe auf diesem Planeten zu werden, sondern dabei wenigstens eine Annährung an Moral und Zivilisation in der am wenigsten moralischen und zivilisierten Form der Kriegführung zu erreichen ... und diese Haltung auch denen beizubringen, die es am dringendsten brauchen. Durch die Umsetzung ihrer überlegenen Ausbildung und der Kenntnisse über die Gefechtsführung in kleineren Einheiten, aber auch das Angebot von Anleitung und Führung, wollen sie jungen Nationen, die angegriffen werden (oder denen ein Angriff droht), die Werte und Ideale einpflanzen, die in einer zivilisierten Gesellschaft unerlässlich sind.

Keine leichte Aufgabe, denn es ist schwer vorstellbar, dass ein Che Guevara, Slobodan Milosevic oder die Taliban ihren irregulären Kämpfern Ethikunterricht erteilen.

Es sollte allerdings erwähnt werden, dass solche Missionen keineswegs die einzigen sind, die den Special Forces übertragen werden. Da sie relativ verdeckt beziehungsweise »diskret« operieren können und dabei kaum in Erscheinung treten, beweisen sich die amerikanischen SOF-Einheiten auch in vielen anderen Bereichen als äußerst nützlich. SOF sind eine *Präzisions*waffe mit großer Sensibilität, was die politischen Machtverhältnisse, die Kultur in einer Region, die Einsatzregeln und andere Dinge angeht. Deshalb sind sie bei vielen Arten von Einsätzen konventionellen Streitkräften einfach überlegen.

Im Vergleich zu ihrer Arbeit ist der Einsatz einer konventionellen militärischen Einheit wie beispielsweise eines Flugzeugträger-Gefechtsverbandes oder einer Luftlandebrigade ein für die Politik – und auch die Medien – herausragendes politisches Ereignis.

Anders als konventionelle Kräfte, die erst nutzbar werden, wenn eine internationale Krise bereits brodelt, haben die SOF-Einheiten im gesamten

Spektrum möglicher Konflikte ihren Wert – angefangen von der Erwartung, dass etwas passieren könnte (für das militärische Ausbildung und Unterstützung angeboten werden), bis hin zur »Nachsorge« (durch Unterstützung bei der Wahrung des Friedens in einer Nachkriegssituation). Kurzum, die SOF haben ihren Wert in nahezu jeder Lage, einschließlich des offenen Gefechtes, wo sie das amerikanische Militär durch Aufklärung in der Tiefe des Raumes und durch Bodenkampfgruppen unterstützen.

Kommen SOF-Einheiten als Erste zum Einsatz, geben sie den Politikern die Möglichkeit, ihre Ziele ohne großes Aufsehen zu erreichen und dabei nur eine Handvoll Leute und geringe Mengen an Material aufs Spiel zu setzen. Selbst wenn dann später eine umfangreichere konventionelle Reaktion erforderlich wird, bleibt diese Option immer noch verfügbar. Für Staatschefs jedenfalls sind solche Optionen und Fähigkeiten pures Gold wert.

Hält man sich all dies vor Augen, ist klar, warum das Budget und die Verantwortung für das SOCOM gewachsen sind – und das in einer Zeit, in der fast alle anderen militärischen Bereiche bis an die Schmerzgrenze beschnitten wurden. Und es wird auch klar, weshalb Einheiten wie die Special Forces der härtesten Dauerbelastung (OpTempo) im amerikanischen Militär unterliegen. Die Special Forces der Army verbringen zum Beispiel sechs von zwölf Monaten im Einsatz – »Downrange[6]«, wie sie es nennen.

Special Operations Forces: Was sind sie?

Was genau sind Special Operations Forces und was machen sie?

Auf einen kurzen Nenner gebracht, lautet die Antwort: Sie sind speziell ausgewählt, speziell ausgebildet, speziell ausgerüstet und erhalten spezielle Aufträge und entsprechende Unterstützung.

SOF sind das natürliche Ergebnis der modernen Militärdoktrin, die zielgenau einsetzbare Einheiten für ein breites Spektrum von genau umrissenen Rollen und Aufgaben erfordert. Durch die Aufstellung hervorragend ausgebildeter Einheiten für spezielle Missionen können besondere Probleme, die außerhalb der Fähigkeiten von Mehrzweckkräften liegen, durch kleinere und nur auf diese Aufgabe trainierte Teams bewältigt werden.

Allerdings hat das auch eine Schattenseite. Eliteeinheiten haben einen hohen Preis, nicht nur was die Kosten für die Aufstellung und die Unterhaltung angeht, sondern auch wegen ihres Einflusses auf die Struktur und die Einstellung anderer Einheiten. Wie immer wecken diejenigen, die den Mut haben, sich aus der Menge herauszuheben und die sich dabei auch noch auszeichnen, fast zwangsläufig Vorbehalte und Neidgefühle. In der

---

6 Es gibt keine hundertprozentige deutsche Entsprechung für »Downrange«. Eine ausführliche Erläuterung, was der Begriff bedeutet, findet sich im Glossar. Zur Vereinfachung verwenden wir den englischen Begriff. (Anm. d. Ü.)

Soldaten der Special Forces hängen unter einem Hubschrauber des Typs MH-60 *Blackhawk* vom 160th Special Operations Aviation Regiment. Special Forces sind Teil einer großen teilstreitkraftübergreifenden Gemeinschaft, die in jeden Winkel der Welt zum Einsatz kommen kann.

MAJOR MARK

hochgradig wettbewerbsorientierten Welt des Militärs ist das besonders ausgeprägt. Es erklärt zumindest teilweise, weshalb SOF bei ihren Waffenbrüdern in den konventionellen Streitkräften häufig alles andere als beliebt sind. SOF-Einheiten gelten nicht selten als »Schnorrer«, die wertvolles Personal und Mittel auf Kosten der »regulären« Einheiten an sich reißen. Außerdem bewegen sie sich ständig auf dem schmalen Grat zwischen der Freiheit, die sie benötigen, um den Gegebenheiten einer Situation entsprechend handeln zu können (von der höhere Kommandoebenen möglicherweise noch nicht einmal eine Ahnung haben), und der traditionellen Neigung, genau das zu tun, was sie wollen. Wie es die SF-Kommandeure von heute geschafft haben, die Unabhängigkeit, Kreativität und den Ideenreichtum zu bewahren, die SOF einfach brauchen, ohne dabei gleichzeitig die erforderliche Kommandoautorität aufzugeben, wird in einem späteren Kapitel dargelegt.

Es ist eigentlich auch nicht überraschend, wenn von Zeit zu Zeit so etwas wie ein offener Krieg zwischen der SF-Führung und den Generälen an der Spitze von – wie sie es nennen – »Mutter Armee« ausbricht. Selbst ein Jahrzehnt nachdem die SOF per Gesetz von den jeweiligen Teilstreitkräften abgenabelt wurden, bestehen die Animositäten fort. Allerdings haben beide Seiten immerhin wenigstens die Lautstärke in ihren Rhetorikduellen reduziert, und sie arbeiten wirklich hart daran, ihre Fähigkeiten zusammenzubringen – zum eigenen Nutzen genauso wie zum Nutzen ihres Landes.

Wie setzt sich nun eine SOF-Einheit zusammen? Zuerst einmal findet man dort, wo gekämpft wird, aus Gründen der körperlichen Ausstattung ausschließlich Männer. Im Prinzip beruht diese Einschränkung zwar auf den Bestimmungen von § 10 des U. S. Federal Code[7], in dem die Einheiten aufgeführt sind, in denen Frauen dienen dürfen, aber in der harten Realität würden tatsächlich nur sehr wenige Frauen die körperlichen Belastungen und Entbehrungen aushalten, die den Kämpfern auf Sondereinsätzen abverlangt werden. Das hat nichts mit männlichem Chauvinismus zu tun, sondern ist einfach eine Feststellung von Tatsachen. SOF-Kämpfer müssen – zu Fuß – schwere Lasten über große Entfernungen tragen können – und sie müssen dabei schnell sein.

Neben grundlegenden physischen Voraussetzungen gibt es aber auch noch weitere, vielleicht nicht ganz so offensichtliche Anforderungen:

Spezialeinsätze erfordern (paradoxerweise) eine breite Palette allgemeiner Fähigkeiten und Fertigkeiten. So sind Soldaten der Army Special Forces zum Beispiel sicherlich körperlich fit, aber eher ausgeglichen (wie ein Triathlet) als spezialisiert (wie Marathonläufer oder Gewichtheber). Man darf also keine Rambos in den Special Forces erwarten.

Bei den meisten Angehörigen handelt es sich um höhere Mannschaftsdienstgrade, die bereits über dreißig sind und mindestens zehn Dienstjahre hinter sich haben. Sie sind überdurchschnittlich intelligent, haben verschiedene Militärschulen besucht und sind ausgesprochen lese- und nachrichtensüchtig (immer mit einem Ohr am Radio oder einem Auge bei CNN). Meistens sind es sehr selbstständige Männer mit ausgezeichneten Fähigkeiten in Problembewältigung und überdurchschnittlicher sozialer Kompetenz. Alle beherrschen neben Englisch mindestens eine Fremdsprache (viele sprechen sogar mehrere). Von der Grundeinstellung her sind sie Optimisten, die auch dann noch Möglichkeiten erkennen, wenn andere schon bereit sind, aufzugeben und nach Hause zu gehen.

Trotz ihrer Intelligenz kommen nur recht wenige mit einem College-Abschluss zu den Special Forces (aber die noch keinen Abschluss haben, holen ihn für gewöhnlich nach).

Die meisten Männer sind geschieden (manchmal mehr als einmal). Junge Ehen halten die Belastung dauernder Trennungen nicht besonders gut aus (vor allem wenn noch die normalen Probleme der Jugend hinzukommen). Doch trotzdem ist ein Großteil der SF-Angehörigen verheiratet. In den Ehen, die Bestand haben, zeigen die Partnerinnen häufig dieselben Qualitäten wie ihre Ehemänner, was Unabhängigkeit, Intelligenz und Sorge für andere anbetrifft.

Abschließend sei bemerkt, dass die meisten SF-Soldaten in sich gekehrt und eher schüchtern sind und entspannt miteinander umgehen (die traditionellen Abzeichen und Auszeichnungen für Dienstgrad und Leistungen zählen unter den SF kaum etwas). Anders als in der übrigen (eher tradi-

---

7 § 10 des amerikanischen Federal Code legt die Anforderungen für Personal in den verschiedenen Arten militärischer Einheiten fest. Mit Stand 1999 schließt § 10 Frauen vom Dienst an der Waffe in Bodenkampfeinheiten der Infanterie aus – diese bilden aber den Kern der heutigen SOF-Kräfte.

tionellen) Armee, wo Offiziere und sonstige Dienstgrade außerhalb ihrer Einheiten kaum zusammen gesehen werden, finden SF-Soldaten aller Dienstgrade Freude am Umgang miteinander.

Genau genommen ist es sogar so, dass sie am liebsten unter sich sind. Es ist nicht leicht, in die SF-Familie aufgenommen zu werden, *ist* man jedoch einmal dabei, *bleibt* man auch dabei.

Wenn die Männer einmal für die Special Forces ausgewählt sind, werden sie zu Teams geformt, die sehr eng miteinander verbunden sind. Die Teams bestehen gewöhnlich aus etwa einem Dutzend Spezialisten, die intensiv und über einen langen Zeitraum hinweg gemeinsam trainieren. Dabei erlangt jedes Mitglied des Teams Kenntnisse zur Erledigung einer Vielzahl von Aufgaben.

SF-Einheiten sind keineswegs etwas ganz Neues. In der Geschichte finden sich immer wieder Berichte von Männern mit außerordentlicher Ausbildung und Hingabe, die unglaublich schwierige militärische Leistungen vollbracht haben. Man denke nur an die Spartaner bei den Thermopylen, an die Bogenschützen des britischen Königs Henry bei Agincourt oder an Stonewall Jacksons »Kavallerie zu Fuß« im Shenandoah-Tal, und schon kann man besser nachvollziehen, was gut geführte Eliteeinheiten zu leisten in der Lage sind.

Die Prinzipien moderner Spezialkräfte wurden erstmals im Laufe des Ersten Weltkriegs zur Anwendung gebracht. Im Frühjahr 1918 bildete das deutsche Militär vor der Westoffensive Sondereinheiten zur Infiltration aus. Nach einer vierjährigen Pattsituation im Stellungskrieg der Schützengräben suchten des Kaisers Generäle nach Möglichkeiten, durch die alliierten Linien hindurch in das offene Flandern einzubrechen. Dafür stellten sie besonders ausgebildete Gruppen auf, die als *Stoßtrupps* bezeichnet wurden. Sie hatten die Aufgabe, die Schützengräben der Alliierten zu infiltrieren und Breschen für die nachfolgenden Infanterieeinheiten zu schlagen. Die Strategie funktionierte so gut, dass in den alliierten Armeen zunächst einmal ein völliges Durcheinander entstand, bevor die deutsche Flut eingedämmt werden konnte.

Im Zweiten Weltkrieg wurden solche besonders ausgewählten und ausgebildeten Einheiten dann noch häufiger eingesetzt.

Hitlers Soldaten (er liebte seine Elitetruppen mehr als die Frauen) bildeten eine Vielzahl von Spezialeinheiten in Wehrmacht, SS, Luftwaffe und Kriegsmarine, einige erwiesen sich als außerordentlich erfolgreich. Die Angriffsgruppe unter Koch stürmte zum Beispiel in den ersten Kriegstagen in Belgien das Fort Eben-Emael und Hitlers wohl bedeutendster Kommandoführer, Otto Skorzeny, führte Teile der 7. Fallschirmjägerdivision von General Student an, mit denen er Benito Mussolini (nach dessen erstem Sturz) aus der Gefangenschaft in einer Bergfestung befreite. Gegen Ende des Krieges waren die Achsenmächte jedoch mit Spezialeinheiten derart hochgerüstet, dass sie im Streit um Ressourcen, Personal und Aufgaben im wahrsten Sinne des Wortes übereinander stolperten.

Die Alliierten brachten SOF-Einheiten viel besser koordiniert zum Einsatz, britische und amerikanische SOF leisteten einen erheblichen Beitrag zum späteren Sieg. Die Beispiele dafür reichen von den britischen Kommandos, die an der Atlantikküste ihre Einsätze durchführten, bis hin zu den amerikanischen Agenten des Office of Strategic Services (OSS), die in Burma Guerilla-Kämpfer der Eingeborenen gegen die Japaner unterstützten.[8]

Das OSS unter der Führung des legendären »Wild Bill« Donovan war eine zentrale Behörde, die nicht nur Dienststellen zur Sammlung und Auswertung von Geheimdienstmaterial unterhielt, sondern auch über die Mittel und Möglichkeiten verfügte, verdeckte paramilitärische und andere Operationen hinter den feindlichen Linien durchzuführen. Für diese Aufträge rekrutierte Donovan Amerikas Spitzenleute – gemessen an ihren physischen, mentalen und sogar spirituellen Fähigkeiten – als Bodentruppe. Er vertrat die Auffassung, dass die Ivy League Colleges die ideale Quelle für die Besten und Intelligentesten des Landes waren – von dort holte er sie. Obwohl er mit seinem Urteil durchaus umstritten war, wurden diese Rekruten nicht nur das Rückgrat des OSS, sondern bildeten später auch den Kern der Führungsriege in den Nachrichtendiensten der Nachkriegszeit.

Während die Deutschen immer neue Spezialeinheiten schufen, beließen es die Alliierten bei relativ wenigen und kleinen SOF-Einheiten. So blieb ihre wichtigste Eigenschaft erhalten, die sie gerade zu Spezialkräften machte: spezielle Menschen zu sein. In jedem Pool militärischer Rekruten gibt es immer nur eine kleine Gruppe von Menschen, die unter der Härte und den Anforderungen bestehen können, die von SOF-Einheiten gefordert werden. In der Regel sind es nicht mehr als ein oder zwei Prozent der Männer. Jeder Versuch, Personal, das nicht über die notwendigen Voraussetzungen verfügt, auf Gedeih und Verderb in SOF-Einheiten unterbringen zu wollen, ist zum Scheitern verurteilt.

Kurz gesagt: »Es kommt auf die Menschen an. Begreift es endlich!«

Wozu können nun solche Einheiten eingesetzt werden? Die Hauptmissionen der SOF lassen sich wie folgt zusammenfassen:

- **Counterproliferation (CP)** – Fast täglich berichten die Medien über die Gefahren der unkontrollierten Verbreitung von Massenvernichtungsmitteln (Weapons of Mass Destruction (WMD[9]). SOF-Kräfte sind aktiv daran beteiligt, den WMD-Erwerb durch so genannte »Schurkenstaaten« zu begrenzen. Ihre CP-Mission umfasst das Sammeln von nachrichtendienstlichen Erkenntnissen und deren Auswertung, Ortserkundungen und sogar den bewaffneten Schutz von Sonderpersonal (wie Diplomaten, Wissenschaftlern usw.). Hinzu kommen diplomatische

8 Ich sollte vielleicht nicht unerwähnt lassen, dass Douglas MacArthur nicht konventionelle Einheiten einschließlich des amerikanischen OSS und der britischen SOE, SAS und SBS ablehnte und alles tat, sie aus seinem Territorium herauszuhalten.

9 Der deutsche Begriff »Massenvernichtungsmittel« bezeichnet als Oberbegriff nukleare (atomare), chemische und biologische Waffen. (Anm. d. Ü.)

Soldaten der US Special Forces überwachen das Antiterror-Training von Angehörigen der venezolanischen Guardia Nacional. Eine derartige Ausbildung ist gegenwärtig ein wichtiger Bestandteil der Außenpolitik der Vereinigten Staaten.
Offizielles Foto der U. S. Army

Unterstützung, Waffenkontrollen und die Durchsetzung von Ein- und Ausfuhrkontrollen, was manchmal auch in Zusammenarbeit mit anderen Regierungen und Nachrichtendiensten von Verbündeten erfolgt. Des weiteren können SF-Soldaten auch den Auftrag erhalten, in die betreffenden Bereiche einzudringen und Anlagen zu zerstören, in denen WMDs entwickelt und produziert werden.

- **Combating Terrorism (CBT), Terrorismusbekämpfung** – ist nach wie vor eine ebenso wichtige wie kritische SOF-Mission, besonders da sich die Bedrohung durch Terroristen über die Kaperungen von Flugzeugen und Geiselnahmen bis hin zur Benutzung von Autobomben und Massenvernichtungsmitteln, um politische Signale zu setzen, weiterentwickelt hat. Die CBT-Missionen schließen nicht nur die Verhinderung und Bekämpfung von Terrorismus ein, sondern umfassen auch die Verfolgung und Lösung terroristischer Situationen.
- **Foreign Internal Defense (FID), Innere Sicherheit anderer Staaten** – Bei diesen Missionen organisieren, trainieren und beraten SOF-Kräfte die militärischen, paramilitärischen und nationalen Polizeikräfte befreundeter Länder. Die so ausgebildeten Einheiten können dann wiederum zum Schutz der Bevölkerung im jeweiligen Land eingesetzt werden oder sie kämpfen gegen Unterwanderung, Gesetzlosigkeit, Eindringlinge und Terrorismus.
- **Special Reconnaissance (SR), Spezial-(Fern-)Aufklärung** – Eine der traditionellen SOF-Aufgaben, die gewöhnlich verdeckt verfolgt wird. SR-Teams führen Aufklärungs- und Überwachungsmissionen zur

Ein Soldat der 7th Special Forces Group unterrichtet Soldaten der venezolanischen Guardia Nacional in Bodenkampf-Taktik und -Bewegung. Durch die Bereitstellung solcher Ausbildung wird die Qualität der alliierten Streitkräfte verbessert. Gleichzeitig wächst auch der US-amerikanische Einfluss in diesen Gebieten.

John D. Gresham

Unterstützung nationaler militärischer und anderer Regierungsdienststellen durch. Diese geheimen Aufträge leisten einen wesentlichen Beitrag zur nationalen Sicherheit.

- **Direct Action (DA), Direkte Aktion** – DA ist im Grunde nur ein freundlicheres Wort für Überfall. DAs werden als Operationen kurzer Dauer geplant und können entsprechend angepasst werden, um bestimmte Personen, Ausrüstung oder Einrichtungen in einem besonderen Bereich einzunehmen, gefangen zu nehmen, zu retten oder zu zerstören.
- **Psychological Operations (PSYOP), Psychologische Kriegführung** – Dies ist eine der subtilsten und effektivsten Missionen der SOF. PSYOPS sollen praktisch maßgeschneidert auf die jeweilige Lage die Einstellung der feindlichen Kombattanten und Nichtkombattanten sowie anderer Personen gegenüber den eigenen Truppen und Operationen positiv beeinflussen. PSYOPS bestehen aus unterschiedlichen Mischungen von Nachrichten, Unterhaltung, Information und Zwang. Richtig geplant und ausgeführt, wurden mit PSYOPS schon Regierungen gestürzt und Kriege gewonnen, ohne dass auch nur ein Schuss gefallen wäre.
- **Civil Affairs (CA), Zivile Angelegenheiten** – CA-Einsätze richten sich an die Zivilbevölkerung eines Bereiches, in dem eigene und alliierte militärische Kräfte operieren sollen. Hinter CA-Missionen steht die Absicht, die einheimische Bevölkerung zu gewinnen. Darum besteht dieser Auftrag zum Teil aus Aufklärung, etwas infrastruktureller Unterstützung, einer Menge Public Relations, abgerundet mit einem Quänt-

chen Schauspielerei. Gewöhnlich sind die CA-Einheiten aus Reservisten zusammengesetzt oder sie kommen von der National Guard. Die Fähigkeiten der Mitglieder von CA-Gruppen entsprechen dem, was sie im täglichen Leben auch tun – es handelt sich also überwiegend um Profis aus Öffentlichkeitsarbeit und Werbung, aber auch um Angehörige des öffentlichen Dienstes und Medienleute. Wenn sie richtig durchgeführt werden, wirken CA-Missionen als »Schmiermittel« für militärische Verbände, die sonst von der Zivilbevölkerung im Einsatzgebiet als störend empfunden würden.

- **Unconventional Warfare (UW), Unkonventionelle Kriegführung** – UW ist die Langzeitversion der FID-Mission (siehe S. 33), bei der SOF-Teams in die kämpfende Truppe integriert sind. Die gängigere Bezeichnung für dieses Einsatzprofil ist *Guerilla-Kriegführung*.
- **Information Operations (IO), Informations-Kriegführung** – IO-Missionen sind ein relativ neuer Typus von SOF-Einsätzen. Damit sollen Informationen und Informationssysteme (Computer, Telefone, Netzwerke) des Gegners gestört werden. Die Idee dabei ist, diese Systeme zu unterbrechen (um den Informationsfluss und die Befehls- und Führungsmöglichkeiten des Gegners einzuschränken) und den Gegner zu verwirren, abzulenken, und wenn möglich sogar zu täuschen, was die eigenen Vorhaben und Aktionen angeht.

Zusätzlich zu diesen Hauptaufgaben führen US-amerikanische SOF-Einheiten auch noch eine Reihe von Missionen mit anderen Partnern durch. Dazu gehören:

- **Coalition Support (CS), Unterstützung von Koalitionen** – Dies ist eine Form von Militärdiplomatie. CS-Missionen sollen dazu beitragen, Einheiten verschiedener Partnernationen in einen einzigen, zusammengeschweißten Kampfverband zu integrieren.
- **Combat Search and Rescue (CSAR), Suche und Rettung im Gefecht** – CSAR ist eine für die Moral der Truppe äußerst wichtige Mission. Sie soll militärisches Personal oder abgeschossene Piloten aus Gebieten bergen, die hinter den feindlichen Linien liegen, bevor sie feindlichen Kräften in die Hände fallen.
- **Counter Drug Operations (CD), Drogenbekämpfung** – SOF-CD-Missionen sollen militärische und Polizeikräfte von Gastnationen in den Fähigkeiten unterweisen, die man heute für die wirksame Bekämpfung des Drogenhandels braucht. Die Kenntnisse, die hierbei vermittelt werden, schließen das Aufspüren, die Überwachung, aber auch Unterbindung des Anbaus, der Verarbeitung und des Transportes von illegalen Betäubungsmitteln ein.
- **Humanitarian Demining Operations (HD), Humanitäre Minenbekämpfung** – SOF-Teams bilden fremdes Personal in der Suche nach Minen und sonstiger nicht explodierter Munition, deren Identifikation, Neutralisierung und Räumung aus. Damit werden Gefahren für die Zivilbevölkerung beseitigt und es wird nutzbares Land gewonnen.
- **Humanitarian Assistance (HA), Humanitäre Hilfe** – SOF-Personal unterstützt Hilfsoperationen bei Naturkatastrophen, Flüchtlingskrisen

oder anderen Ereignissen, die Menschen gefährden, besonders in dicht bevölkerten Ländern. Die Hilfe der SOF-Einheiten reicht dabei von der Beobachtung vor Ort und der Bewertung der Krise bis hin zur Steuerung von militärischen, staatlichen und nichtstaatlichen Dienststellen.

- **Peace Operations, Friedensoperationen** – SOF-Einheiten werden häufig gerufen, um so genannte Friedensoperationen zu unterstützen. Das kann zum einen die Beobachtung friedenserhaltender (auch friedenssichernder) Maßnahmen sein, schließt andererseits aber auch die Durchsetzung von vertraglichen Vereinbarungen zwischen verfeindeten Parteien und/oder die Förderung friedlicher Beziehungen in den Krisengebieten der Welt mit ein.
- **Security Assistance (SA), Sicherheitshilfe** – SA-Operationen sind Programme unter dem Mandat des US-amerikanischen Kongresses, die den Zweck haben, den Ländern, die mit amerikanischer Ausrüstung versorgt werden und diese einsetzen, die dafür erforderliche Ausbildung und Hilfe anzubieten. Sie haben den Sinn, die Außenpolitik der Vereinigten Staaten zu unterstützen.
- **Special Activities, Sondereinsätze** – Das sind die *wirklich* kniffligen SOF-Missionen – von denen öffentlich kaum etwas zu hören ist. Diese Operationen finden als direkte Unterstützung nationaler politischer Ziele statt und sind so gestaltet, dass sie jederzeit »halbwegs glaubwürdig verleugnet« werden können, wenn sie schief gehen. Verlaufen sie erfolgreich, werden sie jedoch *niemals* bestätigt. Gewöhnlich erfolgen sie verdeckt und in aller Heimlichkeit, nicht selten hart an der Grenze zur Legalität (zumindest nach U. S.-Gesetzgebung). Deswegen brauchen sie normalerweise auch die ausdrückliche Genehmigung des Präsidenten (was als *Finding*, Beschluss, bezeichnet wird) und eine durch ein Mandat des Kongresses festgelegte Aufsicht. Ein Beispiel für eine solche Mission ist die geheime Erkundung in einem fremden Land vor einem Luftschlag – wie allem Anschein im August 1998 in Khartum im Sudan vor dem Angriff mit Marschflugkörpern. Ein weiteres Beispiel wäre die Entführung oder Ausschaltung einer wichtigen Person wie eines Kriegsverbrechers oder eines Diktators. Solche Zugriffe geschahen in den letzen Jahren mehrfach in Bosnien, und es wird immer noch streng geheim gehalten, welche Einheiten daran beteiligt waren und was genau ihr Angriffsziel war.

All diese Missionen zusammengenommen ergeben dann die alltägliche Arbeit der amerikanischen SOF-Kämpfer rund um den Globus … unverkennbar anders als die übliche Form eines militärischen Auftrags. SOF-Missionen liegen im »Grenzbereich« – deswegen sind sie schwierig und oft umstritten.

Aber gerade weil die SOF-Missionen in einem Grenzbereich liegen, hat es immer wieder Gelegenheiten gegeben, bei denen Einheiten sich mit einem Grad an Operationsfreiheit bewegten, der sich nicht mehr mit den Interessen Amerikas und seiner Alliierten deckte, auch nicht mehr mit den internationalen Gesetzen und Konventionen über die Kriegführung. Mit einer gewissen Rechtfertigung haben Justiz, Presse, Politiker und Militärs aus anderen Bereichen die SOF-Einheiten als »Schurken« bezeichnet – mit der Implikation, dass diese Bezeichnung generell für die SOF zutreffend sei.

Es ist jedoch eine Tatsache, dass grundsätzlich jede militärische Operation potenziell eine »Schurkerei« darstellt (alle militärischen Einheiten operieren immer hart an der Grenze der Moral und, um es noch einmal zu wiederholen, die Führung von Kriegen ist von Natur aus alles andere als moralisch). Fehler werden immer wieder gemacht, wie es auch immer wieder moralisches Fehlverhalten geben wird. Einige Fehler sind tragisch, ungeheuerlich und entsetzlich. Selbstverständlich müssen Fehler korrigiert werden, wenn sie geschehen sind, und wo immer es angemessen ist, müssen die Schurken auch ihre gerechte Strafe bekommen. Aber sämtliche Sondereinsatzkräfte für die Fehler einzelner Personen verantwortlich zu machen oder gar die Gültigkeit des Auftrages der Special Forces aus diesem Grund in Frage zu stellen, ist schlichtweg absurd.

Die SOF-Einheiten sind jedenfalls den Preis wert, der manchmal gezahlt werden muss.

Pfad der Tränen: Der Weg zum SOCOM

Kein Bereich des amerikanischen Militärs hat eine schwierigere und langwierigere Geburt hinter sich als das U.S. Special Operations Command (SOCOM, das Oberkommando der Spezialeinsatzkräfte). Seine Entstehungsgeschichte zu kennen ist wichtig, zeigt sie doch nicht nur, wie die Special Forces faktisch zur fünften amerikanischen Teilstreitkraft wurden (nach der Army [dem Heer], der Navy [der Kriegsmarine], der Air Force [den Luftstreitkräften] und den Marines [der Marineinfanterie]), sondern auch die Gefahren militärischen Schubladendenkens. Damit ist die konventionelle, vorhersehbare, nicht gerade originelle, einfach »langweilige« Denkweise gemeint. In einer Welt, in der es um »schnell sein oder tot sein« geht, liegen die Gefahren solchen Schubladendenkens auf der Hand.

Ohne die Schaffung des SOCOM in den späten 80er-Jahren wären die Optionen der amerikanischen Führung in der Welt nach dem Kalten Krieg erschreckend begrenzt gewesen.

Die Geschichte beginnt im Jahre 1947, als Präsident Truman den National Security Act unterzeichnete. Damit wurde das Department of Defense geschaffen, dem die Departments der Army, Navy und Air Force unterstellt wurden. Bei dieser Gelegenheit wurde praktisch im Kleingedruckten die Erlaubnis zur Schaffung des ersten hauptamtlichen Nachrichtendienstes, der Central Intelligence Agency, CIA, versteckt. (Ein nicht unerheblicher Teil des CIA-Personals rekrutierte sich aus Veteranen, die bereits unter Donovan beim OSS gedient hatten und dort weitermachen wollten, wo sie am Ende des Zweiten Weltkrieges aufgehört hatten. Sie bildeten den Kern der neuen Behörde.) In dieser Zeit war es Aufgabe der CIA, nachrichtendienstliches Material über fremde Staaten zu sammeln, zu analysieren und anschließend an verschiedene Regierungsvertreter und Dienststellen zu verteilen. Aber es gab noch einen weiteren Nebensatz, in dem das Mandat für »weitere verwandte Dienste, den Erfordernissen entsprechend« eingefügt war. Dieses Mandat öffnete den ehemaligen OSS-Veteranen endlich die Tür, durch die sie in die Welt der verdeckten, geheimen und nicht zuzuordnenden Operationen (bezeichnet als »denied« – verleugnete – Missionen) eintreten konnten.

Nach einigen schnellen Erfolgen (wie der Einflussnahme auf die Wahlen in Italien, Griechenland und Frankreich) bekam die CIA einen erheblichen Teil der Verantwortung für die Durchführung von militärischen Sondereinsätzen im Koreakrieg (der 1950 ausbrach). Und damit begannen die Probleme. Buchstäblich jede CIA-Operation hinter den feindlichen Linien in Korea schlug fehl. Sicherlich gab es verschiedene Gründe für das Versagen, aber entscheidend war, dass die CIA die regionalen und kulturellen Gegebenheiten in Ostasien vollkommen ignorierte. »Die Firma« hatte es einfach versäumt, ihre Hausaufgaben zu machen. Und dieses Versagen beendete dann auch schnell die Einbindung der CIA in militärische Sondereinsätze.

Für die Streitkräfte, die sich auf die CIA verlassen hatten, war dies mehr als nur eine herbe Enttäuschung, denn dort grassierte eine recht tiefe Ablehnung gegenüber allem, was aus der Richtung des Old Boys' Club, wie sie das OSS nannten, kam.

Aus dieser Erfahrung heraus resultierten die ersten Versuche, SOF aufzustellen, die den verschiedenen Teilstreitkräften angeschlossen werden sollten und auch ausschließlich diesen verpflichtet wären. Die 10th Special Forces Group der Army machte 1952 den Anfang. Die 10th SFG sollte in der Lage sein, bei einer möglichen Invasion Europas durch die Sowjetunion und deren Verbündete im Warschauer Pakt als SOF *hinter den Linien* zu bleiben und von dort aus aktiv zu werden. Weitere SOF-Einheiten, die damals aufgestellt wurden, waren die Sea-Air-Land-Teams (SEALs) der Navy und die »Air-Commando«-Einheiten der Air Force. Anfänglich handelte es dabei lediglich um vergleichsweise kleine Gruppen mit einem geradezu minimalen Budget, die wenig unternahmen, was die Aufmerksamkeit (oder den Neid) der Führung ihrer eigenen Teilstreitkraft erregt hätte.

Präsident John F. Kennedy und Vietnam veränderten die Situation schlagartig und vollständig.

Gegen Ende der 50er- und im Laufe der 60er-Jahre, als die alten Kolonialreiche Europas zu bröckeln begannen, brachen an vielen Orten in der Dritten Welt so genannte »Befreiungskriege« aus. In Kuba, Vietnam, Belgisch-Kongo und zahllosen bis dahin kaum bekannten Regionen in Lateinamerika, Afrika und Ostasien beendeten Guerillakräfte – für gewöhnlich von kommunistischen Paten wie China und der Sowjetunion unterstützt – ein Jahrhundert kolonialer Stabilität … und damit auch kolonialer Profite. Kennedy sah in diesen Kriegen eine Gefahr für die gesamte Welt und suchte nach Möglichkeiten, der hereinbrechenden Flut entgegenzuwirken. Leider neigte er dazu, Dinge abzukürzen. Er wollte gewinnen …

aber er wollte einen leichten Sieg. Zu Beginn seiner Präsidentschaft versuchte er, mit der CIA die Revolution Fidel Castros in Kuba abzuwürgen. Die Resultate – das Fiasko in der Schweinebucht und die Operation Mongoose (der Versuch, Fidel Castro zu töten, von der CIA in Miami geplant und von Robert Kennedy persönlich überwacht) – erwiesen sich als Desaster.

Nach diesen Fehlschlägen war Kennedy ein gebranntes Kind und die Nachrichtendienste erschienen ihm nicht mehr als geeignet zur Niederschlagung von Aufständen. Nun fiel das Auge des zu Dramatik neigenden und leicht zu begeisternden Präsidenten auf die militärischen Spezialkräfte. Besonders angezogen wurde er dabei von den Männern der Special Forces der Army, deren grünes Barett er bewunderte. Sein nächster Schritt bestand darin, dass er eine gewaltige Aufstockung der SOF-Einheiten in allen Teilstreitkräften verfügte. Bald darauf schickte er angesichts der kommunistischen Bedrohung in Südostasien seine neuen Favoriten aus, um die nordvietnamesischen Truppen unter Ho Chi Minh und die Rebellen des Vietkong zu bekämpfen.

Es ist wohl überflüssig, detailliert die Geschichte des amerikanischen Albtraums der 60er- und 70er-Jahre in Südostasien zu erzählen. Doch einige Punkte sollen herausgestellt werden.

Es ist wenig bekannt, dass es sich beim Krieg in Vietnam tatsächlich um eine Serie parallel ablaufender Feldzüge handelte, zu denen der »große« Bodenkrieg in Südvietnam, die Luftangriffe über ganz Südostasien und eine Anzahl verdeckter Operationen zählten. Im Laufe der Zeit wurde die Anzahl der SOF-Einheiten gewaltig vergrößert – so sehr, dass sie allmählich das »Spezielle« zu verlieren drohten, was sie eigentlich auszeichnen sollte. Es kamen Männer zu den Green Berets und den SEALs, die dort einfach nicht hingehörten (was die professionellen Kämpfer natürlich ungemein verachteten). Bis heute erinnern sich hochrangige Militärs noch mit Abscheu an die Hooligans der damaligen Special Forces, die sich über Begriffe wie Disziplin und Ordnung lustig machten. (Aufgrund seiner eigenen schlechten Erfahrungen mit den SF in Vietnam tat H. Norman Schwarzkopf alles in seiner – nicht unerheblichen – Macht Stehende, die SOF aus den Operationen Desert Shield und Desert Storm herauszuhalten.)

Nach dem Vietnamkrieg und ganz besonders während der Präsidentschaft von Jimmy Carter wurden die den SOF bewilligten Mittel karger (was jedoch auch für das gesamte übrige Militär galt). Da nun sämtliche Teilstreitkräfte gezwungen waren, Geld zusammenzukratzen, damit sie ihre Ausrüstung auf den neuesten Stand bringen konnten, gleichzeitig aber auch kein Personal verlieren durften, um die Verbände intakt und handlungsfähig zu halten, taten sich besonders die SOF-Einheiten schwer, wenigstens einige ihrer Fähigkeiten zu bewahren. Sie versanken allmählich genau wie der Rest des US-amerikanischen Militärs in einem tiefen Morast, in dem es wenig Hoffnung und Unterstützung durch das Land und seine politische Führung gab.

Erst im Laufe der 70er-Jahre tauchte wieder ein Silberstreif am Horizont auf. Einige wenige Offiziere der Army erkannten, dass die Vereinigten

Staaten etwas gegen die wachsende Bedrohung durch den internationalen Terrorismus unternehmen mussten.

Ein erster Anfang wurde in Europa mit der Aufstellung einer Antiterrorgruppe unter dem Decknamen Blue Light gemacht. Blue Light war eine kleine Einheit, die gerade einmal die Stärke einer Kompanie hatte und die nach dem Modell der bereits in Europa und dem Mittleren Osten existierenden Antiterroreinheiten geschaffen wurde. Doch da ihre Ausbildung und Ausrüstung lediglich auf ganz wenige der möglichen Einsatzfälle abgestimmt wurden, war ihr Nutzen recht begrenzt.

Eine eher dauerhafte Lösung brachte dann die Entwicklung des Detachment Delta, heute besser bekannt als *Delta Force*. Bei dieser Truppe baute man auf Organisation, Training und Taktiken des britischen Special Air Service (SAS[10]) auf.

Unglücklicherweise endete gleich die erste größere Mission für Delta (die auch Amerikas erster wirklicher Versuch von einiger Bedeutung nach dem Endes des Vietnamkrieges war, SOF-Einheiten einzusetzen) in einem chaotischen Debakel. In Zusammenarbeit mit Blue Light sollte Delta im Jahre 1980 die Geiseln im Iran befreien. Doch im Laufe der Operation fielen die Hubschrauber aus, mit denen die Rettungsmannschaft nach Teheran geflogen werden sollte, und die gesamte Joint Task Force (zusammengeführte Einsatzgruppe) musste zurückgezogen werden. Als dann auch noch mehrere Maschinen kollidierten, während sie am Boden darauf warteten, aufgetankt zu werden, weitete sich der Fehlschlag zu einem flammenden Fiasko aus.

Der unmittelbare Grund für dieses Desaster war der Mangel an vorausschauender Planung durch die zivile Führung der Vereinigten Staaten.[11] Doch tiefer unter der Oberfläche hatten sich die amerikanischen SOF-Einheiten mit grundlegenden systembedingten Problemen auseinander zu setzen. Genau wie damals der Rest des amerikanischen Militärs konzentrierten sich auch die SOF-Einheiten einzig und allein auf die Rollen und Aufgaben der Teilstreitkraft, zu der sie gehörten. Logischerweise fehlte

---

10 Der britische Special Air Service wurde im Zweiten Weltkrieg geschaffen, um in Nordafrika gegen das deutsche Afrikakorps von Feldmarschall Erwin Rommel zu kämpfen. Major David Sterling rief diese Truppe als umfassende Aufklärungs- und Stoßtruppe ins Leben, heute ist sie die wahrscheinlich beste derartige Einheit mit hervorragend trainierten Männern. Sie verfügt über Fähigkeiten in der Terroristenbekämpfung, Aufklärung, als Stoßtrupp und kann zu anderen Aufgaben der unkonventionellen Kriegführung eingesetzt werden. Obwohl der Name darauf hinzuweisen scheint, ist der Special *Air* Service keine Einheit der Royal Air Force, sondern des britischen Heeres.

11 Eine der gravierendsten Schwachstellen der Operation Eagle Claw (Adlerkralle), wie die Geiselbefreiungsaktion von Teheran genannt wurde, war die Notwendigkeit der verdeckten Zusammenarbeit aller Teilstreitkräfte, um den Stoßtrupp zu seinem Ziel im Iran zu transportieren. Das Fehlen von Hubschraubern, die nicht nur über große Reichweite verfügten, sondern auch in der Luft betankt werden konnten. erwies sich als das schwächste mehrerer schwacher Glieder bei den amerikanischen SOF-Kräften.

ihnen dadurch nicht nur die Fähigkeit zu einer wirklichen Zusammenarbeit, sondern auch die Integration von Einheiten der Nicht-SOF-Truppen (wie z. B. Transporthubschrauber und Flugzeuge) war schwierig. Solche Fähigkeiten – die den Kern von »joint« (also teilstreitkraftübergreifenden und/oder multinationalen) Militäroperationen darstellen – waren seit dem Ende des Zweiten Weltkrieges ziemlich in Vergessenheit geraten. Damit waren die Vereinigten Staaten von Amerika denkbar schlecht gerüstet für die Auseinandersetzungen mit Terroristen und Banden, die sie ab den 80er-Jahren zu führen hatten.

Nun sollte man annehmen, dass die SOF mit dem Amtsantritt von Ronald Reagan im Jahre 1981 mit den notwendigen finanziellen und sonstigen Mitteln ausgestattet worden wären, die schon bald dem übrigen amerikanischen Militär zukamen. Doch die neue Führung bestand aus Personen, die schon als junge Offiziere in Vietnam die SOF gehasst hatten. So weigerte sich zum Beispiel die Führung der Air Force, neue Flugzeuge und Hubschrauber für ihre eigenen SOF zu beschaffen, obwohl sie hierzu sogar ein direktes Mandat seitens des Kongresses erhalten hatte. Aber auch Army und Navy taten alles, um ihre SOF-Einheiten faktisch auszuhungern (und das gegen die Einwände des Kongresses und der wenigen zivilen Führungskräfte im Verteidigungsministerium, die über einigen Weitblick verfügten).[12]

Ein weiteres Problem während der Präsidentschaft von Reagan war, dass dieser in geheime und verdeckte Aktionen geradezu verliebt war (auch wenn dies die weitere Erosion der bereits vorhandenen Special Forces bedeutete). In der Folge entstanden etliche so genannter »schwarzer« SOF-Einheiten[13], darunter die Sea Spray (eine geheime Hubschrauber-Einheit) und Yellow Fruit (eine Aufklärungseinheit zum Einsatz hinter den Linien). Einige (wie zum Beispiel Yellow Fruit) wurden später in die größere SOF-Gemeinschaft eingegliedert, zu der sie immer noch gehören, andere hingegen liefen ganz und gar aus dem Ruder (was bei den schwarzen Einheiten immer eine Versuchung darstellt). Ihre Kommandeure wurden entlassen und kamen wegen Missbrauchs von Haushaltsmitteln und anderer Anschuldigungen vor Gericht. Als Konsequenz löste man schließlich die meisten der von Reagan geschaffenen schwarzen Einheiten wieder auf – die sogleich von denen, die sie erdacht hatten, auch einfach wieder vergessen wurden.

Doch der Kongress sollte sie nicht vergessen.

---

12 Einer der wenigen Fürsprecher der SOF war Noel Koch, der Staatssekretär im Verteidigungsministerium. Er erhielt als Einziger während der Anfangsjahre der Reagan-Administration einige Elemente der SOF am Leben. Koch wird heute als einer der Gründerväter des USSOCOM verehrt.

13 »Schwarze« Einheiten und Programme sind so geheim, dass sie in der Öffentlichkeit abgestritten werden und in den Haushaltsdokumenten, die dem Kongress jährlich zugestellt werden, gar nicht erst auftauchen. Beispiele für solche Programme sind unter anderen die Entwicklung der Spionageflugzeuge U-2 und SR-71, des Tarnkappenbombers F-117 und die Aufstellung der Delta Force.

Zu Beginn der 80er-Jahre alarmierte eine Serie von terroristischen Zwischenfällen gegen amerikanische Bürger und amerikanisches Eigentum in Übersee den Kongress mit der Folge, dass die Special Operations schnell zu einer regelrechten Leidenschaft des amerikanischen Abgeordnetenhauses wurden. Den Kongress bekümmerte dabei besonders die Handlungsunfähigkeit der amerikanischen SOF. In jenen Tagen war *Joint* ein regelrechtes Unwort. Das Militär hatte keinerlei zentrale Führung und folglich hatte auch niemand eine Ahnung vom tatsächlichen Umfang der SF-Fähigkeiten. Eine verbundene Kommando- und Einsatzstrukturierung wurde dringend benötigt. Aber genau die wollten die verschiedenen Befehlshaber der Teilstreitkräfte auf jeden Fall verhindern.

Obwohl der Wiederaufbau und die Erneuerung des Militärs in den Anfangsjahren der Regierung Reagan insgesamt gut vorankamen, hatten sie eine eindeutige Kehrseite: Die Rivalität zwischen den Teilstreitkräften wuchs. Jede Teilstreitkraft bemühte sich nach Kräften, die anderen im Einsatz und bei der Finanzierung auszustechen. So stand es außer Zweifel, dass die verschiedenen Teilstreitkräfte aus eigenem Antrieb nicht zu einer »joint«, einer verbundenen, Streitkraft werden würden.

Derweil hatte sich die Unfähigkeit der US-amerikanischen Streitkräfte, gemeinsame Operationen durchzuführen, in einem Maße zugespitzt, das für den Kongress nicht mehr länger tolerierbar war. Die missglückte Geiselbefreiungsmission 1980 im Iran war zwar die schlimmste Verletzung des »jointness«-Prinzips, aber die Invasion von Grenada im Jahr 1983 (Operation Urgent Fury) zeigte noch darüber hinausgehende Schwächen auf. Seit dem National Security Act von 1947, der inzwischen vier Jahrzehnte zurücklag, war die Struktur des amerikanischen Militärs nicht mehr verändert worden. Mitte der 80er-Jahre musste es daher jedem Kongressabgeordneten klar sein, dass eine Reform zwingend notwendig war.

Was bedeutet nun aber »jointness« *wirklich?*

Verbundene militärische Operationen verschaffen drei gewichtige Vorteile: Wirtschaftlichkeit, Effizienz und Effektivität.

Wirtschaftlichkeit: Eine militärische Streitkraft muss in der Lage sein, selbst unter engen Begrenzungen ihres Budgets operieren zu können. Wenn die einzelnen Militärbereiche unter einer gemeinsamen Führung kämpfen müssen, werden überflüssige Duplikationen vermieden. So wurden zum Beispiel Mitte der 90er-Jahre zwei unabhängige Flotten von amerikanischen Flugzeugtypen für Störaufgaben eliminiert. (Die EF-IIIA *Raven* der Air Force und die EA-6B *Prowler* der Navy). Nun operieren die amerikanischen Luftstreitkräfte in Air Force und Navy gemeinsam mit einer einzigen Gruppe, die ausschließlich aus EA-6B besteht.

Effizienz: Sie stellt das unmittelbare Ergebnis der Abschaffung redundanter Verbände und Organisationen innerhalb der Streitkräfte dar. Vor Jahren entwickelte jede Teilstreitkraft eigene Waffen, Munition und Systeme, und dabei gab es so gut wie keinen Austausch von Ideen und Entwürfen untereinander. Heute dagegen wird kaum noch ein Beschaffungsprogramm eingeleitet, wenn es nicht mindestens zwei Teilstreitkräften zugute kommt. Die neue Serie der satellitengesteuerten (unter Nutzung des NAVISTAR-GPS-Systems) Luft-Boden-Waffen (AGM, Air-to-Ground-Missile), wie sie für Desert Storm und Allied Force verwandt wurden, sind ein ausgezeichnetes Beispiel für verbesserte Effizienz.

Effektivität: Sie baut auf dem Nutzen auf, der durch den Druck auf die Teilstreitkräfte, zusammenzuarbeiten, erzielt wird. Soldaten verbringen den größten Teil ihrer Zeit mit Angehörigen ihrer eigenen Teilstreitkraft. Nur wenn diese Soldaten, Flieger, Matrosen und Marineinfanteristen, zusammen trainieren und kämpfen, ist das Resultat eine bessere und schlagkräftigere Streitkraft.

Das Reformgesetz für die Schaffung eines »joint«-Militärs, der Goldwater-Nichols Act (nach den beiden Politikern benannt, die das Gesetz einbrachten), wurde 1986 verabschiedet und führte zu einer echten Revolution bei den militärischen Angelegenheiten. Damit wurde die Basis gelegt, auf der die amerikanischen Streitkräfte heute auszubilden und zu kämpfen haben. Goldwater-Nichols strukturierte verschiedene Kommandobereiche und ihre funktionale Beziehung zueinander neu. Darüber hinaus nahm dieses Gesetz den Befehlshabern der Teilstreitkräfte die operationelle Kontrolle ihrer Einsatzkräfte und übertrug sie einer Gruppe von Vereinten (»unified«) Befehlshabern (Commanders in Chief – CINC). Jeder CINC und sein Stab erhielt so die Verantwortung über besondere Bereiche oder Missionen.

Anfangs gab es jedoch eine bemerkenswerte Lücke in dem Gesetz: Es wurde nur »angeregt«, das Verteidigungsministerium solle auch ein vereinigtes Kommando für die SOF bilden. Da es sich nur um einen Vorschlag handelte, wurde er von den verschiedenen Teilstreitkräften umgehend ignoriert, die keine Lust hatten, sich mit so etwas zu befassen.

So ist es denn auch nicht überraschend, dass sich der Kongress zu einer nachdrücklicheren und unmittelbareren Gesetzgebung ermuntert sieht, wenn er erkennen muss, dass seine Beschlüsse ignoriert werden. Genau das geschah dann schließlich im Jahre 1987, als ein Zusatz zu Goldwater-Nichols verabschiedet wurde. Eingebracht wurde der Zusatz von zwei hoch geachteten Senatsmitgliedern, Sam Nunn und William Cohen[14].

Das Nunn-Cohen-Amendment verfügte mit präzisen Formulierungen die Aufstellung des USSOCOM und legte fest, dass SOCOM von nun an alle SOF-Einheiten der drei Mutter-Teilstreitkräfte führen sollte.[15] Darüber

---

14 Der demokratische Senator Sam Nunn aus Georgia war, bevor er sich zur Ruhe setzte, Vorsitzender des Verteidigungsausschusses des Senates und der republikanische Senator William Cohen aus Maine sollte 1997 zum Verteidigungsminister ernannt werden.

15 Da das U.S. Marine Corps die Entwicklung von Sondereinsätzen gefördert und dabei intensiv in die eigenen SOF-Fähigkeiten investiert hatte, wurde es von der Nunn-Cohen Gesetzgebung ausgenommen und behielt die Kontrolle über seine Aufklärungsteams ebenso wie über die Führung der verschiedenen SWAT-Teams und anderer Einheiten. Heute sind sie zusammengefasst in sieben Landungs-(Expeditions-)Einheiten des Marine Corps mit besonderer Qualifikation für Kommandoeinsätze (MEU[SOC]), die weltweit operieren. Mehr dazu in meinem Buch *US Marines* (Heyne 1998).

hinaus legte Nunn-Cohen eine eigene Finanzierungsquelle (die als Teil von Paragraf 10 erwähnt ist) für Ausbildung, Beschaffung und Operationen der Special Operation Forces fest. Damit wurde den Befehlshabern von Teilstreitkräften und den Bürokraten des Verteidigungsministeriums gleichermaßen die Möglichkeit genommen, die SOF-Einheiten finanziell auszutrocknen. *De facto* entstand eine fünfte Teilstreitkraft.

Nachdem Führung und Finanzierung abgesichert waren, konnte das USSOCOM in die prachtvolle neue Welt eintreten, die sich nach dem Zusammenbruch des Sowjet-Imperiums und dem Ende des Kalten Krieges aufgetan hatte. Es brauchte dann auch nicht sehr lange darauf zu warten, bis es sich beweisen konnte.

Im Jahre 1989 erreichte ein Jahrzehnt ohnehin schon schlechter Beziehungen zur Regierung von Panama mit der Anklageerhebung gegen General Manuel Noriega (den Befehlshaber der panamaischen Streitkräfte und »Maximo Lider« von Panama) wegen Drogenhandels seinen absoluten Tiefpunkt. Da eine von den panamaischen Streitkräften unterstützte Gruppe es nicht schaffte, Noriega zu stürzen, begann die Regierung von Präsident George Bush Pläne zu schmieden, ihn mit militärischer Gewalt aus dem Amt zu vertreiben. Die militärische Kraft, die in dieser Region die Interessen der Vereinigten Staaten von Amerika zu wahren hatte, hieß SOUTHCOM (Southern Command – sein Einflussbereich war das gesamte Zentral- und Südamerika). Dessen neuer kommandierender General, Maxwell Thurman, wusste *genau*, wie er es mit Noriega und den panamaischen Streitkräften aufnehmen wollte. Sein Plan, der später unter der Bezeichnung Operation Just Cause (Gerechte Sache) bekannt wurde, sollte zu einem Parforceritt für die SOF werden. Dazu wurden vom SOCOM die Elemente fast jeder Special-Operations-Einheit im gesamten amerikanischen Militär (SEALs, Ranger usw.) zusammengefasst, um losschlagen zu können, sobald sie grünes Licht aus dem Weißen Haus erhielten. Alles, was jetzt noch gebraucht wurde, war eine handfeste Provokation. Und die lieferte Noriega Mitte Dezember 1989.

Bei zwei voneinander unabhängigen Vorfällen griffen Soldaten der panamaischen Streitkräfte amerikanische Soldaten (und in einem Fall auch eine Ehefrau) an. Nachdem einer der Soldaten starb, wurde die Operation Just Cause gestartet. Wie sich dann herausstellte, war Panama kein wirklich ernst zu nehmender Gegner für die amerikanischen Kräfte und die Operation war schon nach wenigen Stunden beendet – mit überraschend geringen Verlusten. Die von SOCOM für die Panama-Operation zusammengefassten SOF-Kräfte hatten in der ersten wirklichen Joint-Operation der Goldwater-Nichols-Ära gekämpft. Ihre nächste Prüfung kam dann allerdings in Gestalt eines Gegners, der sich als weitaus härter erwies als Manuel Noriega: General H. Norman Schwarzkopf.

General Schwarzkopf ist bekannt dafür, dass er deutlich seine Meinung sagt und ein ausgeprägtes Selbstbewusstsein besitzt. Besonders berühmt ist die Art und Weise, wie er jeden in seinem Stabsverband auseinander zu nehmen pflegt, der sein Missfallen erregt hat. In der Zeit, in der er das U.S. Central Command (CENTCOM) führte, entstand der Begriff des

Das offizielle Abzeichen des U. S. Special Operations Command.
OFFIZIELLE GRAFIK DES VERTEIDIGUNGSMINISTERIUMS

CINC abuse (Machtmissbrauch durch den Oberbefehlshaber) für seine Tiraden bei Besprechungen und Planungskonferenzen.

Eine ebenso festgefügte – um nicht zu sagen gnadenlose – Meinung hatte Schwarzkopf über die SOF-Einheiten und ihr Personal. Der Ursprung seiner Vorbehalte lag in Vietnam, und er war auch 1983 bei der Invasion in Grenada dabei gewesen, wo er Zeuge der miserablen Leistung der Rangereinheiten der Army, der Navy SEALs und anderer SOF-Einheiten wurde.

Bedingt durch diese Erfahrungen (und weil er stets starke konventionelle Verbände vorzog) schloss Schwarzkopf die SOF vollständig aus seinen Plänen aus, als er CINC des CENTCOM wurde. Und 1990 machte er gleich zu Beginn von Desert Shield eindeutig klar, dass er keine SOF-Einheiten am Persischen Golf haben wollte.

Derweil hatte aber Schwarzkopfs Nachbar auf der MacDill Air Force Base, General Carl Stiner (damals SOCOM-Kommandeur), bereits große Pläne für SOF-Operationen am Persischen Golf. Sie reichten von der Unterstützung des kuwaitischen Widerstandes hinter den Linien bis hin zu Angriffen auf irakische Infrastrukturziele tief im feindlichen Hinterland. Zunächst wollte Schwarzkopf nichts davon wissen.

Mit der Zeit duldete der CENTCOM-Oberbefehlshaber jedoch langsam auch SOF-Einheiten in der Region. Allerdings legte er dabei äußerst restriktive Bedingungen fest und stellte sie in einem Ausmaß unter Aufsicht, der keine der anderen Komponenten (Luft, Marine und Boden) in vergleichbarem Umfang unterworfen war. Und siehe da, im Laufe der Ereignisse zeigte sich, dass selbst der willensstarke Norman Schwarzkopf seinen Krieg nicht ohne diese Truppen führen konnte. Als Desert Storm im Januar des Jahres 1991 begann, hatten es die SOF-Einheiten geschafft, sich gründlich in die Feldzugspläne des CENTCOM einzunisten.

Sie waren dann auch bei der Mission dabei, in der die ersten Schüsse des Krieges abgefeuert wurden.

In jener ersten Nacht des Krieges führten Special Operations Helicopter des Typs MH-53J *Pave Low* der Air Force zwei Kampfhubschrauber-Teams (AH-64 *Apache*) der Army bei einem Einsatz an, der die Zerstörung wichtiger Radarstellungen der Iraker zum Ziel hatte. Später führten Green Berets der 3rd und 5th SFG Aufklärungsmissionen weit im Hinterland des Irak durch, SEALs halfen mit, die Aufmerksamkeit der Iraker in Richtung See abzulenken, und andere SOF-Einheiten unterstützten zusammen mit ihren britischen Kameraden vom Special Air Service die Jagd auf irakische SCUD-Waffen. Als der Krieg beendet war, musste Schwarzkopf wohl oder übel die Leistung der verschiedenen SOF-Einheiten anerkennen, auch wenn ihn das wahrscheinlich schmerzte.

Vor dem Hintergrund zweier bewaffneter Konflikte, in denen sie Erfolge zu verzeichnen hatten, konnten die Leute des USSOCOM endlich hoffnungsvoll in die Zukunft blicken. Die vier Jahrzehnte einer unsicheren Existenz waren vorbei. Es war eine schwierige Schwangerschaft und eine schmerzvolle Geburt, doch sind die SOF-Kämpfer heute so ausgerüstet und disloziert, dass sie der Nation und der Welt immer genau dann dienen können, wenn sie am meisten gebraucht werden.

Die Struktur der amerikanischen Special Forces

Betrachten wir nach dem geschichtlichen Hintergrund nun die Organisation – und dabei werfen wir einen besonderen Blick auf die Einheiten, aus denen sich das Kommando zusammensetzt.

Eine Warnung vorweg: Notwendigerweise enthält dieser Abschnitt eine Reihe von Akronymen und es werden überlappende Verantwortungen bzw. Fähigkeiten beschrieben. Teilweise resultiert das aus der Natur der Sache, da die Missionen ja oft geheim sind und sich somit der Kontrolle und dem Auge der normalen militärischen Autorität entziehen. Andererseits ist dies aber auch eine Folge von Querverbindungen zwischen den verschiedenen Verantwortungsbereichen, von den Militärs als »Area of Responsibility (AOR)« bezeichnet. So konzentrieren sich die SEALs beispielsweise auf Operationen auf See und in Küstengewässern. Die Delta Force dagegen ist in erster Linie mit Landeinsätzen befasst und so weiter.

Das U. S. Special Operations Command: CINCSOC

An der Spitze der Nahrungskette der SOF steht das U. S. Special Operations Command, das auf der MacDill AFB in der Nähe von Tampa in Florida stationiert ist. Es wird von einem Vier-Sterne General (normalerweise einem General der U. S. Army) geführt.

Da das SOCOM heute eines der acht »vereinigten« Kommandos ist, welche die tatsächliche Kampftruppe der modernen U. S. Streitkräfte ausmachen, steht es auf gleicher Ebene mit den anderen sieben Kommandos. Damit sind die Special Forces auch nicht mehr länger am unteren Ende der Finanzierungsliste ihrer jeweiligen Mutterteilstreitkraft angesiedelt. Das SOCOM hat seine eigene Finanzierungsquellen im Budget des Verteidigungshaushaltes (nach Paragraf 10 des Federal Code), und somit muss es auch nicht bei den zuständigen Staatssekretären der jeweiligen Teilstreitkräfte oder den Joint Chiefs (dem militärischen Spitzengremium) hausieren gehen, um Mittel für neue Ausrüstung, Ausbildung, Einsätze, Wartung und andere lebenswichtige Funktionen zu bekommen. Anders ausgedrückt: Es ist relativ frei von der Politik und dem Handel zwischen den Teilstreitkräften in der ohnehin aufgeladenen Atmosphäre, die immer dann herrscht, wenn es um den Verteidigungshaushalt geht.

Auch sonst ist das SOCOM in mehr als einer Hinsicht ungewöhnlich.

Als Erstes wäre zu nennen, dass die anderen Vereinigten Kommandos ihre Truppen entweder »besitzen« (das heißt, sie bilden sie aus und versorgen sie) oder mit ihnen kämpfen – niemals aber beides zugleich! Zieht ein vereinigtes Kommando ins Gefecht, werden ihm die Einheiten, die es braucht, von den jeweiligen Kommandos, die sie »besitzen«, unterstellt (dieser Vorgang wird als ein »Chop« bezeichnet). Obwohl von den ursprünglichen »Besitzern« weiterhin erwartet wird, dass sie für Nachschub, Wartung und Ersatz an Personal und Material sorgen, »gehören« die Einheiten nun dem Kommando, das mit ihnen kämpft. Das ist in der Praxis längst nicht so kompliziert, wie es vielleicht klingt (Desert Shield und Desert Storm sind der beste Beweis dafür).

Das SOCOM arbeitet jedoch anders. Es ist das einzige vereinigte Kommando, das sowohl Einheiten in den Kampf führt, als auch SOF-Komponenten für andere CINCs ausbildet und zusammenstellt.

Des weiteren greift das USSOCOM nicht auf eine spezielle Teilstreitkraft zu und es ist auch nicht einer bestimmten Region zugeordnet. Die anderen Vereinigten CINCs haben dagegen alle einen regional begrenzten Verantwortungsbereich. So schützt das U. S. Central Command (CENTCOM) beispielsweise die Interessen der Vereinigten Staaten im Mittleren Osten, im Süden Asiens und in Nordostafrika (mit anderen Worten: in der Welt des Islam). Das Hauptinteresse von EUCOM dagegen konzentriert sich auch Europa, und das PACOM ist für die Randgebiete des Pazifik zuständig.

Im Gegensatz dazu umfasst der Verantwortungsbereich des SOCOM die ganze Welt, und diese Verantwortung schließt das volle Spektrum möglicher Aufträge mit ein, angefangen von Antiterroreinsätzen bis hin zum einem regelrechten Krieg.

Drittens ist SOCOM das kleinste der vereinigten Kommandos, und zwar mit Abstand. Als CENTCOM 1991 während Desert Storm in den Krieg zog, kämpfte es mit fast 500 000 Männern und Frauen unter seiner Führung. Im Frühling 1999 hatte SOCOM knapp 30 000 Leute, die in seinen verschiedenen Komponenten Dienst taten. Anders ausgedrückt: Das SOCOM ist insgesamt kleiner als eine Division der Army oder der Marines in regulärer Stärke und Ausrüstung.

Eine solch facettenreiches Kommando braucht einen Führer, der in der Lage ist, eine Vielzahl von dienstlichen, kulturellen, finanziellen und materiellen Herausforderungen zu bewältigen.

In jüngerer Vergangenheit hatte das SOCOM das Glück, dass herausragende Führungspersönlichkeiten in der Top-Position (die des CINCSOC) standen.

General Peter Schoomaker, der Befehlshaber des auf der MacDill AFB in Florida stationierten U. S. Special Forces Command.

John D. Gresham

In den Jahren 1996 und 1997 bekleidete US-General Henry Hugh Shelton diese Position. Während seiner Dienstzeit unternahm Shelton eine Menge, um die Einheiten und deren Fähigkeiten an »Kunden« in der ganzen Welt zu »verkaufen« (das bedeutet, dass er es schaffen musste, die Probleme und Unterschiede zwischen SOCOM und den anderen sieben Befehlshabern der Vereinigten Kommandos sowie den amerikanischen Verbündeten zu überbrücken). Die Leistungen, die er in diesem Kommando wie schon in seinen früheren Verwendungen zeigte, waren so beeindruckend, dass er schließlich zum Vorsitzenden der Vereinigten Stabschefs (Chairman of the Joint Chiefs) ernannt wurde. Das war das erste Mal, dass ein Profi von den Special Operations diese Position einnahm.

Als Shelton im September 1997 die Truppe verließ, um seinen neuen Posten anzutreten, folgte ihm General Peter J. Schoomaker als neuer CINCSOC. Er ist ebenfalls SOF-Profi (er befehligte zuvor das für Antiterroreinsätze zuständige Joint Special Operations Command), begann seine Laufbahn jedoch als Panzeroffizier. Seine gesamte Karriere besteht aus einer Mischung von Verwendungen bei den gepanzerten Verbänden, SOF-Einheiten und einer Anzahl wichtiger »Joint«-Tätigkeiten. Dabei besuchte er fast jede wichtige Schule und absolvierte alle Qualifikationskurse, die von der Army angeboten werden (und darüber hinaus auch noch die Schule für amphibische Gefechtsführung des Marine Corps). All diese Erfahrungen haben ihm ein nahezu unerschöpfliches Wissen über die vielen Gruppierungen, mit dem sein Kommando zusammenarbeiten muss, vermittelt. Dank dieser Erfahrungen ist es ihm gelungen, mit dem »Verkaufen« seiner Special Forces da fortzufahren, wo General Shelton aufgehört hat.

Die Component Commands (Komponenten-Kommandos) des SOCOM. Von links nach rechts: USASOC, NACSPEC-WAROM, AFSOC und JSOC.

Offizielle Grafik des US-Verteidigungsministeriums, der U. S. Army, U. S. Navy und der U. S. Air Force

Obwohl das SOCOM inzwischen, organisatorisch gesehen, durchaus auf festen Füßen steht, haben General Schoomaker und sein Stab noch genug Probleme.

Eines der kleineren ist, dass sie sich die MacDill AFB mit dem Befehlshaber und dem Stab von CENTCOM teilen müssen, und das Letztgenannte ist wahrscheinlich während der letzten zehn Jahre das am meisten ausgelastete aller Vereinigten Kommandos gewesen. Lässt man Verkehrsstaus auf dem Stützpunkt und Sitzplatzprobleme bei offiziellen Anlässen einmal als unwesentlich beiseite, findet in MacDill eine ernste Auseinandersetzung statt – und sie dreht sich gewiss nicht darum, wer im Telefonbuch der Basis an erster Stelle steht. Obwohl die Hauptquartiere nur durch einige wenige Straßen getrennt sind, ist die Kluft zwischen ihnen erheblich. CENTCOM repräsentiert das »große« Militär der Vereinigten Staaten (schließlich hat es mit Erfolg Amerikas größte Militäraktion seit dem Zweiten Weltkrieg geführt), während das SOCOM eine neue Art der Gefechtsführung repräsentiert. Gerade diese Gefechtsführung bedroht aber nicht selten gerade die vereinigten Kommandos, die SOCOM eigentlich unterstützen soll, in ihrer Existenz.

Unkonventionelle Kriegführung ist die Antithese zu den Operationen großer Truppenteile, für die der größte Teil der Army ausgebildet ist. Für die »Mutter Armee« ist es durchaus bedrohlich, wenn derart kleine Einheiten denselben Job erledigen können wie sie – und das womöglich sogar noch besser.

Damit sind General Schoomaker, sein Stab und die etwa 30 000 Leuten, die unter ihrem Kommando stehen, erheblichen Reibungen ausgesetzt. Es ist aber auch alles andere als leicht, praktisch eine fünfte Teilstreitkraft zu führen und zu betreiben – deren einzelne Teile von drei Teilstreitkräften gestellt werden, von denen keine einzige das SOCOM wirklich haben wollte. Mit anderen Worten: Der CINCSOC ist verantwortlich für das am meisten gehasste (oder am meisten gefürchtete und missverstandene) Kommando des U.S.-Militärs. Trotzdem muss er als Hauptverkäufer für dieses Kommando und seine Dienste gegenüber Kunden auftreten, zu denen auch genau die gehören, die seine Truppe am meisten hassen.

Es ist ein harter Job. Glücklicherweise haben sich die Spitzenleute beim SOCOM weit von den Attitüden einiger der ersten Führer des Kommandos entfernt. Der Aufstieg von General »Hugh« Shelton vom CINCSOC zum Chairman of the Joint Chiefs zeigt, wie weit das Kommando im Laufe der Jahre vorangekommen ist.

Die Komponenten von SOCOM: SEALs, Air Commandos und die Army

Innerhalb des SOCOM befehligt General Schoomaker verschiedene SOF-Einheiten der Army, Air Force und Navy.

Wie bereits erwähnt, hat das SOCOM keinen Zugriff auf Einheiten des U.S. Marine Corps. Die amerikanische Marineinfanterie hat ihre SOF-Einheiten (Aufklärer, Stoßtrupps) schon immer vollständig in ihre Operationsrichtlinien und -Strukturen integriert. In den vergangenen Jahren haben die Marines ihre Sondereinsatzfähigkeiten in den spezialisierten, auf Schiffe zu verladenden Einheiten konzentriert. Daraus entstand die Marine Expeditionary Unit, Special Operations Capable – MEU (SOC). Die anderen Teilstreitkräfte hatten jedoch keine andere Wahl, als es um die Zukunft ihrer eigenen SOF-Einheiten ging.

Jeder SOF-Verband der Teilstreitkräfte wurde zu einzelnen »Component«-Kommandos innerhalb des SOCOM zusammengefasst. Das Resultat stellt sich wie folgt dar:

- **Naval Special Warfare Command (NAVSPECWARCOM)** – Das NAVSPECWARCOM führt die berühmten Sea-Air-Land-(SEAL)-Teams und die sie unterstützenden Special Boat Squadrons[16], Unterseeboote und Versorgungsfahrzeuge. Diese Einheiten sind für die Operationen in küstennahen Gewässern zuständig. NAVSPECWARCOM ist in Coronado, Kalifornien, stationiert und seine Einheiten sind über die ganze Welt verstreut.
- **Air Force Special Operations Command (AFSOC)** – Das AFSOC ist auf der Air Force Base Eglin in Florida stationiert. Es setzt sich aus den spe-

16 Das sind Flottillen oder Geschwader, die mit speziellen Fahrzeugen für den Kommandoeinsatz ausgerüstet sind. (Anm. d. Ü.)

Das offizielle Emblem von NAVSPECWARCOM
Offizielle Grafik der U. S. Navy

zialisierten Hubschrauber- und Transportflugzeugstaffeln zusammen, die früher die so genannten Air-Commando-Staffeln bildeten. Ihre Hauptaufgabe besteht im Transport von anderen Kommandos zu ihrem Zielgebiet, wo sie diese anschließend weiter unterstützen. Diese Einheiten können aber auch selbst eine gehörige Waffenwirkung entfalten und die Vorbereitung von Landezonen und/oder Flugfeldern für folgende Einheiten unterstützen.

- **Joint Special Operations Command (JSOC)** – Das JSOC ist ein Angehörige mehrerer Teilstreitkräfte und Ministerien zusammenfassendes Kommando. Seine Hauptaufgabe ist die Terrorismusbekämpfung. JSOC ist in Fort Bragg in North Carolina stationiert. Zu ihm gehört auch ein Kommando-Stab, der die Ausbildung und den Einsatz der Delta Force der Army, des SEAL-Teams Six der Navy und, wie es heißt, auch von Elementen des Geiselbefreiungsteams des FBI (in nationalen Notfällen oder bei Aufständen) überwacht.
- **U. S. Army Special Operations Command (USASOC)** – Zu diesem Kommando, das nur aus einer einzigen Komponente besteht, gehören etwa 25000 Mann. Es umfasst das U. S. Army Special Forces Command (Airborne[17]), das 75th Ranger Regiment, das 160th Special Operations Aviation Regiment (SOAR), das JFK Special Warfare Center mit der ihm angegliederten Schule, das U. S. Army Civil Affairs and Psychological Operations Command, das U. S. Army Special Operations Support Command und verschiedene Spüreinheiten für chemische Kampfstoffe. Sein Hauptquartier ist ebenfalls auf dem Gelände von Fort Bragg.

All diese Komponenten bilden eines der gefragtesten und schlagkräftigsten Kommandos in dieser Größenordnung auf der ganzen Welt, das in der Lage sein dürfte, gegen jeden anderen Verband der Welt anzutreten.

Zusätzlich zur grundlegenden Kommandostruktur des SOCOM gibt es in jedem Stab eines irgendwo auf dieser Welt einen Krieg führenden CINC noch einen Komponenten-Kommandeur für Sondereinsätze. So hat zum Beispiel das Special Operations Command Central (SOCCENT) sein Büro beim CENTCOM, das nur wenige Blocks vom SOCOM-Hauptquartier auf der MacDill AFB entfernt liegt. Dabei handelt es sich um das CENTCOM-

17 Luftlandetruppen bzw. Fallschirmjäger (Anm. d. Ü.)

Das offizielle AFSOC-Emblem

Offizielle Grafik der U. S. Air Force

Element, von dem jede Special Operations Force geführt würde, die auf Anforderung hin vom SOCOM zusammenstellt und dem CENTCOM unterstellt würde.

Die folgende Tabelle zeigt die verschiedenen Elemente des CINC Component Command. Darüber hinaus gibt sie Aufschluss darüber, wo die hauptsächlichen Special Operations Forces innerhalb der Kommandostruktur nach Goldwater-Nichols und Nunn-Cohen angesiedelt sind:

Vereinigte Militär-Kommandos und Special-Operations-Aufgaben

Befehls- und Führungskomponente	Bezeichnung	Vorgesehenes Vereinigtes Kommando	Verantwortungsgebiet
Special Operations Command, South	SOCSOUTH	U.S. Southern Command (SOUTHCOM)	Lateinamerika, Karibik
Special Operations Command, Atlantic	SOCACOM	U.S. Atlantic Command	US-amerikanisches Festland, Nordatlantik
Special Operations Command, Europe	SOCEUR	U.S. European Command	Europa, West- und Südafrika
Special Operations Command, Central	SOCCENT	U.S. Central Command	Zentral- und Süd westafrika, Mittlerer Osten und Ostafrika
Special Operations Command, Pacific	SOCPAC	U.S. Pacific Command	Pazifik, Ost- und Südostasien

Schauen wir uns nun die Special Forces innerhalb des USASOC genauer an.

U.S. Army Special Operations Command (USASOC): Ranger, Nightstalker und Special Forces

Das größte der SOCOM Component Commands, das USASOC, ist in einem mächtigen neuen Hauptquartiersgebäude an der Südostseite von Fort Bragg in North Carolina untergebracht. Säuberlich von den anderen Einheiten getrennt, die ebenfalls dort stationiert sind (dabei handelt es sich in erster Linie um das XVIII. Airborne Corps und die 82nd Airborne Division), leben sie hier in einem der neuesten und sichersten Quartiere, die man sich überhaupt nur vorstellen kann.

Die gut 25000 Frauen und Männer des USASOC stehen unter dem Kommando von Lieutenant General William P. Tangney, USA. General Tangney war ursprünglich Artillerie-Offizier. Er kam im Jahr 1969 zu den Special Forces und ist seitdem bei ihnen geblieben. Auf seinem Weg hat er eine beeindruckende Reihe von Verwendungen und Schulen absolviert einschließlich eines Kurses am Naval War College in Newport, Rhode Island. Sein Auftrag besteht darin, das USASOC zur ersten Wahl für Sondereinsätze auf der ganzen Welt zu machen. Mit Sicherheit verfügt er über die entsprechenden Werkzeuge, das auch zu realisieren.

Das USASOC besteht aus sechs grundlegenden Teilen (oder Gemeinschaften). Zum besseren Verständnis werden wir im Folgenden die Komponenten-Einheiten des USASOC und einige ihrer Fähigkeiten vorstellen:

- **75th Ranger Regiment**[18] – Das in Fort Benning, Georgia, stationierte 75th entstand aus den Ranger-Bataillonen, die viele der berühmten Angriffe im Zweiten Weltkrieg anführten. Heute besteht es aus drei hervorragend ausgebildeten Ranger-Bataillonen. Alle Angehörigen dieser Truppe sind voll ausgebildete Fallschirmspringer, und sie verfügen über die notwendigen Mittel, große Ziele wie Flugplätze, Häfen und sogar kleine Länder besetzen oder zerstören zu können. In den 80-er Jahren führten sie zwei solcher Einsätze durch. Dabei sprangen sie jeweils als erste Elemente der Operationen Urgent Fury (Grenada 1983) und Just Cause (Panama 1989) über dem Einsatzgebiet ab.

---

18 Der Begriff »Ranger« hat in der U.S. Army eine doppelte Bedeutung. Für die meisten Angehörigen der Army ist die Ranger-Ausbildung ein Lehrgang für Fortgeschrittene, der von wirklich jedem Angehörigen aller Teilstreitkräfte belegt werden kann. Der Ranger-Kurs ist eine sowohl physisch wie mental schwere Ausbildung, mit der ein Soldat abgehärtet werden soll. Dabei erhält er eine Ausbildung im Kampf Mann gegen Mann, im Leben im Feld und in der Führung kleiner Einheiten. Es ist ein harter Kurs mit extrem hohen Ausfallquoten. Die meisten Männer mit dem Rangerabzeichen, die ich kenne, werden erzählen, dass dies der härteste Lehrgang ist, den sie je erlebt haben. Das 75th Regiment hat ausschließlich Männer in seinen Reihen, die ausgebildete Fallschirmspringer sind und den Rangerlehrgang absolviert haben. Als solche sind sie praktisch ein leichtes Eliteregiment der Stoßtruppen, das auf der Welt seinesgleichen sucht.

Das offizielle Emblem des JSOC
Offizielle Grafik des Verteidigungsministeriums

- **160th Special Operations Aviation Regiment (SOAR[19] – the »Nightstalkers«)** – Das ist die wohl geheimste und technisch am besten ausgerüstete Einheit im USACOC. Sie stellt für das übrige Kommando die Luftunterstützung bereit, die bei dem gescheiterten Rettungsversuch der Geiseln im Iran noch fehlte. Das SOAR ist in Fort Campbell in Kentucky stationiert (das gleichzeitig auch der Heimatstützpunkt der 101st Airborne Division, Air Assault ist) und fliegt eine Mischung der unterschiedlichsten Hubschraubertypen, die für ihr spezielles Einsatzprofil stark modifiziert wurden. Dazu gehören:
  - **MH-47 D/E *Chinook*** – Ein schwerer Transporthubschrauber mit großer Reichweite. Er ist die Transportkomponente des 160th Regiment. Beim MH-47 handelt sich um die stark modifizierte Variante des berühmten zweimotorigen *Chinook*-Hubschraubers mit Doppelrotor, der von der Firma Boeing hergestellt wird. Für die SOAR wurde dieser Typ mit einem besonders konstruierten Paket für Sondermissionen ausgestattet (dazu gehören ein TFR – Terrain Following Radar [Geländefolgeradar], ein FLIR – Forward Looking InfraRed Scanner [vorwärtsgerichtetes Infrarotsuchgerät], Radargeräte und ECM – Electronic Counter Measures [Einrichtungen für elektronische Gegenmaßnahmen], eine Sonde für die Betankung in der Luft und vieles mehr). Darüber hinaus wurde noch ein umfangreiches Computersystem in den Hubschrauber eingebaut. Ein MH-47 kann jetzt genau die Art von Nonstop-Flügen leisten, die 1980 im Iran noch unmöglich waren. Eine einzige Maschine des Typs MH-47 kann bis zu 20 voll ausgerüstete Special-Operations-Soldaten oder ein Schlauchboot mit einem Dutzend Männer tragen.
  - **MH-60 K/L *Pave Hawk*** – Der MH-60 ist vom bekannten Hubschrauber-Typ MH-60 *Blackhawk* abgeleitet und so etwas wie der kleine Bruder des MH-47 *Chinook*. Er ist mit einem ähnlichen Ausrüstungspaket ausgestattet, das jedoch für Missionen mit kleineren Reichweiten und geringerer Nutzlast entwickelt und optimiert wurde. Dessen ungeachtet verfügen die MH-60er in der »K«-Version ebenfalls über einen Luftbetankungsstutzen und sind so in der Lage, auch längere

19 Ein sicher nicht ganz unbeabsichtigtes Akronym, denn das englische *to soar* bedeutet *lautlos dahinsegeln*. (Anm. d. Ü.)

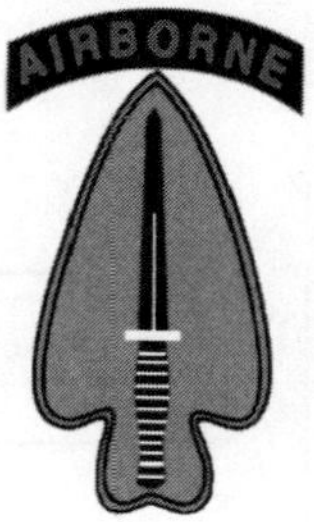

Offizielles Abzeichen des USASOC

OFFIZIELLE GRAFIK DER U. S. ARMY

Missionen zu fliegen. Ergänzend ist der Hubschrauber mit Luft-Boden-Raketen und Maschinengewehren bewaffnet. Unbestätigten Berichten zufolge existiert auch noch eine Angriffsvariante des MH-60K, die unter der Typenbezeichnung AH-60 geführt wird. Diese Maschine soll über einen Laser-Designator (-Markierer) in Ergänzung zum normalen Ausrüstungspaket verfügen und zwei Kanonen vom Kaliber 30 mm mit Gurtzuführung der Munition besitzen. Damit würde dieser Hubschrauber über eine ähnliche Feuerkraft verfügen wie der AH-64 *Apache*, der sowohl Lenkwaffen des Typs *Hellfire* für Bodenziele als auch *Stinger*-Lenkwaffen für Luftziele an Bord hat.

– **A/M/TH-6 »Little Bird« –** Das ist wohl der geheimste Hubschrauber des 160th Regiment. Hinter der Bezeichnung »Little Bird« verbirgt sich eine ganze Familie leichter Angriffs-, Überfall- und Beobachtungshubschrauber. Sie alle basieren auf der von Boeing (nach der Übernahme von McDonnell und Hughes) gebauten H-/MD-500 Serie von Hubschraubern. Obwohl Details über diese Maschinen strengster Geheimhaltung unterliegen, ist zumindest so viel bekannt, dass die meisten von ihnen mit einem leichtgewichtigen FLIR-System ausgestattet sind und mit sechsläufigen 7,62 mm-Kleinkanonen und Luft-Boden-Raketen ausgerüstet werden können. Der »Little Bird« bietet sich ebenfalls zur Verwendung an, wenn es um darum geht, bis zu sechs Special-Operations-Soldaten in ein städtisches Umfeld einzufliegen und dort mittels »fast-rope«-Techniken (schnellstmögliches Abseilen aus der schwebenden Maschine) in bebautem Gelände wie Städten und Industrieanlagen an den Feind zu bringen.

Die »Nightstalkers« sind, wie der Name schon vermuten lässt, auf Nachteinsätze spezialisiert. Damit können sie ihre durch Sensoren, Navigationsausrüstung, Waffen und durch Können der Besatzungen bedingte Überlegenheit in entscheidende Kampfvorteile umsetzen. Seit ihrer Aufstellung im Jahre 1980 waren sie bei allen wichtigen Aktionen mit dabei. Von der Invasion in Grenada bis hin zu den Operationen in Bosnien in der jüngsten Vergangenheit – dem 160th Regiment gehört die Nacht und es ist gut beschäftigt.

- **Civil Affairs/Psychological Command** (CA – technische Hilfsleistungen für die Zivilbevölkerung) – Wie bereits erwähnt, besteht eine der

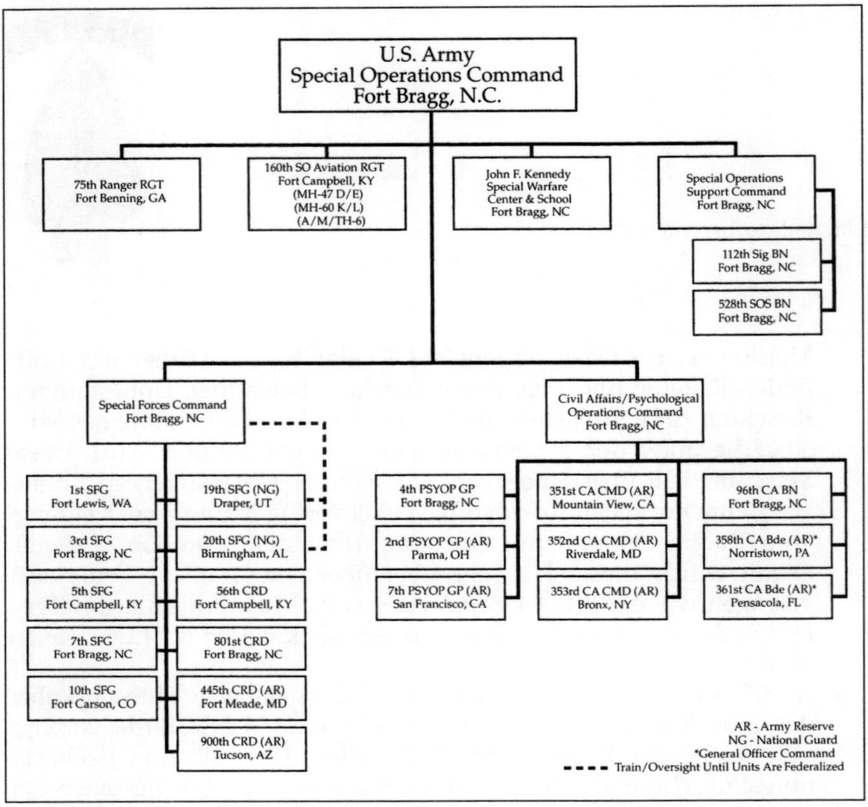

Organigramm des USASOC

RUBICON. INC., VON LAURA DENINNO

effektivsten Durchsetzungsmethoden darin, andere dazu zu »überreden«, dass sie aufgeben … und erkennen, wer im Recht ist. »Überredung« (Öffentlichkeitsarbeit, Reklame, Rhetorik, wie man es auch nennen mag) funktioniert genauso gut im Krieg wie auf dem Schulhof oder in der Politik. Deshalb macht es Sinn, dass die ganze Ansammlung von Fachkenntnissen, die es in diesen Bereichen bei der Army gibt, für genau solche Zwecke in einem der »klügsten« Kommandos der Army zusammengefasst sind. Das Kommando von CA/PSYOP sitzt in Fort Bragg und besteht aus neun Einheiten:

- **2nd, 4th und 7th PSYOP-Group** – Diese drei Gruppen bilden das Herzstück der PSYOP-Fähigkeiten der Army. Die 4th PSYOP-Group liegt in Fort Bragg, die 2nd und 7th sind Reserveeinheiten und in Parma, Ohio, bzw. in San Francisco, Kalifornien, stationiert.
- **96th CA Bataillon** – Das 96th liegt in Fort Bragg und ist die einzige aktive Civil-Affairs-Einheit der Army.
- **358th und 361st CA Brigades** – Bei diesen Einheiten handelt es sich um zwei große Civil-Affairs-Brigaden der Reserve. Sie sind in Norris Town, Pennsylvania, und Pensacola, Florida, stationiert.

- **351st, 352nd und 353rd CA-Commands** – Sie sind ebenfalls Reserveeinheiten, jedoch kleiner als ihre Gegenstücke in Brigadestärke. Sie liegen in Mountain View, Kalifornien, in Riverdale, Maryland, und in der Bronx von New York.

- **Special Operations Support Command (SOSCOM)** – Logistik und Kommunikation sind niemals besonders »sexy«. Doch ohne sie käme keine militärische Operation sehr weit. Das SOSCOM sorgt für die Ersatzteile, den Nachschub und stellt dem USASOC darüber hinaus noch eine große Bandbreite anderer Dienstleistungen zur Verfügung. Seine zwei Hauptkomponenten sind:
  - **526th SO Support Batallion** – Die Einheit versorgt den Rest des USASOC mit den wichtigsten Nachschub- und Dienstleistungsfunktionen und ist in Fort Bragg stationiert.
  - **112th Signal Battalion** – Es ist ebenfalls in Fort Bragg stationiert und stellt die gesamte Bandbreite des Bedarfs an Kommunikation, Datenverarbeitung und Netzwerktechnik für das USASOC bereit.
- **U. S. Army John F. Kennedy (JFK) Special Warfare Center and School** – Hierbei handelt es sich um *die* Schule des USASOC. Ursprünglich wurde sie für die Ausbildung und die Auswahl neuer Soldaten für die Special Forces eingerichtet. Inzwischen ist sie zum Ausbildungszentrum für die gesamte USASOC-Gemeinschaft geworden. 1999 wurde hier buchstäblich alles gelehrt, von Trauma-Behandlungstechniken bis hin zur Satellitenkommunikation. Im Laufe der Zeit ist sie zu einer Art Wissenspool für alles geworden, was die Army jemals über Sondereinsätze, unkonventionelle Kriegführung und sämtliche anderen Tricks ihres tödlichen, aber wichtigen Handwerks gelernt hat. Eine Reihe von Ablegern im ganzen Land haben die Ausbildung in speziellen Fähigkeiten wie zum Beispiel SCUBA[20]-Tauchen oder Freifall-Fallschirmspringen übernommen. Außerdem gibt es auch noch mehrere Schulen bei der Truppe selbst.
- **Special Forces Command (SFC)** – Dies ist die Heimat der Green Berets. Zum SFC gehören fast 10000 Männer und Frauen. Damit ist es die zahlenmäßig stärkste einzelne Komponente sowohl beim SOCOM wie beim USASOC. Das Special Forces Command setzt sich aus aktiven Special Forces Groups und solchen der Nationalgarde (also Reservisten) zusammen. Hinzu kommen dann noch aktive und Reserve Special Reconnaissance Detachments (CRDs, Sonderaufklärungsabteilungen). Dieses Kommando gilt im Gegensatz zum 75th Ranger Regiment, das die »Muskeln« repräsentiert, als »Hirn« des USASOC. Das in Fort Bragg stationierte Kommando untergliedert sich wie folgt:
  - **1st SFG** – Die 1st SFG ist für PACOM/SOCPAC zuständig und in Fort Lewis, Washington, stationiert. Eines ihrer Bataillone ist »in vorgeschobener Position« in Okinawa eingesetzt.

---

20 Tauchtechnik unter Verwendung eines speziellen Regenerationstauchgerätes. (Anm. d. Ü.)

- **3rd SFG** – Die Aufgabe der 3rd SFG besteht in der Unterstützung von EUCOM/SOCEUR-Operationen in West- und Südafrika. Ihr Stützpunkt ist Fort Bragg. Bei Bedarf unterstützt diese Gruppe auch CENTCOM/SOCCENT-Operationen.
- **5th SFG** – Dies ist die wohl bekannteste und sicherlich am meisten dekorierte Gruppe (wegen ihrer Leistungen in Vietnam). Die 5th SFG ist für die Unterstützung von CENTCOM/SOCCENT-Operationen in Ostafrika, dem Mittleren Osten und in Südwest-/Zentralasien vorgesehen, ihr Heimatstützpunkt befindet sich in Fort Campbell, Kentucky.
- **7th SFG** – Diese Gruppe ist ebenfalls in Fort Bragg stationiert (allerdings befindet sich immer eine Kompanie »in vorgeschobener Position« in Puerto Rico). Sie führt Operationen für SOUTHCOM/SOCSOUTH in Lateinamerika und dem karibischen Becken durch.
- **10th SFG** – Sie hat gerade erst ihr neues Quartier in Fort Carson in Colorado bezogen (eine Kompanie befindet sich in Deutschland). Die 10th SFG war die erste Einheit dieser Art und wurde bereits 1952 aufgestellt. Sie deckt mit ihrem Einsatzbereich Europa für EUCOM/SOCEUR ab.
- **19th SFG** – Die 19th ist eine der beiden SFGs der Nationalgarde, welche die verschiedenen Missionen der aktiven Gruppen durch Personalbereitstellung und ihre Fähigkeiten ergänzen. Sie liegt in Draper, Utah, und setzt sich aus Einheiten zusammen, die aus dem gesamten Westen der Vereinigten Staaten stammen. Das Hauptaugenmerk dieser Gruppe liegt auf Missionen für PACOM/SOCPAC und CENTCOM/SOCCENT.
- **20th SFG** – Dies ist die zweite Gruppe der National Guard. Sie ist in Birmingham, Alabama, stationiert und arbeitet für SOUTHCOM/SOCSOUTH und mit Schwerpunkt im karibischen Becken.
- **56th und 801st CRD** – Die beiden einzigen aktiven CRDs der Army sind in Fort Campbell bzw. Fort Bragg stationiert.
- **445th CRD** – Dies ist eine Reserveeinheit mit Stützpunkt Fort Meade in Maryland. Von dort aus deckt sie den östlichen Teil der Vereinigten Staaten von Amerika ab.
- **900th CRD** – Als zweite Reserve-CRD liegt die 900th in Fort Carson in Colorado.

Beim SFC herrscht die härteste Gangart innerhalb des SOCOM. Hier verbringt der durchschnittliche Soldat über sechs Monate pro Jahr im Feld. Nur zum Vergleich: Ein Flugzeugträger-Gefechtsverband der Navy oder eine MEU (SOC) des USMC ist dagegen »nur« sechs von 18 Monaten unterwegs. Der Grund wird klar, wenn wir uns das SFC etwas genauer anschauen.

Special Forces Command: Die Green Berets

Was genau sind Special Forces und was tun sie? Von welchem Nutzen sind sie für die Nation? Welche Rollen und Aufgaben erfüllen sie?

Als Erstes muss man wissen, dass ihr Schwerpunkt, auch wenn sie gefürchtete Kämpfer sind, nicht notwendigerweise im Gefecht liegt. Zwar haben sie seit dem Ende des Kalten Krieges schon einige größere Kampfeinsätze erlebt und werden auch in Zukunft in dieser Rolle eingesetzt werden, doch das ist nur ein Bruchteil der Arbeit, die sie leisten. Auf jeden Fall haben sie als besonders flexible Einsatzkräfte schon in Friedenszeiten einen erheblichen Wert.

Des weiteren dürfen wir nicht vergessen, worum es im Kern bei den Special Forces geht: Diese Truppe setzt sich aus ganz besonderen Menschen zusammen, die eine besondere Ausbildung und einzigartige Gelegenheiten erhalten, den Streitkräften und ihrem Land zu dienen. Soldaten der SF werden aus der gesamten Armee rekrutiert und durchlaufen dann das längste und rigoroseste Qualifikations- und Ausbildungsprogramm der Streitkräfte der Vereinigten Staaten. Haben sie erst einmal diesen anfänglichen Ausbildungsgang (den »Q«-Course; das »Q« steht für Qualifikation), absolviert, werden die Männer auf die verschiedenen SFGs im ganzen Land verteilt. Dann folgt eine weiterführende Ausbildung in Sprache und Kultur der Region, die von ihrer Gruppe abgedeckt wird. Erst wenn sie auch darin fit sind, werden sie einem Team von 14 Soldaten zugewiesen. Ein solches Team stellt den grundlegenden Baustein der Special Forces dar, das sogenannte »Operational Detachment Alpha« oder ODA (auch als »A-Team« bekannt, obwohl diese Bezeichnung in Verruf geraten ist, nachdem eine Fernsehserie gleichen Namens ausgestrahlt wurde).

Normalerweise verdienen die Soldaten der Special Forces jedoch ihren Sold durch Operationen im Frieden. Schauen wir uns den grundlegenden Baustein, das ODA, näher an.

Jedes ODA ist ein sorgfältig ausbalanciertes Team, das sich in zwei völlig gleichartige Gruppen teilen kann, die jede für sich über die gleichen Fähigkeiten verfügt. Dazu zählen technische Hilfeleistungen für die Zivilbevölkerung, medizinische Kenntnisse, Kommunikation und die verschiedensten Arten militärischer Ausbildung. SF-Soldaten sind immer gleichzeitig auch ausgebildete Spezialisten, die in hohem Grad über technische, kulturelle und Kampffähigkeiten verfügen. Schließlich sind sie ja gerade deshalb ausgewählt worden, weil sie zusammenarbeiten und Probleme lösen können. Darüber hinaus haben sie alle eine natürliche Begabung zur Führung – man könnte fast von unternehmerischem Geist sprechen.

Was leisten sie nun für Amerika?

SF-Soldaten sehen sich gerne als »die stillen Profis«. Obwohl sie in ihrer Zurückhaltung manchmal zu weit gehen (denn *ganz so* zurückhaltend brauchen sie nun wirklich nicht zu sein), ist es gerade diese stille Unauffälligkeit, die ein ODA zum idealen Kandidaten für die Übernahme einer Vielzahl schwieriger und sensibler Aufgaben macht.

Aus diesem Grund vertrauen Institutionen wie das Verteidigungsministerium oder das Außenministerium einer einzelnen ODA, die von einem Captain der Army geführt wird, sogar so weit, dass sie diese in ein anderes Land schicken, damit sie dort eine ganze Mission allein erledigt, und dazu kann auch ein Ausbildungskurs für die nationale Polizei oder einen militärischen Verband in FID gehören. Währenddessen unterstützt eine andere ODA-Einheit vielleicht gerade Personal, das scharfe Minen oder nicht explodierte Munition räumt und entschärft. Wieder andere Teams könnten derweil Rebellen unterstützen, die einen Aufstand gegen eine Regierung beginnen, die gegen die USA und ihre Verbündeten eingestellt ist.

Obwohl all die Aufträge durchaus unter der Überschrift »Großes Abenteuer« laufen könnten, erfordern sie eine behutsame Hand. Nicht selten werden die Special Forces auch als »das bewaffnete Friedenscorps« oder »die bewaffnete Abteilung des Außenministeriums« bezeichnet.

Halten wir abschließend fest: Das Special Forces Command hat inzwischen nicht nur das Image der »Schlangenfresser« abgelegt, sondern es ist schwer, im gesamten amerikanischen Militär professionellere und flexiblere Kämpfer zu finden.

Der Weg an die Spitze: Ein Interview mit General Henry A. Shelton

Der Chairman of the Joint Chiefs of Staff, der Vorsitzende der Vereinigten General- und Admiralstabschefs, befehligt keine eigenen Verbände und hat auch keine Befehlsgewalt über im Feld stehende Truppen. Normalerweise ist er zweimal für je zwei Jahre im Amt, aber auf ausdrücklichen Wunsch des Präsidenten kann er bis zu sechs Jahre in dieser Position bleiben. Seine Abhängigkeit vom Senat geht so weit, dass er schon fast dessen Genehmigung braucht, wenn er nur sein Büro im Ring E des Pentagon betreten will. Wer diesen Job annimmt, verzichtet automatisch auf jegliches Privatleben und muss künftig mit einer schier unbegrenzten Überwachung durch eine neugierige Presse und die Mitglieder des Senats leben. Aber der Vorsitzende der JCS ist der ranghöchste Offizier der Vereinigten Staaten, und es gibt auf der ganzen Welt keine militärische Position, die der seinen vergleichbar wäre.

Die Liste der Männer, die als »Chairman« (wie der Job von Washington und Kennern des Militärs genannt wird) dienten, liest sich wie ein *Who is Who* amerikanischer Spitzenmilitärs der jüngeren Zeit. Der Erste in dieser Position war ein General der Army namens Omar Bradley (der so genannte »Soldatengeneral«), der im Zweiten Weltkrieg Verbände der U. S. Army von Nordafrika bis in das Herz Deutschlands führte. Chairmen waren aber auch so legendäre Kämpfer wie General Maxwell Taylor, Admiral Thomas Moore und General David Jones.

Sie haben sicher alle Großartiges geleistet, aber die vier jüngsten Amtsinhaber haben diesen Job so gestaltet, wie wir ihn heute kennen.

Nach der Verabschiedung des Goldwater-Nichols-Gesetzes zur Militärreform im Jahr 1986 verwandelte Admiral Wiliam Crowe die Position des Chairman of the Joint Chiefs of Staff in die eines mächtigen Beraters des Präsidenten, so wie sie in der Welt nach dem Kalten Krieg gefordert war. Sein Nachfolger, General Colin Powell (der jüngste Chairman bisher, auch der erste Afro-Amerikaner und gleichzeitig der erste Absolvent der Reserveoffizierausbildung auf diesem Posten), setzte anschließend neue Maßstäbe für die umgestaltete Position und trug wesentlich dazu bei, Amerika zu seinen Siegen in Panama und am Persischen Golf, letztlich auch im Schlussakt des Kalten Krieges zu führen. Powells Nachfolger, General John Shalikashvili (der wiederum der erste *nicht* in Amerika geborene Chairman war) brachte seine eigene, einzigartige Perspektive in das Amt ein. General »Shali«, wie er mit Zuneigung genannt wurde, führte das amerikanische Militär durch eine kritische Periode von Truppenabbau

General Henry H. »Hugh« Shelton, USA. General Shelton ist Chairman of the Joint Chiefs of Staff (Vorsitzender der Vereinigten Generalstabschefs) und gleichzeitig der erste Offizier in dieser Position, der aus der Truppe der Special Operations Forces hervorging.
Offizielles Foto des US-Verteidigungsministeriums

und Konsolidierung, ohne dabei die unendlich vielfältigen Interessen Amerikas auf dieser Welt aus den Augen zu verlieren. Bei seiner Versetzung in den Ruhestand war klar, dass auf seinen Nachfolger eine gigantische Verantwortung und eine gewaltige Aufgabe warteten.

Der Mann, der diesen Job einmal übernehmen sollte, rückte 1994 zum ersten Mal in den Blick der Öffentlichkeit, als er noch in der Funktion des Befehlshabers der gemeinsamen (Joint) Einsatzgruppe für die Operation Uphold Democracy in Haiti vor laufenden Kameras im Range eines Lieutenant General aus dem Hubschrauber stieg, der ihn von der USS *Mount Whitney* (LCC-20), seinem Kommandoschiff, die drei Meilen von der Küste her eingeflogen hatte. Die gelassene, professionelle Art, mit der er die Haiti-Operation führte, zeigte aller Welt, dass man ihn zu Recht als aufgehenden Stern der Army einstufte.

Im Laufe der folgenden drei Jahre wurde Hugh Shelton zum Vier-Sterne-General befördert und erhielt das Kommando über das U.S. Special Operations Command auf der MacDill AFB. Im Jahre 1997 wurde er schließlich zum Nachfolger von »General Shali« in der Position des Chairman berufen. Nach Ablauf seiner ersten Amtsperiode wurde er 1999 für eine zweite ernannt, die im Oktober 2001 endete.

Jeder, der General Shelton zum ersten Mal begegnet, wird von ihm beeindruckt sein – und das nicht nur wegen seiner bemerkenswerten Karriere in der Army. Die meisten Menschen sind zunächst einmal gebannt von seiner rein physischen Erscheinung (er ist 1,95 Meter groß und gebaut wie John Wayne) und seiner gelassenen Autorität. Es gibt aber noch eine kleine und elitäre Gemeinschaft, die auf seine gegenwärtige Position und seine Leistung ganz besonders stolz ist: Das sind die Profis von den Spe-

General Shelton und der Autor schütteln einander beim Interview die Hand. In dem groß gewachsenen General Shelton verbindet sich das äußere Erscheinungsbild mit dem zurückhaltenden Südstaaten-Charme zu einem ganz persönlichen Führungsstil.

JOHN D. GRESHAM

cial Operations. General Shelton ist der erste Angehörige der Special Operations Forces (SOF), dem das Amt des Chairman anvertraut wurde.

Hugh Shelton begann seine Karriere als Soldat bei den Special Forces in Vietnam. Sein weiterer Lebensweg im Anschluss an diesen Krieg deckt sich auf vielfache Weise mit der Geschichte der SOF. Genau diese Geschichte hatte ich im Hinterkopf, als ich gegen Ende des Jahres 1999 ins Pentagon ging, um diesen Mann zum Lunch zu treffen. Es wurde ein eindrucksvolles Erlebnis.

* * *

General Henry H. Shelton (U.S. Army) wurde im Januar 1942 als Sohn einer Farmerfamilie an der Küste North Carolinas geboren. Wenn man seinen manchmal ausgeprägten Carolina-Dialekt und sanften Tonfall hört, drängt sich die Frage förmlich auf, wie dieser Hintergrund seine Persönlichkeit wohl geformt haben mag:

Tom Clancy: Können Sie uns ein wenig über Ihre Jugendzeit in North Carolina erzählen? Wie sah Ihre Geburtsstadt damals aus?

General Shelton: Ich kam in der Kleinstadt Tarboro zur Welt. Aufgewachsen bin ich dann aber in einem Ort namens Speed. Zur damaligen Zeit zählte Tarboro ungefähr 5000 Einwohner, in Speed lebten gerade 250. Meine Freundin, die später meine Frau werden sollte, stammt aus Speed. Ihre Schwester lebt noch heute dort in ihrem Elternhaus. Meine Familie wohnte ein paar Meilen weiter draußen auf dem Land.

Beide Gemeinden wurden während des Hurrikans »Floyd« [im Oktober 1999] von furchtbaren Überflutungen heimgesucht. Sie haben bestimmt Bilder davon im Fernsehen gesehen. Die Kirche stand schlimm unter Wasser, und mein Bruder hat mir erzählt, dass er unserer 82-jährigen Mutter auf Händen und Knien half, sie anschließend wieder zu säubern. Mutter war dort über sechzig Jahre lang Organistin.

Tom Clancy: Haben bestimmte Erinnerungen, wie es war, in den fünfziger Jahren in jener Gemeinde aufzuwachsen, Ihren Wunsch geweckt, zum Militär zu gehen?

General Shelton: Wenn ich heute daran zurückdenke, war es ein großartiger Ort für einen heranwachsenden Jungen. Die Leute dort waren gute, einfache, hart arbeitende und gottesfürchtige Menschen. Die Kirchen und Schulen waren ihr Lebensmittelpunkt, und es gab auch eine Menge Kriegsveteranen in der Gemeinde. Diese Männer hatten vier Jahre ihres Lebens geopfert, um hinauszugehen und im Zweiten Weltkrieg zu kämpfen. Dort zählten harte Arbeit, Ehrlichkeit, Integrität, und das eigene Wort galt so viel wie ein Vertrag. All diese und auch noch andere Werte, die wir den Soldaten heute vermitteln wollen, standen dort seit je im Mittelpunkt.

Tom Clancy: Gab es in Ihrer Familie eine Tradition, Soldat zu werden, bevor Sie zum Militär gingen?

General Shelton: Nein, ich komme ganz und gar nicht aus einer Soldatenfamilie, aber drei meiner Onkel haben im Zweiten Weltkrieg gedient.[21] Ich kann mich noch daran erinnern, wie ich ihren Geschichten zugehört habe und dass ich außerordentlich beeindruckt war. Viele Männer in unserem Ort hatten gedient, und so blieb es nicht aus, dass man auch noch andere Geschichten zu hören bekam, obwohl nicht jeder, der im Krieg war, auch darüber redete. Wenn ich genau darüber nachdenke [General Shelton zögert einen Augenblick], habe ich mit meinen Söhnen eigentlich nie über meine Erfahrungen in Vietnam gesprochen. Ja, je intensiver ich jetzt darüber nachdenke, umso mehr glaube ich, dass ich das tun sollte, damit sie ein Gefühl und Verständnis dafür bekommen.

Nach der Kindheit auf der Farm seiner Familie begann Hugh Shelton über einen Berufsweg nachzudenken, der sowohl ihn persönlich fordern als auch all die Werte repräsentieren würde, die ihm vermittelt worden waren. Und so schrieb er sich in der Zeit, als sich die Vereinigten Staaten von Amerika auf den Weg in die 60er-Jahre machten, an der North Carolina State University in Raleigh in North Carolina ein. Seine Bemerkungen über die damalige Zeit sind Erinnerungen an die Dekade vor Vietnam, die gekennzeichnet war von politischen Anschlägen und schlimmen Rassenkonflikten.

Tom Clancy: Sie besuchten die North Carolina State [in Raleigh, North Carolina] zu Beginn der 60er-Jahre. Wie war es damals an der Hochschule und welche Erfahrungen machten Sie im ROTC[22]?

---

21 General Sheltons Vater war mit 4- F (untauglich aus medizinischen Gründen) gemustert worden. Seine Brüder dienten alle mit Auszeichnung im Zweiten Weltkrieg.

22 ROTC, Reserve Officer Training Corps, die studienbegleitende Reserveoffiziersausbildung in den Vereinigten Staaten. (Anm. d. Ü.)

General Shelton: Nun, zum einen hat ein erheblicher Teil meiner Familie die NC State absolviert. Ihnen dürfte vielleicht bekannt sein, dass es in North Carolina eine ausgesprochene Rivalität zwischen den Universitäten gibt. Ich war nun mal als Wolfpack-Fan groß geworden und deshalb hatte ich schon von frühester Jugend an den Wunsch, zur NC State in Raleigh zu gehen. Eine Karriere beim Militär konnte ich mir nicht einmal im Traum vorstellen, dieser Bereich erschien mir einfach nicht interessant. Aber wie es so geht – die zweijährige ROTC-Ausbildung war an bundesstaatlich geförderten Universitäten nun einmal Pflicht. Diese Regelung wurde 1966 oder 1967 aufgehoben, aber für die jungen Männer meiner Generation war es noch eine Pflichtveranstaltung. Dadurch landete ich eben in den ersten beiden Jahren im ROTC und es gefiel mir sogar ausgesprochen gut – nicht nur die Leute gefielen mir, sondern auch die Organisation, na eben einfach alles.

Damals zahlten sie einem nach den ersten zwei Jahren beim ROTC ungefähr 27,50 Dollar pro Monat, wenn man dabei blieb. Nicht gerade üppig, wenn man es an den Standards von heute misst, aber damals war das noch richtiges Geld! Vielleicht haben einige Leute das als »Taschengeld« gesehen, aber für mich war es viel. Wie auch immer, mein Interesse, dabei zu bleiben, war geweckt, und ich blieb. Zu der Zeit bedeutete die Unterschrift unter den Vertrag für die Laufbahn als Reserveoffizier, dass man sich damit verpflichtete, nach dem Examen zwei Jahre lang aktiven Dienst zu tun, und ich sagte einfach: »Na schön, geht in Ordnung.« Ich habe eben geglaubt, zwei Jahre in der Army dienen zu können – und dann bin ich dabei geblieben.

Tom Clancy: Geben Sie uns doch einen Eindruck vom Leben in Amerika in der damaligen Zeit. Wie war es an der NC State in den frühen Sechzigern?

General Shelton: Für die NC State war diese Ära eine konservative Zeit. Wir waren noch nicht wirklich in die Sache in Vietnam verwickelt und der Aktivismus der Studenten hielt sich in Grenzen. Natürlich gab es über das Thema Kommunismus hitzige Diskussionen. Einige wenige Studenten meinten, es sei schließlich nichts verkehrt am Kommunismus, und schon war eine hitzige Debatte im Gang. Das hatten wir nun davon, dass wir Yankees an unserer Hochschule zuließen!

Aber jetzt mal im Ernst. Der größte Teil unseres Basketballteams kam aus New York oder Indiana, und die Jungs waren ziemlich gut! Das Größte für uns Studenten war es, hinunter in die Stadt zu gehen und um das Kapitol herumzuziehen. Damit wollten wir den Leuten beweisen, dass wir noch immer gegen die UNC (University of North Carolina im nahe gelegenen Chapel Hill) bestehen konnten.

Tatsächlich mussten wir aber an der NC State hart arbeiten und das wiederum erforderte einen Haufen Disziplin. Es war eine technische Hochschule mit einem Zweig für Ingenieurswissenschaften und einem landwirtschaftlichen Zweig. Von dem, was wir heute »Geisteswissenschaften« nennen, gab es damals nicht viel, aber später wurden diese Sparten natürlich auch eingeführt.

Tom Clancy: Was haben Sie studiert, als Sie dort waren?

General Shelton: Ich begann mit Luftfahrttechnik und endete bei Textilien. Die erforderliche akademische Disziplin hat mich vieles gelehrt und meinen Horizont deutlich erweitert.

Kaum zu glauben, aber der jetzige Vorsitzende der Vereinigten General- und Admiralstabschefs dachte einmal, seine Berufung würde darin liegen, eines Tages eine der vielen Tuchfabriken von Carolina zu leiten. Doch er soll seine Geschichte selbst erzählen.

Tom Clancy: Im Jahre 1963 schlossen Sie das Studium ab und wurden Reserveoffizier der Army. Könnten Sie für uns einmal die ersten Jahre Ihrer Laufbahn schildern?

General Shelton: Als ich mein Studium an der NC State abschloss, lag ich so gut in meiner Gruppe von Reserveoffizieren, dass ich mit diesen Resultaten sogar in der regulären (aktiven) Army angenommen worden wäre. Aber damals sah ich eben meine Zukunft in dem Tätigkeitsfeld, das ich studiert hatte – in der Textilindustrie. Es gab da eine Firma namens Riegel Textile Corporation, mit der hatte ich bereits einen Vertrag abgeschlossen. Mein Plan war, nach meinem Abschluss und sobald meine zweijährige Verpflichtung bei der Army abgegolten war, zurückzugehen (nach Greenville, South Carolina) und als Management-Trainee bei ihnen anzufangen.

Mit diesem festen Vorsatz rückte ich als Reserveoffizier bei der Army ein, um meine zweijährige Verpflichtung abzudienen, und das alles mit der felsenfesten Absicht, anschließend im Textilgeschäft zu arbeiten. In meinem Marschbefehl stand die 2nd Infantry Division, die später zur Grundlage für die experimentelle 11th Air Assault Division[23] wurde. Daraus ging schließlich die 1st Air Cavalry[24] Division hervor, die 1965 nach Vietnam verlegt wurde. Zwischendurch absolvierte ich die Fallschirmspringer- und Rangerausbildung, das hat mir wirklich Spaß gemacht. Da ich von einer Farm kam, wo ich als Jugendlicher körperlich hart gearbeitet hatte, empfand ich die physischen Belastungen als nicht übermäßig groß. Die Zeit bei der Air Assault Division hat mir sehr gefallen und meine Vorgesetzten bemühten sich redlich, mich zu behalten. Aber ich bin gewohnt, zu meinem Wort zu stehen, und ich hatte bei Riegel unterschrieben und darüber hinaus war ich auch meiner Frau gegenüber im Wort. Also marschierte ich zurück ins Zivilleben.

---

23 Luftangriffs-Division. Angehörige dieser Einheit müssen nicht zwangsläufig Fallschirmspringer (Airborne) sein, die über einem Ziel abspringen, sondern werden mit Flugzeugen an ihren Einsatzort gebracht und dort abgesetzt. (Anm. d. Ü.)

24 Der Unterschied zwischen Air Assault und Air Cavalry liegt darin, dass die Letztgenannte »leichter« ist. Das heißt, dass sie mit eigenen Hubschraubern und ohne schwere Waffen und Panzer (die bei der Air Assault zur Ausrüstung gehören) als leichte, luftbewegliche Truppe einzustufen ist. (Anm. d. Ü.)

Als ich dort allerdings wieder angelangt war, stellte ich schnell fest, dass die Herausforderungen, welche die Textilindustrie zu bieten hatte, mit denen, die ich in der Army kennen gelernt hatte, einfach nicht zu vergleichen waren. Außerdem merkte ich, dass meine Erfahrungen beim Militär mich sehr gut für die Privatwirtschaft vorbereitet hatten. Aber es dauerte dann nicht einmal einen Monat und ich vermisste die täglichen Herausforderungen der Army. Ich sprach darüber mit meiner Frau Carolyn. Wir entschieden, dass ich mich wieder bei der Army bewerben sollte, diesmal jedoch für eine Übernahme als aktiver Offizier, was schließlich ungefähr ein Jahr in Anspruch nahm. Als das Telegramm mit der Zusage der Army eintraf, versuchte mich die Geschäftsführung von Riedel um jeden Preis zu halten und man bot mir sogar das doppelte Gehalt. Letzten Endes führte ich dann ein letztes Gespräch mit dem Präsidenten der Firma, und der drückte mir, nachdem er ein letztes Mal versucht hatte, mich zum Bleiben zu überreden, die Hand und verabschiedete mich mit den Worten: »Gott segne Sie und viel Glück!« Der Rest ist, wie man so schön sagt, Geschichte.

Nachdem er seine Brücken zum Zivilleben abgebrochen hatte, stieg der damalige 1st Lieutenant Shelton mit einer echten Herausforderung wieder in die Army ein: Er ging zu den Special Forces und auf die U. S. Army JFK Special Warfare School von Fort Bragg in North Carolina.

Tom Clancy: Wie war es damals, den Q-Course [den Qualifikationslehrgang für die Special Forces] zu durchlaufen?

General Shelton: Es war Ausbildung in ihrer härtesten Form. Ich glaube wirklich, dass das Barry Sadlers Lied sehr gut auf den Punkt bringt: Hundert Mann werden es heute versuchen, aber nur drei werden das Grüne Barett bekommen. Wahrscheinlich war die Statistik nicht ganz so schlecht, aber es war doch eine physisch wie mental extrem harte Angelegenheit. Das Ganze dauerte zwölf Wochen, in denen der Schwerpunkt in erster Linie auf den Vorbereitungen lag, im Rahmen der Unconventional Warfare (UW, nichtkonventionelle Gefechtsführung) nach Vietnam zu gehen. Nach meiner Einschätzung war das, was wir da machten, so ziemlich die beste Ausbildung, die ich jemals erhalten hatte.

Tom Clancy: Worauf legte man denn damals in der SF-Ausbildung besonderen Wert? Ging es nur um nichtkonventionelle Gefechtsführung oder wurden Sie in Dingen ausgebildet, die wir auch heute noch in so realistischen Feldübungen wie Robin Sage wiederfinden könnten?

General Shelton: Robin Sage hieß damals noch »Cherokee Trail«. Im Grunde haben wir aber genau die gleichen Sachen gemacht. Dieser Teil des Lehrgangs hat die Zeit überdauert. Aber, ehrlich gesagt, ich glaube, dass der Lehrgang heute insgesamt ein bisschen härter ist als zu meiner Zeit. Auf jeden Fall wird an der Ausbildungsfront in den ganzen SOF hervorragende Arbeit geleistet, und zwar sowohl bei der Bewertung wie bei der Auswahl, denn die Auswahlkriterien sind der entscheidende Grund dafür, dass die Truppe heute so großartig ist.

Damit meine ich, dass wir mit sehr guten Leuten beginnen, die sowohl physisch als auch mental den Anforderungen gewachsen sind. Darauf können wir dann aufbauen.

Tom Clancy: Haben eigentlich schon damals die Einwohner von North Carolina als »Pineland Auxiliary« [das sind Einheimische, die bei den Übungen bestimmte Rollen übernehmen] ausgeholfen, so wie es heute geschieht?

General Shelton: Das werde ich niemals vergessen, ganz gewiss nicht! Ich denke, die Wirkung der Aufgliederung der Anwohner, ich meine das Wissen, wer nun auf welcher Seite spielt, ist einfach unglaublich. Die Sache ist inzwischen über die Generationen hinweg zu einer regelrechten Familientradition geworden, und sie versuchen immer, die andere Seite aus den verschiedenen »Zellen« heraus »aufzubrechen«. Man fragt sich, arbeitet zum Beispiel der Mann von dem Reinigungsgeschäft für »Pineland« [das sind die Bösen] oder die aufständische Miliz [die Guten, also unsere Alliierten]?

Den Mann von der Reinigung erwähne ich deshalb, weil er damals, als ich diesen Lehrgang besuchte, einen Lieferwagen hatte. Natürlich war das der Bursche, der vorbeikam und sich mit uns auf der Straße an einem vorher verabredeten Punkt traf, um unser Sprengteam durch zwei Straßensperren zu bringen, an denen man nur auf uns wartete. Er fuhr uns an der Brücke vorbei, die wir in die Luft jagen wollten, und wir sprangen alle noch ab, während er fuhr. Dann kletterten wir das Ufer hinunter, machten alles zur Sprengung der Brücke fertig, kletterten wieder hoch und trafen uns mit ihm. Er brachte uns sicher durch die Straßensperren zurück. Er hat die Posten nur angesehen und gemeint: »He, Joe, ich liefere nur meine Reinigungswäsche aus!« Das war schon das Unglaublichste, das ich je erlebt habe! Ich möchte fast wetten, dass er da unten immer noch mit demselben Lieferwagen unterwegs ist.

Nachdem er sein Green Beret erlangt hatte, ließ der inzwischen zum Captain beförderte Shelton seine Frau und seinen kleinen Sohn zurück und ging für den ersten von zwei Einsätzen in Südostasien nach Vietnam.

Tom Clancy: Können Sie uns etwas über Ihren ersten Einsatz mit der 5th Special Forces Group in Vietnam erzählen?

General Shelton: Im August 1966 kam ich nach Fort Bragg und arbeitete im JFK Special Warfare Center. Dann absolvierte ich den »Q«-Course und mein erster Sohn kam gerade zur Welt, als die Übung »Cherokee Trail« begann. Zwei Wochen später beendete ich den Lehrgang, nahm ein bisschen Urlaub und meldete mich dann im Dezember 1966 ab nach Vietnam.

Tom Clancy: Wo genau waren Sie bei der 5th SFG anfangs eingesetzt?

General Shelton: Wie damals jeder andere landete auch ich zuerst einmal im Hauptquartier der 5th Group in Nha Traug, und da fragten sie mich, was ich denn gern machen wollte. Wissen Sie, so eine typische Verwaltungsfrage nach dem Motto: Was für eine Verwendung haben Sie sich denn ausgesucht?

Meine Gedanken liefen in die Richtung, dass ich ja ein recht guter Schwimmer war. Und da unten beim IV. Corps gab es eine Menge Wasser. Ich mag Wasser, warum sollte ich nicht zum IV. Corps gehen? Also sagte ich, dass ich gerne zum IV. Corps da unten im Mekong-Delta gehen würde. Der Offizier notierte das auf seinem Formblatt und verließ nach einer kurzen Diskussion den Raum.

Wir waren acht oder neun, die an diesem Tag angekommen waren, die meisten noch Lieutenants. An jenem Nachmittag meldeten wir uns gegen vier oder halb fünf wieder zurück, und der Offizier händigte mir meine Papiere mit der Bemerkung aus, ich sei hiermit zur Abteilung B-52 der 5th SFG kommandiert. Als ich ihn fragte, was die Abteilung B-52 sei, sagte er mir, es handele sich um das Projekt Delta und es liege gleich um die Ecke.[25]

Damals in [Fort] Bragg hatte das Projekt Delta den Ruf, eine dieser supergeheimen Organisationen zu sein, die häufig »hinter den Linien« operieren und enorme Verlustziffern und dergleichen hatten. Als ich darauf hinwies, dass ich eine Verwendung beim IV. Corps beantragt hatte, teilte er mir nur so viel mit, dass man drüben bei Projekt Delta weitere acht Captains benötige, und zwar sofort. Ich sei einer davon. »Okay, einverstanden«, sagte ich. Damit war ich auch schon auf dem Weg hinüber und ich werde es nie vergessen.

Der XO [Executive Officer – stellvertretender Kommandeur] des Projekts Delta war ein Major [dessen Namen hier nicht genannt werden soll]. Er nahm sich die drei von uns vor, die sich zuerst gemeldet hatten, und sagte: »Jetzt werde ich euch mal erzählen, um was es sich hier dreht.«

Wir gingen in diesen supergeheimen Konferenzraum, der mit allen möglichen Videogeräten ausgestattet und für seine Zeit ganz schön modern war. Der Raum hatte sogar schon elektronisch gesteuerte Schiebetüren. Sobald wir drinnen waren, hielt er für uns das Kommandeurs-Briefing ab. Dann teilte er uns noch mit: »Also, es gibt da eine Sache, die ihr drei verstehen müsst: Statistisch gesehen werden zwei von euch mit ziemlicher Wahrscheinlichkeit fallen. Also stellt sicher, dass ihr eure persönlichen Angelegenheiten in Ordnung gebracht habt.«

---

25 Projekt Delta war eine einzigartige SF-Aufklärungseinheit, die von Major Charles »Chargin' Charlie« Beckwith aufgebaut und anfänglich auch geführt wurde, und zwar auf der Grundlage seiner eigenen Erfahrungen während einer Verwendung beim britischen Special Air Service. Er wurde verwundet, als er mehrere SF-Soldaten aus feindlichem Gebiet herausholte, überlebte und nutzte sein Projekt Delta, um gegen Ende der 70er-Jahre die Antiterror-Einheit der Army (Detachment Delta oder Delta Force) zu entwickeln und aufzustellen. Teams von Projekt Delta stellten zusammen mit anderen SF-Einheiten den größten Teil der Kampfkraft für das geheime Military Assistance Command, eine so genannte Studies and Operations Group (daher die Abkürzung MACV-SOG), die in den 60-er Jahren entstand, als das amerikanische Engagement in Südvietnam wuchs.

Na, das war doch mal ein herzliches Willkommen! Ich muss dazu sagen, dass kurz zuvor Charlie Beckwith diese Einheit verlassen hatte, nachdem er von einem Geschoss des Kalibers .50 in den Bauch getroffen worden war. Damit hatten sie aber nun wirklich die richtige Bühne für uns aufgebaut. Verstehen Sie, was ich meine? Es hatte ausgerechnet den Kommandeur dieses Vereins erwischt.

Also packten wir es an und versuchten das Beste daraus zu machen. Zuerst einmal sahen wir uns um, was für eine Art von Ausbildung wir hier bekommen würden.

Schließlich traf ich eine Gruppe von NCOs, von denen etliche schon eine ganze Zeit vor Ort waren. Ich meine damit, länger als ein Jahr. Mein Eindruck war, dass sie großartige Profis waren, und der Gedanke gefiel mir, dass ich dabei war.

Am nächsten Tag rief mich der Kommandeur (ein Lieutenant Colonel) zu sich rein und sagte: »Passen Sie mal auf. Ich habe mich entschlossen Sie zurückzuschicken.« Dann wollte er mir klar machen, dass ich zu groß sei! Als Begründung führte er an, sie würden mit Vietnamesen zusammenarbeiten und ich würde diese Leute wie ein hochgereckter Daumen überragen. Er meinte, wenn ich mit einem Aufklärungsteam rausginge, wäre ich ein erstklassiges Ziel, da der Feind mich sofort als Amerikaner identifizieren würde. Und da bettelte ich ihn doch an, mich nicht zurückzuschicken! Ich mochte den Verein und es war genau das, was ich tun wollte. Schließlich lenkte er ein. Er gab sein »Okay« und sagte noch ein paar Dinge, die ich hier nicht wiederholen werde, und entschied: »Sie bleiben!«

Ich sagte nur »Danke« und verschwand. Wie sich herausstellte, wurde es eine großartige Verwendung.

Tom Clancy: General, wenn damals zwei von drei Lieutenants im Kampf fielen, wie war das dann bei den Unteroffizieren?

General Shelton: Nun, natürlich mussten wir Verluste hinnehmen, obwohl ich mir nicht sicher bin, was die Genauigkeit der Statistiken angeht. Es gab sehr viel mehr Unteroffiziere in dem Verband als Offiziere. Insgesamt waren wir später dann acht Offiziere und konnten alles in allem 32 Zwei-Mann-Teams zusammenstellen. Sie bestanden jeweils aus zwei Unteroffizieren oder einem Unteroffizier mit einem Offizier. Letztendlich war die Verlustquote bei den Unteroffizieren nicht so hoch wie bei den Offizieren. Trotzdem verloren wir im Laufe der Zeit eine Menge guter Leute.

Das Wichtigste war jedoch, dass es eine wirklich gute Organisation war. Wir hatten unsere eigenen Hubschrauber. Zum Beispiel acht »Slicks« [UH-1 »Hueys« in der Transporterversion] und vier »Gunships« [Kampfhubschrauber des gleichen Typs], die immer bei uns waren. Wir übten immer gemeinsam als Team. Wenn man mit seinem Team »eingepflanzt« [hinter den Linien abgesetzt] wurde, kam derselbe Pilot auch zurück und holte einen wieder heraus. Und wenn er einmal brennend runterkam, flog sein Ersatzmann ein und holte dich. Das hat die Leute wirklich zusammengeschweißt, jeder wusste, was der andere machte. So entstanden gute, in sich geschlossene Teams.

Trotz der positiven Erfahrungen während seines ersten Einsatzes kam auch Hugh Shelton nicht ungeschoren davon. Genau wie andere Veteranen des Vietnamkriegs spürte auch er die Folgen falscher politischer Entscheidungen.

Tom Clancy: Was sind denn einige Ihrer wichtigsten Erinnerungen und Lektionen, die Sie von Ihrem ersten Einsatz in Vietnam zurückbrachten?

General Shelton: Als ich etwa im Dezember 1967 nach Hause kam, begannen gerade eine Menge Diskussionen über Vietnam. Es ging immer darum, ob wir überhaupt dort sein sollten oder nicht.

Ich hatte meine Schwierigkeiten mit diesen Debatten. Die Montagnards, mit denen ich in meinem Bereich zusammenarbeitete, waren im Grunde gute und hart arbeitende Leute, die von den Vietkong und der Nordvietnamesischen Armee (NVA) wirklich unterdrückt und kräftig ausgenommen wurden. Deshalb hatte ich anfangs noch den Eindruck, wir wären im Recht und könnten etwas bewegen, wenn wir da blieben und diesen Leuten halfen, nicht unter einem solchen Regime leben zu müssen.

Anders ausgedrückt, ich glaubte damals, wir würden das Richtige tun, und deshalb verstand ich die große Debatte nicht, die stattfand, als ich heimkehrte. Natürlich war es für mich als jungen Captain klar, dass ich ohne zu fragen den Befehl akzeptierte, dorthin ging und meine Pflicht tat. Also war ich rübergegangen und hatte versucht, mein Bestes zu geben, so wie ich auch ausgebildet worden war.

Tom Clancy: Wie auch für viele andere höhere Offiziere Ihrer Generation sind Erfahrungen aus Vietnam und der Nachkriegszeit der 70-er Jahre zu einem Teil Ihrer ganz persönlichen Erinnerungen geworden. Wären Sie bereit, einige Ihrer persönlichen Lektionen, die Sie erfahren haben, und einige Vorsätze, die Sie in diesen harten Zeiten gefasst haben, mit uns zu teilen?

General Shelton: Vietnam war der Wendepunkt für alle Amerikaner, nicht nur für diejenigen unter uns, die in Uniform dienten. Ich selbst nahm vier ganz klare Lehren aus Vietnam mit.

Die erste ist die, dass wir in Vietnam der Tatsache keine ausreichende Beachtung geschenkt haben, dass jeder Krieg seinen eigenen militärischen, kulturellen, geografischen und wirtschaftlichen Kontext hat. Was in einem Konflikt funktioniert, muss nicht notwendigerweise auch in einem anderen funktionieren.

Zweitens hat Vietnam gezeigt, dass die Kosten sorgfältig abgewogen werden müssen. Sie müssen in vollem Umfang und öffentlich ausdiskutiert sein, bevor man sich auf eine große außenpolitische Verpflichtung einlässt. Es kann durchaus sein, dass politische Ziele durch militärische Mittel erreichbar sind … oder aber nicht. Es ist wohl deutlich geworden, dass wir über das angestrebte Resultat gründlich nachdenken müssen, bevor wir uns dazu verpflichten, unsere Streitkräfte einzusetzen.

Drittens hat uns Vietnam gezeigt, dass das Militär zwar ein mächtiges und effektives Instrument ist, aber eben nur eines von vielen außenpolitischen Mitteln, die dem Präsidenten zur Verfügung stehen. Wie jemand mal gesagt hat: »Das Militär ist ein großartiger Hammer, aber nicht jede Herausforderung, mit der wir uns konfrontiert sehen, ist auch ein Nagel!«

Letztendlich müssen wir, wenn wir schon militärisch vorgehen, es auf wirklich überwältigende Art und Weise tun und dabei jedes Element unserer militärischen Macht nutzen, um entscheidend und schnell zu siegen. Darüber hinaus dürfen wir dem Feind keine Sanktuarien[26] lassen und ihm keine Gelegenheit geben, irgendetwas von seinen Ressourcen und Machtgrundlagen vor dem Zugriff unserer Streitkräfte zu schützen.

Ich hoffe, dass diese Lehren niemals in Vergessenheit geraten, denn wenn wir schon Amerikas Söhne und Töchter hinausschicken, damit sie auf fremdem Boden kämpfen und sterben, müssen wir als Nation bereit sein, sie da vorne zu unterstützen.

Tom Clancy: Sie waren ja während der Hochzeit der Special-Forces-Einsätze in Vietnam vor Ort. Erinnern Sie sich an besonders bewegende oder interessante Einsätze oder Teams?

General Shelton: Durch meine Erfahrungen in den Special Forces der damaligen Zeit kam ich zu zwei Einsichten. Die erste und wichtigste ist die, dass die Special Forces für unser Land ein hervorragendes Mittel als Ergänzung zu den konventionellen Streitkräften darstellen. Sie sind in der Lage, das, was die konventionellen Jungs bringen, zu vervielfachen. Überlegen Sie doch einmal, in welchem Abwehr-Szenario wir uns damals gegen aufständische Eindringlinge befanden. Mit jedem »A-Team« [ODA – Operational Detachment Alpha – Operationelle Abteilung A, der grundlegende Baustein einer Einheit der Special Forces] in einer Stärke von zwölf Mann konnte ich fünf südvietnamesische bzw. Montagnard-Kompanien unterstützen. Damit konnten wir hingehen und den Einfluss der Vereinigten Staaten ausdehnen. Sie waren ein gewaltiger Multiplikator.

Die zweite Erfahrung hängt mit den Menschen zusammen. Der Auswahlprozess der Special Forces jener Tage war mit dem, wie er heute praktiziert wird, nicht zu vergleichen. Das gilt sowohl für die Auswahl selbst als auch für die Bewertung im Einsatz. Wir haben damals diejenigen, die einfach nicht dazugehören durften, nicht so ausgesiebt, wie wir es heute tun. Allerdings fand ich damals eines der professionellsten Korps von Unteroffizieren vor, die ich jemals kennen gelernt habe. Meine Erinnerungen an unsere Unteroffiziere werden immer positiv bleiben.

Für die Offiziere trifft das nun leider gar nicht zu. Wenn ich mich an die Führung durch höhere Offiziere erinnere, und General Lindsay [der erste CINCSOC] und ich waren da der gleichen Ansicht, als wir uns eines Tages über unsere Erfahrungen in den Special Forces in Vietnam unterhielten, wir hatten keine höheren Offiziere, die so waren, wie wir

26 Zufluchtsstätten (Anm. d. Ü.)

sie gerne gehabt hätten. Es gab so gut wie keine Hilfestellung, keine Lehren oder gar eine Mentorenschaft, und man sah kaum einmal einen, von dem man hätte sagen können: »So möchte ich auch einmal sein.«

Das hat sich seitdem allerdings drastisch verändert. Besonders nachdem die Army die Special Forces zu einer eigenen Teilstreitkraft gemacht hat, haben wir uns den richtigen Menschenschlag selbst herangezogen.

Lassen Sie mich aber jetzt auf die Frage nach besonderen Menschen zurückkommen.

Einer, an den ich mich in erster Linie erinnere, ist Doug Coulter, ein Harvard-Absolvent. Er kam nach Vietnam, als dieser Krieg alles andere als populär war, und sagte einfach: »Ich werde meine Pflicht tun. Ich war an der Reihe, also bin ich gegangen!« Das hat er dann auch getan und er wurde ein wirklich professioneller Bursche und einer der besten Offiziere, die ich in meinen zwei Jahren da drüben erlebt habe. Heute unterrichtet er in Harvard, sein Schwerpunkt ist Wirtschaft in China. Davor hat er in Russland gelehrt. Wenn es so etwas wie Profis gibt, dann ist er einer davon. Er ging in Einsätze und tat Dinge, die einem die Haare zu Berge stehen ließen. Und das alles jenseits der Reichweite US-amerikanischer Truppen und deren Artillerie (obwohl wir natürlich Luftunterstützung hatten, die wir abrufen konnten). Der Mann war wirklich gut. Dann gab es da noch einen Jungen, den sie »Doc« Simpson nannten. Ein Sanitätssoldat und Unteroffizier bei Delta. Doc lächelte nie, und ich machte mir immer Sorgen um ihn, weil wir ihn einfach nicht zum Lachen bringen konnten. Aber jeder, der auf Patrouille geschickt wurde, wollte Doc als Partner dabei haben, weil der Junge das Geschäft [der Special Forces] in- und auswendig kannte. Also, der beherrschte das Geschäft wirklich im Schlaf. Er war unser erfahrenster Mann und er war schon das zweite oder dritte Jahr bei Delta, als ich hinkam – er verdiente damit seinen Lebensunterhalt.

Die meisten Leute waren nach ungefähr sechs Monaten so weit, dass sie ganz gerne etwas anderes gemacht hätten. Ungefähr bis zu der Zeit, als ich dort ankam, gab das MACV-SOG [die vorgesetzte Dienststelle des Projekts Delta] nach jedem Einsatz eine Woche frei, damit man ein wenig ausruhen und wieder neue Kräfte sammeln konnte. Diese Erholung konnte an einem Ort eigener Wahl stattfinden: Hongkong, Bangkok, Hawaii und so weiter. Aber Doc Simpson hatte keine Lust, dieses Angebot häufiger wahrzunehmen. Er ging lieber raus in einen neuen Einsatz. Ich weiß nicht genau, was aus ihm geworden ist. Später habe ich seine Spur verloren. Hoffentlich lebt er noch und es geht ihm gut.

Schließlich gab es da noch zwei Unteroffiziere beim »C«-Team [Operation Detachment »Charlie«, der Bataillonsstab] in Da Nang. Beide standen im Rang eines Sergeant Major. Der eine hieß Hodge und der andere Thomas. Hodge hatte den Spitznamen »Preacher« und Thomas war Halbindianer. Diese beiden Jungs waren das Fleisch gewordene Abbild unserer Unteroffiziere bei den Special Forces. Also, wenn jemand für ein Casting [für einen Film über die Special Forces] gesucht wird, wäre das ganz bestimmt nicht John Wayne. Man müßte Hodge oder Thomas nehmen. Die beiden waren äußerst kompetente, professionelle Männer und wenn man sie so vor sich sah, konnte man sagen: »Ja, das ist die wirkliche Stärke der Special Forces – ihre Unteroffiziere.«

Tom Clancy: Wurden Sie in Vietnam bei einem Einsatz verwundet?

General Shelton: Ja, wurde ich. Eines Nachts waren wir auf Patrouille und suchten ein chinesisches Lazarett. Allem Anschein nach berieten die Chinesen die [Nord-]Vietnamesen, aber das Lazarett haben wir nicht gefunden.

Als die Nacht hereinbrach, wurde unser Mann auf vorgeschobenem Posten beschossen und getötet und wir gerieten von dem Gipfel des Hügels her unter heftiges Feuer. Damit war für uns klar, dass wir ganz nahe dran waren – das Lazarett musste in unmittelbarer Nähe liegen. Deshalb fächerten wir die Kompanie der Montagnards auf, die bei uns (mir und meinem Unteroffizier) war. Wir scheuchten sie auf und begannen den Hügel hinaufzustürmen, um sie [die Montagnards] auf diese Weise zu motivieren, ebenfalls vorzurücken. Der Feind bewegte sich ziemlich gut im Wald und er war gut im Kampf auf den Feldern. Er verfügte auch über Frühwarnmittel [Rabatzfallen und Stolperdrähte] und hatte Pungi-Stöcke[27] gesteckt.

Plötzlich durchfuhr mich ein scharfer, brennender Schmerz und ich wurde mit aller Gewalt zurückgehalten. Ich griff nach unten und konnte die Spitze des Pungi-Stocks ertasten, der an meiner Wade herausragte und offensichtlich von vorn in den Muskel eingedrungen war. Ich schaffte es, mein zuverlässiges K-Bar-Messer [das legendäre Kampfmesser der Marines] hervorzuholen und kappte unter erheblichen Schmerzen die Enden des Stocks. Dann ging ich weiter den Hügel hinauf.

Später holten wir dann im Laufe der Nacht auch noch den Rest des Stocks heraus. Der Unteroffizier, der mich begleitete, war auch ausgebildeter Sanitäter, und er meinte, wir müssten einen MEDEVAC [gemeint ist der MEdical EVACuation Helicopter, also der »Dust-off«-(»Abstauber«-) Rettungshubschrauber] anfordern. Ich sagte: »Nein, erst mal müssen wir diesen Job hier zu Ende bringen.« Also flogen sie mich dann erst am nächsten Tag raus, um die Wunde zu behandeln und zu nähen. Die Lehre für mich war: Man muss halt vorsichtig sein, wenn man im Dunkeln herumläuft! Ironischerweise hatten wir zwar die Stiefel mit den Stahlsohleneinlagen, aber der Stock drang darüber in meine Wade ein. Er ragte schräg aus dem Boden, und wie sich herausstellte, gab es eine ganze Menge davon.

---

27 Pungi-Stöcke waren eine Erfindung des Vietkong. Dabei handelte es sich um angespitzte, etwa finderdicke Stöcke. Sie sollten feindliche Soldaten verletzen, die sich über dicht bewachsenen Boden oder durch Reisfelder bewegten. Die Stöcke wurden in Flächen oder als Gürtel gesteckt oder sie wurden in verdeckten Löchern aufgestellt, in die ein Soldat stolpern konnte. Beide Seiten benutzten die Pungi-Stöcke sowohl als Verteidigungs- wie auch als Angriffsmittel.

Das sah ich am nächsten Morgen, als wir wieder hinunter in die Gegend gingen, in der ich mir meine Verwundung zugezogen hatte.

Eigentlich sollte man meinen, Hugh Shelton hätte seine Karriere nach derart beeindruckenden Erfahrungen im ersten Einsatz bei den Special Forces fortgesetzt. Doch da gab es ein Problem – und das war nur eines von vielen, von denen die SOF-Spezialisten der Army in den folgenden beiden Jahrzehnten verfolgt werden sollten: Die Army erkannte die SF nicht als eigenständige Laufbahn an. Damals gehörten die Special Forces zur Infanterie und das hatte wiederum zur Folge, dass ein Offizier, der seine Chancen auf Beförderung wahren wollte, die SF verlassen musste, um einen »ausgeglicheneren« Hintergrund in der Army zu erhalten. So musste auch Shelton die SOF für etwas verlassen, was sich zwei Jahrzehnte später als Bruch seiner Laufbahnkontinuität herausstellen sollte. Trotzdem hatten ihn die Lehren aus der Zeit an der JFK-Schule und bei der 5th SFG dauerhaft geprägt.

Es folgten Verwendungen bei einigen Spitzenverbänden der Army, zu denen das 173rd Airborne Infantry Regiment gehörte (mit dem er zum zweiten Mal in Vietnam war) sowie eine Führungsposition bei der 82nd Airborne Division in den 80er-Jahren.

Tom Clancy: Gehen wir einmal einen Schritt weiter. Nachdem Sie Ihre erste Verwendung in Vietnam hinter sich hatten, scheint sich Ihre Laufbahn wieder den konventionellen Truppen zugewandt zu haben. Können Sie uns etwas darüber berichten?

General Shelton: Damit habe ich wirklich Glück gehabt. Als ich nach meiner Verwendung bei den Special Forces aus Vietnam zurückkehrte, wollte ich eigentlich nach Fort Bragg zur 82nd Airborne Division. Ich schickte meine »Wunschliste« [die Angabe persönlicher Vorstellungen über den weiteren Verlauf der Karriere] ab und bekam einen Marschbefehl nach Fort Jackson in South Carolina. Zum ersten und einzigen Mal [in meiner Karriere] rief ich die Jungs von der Personalführung an und fragte: »Warum tut ihr mir das an?«

Sie sagten: »Sie haben sich das Kommando über eine Kompanie verdient, aber es gibt im Augenblick mehr als genug Anwärter dafür. Fort Jackson ist der beste Ort, um doch noch eine Kompanie zu bekommen.« Da stand ich nun, beklagte mich lauthals und jammerte, aber sie sagten nur: »Sie haben Ihren Marschbefehl.«

Wie sich herausstellte, wurde es dann aber für mich eine wirklich großartige Kommandierung. Ich landete bei den Jungs der 3rd AIT (Advanced Infantry Training Brigade). Alle bestanden und wurden nach Vietnam geschickt. Dabei profitierte ich von meinen Erfahrungen und konnte ihnen viel beibringen – angefangen vom Umgang mit Trittfallen bis zum ganzen Rest.

Ich habe vorhin Rollenmodelle erwähnt. Die andere wichtige Sache war damals die, dass mein Herz ganz und gar an den Special Forces als der leichten Truppe der Army hing. Die Special Forces waren damals jedoch noch keine formale Abteilung der Army. Deshalb mussten wir zu dieser Zeit genau wie die Flieger [der Army] eine regelrechte Gratwanderung vollführen. Diente man in einer der Tätigkeiten, die keine für die Laufbahn anerkannte Fachverwendung war, durfte man das besser nicht zu sehr ausdehnen, oder man lief Gefahr, zwischen die Mühlsteine der Army zu geraten. Damit meine ich, dass die Karriere knirschend zum Stillstand kommen konnte und anschließend gab es kein Weiterkommen mehr. Man blieb einer von »denen da drüben« oder einer von den »Snakeaters«, wie man uns für gewöhnlich bezeichnete.

Um eine Karriere in der Army aufzubauen, war es erforderlich, zur konventionellen Seite der Truppe zurückzukehren. Hatte man aber genau das erst einmal getan, war es anschließend schwer, wieder an eine SOF-Verwendung heranzukommen. Und so ähnlich lief es dann auch bei mir ab. Als ich in Fort Jackson fertig war, wurde ich vorzeitig zum Major befördert, was meinen Möglichkeiten, zwischen Verwendungen hin und her zu springen, fast ein Ende bereitet hätte. Darum bin ich auch von dort weggegangen, um meine Truppenverwendung als Major vier Jahre lang bei der 25th Division abzuleisten. Dann kehrte ich wieder zurück in eine Stabsverwendung als Personalführer und wurde zum Bataillonskommandeur ernannt. Das lag dann wieder auf der konventionellen Seite. Als meine Karriere so in Gang gekommen war, hatte ich fast den Eindruck, dass ich selbst keinen Einfluss mehr auf den weiteren Verlauf haben würde. Sie wählen dich für ein Kommando bei einem bestimmten Verband aus und du selbst hast dabei keinerlei Mitspracherecht. Im Grunde hatte ich immer immenses Glück, dass ich bei diesen großartigen Verbänden landete.

Später, schon als Brigadier [General], wurde ich gefragt, zu welcher Division ich gehen wolle, und meine beiden Erstwünsche [Divisionen] lagen beide in Europa und waren beide schwere Verbände [Panzer und Panzergrenadiere]. Und wohin haben sie mich geschickt? Zur 101st Airborne [Air Assault – eine leichte Division, die für gewöhnlich mit dem Hubschrauber da hinkam, wo sie hinwollte] nach Fort Campbell in Kentucky.

Es hatte aber auch einen positiven Aspekt. Da ich dort zu den »leichten« Kräften gehörte, war ich bei der Truppe, die immer auch die »Action« erlebte. Desert Storm war die einzige Ausnahme, denn dort mischten auch die »schweren« Truppen kräftig mit. Aber der Rest der Operationen, von Panama bis nach Somalia oder was auch immer, konzentrierte sich in erster Linie auf die »leichte« Seite der Truppe.

Tom Clancy: In der Phase Ihrer Laufbahn, in der Sie hauptsächlich als Truppenführer eingesetzt waren, scheinen Sie die meiste Zeit in Verbänden des XVIII. Airborne Corps verbracht zu haben. Einheiten wie die 10th Mountain[28], 82nd Airborne, die 101st Airborne (Air Assault) Division

28 Gebirgsjäger-Division (Anm. d. Ü.)

und so weiter. War das alles so gewollt oder purer Zufall beziehungsweise Glück?

General Shelton: Schon gleich zu Anfang, als ich in die Streitkräfte eintrat und die Fallschirmspringerschule und die Rangerschule besuchte, war mir klar geworden, dass hochmobile Einheiten entscheidend in den Kampf eingreifen können. Sie hatten einen besonderen Reiz und übten eine enorme Anziehungskraft auf mich aus. Ich denke, mir gefielen solche Einheiten, weil sie da an den Feind herankommen konnten, wo er es am wenigsten erwartete. Wenn ich mich recht entsinne, war es Benjamin Franklin, der einmal sagte: »Wo gibt es ein Land, das sich gegen 10000 Männer schützen kann, die aus dem Himmel herabsteigen?« Ich suchte mir Einheiten wie Fallschirmjäger, Ranger und Special Forces aus und wollte dort dienen.

Gleichzeitig war mir aber klar, dass ich gut abgerundete, vielseitige Erfahrungen machen musste. Das hieß für mich, für einen guten, soliden infanteristischen Hintergrund zu sorgen, der nicht nur leichte Verbände, Fallschirmjäger und Special Forces beinhaltete, sondern auch schwere einschloss wie die Panzergrenadiere. Wenn Sie irgendeinen Offizier der Army danach fragen, wo seiner Ansicht nach seine ideale Verwendung läge, wird er Ihnen mit einiger Wahrscheinlichkeit einen dieser Eliteverbände nennen. Das ist jedoch nicht gleichbedeutend damit, dass man keine Erfahrung in anderen Verbandstypen bräuchte.

Wie das Glück so spielte, wurde ich, auch aufgrund meiner Erfahrungen und vorherigen Verwendungen, generell durch den institutionalisierten Auswahlprozess der Army in diese Richtung gesteuert. Ich denke, dass ich dank der Missionen, der Erfahrungen und der persönlichen Kontakte mit einigen der besten Soldaten zusammengekommen bin, die jemals eine Uniform der Army getragen haben. Natürlich sind das alles wunderbare Erinnerungen, die ich niemals vergessen werde.

Wie jeder andere Offizier, der in den 70er-Jahren bei der U.S. Army war, durchlitt auch Hugh Shelton die mageren Jahre im Anschluss an Vietnam. Das waren damals ganz harte Zeiten für die Army. Sie musste nicht nur die erhebliche Reduzierung ihrer finanziellen Mittel und den Übergang zu einer Berufsarmee verdauen, sondern auch ernste kulturelle, soziale und moralische Herausforderungen bestehen. Keine andere Gruppe in der Army hatte darunter so zu leiden wie die jungen Offiziere, die in die Führung ihres ersten Bataillons oder ihrer ersten Brigade aufgestiegen waren und angesichts dieser Situation ihre Einheiten und Verbände zusammenhalten mussten.

Tom Clancy: Sie gehörten zur Generation jener höheren Offiziere in der Army, die mit dem Trauma der Zeit nach Vietnam umgehen mussten. Was für Erinnerungen haben Sie an die Army der späten 70er-Jahre?

General Shelton: Offen gestanden, es war eine schreckliche Zeit. Teils hing das mit der allgemeinen Einstellung zum Militär in der Zeit nach Vietnam zusammen, teils mit der Tatsache, dass viele gute Leute die Nase voll hatten und sich entschieden, den Rock an den Nagel zu hängen und den Dienst zu quittieren. Hinzu kam der Fehler, zu dem man sich heute bekennt: Es wurden Leute eingestellt, die weder physisch noch mental den Ansprüchen genügten. Es war einfach schlimm! Nicht wenige der Leute, die damals genommen wurden, hatten vor der »Wahl« gestanden, entweder wegen krimineller Delikte ins Gefängnis zu gehen oder in die Streitkräfte einzutreten. Von der Sorte hatte ich als Bataillonskommandeur eine Menge.

Darüber hinaus wurde, während das alles ablief, die Stärke [der Truppenteile] so weit heruntergefahren, dass man bereits von einer »ausgehöhlten Army« sprach... und ich weiß, wie ausgehöhlt die Army tatsächlich war. Als Bataillonskommandeur musste ich tatsächlich einen Major General und Divisionskommandeur einweisen und ihm klar machen, wie es denn so ist, wenn man in einer Infanterie-Kompanie nur noch auf einen Zug zurückgreifen kann, wo sonst drei oder vier vorhanden waren.

Speziell mit unseren Unteroffizieren gab es damals Probleme. Eine Menge unserer NCOs waren in dieser Zeit noch aus Vietnam übrig geblieben. Während des Krieges waren sie viel zu schnell befördert worden, so dass sie nun einen wesentlich höheren Dienstgrad bekleideten, als sie normalerweise aufgrund ihrer Dienstjahre hätten haben dürfen. Sie hatten keine richtigen Grundlagen, was die professionelle Ausbildung anging, und auch nicht das richtige Verständnis dafür, was ihre Verantwortung [in der Tätigkeit] wirklich bedeutete. Das alles war derart haarsträubend, dass ich damals in der Zeit zwischen 1979 und 1981 als Bataillonskommandeur ernsthaft in Erwägung gezogen habe, den Dienst zu quittieren.

So sah es aus. Die Drogenprobleme in der Truppe waren gewaltig, selbst in den Kampfeinheiten, obwohl sie dort noch nicht so stark verbreitet waren wie in den Unterstützungseinheiten. Das lag wohl in erster Linie daran, dass die Kampfeinheiten besser ausgelastet und häufig im Gelände waren, was die Möglichkeit eröffnete, alles ein wenig besser im Rahmen halten zu können.

Tom Clancy: Wann bemerkten Sie, dass sich die Situation zu bessern begann?

General Shelton: Nach meiner Rückkehr aus der Verwendung als Bataillonskommandeur wurde ich G3 [Einsatzoffizier] bei der 9th Light Infantry Division und besuchte anschließend das War College. Danach wurde ich zum Colonel befördert und war als Kommandeur einer Brigade der 82nd Airborne Division vorgesehen. In den Jahren nach 1982, als ich die Westküste verließ und nach Fort Bragg umzog, konnte man buchstäblich sehen, wie die Army sich zu wandeln begann, und um 1983/84 trat dann eine wirklich spürbare Veränderung ein. Als ich im Jahre 1985 Fort Bragg verließ, um in Fort Drum Chef des Stabes der 10th

Mountain Division zu werden, konnte man die Kehrtwendung, die sich in der Army vollzog, sogar schon ganz deutlich erkennen. Natürlich darf man dabei nicht außer Acht lassen, dass zur gleichen Zeit auch das Unteroffiziers-Ausbildungssystem in Gang gekommen war, und immer häufiger stieß man auf die erstklassigen, ja fantastischen jungen Männer, die auch heute noch im Dienst sind. Wirklich, der Unterschied war offensichtlich!

Ende der 80er-Jahre und damit auch gegen Ende des Kalten Krieges stieg General Shelton zur Spitzenebene der Führung in der U.S. Army auf. 1990 wurde er zum Brigadier General befördert und übernahm die Position des stellvertretenden Divisionskommandeurs der berühmten 101st Airborne Division (Air Assault) in Fort Campbell, Kentucky. Als im August desselben Jahres der Irak Kuwait überfiel, befand sich Sheltons Divisionskommandeur gerade im Urlaub und Hugh Shelton fiel es zu, die »Screaming Eagles« auf die Verlegung in die saudische Wüste vorzubereiten und sie schließlich auch in der Operation Desert Storm zu führen.

Tom Clancy: Sie waren während Desert Shield und Desert Storm Stellvertretender Divisionskommandeur der 101st Division. Könnten Sie uns etwas über Ihre Erfahrungen dort und über die Kampfhandlungen erzählen, in die Ihre Division verwickelt war?

General Shelton: Ich war damals Stellvertreter von Major General Bennie Peay, dem Divisionskommandeur. Damit war ich für den Einsatz verantwortlich, hatte aber auch die (101st) Aviation Brigade[29] unter mir. Diese Brigade bestand aus neun Bataillonen und ungefähr 350 bis 400 Hubschraubern.

Ich erinnere mich besonders gut daran, wie hart wir in dieser Zeit in Fort Campbell trainiert haben, wobei unser Hauptaugenmerk der Verlegefähigkeit galt. Als ich zur 101st kam, lag deshalb unser Schwerpunkt auf Verlegungsübungen und darauf, wie wir so schnell wie möglich »aus Dodge City verschwinden« konnten.

Das kam uns zugute, als General Peay zum ersten Mal seit rund einem Jahr seinen Urlaub nahm. Als mich dann General Ed Burba [der kommandierende General des FORSCOM – U.S. Forces Command in Fort McPherson, Georgia] am 3. August 1990 in Abwesenheit von General Peay anrief, fragte er: »Sind Sie abmarschbereit?« Und ich antwortete: »Wir sind bereit!« Und sein Kommentar war: »Das will ich auch gehofft haben, denn es sieht so aus, als ob es für Sie tatsächlich losgeht!« Ich fragte ihn, ob er den ganzen Verein [die gesamte Division] meinte, und er wiederholte nur: »Der ganze Verein!« Dann fragte er mich noch: »Brauchen Sie noch irgendetwas?« Ich berichtete ihm, dass wir knapp an CH-47 Piloten seien, aber das hätten wir schon in unserer Bereitschaftsmeldung eindeutig dargelegt. Er versprach, dass er sich drum

29 Heeresflieger-Brigade (Anm. d. Ü.)

kümmern werde, und ich versicherte ihm, dass wir uns in Bewegung setzen würden.[30]

Die Verlegung begann unverzüglich. Ich selbst saß in der ersten Maschine, einer C-5 *Galaxy*, in der auch unsere sechs Kampfhubschrauber vom Typ *Apache* transportiert wurden. Ich kann mich noch erinnern, dass wir, als wir in Dharan das Flugzeug verließen und über die Abstellfläche gingen, das Gefühl hatten, uns noch im Abgasstrahl der Turbinen zu bewegen. Wir kamen so gegen fünf Uhr nachmittags an, und die Temperaturen lagen zwischen 58 und 60° Celsius. Es war einfach unglaublich!

Ich begann unverzüglich, mich mit dem XVIII. Airborne Corps abzustimmen, weil ich herausfinden musste, wohin wir gehen sollten. Erst dann konnte ich mit den entsprechenden Vorbereitungen für die Division beginnen und mit dem Strom an Einheiten und Material klarkommen, der unmittelbar nach uns eintreffen würde. Kurz darauf war klar, dass man uns auf die König-Fahd-Airbase verlegen würde. Also fuhr ich am nächsten Tag dorthin, um mir selbst ein Bild zu machen, was uns dort erwartete.

Unterdessen waren einen Tag zuvor die SOF-Einheiten auf Anweisung von General Schwarzkopf aus Riad ausgeflogen worden. Er hatte Colonel Jesse Johnson, dem Kommandeur seiner SOF-Komponente, mitgeteilt, dass die Saudis wegen der amerikanischen Präsenz dort besorgt seien, und das gelte ganz besonders angesichts derart vieler Amerikaner in Riad. Deshalb hatte er ihn um die Verlegung gebeten. Also waren die Jungs von den SOF zügig auf diesem Flugplatz gelandet, und ich musste erst einmal dorthin, um das alles vernünftig zu koordinieren. Meine größte Sorge bestand nun darin, dass dort nicht genug Platz war, um noch jemanden [von der 101st Division] unterzubringen, es sei denn irgendwo mitten in der Wüste. Die Truppen würden eingehen, wenn sie dort landeten, so viel war mir klar. Also ließ ich sofort Zelte aufstellen, damit sie wenigstens vor der Sonne geschützt waren. Die Sache entwickelte sich zu einer echten Herausforderung und holte ohne Frage wirklich das Letzte aus mir heraus. Ich sage Ihnen, im August und September ist die Hitze am Persischen Golf einfach mörderisch!

Tom Clancy: Sie sagten, dass Sie etwa 400 Hubschrauber nach Saudi-Arabien verlegen mussten. Wie haben Sie die letztendlich dahin bekommen?

General Shelton: Wir mussten sie demontieren, auf Schiffe verladen und dann am Ende der Reise wieder ausladen und zusammenbauen. Es

30 General Edward Burba gehörte wie Don Starry und Fred Franks zu einer Hand voll höherer Offiziere, die dabei mithalfen, die Army in den 70er-Jahren zusammenzuhalten und in den 80ern wieder aufzubauen. Diese Offiziere waren mit dafür verantwortlich, dass die Army auf die Schlachten vorbereitet war, die mit dem Ende des Kalten Krieges auf sie zukommen werden. Mehr dazu in dem Buch, das ich zusammen mit General Fred Franks geschrieben habe: *Into the Storm* (Putnam 1998).

wäre ganz nett gewesen, wenn die Navy uns dafür einen Flugzeugträger geborgt hätte, aber »Jointness« [die Zusammenarbeit der Teilstreitkräfte] war noch nicht ganz so weit entwickelt wie ein paar Jahre später in Haiti.

Bei Uphold Democracy [1994 in Haiti] konnten wir sie dazu bewegen, so etwas für uns zu machen, aber leicht war es auch damals nicht. Die Ranger, die man auf der USS *America* (CV-66) eingeschifft hatte, hätten beinahe das ganze Schiff lahm gelegt, allein durch die Portionen, die sie an Mahlzeiten verzehrten! Wir haben ausgerechnet, dass die Jungs etwa die dreifache Ration eines Matrosen vertilgten. Schließlich konnten sie ja den ganzen Tag nichts anderes tun, als unter Deck Fitness-Training zu betreiben, um in Form zu bleiben.

Tom Clancy: Als der Krieg [Desert Storm] 1991 tatsächlich begann, entwickelten sich die Dinge dann in etwa so, wie Sie es erwartet hatten?

General Shelton: Anfänglich war ich der Dienstgradälteste in der 101st Airborne Division an der Front innerhalb Saudi-Arabiens und hatte meinen Gefechtsstand nahe der Grenze zum Irak. Natürlich waren wir darauf vorbereitet, Saddam daran zu hindern, dass er nach Süden aus Kuwait heraus auf saudi-arabisches Gebiet rollte und unsere Truppen dort unvorbereitet überraschte.

Die 101st war schon ein toller Verein. Nachdem wir alle Leute vor Ort hatten, verlegte ich den vorgeschobenen Gefechtsstand der 101st entlang der Tapline Road [die grob dem Grenzverlauf Kuwait-Irak-Saudi-Arabien folgt] etwa 160 Kilometer weiter nach Norden, ließ jedoch eine unserer Brigaden ganz vorne. Dort hielt ich auch die AH-64 *Apache* und anderes Fluggerät, damit wir für den Fall, dass die Iraker sich für einen Vorstoß nach Süden entscheiden sollten, den Bereich erst einmal abdecken konnten. Die 101st sollte sie gleich am Anfang abfangen und dort binden, bis der Rest der Streitkräfte [eine Joint Task Force – JTF] mit der Verlegung beginnen konnte oder uns verstärken würde. Dort blieb ich für fast die ganzen sechs Monate, die vergingen, bis wir den Bodenkrieg eröffneten.

Positiv dabei war, dass wir die Zeit nutzten, um hart zu trainieren. Der heutige Brigadier General Keith Huber [später J3 am SOUTHCOM] war damals mein Major und leitete den Gefechtsstand. Wir beide stellten ein Ausbildungsprogramm zusammen, und nach dem wurde geübt. Normalerweise ging es nachts los, weil wir uns vorstellten, dass die Iraker angreifen würden. Auf diese Weise wollten wir herausbekommen, wie schnell wir den Gefechtsstand dahin zurückverlegen konnten, wo er überlebensfähiger sein würde. Dort sollte er dann wieder aufgebaut und einem regelrechten Gefechts- bzw. Team-Drill unterzogen werden. Wir hatten unser Team schließlich so weit ausgebildet und motiviert, dass ich General Peay mitteilen konnte, dass der vordere Gefechtsstand meiner Ansicht nach derjenige sein sollte, der als Erster nach vorne ging, nachdem der Bodenkrieg begonnen hatte. Wir würden dann den rund 160 Kilometer großen Sprung der 101st in den Irak hinein anführen [als Teil des Vorstoßes des XVIII. Corps an der Westflanke des

Panzerangriffs durch das VII. Corps gegen die Republikanischen Garden] und erst dann den »Großen« Gefechtsstand [der Division] nach vorne bringen.

Wie sich herausstellte, arbeitete der vorgeschobene Gefechtsstand aber so gut, dass wir uns entschieden, den gesamten Krieg mit ihm zu führen.

Noch bevor die Bodenoffensive begann, hatten unsere Hubschrauber vom Typ *Apache* bereits zwei [irakische] Infanterie-Bataillone gefangen genommen. Unser größtes Problem dabei war gewesen, dass wir nicht wussten, wie man die Kapitulation eines Feindes annimmt, wenn man da oben in einem Hubschrauber sitzt. Wir waren gezwungen, gleich ein paar Leute dahin zu fliegen, die das dann erledigten.

Immer noch am ersten Tag stießen wir auf ein weiteres Bataillon, das exakt im Bereich unserer geplanten vorgeschobenen Einsatzbasis [Forward Operation Base – FOB Cobra][31] lag.

Wir kamen sofort unter Feuer und die *Apache* feuerten zurück. In der vorausgegangenen Nacht hatten wir noch einen Spähtrupp genau in dieses Gebiet geschickt, um das Terrain zu erkunden, damit wir keinesfalls auf einen wirklich »heißen« Punkt trafen. Diesen Verband hatten sie offensichtlich nicht entdeckt. Also machte sich ein anderes Bataillon bereit, um gegen eine der Flanken vorzugehen, aber wie sich herausstellte, war das nicht mehr nötig, da sich die Iraker sogleich ergaben.

Eines der denkwürdigsten Ereignisse mit der 101st passierte am dritten Tag nach Kriegsbeginn. Ich wollte zu einem Punkt fliegen, den wir uns als Position für einen unserer vorgeschobenen Gefechtsstände ausgesucht hatten. Das erforderte einen Flugweg, der die Fronten rechtwinklig querte, und zwar ostwärts in Richtung Basra. Dabei folgte ich den gepanzerten Kräften [VII. Corps], die sich nach Norden bewegten. Unten waren etwa 200 Staub- und Sandfahnen zu sehen, die aus der Wüste aufstiegen. Wo man auch hinschaute, überall waren diese Fahnen. Sie entstanden durch Sand, der von den gepanzerten Fahrzeugen aufgewirbelt wurde.

Gleich hinter ihnen folgte ein großer Fünf- oder Zehntonner-LKW vom Nachschub, ich glaube, dass der die größte Flagge führte, die ich jemals gesehen habe. Sie war an einem langen Mast befestigt, den man auf dem Laster montiert hatte. Da er mit 50 oder 60 Kilometern in der Stunde fuhr, um den Panzern folgen zu können, wehte die Fahne natürlich nach hinten aus. Also, diesen Anblick werde ich nie vergessen. Ich dachte bei mir: »Saddam, hoffentlich weißt du, worauf du dich eingelassen hast, denn hier kommt die United States Army in Bestform!«

Wie nicht anders zu erwarten, fiel dann einen Tag später die Entscheidung, anzuhalten. Damals wie heute glaube ich, dass diese Entscheidung richtig war – obwohl Saddam an der Macht blieb und Amerika

31 FOB Cobra war eine riesige logistische und Einsatzbasis, die zu Beginn des Bodenkrieges im Februar 1990 mehr als 160 Kilometer tief im irakischen Gebiet eingerichtet wurde.

und dem Rest der Welt weiterhin Kopfschmerzen bereitet. Zu dem Zeitpunkt war es aber eigentlich schon kein richtiger Kampf mehr. Irakische Soldaten starben völlig sinnlos. Die Führung hatte sich aus ihren Verbänden zurückgezogen und in den meisten Fällen hatte Saddam entschieden, den Bataillonen zu erlauben, dass sie sich ergaben. Er hatte wohl mitbekommen, dass sich die Mannschaften an der Front entweder ohnehin ergaben oder getötet wurden. Deshalb hatte er auch den größten Teil der Führer nach Bagdad abgezogen, um sie entweder zu retten oder für die nächste Auseinandersetzung zu schonen. Wir hätten uns wirklich ganz miserabel gefühlt, wenn wir mit dem Töten hätten weitermachen müssen, und ich fand, dass es die richtige Entscheidung war, die Kampfhandlungen am vierten Tag einzustellen.

Tom Clancy: Dank ihrer frühen Betonung luftbeweglicher Operationen wurde die 101st mit einer Anzahl von Sondereinsätzen wie Normandy beauftragt[32].

Können Sie uns berichten, was Ihr Anteil an diesen Operationen war und wie Ihre eigenen Erfahrungen bei den Special Forces Ihnen beim Verständnis und der Ausführung geholfen haben?

General Shelton: Wie ich bereits ausgeführt habe, hatten wir in Fort Campbell sehr viel Zeit darauf verwandt, Techniken für Überfälle aus der Luft zu trainieren, und dabei hatten wir Taktiken und Verfahren entwickelt, mit denen ein luftbeweglicher oder auch Luftangriffsverein im Kampf überleben kann. Damit passte der Auftrag, den wir zu erfüllen hatten, genau zu dem, was wir trainiert hatten. In der Quintessenz führten wir ihn genauso aus, wie wir alles schon vorher trainiert hatten.

Natürlich war Task Force Normandy ein Sonderauftrag seitens der Air Force mit dem Ziel, die Stellungen des irakischen Erfassungsradars [sie arbeiteten im Tieffrequenzbereich] im südlichen Irak auszuschalten. Ein erfolgreicher Verlauf sollte dann die Fähigkeiten der Air Force weiter verbessern, in den Irak einzudringen, bevor sie die Raketenabwehr um Bagdad herum angriff. Heute ist weitestgehend bekannt, dass es eine äußerst erfolgreiche Operation war, und sie bewies auch gleich den Wert der *Apache*-Hubschrauber. Die SOF-Hubschrauber [der Air Force – Typ MH-53 *Pave Low*] übernahmen wegen ihrer überlegenen Navigationsfähigkeiten die Aufgabe, die *Apache* heranzuführen. Das war auch sinnvoll, weil diese Maschinen bereits mit GPS ausgerüstet waren, während wir in den *Apache* immer noch die Doppler-[AHARS]-Systeme benutzten.

Die MH-53 flogen einen vorbestimmten Punkt an. Als sie die Grenze überquerten, warfen sie eine Menge Leuchtbomben ab, um den Orientierungspunkt zu markieren, und das war dann das Signal, direkt auf

32 Die Task Force (Einsatztruppe) Normandy sollte zwei irakische Radar-Stellungen zerstören (die Angriffsziele Oklahoma und Nebraska), die die alliierten Angriffsflugzeuge auf dem Weg nach Bagdad und in den westlichen Irak entdecken konnten. Details dieses Auftrages und Näheres zu den AH-64 *Apache* enthält mein Buch *Armored Cavalry – Die verbundenen amerikanischen Panzereinheiten* (Heyne 1997).

das Ziel vorzustoßen. Wir hatten großes Vertrauen in die Fähigkeiten der *Apache*, tief fliegend einzudringen und die für Operation Normandy erforderlichen Luftangriffe erfolgreich durchzuführen, und außerdem waren wir auch gut darauf vorbereitet.

Wir [die 101st] setzten auch unsere eigenen Aufklärungsteams ein, zusammen mit denen der 3rd und der 5th SF Group. Es war schon sehr auffallend, dass wir gerade hierfür sehr hart geübt hatten. Zu Hause in Fort Campbell hatten wir enorme Anstrengungen unternommen, gerade unsere Aufklärungsmittel für den Einsatz in die Tiefe des Raumes fit zu machen, und zwar auf genau die Art und Weise, wie ich es bei Projekt Delta in Vietnam gelernt hatte. Die Abläufe, wie wir sie damals in ihr Zielgebiet einbrachten und dann wieder herausholten, waren überaus erfolgreich. Ohne Zweifel war ich dank meiner früheren SOF-Erfahrung zu einem besseren Planer auch für Aufklärungseinsätze bei konventionellen Operationen geworden. Mit Hilfe dieser Techniken konnten wir unsere fünf Teams an den Feind bringen und nicht eines wurde entdeckt (obwohl wir schließlich doch ein paar herausholen mussten). Trotzdem, insgesamt funktionierte alles wirklich ausgezeichnet.

Nachdem die 101st vom Persischen Golf zurückgekehrt war, wurde Hugh Shelton zum Major General befördert und erhielt das Kommando über eine Division.

Tom Clancy: Nachdem Sie die 101st verlassen hatten, erhielten Sie das Kommando über die 82nd Airborne Division. Was war das für ein Gefühl, gerade diesen Verband zu führen?

General Shelton: Also, wenn man da schon einmal gedient hat und die besonderen Fähigkeiten der Leute, besonders der Unteroffiziere, sieht, begreift man schnell, dass es sich um lauter wunderbare Männer handelt. Alle – die Sergeant Majors, die jüngeren Unteroffiziere usw. – sind mindestens ebenso gut wie sonst in der Army und viele sind sogar so gut wie die Sondereinsatzkräfte. Da noch einmal hinzukommen, und das als Kommandeur, ist für jeden, der die 82nd kennt, die Erfüllung eines Lebenstraums.

Lassen Sie mich in diesem Zusammenhang nur eine kurze Geschichte erzählen: General Peay, für den ich in der Wüste arbeitete, fand heraus, dass General Vuono [Generalstabschef und Oberbefehlshaber der Army] zu einem Besuch nach Saudi-Arabien kommen wollte. Ob man eine bestimmte Division bekommt, hängt zu einem großen Teil auch davon ab, wer von all den anderen höheren Offizieren einen dafür vorschlägt. Also, General Peay sagte, er würde es sehr begrüßen, wenn ich ihm als Kommandeur der 101st nachfolgen würde. Ich stand damals bereits auf der Liste zur Beförderung zum Major General, und er sagte einfach: »Wenn morgen der Oberbefehlshaber kommt, kann ich bei der Gelegenheit versuchen, Ihnen entweder die 82nd [Airborne Division] oder die 101st als mein Nachfolger zu verschaffen. Welche der beiden würden Sie denn lieber kommandieren?«

General Shelton und andere Würdenträger bei einer Zeremonie anlässlich der Einweihung des Denkmals für Arthur »Bull« Simons in Fort Bragg. Auch als Vorsitzender der Vereinigten General- und Admiralstabschefs sieht man ihn häufig bei Ereignissen der Special Forces wie diesem.

John D. Gresham

Da saß ich nun mit den großartigen Screaming Eagles mitten in der Wüste und konnte mich eigentlich nicht beschweren. Ich schaute ihn nur an und antwortete: »Das ist eine Frage in der Art, als wollten Sie von mir wissen, welchen meiner Söhne ich lieber habe. Beide sind großartig! Aber ich würde mir niemals verzeihen, wenn ich nicht die 82nd wählen würde. Ich muss einfach aus Flugzeugen springen. Ich mag ihr Training. Ich mag den hohen Bereitschaftsgrad, den sie halten. Und außerdem sind sie natürlich aus North Carolina, meinem Heimatstaat. Ich bin sogar ins ROTC-Sommerlager der 82nd gegangen, die das damals gesponsert hat. Ich habe die 82nd schon seit meiner ROTC-Zeit immer bewundert.«

Nach zwei Jahren als kommandierender General der 82nd Airborne Division zog Shelton, inzwischen zum Lieutenant General befördert, in Fort Bragg ein Haus weiter, um das XVIII. Airborne Corps zu übernehmen. Dort erbte Hugh Shelton aber auch all die Probleme, die seine Laufbahn in den nächsten fünf Jahren zu einem nicht unerheblichen Teil mit bestimmen sollten. Als Erstes musste er sich um die in Haiti köchelnden politischen Probleme kümmern. Das zweite Problem bestand dann aus der Notwendigkeit, das XVIII. Airborne Corps für die Herausforderungen der Welt nach dem Ende des Kalten Krieges vorzubereiten.

Tom Clancy: Sie haben den Ruf, ganz ähnlich wie die Special Forces, ein stiller Mann zu sein. Was halten Sie von dieser Einschätzung?

General Shelton: Nun, das passt schon für die Special Forces – die »stillen Profis«. Das sind alles nette Leute, sehr kompetent und auch professionell. Ich finde, dass ihnen diese Bezeichnung »stille Profis« gut zu

Gesicht steht, weil sie die großartigen Möglichkeiten ihrer Stammteilstreitkraft ergänzen. Die verschiedenen Teilstreitkräfte beginnen gerade, die besonderen Fähigkeiten ihrer SOF schätzen zu lernen. Diese werden aber ihrer Bezeichnung allein schon dadurch gerecht, dass sie nicht darauf aus sind, Glanz oder Ruhm für sich zu erwerben. Sie sagen einfach »Was sollen wir erledigen?« und »Okay, Folgendes können wir tun…«

Eine meiner Lieblingsgeschichten über »Joint«-Operationen der SOF dreht sich um Admiral Jay Johnson, der für mich 1994 die Einsatzgruppe da unten in Haiti befehligte. Jay war von einer Sache ganz besonders beeindruckt. Eines Tages wurde er von SOF-Heeresfliegern an Bord genommen [die waren vom 160th Special Operations Aviation Regiment – den »Nightstalkers«) und auf die USS *America* (CV-66)[33] geflogen, wo er an den Feierlichkeiten für einen Kommandowechsel des JSOC (Joint Special Operations Command) teilnehmen sollte.

General Brown schied damals aus seinem Kommando aus und er schickte einen Hubschrauber der 160th rüber, um uns abzuholen, da ich Kommandeur der JTF [Joint Task Force] war. Der Chopper landete auf der *Mount Whitney* (LCC-20, das Flaggschiff für die Haiti-Operation), und als sie gelandet waren, sprang der Crew Chief raus, um uns zu holen. Der Kerl war komplett schwarz gekleidet. Er hatte Knie- und Ellbogenschützer an, einen schwarzen Fliegerhelm, eine ebenfalls schwarze Fliegerkombi und selbst das Helmvisier war dunkel getönt. Also, er kam auf uns zu, bedeutete uns, ihm zu folgen, und drehte sich um. Dabei sahen wir in Großbuchstaben auf seinem Rücken den Schriftzug »KEINE ANGST!«. Ich kann mich erinnern, wie Jay mich anschaute. Er war deutlich beeindruckt!

Tom Clancy: Sie übernahmen 1993 das XVIII. Airborne Corps und mussten einen erheblichen Teil Ihrer Zeit dort auf die Krise in Haiti verwenden. Können Sie uns einige Ihrer generellen Eindrücke von der Operation Uphold Democracy schildern? Besonders interessant wäre für uns zu erfahren, was Sie anfänglich für den Fall geplant hatten, dass General Cedras (der Diktator von Haiti) sein Amt nicht aufgegeben hätte und nicht ins Exil gegangen wäre.

General Shelton: Als ich das XVIII. Airborne Corps übernahm, erinnerte ich mich daran, wie man mich in den Jahren 1983 bis 1985 noch als Brigadekommandeur der 82nd Airborne darüber aufgeklärt hatte, dass wir eines Tages vielleicht eine Fallschirmspringer-Operation mit einem Element in Brigadegröße über Haiti ausführen müssten. Laut Plan wären wir dann auf dem Flugplatz von Port-au-Prince abgesprungen, um dort

33 Zur Unterstützung der geplanten Invasion Haitis ließ die Navy die Flugzeuge von zwei Flugzeugträgern der Atlantikflotte zu Hause und nahm dafür die Hubschrauber des 160th Special Operations Regiment und die Aviation Brigade (Flieger-Brigade) der 10th Mountain Division an Bord. Diese Operation wurde damals heftig diskutiert, war aber überaus erfolgreich, und das damals verwendete Verfahren gilt auch heute noch als Option.

entweder Amerikaner zu retten oder dabei zu helfen, die Situation vor Ort so lange zu stabilisieren, bis andere Truppen angekommen wären. Im Jahre 1993 wurden wir dann von ACOM [dem Atlantic Command – das heute unter der Bezeichnung Joint Forces Command geführt wird] gebeten, unsere Pläne für Haiti zu überprüfen, und ich war eigentlich ziemlich überrascht, als ich bei dieser Gelegenheit erfuhr, dass es der gleiche Eventualplan war, den ich bereits acht Jahre zuvor entwickelt hatte. Also habe ich ihn mir noch einmal angesehen und dann nur gesagt: »Es muss auch bessere Wege für diese Sache geben«.

Also erstellten wir etwas Neues zusammen, was später zum Plan für Uphold Democracy wurde. Er schloss eine amphibische Landung durch die Marines, eine große Fallschirmoperation durch die 82nd Airborne Division und eine Reserve ein, die vom Joint Special Operations Command gestellt wurde. Wir wussten, dass wir es mit rund 7000 Soldaten der haitianischen Verteidigungskräfte, zu denen außer dem Militär auch die Polizei gehörte, zu tun bekommen würden. Unser Ziel war es, mitten in der Nacht zuzuschlagen und sämtliche Polizeistationen und militärischen Einrichtungen mit Schlüsselfunktionen einzunehmen. Auf diese Weise würden wir dann bei Tagesanbruch im Grunde bereits die Kontrolle haben. Wenn sie doch noch hätten kämpfen wollen, wäre dies nur auf eine völlig desorganisierte Weise möglich gewesen.

Alle für die Durchführung von Uphold Democracy erforderlichen Mittel befanden sich beim XVIII. Airborne Corps und es gab natürlich noch einige Verstärkung seitens der Marines. Wir hatten mit der 2nd Marine Division und der II MEF unten in Camp LeJeune zusammen mit der 2nd Fleet aus Norfolk schon hart trainiert und waren sehr zuversichtlich, dass das Ganze mit diesem Teilstreitkraftverbund eine relativ einfache Sache werden würde.

Tom Clancy: Als Kommandeur der Joint Task Force für Uphold Democracy war Ihnen eine große Bandbreite von Verbänden unterstellt, zu denen unter anderem auch eine recht umfangreiche Komponente der Special-Operations-Kräfte gehörte. Könnten Sie uns diese Verbände beschreiben und wie Sie diese letztendlich eingesetzt haben?

General Shelton: Als Ergebnis meiner früheren Ausbildung und weil ich eine Menge über die einzelnen Angehörigen der Special Operations wusste (Fort Bragg[34] ist insgesamt gesehen eine sehr in sich geschlossene Gemeinschaft), war ich bestens darüber im Bilde, wer sie waren und wie sie ihren Job erledigten.

Deshalb band ich das Joint Special Operations Command als einen der ersten Verbände mit ein, als wir den Plan aufstellten. Gleichzeitig legten wir Special Forces Teams fest, die sich auf ungefähr zwanzig wichtige Städte und Dörfer im ganzen Land verteilen sollten. Damit wollten wir unsere Präsenz auf der Insel und nicht nur in Port-au-Prince demonstrieren. Die Teams verfügten über ganz ausgezeichnete Mög-

34 Fort Bragg ist die Heimat des XVIII. Airborne Corps und der 82nd Airborne Division. Außerdem ist dort das Hauptquartier der SOF beheimatet.

lichkeiten und die wollten wir alle, einschließlich des Geiselrettungselements als Teil einer Rückfallposition, für den Fall nutzen, dass etwas nicht so laufen sollte wie geplant.

Tom Clancy: Haiti hat sich dann schließlich zu einer langwierigen Friedenserhaltungs- und Aufbauangelegenheit entwickelt. Wie kommen da die besonderen Fähigkeiten und das Können der Special-Operations-Einheiten der Army für die Vereinigten Staaten zum Tragen und welche besonderen Beiträge leisteten sie dort Ihrer Meinung nach?

General Shelton: Die Special Forces haben vom ersten Tag der Operation bis heute ganz Erhebliches beigetragen. Lange Zeit wurde ein großer Teil unserer humanitären Hilfe (wie der Bau von Schulen und medizinischen Einrichtungen) auf Port-au-Prince konzentriert. Diese Arbeit haben in erster Linie konventionelle Verbände geleistet, aber unsere Soldaten von den Special Forces haben lange in praktisch jedem Winkel des Landes operiert. Sie waren da draußen an einigen der eher desolaten Flecken der Insel tätig und die amerikanische Präsenz, die sie auf diese Weise demonstrierten, hat sicherlich zum Frieden und zur Stabilität der Region beigetragen.

Unter den kaum erwähnten Gruppen, die von Anfang an eine wichtige Rolle spielten, waren die Truppen der Civil Affairs (Zivilangelegenheiten) und Psychological Operations (CA und PSYOP). Die CA machten praktisch alles, angefangen von der Hilfe bei der Errichtung von Schulen bis hin zu PSYOPs, durch die das Volk von Haiti erfuhr, warum die Amerikaner überhaupt da waren und was es tun konnte, um die Operation Uphold Democracy zu unterstützen. Diese Bemühungen liefen über einen ziemlich langen Zeitraum. Fast im gesamten Spektrum operationeller Fähigkeiten spielte die Special-Operations-Gemeinschaft eine Schlüsselrolle, und das nicht nur in Haiti, sondern auf der ganzen Welt.

Als Kommandant des XVIII. Airborne Corps rückte General Shelton deutlich in das Zentrum der Aufmerksamkeit. Man sah ihn als denjenigen an, der das schwierige und keineswegs risikofreie Haiti-Problem erfolgreich gelöst und sich damit für einen höheren Dienstgrad und mehr Verantwortung qualifiziert hatte. Deshalb fiel die Wahl auf ihn, als 1996 ein neuer Führer des Special Operations Command gesucht wurde.

Tom Clancy: Im Jahre 1996 wurden Sie zum General befördert und bekamen die Stelle des Commander in Chief des Special Operations Command. Damals hielten Beobachter das in Anbetracht des Rufs Ihrer Vorgänger, General Carl Stiner und General Wayne Downing, für eher ungewöhnlich. Ihre beiden Vorgänger kamen aus der SOF-Laufbahn, während Ihre Karriere ja einen eher konventionellen Weg genommen hatte. Was machte Sie Ihrer Meinung nach zum logischen Kandidaten für die Position und was waren Ihre ersten Ziele, nachdem Sie die Führung des SOCOM übernommen hatten?

General Shelton: Erst einmal würde ich sagen, dass ich meine Nominierung und spätere Ernennung zum CINCSOC als eine der größten Auszeichnungen betrachtete, die mir je zuteil geworden sind. Wir haben es bei dieser Truppe mit einer Gemeinschaft großartiger Amerikaner zu tun, die unserer Nation ungeheuere Fähigkeiten schenken. Sie stellt einen gewaltigen Verstärkungsfaktor für unsere konventionellen Kräfte dar. Wie wir ja schon gesehen haben, war ich bereits als junger Offizier in die Special Forces eingebunden und bin dort ausgebildet worden. Ich bin ein Jahr lang mit der 5th SFG im Kampf gewesen und dann habe ich als Kommandeur von verbundenen Kräften gearbeitet, wobei mir SOF-Einheiten unterstellt waren.

Meine Vorgänger, Wayne Downing, Carl Stiner und vor ihm Jim Lindsay, hatten alle bei den Special Forces gedient, aber doch ganz ähnliche Arten von Erfahrungen gemacht wie ich. Jim Lindsay und Carl Stiner kamen zum Beispiel schon sehr früh zu den Special Forces. Trotzdem verliefen dann auch ihre Karrieren nach einem eher konventionellen Muster, bis sie vom XVIII. Airborne Corps dazu ausgewählt wurden, das SOCOM zu übernehmen. Wayne Downing dagegen hatte noch keine Special Forces zu Gesicht bekommen, bis er bei den Rangern landete. Dass er danach das 75th Ranger Regiment kommandierte, war schon fast logisch, auch dass er anschließend zum JSOC ging und schließlich beim U.S. Army Special Operations Command landete. Er hatte seine Erfahrung eben auf der Seite der Army-SOF, also bei den Jungs mit den »schwarzen Mützen«, den Rangern, gemacht und nicht so sehr bei den Green Berets.

Ich hatte das Glück, sowohl bei den Rangern als auch den Green Berets gewesen zu sein, weil ich dadurch die Möglichkeiten der Ranger kannte und auch wusste, welche Fähigkeiten die Special Forces einbrachten. Damit meine ich, dass ich gut vorbereitet war, Wayne Downings Platz bei SOCOM einzunehmen.

Wenn ich ehrlich bin, muss ich eingestehen, dass es mein Ziel war, als ich das SOCOM übernahm, die Rolle des Special Operations Command zu erweitern. Ich musste meinen CINC-Kameraden beibringen, welche gewaltigen Fähigkeiten das Special Operations Command bietet, damit Verbände der Special Forces angemessen an zukünftigen Operationen beteiligt wurden. Das war nötig, damit das gewaltige Talent, das die SOF-Kräfte einbringen können, auch auf die richtige Art und Weise durch die Kommandeure unserer konventionellen Verbände genutzt wurde. Für mich bedeutet das fast zwangsläufig, dass ich genau so ein »stiller Profi« sein musste, der in der Lage war, die konventionelle Seite der amerikanischen Streitkräfte in alle Möglichkeiten der unkonventionellen Seite einzuweisen.

Gleichzeitig war es meiner Meinung nach unverzichtbar, nach vorne zu schauen, allein schon um zu erkennen, wohin unser zukünftiger Weg als Kommando und als Gemeinschaft führen sollte. Das hat mich dazu veranlasst, die *Joint Vision 2020 for Special Operations Command* zu veröffentlichen, die wiederum die konventionelle Version unter dem Titel *Joint Vision 2010* zur Folge hatte. Unser Ziel war es, noch weiter in die Zukunft des Special Operation Command zu sehen, denn nur so konnten wir sicherstellen, sowohl technologisch als auch in der Vorbereitung an der Spitze zu bleiben, damit wir nicht nur im heutigen Umfeld, sondern auch in zukünftigen Konflikten bestehen können.

Mit diesen beiden Zielen vor Augen trat ich an. Das erste war die verbesserte Integration der SOF in konventionelle Operationen und das zweite die Vorbereitung des Special Operations Command auf die Zukunft.

Tom Clancy: Wie sind Sie denn vorgegangen, um Ihren CINC-Kameraden die Fähigkeiten der Einheiten des SOCOM zu vermitteln?

General Shelton: Wie ich schon sagte, war dies eines meiner wichtigsten Ziele als CINCSOC, denn hier sah ich den größten Nachholbedarf. Dabei war es wirklich hilfreich, dass ich mir auch im konventionellen Teil des Militärberufs meine Verdienste erworben hatte. Da ich mir einen Ruf als Kommandeur einer Joint Task Force, als kommandierender General des XVIII. Airborne Corps und der 82nd Airborne Division erworben hatte, darüber hinaus aber auch noch über Special-Operations-Erfahrung bei den Green Berets verfügte, war es mir möglich, die Kluft zu überwinden. Indem ich die konventionelle Seite der Streitkräfte auf diese Weise anpackte, konnte ich zeigen, über welch großartige Fähigkeiten wir verfügten und dass unsere Aufgabe darin besteht, *sie* zu unterstützen. Es ging nicht darum, zwischen Special Operations und konventionellen Kräften zu wählen, sondern es ging um die Integration, darum, sich ergänzende Fähigkeiten für den universellen Kämpfer zu schaffen und diese bereitzustellen.

Tom Clancy: Sie übernahmen das SOCOM zu einer Zeit, als sich die frühen Bodengewinne Ihrer Gemeinschaft durch Goldwater-Nichols und Nunn-Cohen zu konsolidieren begannen und die Beschaffungsanstrengungen allmählich in einem Zustrom von Flugzeugen und anderem Gerät sichtbar wurden. Sagen Sie uns doch bitte, auf welche Weise nicht nur diese gesetzgeberischen Schritte, sondern auch die neuen Waffensysteme Ihre Möglichkeiten zur Operationsführung und Ihre Fähigkeit in der Unterstützung der anderen CINCs beeinflussten.

General Shelton: Es steht wohl außer Frage, dass die Bereitstellung neuer Systeme und ebenso neuer Technologien für unsere Gemeinschaft der konventionellen Seite der Streitkräfte allmählich zeigte, wie effektiv SOF-Elemente sein und was sie ihnen alles bieten können. Ich spreche hier von Fähigkeiten, die beim AC-130U Gunship[35] mit seinen unglaublichen Möglichkeiten, bei jedem Wetter, über die speziellen Maschinen des 160th Special Operations Aviation Regiment für das Einsickern in feindliches Hinterland bis hin zur Tarntechnologie, die in den verschiedensten Formen für die SOF verfügbar wurde. Wohin man sich auch wendete, überall kam nur Spitzentechnologie zum Einsatz.

Aber wir sahen auch – und das ist vielleicht sogar noch wesentlich bedeutungsvoller – eine Wandlung der Individuen bei den SOF zu einer

35 Die »Kanonenmaschine« ist ein modifiziertes Transportflugzeug vom Typ C-130 *Hercules*, das mit Kanonen ausgestattet wurde. (Anm. d. Ü.)

General Shelton im Interview mit dem Autor.

John D. Gresham

erstklassigen Truppe, einer Truppe von Weltklasseformat, die ihresgleichen suchte, was wir als Ergebnis des Bewertungs- und Auswahlprozesses werteten. Vom Offizier bis zum Unteroffizier – das war echte Qualität, und so langsam begann jeder das zu schätzen, ganz besonders nachdem sie eine Chance hatten, mit den SOF zusammenzuarbeiten, sie in ihre eigenen Operationen zu integrieren und dabei zu sehen, was sie leisten konnten. Auf einmal machten uns die Technologie unserer Waffensysteme und die Qualität der Leute attraktiv. Und das ist bis heute so geblieben.

Tom Clancy: Sie hatten kaum zwei Jahre als CINC des SOCOM, was ja nun nicht gerade viel ist. Wenn Sie heute daran zurückdenken, was waren, gerade in Anbetracht dieser kurzen Zeit, die Ergebnisse, auf die Sie wirklich stolz sind?

General Shelton: Das ist eine wichtige Frage und sie trifft den Nerv, denn das war der beste Job, den sich ein Vier-Sterne-General in der Army überhaupt nur wünschen kann. Eine großartige Chance, mit einer so fantastischen Gruppe von erstklassigen Profis zusammenzuarbeiten. Die Möglichkeit, mit ihnen aus Flugzeugen zu springen, an Operationen teilzunehmen und sie bei ihrer Arbeit zu beobachten, war an sich schon Belohnung genug. Ich würde auch sagen, Oberbefehlshaber des SOCOM zu sein bedeutete für mich den Gipfel meiner Laufbahn. Eben eine wunderbare Verwendung.

Aber, um es anders zu formulieren, als ich das SOCOM übernahm, war es mein Bestreben, den anderen CINCs und den Teilstreitkräften die Special Operation Forces zu »verkaufen«. Ich wollte ihnen klarmachen, welche hervorragenden Leute und Fähigkeiten die Special Forces in das verbundene Gefecht einbringen konnten. Die Kriegführung der

General Shelton unterstreicht während des Interviews mit dem Autor einen Punkt.

John D. Gresham

Zukunft muss von den gesamten Streitkräften geleistet werden. Das war das Ziel und meiner Ansicht nach haben wir das auch erreicht.

Gleichzeitig kamen wir 1996 in die Phase der alle vier Jahre stattfindenden Bestandsaufnahme des Verteidigungsministeriums und mein zweites Ziel musste es sein, die SOF zu schützen. Wir wollten das erreichen, indem wir bei jedermann Verständnis dafür weckten, welche Vorteile diese eigentlich minimale Investition an Personal für die Nation brachte. Bei den Planübungen im Rahmen der QDR (Quadrennial Defense Review – Verteidigungsbestandsaufnahme im Rhythmus von vier Jahren), bei denen auch zukünftige Strukturen der Streitkräfte festgelegt werden sollten, stellten wir sicher, dass die Fähigkeiten der mitspielenden SOCOM-Einheiten in den Abschlussbericht einflossen.

Zudem standen wir ja eben wegen meiner Unabhängigkeit, was das SOCOM-Budget anging, wie eine unabhängige Teilstreitkraft da. Und ich bestand darauf, mit am Tisch zu sitzen, wenn Budgetentscheidungen und Programme diskutiert wurden, und ebenso bestand ich darauf, dass wir voll in die QDR integriert wurden. Im Prinzip habe ich den Stellvertretenden CINCSOC, das war damals Admiral Ray Smith, ausschließlich auf diese Aufgabe angesetzt, und er reiste mit einem erstklassigen Team nach Washington. Das machten wir damals nicht nur, damit wir bei allen wesentlichen Entscheidungen dabei sein konnten, sondern auch um zu erläutern, was die SOF zu den Planübungen beigetragen hatte.

Als eine weitere Sache, auf die ich stolz war, kommt mir die Studie *Joint Vision 2020* in den Sinn. Das war unsere Vision der Zukunft, mit der wir die Technologie und Personalauswahl weiterverfolgen wollten, die wir für die zukünftigen Einsätze brauchen würden. Nur so können die SOCOM-Einheiten auch weiterhin ihre Schlüsselrolle spielen.

Das offizielle Wappen der Joint Chiefs of Staff. General Shelton ist derzeit Vorsitzender und der erste Offizier aus der Laufbahn der Special Operations, der diesen Posten innehat.

OFFIZIELLE GRAFIK DES US-VERTEIDIGUNGSMINISTERIUMS

1997 wurde General Shelton für den Posten des Vorsitzenden der Vereinigten General- und Admiralstabschefs (Chairman of the Joint Chiefs of Staff) nominiert. Wie seine Vorgänger General Powell und General Shalikashvili brachte auch er seine Erfahrungen und Ansichten in das Amt ein, das er seitdem innehat. Genau wie seine beiden unmittelbaren Vorgänger ist auch er aus den Reihen des ROTC hervorgegangen und er ist der erste Offizier in dieser Position, der aus der Laufbahn der Special Operations kommt. Sein Hintergrund vermittelt ihm eine Perspektive, die es bis dahin noch nicht gegeben hat, was den Wert von SOF-Einheiten und ihren Stellenwert im Militär der Vereinigten Staaten und der Welt von heute angeht.

Tom Clancy: 1997 wurden Sie durch den Präsidenten zum Chairman of the Joint Chiefs of Staff ernannt. Woran erinnern Sie sich, als Sie diese Ernennung entgegennahmen, und was für eine Gefühl war es, in diese Position innerhalb des amerikanischen Militärs aufzusteigen?

General Shelton: Wenn der Präsident einen in ein Amt beruft, ist das immer ein enormes Privileg, das man nicht ablehnen kann. Also, ich war überrascht und geehrt durch das Vertrauen und die Zuversicht, die Präsident Clinton in mich setzte. Ich musste an all die Menschen denken, die mir geholfen hatten, zu jemandem zu werden, der diese Position als Amerikas Spitzensoldat antreten konnte – meine Familie, Freunde, Kameraden und Vorgesetzte. Natürlich wusste ich um die Verantwortung, die dieser Job mit sich bringt, und ich akzeptierte sie bereitwillig und ohne jeden Vorbehalt. Mir war klar, dass lange Arbeitstage auf mich warteten – die Tage haben einfach zu wenig Stunden – und eine Menge Reisen. Aber ich wusste auch, dass es sich lohnen würde, allein schon weil ich so die Gelegenheit bekam, noch einige Jahre zusammen mit den Besten Amerikas zu dienen. Ich muss sagen, es gibt keinen besseren Job, als Amerikas Frauen und Männer in Uniform zu repräsentieren und ihre Interessen und Sorgen vor dem Präsidenten, dem Kongress und der amerikanischen Öffentlichkeit zu vertreten.

Tom Clancy: Als Sie General Shalikashvili im Amt folgten, waren Sie der erste Offizier aus den Special Forces, der Chairman wurde. Was bedeutete das Ihrer Ansicht nach für die SOF-Leute im SOCOM und wie hat sich Ihr SOF-Hintergrund in Ihrer täglichen Arbeit ausgewirkt?

General Shelton: Die Profis von den SOF können auf eine lange und stolze Geschichte des Dienstes an ihrem Land zurückblicken, sowohl in Kriegs- als auch in Friedenszeiten. Ich kann nicht für die Gemeinschaft sprechen, aber ich glaube, sie waren stolz auf meine Nominierung. Zumindest haben dies ihre zahlreichen guten Wünsche erkennen lassen. Es gibt nicht einen einzigen Tag, an dem ich nicht auf die Erfahrungen zurückgreife, die ich im Laufe meiner Karriere machen konnte, sei es nun bei den SOF oder bei anderen Einheiten. Es gibt viele ausgesprochen schwierige Angelegenheiten, mit denen sich unser Land konfrontiert sieht, und sie verlangen die richtigen Entscheidungen von mir und meinen kompetenten Rat. Auch deshalb bin ich dankbar, dass ich zusammen mit den Besten lernen und dienen durfte.

Tom Clancy: Sie sind der vierte Chairman, der nach Goldwater-Nichols und Nunn-Cohen amtiert. Berichten Sie uns doch einmal, wie Sie von den Entscheidungen Ihrer drei Vorgänger (Admiral Crowe und die Generale Powell und Shalikashvili) profitieren und welchen Nutzen die neue gesetzliche Regelung für Sie alle gebracht hat.

General Shelton: 1999 feierten wir den 50. Jahrestag der Einrichtung des Postens eines Chairman of the Joint Chiefs of Staff. Ich bin ja erst der 14. Amtsinhaber in all diesen Jahren. Als Goldwater-Nichols 1986 unterzeichnet wurde, war Admiral Crowe der Chairman, und er hat bei der Umsetzung hervorragende Arbeit geleistet. Übrigens war ich J-3 [der für gemeinsame Operationen zuständige Stabsoffizier] bei den Generalstabschefs, als er Chairman war. Die Gesetzgebung brachte offensichtliche Veränderungen mit sich, die den Einfluss des Chairman verstärkten – sie machte den Chairman zum prinzipiellen Ratgeber. Damit war er nicht mehr nur Teil des Gremiums, das die Ratschläge erteilte. Er erhielt einen Stellvertreter und er musste nun den Minister in der Festlegung strategischer Richtlinien für die Streitkräfte unterstützen. Aber wenn ich einen bestimmten Punkt herausstellen soll, den mir meine Vorgänger hinterließen, dann ist es dieser neue Joint-Stab, mit der Betonung auf JOINT. Diese Männer zeichneten mit dafür verantwortlich, den qualifizierten Offizier mit teilstreitkraftübergreifender Erfahrung zu schaffen. Damit wurde es für jeden Offizier unumgänglich, neben guten Verwendungen in der Teilstreitkraft auch teilstreitkraftübergreifende Erfahrungen zu machen. Und so wurde sichergestellt, dass nur die besten und intelligentesten Offiziere tatsächlich zum Joint Staff kamen.

Ein anderer Aspekt ist die Beratung des Präsidenten und des Verteidigungsministers. Viele werden sich noch an die Kritik am alten System erinnern, weil dort der Ratschlag für den Präsidenten oder Minister häufig allein dadurch verwässert wurde, dass alles im Gremium zu einem Konsens gebracht werden musste. Falls es noch Ecken und Kanten bei der Beratung unter Goldwater-Nichols gegeben hatte, so waren diese jedenfalls längst ausgemerzt, als ich mein Amt antrat. Ich diene zusammen mit einem großartigen Stellvertreter und einer hervorragenden Gruppe von Generalstabschefs. Das sind Männer, die an der Spitze ihres Berufes und ihrer Teilstreitkraft stehen, und wir machen gute Fortschritte bei der Erledigung unserer Aufgaben. Letzten Endes bin ich für jeden Ratschlag verantwortlich. Aber bis es so weit ist, wurden sämtliche Gesichtspunkte gründlich erörtert.

Goldwater-Nichols liegt inzwischen vierzehn Jahre zurück, und wie jeder bestätigen wird, war es ein evolutionärer Prozess. Im Augenblick denken wir über einen Folgebeschluss zu Goldwater-Nichols nach. Wie Sie sehen, entwickelt sich das Ganze ständig weiter. Eines steht jedenfalls fest – wir haben überlegene und außerordentlich effektive »Joint«-Streitkräfte. Das haben wir am Persischen Golf, in Haiti, Bosnien und im Kosovo sehen können. Unser Ziel muss es sein, dass unsere verbundenen Streitkräfte das Personal und die Ressourcen haben, die sie für die Herausforderungen des 21. Jahrhunderts brauchen.

Tom Clancy: In den letzten Jahren bildeten Sie und Ihr ziviler Konterpart, Verteidigungsminister William Cohen, ein Team. Wie hat sich die Beziehung zwischen Ihnen beiden entwickelt? Wie ist es, für ihn zu arbeiten?

General Shelton: Es hat alles ganz hervorragend funktioniert. Man kann ausgezeichnet mit ihm zusammenarbeiten. Durch seine Zeit im Kongress hat er ein großartiges Verständnis für das Militär und dessen Anliegen entwickelt. In Bill Cohen haben unsere Frauen und Männer in Uniform einen echten Freund. Er hat sich für eine verbesserte Bezahlung stark gemacht, für die Reform bei der Pensionierung, er hat die medizinische Versorgung verbessert und ist ganz generell für die Verbesserung der Lebensqualität der Angehörigen unserer Streitkräfte eingetreten. Bill Cohen hat sich zum Ziel gesetzt, der amerikanischen Bevölkerung ein besseres Verständnis für ihr Militär zu vermitteln, was er die »neue Verbindung zu Amerika« nennt. Dadurch ist gesichert, dass wir auch in Zukunft die Unterstützung bekommen, die für uns Amerikaner in Uniform so unverzichtbar ist.

Tom Clancy: Während Ihrer Amtszeit als Chairman hatten Sie die Verantwortung für das amerikanische Militär in seiner am meisten bewegten Nicht-Kriegsperiode in der Geschichte. Könnten Sie uns schildern, wie bewegt diese Zeit für Sie war und wie sich dieses hohe Einsatztempo [OpTempo] auf die Streitkräfte auswirkte?

General Shelton: Lassen Sie mich vorwegschicken, dass die militärische Stärke Amerikas auf einem Fundament ruht, das aus qualifiziertem Personal, gut ausgebildeten und einsatzbereiten Streitkräften und einem effektiven Modernisierungsprogramm besteht. Zwar sind alle diese Elemente unabdingbar, aber das Wichtigste sind und bleiben die Menschen. Ohne gut ausgebildete, gut motivierte und hingebungsvolle Menschen hätten wir die Erfolge der Vergangenheit nicht erzielen können. Unsere jungen Männer und Frauen – und ihre Familien – sind einfach großartig.

Die gegenwärtige sehr hohe Folge der Einsätze hat eindeutig einen bedeutenden Einfluss auf die Angehörigen der Streitkräfte und deren Familien. Allein deshalb müssen sich die Generalstabschefs und ich stets darum kümmern. Es ist ja kein Geheimnis, dass häufige und andauernde Verlegungen die Truppe belastet haben und unsere Möglichkeiten bis aufs Äußerste beanspruchten. Das erhöhte zwangsläufig das Risiko für unsere Fähigkeit, so anspruchsvolle Operationen durchzuführen. Und diese Gangart, und das ist genauso wichtig, beeinflusst natürlich auch die Lebensqualität unserer Leute. Damit wird unserer Ansicht nach die Fähigkeit gefährdet, die hochqualifizierten Soldaten in unseren Reihen zu halten, die wir für die Streitkräfte von morgen brauchen. Wir sind immer noch dabei, sowohl die Auswirkungen der Operation Allied Force als auch der andauernden Verlegungen nach Bosnien und in den Kosovo auf unsere Streitkräfte auszuwerten. Aber auch in Zukunft wird es Verlegungen über lange Zeiträume geben. Wir wissen alle, dass eine hohe Gangart eine Folge von unvorhersehbaren Ereignissen in der Welt und von globalen Verpflichtungen sein kann. Deshalb unternehmen die Teilstreitkräfte, der verbundene Stab, die CINCs und ich alles, um die damit verbundenen Auswirkungen im Rahmen zu halten. Als Erstes haben wir auf globaler Ebene die Quellen erweitert, aus denen wir Einheiten zur Abdeckung unserer Verpflichtungen gewinnen. Auf diese Weise können wir die Arbeitsbelastung in den Streitkräften gerechter verteilen.

Zweitens haben wir die »Global Military Force Policy« (GMFP[36]) erweitert, um weltweit das Management der »Low Density / High Demand«-(LH/HD)[37]-Einsatzmittel zu verbessern. Der verbundene Stab untersucht in Zusammenarbeit mit den Teilstreitkräften jede einzelne unserer LH/HD-Fähigkeiten daraufhin, welche Kräftestruktur die Erfordernisse der CINCs am besten erfüllt. Bei einigen unserer besonders belasteten Einheiten haben wir bereits Erhöhungen durchgeführt. Wir haben auch die teilstreitkraftübergreifenden Übungen um 15 Prozent reduziert und untersuchen derzeit, ob wir nicht noch weitere Abstriche machen können.

Die Chiefs und ich wissen, dass noch viel zu tun ist, aber wir werden alles in unseren Kräften Stehende unternehmen, um die hohe operationelle Gangart mit unserer Möglichkeiten auszubalancieren, damit wir auch weiterhin die Missionen erfüllen können, die der Präsident uns überträgt.

Obwohl General Shelton als oberster Soldat allen amerikanischen Soldaten der Army, der Navy, der Air Force und der Marines dient, vergisst er nicht, dass seine Wurzeln bei der SOF liegen. Seine Einschätzung, welchen Wert die SOF-Einheiten darstellen, insbesondere die der Army, beweist Insider-Kenntnisse.

---

36 Globale Richtlinien zum Einsatz der Streitkräfte (Anm. d. Ü.)
37 Besonders gefragte, aber rare Einsatzmittel (Anm. d. Ü.)

Tom Clancy: Sie sind mit Sicherheit der erste Chairman of the Joint Chiefs of Staff, der über eine abgerundete Special-Operations-Gemeinschaft verfügt. Wie gut hat sie sich bisher geschlagen? Hat sie den richtigen Umfang, die richtige Personalstärke und ist sie ausreichend ausgerüstet, um den an sie gestellten Anforderungen gerecht zu werden?

General Shelton: Lassen Sie mich eines vorwegschicken: Unsere SOF-Kräfte sind ohne Vorbehalt die besten der Welt und sie geben unseren Streitkräften und damit der Nation einzigartige und unvergleichbare Möglichkeiten an die Hand. Nur durch den Weitblick des Kongresses, der USSOCOM einrichtete und damit die Werkzeuge bereitstellte, damit sie ihren Job erledigen können, konnten wir sie zu dem machen, was sie heute sind. Wenn aber die SOF weiterhin einsatzbereit und reaktionsfähig bleiben sollen, sind dazu anhaltende Unterstützung und substanzielle Investitionen in erstklassiges Personal, Bereitschaft und Modernisierung unabdingbar. Die Special Forces erleben im Augenblick einige der Rekrutierungsprobleme, von denen wir schon gehört und gelesen haben – schließlich gewinnen sie ihr Personal aus dem Pool der Teilstreitkräfte. Über die Nachwuchssorgen habe ich schon gesprochen. Der Gesamtbestand, aus dem die SOF ihre Leute holen, schrumpft ständig. Deshalb ist es wichtiger denn je, dass wir unsere Anstrengungen verdoppeln, um die richtigen jungen Leute zu gewinnen und hoch qualifizierte, erfahrene Soldaten, Matrosen und Flieger bei der Truppe zu halten. Es ist vorhersehbar, dass der einzelne SOF-Kämpfer des 21. Jahrhunderts ebenso wie jeder Arbeiter des 21. Jahrhunderts wesentlich mehr Kenntnisse in Mathematik, Computern und Sprachen brauchen wird, als heute nötig sind. Daraus folgt, dass wir herausfinden müssen, welche Kenntnisse in dem Pool vorhanden sind, aus dem wir unsere Leute rekrutieren, und welche Fähigkeiten wir dann mit den Ressourcen der SOF erst entwickeln müssen.

Tom Clancy: In den letzten Jahren haben Sie die Special Forces der Army häufig eingesetzt. Bitte erklären Sie unseren Lesern, welche Bedeutung die durch die Joint Chiefs of Staff beauftragten und finanzierten Missionen haben. Ich meine damit zum Beispiel solche, die im Rahmen des Joint Combined Engagement Training (JCET) stattfinden.

General Shelton: Einfach gesagt, hat das JCET-Programm in erster Linie den Zweck, die praktischen Fähigkeiten sowie die kulturellen und sprachlichen Kenntnisse der SOF-Angehörigen zu erweitern und zu vertiefen, wenn sie in fremden Ländern eng mit dem dortigen Militär zusammenarbeiten müssen. Ich bin überzeugt – und andere werden Ihnen das bestätigen können –, dass diese Ausbildung äußerst wertvoll ist und eine ordentliche Dividende abwirft. Überlegen Sie nur, was das JCET-Programm uns bislang bereits eingebracht hat. Die Ortskenntnisse unserer Soldaten wurden deutlich verbessert und, was noch wichtiger ist, wir haben ein ganz bedeutendes Element für den Erfolg unserer Operationen gewonnen. Jetzt bringen die Special Forces selbst entscheidende und neue Fähigkeiten in der Krise oder im Konflikt ein: Sprachkenntnisse, selbst erworbenes Wissen um Sitten, Terrain,

Umwelt und Infrastruktur. Hinzu kommt häufig ein ganzes Netzwerk von persönlichen Beziehungen mit dem Schlüsselpersonal des ausländischen Militärs.

Tom Clancy: Sie hatten in den letzten Jahren Ihre Special Forces Teams schon vor Ort platziert, als eine ganze Reihe von unerwarteten Ereignissen stattfanden. An Orten wie Sierra Leone, bei den Bombenanschlägen auf die Botschaften in Kenia und Tansania und den Angriffen und Feuergefechten um das World Trade Center in Ceylon waren SF-Soldaten unter den Ersten, die auf die Krisen und Katastrophen reagierten. Welchen besonderen Wert hatte es für Sie, solche »Augen« und »Ohren« vor Ort zu haben, die sofort reagieren und am Ort des Geschehens nachrichtendienstliche Aufklärung leisten können?

General Shelton: Sie sind einfach unbezahlbar. Unsere heutigen Verantwortlichen im Militär kennen den Wert von SOF-Kräften weit besser, als dies noch bei ihren Vorgängern der Fall war, und sie wissen, welchen Anteil sie an einem »Joint«-Einsatz haben. Im gleichen Maß, wie bei uns Personal und Ressourcen reduziert werden, werden SOF-Kräfte an Bedeutung gewinnen. Aber lassen Sie uns, ohne dabei zu sehr in die Einzelheiten zu gehen, doch einmal betrachten, warum sie als »globale Kundschafter« agieren und welche einzigartigen Möglichkeiten durch ihren kontinuierlichen weltweiten Einsatz geschaffen werden. Über das JCET-Programm und seinen Wert haben wir schon gesprochen. Denken Sie nur einmal daran, wie sehr ein solches Programm dazu beiträgt, Spannungen abzubauen, Vertrauen zwischen Nationen zu bilden und nicht selten sogar Situationen zu entschärfen, bevor sie eskalieren. Die SOF-Angehörigen sind häufig die ersten Amerikaner, ganz gleich ob nun Militärs oder Zivilisten, mit denen die Bewohner anderer Länder in Berührung kommen. Sie können die Bühne für den Einsatz von konventionellen Streitkräften vorbereiten, wenn das erforderlich sein sollte. Oft sind sie die einzigen Kräfte, die akzeptiert werden, weil sie mit nur wenigen Leuten operieren. Sie hinterlassen sozusagen nur geringfügige Spuren. SOF-Einsätze schaffen wichtige Kontakte für die Streitkräfte in ihrer Gesamtheit und stellen Verbindungen her, die erst den Erfolg einer Koalition ermöglichen. Das ist so, weil sie viele der militärischen Führer in den meisten Ländern der Welt kennen, in die wir möglicherweise US-amerikanische Truppen schicken.

Tom Clancy: Da ja der Bedarf der Teilstreitkräfte an SOF-Einheiten wächst, stellt sich mir die Frage, ob es schon Überlegungen gab, die Anzahl von SOF-Einheiten der Reserve und der Nationalgarde zu erhöhen, um die aktiven Kräfte zu unterstützen.

General Shelton: Die Rolle unserer Komponenten der Reserve ist ganz deutlich in dem Maße gewachsen, wie die aktiven Streitkräfte abgebaut wurden. Buchstäblich bei jeder Mission zu Hause und in Übersee – vom Katastrophenschutz im eigenen Land über humanitäre Hilfe in Zentralamerika bis hin zu den laufenden Operationen im Irak, in Bosnien und dem Kosovo – haben unsere Reservisten und Angehörigen der Nationalgarde in wichtigen Rollen ganz Hervorragendes geleistet, und das gilt sowohl für die SOF- wie auch für die regulären Einheiten. Bereitschaft besitzt bei mir eine sehr hohe Priorität – das war so, als ich noch CINC des Special Operations Command war, und das gilt auch noch heute für mich in meinem Amt als Chairman der Joint Chiefs of Staff. Effektive Eingliederung und der Einsatz der Frauen und Männer unserer Reservekomponenten sind der Schlüssel zur Gesamtbereitschaft aller Kräfte und ein äußerst wichtiger Faktor für den Erfolg der Streitkräfte insgesamt. Häufig sind Aufgaben wie Civil Affairs, psychologische Operationen und technische Zivilunterstützung vornehmlich bei der Reserve angesiedelt. Wie wichtig sie sind, konnten wir bei Desert Shield, Desert Storm und dann wieder in Bosnien und im Kosovo sehen. Die große Bandbreite der Beiträge durch die Reserve ist eindeutig ein wesentliches Plus in einer Situation, in der wir vorhandene Ressourcen mit einem anspruchsvollen Auftrag in Einklang bringen müssen. Ihr Dienst beweist den immer noch gültigen Wert und die Relevanz des Prinzips »Bürger in Uniform«. Wir müssen damit fortfahren, innovative Wege zu suchen, um aus der Stärke unserer Reservekomponenten Nutzen zu ziehen. Sie ist unser Trumpf für die Erhaltung eines hohen Bereitschaftsgrades in diesen komplizierten Zeiten.

Gegen Ende unseres Interviews wollte ich noch etwas mehr über den persönlichen Hintergrund meines Gesprächspartners erfahren. Meine abschließenden Fragen richteten sich deshalb an den Menschen Hugh Shelton: Wie geht er mit den gewaltigen Belastungen, Mühen und Forderungen um, die das Amt des Vorsitzenden mit sich bringt?

Tom Clancy: Von General Colin Powell wusste man, dass er sich mit der Restaurierung alter Volvos entspannte. Welche Hobbys oder welchen Sport betreiben Sie zur Erholung?

General Shelton: Ich habe eine ganze Reihe von Hobbys. Ich spiele gern Gitarre und Banjo. Für mich ist das Entspannung – natürlich wäre ich gerne besser, aber ich kann mich dabei entspannen. Auch am Wassersport hatte ich immer schon Spaß. Carolyn und ich verbringen gerne Zeit auf dem Boot. Allerdings hatten wir für so etwas in Tampa die besseren Möglichkeiten. Bootsfahrten waren immer Unternehmungen mit der ganzen Familie, und als meine Söhne noch klein waren, hatten wir viel Spaß zusammen, wenn wir mal rauskamen und Zeit füreinander hatten.

Tom Clancy: Hinter Ihnen liegt mit den Operationen Desert Fox und Allied Force, den Bombenattentaten auf die afrikanischen Botschaften und den Vergeltungsschlägen, mit den Einsätzen im Kosovo und in Osttimor, die möglicherweise nicht die letzten waren, ein unglaublich bewegtes Jahr. Wie halten Sie die Belastungen aus und wie hart war der Job wirklich für Sie?

General Shelton: Es waren drei anspruchsvolle Jahre, da besteht gar kein Zweifel. Aber für mich war es persönlich und beruflich auch eine lohnende Zeit. Trotz all der harten Arbeit und der fordernden Tage muss man sich seinen Humor und seine Ausgeglichenheit bewahren. Carolyn ist mir da eine große Hilfe. Sie hat immer verhindert, dass ich mich verzettelte, und mir den Blick auf das Wesentliche im Leben bewahrt. Ich laufe auch gern und versuche, das jeden Tag durchzuhalten. Dabei spielt es für mich keine Rolle, ob ich früh am Morgen laufe, so gegen fünf Uhr, bevor ich zur Arbeit gehe, oder an den Tagen, wenn ich mir die Zeit nehmen kann, auch schon einmal um die Mittagszeit. Ich laufe meist so zwischen sechseinhalb und acht Kilometern. Dabei bekommt man den Kopf frei und kann gut nachdenken. Zumindest funktioniert das bei mir so.

Tom Clancy: Sie stehen in dem Ruf, dass Sie Ihre Wurzeln bei der Airborne und den Special Forces pflegen, und gelegentlich springen Sie auch noch. Wie man hört, haben Sie noch vor kurzem mit dem ehemaligen Präsidenten Georg W. Bush einen Fallschirmsprung gemacht. Können Sie uns darüber auch etwas erzählen? Und warum gefällt es Ihnen immer noch, aus einem absolut flugtüchtigen Flugzeug abzuspringen?

General Shelton: Präsident Bush hatte mir einen Brief geschrieben, um mich zu diesen Sprung einzuladen und gleichzeitig zur Feier seines 75. Geburtstags. Es war mir eine große Freude, beide Einladungen anzunehmen. Das war für das Militär *die* Chance, an der Geburtstagsfeier eines ehemaligen Präsidenten teilzunehmen. Erst kurz zuvor war ich zum 60. Jahrestag der Fallschirmtruppe nach Fort Benning gefahren. Das war ein großartiger Anlass und die Zeit dort weckte viele gute Erinnerungen an meine Fallschirmspringerausbildung – jedenfalls sind das heute gute Erinnerungen. Damals, in der zweiten Woche der Ausbildung, war ich doch ziemlich nervös, als mein erster Sprung anstand. Also fragte ich den Ausbilder, ob die Schirme denn auch wirklich sicher seien. Daraufhin bellte er mich an und meinte, wenn der Schirm nicht funktionieren sollte, könnte ich ihn jederzeit zurückbringen und einen neuen bekommen. Das gab mir schon etwas mehr Sicherheit, aber Sorgen hatte ich immer noch und fragte deshalb unbeirrt weiter: »Nur für den Fall, dass mein Hauptschirm sich nicht öffnet, wie lang habe ich dann, um den Reserveschirm zu ziehen?« Ohne zu zögern antwortete der Ausbilder: »Soldat, Sie haben den ganzen Rest Ihres Lebens Zeit, um den Reserveschirm zu ziehen!« Einmal hörte ich, wie einer unserer Verantwortlichen von der Fallschirmtruppe sagte: »Eigentlich springe ich nur ungern aus Flugzeugen, aber es macht mir einen Heidenspaß, mit den Leuten zusammen zu sein, die genau das tun.« Ich mag beides – ehrlich, ich habe immer schon Spaß daran gehabt, aus einem absolut flugtüchtigen Flugzeug abzuspringen, wie Sie sagen. Ich mag die Hingabe, den Mut und den Korpsgeist. Das sind alles ganz wunderbare Eigenschaften, die man bei den Jungs von der Airborne findet. Das hat mich schon als junger Offizier angezogen und daran hat sich bis heute nichts geändert.

Damit endete das Interview.

Beim Abschied schüttelte mir General Shelton herzlich die Hand und schenkte mir eine Gedenkmünze mit dem Wappen der Joint Chiefs of Staff. Auf dem Weg nach draußen dachte ich über diesen sehr stillen, in sich ruhenden Mann nach, der eine solche Verantwortung trägt. Nach und nach begriff ich, wie sehr Amerika Männer wie ihn braucht. Unglücklicherweise haben immer weniger Amerikaner beim Militär gedient, wodurch der Pool für die Auswahl von qualifizierten Männern immer kleiner wird, die die mächtigste Streitmacht der Welt führen können.

General Shelton kommt aus einer Welt, in der Ehre und das persönliche Wort von jeher wichtiger waren als das Erreichen eigener Ziele und finanzieller Vorteile. Ohne Zweifel wäre er ein wohlhabender und erfolgreicher Geschäftsmann in der Textilindustrie geworden, hätte er diesen Weg eingeschlagen. Zum Glück für Amerika ist er den Weg des größten Widerstandes und der Herausforderungen gegangen, dank seiner Entscheidung sind wir besser und sicherer dran. Hoffentlich gibt es noch mehr von seinem Schlag da draußen. Wir brauchen sie – und zwar heute mehr denn je.

Qualitäten und Qualifikationen

Adler kommen nicht in Schwärmen. Man trifft sie immer nur einzeln!

H. Ross Perot

Welcher Mann entscheidet sich schon für einen Beruf, bei dem er erwarten muss, dass er bis zu sechs Monate im Jahr nicht zu Hause sein wird? Einen Beruf, in dem er knapp die Hälfte dessen verdient, was seine vergleichbar qualifizierten Freunde bekommen? Einen Beruf, der ihm – wenn er verheiratet ist – eine Scheidung fast garantiert und in dem er ziemlich gute Chancen hat, verletzt, verwundet oder sogar getötet zu werden?

Klingt das nach einem attraktiven Beruf?

Für einige wenige schon ... Für wenige und ganz besonders *Wertvolle*.

Die Rekrutierungsbeauftragten der Special Forces stehen vor der schwierigen Aufgabe, Jahr für Jahr fast eintausend Männer zu finden und auszubilden, die sich von den oben genannten Perspektiven nicht nur nicht abschrecken lassen, sondern darüber hinaus auch noch *überdurchschnittliche* Fähigkeiten auf einer atemberaubenden Anzahl militärischer und nicht militärischer Felder mitbringen ..., die sozusagen die Renaissancemenschen des Militärs sind. Diese Aufgabe ist gewaltig, und sie ist in jüngster Zeit, in der die Kombination einer blühenden Zivilwirtschaft und eine extrem hohe Einsatzhäufigkeit (OpTempo) die Verlockungen des Zivillebens noch attraktiver machen, noch schwieriger geworden.

Es ist daher auch kaum überraschend, dass es den Special Forces schwer fällt, genügend neue Soldaten zu gewinnen, um all jene zu ersetzen, die ausgeschieden sind oder den Dienst für Jobs im Zivilleben und ein »normaleres« Leben eintauschen.[38]

Das bringt die Special Forces Community (SFC) in ein echtes Dilemma: Entweder setzt man die Zugangsanforderungen für neue Rekruten herab und akzeptiert, dass man weniger fähige SF-Soldaten bekommt, oder aber man hält am gegenwärtigen hohen Standard fest und hofft, dass steigende Bewerberzahlen den Trend des Ausblutens irgendwann umkehren. Gerade im Augenblick hat sich die SFC jedoch entschlossen, den höchst-

38 Die Gemeinschaft der Special Forces umfasst insgesamt rund 10 000 Mann. Im Augenblick scheiden pro Jahr etwa 1000 Soldaten aus, während nur zwischen 500 und 600 ausgebildet werden. Das Defizit konnte Schritt für Schritt reduziert werden, da sich die Zahl der Weiterverpflichtungen erhöhte, aber immer noch liegt die Mannstärke der ODAs um 25 bis 33 Prozent unter Soll.

Das offizielle Ärmelabzeichen des John F. Kennedy (JFK) Special Warfare Center (SWC) und des dazugehörigen Ausbildungszentrums.

OFFIZIELLE GRAFIK DER U. S. ARMY

möglichen Standard beizubehalten, selbst wenn das bedeutet, dass sie dadurch weniger Einsatzaufträge übernehmen kann – nicht gerade eine angenehme Alternative.

Wie soll man nun die Standards bei der Auswahl, Rekrutierung und Ausbildung von neuen SF-Soldaten am besten beschreiben? Das ist gar nicht so einfach.

Zunächst einmal müssen wir uns eines klar machen: Die Special Forces bestehen nicht einfach nur aus hervorragend ausgebildeten Soldaten, sondern es handelt sich bei ihnen um ganz *besondere* Menschen, die eine nicht nur spezialisierte, sondern sogar *extreme* Ausbildung durchlaufen. Darin unterscheidet sich das SOF-Personal von Soldaten konventioneller Verbände, denen man vielleicht nur hin und wieder einmal für einen Einsatz ungewöhnliche Aufträge anvertraut. Zu den Letzteren könnte man beispielsweise die Bomberbesatzungen der B-25 zählen, die im April 1942 Jimmy Doolittle in den Luftangriff auf Japan führte. Diese Männer waren damals aus mehreren regulären mittelgroßen Bombereinheiten ausgewählt worden, hatten in Florida eine Spezialausbildung absolviert und wurden dann auf der Basis eines »Einmal-Einsatzes« losgeschickt.

Gleichzeitig gibt es, wie mir bei meinen vielen Gesprächen klar wurde, nicht den *Idealtypus* des Special-Forces-Soldaten … und folglich auch nicht den *idealen* Rekruten für die Special Forces. Und genau *das* könnte der Punkt sein, auf den es letzten Endes ankommt: In der Vielfalt liegt die Stärke und die Tiefe. Und *das* ist es, wonach Leute wie Colonel Remo Butler suchen.

Colonel Butler ist innerhalb des weit größeren Rahmens des John F. Kennedy Special Warfare Center (JFK SWC) Kommandeur der 1st Special Forces Training Group – Airborne (1st SFTG[A]). Der Colonel, ein überaus beeindruckender Mensch (er wirkt wie eine gelungene Mischung aus Universitätsprofessor und Weltklasseathlet – in seiner Freizeit betreut er die Boxerriege), ist ausgesprochen wählerisch, was die Männer angeht,

General Ken Bowra, USA, führt eine Gruppe von Ehrengästen (darunter H. Ross Perot und die Generale Shelton und Schoomaker) bei einer Widmungszeremonie in Fort Bragg an. General Bowra ist der kommandierende General des John F. Kennedy Special Warfare Center in Fort Bragg, North Carolina.

JOHN D. GRESHAM

die zur SF-Ausbildung zugelassen werden. Aber noch viel wählerischer ist er bei denen, die durchkommen und bestehen. Zusammen mit seinem Boss, Major General Kenneth R. Bowra (dem kommandierenden General des JFK SWC), führt er einen ständigen Kampf, die Qualitätsansprüche zu halten, die jeden einzelnen SF-Soldaten zur Legende gemacht haben.

Sie arbeiten für das JFK SWC, welches in zwei größeren Gebäuden des Zentralbereichs von Fort Bragg (Kennedy Hall und Byrant Hall) untergebracht ist. Gleichzeitig ist diese Organisation so etwas wie das Mutterhaus für alle weiteren Einrichtungen im ganzen Land. Sie ist die Institution gewordene Hüterin des gesamten Wissens der U.S. Army über die SOF und verantwortlich für eine Fülle von Ausbildungs-, Beschaffungs-, Planungs- und Entwicklungsaufgaben für die gesamte SOF-Gemeinschaft der Army (zu denen neben den Special Forces auch das 75th Ranger Regiment, das 160th Special Operations Aviation Regiment [SOAR], die Delta Force und verschiedene andere Einheiten des USASOC zählen). General Bowra und sein Stab kontrollieren alles Mögliche, angefangen von einem Museum über das Archiv bis hin zu Springer- und Tauchschulen. Wenn man etwas über die SOF der Army erfahren will, bleibt einem gar nichts anderes übrig, als beim JFK SWC zu beginnen.

Die denkbar größte Fehleinschätzung hinsichtlich der SOF-Einheiten wäre es, ihnen zwar Härte und Kampfgeschick, aber kein Hirn und keine Urteilsfähigkeit zuzuschreiben. »A-Detachments« sind keineswegs die »Dirty Dozens«[39], wie einem ein Besuch beim JFK SWC umgehend vor Augen führen wird. Im Laufe der Jahre habe ich etliche Militärschulen in vielen Ländern besucht und keine einzige bietet eine derartige akademische Vielfalt und Tiefe, wie man sie am JFK SWC findet.

Nun, von welchem Typus sind denn nun die Kämpfer, nach denen die Special Forces suchen?

- **Geschlecht** – Am besten vergessen Sie gleich von vornherein die Gebote der politischen Korrektheit und die Gleichstellung der Frau. Die Einschränkungen des Kongresses zum Paragrafen 10 verwehren Frauen die Möglichkeit, in Kampfeinheiten der Infanterie – und zu denen gehören die Special Forces nominell – zu dienen. Solange diese Einschränkungen nicht aufgehoben sind, wird die Welt der SOF eine rein männliche Bastion bleiben.
- **Dienstgrad/Erfahrung** – Die Führungsspitze der Special Forces möchte Personal haben, das älter und reifer ist als der Durchschnitt beim amerikanischen Militär. Deshalb ist der Eintritt bei den SOF bei den Offizieren erst ab dem Rang eines Captains (O-3), allenfalls noch eines First Lieutenants (O-2) möglich, aber nur dann, wenn dieser kurz vor seiner Beförderung zum Captain steht. Mannschaften müssen entweder bereits Specialists (E-4 mit der Aussicht auf Beförderung) oder Sergeants (E-5) sein. Rekruten der Special Forces sind normalerweise zwischen Mitte und Ende zwanzig oder Anfang dreißig – und damit hoffentlich alt genug, um zu wissen, was wann getan werden muss oder – vielleicht noch wichtiger – wann etwas nicht getan werden darf.
- **Militärischer Hintergrund** – Zwar werden SF-Kandidaten aus allen Bereichen der Army gezogen, die überwiegende Mehrzahl der SF-Rekruten kommt jedoch traditionell aus einem bestimmten Pool der Infanterie. Das sind dann meist Männer, die über Kampfverbände der Infanterie zur 82nd Airborne Division und dann in eine Ranger-Einheit aufgestiegen sind. Da jedoch die jüngsten Truppenreduzierungen diesen Pool mehr und mehr austrocknen, muss die Führung der SF ihre Netze immer weiter auswerfen und dabei gleichzeitig ihr Augenmerk auf eine größere Bandbreite an Fähigkeiten und Spezialkenntnissen lenken. Heute besteht eine durchschnittliche Ausbildungsklasse der Special Forces gleichermaßen aus Soldaten der Panzer-, Nachrichten-, logistischen und fliegenden Truppe wie aus Absolventen der eher traditionellen Infanterie-Laufbahn. Dieser Trend hat allerdings auch eine gute Seite: Das Personal, das den Teams heute zugeschleust wird, hat eine größere Bandbreite an Wissen und Fähigkeiten, und das hat sich bei Missionen im Feldeinsatz bewährt.

39 »Das dreckige Dutzend«, Titel eines mit Weltstars besetzten amerikanischen Films. (Anm. d. Ü.)

- **Physische Merkmale** – Nein, die Angehörigen der SOF sehen *keineswegs* alle aus wie Arnold Schwarzenegger, Sylvester Stallone oder Jesse Ventura (obwohl man durchaus schon mal auf Männer wie Chuck Norris trifft). Rohe Körperkraft gilt im Allgemeinen nicht als Vorteil. Tatsächlich schätzt man körperliche Leistungsfähigkeit in Form von Ausdauer und auch mentale Stärke sehr viel höher ein. Natürlich sind SF-Soldaten in der Regel muskulös, drahtig und agil, aber ganz sicher keine reinen Muskelprotze mit wenig Gehirn. Mit anderen Worten: Es handelt sich eher um den Typ Langstreckenschwimmer oder Triathlet als um den Bodybuilding-Verrückten. Mentale Qualitäten sind für künftige SF-Soldaten weitaus wichtiger als körperliche Stärke. Aber davon später mehr.
- **Springer-Qualifikation** – Wie schon erwähnt, ist der Bezeichnung von Einheiten der Special Forces stets der Zusatz »Airborne« (Luftlande-) beigefügt. Deshalb muss jeder, der sich bei den Special Forces bewirbt, die Army Airborne School in Fort Benning, Georgia, mit einer Springerausbildung erfolgreich abgeschlossen haben oder bereit sein, sie zu absolvieren, bevor er zur SF-Ausbildung kommt. Dieser Kurs stellt dann schon eine der größten Hürden auf dem Weg in die SF-Ausbildung dar.
- **Fremdsprachen-Kenntnisse** – Wird ein frisch gebackener SF-Soldat zu seinem ersten Team kommandiert, wurde ihm bereits mindestens eine Fremdsprache zugewiesen, die er lernen muss. Einige sind eher leicht zu lernen (wie Spanisch), andere dagegen können mehr als ein Studienjahr erfordern (wie Chinesisch oder Arabisch). Andererseits haben die Kandidaten, die bereits eine Sprache von der Liste für die SF-Qualifikation beherrschen, einen besonders hilfreichen Vorsprung vor anderen SF-Kandidaten.
- **Ethnische Abstammung** – In der Vergangenheit hatten die Special Forces ihre Schwierigkeiten, Kandidaten aus ethnischen Minderheiten zu rekrutieren. Das hatte mehrere Gründe. Vor allem finden sich deutlich zu wenig qualifizierte Kandidaten in den Minderheitsgruppen, und unter Umständen ist dann auch noch die übrige Army – lässt man einmal die anderen Teilstreitkräfte, Regierungsbehörden und die Privatindustrie beiseite – für diejenigen, die qualifiziert sind, attraktiver. Dessen ungeachtet hat aber die Rekrutierung aus den Minderheiten für die Führung der SF ständig an Bedeutung gewonnen. Das gilt besonders in Anbetracht der zunehmenden Verpflichtungen in Übersee[40], bei denen Menschen mit spanischem, slawischem, arabischem oder asiatischem Hintergrund Tore aufstoßen können, die den Anglo-Amerikanern verschlossen blieben.

---

40 Der Begriff *Overseas* wird im amerikanischen Sprachgebrauch etwas anders verstanden als im Deutschen. Für uns ist alles, was mit »Übersee« bezeichnet wird, mit einer Reise über den Ozean (meist den Atlantik) verbunden, während für die Amerikaner alles »Overseas« ist, was sich nicht mehr auf dem nordamerikanischen Kontinent befindet. (Anm. d. Ü.)

Da all diese Dinge in der Personalakte eines jeden Soldaten eingetragen sind, ist der erste Schritt bei der Suche nach Männern, die später SF-Soldat werden könnten, im Allgemeinen der, seine Akte einer eingehenden Analyse zu unterziehen.

Doch die Schreibtischarbeit ist wirklich nur der Anfang. Die *tatsächlich* gegebenen charakterlichen Vorzüge, die einen Rekruten für die SF-Ausbildung qualifizieren, liegen viel tiefer und sind schwerer zu identifizieren als Merkmale, die Eingang in die Personalakte finden. Entscheidend ist die »Überlebensfähigkeit«, um es einmal so zu nennen, die Fähigkeit, übermenschlich harte oder gar lebensbedrohliche Situationen zu bestehen. Wer diese Qualität besitzt, wird in jeder Lage die Übersicht behalten und einen Ausweg finden.

Doch wie kann man voraussagen, wer in diesem Sinne ein »Überlebenskünstler« ist? Mit Sicherheit lässt es sich natürlich nicht sagen, weil immer auch Glück im Spiel ist. Aber immerhin kann man nach bestimmten Eigenschaften selektieren – und dann hoffen, dass die Auswahl richtig war.

Als ich die Ausbilder der 1st SFTG nach der wichtigsten Eigenschaft fragte, bekam ich immer wieder die gleiche Antwort: Wendigkeit.

Viele Tiere sind gewandt in der Bewegung; denken wir nur an die Katzen. Und genau in diesem Sinne sind auch die meisten SF-Soldaten wendig. Aber Wendigkeit bedeutet bei ihnen noch mehr als die Eleganz und die Schnelligkeit, mit der sich ein Tier bewegt. Um das verstehen zu können, müssen wir Wendigkeit mit einem anderen, in militärischen Kreisen oft gebrauchten Begriff vergleichen, mit »Flexibilität«. Natürlich ist Flexibilität eine gute Sache. Flexibilität bedeutet, dass man sich anpassen und verändern kann. Flexibilität heißt auch, dass man nicht starr ist oder sich gerne versteckt.

Den Special Forces genügt das allerdings nicht. Flexibel zu sein heißt für sie zu reagieren. Und reagieren ist eine Methode, auf Probleme und Situationen einzugehen, anstatt sie zu beherrschen. Andererseits ist Wendigkeit, ganz gleich ob man sie mental oder physisch verstanden wissen will, eine die Aktivität betonende Qualität. Wer wendig ist, ist in nahezu jeder Situation im Vorteil. Tatsächlich ist für viele Angehörige der SF die Wendigkeit gleichzeitig ihr Schutzpanzer. Damit haben sie einen Schutz, der den konventionellen Einheiten der Army fehlt.

Es ist schon so schwer genug, überhaupt wendige Menschen zu finden, aber beim amerikanischen Militär sind sie besonders selten, weil es dort zur normalen Praxis gehört, den jungen Soldaten, seien sie nun Angehörige der Boden-, See- oder Luftstreitkräfte, gerade solche Qualitäten auszutreiben. Die Wendigen werden dort gern als Rebellen, als Einzelgänger oder schlicht als Fehlbesetzung gesehen, was in der Regel mit entsprechenden Nachteilen für eine lange militärische Laufbahn verbunden ist. Und trotzdem sind *solche* Männer *genau* der Typ von Soldat, den die Special Forces brauchen.

Welche anderen Eigenschaften sind bei den Special Forces noch zu finden?

- **Militärische Erfahrung/Kampferfahrung** – Da SF-Rekruten normalerweise schon die beschriebenen Dienstgrade besitzen, kommen sie bereits mit dem Hintergrund von fünf bis zehn Jahren an unbezahlbarer Erfahrung, die sie in der Army gesammelt haben, bei den SF an. Zu den Erfahrungen gehört mit großer Wahrscheinlichkeit auch mindestens ein Auslands- oder Kampfeinsatz (man darf nicht vergessen, dass die Army nach dem Ende des Kalten Krieges sehr viel zu tun hatte). Jeder, der einmal Truppen geführt hat, wird bestätigen können, dass es praktisch zwei ganz unterschiedliche Sorten von Soldaten gibt: Jene, die schon einmal gekämpft haben, und die anderen. Die Anzahl der Dienstjahre in Kombination damit, wer schon einmal den Geschmack eines Gefechtes gekostet hat, ist der beste Indikator zur Bestimmung, wer in einer kritischen Situation nicht gleich vor Schreck erstarrt oder auch nur zögert.
- **Führungsqualitäten** – Bei diesem Begriff handelt es sich um ein nicht definierbares Qualitätskriterium. Trotzdem kristallisiert sich schon nach wenigen Jahren in der Army heraus, wer Führungsqualitäten besitzt und wer nicht. Sowohl bei den Offizieren als auch bei den Unteroffizieren gibt es immer wieder Phasen, in denen sich mit großer Wahrscheinlichkeit Führungsqualitäten, gepaart mit Eigeninitiative und Motivationsfähigkeit, zeigen. Für Offiziere ist dies in der Regel der Zeitpunkt, wenn sie Zugführer werden. Bei den Unteroffizieren werden Führungsqualitäten deutlich, wenn sie als Feuerlöschtrupp- und Gruppenführer oder als Sergeant eines Zuges eingesetzt werden.
- **Bildung** – Die Special Forces wünschen sich ihren potenziellen Soldaten mit einem soliden Grundlagenwissen, gepaart mit Lernbereitschaft. Es ist nicht sehr wahrscheinlich, dass Soldaten der Special Forces Akademiker sind, aber das bedeutet nicht, dass sie *nicht* intellektuell neugierig wären. Sie sind wahre Leseratten und scheinen Wissen wie ein trockener Schwamm aufzusaugen. Offiziere (die schon einen College-Abschluss haben, bevor sie zur Army kommen) werden an den Stabs- und weiterführenden Kursprogrammen teilnehmen, die zu einer normalen Laufbahn einfach dazugehören. Darüber hinaus finden sie aber auch oft genug die Zeit für eine Postgraduiertenausbildung. Mannschaftsdienstgrade und Warrant Officers dagegen arbeiten häufig an nichtakademischen, manchmal aber auch an Collegeabschlüssen, die sie für gewöhnlich auch schaffen. Es ist auch durchaus üblich, sich an einer Abendschule oder einer Einrichtung der Erwachsenenbildung einzuschreiben.
- **Soziale Fähigkeiten** – Die Offiziere und Unteroffiziere des Militärs zeichnen sich nicht gerade dadurch aus, dass sie lockere zwischenmenschliche Beziehungen pflegen können. Nur allzu oft wirken sie unbeholfen und so schroff, dass sich die meisten Zivilisten im Zusammensein mit ihnen unbehaglich, manchmal bedroht oder sogar wie ein Feind behandelt fühlen. So etwas kommt für die SF-Angehörigen keinesfalls in Frage, wollen sie die Übersee-Missionen erfolgreich absolvieren, die man ihnen abverlangt. Wenn sie nicht von Hause aus sicher sind, was den Umgang mit anderen Menschen, anderen Gruppen oder

Kulturen und Rassen angeht, so erwartet man von ihnen, dass sie das lernen. Für eine solche Art von Offenheit ist aber nicht jeder geschaffen, weshalb diese Qualität während des Auswahlprozesses sehr sorgfältig überprüft wird.

- **Unternehmergeist** – Dieser Begriff ist fast mit dem der Wendigkeit gleichzusetzen. Große Unternehmer haben Visionen. Sie sind anpassungsfähig. Sie sind risikobereit, aber ihr Risiko zahlt sich meistens aus. Sie sind praktisch die Alchemisten, die ein erfolgreiches Unternehmen aus dem Nichts heraus auf der Grundlage einer Idee aufbauen können. Sie verfügen über eine unglaubliche Motivation und die dazugehörige Energie. Darüber hinaus sind sie in der Lage, die Motivation, die Energie und die Ideen anderer auf das gewünschte Ergebnis zu fokussieren. In Anbetracht der Natur von Missionen der Special Forces und der Vielfalt der Begleitumstände besteht die zwingende Notwendigkeit, dass jeder SF-Soldat unternehmerischen Geist mitbringt – und verständlicherweise sucht die SF-Führung ihre Leute auch nach diesem Kriterium aus.

An dieser Stelle möchte ich noch eine letzte, ernüchternde Feststellung anfügen: Pro Jahr gibt es nur einige Tausend der über eine Million Soldaten (Aktive, Reserve, Nationalgarde) in der Army, die für die Special Forces in Frage kommen. Von diesen wenigen Tausend werden weniger als vierhundert ihre Reise, an deren Ende das Grüne Barett steht, erfolgreich beenden.

Special Forces: Die Mischung

Jede militärische Einheit braucht eine ausgewogene Mischung ihres Personals, dessen Fähigkeiten auf den zu erwartenden Auftrag abgestimmt sein müssen. Das gilt ganz besonders für die kleinen Kampfeinheiten, die von den Special Forces als Operational Detachment Alpha (ODAs oder »A«-Detachments) bezeichnet werden. Die ODAs sind der grundlegende Baustein der Special Forces. Wir werden später noch einmal darauf zurückkommen, wie sie in das große Bild der SF-Organisationen und deren Aufgaben hineinpassen. Zunächst möchte ich mich aber einmal darauf konzentrieren, wie sie zusammengesetzt sind.

Offiziell hat jedes ODA eine Stärke von zwölf Soldaten der Special Forces. Es wird von einem Captain (O-3) geführt, der von einem Stellvertreter – normalerweise einem Warrant Officer mit der Bezeichnung Assistant Detachment Commander – unterstützt wird. Sie führen zehn SF-Soldaten, die mit ihren Fähigkeiten sechs Bereiche oder technisch gesprochen sechs Military Occupational Speciality Codes (MOS) abdecken.

Die Code-Bezeichnungen der Special Forces beginnen alle mit der Ziffer 18 (diese Nummer ist im System der Army ausschließlich für die SF reserviert). Die 18er-Codes untergliedern sich dann wie folgt:

- **18A (Offizier, ODA-Führer)** – 18A bezeichnet die Offiziere der Special Forces, die ODAs im Einsatz führen. 18A-ler decken auch alle anderen wichtigen Führungspositionen in den Special Forces ab. Jedem ODA ist ein 18A zugewiesen.
- **180A (Warrant Officer/Assistant Detachment Commander, stellvertretender Abteilungsführer)** – Als Vertretung für den 18A, der das Detachment führt, ist für jedes A-Team ein 180A Warrant Officer als Stellvertreter eingeteilt.[41] Wenn das Team als Einheit arbeitet, unterstützt er den 18A und kann jederzeit die Führung übernehmen, sollte der Captain einmal nicht anwesend oder handlungsunfähig sein. Wenn es die Situation erfordert, besteht auch die Möglichkeit, das Team in zwei gleiche Gruppen aufzuteilen, wobei dann der 18A und der 180A jeweils eine Teilgruppe führen.
- **18B (Sergeant/Waffen)** – Die 18B-ler einer ODA sind die Waffenspezialisten und verfügen über Kenntnisse im Umgang mit den meisten Waffen der Verbündeten der Vereinigten Staaten von Amerika und auch fremder Länder. Das schließt nicht nur Handwaffen wie den Karabiner M4, das leichte Maschinengewehr M249 und den 40-mm-Granatwerfer M203 ein, sondern auch größere und wirksamere Waffen wie beispielsweise das Maschinengewehr M2 vom Kaliber .50, die Panzerabwehr-Lenkwaffe des Typs *Javelin* und sogar Mörser. 18B-ler, die eine Scharfschützenschule der Army besucht haben, können auch als Scharfschützen eingesetzt werden. Zu jedem ODA gehören in der Regel zwei 18B-ler.
- **18C (Sergeant/Pionierwesen)** – Da ein ODA durchaus an einem Tag eine Brücke sprengen und am folgenden beim Wiederaufbau einer anderen helfen muss, sind bei jedem Team zwei Pionier-Sergeants des Codes 18C. Die 18C-ler sind Spezialisten in einer ganzen Reihe von Disziplinen, angefangen von der Sprengung und/oder Errichtung von Geländebefestigungen bis hin zur topographischen Landvermessung. Deshalb sind sie für die Planer ein bedeutender Kampfkraftverstärker, der ihnen eine Bandbreite für Missionen verschafft, die von direkten Schlägen gegen feindliche Ziele im Kriegsfall bis zu humanitären Einsätzen in Krisen oder bei Naturkatastrophen reicht.
- **18D (Sergeant/Sanitätsunteroffizier)** – Da ODAs in der Lage sein müssen, mehrere Monate hinter den feindlichen Linien operieren zu können, brauchen sie eigene Sanitätskräfte. Die beiden 18D-ler, die diese Funktion in jedem ODA repräsentieren, gelten generell als die fähigsten Erste-Hilfe-/Trauma-Sanitäter der Welt. Ihre Ausbildung konzentriert sich auf Trauma-Medizin, sie besitzen jedoch auch Kenntnisse auf einer Reihe anderer Gebiete wie Zahnheilkunde, Tiermedizin, allgemeine Hygiene, Trinkwasseraufbereitung und Optometrie.

---

41 Dieser Code wird nicht als Zahl 180 gelesen, sondern als *18* in Verbindung mit dem Buchstaben *O*. Das »O« wird bei Warrant Officers (Näheres siehe Glossar) grundsätzlich hinter den Code angehängt. (Anm. d. Ü.)

Ein Pionier-Sergeant der Special Forces (18C) bringt während seiner Ausbildung eine Schneidladung aus Plastiksprengstoff des Typs C4 an einem Stahlträger an. Neben Sprengaufgaben können 18C-ler auch Brücken bauen und auf ihren Einsätzen viele andere nützliche Aufgaben erledigen. *John D. Gresham*

- **18E (Sergeant/Fernmelde-Unteroffizier)** – Ein ODA muss buchstäblich von jedem Ort auf der Welt mit seinem Stützpunkt kommunizieren können. Diese Fähigkeit wird durch zwei 18E-ler erbracht. 18E-ler können so ziemlich jedes Fernmeldegerät bedienen, angefangen von verschlüsselten Satelliten-Kommunikationssystemen bis hin zum altmodischen Hochfrequenz-(HF-)Morse-System. Darüber hinaus verfügen sie auch über profunde Kenntnisse im Bereich von Computern und Netzwerken.
- **18F (Einsatzunterstützung/nachrichtendienstlicher Unteroffizier)** – Viele ODA-Aufträge schließen Aktivitäten hinter den Linien in »verwehrten« (das heißt feindlichen) Gebieten mit ein. Deshalb verfügen ODAs über einen 18F-Aufklärungs-Spezialisten. Der 18F-ler ist bestens dafür qualifiziert, nachrichtendienstliche Informationen zu gewinnen und auszuwerten, die dann den höheren Führungsebenen übermittelt werden. Darüber hinaus kann er lebenswichtige Daten über feindliche Verbände, Ziele und Fähigkeiten zur Verfügung stellen. Er ist auch derjenige, der die Befragungen durchführt, wenn Gefangene gemacht werden.
- **18Z (Sergeant/Einsatz-Unteroffizier)** – Auf den Organigrammen ist er als »Operations-Planer« verzeichnet. Tatsächlich ist der 18Z-ler der dienstgradälteste Unteroffizier im Team. Gewöhnlich wird er als

Ein Fernmelde-Sergeant der Special Forces (18E) arbeitet an einem Netzwerkgerät für die groß angelegte Übung der Gefechtsstände (ohne Truppe), die von den amerikanischen Special Forces unter der Bezeichnung R-3 abgehalten wird. 18E-ler gehören wegen ihrer umfangreichen Kenntnis im Bereich Kommunikation, Verschlüsselung und Vernetzung zu den am meisten geschätzten Soldaten.
John D. Gresham

»Team-Sergeant« bezeichnet und ist dafür verantwortlich, dass das ganze Team als Einheit funktioniert und richtig ausgerüstet und versorgt ist. Er kümmert sich um die anderen Sergeants im Team und entlastet zugleich den 18A und 180A vom Tagesgeschäft, damit diese sich auf die Führung und Planung der Missionen des ODA konzentrieren können.

ODAs sind wahrscheinlich die besten und fähigsten leichten Infanterie-Einheiten der Welt. Sie können im gesamten Spektrum der Kriegführung eine Vielzahl von Aufträgen übernehmen.

Natürlich gibt es auch Schattenseiten:

Schattenseite Nr. 1: Es stehen gerade einmal 6500 vollständig ausgebildete SF-Soldaten für den sofortigen Einsatz bereit. Das entspricht ungefähr der Hälfte einer leichten Infanterie-Division.

Schattenseite Nr. 2: Es ist ausgesprochen teuer, SF-Soldaten auszubilden und zu unterhalten.

Schattenseite Nr. 3: SF-Soldaten werden gerne von der Privatwirtschaft abgeworben. Firmen, die nach genau der Mischung von technischen Fähigkeiten und geistiger Beweglichkeit suchen, die auch die Special Forces so hoch schätzen, sind geradezu versessen auf die Männer mit den verschiedenen MOS-Codes der Serie 18.

Demzufolge ist es eine ständige Herausforderung, die Special Forces als Organisation zu erhalten.

Rekrutierung: Der erste Schritt

Wie bekommt man so einzigartige Kämpfer?

Zum Ersten gilt es zu berücksichtigen, dass es keinen geborenen SF-Soldaten gibt. Sie müssen Mann für Mann über einen bestimmten Zeitraum praktisch von Hand geschmiedet werden. Der erste Schritt dabei ist die Rekrutierung.

Zum Zweiten ist es äußerst schwierig, die »Besten der Besten« erst einmal zu finden … und das nicht nur, weil ein Mann, der über die erforderlichen Qualifikationen verfügt, allein schon ein seltener Vogel ist. Nur zu oft erweist sich hierbei die »stille Professionalität« der Special Forces als gravierender Nachteil. Da die Special Forces nicht besonders gut darin sind, Werbung in eigener Sache zu machen, wird potenziellen Rekruten häufig gar nicht richtig bewusst, was die Special Forces ihnen bieten können – und was sie selbst für die Special Forces zu leisten vermögen.

Einige wenige Freiwillige haben den Stab der 1st SFTG mit der gewaltigen Aufgabe verlassen, in der Welt über sie zu berichten. Mit einem Programm, das aus Postern, Zeitschriften und Broschüren besteht, versuchen die verschiedenen SOF-Verbände der Army, potenziellen Kandidaten die Möglichkeiten einer solchen Laufbahn schmackhaft zu machen. Aber da das Militär als Ganzes gesehen seinem Personal ohnehin schon eine ungeheure Breite von Tätigkeiten und Laufbahnen anbietet, ist diese spezielle Aufgabe weit schwerer, als es sich vielleicht anhören mag. Es ist eben gar nicht so leicht, jemanden dazu zu überreden, dass er seine Teilstreitkraft oder eine Gemeinschaft verlässt, in die er bereits zwischen fünf und zehn Jahre investiert hat.

Auf ihren Werbetouren bereisen die Rekrutierungsteams der Special Forces die Army-Stützpunkte auf der ganzen Welt.[42] Dabei haben sie einen doppelten Auftrag zu erfüllen. Einerseits wollen sie die Soldaten darüber informieren, dass die Special Forces offene Stellen haben und Leute suchen, und gleichzeitig müssen sie eine zumindest vorläufige Auswahl möglicher SF-Kandidaten treffen. Genau wie bei allen anderen Rekrutierungsgruppen ist diese Arbeit hart und mühselig. Da sich der Pool ver-

42 Es gibt auch etliche Angehörige ausländischer Streitkräfte, die als Austauschpersonal für die Special-Forces-Ausbildung angeworben werden. Diese Soldaten, normalerweise Offiziere, werden von ihrer Regierung ausgewählt, und die Ausbildung wird dann durch die amerikanische Regierung bereitgestellt. In der Regel sind diese Männer gut qualifiziert, denn wenn sie in der Ausbildung versagen, würde dies ein schlechtes Licht auf ihr eigenes Land, dessen Streitkräfte und auch dessen Regierung werfen.

fügbaren Personals im Laufe des letzten Jahrzehnts bei der Army um fast die Hälfte reduziert hat, während die Anzahl der Männer, die von den Special Forces für ihre sieben Special Forces Groups gebraucht werden, unverändert geblieben ist, ist diese Aufgabe schier unmöglich zu erfüllen.

Trotzdem schaffen es die Rekrutierungsteams des SFC immer wieder, einen geeigneten Mann zu erkennen und zur 1st SFTG zu schicken. Das Rohmaterial für die Soldatenfabrik der Special Forces ist noch so gut, wie es *immer* war... in mancherlei Hinsicht vielleicht sogar noch besser. Der Schritt, den Nachwuchs nicht mehr ausschließlich aus der Infanterie zu rekrutieren, hat die Basis der Fähigkeiten für die gesamte SOF-Gemeinschaft erweitert, und das ist ihr in der Welt nach dem Kalten Krieg sicher von Nutzen.

Sobald sich ein Soldat entschieden hat, dass er mitmachen will, meldet er sich freiwillig.[43] Unter der Voraussetzung, dass er die erforderlichen Kriterien erfüllt und seine Springerausbildung abgeschlossen hat, kann er sich dann in die Warteschlange für den nächsten freien Platz beim Special Forces Assessment and Selection Course einreihen.

Ins Feuer: Auswahl und Aufnahme der Bewerber

Die vollständige, erfolgreiche Ausbildung eines SF-Soldaten dauert mindestens ein Jahr und kostet über 100000 Dollar. Deshalb ist es natürlich sinnvoll, dass man schon frühzeitig versucht, all diejenigen im Pool der Aspiranten zu identifizieren, die es nicht schaffen werden – und sei es nur, um Kosten zu sparen. Genau dafür ist der Special Forces Assessment and Selection (SFAS) Cours eingerichtet worden.

Siebenmal pro Jahr schickt die Kompanie »G«[44] des 1st Bataillon der 1st SFTG Lehrgangskandidaten an die Colonel Nick Rowe[45] Special Forces Training Facility in Camp MacKall, North Carolina. Camp MacKall liegt in den Sanddünen westlich von Fort Bragg. Es ist eine räumlich abgesetzte Einrichtung in der Nachbarschaft einer ganzen Reihe von Schießplätzen, auf denen Personal aus allen Bereichen der SOF der Army trainiert. Dieses Ausbildungszentrum ist praktisch die Geburtsstätte eines jedes SF-Solda-

---

43 Ebenso wenig wie Frauen lässt die Army die Aufnahme von Militärärzten und Piloten bei den Special Forces zu. Da man schon beeindruckende Summen in deren Ausbildung investiert hat, sind sie einfach viel zu wertvoll, um bei den SF ihr Leben aufs Spiel zu setzen.

44 Im Gegensatz zur Bundeswehr, in der die Kompanien durchnummeriert werden, tragen diese bei den amerikanischen Streitkräften traditionell Buchstabenbezeichnungen, die entsprechend dem Sprechfunkalphabet ausgesprochen werden [»A« – Alpha, »B« – Bravo, »C« – Charlie ...] (Anm. d. Ü.)

45 Colonel Nick Rowe war ein legendärer SF-Soldat, der in Vietnam in Gefangenschaft geriet. Nach fünf Jahren gelang es ihm zu entkommen und sich zu den eigenen Linien durchzuschlagen (nachzulesen in dem Buch *Five Years to Freedom*). Ein Vierteljahrhundert später wurde er auf den Philippinen durch eine Bombe getötet, die Aufständische gelegt hatten.

ten. An diesem unauffälligen Ort zwischen den Kiefern North Carolinas werden bis zu 300 Kandidaten (Offiziere, Warrant Officers und Sergeants) durch das SFAS geschleust, um ihre Eignung für die Fortführung der Ausbildung im Special Forces Qualification Course (SFQC) – dem so genannten »Q«-Kurs – festzustellen.

SFAS bedeutet 24 Tage lang die Hölle auf Erden und ist für den SF-Soldaten wahrscheinlich die höchste Hürde auf dem Weg zum Grünen Barett, das er sich erst mit dem erfolgreichen Abschluss des »Q«-Kurses verdient hat. Die »Überlebenden« des SFAS-Tests bekommen eine Einladung zur Teilnahme am SFQC. Als Alternative bleibt ihnen nur die Rückkehr zu ihrer ursprünglichen Teilstreitkraft oder ein erneuter Anlauf beim SFAS. Allerdings kehren die gescheiterten Bewerber meist nur ungern zu ihrem ursprünglichen Truppenteil zurück, viele scheiden stattdessen vorzeitig aus der Army aus.[46] Aber welcher Bewerber, der halbwegs bei Sinnen ist, möchte ein zweites Mal durch die Hölle des SFAS gehen?

Der SFAS-Kurs wurde entwickelt, um eine grobe Testmöglichkeit für Körper, Geist und Seele der Kandidaten zu bekommen. Erst dieser Kurs verschafft dem Stab der 1st SWTG die notwendige Sicherheit, Kandidaten weiter auf den nachfolgenden Lehrgang zu schicken, weil sie dann wirklich das Geld und die Anstrengungen des »Q«-Kurses wert sind. Während dieser grausamen 24 Tage leidet der Kandidat nicht nur unter Schlaflosigkeit, sondern auch unter der eingeschränkten Verpflegung und physischen Erschöpfung, und das in einem Ausmaß, das schon fast als unmenschlich bezeichnet werden muss. Dabei werden ihm auch noch soldatisches Handwerk, mentale Härte und, was vielleicht sogar am wichtigsten ist, die *Weigerung* aufzugeben abverlangt. Der SFAS versucht erst gar nicht, Qualitäten wie Intelligenz, Handlungsfähigkeit oder Wendigkeit aufzubauen oder zu prüfen. Er ist einfach ein direkter Test der grundlegenden Eignung eines Bewerbers für die Special Forces.

Die Durchfallquote ist enorm. In der SFAS-Klasse 7-99 (der letzten SFAS-Klasse des Haushaltsjahres 1999) traten 236 Bewerber an und nur 78 beendeten den Kurs erfolgreich – das ist eine Ausfallquote von 67 Prozent. Bei derartigen Zahlen wird die Zeile aus der »Ballade vom Grünen Barett« verständlich: *Einhundert werden wir heute prüfen. Aber nur drei werden es erlangen, das Grüne Barett!* Zieht man den gesamte Vorgang von Rekrutierung, Auswahl und Qualifikation bis zum Abschluss in Betracht, können sogar die 3 Prozent noch übertrieben sein.

Ein SFAS beginnt mit bis zu 300 Kandidaten, die sich im Camp MacKall melden. Wenn sie klug waren, haben sie den Rat ihres Rekrutierungsbe-

46 Weil die Soldaten der Truppengattung, aus der die Kandidaten kommen (Panzer, Infanterie, Heeresflieger usw.), den Special-Forces-Bewerber oft als »Verräter« oder Unzufriedenen betrachten, ist der Weg zurück schwierig und die meisten scheiden ganz aus den Streitkräften aus, wenn sie bei der Aufnahme scheitern. Das ist ein weiterer Grund, warum die SF-Führung versucht, ungeeignete Bewerber so rasch wie möglich zurückzuschicken. Dadurch haben sie noch eine gewisse Chance, ihre ursprüngliche Position in den Stamm-Truppenteilen wieder einzunehmen.

Neben anderen Fähigkeiten müssen sämtliche Soldaten der Special Forces auch eine abgeschlossene Fallschirmspringerausbildung nachweisen, bevor sie zum Qualifikationskurs zugelassen werden. Die Soldaten auf diesem Foto üben gerade das Eindringen aus Luft und Wasser, was zu den selbstverständlichen Fähigkeiten aller Gruppen der Special Forces gehört.

Offizielles Foto der U. S. Army

auftragten der SF ernst genommen und sich schon vorher körperlich fit gemacht. Für die meisten Männer bedeutet das lange Fußmärsche mit schwer bepacktem Rucksack. Aber Schwimmen ist sogar fast noch wichtiger, denn es ist für jeden SF-Mann eine unumgängliche Forderung, schwimmen und sich im Wasser bewegen zu können. Der Schwimmtest hat schon oft hoffnungsvolle Karriereambitionen bei den SF zu einem vorzeitigen Ende gebracht. Holz hacken, so haben mir die die SFAS-Ausbilder erklärt, ist eine erstklassige Vorbereitung auf den Schwimmtest, weil es bevorzugt die oberen Muskelpartien ausbildet.

Ein weiteres Problem für SFAS Kandidaten besteht darin, dass kein Kurs dem anderen gleicht. Damit zukünftige SF-Soldaten sich den Kurs nicht vorher schon »ausrechnen« können und auf diese Weise die Ausbilder überlisten, werden bei jeder Klasse die Tests und Zielsetzungen verändert.[47]

47 Der SFAS-Stab ist mit seinen Angaben über die Parameter der Ausbildungsereignisse *außerordentlich* zurückhaltend. Als ich einmal nach den ungefähren Entfernungen der Märsche fragte, erhielt ich einen ungerührten Blick und ein knappes »Nächste Frage« als Antwort. Ich sollte vielleicht noch hinzufügen, dass dabei kein Einziger der Anwesenden auch nur ansatzweise lächelte.

Special-Forces-Bewerber schleppen im Rahmen ihres Auswahlkurses bis zur völligen Erschöpfung Munitionskisten. Das »Überleben« in diesem Ausdauertest ist die Voraussetzung dafür, dass ein Bewerber zum Qualifikationskurs zugelassen wird.

John D. Gresham

Natürlich gehören beispielsweise Langstreckenmärsche mit Gepäck zur Routine, aber die zurückzulegenden Entfernungen werden immer wieder verändert. Häufig wird Lehrgangsteilnehmern gar nicht gesagt, wie weit es auf dem Marsch gehen soll, und sie erfahren gerade einmal so viel, dass sie einen voll gepackten Rucksack (das sind normalerweise um 23 kg) tragen müssen, bis der Ausbilder ihnen sagt, dass sie jetzt stehen bleiben dürfen. Solche Märsche werden unter allen Wetterbedingungen durchgeführt – bei schwüler Sommerhitze genauso wie bei einem Schneesturm mit Eiseskälte.

Um die Dinge noch ein wenig interessanter zu machen, werden nicht nur die Schlafgewohnheiten, sondern auch die Schlafperioden der Lehrgangsteilnehmer Schritt für Schritt so weit verändert, dass sie binnen kurzer Zeit unter Schlafmangel leiden.

Unterdessen bemüht sich der SFAS-Stab, so viel wie möglich in die 24 Stunden eines Tages hineinzupacken:

- **Die Hindernisbahn** – Beim SFAS gibt es eine ganz hervorragende Hindernisbahn mit einer Vielzahl von Hindernissen wie Kletterwänden, Sprüngen, Kletterseilen und unterirdischen Wasserröhren. Auf dieser Bahn bewerten die SFAS-Ausbilder nicht nur die körperliche Leistungsfähigkeit der Kandidaten, sondern sie erkennen auch spezifische

Schwächen wie Höhenangst, Unfähigkeit zu klettern und Klaustrophobie. Gerade solche Probleme müssen frühzeitig erkannt werden, da sie einen SF-Soldaten im Einsatz nutzlos machen können.

- **Läufe** – Viele im Militär stehen inzwischen auf dem Standpunkt, aufprallbelastete Sportarten wie das Laufen könnten schlecht für den Sportler sein (aus gutem Grund – denn Laufen ist die Hölle für die Gelenke). Die Special Forces vertreten jedoch die Ansicht, dass das keine Rolle spielt, da ihr gesamter Beruf »aufprallbelastet« ist. Also müssen Special-Forces-Soldaten so etwas eben hinnehmen. Da es die erklärte Zielsetzung beim SFAS ist, die Kandidaten bis an die Grenze des Erträglichen zu fordern, sind Mittelstreckenläufe ein ausgezeichneter Frühsport.
- **Märsche** – Während der 24 Tage des Lehrgangs werden Dutzende von Gepäckmärschen durchgeführt. Sie alle dienen nur einem einzigen Zweck: den Kandidaten bis an den Rand der mentalen und physischen Erschöpfung zu treiben.
- **Orientierung/das Leben im Feld** – Neben physischen und mentalen Herausforderungen gibt es für einen Soldaten der Special Forces keine Fähigkeit, die wichtiger ist als die Orientierung beziehungsweise Navigation im Feld. Die meisten Verbände der Army setzen einfach als gegeben voraus, dass ihre Leute über einen Empfänger für das NAVSTAR Global Positioning System (GPS) und über Karten verfügen, die auf der Basis von Satelliten-Fotos erstellt wurden. Von SF-Einheiten erwartet man dagegen punktgenaue Navigation und das präzise Erreichen eines Zieles zu einem vorgegebenen Zeitpunkt – und das ohne weitere Hilfsmittel als einem Kompass, einem Winkelmesser und einer Karte. Eine zusätzliche Herausforderung besteht dann darin, das Ganze bei völliger Dunkelheit und miserablem Wetter zustande zu bringen. Batterien können leer werden und Elektronik kann zusammenbrechen, das Magnetfeld unseres Planeten Erde hat sich dagegen als beruhigend zuverlässig erwiesen. Obwohl die SFAS-Kandidaten eine ganze Serie von Übungen in den Gebieten um Camp MacKall absolvieren, geht diese Fixierung auf das Orientierungsvermögen auch noch im »Q«-Kurs weiter.
- **Situation und Reaktion** – Bei diesen Übungen werden die Lehrgangsteilnehmer, die bereits unter Schlafentzug leiden und dem physischen Zusammenbruch nahe sind, in einer realen Situation auf ihre Fähigkeiten zur Problemlösung hin geprüft. Sie werden mit einer Situation konfrontiert, die ans Absurde grenzt, und müssen sie unter Zuhilfenahme nur einfachster Materialien bewältigen, die entweder vom Stab oder von Mutter Natur zur Verfügung gestellt werden. Im Laufe der Jahre hat der SFAS-Stab Dutzende dieser »Situation-und-Reaktion«-Spiele entwickelt, so dass sich einzelne Ereignisse im Laufe eines Jahres kaum noch wiederholen.

Nehmen Sie zum Beispiel einen 2267 kg schweren Jeep des Typs M151, dem ein Rad fehlt. Die Aufgabe kann dann darin bestehen, dass eine Gruppe von zehn SFAS-Kandidaten das defekte Fahrzeug, das natürlich

Special-Forces-Kandidaten tragen im Rahmen einer »Situation-und-Reaktion«-Übung einen Baumstamm. Mit solchen Übungen werden während des Auswahlkurses die Kandidaten identifiziert, die die richtige Einstellung und die physischen Qualitäten für das Leben im Team mitbringen.

John D. Gresham

zusätzlich auch noch eine ganze Ladung Wasserkanister an Bord hat, nur mit Stangen und Seilen über eine Strecke von anderthalb bis drei Kilometer bewegen muss.

Eine der kreativeren Lösungen könnte so aussehen, dass man ein weiteres Rad abmontiert, so dass anschließend nur noch an den beiden gegenüberliegenden Seiten je eines übrig bleibt. Dann könnte man mit Seilen Stangen auf der Kühlerhaube und der hinteren Ladefläche befestigen und die Wasserkanister und alles Gepäck zusammen mit einem (vorzugsweise leichten) Soldaten, der das Fahrzeug lenken muss, auf den Jeep packen. Anschließend balancieren zwei Soldaten das Fahrzeug mit den Stangen aus, während die anderen sieben schieben. Kaum zu glauben – aber das funktioniert wirklich!

- **Team-Aufgaben** – Obwohl der Auswahlkurs für jeden Soldaten eine sehr persönliche Angelegenheit ist, gibt es auch teamorientierte Aufgaben. Dadurch wird es den Ausbildern ermöglicht zu beurteilen, wie gut ihre Kandidaten mit anderen zusammenarbeiten. Normalerweise handelt es sich dabei um Varianten des »Situation-und-Reaktion«-Spiels mit einer ähnlichen Zielsetzung.

  Auch hierzu ein Beispiel: Stellen Sie sich Holzkisten vor, an denen Griffe aus Seilen angebracht sind. Die Kisten sind etwa einen Meter lang und gefüllt zwischen 25 und 30 kg schwer – Munitionskisten für Gewehrmunition des Kalibers 5,56 mm. Es ist pure Quälerei, solche Kisten über eine Entfernung von mehr als 100 Metern zu transportieren (weil dem Träger spätestens dann die Seilgriffe in die Handflächen schneiden). Beim SFAS-Kurs kann eine Aufgabe darin bestehen, dass 13 Mann, die gebeugt unter ihrem ohnehin schon schwer bepackten Feldgepäck marschieren, auch noch vier oder fünf dieser Kisten über etliche Kilometer schleppen müssen.

Um die Lösung vorwegzunehmen: Es kann einfach nicht funktionieren, wenn jeweils zwei SFAS-Kandidaten eine Kiste gemeinsam schleppen wollen (wegen des Problems mit den Seilgriffen – siehe oben). Dazu kommt noch das Gewicht der Kisten, die Träger müssen hin und wieder abgelöst werden. Folglich verlangt diese Aufgabe eine gemeinsame Anstrengung des gesamten Teams.

Ich konnte eine ganze Reihe von Lösungen beobachten. Eine bestand darin, eine Plattform aus Stangen und Seilen zu bauen, die auf den Traglasten von sechs marschierenden Kandidaten abgesetzt werden konnte. Diese wechselten sich dann immer nach einigen hundert Metern ab. Ein anderes Team verfuhr wie bei der Spielerrotation beim Volleyball: Acht oder zehn schleppten die Kisten, der Rest ging hinterher, »erholte« sich und wechselte dann wieder ein.

Da der Auswahllehrgang einzig und allein dazu da ist, die Kandidaten auszusieben, die nicht das Zeug dazu haben, in den »Q«-Kurs zu kommen, muss er so brutal sein. Das hat nichts damit zu tun, dass hier eine Beurteilung von persönlichen oder »menschlichen« Qualitäten erfolgen soll (Mutter-Teresa-Typen müssen sich ja nicht bewerben). Worauf es hier ankommt, ist die eigene Leistungsfähigkeit – und nur die ist Gegenstand der Bewertung.

Aus diesem Grund vermeiden die SFAS-Kader auch jegliche Sympathiereaktion und jegliche Bewertung auf dieser Ebene. Sie haben auch kein Interesse daran, die Lehrgangsteilnehmer näher kennen zu lernen. Schließlich sind sie sich der Möglichkeit bewusst, dass sie selbst in ein oder zwei Jahren mit einem der Kandidaten draußen im Feld auf einer Mission sein können. Wen möchte man dann an seiner Seite haben, wenn das eigene Leben nur noch an einem seidenen Faden hängt? Genau wie an der berühmten TOPGUN-Schule der Navy für Kampfpiloten ist auch hier der zweite Platz nicht gut genug.

Die weitaus meisten Ausfälle beim SFAS-Kurs gibt es im Laufe der zweiten Woche. In dieser Zeit reduziert sich die Zahl der Kandidaten auf etwa die Hälfte. Die meisten geben während der Märsche und bei den Übungsszenarien auf. Die Kandidaten treffen buchstäblich auf eine Mauer – so ähnlich wie Marathonläufer, wenn sie in einem Rennen 32 km erreicht haben. Irgendetwas bricht in einem zusammen. Man hebt die Hand, um einen Ausbilder herbeizurufen, der einen dann schnell zur Seite nimmt, um den Schock und auch die persönliche Scham in Grenzen zu halten. Zwar handelt es sich nicht um ein beschämendes Versagen (denn jeder,

der den Mut hat, den SFAS auch nur zu versuchen, ist schon ein besonderer Mensch und sollte dafür bewundert werden), und trotzdem ist die Aussicht, auf diese Weise wieder nach Hause geschickt zu werden, immer hart.

Manchmal wird der SFAS-Kader auch auf jemanden aufmerksam, der den Anforderungen entweder physisch oder mental einfach nicht gewachsen ist. Einem solchen Kandidaten wird entweder dazu geraten, von sich aus abzubrechen, oder er wird herausgenommen. Es kann allerdings auch passieren, dass sich ein ansonsten geeigneter Kandidat während des Lehrganges verletzt. Damit entsteht für den SFAS-Stab ein echtes Problem.

Es gibt verschiedene Wege, wie in einem solchen Fall verfahren wird. Handelt es sich nur um eine geringfügige Verletzung (wie einen Ermüdungsbruch oder eine Muskel- oder Sehnenzerrung), gibt man dem Kandidaten wahrscheinlich die Chance, die Verletzung auszukurieren und im nächsten Kurs erneut anzutreten. Handelt es sich aber um ein ernsteres Problem, kann der Stab den Bewerber bis zur Genesung zu seiner Stammeinheit zurückschicken, damit er sich (wenn er es dann noch will) auf einen erneuten Versuch im darauffolgenden Jahr vorbereiten kann. Ist die Verletzung noch schwerwiegender, scheidet er vollständig aus und bekommt die Anweisung, sich nicht erneut zu bewerben. Obwohl solche Fälle einem fast das Herz brechen können, versuchen es erfreulich viele der Kandidaten, die nur geringere Verletzungen davongetragen haben, ein weiteres Mal. Das ist dann auch genau der Schlag von Menschen, die von den Special Forces gesucht werden – Männer, die lieber sterben, als zu versagen. Solche Wiederholungskandidaten haben meist eine besonders hohe Erfolgsquote.

Ab dem Ende der dritten Woche gibt es kaum noch Ausfälle und die Kandidaten, die bis dahin durchgehalten haben, denken langsam an den »Q«-Kurs. Keiner darf jedoch zu diesem Zeitpunkt schon hoffen, den SFAS sicher in der Tasche zu haben – nicht bevor er nicht jede einzelne Falle, die ihm der Kader noch stellen kann, auch wirklich überstanden hat. So kann zum Beispiel der Abschnitt Orientierung im Gelände selbst erfahrenen Infanteristen erhebliche Probleme bereiten, er ist häufig ein Grund für Verletzungen und das Scheitern von Kandidaten. Nichts beim SFAS ist leicht, und kein Lehrgangsteilnehmer weiß bis zum wirklich allerletzten Tag, ob er es nun geschafft hat oder nicht.

Schließlich, am 24. Tag, enden die Tests, und die erfolgreichen Kandidaten denken an das, was nun kommen soll. Es gibt keinerlei Abschluss-Zeremonie und auch keine Urkunden. Beim SFAS geht es um das schiere Überleben – ungeschminkt und ohne Schnörkel. Aber einen Preis gibt es: die Einladung zum Special Forces Qualification Course.

Leider können die Kandidaten den SFAS nicht einfach beenden und dann sofort mit dem »Q«-Kurs beginnen. Normalerweise müssen sie sogar ziemlich lange zwischen den Lehrgängen warten (bis zu einem Jahr). Das ist dann eine gute Zeit, um Urlaub zu nehmen oder einen Lehrgang an einer Militärschule zu belegen. Dass man selbstverständlich von ihnen erwartet, dass sie in dieser Zeit ihre Spitzenkondition erhalten, bedarf keiner gesonderten Erwähnung.

Ein Kandidat des Auswahlkurses, kurz nachdem er bei einem Marsch ausgefallen ist – er hat sich entschlossen aufzugeben. So etwas ist tragisch, aber es hilft, das extrem hohe Niveau zu halten.
John D. Gresham

Doch gerade diese Wartefristen sind das Problem der Stammeinheit des Soldaten, und so kann diese Zeit manchmal recht unbequem werden (nicht wenige Kandidaten werden von ihren Kameraden in den konventionellen Verbänden unter Druck gesetzt). Obwohl weder das SFC noch der Rest der Army es zugeben werden, ist die Wartezeit für einen Kandidaten eine Zeit zwischen den Fronten – zwischen seinem alten und seinem neuen Leben.

Der Qualifikationskurs der Special Forces

Der Auswahllehrgang macht noch keinen Special-Forces-Soldaten. Ihn zu überstehen ist lediglich ein *Hinweis* auf die Eignung zum SF-Soldaten. Danach sind noch viel Ausbildung und Ausdauer vonnöten. Der »Q«-Kurs übernimmt einen qualifizierten und erfahrenen Soldaten und macht aus ihm einen grundlegend ausgebildeten Special-Forces-Soldaten, der in ein Team der SFGs eingegliedert werden und dann »downrange«, auf Missionen, geschickt werden kann.

Der SFQC-Kurs ist ein Fortgeschrittenen-Lehrgang, der allen Absolventen eine allgemeine Grundlage von Fertigkeiten und Erfahrungen vermittelt, die sie dann in ihr Team einbringen. Gleichzeitig ist dieser Kurs so etwas wie ein letzter Filter, durch den die SF-Gemeinschaft sicherstellt, dass ein Soldat nicht nur bereit ist, sondern es auch verdient hat, die Verantwortung zu übernehmen, die auf ihn wartet.

Der »Q«-Kurs von heute folgt im Wesentlichen den Richtlinien, die bereits vor fünfzig Jahren von Colonel Bank und seinem Kader der ursprünglichen 10th Special Forces Group (SFG) formuliert wurden. Der

SFQC läuft in drei Teilen oder Phasen ab und soll jedem SF-Kandidaten soldatische und kämpferische Fähigkeiten für seine zukünftige Verwendung vermitteln. Darüber hinaus erhält er das technische und professionelle Training, das in seiner Tätigkeitsbeschreibung festgelegt ist. Die drei Phasen sehen so aus:

- **Phase I** – Hier geht es um die Ausbildung von grundlegenden Fertigkeiten. Sie dauert 39 Tage und soll allen Teilnehmern eine gemeinsame Grundlage an soldatischem Handwerk vermitteln, unabhängig davon, aus welcher Teilstreitkraft sie kommen.
- **Phase II** – In dieser Phase wird die Gruppe je nach Tätigkeitscode neu zusammengestellt. Sie dauert unterschiedlich lange, je nachdem welche Fertigkeiten verlangt werden.
- **Phase III** – In der dritten Phase werden die Lehrgangsteilnehmer mit ihrem Kernauftrag vertraut gemacht: der nicht konventionellen Gefechts-(Krieg-)führung, sozusagen dem Teil der SF-Aufgaben, in dem die »Muskeln« sitzen. Diese Phase dauert 38 Tage und endet mit einer großen Feldübung unter der Bezeichnung »Robin Sage«.

Pro Jahr werden vier Lehrgänge durchgeführt. Da die Dauer der Phase II unterschiedlich ist, landen die meisten Lehrgangsteilnehmer für Phase III in einer anderen Gruppen als der, mit der sie den Kurs begonnen haben. Da viele SF-Missionen mit so genannten »Pickup-Teams« durchgeführt werden – Teams, die erst in letzter Minute zusammengestellt werden – ist dieser Wechsel im Laufe der Ausbildung eher eine Vorbereitung auf spätere Gegebenheiten als eine zusätzliche Erschwerung. Jeder einzelne Bestandteil des SFQC soll ganz bewusst Situationen simulieren, denen SF-Soldaten im Feld unweigerlich ausgesetzt sein werden.

Der »Q«-Kurs: Phase I

Die Grob- und Feinziele in der Phase I des Qualifikationslehrgangs für künftige SF-Soldaten sind im Grunde einfach zu beschreiben: Ein Soldat, der diese Phase des Kurses erfolgreich abschließt, ist in der Lage, eine Patrouille in Gruppenstärke zu planen, durch- und anzuführen. Darüber hinaus ist er in der Lage, sich im Gelände präzise und nach einem vorgegebenen Zeitplan zu orientieren, und das mit vollem Kampfgepäck, auch nachts und bei jedweder Witterung.

Obwohl dies nach einfachem Grundlagenwissen klingt, ist es doch überraschend, wie wenige Soldaten auf der ganzen Welt solche Aufträge tatsächlich erfüllen können. Für die Führung der meisten Armeen ist es einfach nicht vorstellbar, dass jedes einzelne Mitglied einer Gruppe oder eines Zuges (was einem Special Forces ODA entspricht) das leisten kann. Beim SFQC reicht das gerade für die Note »Bestanden« aus.

Für die meisten Lehrgangsteilnehmer beginnt der »Q«-Kurs mit der Rückkehr ins Camp MacKall und damit ans Rowe-Ausbildungszentrum,

Ein Mitglied des Auswahlteams in Camp MacKall, North Carolina. Diese Profis der Special Forces sind die Hüter ihrer – fast schon als Stammeswissen zu bezeichnenden – Kenntnisse und stellen sicher, dass jeder neue Bewerber, den sie aufnehmen, genauso gut ist wie alle, die ihm vorausgegangen sind.
John D. Gresham

wo sie bereits den Auswahllehrgang durchlitten haben. Es gibt jedoch einen grundlegenden Unterschied zum Auswahllehrgang, ganz gleich welche Erinnerungen die Einzelnen auch daran haben mögen (meistens sind es unangenehme). Obwohl auch jetzt noch Einzelne versagen und ausscheiden werden, unternimmt man nun doch alles Menschenmögliche, den Lehrgangsteilnehmern zu ihren Green Berets zu verhelfen, die am Ende der Phase III auf sie warten.

Die Ausbilder kommen von der Kompanie »F« des 1st Battalion/1st SWTG, die auch für Phase III und einige Elemente in der Phase II verantwortlich ist.

Von der Ankunft der Lehrgangsteilnehmer an ist jede Stunde des Tages sorgfältig durchgeplant, um den größtmöglichen Ausbildungserfolg zu gewährleisten. Der Schwerpunkt liegt darauf, eine gemeinsame Grundlage von Fertigkeiten für den Dienst im Feld und im Gefecht zu schaffen, und das völlig unabhängig vom Hintergrund des Soldaten und seinen bisherigen Spezialverwendungen. Phase I nivelliert also einen ganzen Strauß von Fähigkeiten und bereitet den Lehrgangsteilnehmer auf das Kommende vor.

So ist wahrscheinlich vieles von dem, was den Teilnehmern jetzt beigebracht wird, für diejenigen brandneu, die aus Truppengattungen wie den Panzer- oder Logistikkräften kommen, während dagegen Infanteristen, die bereits eine Rangerausbildung haben, die meisten Inhalte von Phase I schon beherrschen, wodurch dieser Abschnitt für sie mehr ein Wiederauffrischungskurs ist. Aber – und das ist ein ganz gewichtiges »Aber« – man erwartet von ihnen, dass sie ihre Kameraden aus den anderen Truppengattungen als Mentoren begleiten und sie werden danach beurteilt, wie gut sie das tun.

In der folgenden Tabelle ist aufgelistet, was in den 39 Tagen der Phase I auf dem Programm steht:

Zeitrahmen	**Aufgaben**
Tag 1-10	Orientierung im Felde (Bodennavigation)
Tag 11-14	Ausbildung in gemeinsamen Aufgaben, Überleben im Feld
Tag 15-21	Grundlagen der Patrouille
Tag 22-24	Führungs-, Hinterhalt- und Aufklärungs-Ausbildung
Tag 25-31	Feldübung Patrouille auf Gruppenebene (FTX)
Tag 32-33	Ausbildung in Operationen auf Zug-Ebene
Tag 34-38	Feldübung Patrouille auf Zug-Ebene (FTX)
Tag 39	Überleitung zur Ausbildungsphase II

Eigentlich wenig überraschend beginnt Phase I mit viel Bodennavigation – damit ist sie eine konsequente Fortführung der Fertigkeiten, die die Bewerber bereits im SFAS zeigen mussten. Durch diese Übungen sollen die Lehrgangsteilnehmer jetzt größeres Vertrauen in die eigenen Fähigkeiten gewinnen, und zwar unter allen nur denkbaren Bedingungen. Auch hier müssen sie ohne GPS-Empfänger zurechtkommen.

Selbstverständlich geht kein ODA der SF auf eine Mission, ohne mit GPS-Geräten ausgestattet zu sein, und ebenso selbstverständlich sind die Männer auch an den Geräten ausgebildet und verstehen es, sie zu nutzen. Doch wie gesagt: Batterien können sich erschöpfen, Satelliten können durch Solarstürme oder Feindeinwirkung außer Betrieb gesetzt werden. Ein Kompass und Landkarten aus Papier funktionieren dagegen immer. Folglich müssen dies die wesentlichen Orientierungshilfen für einen SF-Kandidaten sein und im »Q«-Kurs lernt er genau das.

Tatsächlich ist diese Form manueller Bodennavigation gar nicht so furchtbar schwer, wie man vielleicht annehmen könnte. Man braucht nur Vorbereitung und Übung.

Zunächst einmal muss der Lehrgangsteilnehmer herausfinden, wie lang seine Schritte sind. Das wird auf einer Strecke von genau 50 oder 100 Metern Länge ermittelt. (Da metrische Maße in zivilisierten Ländern Standard sind und Karten überall und immer metrisch gezeichnet werden, ist inzwischen auch das amerikanische Militär »metrisch« geworden. Die alten Maßeinheiten, wie sie vom Rest der Amerikaner immer noch verwendet werden, gehören heute in das Neandertal – obwohl ich bekennen muss, dass ich mich damit immer noch recht wohl fühle.)

Für gewöhnlich messen die Lehrgangsteilnehmer ihre Schrittlänge (vom Aufsetzen des einen Fußes bis zum Aufsetzen des zweiten) auf unterschiedlichem Terrain, damit sie ihre Messwerte entsprechend zuordnen können. Nehmen wir einmal an, ein Lehrgangsteilnehmer zählt auf 100 Metern sechzig Schritte und dieser Wert würde für jedes Terrain und für die unterschiedlichen taktischen Verhaltensweisen als ziemlich konstant angesehen. Mit diesem Wert könnte er die zurückgelegten Strecken dann schon recht genau berechnen. Um die Sache zu erleichtern, wird er ermuntert, auch die so genannten »Ranger-Perlen« zu benutzen, eine Art Feld-Abakus, der an seine Feldbluse gehängt wird. (»Ranger-Perlen« gehen nicht kaputt und brauchen keine Batterien, die leer werden können. Darüber hinaus funktionieren sie auch im Dunkeln und bei jedem Wetter.)

Ist ein Lehrgangsteilnehmer erst einmal in der Lage, Entfernungen zuverlässig zu messen, steht er vor dem nächsten Problem: Er muss in die richtige Richtung gehen können. Die Methode dafür wird als »Punkt-zu-Punkt«-Bewegung bezeichnet. Dazu ermittelt der Lehrgangsteilnehmer die Generalrichtung vom Ausgangspunkt zum Ziel. Wenn nötig, kann der Marsch auch in kleinere Teilabschnitte aufgeteilt werden, um schwieriges Gelände oder Bewegungen in der Deckung zu berücksichtigen. Der Lehrgangsteilnehmer errechnet dann die Richtung zwischen den Punkten und geht los. Der Trick dabei ist, die Richtung anhand von bestimmenden Geländemerkmalen zu ermitteln (Bäume, Felsen, Stangen usw.) und diese dann eines nach dem anderen zu passieren. Wenn er seine Marschrichtung regelmäßig überprüft, dabei die abgelaufene Entfernung mit den Abakus-Perlen zurückverfolgt und markante Punkte zur Feinabstimmung nutzt, die auf der Karte eingetragen sind (wie Straßenkreuzungen, Gebäude), sollte er in der Lage sein, sich recht präzise im Gelände zu bewegen.

Nach der Ausbildung in Bodennavigation (oder anders ausgedrückt: Orientierung im Feld) folgt ein viertägiger Kurs in allgemeinen soldatischen Fertigkeiten (Schießen, erste Hilfe usw.) zusammen mit der Ausbildung für das Leben im Feld (nicht viel anders als in einem guten Sommerlager der Pfadfinder).

Diesem Ausbildungsabschnitt folgt eine Woche, in der Patrouillieren und andere soldatische Fertigkeiten unterrichtet werden. Dabei werden besonders taktische Bewegung und Beobachtung betont, doch findet gleichzeitig auch noch eine zusätzliche Ausbildung an den Waffen statt. Gegen Ende der dritten Woche sind die Lehrgangsteilnehmer dann so weit, dass sie mit einer Serie von Ausbildungen und Übungen für komplexere Aufgaben beginnen können.

Die vierte Woche von Phase I beginnt mit einer dreitägigen Einführung in die Kunst des Hinterhaltes und der Aufklärung. Das gehört zu den selbstverständlichen Anforderungen einer SF-Mission, und der Lehrgangsteilnehmer bekommt allmählich ein Gefühl dafür, was eine SF-Mission bedeutet.

Anschließend folgt eine Woche mit Feldübungen, in denen die Lektionen der zurückliegenden 24 Tage in die Praxis umgesetzt werden. Die Lehrgangsteilnehmer werden in Gruppen zu je sechs Mann aufgeteilt und in die Gegend um Camp MacKall ausgeschickt, wo sie simulierte Hinterhalte legen und Aufklärungseinsatze sowie andere ausgewählte

Aufgaben durchführen. In dieser Periode gewinnen die Ausbilder einen ersten echten Eindruck, wie sich der Einzelne im Felde verhält und wie gut die Interaktion mit seinen Teammitgliedern funktioniert. Die Kandidaten, die den geforderten Leistungsstandard nicht erreichen, werden jetzt ausgesiebt (oder man rät ihnen, es später noch einmal zu versuchen).

Genau wie beim Auswahllehrgang verursachen auch hier Verletzungen immer wieder Probleme, aber die Ausbilder versuchen dem Verletzten weiterzuhelfen, so weit es geht. Sollte das nicht möglich sein, muss der Verletzte in die medizinische Abteilung von Fort Bragg evakuiert und dort behandelt werden. Eventuell bekommt er danach noch einmal die Chance, an einem anderen SFQC teilzunehmen, denn normalerweise kann ein Lehrgangsteilnehmer den Q-Kurs zweimal durchlaufen.

Am 32. Tag beginnt ein zweitägiger Unterricht in Platoon[48]-Operationen. Es folgt eine weitere Feldübung, die noch einmal fünf Tage dauert. Diesmal werden die zwölf Mann starken Platoons/ODAs in die Wälder und ins Feld geschickt, um verschiedene Aufträge zu erledigen. Hier können die Ausbilder erneut überprüfen, ob die Kandidaten bereit sind, die Phase II zu beginnen. Es ist ein kritischer Übergang, denn der wirklich schwierige und teure Teil der Ausbildung beginnt im Grunde erst mit Phase II, und so ist es verständlich, dass die Ausbilder sicherstellen möchten, dass nur die wirklich qualifizierten Lehrgangsteilnehmer auch weiterkommen.

Tag 39 verbringen die Lehrgangsteilnehmer mit dem Ausfüllen von Papieren und administrativen Angelegenheiten. Danach geht es weiter mit Phase II.

Der »Q«-Kurs: Phase II

Ist die Phase I abgeschlossen, beginnt für jeden SF-Anwärter die Ausbildung in seinem speziellen Tätigkeitsbereich. Sie findet oft in anderen Einrichtungen als Fort Bragg oder Camp MacKall statt. So erhalten die 18E-ler (Fernmeldeunteroffiziere) beispielsweise einen großen Teil ihrer Ausbildung in Camp Gruber, Oklahoma, und die 18D-ler (Sanitätsunteroffiziere) werden in den Krankenhäusern von New York City und Tampa, Florida, durch die Trauma-Behandlungsräume geschleust. Insgesamt werden während der Ausbildung in Phase II acht voneinander unabhängige Kurse der Serie 18 durchgeführt, die alle unterschiedlich lange – zwischen einem halben und einem Jahr – dauern.

Und so sehen die Kurse aus:[49]

---

48 Ein Platoon entspricht etwa einem Zug bei der Bundeswehr, hat aber eine andere Mannstärke. (Anm. d. Ü.)

49 Die Kurse für 180A (Warrant Officer), 18F (Nachrichten) und 18Z (Einsatz) werden vom JFK-Center and School an anderen Orten abgehalten und gelten als Aufbaukurse zur Qualifikation.

Offizierskandidaten der Special Forces in der Phase II ihres Qualifikationskurses bei einer Vorlesung über operationelle Planung. Der »Q«-Kurs beinhaltet einen nicht zu unterschätzenden akademischen Anteil, der junge Offiziere und Unteroffiziere auf ihren Dienst im Feld vorbereiten soll.

John D. Gresham

- **18A (Offizier)** – Dieser Kurs dauert sechs Monate, verantwortlich für die Durchführung ist die »A«-Company des 1st Battalion/1st SWTG (A). In diesem 18A-Kurs werden Offiziere aus konventionellen Kampfeinheiten der Army zu Führern ausgebildet, die im Feld und Tausende Kilometer von der Heimatbasis entfernt mit einem ODA umgehen können. Während des 18A-Kurses erhalten die Lehrgangsteilnehmer eine Menge Ausbildung in unkonventioneller Gefechtsführung mit dem Schwerpunkt auf Missionsplanung und Logistik. Auch Theorie spielt eine große Rolle, hauptsächlich im Zusammenhang mit Guerillakampf und Operationen bei Aufständen.
- **18B (Waffen, Sergeant)** – Die Verantwortung für diesen Kurs hat die »B«-Company des 1st Battalion/1st SWTG (A), sie bildet die Waffen-Unteroffiziere aus. Der Kurs wurde für die Vermittlung fortgeschrittener Waffenkenntnisse für alle Arten von Kampfmitteln entwickelt. Von einem 18B-Kandidaten wird erwartet, dass er nicht nur die Handhabung sämtlicher Arten von Waffen, angefangen von der Pistole bis hin zum Raketenabschussgerät, erlernt, darüber hinaus muss er auch in der Lage sein, sie zu warten. Dabei geht es nicht nur um Feuerwaffen der Vereinigten Staaten und ihrer Verbündeten, sondern auch um Waffen aus allen möglichen anderen Ländern.
- **18C (Pionierunteroffizier)** – Auch dieser Kurs wird von der Kompanie »B« des 1st Battalion/1st SWTG(A) durchgeführt. Ganz einfach formuliert, ist die Phase-II-Ausbildung für die 18C-ler nichts anderes als die Vermittlung des Wissens darüber, wie man etwas aufbaut und dann in die Luft jagt. Diese auf den ersten Blick seltsame Kombination ist für all

jene nützlich, die bei einer friedenserhaltenden Mission einen Damm bauen und irgendwann später bei einem Kriegseinsatz eine Brücke sprengen müssen.
- **18D (Sanitätsunteroffizier)** – Der mit zwölf Monaten zeitlich längste Ausbildungskurs in der Phase II ist der für die Sanitätsunteroffiziere. Er wird durch das Special Operations Medical Training Battalion in Fort Bragg durchgeführt (sie bilden auch die Einsatzsanitäter der Ranger, der Navy-SEALs und noch etliche andere aus). Es handelt sich, ganz einfach gesagt, um den besten Erste-Hilfe-Lehrgang der Welt. Besonderes Gewicht liegt auf der Behandlung von Traumata, insbesondere von Schusswunden. Um den Kandidaten die erforderliche Praxis zu vermitteln, werden sie in Notfallkliniken in der Bronx und in Tampa eingesetzt.
- **18E (Fernmeldeunteroffizier)** – SF-Operationen sind besonders abhängig von den Kommunikationsmöglichkeiten. Hier liegt die Verantwortung der 18E-ler. Sie zählen zu den besten Kommunikationsspezialisten der Welt. Ihre Ausbildung findet in Camp Gruber, Oklahoma, statt, einer Einrichtung der National Guard. Für die Ausbildung verantwortlich ist die Kompanie »E« des 1st Battalion/1st SWTG(A). Der Lehrgang schließt von einer Ausbildung im Morsen bis hin zur Einrichtung von Computernetzwerken und Verschlüsselungstechniken alles ein, was mit Kommunikation zu tun hat. Die Kandidaten werden durch die Ausbildung zu Fernmeldespezialisten, die überall, auch unter freiem Himmel, arbeiten können. In die Praxis umgesetzt heißt das: An einem Tag denken sie sich Drahtantennen aus, die sie dann irgendwo montieren, und am nächsten Morgen installieren sie Router für ein Computernetzwerk.

Diese Serie von Kursen ist das wesentliche Unterscheidungsmerkmal, das die Special Forces von anderen SOF-Gemeinschaften abhebt. Die SF-Kandidaten erlernen hier nicht nur ihre speziellen Tätigkeiten, sondern auch die Grundlagen des nichtkonventionellen Kampfes wie Taktik, Möglichkeiten im Gefecht und darüber hinaus genauso auch die Prinzipien für Nicht-Kombattanten und politische Arbeit. Da sie sowohl den Olivenzweig als auch das Gewehr in ihrem Gepäck tragen, decken sie mit ihren Fähigkeiten ein weit größeres Spektrum der Kriegführung ab als jede andere SOF-Gemeinschaft des US-amerikanischen Militärs – auch das gehört zu ihrer besonderen »Beweglichkeit«.

Sicherlich eine der interessantesten Aufgaben in Phase II besteht darin, den Kandidaten die Mentalität der konventionellen Army auszutreiben. Was ist damit gemeint? Viele meiner guten Freunde in der Army werden mir sicherlich widersprechen, aber trotzdem möchte ich behaupten, dass die Army in ihrer konventionellen Festlegung groß, langsam, träge, resistent gegenüber Neuerungen, dogmatisch, bürokratisch, engstirnig … eben wie eine »Mutter« ist. Vielen fällt es alles andere als leicht, den Schoß von »Mutter Army« zu verlassen. Dazu sind die Pawlowschen Reflexe viel zu tief verankert, die sie in den Jahren ihres Dienstes in der »Big Green Machine« erlernt haben.

Ein gut aussehender und offensichtlich talentierter Captain der Panzertruppe kann als Beispiel dienen, wie schwer das sein kann. Während einer Übung an der Landkarte, die er zusammen mit anderen 18A-Aspiranten absolvieren musste, begann er gleich damit, das angenommene Einsatzgebiet in Planquadrate einzuteilen (so macht man das nämlich bei der »regulären« Army), ohne dabei die Art und Form des Geländes zu berücksichtigen, in dem die verschiedenen Gruppen operieren sollten. Die Army mag nun einmal Linien und Gitternetze – der nicht konventionelle Kampf dagegen ist alles andere als linear. Der junge Captain hatte eindeutig Probleme mit der nicht linearen Form des nicht konventionellen Kampfes, und die Kritik des Ausbilders der Phase II traf ihn so tief, dass er sichtbar in sich zusammensackte.

Aber er lernte dazu. Sein zweiter Versuch verlief schon besser: Jetzt teilte er die Zonen in Anlehnung an Flüsse, Straßen und Gemeindegrenzen ein. Später lernte er dann auch, wie man seine Demarkationsgrenzen an unpassierbarem oder schwierigem Gelände orientiert, denn genau solche Gebiete sind zwischen Guerilla-Banden und militärischen Einheiten selten umkämpft.

Die 18er-Serie der Phase II enthält auch eine gehörige Dosis an Ausbildung zu Dozenten oder vielmehr Ausbildern, da ein erheblicher Teil der Zeit eines SF-Soldaten im Einsatz auf die Ausbildung ausländischen Militärs verwendet wird. Dazu kommt dann noch ein kräftiger Schuss Ausbildung in interkultureller Kompetenz, und dann sind Lehrgangsteilnehmer bereit für die nächste Herausforderung: die Phase III und damit die »Robin Sage«-Feldübung.

Der »Q«-Kurs: Phase III

Mit dem Beginn der Phase III gelangen die Teilnehmer praktisch auf die Zielgerade des »Q«-Kurses. Dies ist der eigentliche Fortgeschrittenen-Lehrgang im Rahmen des SFQC. Am Ende steht eine umfassende Abschlussprüfung, die Feldübung »Robin Sage«. Obwohl Phase III nur 38 Tage dauert, ist sie der dichteste Teil der ganzen Ausbildung. Hier haben die Ausbilder allerdings auch zum letzten Mal die Möglichkeit, Lehrgangsteilnehmer unter die Lupe zu nehmen. Und so sieht der Zeitplan aus:

Zeitrahmen	Aufgaben
Tag 1	Lehrgangsbeginn/Empfang der persönlichen Ausrüstung
Tag 2- 3	Nachrichtendienstliche Aufbereitung des Gefechtsfeldes (Offiziere)/Einsatzplanung (Unteroffiziere)
Tag 4- 6	Luftoperationen, Fallschirmübungen
Tag 7-10	Angriffs- und Isolationsübungen
Tag 11	Luftlandeoperationsübungen

Tag 12-14	Ausbildung in nichtkonventioneller Gefechtsführung
Tag 15	Interkulturelle Kommunikation
Tag 16-20	Robin Sage – Isolations-/Planungs-Periode
Tag 21-22	Robin Sage – Vorträge über die Einsätze
Tag 23-37	Robin Sage – Feldübung Tag 38 Lehrgangsabschluss

Mehr als die Hälfte der Phase III ist der Vorbereitung und Durchführung von Robin Sage gewidmet. Allein das vermittelt schon eine gewisse Vorstellung davon, welche Bedeutung dieser Übung beigemessen wird. Bei Robin Sage kommt alles zusammen, jetzt zeigt sich endgültig, ob der Lehrgangsteilnehmer das Zeug zum SF-Soldaten hat oder nicht.

Phase III beginnt mit Aufnahmeformalitäten und der Ausgabe der Ausrüstung. Dabei werden die Lehrgangsteilnehmer zu Lehrgangs-ODAs zusammengestellt, in denen sie dann für den Rest der Phase zusammenarbeiten.

Am zweiten und dritten Tag werden die Offiziere in nachrichtendienstlicher Aufbereitung des Gefechtsfeldes unterwiesen (IPS, Intelligence Preparation of the Battlefield, ein hübscher militärischer Ausdruck für die Bewertung des Geländes und die Einschätzung möglicher Gegner und Ziele), für die Unteroffiziere steht Missions- und operationelle Planung auf dem Lehrplan.

Anschließend bekommen die Lehrgangsteilnehmer Wiederauffrischungskurse in Luft-, Hubschrauber- und Fallschirmeinsätzen und den damit verbundenen Verfahren. Das alles dient der Vorbereitung auf eine Serie von Feldübungen.

Die Tage 7 bis 10 werden genutzt, um die Lehrgangs-ODAs an das SF-Verfahren der Isolation vor dem Einsatz zu gewöhnen. Hierbei wird geplant, geübt und gepackt. Einer der unverrückbaren Bestandteile von SF-Kampfeinsätzen ist der, dass die Teilnehmer sich vorher in eine Isolierungseinrichtung (Isolation Facility, ISOFAC) zurückziehen und sich ganz auf ihre Mission konzentrieren. Sie sollen ihre Mission mit einem Minimum an äußeren Einflüssen und Störungen planen können.

Die erste Möglichkeit, bei der sie ihr frisch erworbenes Planungsgeschick testen können, ergibt sich für die Teilnehmer bei einer Luftlande-Feldübung mit Fallschirm, die am 11. Tag angesetzt ist. Dies ist gleichzeitig ein Wiederauffrischungssprung für jene, die etwas aus der Übung gekommen sind, und bereitet alle auf den Einstieg in die Abschlussübung Robin Sage vor, die zwei Wochen später beginnt.

Der Sprungübung folgen die letzten vier Tage theoretischer Ausbildung, in denen die Männer sich mit nicht konventioneller Kampfführung und interkultureller Kommunikation befassen.

Mit dem 16. Tag beginnt die Aufwärmphase für Robin Sage. Jedes ODA erhält eine simulierte Zusammenstellung von Aufgaben, die während der Übung zu erledigen sind. Die Teams ziehen sich dann in die ISOFAC zurück und beginnen mit ihren Planungen und Vorbereitungen. Das schließt auch eine Serie von Proben ein, die an den Tagen 21 und 22 ablaufen. Gleichzeitig werden der Planungsprozess und die vorgeschlagenen Vorgehensweisen durch die Ausbilder der Phase III bewertet.

Robin Sage: Die Abschlussprüfung

Beim Militär gilt es als Regel, dass man vor einem schwierigen und gefährlichen Einsatz noch einmal zu trainieren hat. Dann ist die Wahrscheinlichkeit am größten, auch die realen Operationen zu meistern, die sich dann nicht selten als weniger schwierig erweisen als die Vorbereitung. Damit wird auch die Philosophie deutlich, die hinter den abschließenden Feldübungen der Phase III steht. Sie ist entworfen worden, um alles noch einmal zu testen, was die Kandidaten in ihrer Laufbahn bei der Army gelernt haben. Auch die Abschlussübung hat ihre eigene Geschichte: Robin Sage soll die Missionen der Jedburgh-Teams im Zweiten Weltkrieg simulieren. Damals, im Jahre 1944, ließ das OSS diese Teams vor dem D-Day über dem europäischen Kontinent abspringen. Am Boden nahmen sie sofort Kontakt mit dem örtlichen Widerstand und Partisanengruppen auf und halfen ihnen im Kampf gegen die Achsenmächte. Das waren damals *äußerst* schwierige und gefährliche Missionen.

Solche Einsätze stellen aber auch heute noch die schwierigste Aufgabe dar, die man ODAs übertragen kann, und sie sind eine einzigartige Ausbildungsherausforderung, die es in dieser Form nirgendwo sonst beim amerikanischen Militär gibt.

Im Norden und Westen von Fort Bragg und Camp MacKall liegt das weite ländliche Gebiet der Sandhügel von North Carolina (das hauptsächlich aus Farmen und Rentner- bzw. Feriensiedlungen besteht). Die Menschen hier unterstützen ihre militärischen Nachbarn nicht nur, sie lieben es geradezu, an ihren Übungen teilzunehmen, viele bieten ihr Land und ihre Zeit kostenlos an, nur um den Special Forces dabei zu helfen, ihr Handwerk zu üben. Indem der Stab des SFQC Hunderte dieser patriotischen Amerikaner anheuerte, konnte er sein Übungsgebiet für »Robin Sage« ganz gewaltig ausdehnen, weit über die normalen Übungsräume hinaus. Damit verfügt er über die uneingeschränkte Herrschaft über die imaginäre Nation, die sie hier *Pineland*[50] nennen (dabei handelt es sich um eine Reihe von Bezirken in den Uwharrie-Wäldern, die zusammengenommen eine Ausdehnung von mehreren hundert Quadratkilometern haben). Dort versuchen Banden von Widerstandskämpfern, eine tyrannische Regierung zu stürzen. Die lokalen Einwoh-

---

50 »Pineland«, Kiefernland, bezieht sich natürlich auf die wunderbaren Kiefernwälder in North Carolina. Der SF-Stab verwendet die Kiefer als Symbol für Robin Sage und andere Übungen.

ner haben eine als »Pineland-Hilfstruppe« bekannte lockere Gesellschaft gegründet, die zivile Akteure für die Unterstützung des militärischen Personals bereitstellt.

Robin Sage ist die größte und (trotz der unbezahlten Hilfe durch die Bevölkerung) auch teuerste Dauerübung der Special Forces (diese Übung läuft zumindest in ähnlicher Form seit mehr als 40 Jahren). Jedes der vier Robin-Sage-Ereignisse, die pro Jahr über die Bühne gehen, erfordert mehrere hundert SF-Soldaten der 1st SWTG (A) und darüber hinaus auch noch zusätzliche SF-Gruppen. Sie alle werden jedes Mal für mehrere Wochen ins Feld geschickt. Auch die Ausgaben von Air Force und Army Aviation sind enorm. Ihnen fällt die Aufgabe zu, die simulierten Infiltrationen und Unterstützungsflüge während der gesamten Übung zu absolvieren.

Alles in allem ist das Szenario von Robin Sage recht simpel. Der Stab der Phase III bereitet bis zu einem Dutzend der zwölf Mann starken ODA-Teams der Lehrgangsteilnehmer vor. Jedem Team wird dann eine Gruppe Aufständischer in Pineland zugeordnet. Anschließend sickern die Übungs-ODAs auf dem Land-, Luft- oder Wasserweg in Pineland ein. Danach marschieren die Abteilungen zu einem sicheren Treffpunkt mit den Guerillagruppen (kurz »G-Banden« genannt). Die Aufgabe der ODAs besteht nun darin, sich in die Organisation der Aufständischen zu integrieren, eine Verbindung mit der Guerilla-Führung herzustellen und zu versuchen, die Leute in militärisch effektiveren Einheiten zu organisieren. Darüber hinaus sollen die ODAs auch die Banden der Aufständischen bei Anschlägen auf feindliche Ziele in Pineland unterstützen. Das alles geschieht in der Erwartung der Befreiung durch alliierte Streitkräfte.

Jede Robin-Sage-Übung simuliert einen 75-tägigen Feldzug, der auf einen Übungszeitraum von 15 Tagen komprimiert wird.

All das erfordert viel Aufwand seitens der Ausbilder in Phase III. Der Stab ist in dieser Zeit praktisch rund um die Uhr damit beschäftigt, alles zu beaufsichtigen und zu beobachten, damit die Übung auch glatt über die Bühne geht. Jedem ODA der Lehrgangsteilnehmer wird ein eigener Observer/Controller (O/C – eine Art »Schiedsrichter«) beigestellt, der die Aktionen der Teilnehmer überwacht und, falls erforderlich, mit Rat und Tat unterstützt. Andere O/Cs beurteilen die Kampffähigkeiten, die Treffen mit Guerilla-Gruppen und so ziemlich alles, was ein Dutzend Männer in zwei Wochen im Feld sonst noch anstellen können.

Jede Robin-Sage-Übung beginnt mit dem gewaltsamen Eindringen ins »besetzte Pineland« und läuft anschließend genauso ab wie in der Realität eines Konflikts. Etliche Teams werden in das Übungsgebiet eingeflogen. Andere springen aus ihren Air-Force-Transportflugzeugen der Typen C-130 oder C-141 ab. Wieder andere werden in Hubschraubern des Typs MH-47 oder MH-60 vom 160th SOAR der Army in ihr Einsatzgebiet transportiert. Um die Angelegenheit noch interessanter zu gestalten, werden häufig noch in letzter Minute die Methoden gewechselt, wie die einzelnen Truppen eingebracht werden. Damit entsteht die Situation, die der preußische Philosoph Clausewitz als »Friktion« – »Reibung« – bezeichnet hat. Gemeint ist damit das unvermeidliche Durcheinander, die Konfusion, die Verzögerungen und Zusammenbrüche hervorruft, Pläne und Zeitabläufe durcheinander bringt. Die wichtigsten Ziele von Robin Sand liegen darin, zu erkennen, wie ein Lehrgangsteilnehmer mit einer solchen »Reibung« umgeht. Darüber hinaus ist die Art und Weise, wie sich die Männer verhalten, der beste Test für ihre Beweglichkeit. Wer sie hat, wird auch Mittel und Wege finden, Reibungsverluste zu vermeiden. Solche Männer sind Gold wert. Diejenigen, die immer nur einstecken, haben möglicherweise nicht das richtige Temperament für die Special Forces.

Es ist inzwischen schon zur Tradition geworden, dass Robin Sage samstags im Laufe der Nacht beginnt, und zwar eine Stunde vor Mitternacht. Von da an fächern sich zehn oder zwölf ODAs der Lehrgangsteilnehmer über das zentrale North Carolina auf.

In der Nacht, als ich eine Gruppe der Phase III auf dem Weg nach draußen beobachtete, war geplant, sechs Teams mit dem Fallschirm aus zwei C130-Transportern abspringen zu lassen, vier weitere sollten durch MH-47- und MH-60-Hubschrauber des 160th SOAR eingeflogen werden. Auf dem Weg zu den Flugzeugen schleppte jeder Mann seine komplette Kampfladung an Waffen und Munition sowie ausreichende Mengen an Lebensmittelrationen. Schließlich mussten sie sich darauf einstellen, die kommenden fünf Tage ohne Nachschub zurechtzukommen. Das Durchschnittsgewicht ihres Gepäcks lag irgendwo zwischen 45 und 57 kg. Wer einen Fallschirm dabeihatte, musste weitere 23 kg schleppen. Derart bepackt kamen sie bei den Transportern an. Etwa gegen 21.00 Uhr hoben die Flugzeuge und Hubschrauber ab, und für die nächsten Stunden dröhnte der Himmel über Ferienorten wie Pinehurst und Fabrikstädten wie Dunkirk vom Lärm der Propellerturbinen und Rotorblätter.

Sobald die ODAs der Lehrgangsteilnehmer auf dem Boden gelandet sind, steht das Verlassen der Landezone unter taktischen Gesichtspunkten an erster Stelle. Als Erstes steuern sie einen Sammelpunkt an, um dort ihre Vollzähligkeit festzustellen und sich abmarschbereit zu machen. Hier ergibt sich dann schon die erste Möglichkeit für den Kader, etwas »Friktion« einzustreuen. Hin und wieder wird ein Team von der geplanten Absprung- oder Landezone weg geleitet. So etwas macht dann eine schnelle Anpassung an die neue Situation erforderlich, weil die Teams der gegnerischen Truppe (Opposing Force, OpFor) nur darauf warten, sie zu fangen und gegebenenfalls zu »töten«.

Der Rest der ersten Nacht vergeht dann auf dem Marsch zum Punkt für die Verbindungsaufnahme, wo die Teams auf die Repräsentanten der Guerillabanden treffen sollen, mit denen sie zusammenarbeiten werden. Auf dem Weg dorthin suchen sie sich einen sicheren Platz, wo sie den größten Teil ihrer Munition, Verpflegung und Explosivstoffe verstecken und in einem so genannten »Cache« vergraben.

An dieser Stelle sollte ich vielleicht anmerken, dass die Guerillas, auf die sie treffen, keineswegs »nette« oder gar »wohlerzogene« Menschen sind. Sie sind auch nicht unbedingt scharf darauf, die Wohltaten der Demokratie und des »American Way of Life« kennen zu lernen. Mit anderen Worten: Sie haben durchaus ihre eigenen Vorstellungen, die hauptsächlich darin bestehen, die Bastarde loszuwerden, die in ihrem Land herrschen. Es gibt keine Garantie dafür, dass sie sich selbst nicht auch als Bastarde erweisen. Keine leichte Zeit, die den ODAs bevorsteht.

Der Anführer der Guerillabande (»G«-Chief genannt) ist ein erfahrener SF-Offizier, der aufgrund seiner Fähigkeiten dafür ausgewählt wurde, die Rolle eines lokalen Kriegsherrn zu spielen. Ein gemischtes Team von Männern der SF und der 82nd Airborne Division des XVIII. Corps unterstützt den »G«- Chief als Guerillas seiner Bande. Sie sind Provokateure und es ist ausdrücklich vorgesehen, dass sie Vorräte und Waffen von den ODA annehmen, und zwar ohne jede Verpflichtung zur Gegenleistung. Das Ziel des ODA-Captains besteht nun darin, mit dem »G«-Chief zu verhandeln und ihn dazu zu bringen, dass er das Team der Lehrgangsteilnehmer in sein Lager aufnimmt, damit seine Bande ausgebildet und trainiert werden kann.

Normalerweise beginnen die Probleme in dem Augenblick, in dem die Lehrgangsteilnehmer im »G«-Lager angekommen sind und Verbindung aufnehmen wollen. Dann müssen sie in der Regel sehr schnell feststellen, dass weder ihre Ausbildung noch die Anweisungen, die sie bekommen haben, sie auf das vorbereitet haben, was sie dort erwartet.

Der Captain des Ausbildungs-ODA wird versuchen, sich und sein Team vorzustellen, aber der »G«-Chief wird sie nicht als Befreier begrüßen. Vielmehr wird er sie deutlich auf Distanz halten. Die folgenden Stunden vergehen für die SF-Kandidaten in der Regel voller Anspannung und in einer ziemlich unerfreulichen Atmosphäre. Gleich zu Anfang wird ihnen der »G«-Chief schon einmal unmissverständlich demonstrieren, wer hier der Boss ist – nämlich er selbst. Dann wird er ihnen klar machen, dass sie nach seiner Sicht der Dinge überhaupt nicht zählen und er selbst für das amerikanische Militär im Allgemeinen und für sie im Besonderen nichts als Verachtung empfindet.

Da die Mission von ihnen aber ganz klar die Verbindungsaufnahme mit der Guerillabande verlangt, müssen die Mitglieder des Übungs-ODA alles schlucken. Ihrem Captain bleibt nichts anderes übrig, als geduldig zuzuhören und darauf zu warten, dass sich (hoffentlich) irgendwann eine Lücke auftut, die ihm die Möglichkeit gibt, endlich zu erklären, wie sie den Guerillas etwas weit Wertvolleres als Waffen geben und die Bande stärker und effektiver machen können.

Doch selbst wenn das gelungen ist, geht das Kräftemessen zwischen dem »G«-Chief und den Lehrgangsteilnehmern mit einiger Sicherheit noch tagelang weiter. Es braucht eben seine Zeit, Glaubwürdigkeit und Vertrauen aufzubauen. Und diese rustikalen Freiheitskämpfer sind *alles andere* als Heilige. Manchmal werden sie versuchen, den Lehrgangsteilnehmern ihre Munition, Verpflegung und Waffen zu entwenden (oder sie darum zu betrügen). Bei einer anderen Gelegen-

Der »G«-Chief einer simulierten Guerillabande während einer Robin-Sage-Übung. Die Rollen werden von erfahrenen Special-Forces-Soldaten gespielt und erzeugen einen hohen Grad an Realitätsnähe bei der Abschlussprüfung des »Q«-Kurses.
JOHN D. GRESHAM

heit kann schon ein falscher Blick, ein falscher Schritt oder fehlende kulturelle Sensibilität ganz böse bei den Guerillas ankommen und die Beziehungen wieder frostig werden lassen. Dann heißt es, die Verhandlungen geduldig von vorn zu beginnen. Manchmal läuft die Sache sogar völlig aus dem Ruder und der dem Team zugeordnete O/C muss die Lehrgangsteilnehmer wieder in das richtige Fahrwasser zurückschleusen.

Zu einem bestimmten Zeitpunkt im Laufe der ersten Tage der Übung werden der Captain des Übungs-ODA und sein Team-Sergeant zu einem Treffen mit dem Guerillachef der gesamten Region gebracht, der gewöhnlich von einem zivilen Mitglied der »Pineland-Hilfstruppe« gespielt wird. Dort muss der ODA-Captain ganz allgemein über die Politik sprechen, die Amerika gegenüber Pineland verfolgt, und vor allem über seine Pläne, wie er den Widerstand zu unterstützen gedenkt. Wie nicht anders zu erwarten, sind diese Treffen kein Vergnügen für die jungen Captains. Nicht selten geht irgendwann das Temperament mit einem durch, der Tonfall wird unfreundlich und alles läuft schließlich auf eine offene Konfrontation hinaus. Es sieht so aus, dass sich das Verhältnis zwischen dem ODA und den Guerillas noch mehr verschlechtert … oder es kommt sogar zu noch Schlimmerem.

Die Phase der Verbindungsaufnahme bei Robin Sage dauert bis D+3 (dem dritten Tag). Zu diesem Zeitpunkt springt das Szenario 30 Tage simulierter Zeit weiter. Die folgende Tabelle zeigt, wie sich die weiteren Ereignisse entwickeln.

Tatsächlicher Zeitrahmen	Simulierter Zeitrahmen	Aufgaben
D-Day	D-Day	Infiltration bei Nacht
D+ 1	Tag 1	Phase I – Verbindungsaufnahme mit »G«-Bande
D+ 2	Tag 2	Phase I – Aufbau der Verbindungen
D+ 3	Tag 3	Phase I – Treffen mit dem Bereichskommandeur
D+ 4	Tag 34	Phase II – Nachschub
D+ 5	Tag 35	Phase II – »G«-Ausbildung
D+ 6	Tag 36	Phase II – Angriff auf »Vertrauens«-Ziel
D+ 7	Tag 37	Phase II – Ergebnisgespräch mit den Lehrgangsteilnehmern
D+ 8	Tag 68	Phase III – Landezonen-Operationen
D+ 9	Tag 69	Phase III – Treffen mit dem Bereichskommandeur
D+10	Tag 70	Phase III – Missions-Planung
D+11	Tag 71	Phase III – Abschließender Angriff auf das Angriffsziel
D+12	Tag 72	Phase III – Verbindungsaufnahme mit konventionellen Kräften / »G« wird demobilisiert
D+13	Tag 73	Phase III – Programme für Zivile Angelegenheiten
D+14	Tag 74	Ergebnisgespräch mit den Lehrgangsteilnehmern / Rückgabe der Ausrüstung
D+15	Tag 75	Rückkehr zur vorgeschobenen Basis in North Carolina

Der zweite Teil von Robin Sage beginnt mit D+4. Die Mitglieder des ODA bringen den Guerillas jetzt wichtige militärische Fertigkeiten bei wie die Ausbildung an der Waffe, das Sprengen und medizinische Verfahren im Feld. Aber die Ausbildung bleibt nicht auf operationelle Themen beschränkt. Zum Beispiel werden die Lehrgangsteilnehmer den Guerillas die Grundlagen des Kriegsvölkerrechtes vermitteln und irgendwann werden sie versuchen müssen, sie für die Pineland-Streitkräfte zu verpflichten (das bedeutet in erster Linie, dass sie »bezahlt« und dass »Laufbahnakten« angelegt werden). So etwas ist keineswegs nebensächlich. In etlichen Ländern kann der Waffendienst mit einer Pension und Auszeichnungen belohnt werden (*wenn* die Freiheitskämpfer siegen).

Darüber hinaus ist es von großer praktischer Bedeutung, den Guerillas die Gesetze des Krieges zu vermitteln, denn diese werden in der Regel bei einem Aufstand und dem nicht konventionellem Krieg, wie ihn Guerillas führen, nicht beachtet. Das ist für einen jungen ODA-Captain dann mit weiteren unangenehmen Problemen verbunden. Kampfhandlungen, die normalerweise als »Kriegsverbrechen« und »Gräueltaten« bezeichnet werden, sind in weniger entwickelten Regionen häufig üblich. Die ODAs der Lehrgangsteilnehmer werden mit Situationen konfrontiert, die Kriegsverbrechen sein können oder auch nicht. Sie müssen dann in der Lage sein, die Situation zu bewerten und eine Entscheidung zu treffen, ob es sich wirklich um ein Kriegsverbrechen handelt, und dann müssen sie irgendwie damit umgehen. Dabei müssen sie immer auf der Hut sein, dass sie nicht das mühsam mit der »G«-Bande aufgebaute Einvernehmen zerstören. So etwas kann (und *soll* auch) eine schwere Probe für das Gerechtigkeitsempfinden sein.

Die zweite Phase von Robin Sage endet an D-7 (Tag 37 simulierter Zeit) mit einem kombinierten Angriff oder Überfall von ODA und »G«-Bande auf die OpFor-Kräfte (die dabei erneut durch die 82nd Airborne Division oder das XVIII. Airborne Corps gestellt werden). Die ODAs mit den Lehrgangsteilnehmern leiten ihre »G«-Bande durch die Planung und Ausführung dieser Mission und geben dabei ihr Bestes, die Fähigkeiten und das Selbstvertrauen der Guerillas weiter aufzubauen. Wenn es dann losgeht, müssen die Mitglieder des ODA sicherstellen, dass die Guerillas ganz vorne kämpfen, und wenn alles vorbei ist, werden sie versuchen, den Guerillas jedwedes Verdienst für die erreichten Erfolge zukommen zu lassen. Durch die Art und Weise, wie sie sich intensiv um alles kümmern, für die Ernährung sorgen und jedem noch so kleinen Detail Aufmerksamkeit schenken, ist es möglich, selbst so heruntergekommene Truppen wie die afghanischen Mudschaheddin in organisierte Streitkräfte verwandeln, die einer weit größeren Armee wie der ehemaligen Roten Armee einen Tritt in den Hintern versetzen können.

Mit dem achten Tag (D+8, Tag 68 nach simulierter Zeit) beginnt die Endphase von Robin Sage. An diesem Tag findet eine Serie von Übungsoperationen statt, in denen die Vorgehensweise in Hubschrauber- und Fallschirm-Landezonen geübt wird. Dabei sollen die Guerillas lernen, konventionelle Kräfte zu unterstützen (eine konventionelle Invasion steht für später auf dem Plan). Das ODA der Lehrgangsteilnehmer und ihre »G«-Bande bereiten dazu auch noch einen simulierten Präzisionsangriff auf Infrastrukturziele wie eine Brücke, einen Damm oder ein Kraftwerk vor und führen ihn dann aus. Bei dieser Operation sind die Guerillas bereits für den Hauptanteil der technischen Arbeit zuständig, und sie führen (wenn alles richtig läuft) die Mission auch selbst an und durch.

Mit einer Reihe wichtiger Ereignisse endet die Übung.

Am Tag D+12 (Tag 72 nach simulierter Zeit) wird die Zusammenführung mit den konventionellen Kräften durchgespielt (das bedeutet, dass die »konventionelle« Invasion in der Zwischenzeit stattgefunden hat). Danach beginnt der äußerst schwierige Prozess der Demobilisierung der Guerillakräfte. Die Abgabe ihrer Waffen wird überwacht (was auch in der Realität immer ein großes Problem darstellt, denn Aufständische sind nicht unbedingt begeistert darüber, dass sie ihre Waffen abgeben und friedliche Bürger werden sollen – man denke nur an Nordirland). Dann werden den Guerillas noch »Orden« verliehen, und sie erhalten »Urkunden« für ihre Verdienste um die Befreiung von Pineland.[51]

Ist all das abgeschlossen, wird das Übungs-ODA herausgeholt und zu seiner vorgeschobenen Operationsbasis gebracht. Dort geben die Männer ihre Ausrüstung ab, schreiben Berichte und warten auf das endgültige Urteil der Ausbilder. Der harte Job, all jene zu informieren, die durchgefallen sind oder es noch einmal versuchen müssen, wird am Nachmittag erledigt, nachdem die ODAs ins Camp MacKall zurückgekehrt sind. Von dort aus werden die Männer dann ohne weiteren Verzug ihrer neuen Verwendung zugeführt.

Auf diejenigen, die es geschafft haben, wartet eine bessere Zukunft. Man lässt ihnen eine Nacht, um sich auszuruhen und endlich richtig zu duschen. Dann marschieren die erfolgreichen Absolventen des »Q«-Kurses im Speisesaal von Camp MacKall für die Abschlusszeremonie auf, der ein gemeinsames Abschlussessen folgt. Bei dieser Gelegenheit werden sie in das 1st Special Forces Regiment aufgenommen und bekommen neben ihrem Grünen Barett das Wappen ihrer neuen SFG überreicht (es wird vorne am Barett befestigt). Das sind bewegende Momente und nicht selten fließen Tränen des Stolzes.

Der Weg ins Team

Die Absolventen des »Q«-Kurses besitzen jetzt ihr Grünes Barett und wissen auch schon, welcher Gruppe sie zugeordnet worden sind. Trotzdem gibt es aber immer noch einige Herausforderungen zu meistern, ehe sie endgültig zu ihren ersten ODAs stoßen können. Ganz oben auf der Liste (vorzugsweise nach einem Urlaub) steht die Sprachenschule. Neben dem Kriegshandwerk gibt es für den SF-Soldaten nichts Wichtigeres als die Fähigkeit, die Sprache der Menschen zu beherrschen, mit denen er arbeiten und leben wird. Sprachkenntnisse sind aber weder leicht noch billig zu erlangen, wie sich allein schon nach der folgenden Auflistung der operationellen Großgebiete und der relevanten Sprachen vermuten lässt.

---

51 Als Dank für die Hilfe der zivilen Mitglieder der Pineland-Hilfstruppe legt jedes ODA Hand an bei der Wiederherstellung des Privateigentums, das sie im Rahmen von Robin Sage benutzt haben; sie flicken Zäune und erledigen andere Routinearbeiten. Es ist ein hervorragendes Beispiel dafür, wie man in der realen Welt, »die Köpfe und die Herzen« der Menschen gewinnen kann.

EUCOM	PACOM	SOUTHCOM	CENTCOM
Russisch	Chinesisch	Spanisch	Arabisch
Deutsch	Russisch	Portugiesisch	Persisch
Tschechisch	Koreanisch		Paschtu
Ungarisch	Indonesisch		Urdu
Portugiesisch	Thai		
Französisch	Tagalog		
Arabisch			
Polnisch			

Von jedem neuen SF-Soldaten wird erwartet, dass er wenigstens eine Fremdsprache erlernt, und zwar in Abhängigkeit davon, für welches Gebiet seine Gruppe eingeteilt ist und welche Bedarfslage bei der Gruppe besteht. Einige Fremdsprachen (wie beispielsweise die romanischen Sprachen Spanisch, Französisch usw.) sind relativ leicht zu erlernen und ein Schüler kann sich meist schon nach einigen Wochen in dieser Sprache verständigen (was bei den Special Forces als Leistungsebene I bezeichnet wird), während die Leistungsebene III (sprechen wie ein Einheimischer) von einem gut motivierten Schüler in rund neun Monaten erreicht werden kann. Andererseits kann bis zum Abschluss der Leistungsebene I bei so komplexen Sprachen wie Chinesisch oder Arabisch ohne weiteres mehr als ein Jahr vergehen.[52] Auf jeden Fall müssen die neuen SF-Soldaten ihre Sprache beherrschen, bevor sie sich bei der SFG melden. Manchmal dauert diese Ausbildung länger als der gesamte Auswahl- und Qualifikationsprozess bei den Special Forces (bis zu drei Jahren).

Nachdem der SF-Soldat seine Sprachausbildung beendet hat, muss er noch den Lehrgang Survival, Evasion, Resistance, and Escape (SERE – Überleben, Ausweichen, Widerstand und Entkommen) in Fort Bragg absolvieren. Der SERE-Kurs ist für gefährdetes Personal eingerichtet worden, das Gefahr läuft, gefangen genommen und gefoltert zu werden. Er ist ziemlich schwierig und besonders gefürchtet (es gibt wahrscheinlich keine einzige Ausbildung im gesamten amerikanischen Militär, die mehr gehasst wird).

Ich kann hier natürlich nicht auf die streng geheimen Inhalte des SERE eingehen, aber so viel sei gesagt: Der Kurs zeigt den Soldaten, wie sie einer Gefangennahme entgehen können oder – wenn das nicht gelingt – wie sie die Gefangenschaft überleben und wie sie (wenn sich eine Möglichkeit

52 Schüler, die derartige schwierige Sprachen erlernen sollen, werden normalerweise an die bei der Naval Postgraduate School in Monterey, Kalifornien, angesiedelte Defense Language School (Sprachenschule des Verteidigungsministeriums) abgeordnet.

ergibt) entkommen können. Ist auch das alles überstanden, sind die neuen SF-Soldaten endlich so weit, in ihre erste SFG-Verwendung einzusteigen.

Dort wird man ihnen allerdings nicht viel Zeit zur Eingewöhnung in die neue Routine lassen. Die gegenwärtige Einsatzhäufigkeit der Special Forces bringt es mit sich, dass sie wahrscheinlich bereits im ersten Jahr ihrer Verwendung mindestens 90 Tage in Übersee sein werden. Die einzige Möglichkeit, eine Unterbrechung herbeizuführen, besteht darin, an der Freifall-Springerausbildung oder dem Kampftaucherlehrgang teilzunehmen.

Die Fallschirmspringerausbildung für Fortgeschrittene wird im Rahmen des Military-Free-Fall-Kurses in Yuma, Arizona, durchgeführt. Bei dieser Einrichtung handelt es sich um eine »Joint«-Ausbildungsstätte (eine gemeinsame Ausbildungsstätte mehrerer Teilstreitkräfte), zu der die Ausbilder aus allen Teilstreitkräften gezogen werden. Freifall-Springen erfordert ein *weit* intensiveres Training und *erheblich* größere Fähigkeiten als das konventionelle militärische Fallschirmspringen (bei dem die Schirme durch statische Leinen ausgelöst werden). Es ist darüber hinaus auch technischer gesehen aufwändiger und *sehr viel* gefährlicher.

Gegenwärtig müssen sich die Männer bei den Special Forces in zwei Arten des Freifall-Springens qualifizieren. Dies sind:

- **High Altitude-Low Opening (HALO)** – Bei HALO-Sprüngen wird aus großer Höhe mit speziellen Atemgeräten (Sauerstoff-Druckbeatmung) abgesprungen. Die Springer fallen dann für bis zu zwei Minuten mit Geschwindigkeiten von über 200 km/h. Erst in einer Höhe von unter 1000 Metern ziehen sie die Reißleine des Fallschirms. Wegen der äußerst geringen Radarrückstrahlfläche eines einzelnen HALO können ganze ODAs unentdeckt weit in feindliche Gebiete hinein abgesetzt werden.
- **High Altitude-High Opening (HAHO)**– Obwohl nicht so bekannt wie die HALO-Technik, ist HAHO die taktisch nützlichere Methode, wenn es um das Hereinbringen von Truppen geht. Die Ausrüstung unterscheidet sich kaum von der unter HALO beschriebenen, aber der lenkbare Fallschirm der Ausführung MC-4 wird in sehr viel größerer Höhe geöffnet. Da der Springer den Schirm unmittelbar nach Verlassen des Flugzeuges öffnet, kann er bis zu 50 km weit, vom Punkt des Ausstieges gerechnet, gleiten. Auf diese Weise könnte ein Springer, der mit einem kleinen GPS-Empfänger ausgestattet ist, zum Beispiel außerhalb feindlicher Grenzen abspringen und dann zu einer Präzisionslandung weit in das feindliche Territorium hinein gleiten. Es handelt sich um eine wirklich elegante Form des taktischen Eindringens und die Springer sind ebenso wie bei der HALO-Technik von einer Radarüberwachung oder anderen Sensoren kaum zu entdecken.

Durch Absprünge aus großen Höhen ist es den Special-Forces-Soldaten möglich, diskret und unentdeckt in die Operationsgebiete einzudringen. Ein militärisches Transportflugzeug, das in extremer Höhe (über 30 000 Fuß, das sind umgerechnet knapp 9,5 Kilometer) unterwegs ist, vermittelt den Eindruck einer Verkehrsmaschine und kann eine Truppe von SF-Soldaten unter dem Deckmantel eben dieser Tarnung absetzen.

Schüler der Joint-Military-Free-Fall School auf dem Erprobungsgelände der Army in Yuma, Arizona. Den Schülern wird hier die Technik der Präzisionsabsprünge aus großen Höhen vermittelt.

John D. Gresham

Taktische Infiltration unter der Wasseroberfläche erfordert den Gebrauch eines Self-Contained Underwater Breathing Apparatus (SCUBA). Obwohl bereits die SEAL-Teams der U.S. Navy mit einer echten Unterwasser-Fähigkeit zum SOCOM gehören, verfügen auch die Special Forces über eigene Kapazitäten auf diesem Gebiet. Hierzu wurde ein Programm eingerichtet, in dem SF-Soldaten ein Zertifikat als Kampftaucher erwerben können. Der damit verbundene Lehrgang findet in einer Einrichtung bei Key West in Florida statt, die sich auf dem neuesten Stand der Technik befindet. Hier lernen die SF-Soldaten den Umgang mit SCUBA und anderen Geräten. Dazu gehören auch das taktische Eindringen und Techniken der Unterwasser-Navigation. Die Inhalte gleichen zwar weitgehend denen, die auch bei den SEALs vermittelt werden, doch liegt bei den SF-Kandidaten der Schwerpunkt eindeutig auf der Unterstützung spezieller Operationen der Special Forces.[53]

In den nächsten Jahren ihres Lebens werden die neuen Soldaten der Special Forces weiterhin auf Trab gehalten. Auch ohne gelegentliche lokale

53 Ich sollte vielleicht noch erwähnen, dass sich die Navy verständlicherweise über diese offensichtliche Verdoppelung der Ausbildung (und ihrer Kosten) beklagt. Tatsächlich bleibt das Kampftaucherprogramm aber auch weiterhin eine wichtige Aufgabe der Special Forces.

Konflikte muss der typische SF-Soldat damit rechnen, dass er 90 bis 180 Tage »downrange« verbringt, und die verbleibende Zeit wird für Üben und Weiterbildung genutzt. Die einzigen wirklich echten Unterbrechungen bieten gelegentliche Stabsverwendungen auf dem Heimatstützpunkt oder einer der vielen anderen Lehrgänge, die ein solcher Soldat brauchen kann – immer unter der Voraussetzung, dass er das Glück hat, die Zeit dafür zu finden. So können zum Beispiel die 18B-ler (Waffenunteroffiziere) zur Scharfschützenschule gehen, um ihre Treffsicherheit auf große Entfernungen zu verbessern. 18F-ler (Nachrichten-Unteroffiziere) können weiterführende Nachrichtenlehrgänge oder technische Kurse besuchen.

Das alles ist freilich nur noch die Sahne auf dem Kuchen. Das *wirkliche* Leben in den Special Forces findet immer dann in den ODA Teams der SF statt, wenn sie auf ihre Missionen »downrange« gehen. Deshalb entscheiden sich Soldaten für die Special Forces und deshalb bleiben die meisten auch dabei.

Im Rucksack: Das Handwerkszeug der Special Forces

Was Soldaten mitführen oder auch nicht, sagt schon etwas darüber aus, wie sie ihre Aufträge zu erledigen pflegen. Militärische Operationen erfordern spezielles Handwerkszeug, meistens kompliziertes Werkzeug, und davon jede Menge: Waffen, Geräte, Ausrüstung, Fahrzeuge, Bekleidung und Elektronik. Auf ihre Art und Weise sind sie die Sprache des Militärs.

So geschmeidig und anpassungsfähig die Soldaten der Special Forces auch sein mögen, wie alle anderen Soldaten haben auch sie Teil an diesem Überfluss.

Aber folgt nicht aus der Bezeichnung »Special Forces« auch zwangsläufig, dass sie »spezielles« Handwerkszeug für ihren »speziellen« Auftrag benötigen? Oder um es anders zu formulieren: Welche Art von Ausrüstung tragen die SF-Soldaten tatsächlich mit sich herum, wenn sie »downrange« in einen Einsatz gehen?

Eine einfache, allgemein gültige Antwort auf diese Fragen gibt es nicht. Die Angehörigen der SF haben in der Tat eine »spezielle« Ausrüstung und auch spezielle Waffen – aber weitaus weniger, als man annehmen möchte. James Bonds sind sie jedenfalls nicht. Ungeachtet dessen gibt es wegen der enormen Bandbreite und unterschiedlichen Dauer ihrer Missionen eine Unmenge unterschiedlicher Lasten, die sie auf eine Mission oder in einen Einsatz mitnehmen können. Für Überfälle oder Erkundungseinsätze lässt sich die Last auf das begrenzen, was ein Soldat auf dem Rücken tragen oder was aus einem Hubschrauber oder einem Transportflugzeug abgeworfen werden kann. Bei großen Übungen oder humanitären Hilfseinsätzen hingegen tritt ein SF-Team »schwer« in Aktion, und dann wird meist eine C-17A *Globemaster III* erforderlich sein, um Fahrzeuge, Nachschub und ganze Paletten mit Versorgungsgütern zu transportieren.

Andererseits haben SF-Soldaten grundsätzlich einige – wenn auch wenige – Standard-Gerätschaften dabei, die sie auf fast *jede* Art von Mission mitnehmen. Obwohl jeder einzelne SF-Soldat auf seinem jeweiligen Spezialgebiet (Waffen, Pionierwesen, Kommunikation usw.) ein ebenso talentierter wie geschickter Techniker ist, sind alle auch geradezu brutal effektive Kämpfer. Das eigentliche Problem besteht darin, dass SF-Soldaten normalerweise nur mit leichtem Gepäck – ihren persönlichen Waffen und einem geradezu unbedeutenden Munitionsvorrat – ins Feld ziehen. Konventionelle Einheiten der U.S. Army haben immer die Möglichkeit, nach Gelegenheiten zu suchen, wie sie ihre schwere Feuerkraft gegen einen Feind einsetzen können. SF-Soldaten dagegen werden gewöhnlich versuchen, ihre Gegner zu überlisten. Deshalb sind die Teams der Special Forces gezwungen, sich ihre Gefechte selbst und sehr sorgfältig auszusuchen und sich dabei stets ein Hintertürchen offen lassen, falls die Dinge sich einmal anders entwickeln als geplant. Damit ist ganz klar, dass sie sich ihre Ausrüstung und alles, was sie sonst noch bei sich tragen, äußerst sorgfältig auswählen müssen.

Noch bis vor gar nicht langer Zeit nahmen die Soldaten der Special Forces an Bekleidung und Ausrüstung nur Dinge mit, die zur normalen militärischen Ausstattung gehörten oder handelsüblich erworben werden konnten. Nichts war gezielt auf den Bedarf der Special Forces abgestimmt und dafür entwickelt worden.

Aber das hat sich – endlich – doch noch geändert.

Obwohl das SOCOM (das vereinte Kommando, unter dem das Special Forces Command und die anderen Special Operations Forces zusammengefasst sind) schon seit mehr als zehn Jahren arbeitet und völlig unabhängig von übergeordneten Dienststellen auch sein eigenes Budget im Verteidigungshaushalt hat, ist dennoch ein eigens dafür ausgebildeter Stab von Beschaffungsprofis erforderlich, wenn man im Verantwortungsbereich der Regierung irgendetwas anschaffen will, und es kostet Zeit, einen solchen Stab aufzustellen. Die verschiedenen Komponenten des SOCOM haben das inzwischen geschafft, ihre eigenen Entwicklungs- und Beschaffungsstäbe sind eingerichtet und arbeiten. (Das SFC-Warenhaus läuft unter der militärischen Bezeichnung Stabsabteilung G7.)

Seit die Abteilung G7 im Jahre 1999 ihre Arbeit aufgenommen hat, wird sie von Lieutenant Colonel Dan Moore, einem erfahrenen SF-Offizier, geleitet. Lieutenant Colonel Moore und sein Stab von Beschaffungsexperten stehen vor einer entmutigend komplizierten Aufgabe. Zunächst einmal sehen SF-Soldaten die Welt (und auch ihr Handwerkszeug) mit ganz anderen Augen als ihre Kameraden von der »normalen« Infanterie. Sie müssen darauf vorbereitet sein, an Orte zu kommen, mit Situationen konfrontiert zu werden und Leuten zu begegnen, auf die »normale« Soldaten niemals vorbereitet wären. Deshalb muss alles, was Soldaten der Special Forces benötigen, schon einmal in einem gänzlich anderen Zusammenhang betrachtet werden als bei konventionellen Einheiten der U.S. Army oder Navy.

Auf einer »normalen« Mission wird der SF-Soldat, nur um ein auf der Hand liegendes Beispiel zu zitieren, *keinesfalls* davon ausgehen, dass er kämpfen muss. Das bedeutet, dass ein SF-Team – immer unter der Voraussetzung, dass die Mission richtig ausgeführt wird und nichts Unvorhergesehenes passiert – *nie* in die Situation kommen sollte, seine Waffen *benutzen* zu müssen.

Oder ein weiteres Beispiel: Den meisten »normalen« Soldaten kann es im Grunde gleichgültig sein, ob ein oder zwei Pfund Gewicht bei ihrem Gewehr oder Gepäck eingespart werden, weil sie gewöhnlich ihre Sachen einfach auf einen Laster oder ein Personenfahrzeug werfen können, das sie zum Gefechtsfeld bringt. Für SF-Soldaten hingegen, die ja alles, was sie für eine Mission brauchen, auf dem Rücken tragen müssen, können diese ein bis zwei Pfund schon genug Verpflegung für einen weiteren Tag im Einsatz oder zusätzliche 30 Schuss Munition des Kalibers 5,56 mm bedeuten. So müssen SF-Soldaten auf dem Weg »downrange« eine Menge Kompromisse schließen – ähnlich wie ein Bergsteiger, der sich auf eine Tour vorbereitet. Eine falsche Entscheidung bei dem, was man mitnimmt, zu treffen, kann tödliche Folgen haben, und deshalb wird bei den Special Forces gewöhnlich alles äußerst sorgfältig ausgewählt.

Bislang waren SF-Einheiten häufig gezwungen, mit Waffen, Ausrüstung und Versorgungsgütern »über die Runden zu kommen«, die für ihre Art des Einsatzes alles andere als optimal waren. Trotzdem haben die Teams der Special Forces immer wieder ihr Bestes gegeben, das Optimum aus dem zur Verfügung stehenden militärischen Inventar herauszuholen (und das aus offensichtlichen Gründen).

Aber jetzt hat die Abteilung G7 (die ihre Mittel aus der unabhängigen Quelle des SOCOM bezieht) die Aufgabe übernommen, den SF-Teams die finanzielle Unterstützung zukommen zu lassen, damit sie auch außerhalb des Versorgungssystems der Army genau das suchen können, was sie wirklich benötigen (natürlich immer innerhalb offenkundiger Grenzen).[54]

Damit das alles auch wirklich funktioniert, müssen Lieutenant Colonel Moore und sein Stab die »speziellen« Gegenstände, die sie beschaffen oder entwickeln wollen, sehr sorgfältig auswählen. Folglich müssen sie ihre begrenzte Zuteilung an SOCOM-Dollars klug einsetzen und stets der Versuchung widerstehen, alles auf einmal machen zu wollen.

Bislang können sie schon einige beachtliche Erfolge vorweisen. Der größte Erfolg war sicher die Modifizierung des relativ schweren und großen Sturmgewehrs M16 zum äußerst praktischen, handlich kleinen und leichten Karabiner M4.

Doch das G7-Warenhaus des SFC und die anderen SOCOM-Beschaffungsstellen haben ihre kreativen Aktivitäten nicht ausschließlich auf Waffen konzentriert. So waren SOF-Einheiten Vorreiter in der Entwicklung neuer, leichterer Verpflegungsrationen, die für Patrouilleneinsätze erheblich besser geeignet sind als die »Meals Ready to Eat« (MRE), die über zehn Jahre lang den Verpflegungsvorrat der amerikanischen Kampfverbände darstellten. Die neuen »leistungssteigernden« Lebensmittel sind nicht nur bei den SOF-Einheiten beliebt, sondern in der ganzen Army.

Durch diese Erfolge ermutigt, wollen Lieutenant Colonel Moore und sein Team in Zukunft sogar noch größere Veränderungen auf den Weg bringen. Gleichzeitig freuen sie sich über die Fortschritte, die sie bereits

---

54 SF-Einheiten haben vom amerikanischen Verteidigungsministerium den Status Force Package One (Kräfte-Paket Eins) erhalten. Einheiten mit dieser Prioritätsstufe stehen normalerweise ständig in hoher Alarmbereitschaft und erhalten deshalb Vorrang in der Zuteilung von Ausrüstung und Material. Auf diese Weise beziehen SF-Einheiten neues Gerät und anderes Material aus dem Inventar der Army vor sämtlichen anderen Verbänden. Die einzigen Ausnahmen bilden dabei die 82nd und die 101st Airborne Divisions, das 75th Ranger Regiment und vielleicht noch eine Hand voll Panzereinheiten.

erzielt haben. Lieutenant Colonel Moore und seine Mannschaft schicken die SF-Einheiten schon jetzt erheblich besser ausgerüstet »downrange« als jemals zuvor.

Noch eine abschließende Anmerkung: Weiter oben habe ich gesagt, dass SF-Soldaten niemals von ihrer Waffe Gebrauch machen müssen, wenn ihr Einsatz richtig durchgeführt wird. Da drängt sich förmlich die Frage auf, ob SF-Soldaten nicht auch unbewaffnet auf Reisen gehen könnten. Das ist natürlich nicht so. Kein SF-Soldat geht in einen Einsatz, ohne dass er in der Lage ist, sich sofort in einen bewaffneten Kämpfer zu verwandeln. Kein SF-Soldat würde *jemals* ohne seine vollständige Ausstattung an Waffen »downrange« gehen – und das sogar bei humanitären oder »friedlichen« Missionen. Nur allzu oft sind Angehörige der Special Forces in der Vergangenheit schon unerwartet in ein Feuergefecht (oder eine Revolution) geraten. Es ist ein Zeichen der gewachsenen Reife des amerikanischen Militärs, wenn heute Militärangehörige nicht mehr ohne die erforderlichen Waffen nach Übersee geschickt werden – und das schließt die Erlaubnis mit ein, die Waffen auch zu gebrauchen, falls sie bedroht werden. Welches Ausmaß an Gewalt sie allerdings wann anzuwenden haben, bleibt normalerweise den professionellen Kämpfern selbst überlassen – und genau so sollte es auch sein. Wir wollen hoffen, dass unsere militärische und professionelle Führung diesen gesunden Menschenverstand auch in Zukunft walten lässt.

Und jetzt – mit all diesen Gedanken und Widersprüchlichkeiten im Hinterkopf – ist wohl die Zeit gekommen, dass wir uns endlich anschauen, was ein SF-Soldat tatsächlich mit sich herumschleppt.

Das Tragezeug: Rucksäcke und Behälter

Wie pfiffig die Männer auch sein mögen, wenn es darum geht, Gewicht und Umfang all dessen zu reduzieren, was sie tragen müssen, es bleibt immer noch genug übrig. Wie alles hin- und wieder zurückgebracht wird, ist eine Frage, die sich nicht nur die einzelnen Soldaten, sondern auch die Teams täglich aufs Neue stellen.

In Abhängigkeit von der jeweiligen Mission kann sich der SF-Soldat mit einer Tragelast konfrontiert sehen, die sein Körpergewicht übersteigt. Beispielsweise kann es ein Einsatz erfordern, eine schwere Last von Sprengmaterial, etwa Plastiksprengstoff C4, mitschleppen zu müssen, von dem man allein schon mehrere hundert Pfund benötigt, um eine größere Brücke oder Gebäude in die Luft zu jagen. Auch wenn der gesamte Sprengstoff auf zehn Männer im Team verteilt wird, bleibt für jeden Einzelnen eine große Last. Bevor der Bodenkrieg von Desert Storm begann, trugen einige Mitglieder der Special Reconnaissance Teams (SR, Sonderaufklärung), die weit hinter den feindlichen Linien abgesetzt wurden, Lasten von über 90 kg mehrere Kilometer weit zu den Positionen, an denen sie ihre Verstecke beziehen konnten. So beeindruckend solche Zeugnisse schierer Kraftanstrengung auch sein

Das klassische ALICE-Gepäcksystem auf dem Rücken von Anwärtern für die Aufnahme in die Special Forces. Das ALICE-System wird zur Zeit gegen ein moderneres System ausgetauscht, das bessere Trageeigenschaften besitzt und atmungsaktiv ist.
JOHN D. GRESHAM

mögen, sind sie eher selten – glücklicherweise.[55] Auch sonst ist die Ausrüstung schwer genug.

Rucksäcke und Gurtzeug: ALICE und das MLS-Geschirr

Es gibt zwei traditionelle Symbole der Special Forces: das grüne Barett und den alten Rucksack, den die Männer früher trugen[56]. Obwohl dieser inzwischen sicherlich veraltete Bestandteil der Feldausrüstung immer noch hin und wieder einmal als Tagesgepäck auftaucht, ist er seit geraumer Zeit im Zuge der angestrebten Gewichtsreduzierung ersetzt worden.

Und was kam danach?

---

55 Diese Lasten waren selbst gemessen an den Standards der Special Forces extrem hoch, da die Truppen neben dem für die Mission erforderlichen Gerät auch das Baumaterial für ihre Verstecke tragen mussten. Eine normale Last für den SF-Soldaten im Einsatz beginnt bei etwa 50 kg. Eine solche Belastung lässt noch ein gewisses Maß an Bewegung zu, ohne den Körper buchstäblich zu zerreißen.

56 Der »Mythos« des Rucksacks ist durch die Art und Weise zustande gekommen, wie SOFs üblicherweise ins Gefecht ziehen: Sie führen alles mit, was sie brauchen werden. Die alten »Rucks« werden heute noch in der Ausbildung und im Training benutzt, Dies jedoch weniger wegen ihres Nutzens, sondern um ihre Träger auf diese Weise an die Ursprünge der Truppe zu erinnern. *The Rucksack* ist der Titel einer Truppenzeitschrift. Er war stets ein sichtbares Zeichen für das Bemühen, alte Special-Forces-Tradition am Leben zu erhalten. Die Zeitschrift ist ein Produkt des U.S. Army Special Operations Command Public Affairs Office und berichtet über die Menschen der SF und ihre Einsatztechniken im Feld.

Liest man einmal das Kleingedruckte in der offiziellen Beschreibung einer jeden SF-Einheit, findet man stets in Klammern das Wort »Airborne«. Das ist alles andere als ein leerer Begriff. »Airborne« bedeutet zum Beispiel, dass ein primäres Tragesystem des SF-Soldaten nicht nur Zeug aufnehmen können und Gurte haben muss, sondern auch den Sprung aus einem Flugzeug bei bis zu 130 Knoten Geschwindigkeit – das sind rund 210 km/h – aushalten muss.

Seit mehr als zehn Jahren ist das Standardtragesystem unter der umständlichen Bezeichnung »All-purpose Lightweight Individual Carrying Equipment« (kurz ALICE, Individuelle-Allzweck-Lasten-Trageausrüstung) bekannt. Das ALICE-System besteht aus einem großen Gepäckteil, einem Aluminiumgestell mit Nierenschutz, einem Lastenbrett und Schultergurten. Es ist dafür konstruiert worden, große Lasten aufnehmen zu können und sie gleichmäßig auf Rücken und Schultern zu verteilen. Darüber hinaus kann es für die unterschiedlichsten Träger und Einsatzrollen angepasst werden. Für den Fallschirmabsprung wird ALICE mit einer langen Leine verbunden und zwischen den Beinen des Springers getragen, bis sich der Schirm öffnet (anschließend lässt man die Ausrüstung an der Leine einfach herabhängen, wodurch das Gewicht reduziert wird, mit dem der Springer auf dem Boden aufkommt. Auf diese Weise wird ihm eine bessere und weniger verletzungsanfällige Landefallposition ermöglicht.)[57]

Verständlicherweise ist ein schwer beladenes ALICE-Tragegestell in Erwartung eines Feuergefechts nur noch hinderlich. Deshalb werden die SF-Soldaten auch noch mit einem anderen System ausgerüstet, das die Bezeichnung »Load Bearing Gear[58]« trägt und offiziell als »LC-2« geführt wird. Dabei handelt es sich im Grunde um übergroße Hosenträger, an denen ein Gürtel befestigt ist. In die Gurte kann man verschiedene Taschen und Befestigungen einhängen. Sollte es zu einem Feuergefecht kommen oder ein harter Marsch bevorstehen, kann das komplette ALICE-Tragegestell abgenommen – gegebenenfalls auch eingegraben – und später wieder aufgenommen werden. Die normale Beladung des LC-2 besteht aus sechs Magazinen zu je 30 Schuss M16/M4-Munition, vier Handgranaten, zwei Feldflaschen mit einem Fassungsvermögen von jeweils etwa einem Liter, einer Pistole mit Halfter und zwei Reservemagazinen, einem Radio, Kompass und vielleicht noch einigen Kleidungsstücken.

Mit Hilfe dieser Systeme kann ein SF-Soldat ausreichende Mengen an Munition, Sprengstoff, Waffen, Verpflegung, Wasser und anderer wichtiger Ausrüstungsteile einpacken oder an seinem Körper befestigen, um einen Einsatz von drei bis fünf Tagen durchzustehen, ohne dass er nachversorgt werden muss.

Inzwischen gibt es Pläne, das ALICE-System durch die Weiterentwicklung des neuen Rucksackgestells zu ersetzen, das gerade beim Marine

57 Das ALICE-System war eine deutliche Verbesserung gegenüber den noch in Vietnam gebräuchlichen Rucksäcken. Allerdings erscheint es einem im Vergleich zu dem, was in jedem Freizeitausrüstungskatalog angeboten wird, geradezu antiquiert. Über den Nachfolger berichte ich anschließend.

58 Lastentrageausrüstung (Anm. d. Ü.)

Corps eingeführt wird. Es trägt die Bezeichnung Modular Lightweight Load-carrying Equipment (MOLLE, Modulares leichtes Lastentragegestell) und stellt mit seinen vielen Neuerungen eine deutliche Verbesserung gegenüber dem ALICE-System dar.

Kernstück des MOLLE-Systems in der Army-Version ist die Lastentrage-Weste LBV-88, die das alte LC-2-Gurtzeug ersetzt. Die Weste verteilt das Gewicht besser über den Körper, damit mehr Muskeln gleichzeitig arbeiten können. Theoretisch soll es einem Träger durch dieses System möglich sein, größere Lasten bei verbesserter Beweglichkeit zu transportieren. Am LBV-88 wird das kombinierte Gepäck- und Taschengestell eingehängt, das auf unterschiedliche Weise zusammengestellt werden kann. Hauptbestandteil ist das Tragegestell mit einem 100 Liter fassenden Behälter, über den man noch ein kleineres »Combat Patrol Pack« und alle möglichen Taschen hängen kann.

Diese Anordnung wird mit Schnellverschlüssen an der Weste befestigt und lässt sich mit einem einzigen schnellen Handgriff wieder lösen. Das Sturmgepäck mit seinem Füllvolumen von etwa 60 Litern kann auch abgenommen und einzeln getragen werden. Es bietet genug Raum für die Dinge, die im Laufe eines ganzen Tages im Feld gebraucht werden. Darüber hinaus hat man zusätzlich noch eine Wasserblase mit einem Fassungsvermögen von zwei Litern eingebaut, die ein so genanntes Hydrierungssystem versorgt. Somit muss das Wasser nicht mehr in harten Feldflaschen getragen werden, sondern es kommt in eine isolierte, flexible Blase, die am Rücken des Trägers anliegt. Sie mündet in einen kleinen Schlauch, durch den er unterwegs schnell an das Wasser herankommt. Die gesamt Außenseite des Gepäcks ist mit kleineren und größeren Taschen bedeckt, die für die Aufnahme verschiedener Spezialwaffen optimiert wurden. In allen diesen Taschen können Ausrüstung und Munition wie Landminen des Typs »Claymore«, Explosivstoffe, elektrische Batterien und Ersatzmagazine mit Munition getragen werden.

Es wird aber noch einige Jahre dauern, bis die Army die Erprobung des MOLLE-Systems endgültig abgeschlossen und seine Beschaffung eingeleitet hat.[59] Zwischenzeitlich entwickelt die Abteilung G7 des SFC ihre eige-

---

59 Man mag sich vielleicht wundern, warum es so lange dauert, bis neue Teile der persönlichen Ausrüstung an die Truppe ausgeliefert werden. Die Beschaffungsverantwortung liegt beim Ausrüstungszentrum der Army in Natick, Massachusetts, in der Nähe von Boston. Dort wird jedes neue Teil der persönlichen Ausrüstung vom Taschenmesser bis hin zu den Stiefeln, rigoros und nach manchmal absurden Standards getestet. Die positive Seite ist, dass die Ausrüstung, die schließlich an Kampfverbände ausgegeben wird, normalerweise hervorragend geeignet ist. Auf der negativen Seite schlägt zu Buche, dass Campern und Sportlern vergleichbar gute Ausrüstung schon seit Jahren im freien Handel zur Verfügung steht, bevor die Soldaten sie auch nur zu sehen bekommen. Die Marines sind inzwischen dank der Willenskraft ihres 31st Commandant, General Charles »Chuck« Krulack, gut ausgerüstet. Krulack machte es sich zur persönlichen Aufgabe, für seine Marines neue Stiefel, Gepäckstücke und andere Gegenstände zu beschaffen. Er scheute sich nicht, damit bis zum Kongress zu gehen, um die Mittel und die entsprechende Genehmigung zu erhalten.

nen Versionen von MOLLE, zur Zeit werden zwei verschiedene Varianten geprüft. Die Einführung war für das Jahr 2001 geplant. Bis es so weit ist, werden die SF-Soldaten weiterhin mit ALICE zurechtkommen müssen.

Paletten, Behälter und Schnellverschlusstüten

Ein SWF-Soldat muss allerdings nicht bei allen Einsätzen seine gesamte Ausrüstung auf dem Rücken tragen. Da die meisten SF-Teams in friedlicher Mission und in einem relativ freundlichen Umfeld unterwegs sind, müssen sie sich den Zutritt in das Zielgebiet nicht mit Waffengewalt erzwingen. So können die Teams auch eine Menge von Gegenständen mitnehmen, die ihnen das Leben erträglicher machen. Leider reichen dazu jedoch ein paar Samsonite-Schalenkoffer nicht aus. Dazu braucht man immer noch erheblich stabileres Material.

In der Anfangszeit war es üblich, dass die SF-Soldaten Seesäcke oder schwere, unhandliche Holz- und Stahlkisten in der Hoffnung packten, dass diese trocken und heil am Bestimmungsort ankommen würden. Heutzutage haben moderne Plastikmaterialien diese Aufgabe etwas leichter gemacht. Die meisten der SF-Angehörigen verpacken ihre nichttaktische Ausrüstung derzeit in moderne, leichte und fast unzerstörbare Container aus tiefgezogenem Plastikmaterial, wie sie von Firmen wie Rubbermaid produziert werden. Sie sind in unterschiedlichen Größen auf dem Markt und die meisten können überdies fast luftdicht verschlossen werden. Andere haben eingebaute Räder und Griffe.

Der normale SF-Soldat erwirbt einen oder zwei dieser Plastikkisten aus privaten Mitteln und hält sie dann für kurzfristige Verlegungen in Bereitschaft. Ist eine Verlegung erfolgt, werden die Kisten im Aufenthaltsraum des Teams untergebracht. Jedes Operational Detachment Alpha (ODA) verfügt in der Regel über eine erhebliche Zahl solcher Plastikkisten, in denen die Männer all das verstauen, was nicht gemäß militärischer Spezifikation (Mil-Spec) in einem Tragecontainer untergebracht wird. Heute zählen dazu Dinge wie Digitalkameras, Laser-Drucker, ein Vorrat an Schokoriegeln und die CDs des gesamten Teams.

Doch selbst die Plastikteile, die nach den Wundern der modernen Fertigung im Spritzgussverfahren tiefgezogen werden, überleben nicht immer den zarten und rücksichtsvollen Umgang, den ihnen die Gepäckstauer der Air Force oder ziviler Fluggesellschaften angedeihen lassen. Um sicher gehen zu können, dass der komplette Inhalt der Behälter heil und trocken an seinen Bestimmungsort gelangt, haben die SF-Soldaten noch ein paar andere Werkzeuge zur Hand: Jeder SF-Mann, den ich kenne, schwört auf Plastiktüten mit Schnellverschluss und Packband, um seine Sachen für den Transport zusätzlich zu sichern. Alles, was sie brauchen – vom Schokoladenriegel bis zur CD-ROM –, verschwindet in einer verschließbaren Plastiktüte, über die gleich noch eine zweite gestülpt wird, wenn ein Gegenstand *wirklich* wertvoll ist.

Sind die Gegenstände zu groß für eine Drei-Liter-Plastiktüte, werden sie in Plastikfolien eingewickelt. Anschließend werden sämtliche Nahtstellen lagenweise mit auf dem Dienstweg beschafftem Klebeband umwickelt.[60] Dieses grüne, gut fünf Zentimeter breite Klebeband wird vom SF-Personal in rauen Mengen verbraucht.

Sobald alles in den großen Plastikkisten verschwunden ist, werden diese im Bereich von Deckel und Kanten zusätzlich mit mehreren Lagen Klebeband abgedichtet. Sämtliche Gegenstände, die nicht am Mann getragen werden, kommen anschließend auf Paletten, die von der Air Force oder zivilen Fluggesellschaften zugelassen sein müssen, werden dann in Plastik-Schrumpffolie eingeschweißt (falls die Zeit dazu reicht) und zum Schluss noch mit einem Lastennetz überzogen und mit einem entsprechenden Balkencode zur Kontrolle des Inhaltes versehen. Auf diese Weise sind die Aussichten für die SF-Soldaten gar nicht so schlecht, dass nicht nur sie selbst, sondern auch ihre Sachen am Einsatzort eintreffen.

Waffen

Wie bei den Marines ist auch bei den Special Forces jeder Soldat ausgebildeter Schütze; es spielt keine Rolle, welche Tätigkeitsbeschreibung in seiner Personalakte festgehalten ist. Man kann mir ruhig glauben, wenn ich behaupte, dass jeder von ihnen alle Waffen hundertprozentig beherrscht. Die Special Forces statten ihre Soldaten mit einem ganzen Arsenal von leichten und Infanteriewaffen aus.

M4-Karabiner, Kaliber 5,56 mm

Es gibt wahrscheinlich nur sehr wenige militärische Waffen, die so gut bekannt sind wie das Sturmgewehr M16. Mittlerweile steht diese Waffe bereits seit 40 Jahren im Dienst des US-amerikanischen Militärs und die aktuelle Version M16A2 dieses Klassikers ist vielleicht die beste Allzweck-Infanteriewaffe der Welt. Sie wird bei Colts Manufacturing in Hartford, Connecticut, produziert und in Lizenz praktisch auf der ganzen Welt hergestellt. Damit steht die M16-Waffenfamilie schon an zweiter Stelle hinter der Serie von AK-Sturmgewehren (entwickelt von dem Russen Michail Kalaschnikow), was die Stückzahl in der Produktion, im Verkauf und in der Ausgabe angeht.

Obwohl man das M16A2 – dessen Gewicht ohne Munition minimal über dreieinhalb Kilogramm liegt und die gerade sieben Millimeter länger

60 Es handelt sich dabei nicht um das silberfarbene Klebeband, das man im Baumarkt bekommt. Das beim Militär ausgegebene »Speed-Tape« ist erheblich fester und klebt auf fast allem und unter buchstäblich allen Bedingungen. So kann es beispielsweise einem Luftstrom widerstehen, dessen Geschwindigkeit 180 km/h übersteigt. Deshalb ist es sogar als Mittel zur Schnellreparatur von Flugzeugzellen zugelassen. Man kann damit auch die Einschlaglöcher von Kugeln in der Beplankung eines Hubschraubers so weit flicken, dass er es bis zur richtigen Reparatur nach Hause schafft.

Ein M4-Karabiner Kaliber 5,56 mm, ausgestattet mit einer Granatpistole M203 Kaliber 40 mm. Der M4 basiert auf dem klassischen Sturmgewehr M16 und ist bei den leichten Infanteriekräften weltweit beliebt.

John D. Gresham

als ein Meter ist – kaum als leicht und kompakt bezeichnen kann, ist und bleibt es eine nützliche und flexible Waffe (sie verschießt die NATO-kompatible 5,56-mm-Munition, und ihre grundlegende Mechanik wird wegen ihrer guten Qualität schon seit geraumer Zeit geschätzt.) Um etwas Gutes noch besser zu machen, begann man bei Colts 1993 mit der Entwicklung einer leichteren und kürzeren Version des M16A2 (technisch gesehen ist diese Waffe aber ein Karabiner[61]). Die ursprüngliche Forderung nach einer solchen neuen Waffe kam aus der SOF-Gemeinschaft einschließlich der Special Forces. Das Resultat war der M4, der erste neue Karabiner, der nach dem Vietnamkrieg an die US-amerikanischen Streitkräfte ausgegeben wurde. Die aktuelle SOF-Version (der M4A1) ist im Grunde ein M16A2 mit einer beiklappbaren Schulterstütze aus Metallröhren, einem kürzeren Lauf und einer modifizierten Visiereinrichtung. Damit konnte das Gewicht des M4 (ohne Munition) auf 2,56 kg gesenkt werden und er ist nur noch 75,5 cm lang, wenn die Schulterstütze eingeklappt ist. Der M4 verfeuert die gleiche Familie von NATO-kompatibler 5,56-mm-Munition wie das M16 und die M249 SAW, was die Logistik vereinfacht. Sämtliche normalen Eigenschaften des M16A2 wurden beibehalten (die wählbare halbautomatische und automatische Feuerstoßfolge, das Magazin für 30 Patronen usw.), aber eben in einem kompakteren Paket.

Der M4A1 wiederum bildet die Grundlage für das Special Forces Modular Weapons System (MWS, modulares Waffensystem der Special Forces).

61 Technisch gesehen ist ein Karabiner eine leichte, kurze Schulterwaffe. Waffen dieses Typs wurden ursprünglich für die Kavallerie entwickelt, damit sie eine Waffe hatte, die zu Pferde leicht zu verstauen und zu tragen war und die ihr abgesessen die gleiche Feuerkraft verschaffte wie der Infanterie.

Unter Verwendung des M4A1 als Basis können verschiedene Zusatzgeräte auf und an der Waffe befestigt werden. Sie reichen von der Granatpistole M203 Kaliber 40 mm bis hin zu verschiedenen Restlicht- und Wärmebild-Systemen sowie lasergestützten Identifizierungs- und Zielgeräten. Die aktuelle Ausrüstung mit Zusatzgeräten wird als Special Operations Modification I (SOPMOD-I) I bezeichnet. Ein zweites Upgrade (SOPMOD II) ist zu Beginn des 21. Jahrhunderts fällig. Für SOPMOD II werden die verschiedenen SOPMOD-I-Komponenten zu einem kleineren und leichteren Paket geschnürt.

Alles in allem schießt man mit dem M4A1 ungefähr genauso wie mit einem M16A2, hat aber ein etwas leichteres »Gefühl« und einen befriedigenderen »Knall« (bedingt durch die anders geartete Akustik des kürzeren Laufes). Im Gegensatz zu anderen Kurzlauf-Schulterwaffen ist beim M4 die Treffgenauigkeit des M16 bei fast jeder Reichweite erhalten geblieben. Das ist einerseits auf die sehr engen Fertigungstoleranzen des M4A1 zurückzuführen und andererseits auf die ausgezeichnete Visiereinrichtung.

Flugzeugbesatzungen schätzen diese Waffe wegen ihrer geringeren Größe, denn sie lässt sich in den engen Flugzeugkanzeln gut verstauen, und die Offiziere wünschten sich eine überzeugende Waffe, ohne gezwungen zu sein, das sperrige und unhandliche, geladen auch schwere M16 mitschleppen zu müssen. Die Special Forces wiederum schätzen das geringe Gewicht und die Handlichkeit der Waffe, vor allem wenn sie damit aus Flugzeugen abspringen müssen. Die meisten Infanteristen, die ich kenne, würden lieber mit einem M4 als einem M16 herumlaufen – wenn sie die Wahl hätten.

Bis es bei der Army zu Anfang des 21. Jahrhunderts vielleicht so weit ist, dass sie ihr neues Sturmgewehr ausgibt, kann man also damit rechnen, den M4A1 als persönliche Waffe nur bei den Special Forces anzutreffen.[62] Er könnte sogar sein, dass diese Waffen bei den Special Forces noch länger im Dienst gehalten werden, da die meisten Länder, die von den ODAs und ODBs besucht werden, nicht einmal über Waffen verfügen, die mit dem M16 oder M4 vergleichbar wären. Tritt man dort mit noch fortschrittlicheren Systemen auf, ist nicht auszuschließen, dass sich das Militär der Gastnation dadurch beschämt fühlen könnte – sicherlich keine gute Grundlage dafür, ein gemeinschaftliches Verhältnis und Vertrauen aufzubauen.

MP-5-Maschinenpistole, Kaliber 9 mm

Für einige Sondereinsätze können die SF-Soldaten mit MP-5-Maschinenpistolen von Heckler & Koch (H&K) ausgerüstet werden. Diese Waffe ist

---

62 Schätzungsweise im Jahr 2006 wird die Army mit der Einführung der neuen Objective Individual Combat Weapon (OICW, Individuelle Gefechtswaffe) beginnen als Nachfolger für das M16A2 und den M4. Diese neue Waffe wird von einem Team unter der Führung von Alliant Techsystems entwickelt und produziert. Sie basiert auf einer Konstruktion von Heckler & Koch und wird über ein hochaktuelles Visier- und Feuerleitsystem gesteuert, das für ihren Bediener das primäre Sensorsystem sein wird.

Ein M24-Scharfschützengewehr Kaliber 7,62 mm mit aufgesetztem Zielfernrohr. Das M24 ist mit einer Zweibeinlafette ausgestattet. Wird das Zielfernrohr auf einem Dreibeingestell montiert, kann ein Beobachter (Späher) den Schützen auf das Ziel einweisen.

John D. Gresham

bei der Army, der Navy, den Marines und der Polizei sehr beliebt für den Nahkampfeinsatz (und sie ist auch eine meiner bevorzugten Feuerwaffen). Die MP-5 ist mit deutscher Präzision und Effizienz gebaut, verfeuert die NATO-Standard-Munition vom Kaliber 9 mm und ist – besonders auf kurze Entfernungen – verblüffend genau. Mit dem 30 Patronen fassenden Magazin und der Möglichkeit, diese Waffe sowohl im halbautomatischen als auch vollautomatischen Feuermodus zu betätigen, kann sie in sehr kurzer Zeit eine Menge Blei ausspucken. Normalerweise wird sie an Personal der Special Forces ausgegeben, das in Missionen geschickt wird, bei denen Überfälle, Nahkampf in Straßen und Häusern oder auch eine Unterwasser-Infiltration zum Einsatzprofil gehören. Die MP-5 ist eine schicke Waffe und ich freue mich jedes Mal, wenn ich eine der seltenen Gelegenheiten bekomme, damit zu schießen.

Scharfschützengewehr M24

Treffsicherheit auf große Entfernungen hat bei den Special Forces eine lange Tradition. In den Tätigkeitsmerkmalen eines Waffenspezialisten nach Code 18B sind gleichzeitig auch die eines Scharfschützen enthalten. Dank der Verwendung des M24 Sniper Weapon System (SWS, Scharfschützen-Waffensystem[63]) gewinnen die Special Forces eine glaubwür-

63 Das U.S. Marine Corps unterhält die wahrscheinlich beste Scharfschützentruppe der Welt. Sie sind sowohl mit dem Scharfschützengewehr M40, Kaliber 7,62 mm, als auch mit der unvergleichlichen Barrett M82A1, Kaliber .50, ausgerüstet. Scharfschützen der Marines betreiben ihr Geschäft als reinen Vollzeitjob, während die meisten anderen militärischen Einheiten Scharfschützen nur als Nebentätigkeit führen. Aus diesem Grund erhalten sich die Scharfschützen der Marines auch einen weit höheren Grad taktischer Fähigkeiten, besonders solcher, die gefragt sind, wenn sie auf große Entfernungen oder in »verwehrtem«, also feindlichem, Territorium arbeiten müssen.

Die Squad Automatic Weapon (SAW) M249, ein leichtes Maschinengewehr Kaliber 5,56 mm. Ein M249 verfeuert die gleiche Munition wie ein M16 und M4. Es basiert auf einem belgischen Entwurf.

JOHN D. GRESHAM

dige Scharfschützenkapazität. Das M24 wurde 1988 als Nachfolger des alten Scharfschützengewehres M21 bei der Truppe eingeführt. Das M21 war noch eine Weiterentwicklung aus dem überalterten halbautomatischen Sturmgewehr M14. Das M24 basiert auf dem hervorragenden Remington-700-Scharfschützengewehr und ist eine solide Waffe, die einem auch mal einen Fehler verzeiht.

Schaft und Schulterstütze des M24 bestehen aus Aluminium-/Fiberglas-/Kevlar-Verbundmaterial und die Waffe verfeuert Patronen vom Typ M118 Special Ball. Diese Munition ist für das M24 SWS angepasst und für Entfernungen von bis zu 460 Metern optimiert. Um einen angemessenen Blick auf das Ziel zu bekommen, ist das M24 SWS mit einem Zielfernrohr 10 x 24 vom Typ *Leopold M3 Ultra* ausgestattet. Zwar sind diese Daten nicht mit Schussentfernungen von über 1000 Metern vergleichbar, wie sie von den Scharfschützen der Marines mit dem M40 SWS erreicht werden, aber man sollte dabei nicht unberücksichtigt lassen, dass ein Waffen-Sergeant 18B der SF ja auch kein Vollzeit-Scharfschütze ist. Sich auf derartige Entfernungen die erforderliche Präzision zu erhalten, nimmt einen Soldaten voll und ganz in Anspruch – und das entspricht gar nicht der Zielsetzung der Special Forces.

Obwohl die Special Forces im Grunde mit ihren Scharfschützen ganz zufrieden sind und das M24 SWS sicherlich auch gut zu Aufgabe und Personal passt, gab es doch Bemühungen, die Scharfschützenfähigkeiten bei den SF zu verbessern. Deshalb wurden einige wenige Barretts M82A1 beschafft und an SF-Teams im Einsatz ausgegeben. Außerdem ist eine Modifizierung des M4A1 geplant, bei der das kurze Rohr wieder durch das längere des M16 ersetzt wird, so dass diese Variante das M24 ganz ersetzen könnte. Das hätte den Vorteil, dass nicht mehr eine eigene Waffe für die Scharfschützen mitgenommen werden müsste und die Tragelast der Soldaten bei den Special Forces weiter reduziert werden könnte.

Leichtes Maschinengewehr M249 Kaliber 5,56 mm

Wie alle anderen Teilstreitkräfte des US-amerikanischen Militärs haben auch die Special Forces das M249 Squad Automatic Weapon (SAW, automatische Waffe für die Gruppenebene) als leichtes Maschinengewehr zum Standard gemacht. Das M249 basiert auf einer Konstruktion der belgischen Fabrique Nationale. Es wiegt gerade einmal 10 kg und verfeuert die gleiche Munition vom Kaliber 5,56 mm wie ein M16A2 und ein M4. Die Zuführung der Munition kann entweder per Patronengurt oder aus den 30 Schuss fassenden M16/M4-Magazinen erfolgen. Normalerweise führt ein M249-Schütze die Munition aus einem Kastenmagazin aus Plastik zu, das 200 Schuss fasst. Die Zuführung kann praktischerweise von der rechten und der linken Seite erfolgen. Wegen des geringen Gewichtes ist ein einzelner Schütze ohne weiteres in der Lage, ein M249 alleine zu bedienen. Gewöhnlich feuert er entweder im Liegen (dabei ruht die Waffe auf der eingebauten Zweibeinlafette) oder im Stehen (wobei er den Schultergurt benutzt). Ein Befestigungspunkt an der Waffe erlaubt die Montage des M249 auf der Drehkranzlafette für Maschinengewehre, wie sie auf Fahrzeugen in der Art des High Mobility Multi Wheeled Vehicle (HMMWV) zu finden ist. Wenn es bei einem M249 überhaupt etwas zu bemängeln gibt, dann dass die Munition vom Kaliber 5,56 mm für einige Ziele einfach zu leicht ist. Ein 5,56-mm-Projektil hat kaum die erforderliche Durchschlagskraft, um ein leichtes (ungepanzertes) Fahrzeug aufzuhalten oder den Sandsackwall eines Feldpostens zu durchschlagen. Eine mögliche Abhilfe könnte in der neuen Generation panzerbrechender, hülsenloser Munition des Kalibers 5,56 mm liegen, die immerhin eine Panzerplatte von über 2,5 cm Stärke durchschlagen kann. Im Augenblick ist das M249 auf die Standard-Mantelkern- und Leuchtspurgeschosse beschränkt, die bei den Kampfverbänden ausgegeben werden.

M9 Beretta, halbautomatische Pistole Kaliber 9 mm

Die Special Forces kommen ohne eine *wirklich* gute halbautomatische Pistole nicht aus. Im Vergleich zu anderen Waffen wirkt eine Pistole am wenigsten aggressiv, wenn man sie zeigt. Darüber hinaus kann sie problemlos verdeckt getragen werden und ist darum, wenn es die Situation erfordert, auch diskreter. Aus diesem Grund wird an buchstäblich jedes

Mitglied der Special Forces eine M9 Beretta vom Typ 92F, Kaliber 9 mm, ausgegeben. Es versteht sich von selbst, dass auch ihre Träger wissen müssen, wie man professionell mit ihr umgeht. Im Vergleich dazu erhalten bei den konventionellen Einheiten der Army nur Offiziere und Unteroffiziere eine M9, mit der sie sich auch nur gelegentlich im Pistolenschießen qualifizieren müssen.

Die M9 ist seit mehr als einem Jahrzehnt im Inventar (lange genug, dass sämtliche Kinderkrankheiten ausgemerzt sind). Sie ist mit einem 15 Schuss fassenden Magazin und einem Zweiwege-Abzugsmechanismus ausgestattet. Mit ausreichender Übung hat der Schütze mit der M9 gute Chancen, im Gefecht zu überleben und zu gewinnen.

Ich persönlich ziehe zwar andere Pistolen wegen bestimmter Eigenschaften vor, aber beim US-amerikanischen Militär hat sich die M9 als ausgezeichnete Allzweck-Handwaffe bewährt.[64]

Maschinengewehr M240G, Kaliber 7,62 mm

Special-Forces-Einheiten müssen sich auf solche Waffen beschränken, die von nur einem Mann getragen werden können. Das ist aber nicht gleichbedeutend damit, dass sie keine Verwendung für schwerere Systeme hätten. Besonders die Notwendigkeit, eigene Kräfte in vorgeschobenen Stützpunkten zu schützen, hat dazu geführt, dass man bei den Special Forces eine neue Wertschätzung für Waffen in der Art des immer noch leichten Maschinengewehrs M240G Kaliber 7,62 mm entwickelte. Normalerweise wird das M240G auf einem HMMWV montiert oder an befestigten Kontrollpunkten eingesetzt. Es verfeuert die 7,62-mm-Patrone, die über eine deutlich höhere Reichweite und Durchschlagskraft verfügt als die erheblich leichtere Munition vom Kaliber 5,56 mm. Die Kehrseite der Medaille ist, dass ein M240G doch recht groß (fast 121 cm lang) und mit rund 11 kg auch schwerer ist als ein M249. Deshalb werden gewöhnlich zwei Mann gebraucht, um diese Waffe effektiv bedienen zu können.

Granatpistole M203, Kaliber 40 mm

Mit der möglichen Ausnahme des Sturmgewehres sind die wirkungsvollsten Waffen, die im letzten Jahrhundert auftauchten, Granatwerfer für direktes Feuer. Der moderne Granatwerfer, eine Weiterentwicklung der alten Gewehrgranate aus dem Zweiten Weltkrieg, ist ein kurzrohriges Abschussgerät für Granaten mit den unterschiedlichsten Nutzlasten. Das können hochexplosive Geschosse oder Brandgeschosse sein, aber auch Leuchtgranaten und sogar so genannte »Beanbags« (Bohnensäcke),

---

64 Es gibt Bestrebungen, eine neue Handfeuerwaffe für den Angriff einzuführen, deren Kaliber entweder 9 mm oder .45 sein soll. Es werden aber noch Jahre vergehen, bis sie bei der Truppe eingeführt werden wird.

Ein automatischer Granatwerfer Mk. 19 Kaliber 40 mm. Diese Waffe wird zur Verteidigung von Stützpunkten benutzt oder auf Fahrzeuge montiert.
Offizielles Foto der U. S. Army

die dazu da sind, einen Gegner außer Gefecht zu setzen, ohne ihn zu töten

Der erste dieser Granatwerfer, der technisch zutreffender als Granatpistolen bezeichnet wird, war der M79, eine Einzelschusswaffe, die schon ein Kaliber von 40 mm hatte. Sie erschien in den frühen 60er-Jahren und wird immer noch von Polizeieinheiten auf der ganzen Welt benutzt. Heute haben die Special Forces eine praktischere Waffe, nämlich die M203 (die ODAs haben gewöhnlich sogar zwei davon). Bei der M203 handelt es sich um eine über den Verschluss nachladbare Granatpistole, die unter dem Lauf eines normalen Sturmgewehres angeklemmt werden kann. Da es die M203 lediglich auf ein Gewicht von 1,36 kg bringt, ist sie problemlos zu tragen und beeinflusst auch die Leistung der Waffen, an denen sie befestigt wird, nur unwesentlich. Der Vorteil der M203 liegt darin, dass zwei davon einem zwölf Mann starken ODA Granatwerferfähigkeiten verschaffen, ohne dass dafür ein einziger M4 aufgegeben werden muss. Zudem ist die M203 auf Entfernungen bis zu 100 m ziemlich genau und kann die gleiche Serie von 40-mm-Granaten verschießen, die auch für die vollautomatische Mk.-19-Maschinenkanone verfügbar ist.

Granatwerfer Mk. 19, 40 mm

Eine weitere schwere Waffe zur Sicherung von Stützpunkten und zum Schutz der Truppe ist der Mk. 19. Dabei handelt es sich um einen Granatwerfer, der ursprünglich von der Navy zur Verwendung auf Patrouillenbooten entwickelt wurde. Heute wird diese »Maschinenkanone« (eigentlich ein vollautomatischer Schnellfeuer-Granatwerfer) wegen ihrer unglaublichen Feuerkraft von sämtlichen Teilstreitkräften des amerikanischen Militärs eingesetzt. Bei einer Feuergeschwindigkeit von 60 Schuss pro Minute ist die Waffe gleichermaßen für High-Explosive- (hochexplosiv) und High-Explosive-Dual-Purpose-Granaten (hochexplosiv, zweifache Verwendungsmöglichkeit) zugelassen, mit denen man ein Ziel buchstäblich mit 40-mm-Geschossen zudecken kann. Wie das M240G, so wird auch der Mk. 19 normalerweise von Fahrzeugen und befestigten Stellungen aus eingesetzt, um Truppen und Stützpunkte zu schützen.

Langfristig gesehen, werden die Special Forces irgendwann auch die neue 25 mm Objective Crew Served Weapon[65] übernehmen, die sich als Nachfolger des Mk. 19 in der Entwicklung befindet, doch dürfte deren Einführung jenseits des Dienstzeit-Erwartungshorizontes der meisten derzeit aktiven SF-Soldaten liegen

Handgranaten

Die moderne Handgranate hat mit der »Ananas«-Waffe des Zweiten Weltkrieges nur noch wenig gemeinsam.[66] Heute geben die Vereinigten Staaten fast ein Dutzend unterschiedlicher Typen dieser Waffen an die Truppen aus, am meisten verwendet wird die Splitterhandgranate M67. Daneben gibt es noch Rauch-, Brand-, Spreng-, Tränengas- und Erschütterungs-/Schock-Granaten, die am Mann getragen und nach Bedarf zum Einsatz gebracht werden können. Wegen ihrer Einfachheit und dem ganz erheblichen Nutzeffekt stellen die Special Forces sicher, dass zu jedem Einsatz auch ein ausreichender Vorrat an Handgranaten mitgenommen wird. In der Regel kann jeder SF-Soldat zwei M67 dabeihaben, dazu noch zwei Granaten für die Erzeugung von farbigem Rauch für Signalzwecke und zum Markieren von Zielen. Obwohl Handgranaten kaum als High-Tech-Waffe zu bezeichnen sind, werden sie doch in einer ganzen Reihe von Kampf- und Notsituationen eingesetzt, angefangen vom Signal für einen Rettungshubschrauber bis hin zum Bau einer improvisierten Falle.

Landminen

Moderne Landminen sind ein zweifelhafter Segen. Auf der einen Seite haben sie sicherlich ihren Wert, denn es sind einfache und billige Waffen, die dem Gegner den Zutritt zu wichtigen Geländebereichen verwehren können, ohne dass man diese Bereiche anschließend noch überwachen oder pflegen muss. Werden sie richtig ausgelegt und scharf gemacht und

65 Mannschaftsbediente Waffe zum Objektschutz (Anm. d. Ü.)

66 Amerikanische Handgranaten aus der Zeit des Zweiten Weltkriegs waren als Splittergranaten für eine größtmögliche Wirkung gegen Personen entworfen worden. Diese Wirkung wurde durch die Einkerbungen in der äußeren Hülle erreicht, wodurch sie das bekannte Aussehen einer kleinen »Ananas« erhielt.

ist die Lage der Minenfelder bekannt, können sie später auch wieder entfernt werden. Auf der anderen Seite sind sie (aus gutem Grund) verhasst, weil sie nicht einfach von selbst verschwinden, wenn ein Konflikt vorüber ist. Nur zu oft werden sie vergessen, bis ein unglückliches Kind oder ein Bauer auf eine tritt und sie hochgehen lässt.

Rein theoretisch sind Produktion, Verkauf und Gebrauch von Landminen durch eine kürzlich geschlossene Übereinkunft geächtet worden. Die Vereinigten Staaten haben sich verpflichtet, Landminen aus ihrem militärischen Inventar zu verbannen (mit Ausnahme der Minengürtel entlang des 38. Breitengrades und der entmilitarisierten Zone zwischen Nord- und Südkorea).

In der Praxis ist die Konvention über Landminen jedoch vergebliche Mühe, da sie unter dem Strich wahrscheinlich mehr praktische Probleme schafft als löst. Eben weil Landminen so einfach zu bauen und so billig sind, können sie selbst von Entwicklungsländern in großen Mengen produziert werden. Darüber hinaus ist es selbst für Truppen im Feld mit keinen besonderen Schwierigkeiten verbunden, zu improvisieren und eigene Versionen herzustellen.

Wenn man die Wahl hat, entweder überrannt und getötet zu werden oder in eigener Regie Landminen zu basteln, um die eigene Position zu schützen, dürfte die Entscheidung klar sein. Improvisierte Sprengkörper sind naturgemäß weniger sicher als Landminen, die nach militärischen Spezifikationen hergestellt werden – allein das ist schon eine Tatsache, die von den Leuten, die mit blutenden Herzen die Landminen-Konvention vorangetrieben haben, nur zu gerne vergessen wird. Es kann nicht in Abrede gestellt werden, dass weltweit die nicht explodierten Landminen, Bomben und andere Munition ein enormes Gesundheitsrisiko darstellen. Doch es ist einfach dumm, eine komplette Familie von konventionellen Waffen zu ächten, die technisch so simpel ist wie die Landminen.

Welche Auswirkung hat nun die gegebene Situation auf die Special Forces und andere Verbände, wenn sie vor der Notwendigkeit stehen, einen vorgeschobenen Stützpunkt oder ein Lager zu schützen? Tatsächlich ist die Ächtung der Landminen eher ein Ärgernis als eine Bedrohung der Sicherheit von Truppen. Das liegt in erster Linie daran, dass der Ächtungsvertrag Waffen nicht einbezieht, die über der Erdoberfläche gegen Personen eingesetzt werden wie beispielsweise die *Claymore*-Mine M18A1.

Obwohl diese Waffe häufig als »Mine« bezeichnet wird, ist sie im eigentlichen Sinne keine. Eine Mine wird, rein technisch gesehen, erst dann zu einer Mine, wenn sie durch einen Stolperdraht oder einen passiven Zünder ausgelöst wird. Damit besteht die Möglichkeit, die *Claymore* auf international »akzeptable« Art und Weise zu verwenden, indem sie per Fernzündung ausgelöst wird.

Die M18A1 besteht aus einer flach gerundeten Metallplatte, gefüllt mit Stahlkugeln, die in Plastiksprengstoff eingebettet sind. Wenn eine *Claymore* ausgelöst wird, feuern die knapp 700 Gramm C4-Sprengladung Fragmente in der Größe von Kugeln eines Kugellagers in einem auf 60 ° öffnenden Fächer ab. Diese Streuladung ist bis zu einer Entfernung von 100 m tödlich. Gewöhnlich werden die *Claymores* auf einem kleinen Gestell oder einem Felsen vor einem Hinterhalt oder der zu verteidigenden Position aufgestellt.

Multi-Purpose Infantry Munition (MPIM[67])

Obwohl »schwere« Waffensysteme in erster Linie dem Schutz der Truppe und Überfällen vorbehalten sind, gehören Raketenwerfer und Panzerabwehr-Lenkwaffen mit zur Ausrüstung der Special Forces.

Die Multi-Purpose Infantry Munition (MPIM) wurde entwickelt, um in die Jahre gekommene Systeme wie die Panzer und Bunker brechende AT-4 und die alten M72-LAW-Raketen zu ersetzen. Die MPIM wird voraussichtlich im Jahre 2002 in das Inventar der Army und der Marines aufgenommen werden. (Bei den Marines wird sie die Bezeichnung Short Range Antiarmor Weapon[68], SRAW, tragen.) MPIM wird von der Firma Lockheed Martin entwickelt und produziert. Das System besteht aus einer Rakete, deren Lenkung über ein Trägheitsnavigationssystem erfolgt, und einem Einweg-Startrohr. MPIM ist zwar für Waffen dieser Art mit knapp über 9 kg ziemlich schwer, kann dafür aber selbst dicke Bunker und nahezu jedes bekannte oder geplante gepanzerte Fahrzeug zerstören. Außerdem kann MPIM über eine sehr nützliche Bandbreite von Entfernungen – zwischen 17 und 500 Metern – eingesetzt werden. Dadurch besteht auch die Möglichkeit, sie im Häuserkampf und aus geschlossenen Räumen heraus zu verwenden.

Panzerabwehr-Lenkwaffe *Javelin*

Die Special Forces werden auch mit einem äußerst nützlichen Lenkwaffensystem namens *Javelin* ausgerüstet. Dieses System soll das alte *Dragon*-Panzerabwehrsystem ersetzen. *Javelin* verfügt bereits über einen fortschrittlichen »fire-and-forget«-Suchkopf, der sich auf die thermische Signatur eines Zieles aufschaltet und dann auf eine Entfernung von bis zu zweieinhalb Kilometern ausschließlich dieses Ziel ansteuert. Dank seines extrem energiereichen Raketenmotors und eines wirkungsvollen Gefechtskopfes kann *Javelin* gepanzerte Fahrzeuge, Radfahrzeuge, Bunker, Gebäude und sogar tief fliegende Flugzeuge wie Hubschrauber und Beobachtungsmaschinen bekämpfen. Darüber hinaus verfügt *Javelin* schon über eine fortgeschrittene Wärmebild-Visiereinrichtung, mit der das Lenk- und Feuersystem auch zur Beobachtung und Überwachung eingesetzt werden kann. Des weiteren ist es äußerst mobil, denn ein *Javelin*-System kann von nur zwei Soldaten getragen werden.

---

67 Vielzweck-Infanteriemunition (Anm. d. Ü.)
68 Panzerabwehrwaffe kurzer Reichweite (Anm. d. Ü.)

Zwei Soldaten beim Abschuss einer Panzerabwehr-Lenkwaffe des Typs *Javelin*. Diese Waffe wird durch einen Wärmebildsucher gelenkt und kann gegen Fahrzeuge, Bunker und sogar tief fliegende Flugzeuge eingesetzt werden.
JOHN D. GRESHAM

Bislang hat das Militär die vollen Möglichkeiten dieses extrem kampfkräftigen Systems noch gar nicht ausgelotet.

Ausländische Waffen

Ein wichtiges Ausbildungsziel der Special Forces ist es, den Soldaten den Umgang mit ausländischen Waffen beizubringen, insbesondere den Waffen, die im jeweiligen Gastland verwendet werden. Deshalb können SF-Soldaten auch mit allen möglichen persönlichen und schweren Waffen umgehen, angefangen von Pistolen bis hin zu Panzer brechenden Raketen.

Das schließt natürlich auch Systeme ein wie das russische Sturmgewehr AK-47/74, die israelische *Uzi*-Maschinenpistole und sogar im Ausland produzierte raketengetriebene Granaten. Natürlich spielt dabei auch der Wunsch eine Rolle, dass SF-Soldaten eroberte oder gestohlene Waffen im Feld effektiv einsetzen können, wenn ihre eigenen einmal nicht mehr funktionieren oder deren Munition verbraucht ist. Der Bedarf an derartigen Kenntnissen ist sogar noch weit größer, wenn die SF-Soldaten die Aufgabe haben, ausländische Streitkräfte auszubilden oder wenn sie mit ausländischen Streitkräften zusammenarbeiten müssen. Ein ganz wichtiges Kriterium, sich einen guten Ruf und Anerkennung bei den Soldaten eines Gastlandes zu erwerben, ist nun einmal, Können (oder sogar Expertentum) im Umgang mit den dort üblichen Waffen zu zeigen. Ein SF-Soldat muss zumindest die Waffen der Gastgeber zusammensetzen, säubern und feldmäßig auseinander nehmen können. Darüber hinaus sollte er in der Lage sein, auf dem Schießplatz das Visier einzurichten, Taktiken auszusuchen und Treffsicherheit zu demonstrieren. Selbst elementarste Kenntnisse im Bereich ausländischer Waffen können im Feld allein schon dadurch Leben retten helfen, dass ein Soldat der Special Forces weiß, wie diese Waffen gegen ihn eingesetzt werden. Wenn man zum Beispiel den typischen Knall der Kalaschnikow und deren Schwächen kennt (wie ihre Angewohnheit, den Lauf speziell beim Feuern im Stehen steigen zu lassen), hat man bessere Chancen, einen Hinterhalt zu überleben und eine Situation vielleicht noch zu den eigenen Gunsten zu wenden.

Explosivstoffe

> *Es gibt wohl keine Situation im menschlichen Leben, die nicht durch eine richtig bemessene, geformte, gepackte, platzierte, getimte und zur Detonation gebrachte Ladung hochexplosiven Sprengstoffs gelöst werden kann.*
>
> Leitsatz der Pioniertruppe

Etwas in die Luft jagen zu können ist schon seit je ein wichtiges Werkzeug für einen Kämpfer. Am Anfang war es das mysteriöse Griechische Feuer. Dann folgte das Schießpulver. Noch ein paar Generationen später, zu Beginn des 20. Jahrhunderts, entdeckte Alfred Nobel den hochexplosiven Sprengstoff und vermarktete ihn kommerziell. (Seine Enttäuschung darüber, dass seine Produkte für die Führung von Kriegen verwendet wurden, veranlasste ihn, den nach ihm benannten Preis zu stiften.) Jahre später wurden die unterschiedlichsten Explosivstoffe so weit entwickelt, dass die Experten sie nicht mehr allein als Sprengmittel, sondern langsam als Präzisionswerkzeug betrachteten.

Man braucht nur daran zu denken, dass es gerade die geschickte Verwendung konventioneller Sprengstoffe war (bei denen die Initialdruckwellen gebündelt wurden), die den Schlüssel für eine Kernexplosion darstellten. Eine völlig anders geformte Ladung mit einem anders zusammengesetzten Sprengstoff wird ein veraltetes Gebäude »vorsichtig« genau so zusammenstürzen lassen, dass keine umliegenden Gebäude tangiert werden. Gelenkte Präzisionsbomben sind mit Explosivstoffen befüllt, die wieder nach einer anderen Formel zusammengesetzt sind und von einem Tarnkappenbomber abgeworfen werden. Diese Art von Bomben findet heutzutage ihren Weg unbeirrt in das Hauptquartier eines Gegners.

Die Soldaten der Special Forces können mit einer großen Bandbreite an Sprengstoffen umgehen (obwohl sie normalerweise nur zwei verschiedene Arten auf einmal mit sich führen).

Grundsätzlich können Sprengstoffe in zwei Arten unterteilt werden – die »langsamen« (oder »Schieber«) und die »schnellen« (oder »Brenner«).

TNT (Trinitrotoluol) gehört zu den »langsamen« Sprengstoffen.[69] Das bedeutet nichts anderes, als dass der Zerstörungsmechanismus eines Sprengstoffs auf der Druckwelle oder »Front« beruht, die seine explosiven Gase bei der Detonation auslösen. TNT zerstört oder vielmehr zerlegt Ziele, in dem es sie buchstäblich »umpustet«.

Anders sieht die Wirkung bei den »schnellen« Sprengstoffen aus in der Art des C4 (Composite[70] Explosive #4), besser bekannt unter der Bezeichnung Plastiksprengstoff. C4 gehört zur sehr schnell detonierenden Kategorie und schafft es tatsächlich, sich durch Material wie Stahl hindurchzubrennen (das heißt technisch gesprochen, dass er es schafft, die Molekularverbindungen aufbrechen). Sprengstoff des Typs C4 ist für Soldaten nützlicher als TNT, weil er ihnen relative Sicherheit im Umgang und eine größere Sprengkraft pro Maßeinheit bietet und dazu noch den Vorteil hat, dass er wegen seiner plastischen Eigenschaften (denen er seinen Namen verdankt) nicht nur geschnitten, sondern auch in jede beliebige Form gebracht werden kann. Bei normalen Temperaturen (zwischen 10 °C und 49 °C) besitzt er die gleiche Konsistenz wie gefrorenes Speiseeis oder Ton, wie man ihn zum Töpfern benutzt. Gewöhnlich wird die Masse in Blocks von jeweils knapp einem halben Kilogramm Gewicht ausgegeben, und man kann die Blocks schneiden, formen und sogar verbrennen, ohne eine größere Explosion auszulösen. (Bei einer Explosion größeren Umfangs [auch als *hochgradige* Explosion bezeichnet] geht die ganze Ladung auf einmal hoch. Bei niedriggradigen Explosionen oder einer Reihen- bzw. Serienexplosion geht die Ladung praktisch portionsweise hoch.)

Dazu ein Beispiel. Für eine zweispurige Brücke in Stahlgitterbauweise bräuchte man eine TNT-Ladung von bis zu 136 kg, um sie »umzupusten«. Nimmt man zur Durchführung des gleichen Vorhabens C4, reichen bereits 45 kg, um die Stahlstrukturen »durchzubrennen«. Erhält ein zwölf Mann starkes ODA einen Auftrag, bei dem die Soldaten den zur Zerstörung eines Zieles notwendigen Sprengstoff eine Woche auf dem Rücken schleppen müssen, kann man sich leicht vorstellen, welcher Art von Sprengstoff sie den Vorzug geben – immer unter der Voraussetzung, die Art des Ziels lässt ihnen die Wahl. Aber gerade diesem letztgenannten Punkt sollte man besondere Beachtung schenken. *Jedes* Ziel ist für sich einzigartig und verlangt einen genau darauf zugeschnittenen Einsatz, soll es erfolgreich zerstört werden. Die Waffenunteroffiziere (18B) und die Pionierunteroffiziere (18C) der Special Forces verfügen über die entsprechende Qualifikation, um bestimmen zu können, welche Menge und welche Art von Sprengstoff man braucht, um ein bestimmtes Ziel zu »fällen«. Für die Beurteilung nut-

---

69 TNT ist so etwas wie die Maßeinheit für sämtliche anderen Sprengstoffe. Deshalb wird selbst die Zerstörungskraft von Atomwaffen in Kilo- bzw. Megatonnen TNT angegeben.

70 Der Begriff »Composite« bedeutet sowohl *zusammengesetzt* als auch *verbunden* und *gemischt*. »Composite Explosive« ist demnach ein »Mischsprengstoff« oder »Verbundsprengstoff«. (Anm. d. Ü.)

Pionier-Sergeants der Special Forces üben die Verwendung von Plastiksprengstoff an einem Doppel-T-Träger. Sie benutzen den Sprengstoff vom Typ C4, um den Träger zu »schneiden«, und gehen dabei genauso vor, als würden sie die tragenden Teile einer Brücke sprengen wollen.

John D. Gresham

zen die Männer in der Regel die gleichen Verfahren, die von den Planern der Luftstreitkräfte auf der ganzen Welt entwickelt wurden, um einen Luftangriff mit Präzisionswaffen zu planen. Dazu werden Baupläne der Architekten, Satelliten-Aufklärungsphotos und alle anderen Informationen zu Rate gezogen, deren sie habhaft werden können. Niemand hat auch nur die geringste Lust, ein Ziel zweimal angreifen zu müssen – und für SF-Soldaten gilt das ganz besonders. Für sie bedeutet nämlich ein fehlgeschlagener Angriff, dass ihr Ziel beim nächsten Mal erheblich besser geschützt sein wird.

Noch eine abschließende Überlegung: Im Gegensatz zu Luftangriffen, die manchmal eben *nicht* »präzise« sind (wie damals, als ein B-2-Angriff die chinesische Botschaft in Belgrad traf[71]), können SF-Teams ihr Ziel mit absoluter Sicherheit zerstören. Es gibt eben einige Ziele, die besser von Männern am Boden zerstört werden können als durch satellitengelenkte Bomben. Die Männer vor Ort können sich wenigstens noch einmal das

---

71 Bei aller gebotenen Fairness sollte man nicht vergessen, dass diese Bomben den Punkt trafen, auf den sie gezielt wurden (womit sie genau an die richtige Adresse geliefert wurden). Erst später stellte sich heraus, dass die Nachrichtendienste gar nicht gewusst hatten, wer tatsächlich an dieser Anschrift wohnte.

Gebäude selbst ansehen, um ganz sicher zu sein, dass es sich *nicht* um eine ausländische Botschaft oder eine Fabrik für Babynahrung handelt.

Aber nicht alle Spreng-Jobs sind so schwer wiegend wie die Zerstörung von Brücken und Gebäuden. Es gibt beispielsweise durchaus auch Situationen, bei denen es nur darum geht, ein Loch oder eine Bresche in eine Wand zu sprengen. Gerade für derartige Arbeiten kommen sehr kleine Sprengladungen mit geringerem Sicherheitsrisiko bei gleichzeitig größerer Zuverlässigkeit als mechanische Schneidgeräte und Rammen zum Einsatz. Solche Breschen können häufig mit Detonation Cords (von den Soldaten kurz »Det-Cords« genannt) geschlagen werden. Eine Sprengschnur ist ein Seil aus Synthetikmaterial, das mit Sprengstoff getränkt wurde. Die Det-Cord hat eine Abbrenngeschwindigkeit von einigen hundert Metern pro Sekunde und entwickelt Temperaturen, die hoch genug sind, dünnes Metall zum Schmelzen zu bringen. Mit Sprengschnüren lassen sich Breschen sprengen und dünnes Metall wie mit einem Schweißbrenner schneiden. Oft werden sie auch als lose Zündschnur (ganz wie diese altmodischen brennenden Schnüre, die man immer in Spielfilmen und Zeichentrickfilmen zu sehen bekommt) für größere Sprengladungen verwendet. Ein ODA führt im Einsatz – selbst in einem »nicht kriegerischen« – in der Regel einen gewissen Vorrat an Explosivstoff und Sprenggerät mit – nur für den Fall, dass sich eine entsprechende Ernstfallsituation in der Gegend entwickeln sollte.

Soldaten der Special Forces können aber nicht nur mit konventionellen Sprengstoffen umgehen, sondern sind auch geschickt beim Improvisieren, sollte es die Situation einmal erfordern. Mit anderen Worten: Sie können praktisch überall vorhandenes Material in eine geeignete Sprengladung verwandeln. So haben sich zum Beispiel Kunstdünger und Dieselkraftstoff als ziemlich wirksam erwiesen, wenn man sie nur im richtigen Verhältnis mischt und an geeigneter Stelle anbringt (diese Mischung wurde beim [ersten] Anschlag auf das World Trade Center in New York und das Regierungsgebäude in Oklahoma City verwendet). Und im Feld sind noch eine ganze Menge anderer explosiver Mixturen möglich.

Nicht tödliche Waffen

In den letzten Jahren hat es viel Rummel um die Entwicklung und den Einsatz nicht tödlicher Waffensysteme gegeben: Waffen, die in ihrer Wirkung so genau und zielgerichtet sind, dass sie einen Menschen und Ausrüstungsteile funktionsunfähig machen können, ohne den Menschen zu töten und die Ausrüstung zu zerstören. Mitfühlende Seelen mögen das nun einmal, denn scheinbar nimmt es dem Krieg etwas von seinem Schrecken. Und bei bestimmten »friedenserhaltenden« Missionen haben sich diese Waffen zugegebenermaßen als nützlich erwiesen.

Nun ist es aber so, dass die Special Forces eher selten bei derartigen Missionen eingesetzt werden, und deshalb sind nicht tödliche Waffen für SF-Einheiten von nur begrenztem Wert. Die Einbindung eines SF-Teams in eine Mission – ganz gleich, ob es sich dabei um einen Kampf- oder Ausbildungsauftrag handelt – ist stets mit einer wichtigen Signalwirkung verbunden, die nationale Kommandobehörden oder ein regionaler CINC damit erzielen wollen. Folglich sind die einzigen wirklich nicht tödlichen Waffen, die von Special Forces unter Umständen einmal mitgeführt werden, die 40-mm-Riot- und Tränengasgranaten, die mit den M203 abgefeuert werden.

Allerdings könnte die Klasse der nicht tödlichen Waffen irgendwann in der Zukunft doch noch einmal für die SF-Soldaten von Nutzen sein (und das Special Forces Command prüft verschiedene Varianten auch weiterhin), aber für den Augenblick sind sie es nicht wert, in den Rucksack gepackt zu werden.

Kleidung/Körperschutz

Was trägt ein gut gekleideter Soldat der Special Forces heute im Feld?

Die Antwort auf diese Frage hängt in erster Linie vom Auftrag und den dabei zu erwartenden Bedingungen ab. Da diese bei SF-Einheiten eine weit größere Bandbreite haben als bei allen anderen Soldaten, sind die Special Forces bekleidungsmäßig auch die vielseitigsten unter den Teilstreitkräften des US-amerikanischen Militärs (man sieht hin und wieder sogar, dass sie Make-up auflegen und andere Requisiten benutzen, um sich dem Straßenbild oder einer Landschaft besser anzupassen), denn eines der Hauptziele von SF-Soldaten im Einsatz ist es, am besten überhaupt nicht bemerkt zu werden. Deshalb arbeiten sie teilweise recht hart an ihrer Heimlichkeit und Tarnung.

Kampfanzüge

Ganz gleich ob auf dem Heimatstützpunkt oder im Feldeinsatz: Die Special Forces tragen in der Regel (sofern die Situation nicht anderes verlangt) die Standardausführung von Kampfanzügen (Battle Dress Uniform, BDU), wie es auch der Rest des US-amerikanischen Militärs tut. Diese BDUs werden aus unterschiedlichen Stoffen (allesamt Baumwolle oder Baumwoll-Polyester-Mischungen) und in einer Vielzahl von Tarnmustern hergestellt – wobei das grün-braun-beige-schwarze »Waldland«-Muster sicherlich das gängigste ist. Darüber hinaus gibt es noch drei- und sechsfarbige Wüstenmuster (wobei die Wahl sich dann nach der jeweiligen Bodenbedeckung im Operationsgebiet richtet). Schließlich existieren noch zwei Arten von Tarnmustern für einen Einsatz vor dem Hintergrund einer Stadt. Einer dieser BDUs ist in Schwarz, Weiß und Grau gehalten (für Einsätze zwischen hellen Gebäuden), beim anderen dominieren Schattierungen von Blau (was zwischen dunkelfarbigen Objekten oder im Schatten ganz nützlich sein kann). Jedes BDU-Set besteht – unabhängig von Materialstärke und Tarnmuster – aus einem Satz Hosen und einer Feldbluse, die alle mit einem recht beeindruckenden Arrangement von Taschen geschmückt sind.

Zu den BDUs gehören natürlich auch noch die passenden Kopfbedeckungen und Stiefel, bei denen sowohl der Typ als auch die Ausführung ebenfalls von dem Umfeld bestimmt werden. Normalerweise bevorzugen die Soldaten der Special Forces gute Springerstiefel, wie sie Fallschirmjäger tragen. Damit sind sie praktisch jeder Situation gewachsen.

Kleidung für kaltes Wetter

Vor die Wahl gestellt, würden die meisten der SF-Soldaten, die ich kenne, ein heißes Klima dem kalten vorziehen. Nasse Kleidung, die kaltem Wind ausgesetzt wird, leitet die Körperwärme ab, und Hypothermie, also Unterkühlung, ist mit das Schlimmste, dem ein Soldat ausgesetzt sein kann. Aus diesem Grund hat die Army erhebliche Mittel und Anstrengungen darauf verwendet, ihre Truppen mit angemessener Bekleidung für kalte Witterungsbedingungen auszustatten. Das Produkt dieser Bemühungen läuft unter der Bezeichnung Extended Cold Weather Closing System (erweitertes Bekleidungssystem für kaltes Wetter), abgekürzt ECWCS. Dabei handelt es sich gleich um eine ganze Familie von Bekleidungsstücken für den Kälteschutz. Alle haben die normalen BDU-Muster als Grundlage, doch sie bestehen aus Gore-Tex, das genau die isolierenden und wasserabweisenden Qualitäten aufweist, die für Einsätze in extrem kaltem Klima gebraucht werden.

Wie bei den Basis-BDUs gibt es auch die ECWCS-Kleidung in zwei Materialstärken entsprechend den verschiedenen Umweltbedingungen. Normalerweise trägt man einen schweren Kampfanzug unter ECWCS-Hosen und -Jacke. Die Jacke hat dann noch eine Kapuze, die groß genug ist, dass der Helm darunter passt. ECWCS-Hosen und -Parkas sind ausgezeichnete und gut geschnittene Kleidungsstücke und erfreuen sich deshalb inzwischen auf der ganzen Welt großer Beliebtheit. Besonders ECWCS-Jacken werden von Sportlern wegen ihre hervorragende Gore-Tex-Isolierung und -Wasserdichtigkeit geschätzt.

Helm/Körperschutz

Helme und Körperarmierungen sind heiß und schwer und deshalb bei den Soldaten der Special Forces außerordentlich unbeliebt. Sie verlassen sich lieber darauf, dass ihnen ihre Ausbildung den nötigen Schutz bietet. (Die Abneigung gegen entsprechende Ausrüstung geben sie aber schnell auf, wenn Gefahr besteht, dass zurückgeschossen wird.)

Trotz der geringen Begeisterung stellt die Army sicher, dass die SF-Soldaten ihren angemessenen Teil an Kevlar-Helmen und Flak-Jackets erhalten, die sie vor Projektilen aus Handwaffen und Granatsplittern schützen. Das Personal Armor System, Ground Troops, kurz PASGT, schützt den

Kopf und Rumpf eines Soldaten gegen feindlichen Beschuss bis zu einem Kaliber von 7,62 mm. Zugegebenermaßen ist dieser Schutz nicht nur schwer, sondern auch heiß (Kevlar ist ein hervorragendes Isoliermaterial, leider isoliert es besonders gut unter heißen und feuchten Bedingungen), jedoch gehören sowohl der Körperschutz als auch der Helm der PASGT-Familie zum Besten, was es auf der Welt gibt. Dank Verbesserungen in der Zusammensetzung des Kohlefasermaterials (Kevlar) in den letzten Jahren wiegt ein PASGT-Helm heute nur noch 1,36 kg, eine deutliche Reduzierung gegenüber dem Gewicht der Helme aus den achtziger Jahren.

Inzwischen ist eine ganze Familie neuer Ausrüstungsteile in der Entwicklung, darunter sind auch neue, leichtgewichtige Schutzwesten für das Gefechtsfeld und Helme, die voraussichtlich zu Beginn des 21. Jahrhunderts bei der Truppe eingeführt werden.

Mufti

Die meisten Profis unter den Soldaten sagen gewöhnlich, dass die beste Tarnung, die man sich wünschen kann, die ist, sich wie die einheimische Bevölkerung zu kleiden (in einen »Mufti« zu schlüpfen) und sich wie ein Einheimischer zu benehmen. Genau das machen die Soldaten der Special Forces (zusätzlich mit ausgezeichneten Sprachkenntnissen und ihrer Sensibilität für die regionale Kultur im Gepäck), auch wenn sie befreundete Gastnationen besuchen. Wenn sie nicht »zu Eingeborenen werden« können, gehen sie wahrscheinlich erst einmal los und kaufen sich europäische oder andere ausländische Kleidung, nur damit sie auf keinen Fall wie Amerikaner wirken. Bedenkt man die Risiken für Militärangehörige in Übersee, ist das auch sehr einleuchtend. Wie stets ist auch hier wieder die Flexibilität der Schlüssel ihrer Handlungsweise.

Schlafausrüstung

Ein Schlafsack muss nicht immer und jederzeit in einem SF-Rucksack vorhanden sein. Bei vielen Aufklärungsmissionen und Stoßtruppunternehmen wird nämlich weder eine Unterkunft noch eine Schlafausrüstung gebraucht. Aber dann gibt es wieder Situationen, in denen man ohne eine solche nicht überleben kann. Diese Art von Ausrüstung wird ständig verbessert (man kann sich auf den Websites von REI oder L. L. Bean kundig machen, wie die handelsüblichen Ausführungen aussehen). Das amerikanische Militär hat (perfekt wie immer) eine neue Familie von mit Gore-Tex gefütterten Schlafsäcken eingeführt, die für die Verwendung bei gemäßigtem und extrem kaltem Wetter vorgesehen sind. Dazu gehören dann noch verschiedene wasserabweisende »Bivy«-Überzüge (die verhindern, dass das *zusätzliche Gewicht* eines Zeltes oder einer Bodendecke mitgeschleppt werden muss).

Verpflegung und Wasser

Eine Armee marschiert auf ihrem Magen.

Napoleon Bonaparte

Neben der eigentlichen »Nutzlast« (Waffen, Sprengstoff, Funkausrüstung, Sensoren usw.) für eine Mission tragen SF-Soldaten in ihrem Rucksack nichts, was so wichtig (und auch so schwer und unförmig) ist wie die Verpflegung. Und genau hier – weit mehr als auf allen anderen logistischen Gebieten – ist der wunde Punkt, an dem es die Army versäumt hat, den einzigartigen Anforderungen der Special Forces gerecht zu werden.

Die Army neigt dazu, alle Soldaten gleich zu behandeln. Aber die Anforderungen der Special Forces unterscheiden sich nun einmal ganz gewaltig von denen »normaler« Soldaten. Verbände der Army können normalerweise davon ausgehen, dass sie täglich Nachschub an Verpflegung und Wasser erhalten, weshalb Gewicht, Volumen und auch der Müll, der anfällt, nur eine untergeordnete Rolle spielen. Doch genau das fällt bei den Special Forces buchstäblich entscheidend ins Gewicht.

Positiv ist zu vermerken, dass die Army sich schließlich doch noch die Beschwerden der Kampfeinheiten zu Herzen genommen hat und dabei ist, mehr und neue Arten abgepackter Einsatzrationen zu entwickeln als in der gesamten Zeit nach dem Zweiten Weltkrieg.

Einsatzverpflegung

Echte Liebhaber der Meals Ready to Eat (MREs, die Standard-Einsatzverpflegung der Army) sind wohl kaum zu finden. Trotz aller Verbesserungen in den letzten zehn Jahren, was Qualität und Vielfalt angeht, sind sie immer noch spürbar eine Kompromisslösung für das Problem, dem Soldaten im Feldeinsatz eine nahrhafte und leckere Mahlzeit anzubieten.

Für all jene, die sie nicht kennen, sei gesagt: MREs sind schwer – jedes Paket wiegt etwas mehr als ein halbes Kilogramm, wobei Wasser und Verpackungsmaterial den Hauptteil des Gewichtes ausmachen. Jede MRE ist in einen nahezu unzerstörbaren Plastikbeutel verpackt (man sollte also mindestens ein Messer, besser noch ein Multifunktionswerkzeug dabei haben, um das Ding zu öffnen). Das ist nur die Außenhülle, darin befinden sich weitere Plastikfolien, die die Nahrung selbst umschließen (die Mahlzeiten bestehen immer aus einer Vorspeise, einem Stärketräger, Getränken, einer Nachspeise und einer Art Brot oder Kekse). Die Verpflegung wird durch Erhitzung oder Bestrahlung stabilisiert bzw. sterilisiert. So ist sie sehr lange haltbar.

Allerdings ist das, was übrig bleibt, wenn die Soldaten mit den MREs fertig sind, ebenfalls sehr lange haltbar. Das bedeutet viel »nassen« Abfall. Gebrauchtes Packungsmaterial muss entweder vergraben oder mitgenommen werden, damit keine Spuren zurückbleiben (»nasser« Abfall ist nämlich für Spürhunde leicht zu »erschnüffeln«).

Die Jungs von den Special Forces sind gewohnt, ständig zu improvisieren, und haben sich alles Mögliche ausgedacht, wie sie die MREs ihren Operationsprofilen anpassen können. Als Erstes nehmen sie ihre MREs auseinander und entfernen alles Verpackungsmaterial, das nicht unbedingt nötig ist. Dann suchen sie sich die Bestandteile aus, die sie brauchen können und auch essen wollen, und stopfen anschließend alles in die dicken Originalplastiktüten zurück. Damit kann ein kritischer Esser drei Mahlzeiten auf ein Volumen reduzieren, das normalerweise von einer einzigen beansprucht wird, und das Gewicht auf rund die Hälfte reduzieren. Werden diese konzentrierten MREs sorgfältig rationiert, bringt es die Verpflegung für eine ganze Woche auf ein Gewicht von kaum mehr als fünfeinhalb Kilogramm. Aber es ist immer noch eine Menge Gewicht und Wasser, wenn man alles in einem Rucksack mit sich herumschleppen muss, und nicht die optimale Nahrung für einen Spähtrupp im Einsatz. Zum Beispiel sorgt der kalorien- und vitaminreiche Inhalt der MREs für stechend riechende Urinausscheidungen (die wieder äußerst anziehend auf Hunde und elektronische »Schnüffel«-Sensoren wirken).[72]

Als letzter Nachteil enthält jeder MRE-Karton zwölf verschiedene Mahlzeiten (es gibt über zwei Dutzend MRE-Varianten), was es schwierig macht, Mahlzeiten zu teilen. Das wiederum begrenzt die Verwendung von MREs bei Missionen im Rahmen von Koalitionen und bei der Zusammenarbeit mit Aufständischen, wie es bei *Robin Sage* demonstriert wird.

Wenn die Special Forces überhaupt etwas Gutes über die MREs sagen könnten, dann dies, dass sie billig sind und weltweit verfügbar. MRES kosten nur ein paar Dollar pro Mahlzeit und es werden jedes Jahr Millionen davon hergestellt. Die Vereinigten Staaten verkaufen sie nicht allein an ihre Alliierten, sondern halten sie auch in Massendepots und an Bord von Schiffen vorrätig, die auf dem ganzen Globus stationiert sind.

Verpflegung für besondere Situationen: Meal Cold Weather (MCW)/Long Range Patrol (LRP) Rations

Obwohl MREs durchaus ihre Vorzüge haben, überwiegen in den Augen der SF-Einheiten die Nachteile. Deshalb hört man auch häufig den Wunsch nach einer »Patrouillen«-Ration, die nicht nur leichter und konzentrierter sein müsste, sondern auch nicht so viel Abfall erzeugen sollte.

Interessanterweise hat die Army eine solche Ration schon seit einigen Jahre in ihren Beständen. Allerdings wurde sie immer nur an solche Einheiten ausgegeben, die einen Kalt-Wetter- oder Gebirgs-Kampfauftrag haben. Die Verpflegungsrationen Meal Cold Weather (MCW)/Long Range

---

72 Es besteht die Hoffnung, dass die Army Nahrungsmittel produzieren wird, die den Urin so »würzen«, dass dieser die örtliche Küche imitiert (praktisch zu »getarntem« Urin wird).

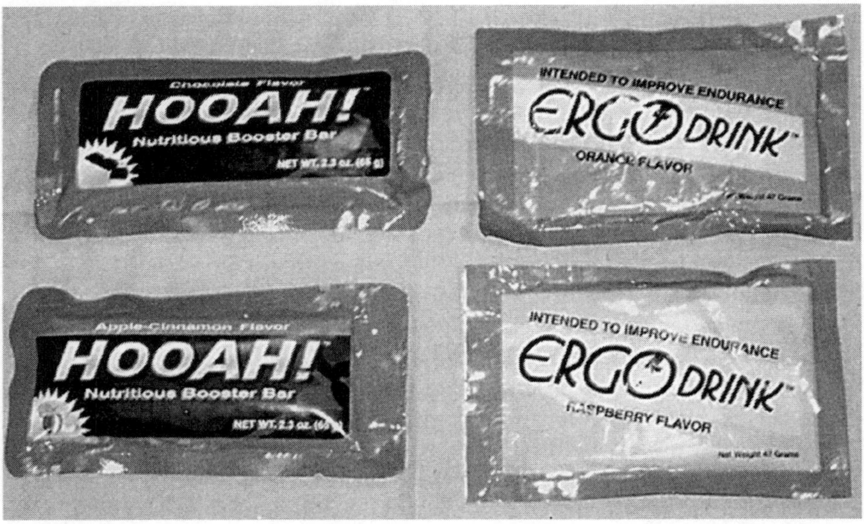

Prototypen von Komponenten der neuen leistungsfördernden Verpflegungsration der Army. Das »ERGO«-Getränk wurde für lange Märsche und Operationen unter hohen Temperaturen entwickelt, die »HOOAH!«-Riegel dienen als Marschration zur Leistungssteigerung zwischen den Mahlzeiten.

John D. Gresham

Patrol (LRP) bestehen im Grunde aus der gleichen, qualitativ hochwertigen gefriergetrockneten Nahrung, die man bei jedem Camping-Ausrüster oder Fachhändler kaufen kann. Die MCW-/LRP-Rationen sind zwar in ähnliche Plastikbeutel verpackt wie die MREs, wiegen aber erheblich weniger (rund die Hälfte), weil sie komplett gefriergetrocknet sind. Darüber hinaus sind sie unempfindlich gegen Frost und sollen entschieden besser schmecken (es gibt jetzt zwölf verschiedene Menüs) als MREs. Jedes Paket enthält zwei wasserfreie, vakuumverpackte Mahlzeiten.

Zum Verzehr muss man lediglich Wasser zufügen. Also, kein Problem? Doch… denn die Army hat, verglichen mit den über zehn Millionen MREs, die sie jedes Jahr erwirbt, seit Jahren eine zu geringe Zahl solcher Cold-Weather-Rationen beschafft. Die Produktion wird mittlerweile hochgefahren, um den wachsenden Bedarf der SF-Einheiten und anderer Teile des US-amerikanischen Militärs zu befriedigen. Die einzige Kehrseite der Medaille sind die Kosten, die pro Mahlzeit etwa dreimal so hoch liegen wie bei den MREs.

Performance Enhancing Ration Components (PERCs)

Schon seit Jahren kennen Sportler und sonstig körperlich aktive Menschen die Vorteile, die leistungssteigernde Produkte – wie Sportgetränke (*Gatorade*, *Powerade* und dergleichen) – und so genannte »Sport-Ernährungs-Riegel« (wie *Power* und *Clif Bars*) bieten.

SF-Soldaten (die nun wirklich körperlich aktiv sind) benutzen solche handelsüblichen Produkte schon lange als »Patrouillen-Ration« (und kaufen sie häufig von ihrem eigenen Geld).

Die Army hat den Bedarf erkannt und inzwischen eigene »Performance Enhancing Ration Components«, kurz PERCs, entwickelt. Aber die PERCs der Army unterscheiden sich deutlich von ihren handelsüblichen Gegenstücken. Die militärischen Leistungssteigerer sind nicht nur so zusammengestellt, dass sie Energie liefern und die Erschöpfung hinauszögern, sondern sie verbessern auch die Aufmerksamkeit und andere mentale Eigenschaften bei hoher Stressbelastung. Dazu hat man einen großen Teil des Zuckers, der Stärke, der Farbe und auch noch einige andere geschmacksbestimmende Inhalte entfernt, die man in handelsüblichen Produkten findet, und durch nützlichere Komponenten ersetzt.

Die ersten beiden PERC-Produkte gelangen im Augenblick in die Regale der Depots:

- **ERGO-Getränke** – Mit Wasser versetzt, liefert ERGO Mineralien, Vitamine und andere wichtige Nahrungsbestandteile. Die Päckchen sind so gepackt, dass jedes mit der entsprechenden Menge Wasser einen Liter Getränk ergibt (und damit in die Standard-Feldflasche passt). Bei ersten Tests fand ERGO bei den Soldaten Anklang.
- **HOOAH!-Riegel** – HOOAH![73] ist eine Ration in Riegelgröße und -form, genauso verpackt, wie man es von den handelsüblichen Riegeln kennt. Sie kann im Laufen verzehrt werden, wobei die Inhaltsstoffe speziell in taktischen Situationen einen Energieschub verschaffen.

  Sowohl ERGO als auch HOOAH! werden in verschiedenen Geschmacksrichtungen produziert und ab 2000 in großen Mengen an die Truppe ausgegeben.

Shelf Stable Pouch Bread

Frisches Brot ist zwar eines der wertvollsten Nahrungsmittel, aber es verdirbt auch besonders schnell. Wissenschaftler suchen schon seit geraumer Zeit nach einer Lösung für dieses Problem. Versuche, Brot durch Bestrahlung zu stabilisieren, haben bereits einige Erfolge erbracht (obwohl die Lagerzeiten dadurch auch nur unwesentlich gegenüber den herkömmlichen Verfallsdaten verbessert werden konnten).

Die Labors der Army und die Zulieferer von Lebensmitteln haben erhebliche Summen an Zeit und Geld in dem Bemühen aufgewendet, aus Brot und Backprodukten »Shelf Stable Pouch Bread« zu machen. Dabei haben sie anscheinend einen ersten Erfolg erzielt (durch sorgfältige Überwachung des Wassergehaltes in der Produktion und des Sauerstoffanteils

73 HOOAH! ist der typische Kampfruf der Soldaten der Airborne. Er wurde gewiss nicht ohne Hintergedanken für das Produkt übernommen. (Anm. d. Ü.)

beim Verpacken). Es wird also nicht mehr allzu lange dauern, bis die ersten Brötchen und auch große Brotlaibe in den MREs und anderen Feldrationen auftauchen.

Mobility-Enhancing Ration Components (MERCs)

Die Nahrungsmittel-Familie der Mobility-Enhancing Ration Components (MERCs) stellen die Weiterführung der Entwicklungen beim Brot dar. MERCs wurden entworfen, um den Traum der Special Forces von einer kleinen, leichten Ration zu erfüllen, die zwar alle Merkmale eines Sandwiches haben soll, aber wie ein großer Schokoladenriegel oder Gebäck verpackt ist. Tatsächlich haben MERCs wirklich fast das Aussehen von »Pocket-Pastries«, gefüllt mit Fleisch, Käse, Gemüse und anderem. Sie sind mit Nahrungsstoffen voll gestopft, die den SF-Soldaten einsatzfähig halten. Schon bei den ersten Versuchen mit Füllungen waren gegrilltes Fleisch sowie Schinken und Käse vertreten.

Die MERCs haben eine Haltbarkeit von drei Jahren und sind damit nicht nur für den Transport im Rucksack, sondern auch für die Anforderungen einer Vorablagerung in Übersee geeignet.

»T«-Rationen/Frisch-Verpflegung

Nicht alles, was der Special-Forces-Soldat im Feld verzehrt, ist eine »taktische« Ration. In vorgeschobenen Stützpunkten oder Ausbildungslagern gibt es häufig Küchen für die Zubereitung »normaler« Verpflegung. In solchen Zeiten zapfen die SF-Einheiten das Nachschubsystem der Army an und versorgen sich dort mit den so genannten »T«-Rationen – eine entschiedene Verbesserung gegenüber den MREs. »T«-Rationen sind vorgekochte und in kleine Aluminiumschalen verpackte Mahlzeiten, die versiegelt und bestrahlt werden, bevor man sie verschickt (meistens gekühlt, obwohl sie, wenn es einmal nicht anders geht, auch ein paar Tage lang Raumtemperatur aushalten). Jede »T«-Ration enthält Fleisch, einen Stärketräger und eine Auswahl an Gemüse zusammen mit zwei großen, sehr geschätzten Flaschen *McIlhennys Tabasco Sauce* (ohne die sich kein SF-Soldat *jemals* auf den Weg machen würde!). Die Ergebnisse sind überraschend geschmackvoll, was besonders für die Sondermahlzeiten gilt, die an Feiertagen wie Weihnachten oder Thanksgiving ausgegeben werden. »T«-Rationen müssen nur im Wasserbad erwärmt werden und sind dann schon servierbereit.

Eine weitere Option ist der Erwerb und die Zubereitung frischer Lebensmittel vor Ort. Sogar in Ländern der Dritten Welt kann man frische Lebensmittel ziemlich sorglos verzehren. Der Trick besteht lediglich in der sorgfältigen Zubereitung, dem richtigen Abkochen und sorgfältigen Umgang mit dem Wasser (verunreinigtes Wasser ist der Hauptgrund für die meisten wirklich hässlichen Magen-Darm-Probleme). Als zusätzlicher

Bonus ergibt sich für die SF-Soldaten die Möglichkeit, wenn sie auf die ortsübliche Verpflegung zurückgreifen, dass sie in den örtlichen Geschäften und Märkten einkaufen können. So haben sie die Gelegenheit, Kontakte zu knüpfen, die von großem Wert sind, wenn sie »downrange« operieren.

Wasser und Flüssigkeitssysteme

Die meisten gesunden Menschen können (in Abhängigkeit von ihrem Körperfett und anderen Faktoren) einen Monat oder auch länger ohne Nahrung auskommen – aber keiner von uns überlebt länger als ein paar Tage ohne Wasser. Da die Special Forces viel Zeit an Orten verbringen, an denen Wasserknappheit herrscht, sind sie sehr darauf bedacht, dass sie immer genug davon zur Verfügung haben. Im Einklang mit den aktuellen physiologischen Erkenntnissen, die davon ausgehen, dass einem menschlichen Körper unter Belastung so viel Wasser zugeführt werden muss, wie er braucht, ist man beim Militär darauf bedacht, dass die Soldaten so viel trinken, wie sie nur können. Das hilft, Köperkraft und Energie zu erhalten, und verhindert sowohl Dehydrierungs- als auch Verdauungs- und Nierenprobleme. Doch das Problem mit dem Wasser ist immer wieder das Volumen und Gewicht, denn ein Liter wiegt nun einmal ein Kilogramm. Wenn man bedenkt, dass ein Soldat, der bei trockener Hitze im Schatten ausruht, allein schon knapp vier Liter Flüssigkeit am Tag verbraucht, wird das Versorgungsproblem schnell offensichtlich. Bringt man den Soldaten in die Hitze und Feuchtigkeit eines Sommers am Persischen Golf, kann man die angegebene Menge leicht vervierfachen.

Mit diesem Problem gehen die Special Forces auf verschiedene Weisen um. In den Teilen der Welt, in denen es zwar genug Wasser gibt, dieses aber von zweifelhafter Qualität ist, halten sich die SF-Soldaten an die Regel, nur Wasser aus versiegelten Behältnissen zu trinken. In einigen Gebieten verwenden sie auch Wasserfilter und Chemikalien zur Reinigung. Sie erstellen einen regelrechten Fahrplan für die Wasserversorgung, damit jeder Soldat stets mindestens zwei Liter zur Verfügung hat.

Wo Wasser wirklich rar ist (in der Wüste, in großen Höhen usw.), bringen die Special-Forces-Teams in der Regel ausreichend Wasser für die gesamte Mission mit. Die Vorräte werden irgendwo in ihrem Operationsbereich eingegraben und die Soldaten machen einzelne Vorstöße, um das vergrabene Wasser (und nach Bedarf auch andere Verbrauchsgüter) herbeizuschaffen. Auch wenn dieses Verfahren, speziell in solchen Gebieten, wo der Feind patrouilliert, gefährlich sein kann, ist es doch der einzige Weg zu überleben.

Allein Wasser in bestimmte Gebiete zu bringen kann schon gefährlich sein. Die schlechteste Versorgungsmethode ist jedenfalls der Lufttransport, weil er etwa so unauffällig ist wie ein Karnevalszug. Dabei ist es völlig gleichgültig, ob das Wasser von Hubschraubern eingeflogen oder an Fallschirmen abgeworfen wird. SF-Soldaten versuchen beides nach Mög-

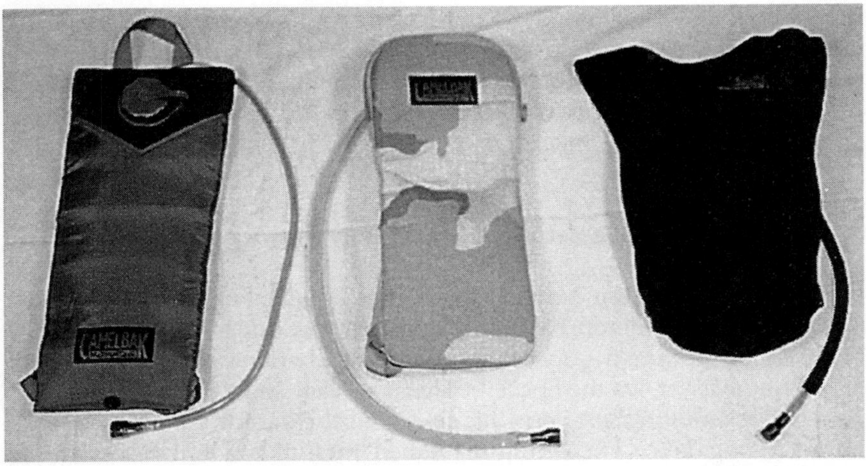

Drei Exemplare des *Camelbak*- Hydrierungssystems. Von links nach rechts: Der »Storm« wird in bestehende Systeme eingebaut, der »Thermobak« daneben wurde für hohe Temperaturen/Wüsteneinsätze entwickelt und der »Stealth« ist für Flugzeugbesatzungen und Kraftfahrer gedacht.

JOHN D. GRESHAM

lichkeit zu vermeiden. Aus ihrer Sicht sollten Flugzeuge, wenn sie für einen Einsatz gebraucht werden, nur zweimal in Anspruch genommen werden: für den Weg ins Einsatzgebiet und für den Weg zurück.

In jüngster Zeit hat es bedeutende Veränderungen beim Transport und der Anlieferung trinkbarer Flüssigkeiten gegeben. Seit mehreren hundert Jahren haben Soldaten auf dem Marsch ihre tägliche Wasserration in Feldflaschen bei sich getragen. Die ersten Modelle waren noch aus Holz geschnitzt oder wurden aus Flaschenkürbissen gefertigt. Heute sind die traditionellen Feldflaschen dank leichtem Plastikmaterial und der Ingenieurskunst des Raumfahrt-Zeitalters buchstäblich obsolet geworden.

Ihre Nachfolger, die man als *Hydrierungssystem* bezeichnet, wurden erstmals von der Camelbak Company vorgestellt. Die Systeme wurden ursprünglich entwickelt, um Astronauten und Flugzeugbesatzungen, die hermetisch in Raumanzügen oder Druckanzügen eingeschlossen waren, mit Flüssigkeit zu versorgen. Die Grundidee dabei war, einen jederzeit verfügbaren und ausreichend großen Vorrat an Wasser anzubieten, den die Person dann im Lauf der Zeit verbrauchen konnte. Die Konstrukteure von Camelbak platzieren dazu eine Art Blase von Feldflaschengröße in einen kleinen Nylonsack, der am Rücken des Nutzers befestigt wird. Das Wasser wird durch einen kleinen Schlauch über die Schulter hinweg dem Mund zugeführt. Der Träger hat dabei die Möglichkeit, Flüssigkeit auch dann zu sich zu nehmen, wenn er in Bewegung ist. Er muss also nicht erst stehen bleiben und eine unhandliche Feldflasche öffnen.

Camelbak und andere Hydrierungssysteme wurden bei Soldaten und Sportlern schnell so beliebt, dass sich eine eigene Branche entwickelte. In der Vergangenheit mussten die Soldaten noch ihr Hydrierungsgerät von eigenem Geld kaufen (oder versuchen, eine Beschaffung von zivilen Lieferanten bei ihrer Abteilung G-7 bewilligt zu bekommen), doch inzwischen hat die Army ihre Absicht bekundet, die Camelbak Company mit der Lieferung ihres Hydrierungsgerätes zu beauftragen (einschließlich der Versionen, die laut Planung in das daraus abgeleitete MOLLE-System integriert werden, wenn es einführungsreif ist).

Dieses Ausrüstungsteil, das unter der Bezeichnung »Storm Maximum Gear« laufen wird, ist eine drei Liter Flüssigkeit fassende Blase mit einer bogenförmigen Nylonabdeckung und einem Zuführungsschlauch. Es ist so entworfen, dass es in ein vorhandenes Tragesystem (wie eben beispielsweise in ein MOLLE) eingehängt werden kann. In den kommenden Jahren soll es in so großen Stückzahlen beschafft werden, dass bis zur Mitte des nächsten Jahrzehnts jeder Soldat in der U. S. Army damit ausgerüstet sein wird.

Ein weiterer neuer Entwurf läuft unter der Bezeichnung »Stealth«. Diese Version wurde speziell für Flugzeugbesatzungen entwickelt (da diese auf langen Flügen häufig unter Flüssigkeitsmangel und Erschöpfung leiden). Dieses System wurde so konstruiert, dass es zwischen den Rücken des Trägers und den Flugzeugsitz passt (es ist sogar richtig bequem).

Navigationsausrüstung

Trotz ihrer Bemühungen um Low-Tech sind die Special Forces keineswegs dem Strom von Hoch-Technologie gegenüber immun geblieben, der nach und nach in ihren Rucksack floss. Inzwischen nutzen sie bei ihren Missionen häufiger als je Elektronik und fortschrittliche Produkte der Technik. Im Augenblick setzen die SF-Soldaten, wenn sie im Feld sind, noch eine Mischung aus alten Geräten und absoluter Spitzenausrüstung ein. Aber in zehn Jahren könnte sich die Situation dahingehend geändert haben, dass sie dann wie die Börsenmakler an der Wall Street nicht mehr ohne drahtlose Telefone, Daten- und Informationssysteme auskommen.

Empfänger für das Global Positioning System (GPS)

In den wenigen Jahren, die vergangen sind, seit das NAVISTAR-GPS-System aktiviert wurde, hat eine ohne jeden Zweifel bemerkenswerte Entwicklung stattgefunden. Dieses aus 24 Satelliten in einer Erdumlaufbahn bestehende System sendet Signale an relativ billige Empfänger, die in unglaublich genaue dreidimensionale Daten transformiert werden, die für die Berechnung von Position und Zeitabläufen genutzt werden können.

Das GPS wurde 1991 im Golfkrieg erstmals militärisch eingesetzt und seither sind Millionen dieser GPS- Empfänger gebaut und verkauft worden. Einige zivile Modelle sind schon für unter einhundert Dollar zu haben und Varianten davon werden wahrscheinlich bald zur Standard-Ausstattung neuer Autos gehören. Die für die Verwendung beim Militär vorgesehenen Modelle sind für eine Genauigkeit eines Kreises von sechs Metern Durchmesser zertifiziert (was durch die neuen Block-IIR-Satelliten möglich wurde). Außerdem sind diese Geräte inzwischen so klein, dass sie Lenkraketen und Bomben in ihr Ziel steuern können.

Als Standard-GPS-Empfänger wird an die Special Forces der von Rockwell Collins gebaute Portable Lightweight GPS Receiver (PLRG) mit der Typenbezeichnung AN/PSN-11 ausgegeben, von der Truppe kurz »Plugger« genannt. Der PLRG ist ein Handgerät und gerade einmal so groß wie ein Ziegelstein. Er wiegt knapp anderthalb Kilogramm. Jedes ODA besitzt zwei solche Geräte, damit immer eines verfügbar ist, sollte es nötig sein, dass sich das Team teilt. Eine Anzahl der älteren Trimble Navigation Small Lightweight GPS Receiver (SLRG, »Slugger« genannt) werden immer noch verwendet, jedoch fast nur noch auf Fahrzeugen. Beide Geräte liefern absolut genaue Daten über Position und zielabhängige Abläufe.

Kompasse

Obwohl GPS das bevorzugte System für die Navigation ist, muss man berücksichtigen, dass jede Technologie einmal versagen kann. Batterien sind irgendwann leer, Geräte können zu Boden fallen und kaputtgehen. Doch auch unter solchen Umständen wird von einem SF-Soldaten erwartet, dass er sein Ziel erreicht. Selbst wenn er dazu auf die altmodische Art und Weise Kompass und Karte benutzen muss – er schafft es.

Das Standard-Kompass-Modell der U.S. Army hat sich seit dem Zweiten Weltkrieg kaum geändert. Dieser Marschkompass ist rund und aufklappbar (dadurch kleiner als ein Eishockey-Puck), verfügt über eine Rose mit Gradeinteilung und eine Nadel. Diese leuchten in der Dunkelheit und der Kompass selbst kann über ein Richtungsvisier ausgerichtet werden. Das ist zwar nicht unbedingt als High-Tech zu bezeichnen, wird aber immer funktionieren, solange die Erde ein Magnetfeld besitzt.

Sensoren und Fernmeldegeräte

Inzwischen haben auch noch etliche weitere elektronische Erfindungen ihren Weg in den Rucksack der Special Forces gefunden wie Nachtsichtgeräte, Palmtop-Computer und Digitalkameras. Wahrscheinlich werden die SF-Soldaten im Laufe der Zeit noch einiges mehr zu tragen bekommen.

Nachtsichtgeräte

Dem amerikanischen Soldaten gehört die Nacht – er kann rund um die Uhr kämpfen.

Die heutigen Nachtsichtgeräte (Night Vision Goggles, NVGs) haben mit den primitiven Restlichtverstärkern des Vietnamkrieges nur noch entfernte Ähnlichkeit. Die modernen Geräte sind so lichtempfindlich und genau, dass die Piloten von Hubschraubern und Starrflügelmaschinen sie bei Nacht tragen, um ihre Bodenziele anzugreifen.

Für ihre Bodeneinsätze wird an die Special Forces als NVG das PVS-7D ausgegeben – ein wundervoll kleines Gerät, das am Helm oder Gurtzeug befestigt wird oder, wenn es erforderlich ist, auch mal wie ein Fernglas in der Hand gehalten werden kann. Es verstärkt vorhandenes Licht von Sternen und aus anderen Quellen mehrere Millionen Mal und präsentiert dem Auge des Nutzers ein überaus klares (wenn auch monochrom grünes) Bild. Sollten keine Lichtquellen am Himmel vorhanden sein oder der Soldat sich in einem Gebäude befinden, kann ein kleines Infrarotlicht vorne am NVG aktiviert werden, das dann für die nötige Beleuchtung sorgt. Von den PVS-7D sind genug beschafft worden, um jeden SF-Soldaten im Einsatz damit auszurüsten.

In naher Zukunft erhalten die Special Forces eine neue Serie von Nachtsichtgeräten, die dann die Typenbezeichnungen PVS-13 (ein kleines Wärmebildgerät für Waffen) und PVS-14 (ein monokulares, am Helm zu befestigendes NVG) tragen werden. Es handelt sich um Weiterentwicklungen des PVS-7D mit einer höheren Auflösung und größerer Tiefenschärfe.

Letztendlich werden diese Systeme und ihre Nachfolger (einschließlich eines kleinen und leichten FLIR-Wärmebildgerätes [»Forward Looking Infrared«], von denen die ersten auf den M16A2 eingesetzt werden) im Ensemble des »Digital Soldier« integriert sein, das zu Beginn des 21. Jahrhunderts für die Army bereit stehen soll.[74]

Auch die Stabsabteilung G7 der SF hat derzeit einige Programme in Arbeit für die Entwicklung einer eigenen Familie von Sensoren. Diese Systeme sollen bis zum Jahr 2005 einsatzbereit sein.

Funkgeräte

Traditionell liegt eine der Stärken der Special Forces in ihrer Fähigkeit, praktisch von jedem Punkt der Welt aus zuverlässig kommunizieren zu können. Seit mehr als 50 Jahren stehen SF-Soldaten an der Spitze der Kom-

74 Der »Digital Soldier« ist ein Vermarktungsbegriff der Army, mit dem die neue Ausrüstung der Infanterie Anfang des 21. Jahrhunderts beschrieben wird. Sie wird ein zentrales Rechner-/Kommunikations-/Navigations-Paket einschließen, mit dem der Soldat ständig orientiert und mit anderen in Verbindung bleibt. Zusätzlich gibt es ein neues, am Helm befestigtes Heads-Up-Display [ein Gerät zur Einspiegelung von Daten in Augenhöhe] zur Darstellung von digitalen Landkarten, Sensorergebnissen und anderen Daten, dadurch bleiben die Hände zum Gebrauch der Waffe frei. Der »Digital Soldier« ist eine viel versprechende Zusammenstellung von Systemen, jedoch ist es fraglich, ob diese in näherer Zukunft von den Special Forces übernommen werden. Gewicht und Komplexität werden dazu führen, dass es die SF-Soldaten möglicherweise vorziehen, doch lieber so lange bei ihren »einfachen«, aber zuverlässigen Systemen zu bleiben, bis die zweite (und dann hoffentlich von Kinderkrankheiten befreite) Generation der »Digital Soldier«-Technologie existiert.

munikationstechnologie. Im Feld benutzen sie dafür alles, was irgendwie funktioniert – sowohl alte wie neue Geräte. Die Fernmeldegeräte eines Teams für den Einsatz »downrange« sind folglich eine bunte Mischung aus Bewährtem und Neuem.

Für die taktische Verbindung auf kurze Entfernungen sind die SF-Soldaten mit den von Motorola hergestellten Funkgeräten der *Saber*-Serie mit der Typenbezeichnung PRC-126 ausgerüstet. Diese Wunder an Übertragungsklarheit sind bei Militär- und Polizeikräften auf der ganzen Welt sehr beliebt. Das Gerät selbst sieht aus wie ein kleiner Ziegelstein und wird normalerweise am LC-2 Gurtsystem getragen. Ein Headset sorgt dafür, dass der Träger die Hände frei hat. Die Reichweite dieser Serie von Funkgeräten liegt unter guten Bedingungen und ohne Relaisstation schon um die zehn Kilometer.

Doch die Technik eilt mit großen Schritten voran, und die *Sabres* werden im Augenblick durch das System Multiband Intra Team Radio (MBITR) ersetzt. Der Vorteil des MBITR liegt in der deutlich erweiterten Nutzung der Frequenzbänder einschließlich VHF-FM und VHF-AM/FM. Darüber hinaus werden die SF-Soldaten gerade auch noch mit dem neuen PRQ-7 Combat Survivor Evader Locator System (CSEL[75]) ausgerüstet. Über ein CSEL können Such- und Rettungseinheiten einen einzelnen Soldaten oder ganze Teams aus praktisch jeder Entfernung und mit der Genauigkeit des GPS auffinden, ohne dass unverschlüsselte Sprache übertragen werden muss. Jede SF-Einheit soll ab 2001 mehrere dieser A911« Funk-/Navigationssysteme bekommen.

Kommunikation über große Entfernungen stützt sich in der Regel auf eines von mehreren Satellite-Communications-(SATCOM)-Systemen. Das PRC-5 ist sicher das am meisten genutzte, obwohl derzeit verstärkt das PRC-137F Special Missions Radio (SMRS) eingeführt wird. Anders als das PRC-5 hat das PRC137-SMRS ein eingebautes Verschlüsselungsgerät (beim PRC-5 ist ein separates Verschlüsselungssystem in der Art des KY-99A erforderlich, will man abgesicherte Meldungen übertragen). Darüber hinaus kann es ohne Schwierigkeiten mit einer Morsetaste, einem Mikrofon oder einem Laptop-/Palmtop-Computer (für die Übertragung und den Empfang von E-Mail-Nachrichten) verbunden werden. Die tragbaren Computer können auch mit handelsüblicher Software benutzt werden, etwa für die Übertragung von Datenpaketen wie digitalen Fotos und Texten in den entsprechenden Formaten.

Die SATCOM-Systeme haben jedoch einen Nachteil: Sie können nicht immer und überall benutzt werden (etwa wenn gerade keiner der verfügbaren Satellitentransponder in Reichweite ist; doch das wird sich schrittweise ändern, je mehr Satelliten ins Weltall gebracht werden). Bis der Tag der völligen Abdeckung durch Satelliten gekommen ist, werden die SF-Teams auch weiterhin mit den SATCOM-Zugangs-»Fenstern« leben müssen, die auf die Minute genau durch das U.S. Space Command erstellt werden. Auch atmosphärische Bedingungen und Sonnenaktivitäten kön-

75 Einsatzsystem zur Lokalisierung von Überlebenden und Flüchtigen. (Anm. d. Ü.)

Ein Special Forces Soldat benutzt einen Terminal des leichten Satellitenkommunikations-Systems. Bei dem links von dem Soldaten auf dem HMMWV montierten kleinen kreuzförmigen Gegenstand handelt es sich um die Antenne.

Offizielles Foto der U. S. Army

nen zu gelegentlichen »Ausblendungen« der SATCOM-Kanäle führen. Um sich gegen solche Eventualitäten zu schützen, müssen zusätzliche Funkgeräte mitgeführt werden.

Sollte wirklich einmal alles zusammenbrechen, bleibt dem Fernmeldeunteroffizier (18E) nichts anderes übrig, als den »alten Zuverlässigen« hervorzukramen – das Hochfrequenz-Funkgerät mit der Typenbezeichnung TRQ-43, dessen HF-Signale von der oberen Atmosphäreschicht reflektiert werden (man kann sich das etwa so vorstellen, als würde man einen Stein über die Wasseroberfläche eines Teiches springen lassen). Wird ein »Turkey-43« (der Spitzname für dieses Gerät) mit einem KL-43 Verschlüsselungsadapter versehen, können in dieser Kombination fast überallhin zuverlässig abhörsichere Funk-»Schüsse« abgefeuert werden. Der Trick besteht darin, dass der Fernmeldeunteroffizier eine Antenne aus speziellem Draht so zurechtschneiden und aufstellen muss, dass der »Abprall« der Funkwellen von der oberen Atmosphäre optimal verläuft – eine ganz geheimnisvolle Wissenschaft.

Und schließlich gibt es auch noch Handys. Bei Übungseinsätzen mieten die SF-Teams Handys von den örtlichen Telefongesellschaften und benutzen sie als Ersatz für die verschlüsselungsfähigen Funksysteme. Sie sind auch nützlich für den Kontakt mit Einheimischen, die ein eigenes Handy besitzen.

Ground Laser Target Designator

Die so genannte Terminal Guidance (TG) spielt unter den Gefechtsmissionen der Special Forces eine Schlüsselrolle. Sind TG-Einsätze befohlen, heißt dies für die SF-Teams, spezielle Ziele als Teil eines Special-Reconnaissance-(SR-)Auftrages aufzuspüren und dann für den Angriff durch unterstützende Flugzeuge, Artillerie oder Lenkraketen zu markieren. Da es sich bei TG-Zielen meist um hochwertige Einrichtungen des Gegners handelt, wie dies beispielsweise bei Hauptquartieren oder auch Starteinrichtungen für SCUD-Flugkörper der Fall ist, geht das SFC unter Umständen das Risiko ein, ein ODA auch einmal in der Reichweite eines schwer verteidigten Zieles einzusetzen.

Jahrelang haben SF-Soldaten Unmengen an Geräten herumschleppen müssen, mit denen sie ihre TG-Ziele vermessen und markiert haben (und das nie mit wirklich völlig zufrieden stellenden Ergebnissen). Deshalb bestand ein besonderer Bedarf für ein leichtgewichtiges Gerät, mit dem man den Flugzeugen zeigen kann, wohin genau sie ihre Waffen platzieren sollen. Dieser Bedarf wurde kürzlich durch den Litton PAQ-10 Ground Laser Target Designator (GLTD) gedeckt.

Der GLTD ist ein System von moderater Größe – ungefähr so groß wie zwei zusammengeklebte Schuhkartons – und wiegt weniger als fünfeinhalb Kilogramm. Er ist mit einem 10-fach-Zielfernrohr und einen Laserentfernungsmesser-/-Designator ausgestattet, über die man Ziele auffassen, Entfernungen messen und Ziele markieren kann, wenn diese nicht weiter als zehn Kilometer von Flugzeugen entfernt liegen, die ihrerseits so genannte Laser Spot Tracker an Bord haben. Ein Flugzeug oder Hubschrauber mit einer solchen Ausrüstung kann den vom Designator erzeugten Laserpunkt anpeilen und damit ungelenkte Waffen mit überraschender Genauigkeit ins Ziel werfen. GLTDs werden auch zur Lenkung von lasergesteuerten Waffen, wie Paveway-Lenkbomben und Panzerabwehr-Lenkflugkörpern AGM-114 *Hellfire*, benutzt. Darüber hinaus besteht auch die Möglichkeit, GLTDs über so genannte Interface-Ports mit anderen Systemen wie beispielweise einem PLGR-GPS-Empfänger oder verschiedenen Funksystemen zu verbinden. Mit solchen Konfigurationen können präzise Zielkoordinaten automatisch an andere Systeme wie zu Beispiel das Advanced Field Artillery Tactical Data System (AFATDS, eine Komponente des »Digitalen-Schlachtfeld«-Systems [ein Feuerleitsystem], das gerade eingeführt wird) der U.S. Army übermittelt werden.

Lightweight Video Reconnaissance System (LVRS)

Missionen des Typs Special Reconnaissance (SR)/Terminal Guidance (TG) gehören zu den riskantesten Einsatzprofilen bei den Special Forces. Nur zu oft hat es Fälle gegeben, in denen sich ODAs mit mehr Aufregung konfrontiert sahen, als ihnen lieb sein konnte, wenn zum Beispiel ihr SR-Versteck »aufgeflogen« war. Dann mussten sie unter feindlichem Feuer lie-

Ein PAQ-10 Ground Laser Target Designator. Der PAQ-10 ist eine Kombination aus Wärmebildgerät, Entfernungsmesser und Laser-Markierer. Er kann mit einem GPS-Empfänger und einem Funkgerät verknüpft werden, um angreifenden Flugzeugen genaue Zielkoordinaten zu übermitteln.

John D. Gresham

gend herausgeholt werden. Im Laufe von Desert Storm wären beinahe mehrere ODAs auf Sonderaufklärungseinsätzen tief im Inneren des Irak vernichtet worden.

Um den SR-Abläufen etwas von ihren Risiken und dem meist damit verbundenen Durcheinander zu nehmen, hat man beim SFC das Lightweight Video Reconnaissance System, kurz LVRS, entwickelt. Es besteht aus kleinen Einzelbild-Videokameras, die über drahtlose Funkverbindungen mit einer kleinen, ebenfalls tragbaren »außen liegenden« Workstation des Typs PHV-1 vernetzt sind. Diese ist ihrerseits dann einem bestimmten ODA im Einsatz zugeordnet.

Die »Basis«-Station kann in einer Entfernung von bis zu zehn Kilometern von den Kameras aufgestellt werden. Außer zum Aufstellen und Rückholen der Geräte ist für die Bedienung kein einziger Mann erforderlich. Die Kameras können zusätzlich noch durch NVG- oder Wärmebildgeräte in ihrer Leistung verstärkt werden. Damit verfügt ein LVRS sowohl über Tag- wie über Nacht-»Sicht«-Fähigkeiten. Sollte eine Kamera ein interessantes Ziel »sehen«, wird die Mitteilung sofort von der »Außen«-Station an eine PHV-2-»Basis«-Station weitergeleitet, die sich weiter hinten im Einsatz-Unterstützungszentrum oder in einem vorgeschobenen Stützpunkt (FOB) befinden kann. Alternativ kann das Bild auch via SATCOM oder über andere Funkverbindungen übertragen werden. Mit dieser Ausrüstung ist es jetzt möglich geworden, wichtige Straßenkreuzungen, Gebäude und andere Stellen nahezu in Echtzeit zu überwachen.

Die verbesserte Version, LVRS II, mit verbesserten Kameras und kleineren Abmessungen wird voraussichtlich im Laufe des Jahres 2001 bei der

Truppe eingeführt werden. Darüber hinaus bestehen noch Pläne für eine vollautomatische, ferngesteuerte Robot-Surveillance-Station und unbemannte Überwachungs-Luftfahrzeuge. Die Planer der SF tragen sich mit der Hoffnung, diese automatischen Sensorstationen über ein ganzes Gebiet »verstreuen« zu können. Sie sollen dann ihre Überwachungsdaten in eine »Außen«-Workstation einspeisen, die sie wiederum an ein ODA und an vorgesetzte Hauptquartiere schicken kann.

In den kommenden Jahren dürfte es gar nicht mehr so unwahrscheinlich sein, dass auch ein einzelner SF-Soldat einen Foto-Aufklärungssatelliten in seiner Umlaufbahn selbst so programmieren kann, dass dieser ein spezielles Ziel fotografiert und dann als Bild in Echtzeit einem Angriffsflugzeug oder der Artillerie für einen sofortigen Feuerüberfall übermittelt.

Computer

Computer sind inzwischen bei den Special Forces ebenso unverzichtbar wie in allen anderen Berufen. Bei Ausbildungseinsätzen und in vorgeschobenen Stützpunkten findet man Laptops geradezu im Überfluss vor, während die ODAs bei den Einsätzen eher Palmtops bevorzugen. Am beliebtesten sind die Geräte der Serien 300 und 600 von Hewlett-Packard, nicht nur weil sie die kleinsten und widerstandfähigsten sind, sondern auch weil man sie direkt an SATCOM-Sender anschließen kann, um Daten und Berichte zu versenden. Doch werden auch sie mit Sicherheit den Platz für neuere Palmtop-Computer und Personal Data Assistants räumen müssen, wenn diese sich als noch kleiner, leistungs- und widerstandfähiger erweisen.

Digitalkameras

Die digitale Fotografie, mit der man Echtzeit-Aufklärungsdaten an Kommandobehörden senden kann, ist eine ziemlich neue (und *äußerst* spannende) Entwicklung. Digitalkameras generieren ihr Bild über einen lichtempfindlichen Computerchip, der dieses dann in einer Computerdatei (normalerweise im JPEG-Format [.jpg]) ablegt. Eine solche Datei kann auf einen Computer heruntergeladen werden, der sie dann über ein SATCOM-System buchstäblich in die ganze Welt übermitteln kann. Zur Zeit verwenden die Special-Forces-Teams eine Mischung von handelsüblichen Digitalkameras – sowohl Spitzengeräte von Herstellern wie *Kodak* und *Nikon* als auch billige Geräte, wie sie beispielsweise von der Firma *Casio* hergestellt werden.

Bei einer Übung in Fort Polk hatte ich vor kurzem die Gelegenheit, das Foto eines OpFor-Flugzeugs zu betrachten, das nur wenige Minuten nach dem Zeitpunkt gezeigt wurde, zu dem es über 300 Kilometer weit entfernt in Mississippi aufgenommen worden war. Das ist genau die Art von pünktlichen Qualitätsdaten, die der Kunde der Dienstleistungen erwartet, die von den Special Forces erbracht werden.

Schon sehr bald werden Digitalkameras in *jedem* Rucksack eines SF-Soldaten zu finden sein.

Transport

Ist der Special-Forces-Soldat erst einmal richtig bekleidet, bewaffnet, ausgerüstet und bepackt, müssen Mittel und Wege gefunden werden, ihn genau dorthin zu bringen, wo er gebraucht wird. Wie sich herausgestellt hat, ist das eines der teuersten Elemente von SF-Missionen überhaupt und darüber hinaus auch noch ein gewaltiges und komplexes Planungsproblem für die Führung des SFC. Der Transport wird so lange eine enorme Herausforderung für das SFC bleiben, wie Special Forces auf Einsätze in praktisch jeden Teil der Welt – mit Ausnahme der Antarktis – geschickt werden.

Grundsätzlich kann man das Thema Transport in drei Phasen aufteilen: Der erste Schritt besteht darin, die Truppen aus den Vereinigten Staaten in etwa in die Nähe ihres Zieles zu bringen. Dann müssen sie in das tatsächliche Operationsgebiet gelangen und dort irgendwie hinunter auf den Boden. Sind sie angekommen, ist noch die Aufgabe zu lösen, ihnen dort die Möglichkeit zur Bewegung zu verschaffen.

Phase eins erfolgt per Lufttransport, den das U.S. Transportation Command übernimmt. Auf diesem Wege gelangen die Soldaten in die grobe Nähe ihres Einsatzgebietes. Dort übernimmt das 160th Special Operations Aviation Regiment (SOAR) oder die Abteilung Special Operations der Air Force die Aufgabe, sie weiter in das eigentliche Operationsgebiet zu bringen. Dort auf den Boden und schließlich ans Ziel zu gelangen ist allerdings der weitaus komplizierteste Teil der ganzen Angelegenheit.

Fallschirme

Anders als bei den Troopern der 82nd Airborne Division und des 75th Ranger Regiment (die in relativ großer Zahl in ihr Zielgebiet eindringen) ist es bei den Soldaten der Special Forces vonnöten, sie mit einem hohen Grad an Präzision und Kontrolle aus einem Flugzeug abspringen zu lassen. Dazu nutzen sie das lenkbare Fallschirmsystem MC-4, mit dem aus Höhen über 30 000 Fuß – das sind umgerechnet rund 9150 m – »gesprungen« werden kann. Solche Sprünge aus großer Höhe mit früher Öffnung des Fallschirms (HAHO-Technik) können bereits bis zu 40 km vom eigentlichen Zielgebiet entfernt erfolgen und stellen den verdeckten Zugang in hochgradig gefährliche Gebiete sicher.

All-Terrain Vehicles(ATV)

Obwohl SF-Soldaten es gewohnt sind, zu Fuß zu gehen, und sie das auch vorziehen, weil sie sich auf diese Weise am besten unbemerkt ihrem Ziel nähern können, gibt es doch immer wieder Situationen, in denen sie Hilfe brauchen. Das ist beispielweise dann der Fall, wenn es gilt, ihre Ausrüstung und Versorgungsgüter an die Orte zu bringen, an denen sie sich versteckt halten, oder zu den eingegrabenen Versorgungspunkten (»Cache«). Genau zu diesem Zweck hat das SFC etliche leichte, kompakte allradgetriebene Geländefahrzeuge mit Allradantrieb (All-Terrain Vehicles, ATV) beschafft. Fahrzeuge dieser Art können sowohl in Flugzeugen wie auch in Hubschraubern transportiert werden. (Sowohl eine Transportmaschine C-130 *Hercules* als auch ein Hubschrauber des Typs MA-47 *Chinook* schafft es ohne weiteres, gleich mehrere dieser Fahrzeuge aufzunehmen.) Parallel dazu besteht auch die Möglichkeit die Fahrzeuge an Lastenfallschirmen hängend abzuwerfen. Kleine Anhänger, die von den ATVs gezogen werden können, nehmen dann die schweren Lasten wie Wasser, Munition und andere wichtige Gegenstände auf, um sie leise und schnell dorthin zu bringen, wo sie gebraucht werden.

Ground Mobility Vehicle (GMV)

Langstrecken-Patrouillen und Aufklärungsoperationen – beide aufgesessen – waren von jeher Zeit eine Spezialität des britischen Special Air Service (SAS). Erstmals führte diese Truppe solche Operationen im Zweiten Weltkrieg durch. Später dann, während des Krieges am Persischen Golf im Jahre 1991, durchquerten SAS-Teams auf ihren dafür besonders ausgerüsteten Land Rovern die irakische Wüste. Sie suchten nach SCUD-Abschussrampen, jagten wichtige Angriffsziele in die Luft und verursachten überall dort, wo sie auftauchten, eine kleine Hölle auf Erden.

Die Special Forces haben keine entsprechende Tradition mit solchen Operationen, aber in der jüngeren Vergangenheit haben sie durchaus nachvollzogen, wie wertvoll solche Fähigkeiten von Fall zu Fall sein können. Deshalb entschied man sich, ein eigenes Patrouillenfahrzeug für große Entfernungen zu beschaffen.

Das Ground Mobility Vehicle (GMV), das dabei herauskam, ist eine erheblich modifizierte Version des M1097 »Heavy Hummer«[76] HMMWV. Diese Variante ist für den Einsatz in praktisch jedem Umfeld auf der ganzen Welt hervorragend geeignet. Die GMVs werden in einem Depot der U. S. Army umgebaut. Dabei erhält das Fahrzeug ein geändertes Federungssystem, das eine Absenkung der gesamten Bodengruppe ermöglicht, damit das Fahrzeug an Bord des MC-47 *Chinook* des 160th SOAR verstaut werden kann. Natürlich können diese Geländefahrzeuge auch von Transportmaschinen des Typs C-130 *Hercules* getragen werden und, wenn man will, sogar mit dem Fallschirm über dem Einsatzgebiet abgeworfen werden. Die GMVs sind auch nicht größer als ein normaler HMMWV und stellen so – was eigentlich das Beste daran ist – kein besonderes Problem bei der Handhabung und beim Transport dar, wenn es in den Einsatz geht.

76 »Heavy Hummer« hat nichts mit einem schweren Krustentier zu tun. *Hummer* ist einerseits die lautmalerische Form der Typenbezeichnung HMMWV und andererseits ein Slangausdruck, der etwa »Pfundskerl« oder »Mordskerl« bedeutet. (Anm. d. Ü.)

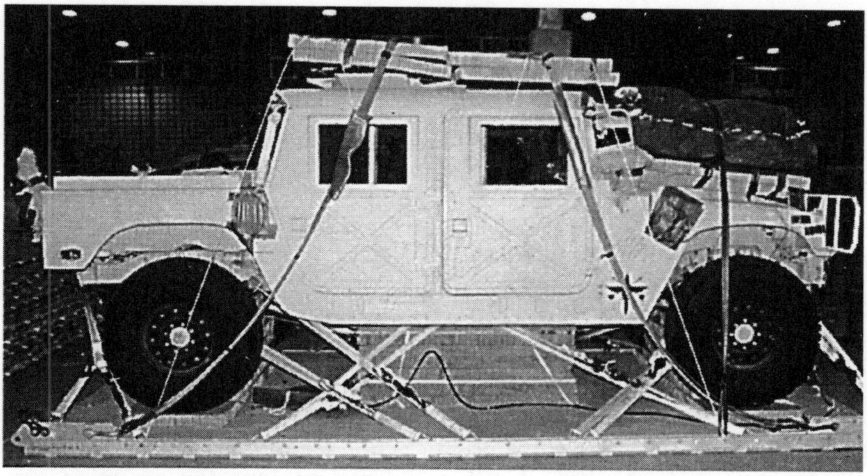

Ein Ground Mobility Vehicle der 5th Special Forces Group in Kuwait. Dieses Fahrzeug ist bereits auf einer Platte festgegurtet, damit es von einem Transportflugzeug abgeworfen werden kann. Es soll Operationen des kuwaitischen Heeres unterstützen.

John D. Gresham

Ist ein GMV erst einmal auf dem Boden, trägt es genug Treibstoff, Verpflegung und Wasser, um drei Soldaten bis zu eine Woche im aufgesessenen Einsatz zu unterstützen. Obwohl die GMVs etwa einem größeren handelsüblichen Geländewagen entsprechen, sind sie überraschend schwer auszumachen, wenn sie richtig lackiert und getarnt sind. Darüber hinaus erfolgen Bewegungen mit GMVs in den meisten Fällen bei Nacht und möglichst heimlich. Zur Ausrüstung der Fahrzeuge gehören unter anderem Befestigungspunkte für schwere Waffen (wie M249, M240G, Mk. 19 usw.), eine komplette Ausstattung mit Funkgeräten und ein GPS-Empfänger (damit kann es in aller Ruhe und mit absoluter Präzision selbst bei Nacht bewegt werden, während es tagsüber meist unter den ebenfalls eingebauten Tarnnetzen versteckt wird). Die ersten Muster wurden den vorgeschobenen Elementen der 5th Special Forces Groups in Kuwait zugeteilt, die damit für die Luft-Nahunterstützung (Close Air Support, CAS) des kuwaitischen Heeres sorgten. Die 3rd Special Forces Group wird ihre Fahrzeuge in den nächsten Jahren erhalten und die Versorgung anderer Gruppen mit GMVs wird davon abhängen, wie sich ihr künftiger Bedarf und die entsprechenden Aufträge entwickeln.

Mietfahrzeuge

Das SFC wird auch weiterhin relativ häufig die Anmietung handelsüblicher Fahrzeuge genehmigen, um damit Übungseinsätze und den Transport in einem »freundlichen« Umfeld sicherzustellen. Das geschieht in der

Regel über Leihwagenfirmen wie AVIS und HERTZ auf die gleiche Weise, wie sich auch ganz gewöhnliche Geschäftsreisende ihre Autos mieten. Dabei stehen natürlich all solche Fahrzeugtypen bei den Special Forces am höchsten im Kurs, die geländegängig sind. Mit solchen Fahrzeugen sind sie nicht gezwungen, zur Erhaltung ihrer Unabhängigkeit im Gelände einen HMMWV aus den Staaten herüberzuholen.

***

Bei der Einführung im Jahre 1952 war der Rucksack des SF-Soldaten noch ein ziemlich einfaches Ausrüstungsteil. Seitdem ist er nicht nur größer geworden, sondern auch »technischer« und enthält wesentlich mehr Gegenstände. Trotz aller Veränderungen ist der Rucksack nach wie vor das Symbol für die Mobilität der Special Forces und daran wird sich auch im neuen Jahrhundert nichts ändern. Schließlich ist er so etwas wie das Bindeglied zu den Wurzeln der SF und damit zu einer Zeit, als man Computer ausschließlich in Labors finden konnte und »digital« nur irgendetwas mit Zahlen zu tun hatte. Wer vermag heute schon zu sagen, wie die nächste Generation des Rucksacks wohl aussehen wird? So viel dürfte immerhin gewiss sein: Die Soldaten der Special Forces werden ihn auch in Zukunft sehr sorgfältig packen, bevor sie sich auf den Weg »downrange« in einen Einsatz machen.

U.S. Army Special Forces Command

De Oppresso Liber

»Von Unterdrückung befreien«

Offizielles Motto
des U.S. Army Special Forces Command

El Salvador wurde nach dem »Erlöser« benannt ... und bis vor knapp zehn Jahren schien ein Erlöser denkbar fern. Für die Menschen dort war dieses tragische kleine Land in Mittelamerika die pure Hölle. In den 60er- und 70er-Jahren mussten sie miterleben, wie sich ihre Nation in einem hässlichen, gemeinen und scheinbar endlosen Bürgerkrieg zerfleischte. Tausende starben, viele im Kampf, aber auch viele bei Massakern und Racheakten.

Auf der einen Seite stand eine rechts gerichtete (antikommunistisch eingestellte und darum von den Vereinigten Staaten unterstützte) Regierung, deren Mitglieder aus den alten Familien von Großgrundbesitzern stammten. Diese Familien stellten schon seit Generationen die Herrschaftselite des Landes. Die Regierung wurde von der Staatspolizei und der Armee (die ihre Angehörigen in erster Linie aus der vergleichsweise kleinen Mittelschicht rekrutierte) unterstützt, die hofften, dadurch selbst in die Elite der Macht aufsteigen zu können. Auf der anderen Seite stand eine irreguläre Armee von Guerillas marxistischer Orientierung, die auf dem Land, außerhalb der großen Städte, operierte und von Fidel Castros Kuba sowie den Sandinisten aus Nicaragua unterstützt wurde. Zwischen den Fronten standen mehr oder weniger 80 Prozent der Bevölkerung, die einfach nur ein gutes und sicheres Leben führen wollten, in dem es Arbeit, Gesundheit und eine Ausbildung für ihre Kinder gab. Zu dieser Gruppe zählten auch die gemäßigten Politiker, die Mitglieder des Klerus, Bauern und Indianer.

Die Regierungstruppen – keinen Deut weniger bösartig und repressiv als die Serben im Kosovo – waren geradezu versessen darauf, die Rebellion zu zerschlagen. Dabei interessierte es sie nicht im Geringsten, wer sich ihnen in den Weg stellte (es reichte ihnen schon, wenn sie nur den Eindruck hatten, dass jemand sich ihnen in den Weg stellen wollte) oder wie viele Leichen sie hinterließen. Armee und Staatspolizei durchstreiften das Land und töteten sogar Priester und humanitäre Helfer, die nichts anderes wollten, als die Botschaft des Friedens in dem gequälten Staat zu verbreiten.

Doch auch die Rebellen waren böse und gewalttätig.

Nach der Amtseinführung von Präsident Ronald Reagan im Jahre 1981 entschied seine neue Regierung (auf einen Vorstoß hin, der von Außenminister Haig und CIA-Direktor Casey angeführt wurde), etwas gegen das Chaos in El Salvador zu unternehmen: Sie wollten Special Forces nach El Salvador schicken, um die Armee und die Kräfte der Staatspolizei auszubilden und zu beraten.

Die Entsendung von Militärhilfe nach El Salvador und in andere Länder Mittelamerikas gehörte zu den wenigen Entscheidungen der Reagan-Administration, die nicht vom Kongress gebilligt werden mussten, und auf Unterstützung des Kongresses, in dem die Demokraten die Mehrheit hatten, konnte Reagan nicht hoffen. (Es ist bis heute so, dass die Entsendung von Militär für einen Zeitraum von weniger als 180 Tagen nicht vom Kongress gebilligt und überwacht werden muss – für jede Regierung ein eindeutiges Schlupfloch in der Verfassung.)

Die offizielle Aufgabe der ODAs bestand darin, den Militärkräften El Salvadors zu helfen, dass sie professioneller und besser auf die links gerichtete Bedrohung reagieren konnten. Anders ausgedrückt: Die Aufgabenstellung für *ihre* Mission bestand *nicht* darin, die Rebellen zu besiegen. Folglich hatten die Green Berets in El Salvador weder die Befugnis noch verfügten sie über entsprechende »Rules of Engagement«, um offensiv einzugreifen (was natürlich nicht für die Selbstverteidigung galt). Die ODAs wurden auch nicht ins Land geschickt, um der Regierung den Rücken gegen die legitime Opposition zu stärken.

Und von diesem Punkt an begann die Angelegenheit interessant zu werden.

Obwohl Reagans Leute den links gerichteten Aufständischen natürlich nicht freundlich gesinnt waren, konnte die bestehende Regierung auch nicht gerade als eine wohlwollende, den Willen des Volkes repräsentierende Demokratie bezeichnet werden. Was also gebraucht wurde, war eine potenziell positive *dritte Kraft*. Und da hatte die Regierung Reagan eine Eingebung: Offenbar erkannte sie Armee und Staatspolizei als die »Schwerpunkte« im Land an, die – unter der Voraussetzung, dass sie reformiert werden konnten – den Kurs der nationalen Führung zu ändern vermochten.

Deshalb wurde die Aufgabenstellung für die ODAs der Special Forces erweitert. Einerseits sollten sie den Regierungstruppen von El Salvador die militärischen Fähigkeiten beibringen, die sie brauchten, um den Krieg erfolgreich durchzustehen. Andererseits sollten sie ihnen die ethischen und moralischen Werte vermitteln, die in der zivilisierten Welt galten. Das war fast zwölf Jahre lang die Aufgabe der 7th Special Forces Group (Airborne) (7th SFG [A]), und für deren Erfüllung zahlte sie einen hohen Preis in Leben und Blut.

Doch ihr Blut und ihre Mühen trugen Früchte.

Irgendwann gegen Ende der 80er-Jahre versuchte die Armee von El Salvador, ihren Kurs zu ändern und nicht mehr ausschließlich brutal und repressiv gegen die eigenen Landsleute vorzugehen. Sie begann, den Umtrieben ihrer Todesschwadronen Einhalt zu gebieten[77] und die Menschenrechte zu respektieren. Dies zeitigte einige recht erfreuliche Nebenwirkungen.

So begann die Unterstützung für die Rebellen abzubröckeln, was dazu führte, dass die Armee erste wirkliche Erfolge gegen die Aufständischen auf dem Land erzielen konnte. (Die Städte, die großen wie die kleinen, waren offenbar nicht so verwundbar durch die Aktivitäten der Rebellen, weshalb Armee und Staatspolizei dort über eine Art »Heimvorteil« verfügten.)

Als die Rebellen merkten, dass sich die Zeiten geändert hatten, baten sie um Friedensgespräche, die ihnen auch prompt gewährt wurden und die recht gute Ergebnisse erbrachten. Etwa zeitgleich mit dem Ende des Kalten Krieges war der Friedensvertrag eine beschlossene Sache und der Bürgerkrieg beendet. Heute gibt es eine Koalitionsregierung, in der sich Kräfte des gesamten politischen Spektrums (einschließlich einer moderaten Mitte) die Macht im Staate teilen.

Natürlich wäre es mehr als unrealistisch, wollte man das Verdienst für den Kurswechsel einer ganzen Nation ausschließlich den ODAs zusprechen (das größte Verdienst liegt eindeutig bei der Bevölkerung El Salvadors selbst). Doch ohne Zweifel hatten sie einen ganz erheblichen Einfluss auf die Veränderungen. Diese besonderen Männer erledigten ihre Jobs – auch wenn sie dabei manchmal gezwungen waren, Verbrechern den richtigen Weg zu zeigen, und sich mit völkermörderischen Verrückten auseinander zu setzen hatten. Und sie machten sogar dann noch weiter, als es sie das Leben von Kameraden und Freunden kostete und die Massaker an Kirchenleuten die öffentliche Meinung in den Vereinigten Staaten gegen das Engagement in diesem Land aufbrachten. Der Widerstand in den Vereinigten Staaten nahm so zu, dass der Kongress kurz davor stand, die Mittel und Autorisierung für diese spezielle SF-Mission zurückzuziehen. (Der Kongress hat nur über die Finanzen die Möglichkeit der Kontrolle über Einsätze dieser Art.)

Unter diesen – und noch weit schlimmeren – Umständen bildeten die SF-Soldaten weiterhin eine Armee aus … und lenkten eine Nation moralisch in eine neue Richtung. (Nebenbei bemerkt ist das der Standardkurs der SF-Soldaten. Sie versuchen, gute Lektionen zu vermitteln – auch an schlechte Menschen!)

Und es gibt noch einen interessanten Nebenaspekt:

Vor dem Hintergrund des eben Gesagten könnte sich der Schluss aufdrängen, die Truppen der amerikanischen Special Forces seien bei den Guerillas von El Salvador alles andere als willkommen gewesen. Tatsächlich war das aber nicht ganz so.

Gleich zu Beginn der ersten Friedensgespräche und dann auch bei den anschließenden Verhandlungen, die bis heute andauern, war es

77 Dazu ist anzumerken, dass nicht alle Todesschwadronen aus der Ecke der politischen Rechten kamen. Nach jüngsten Erkenntnissen gab es sie durchaus auch bei den Linken. Besonderes Aufsehen erregte ein Massaker linker Todesschwadronen an einem katholischen Priester und mehreren Nonnen.

gerade die *Rebellenopposition*, die auf einer Teilnahme von Soldaten der US-amerikanischen Special Forces als Teil des Vermittlerteams bei jedem Treffen bestand. Weshalb? Nun, die Rebellen trauten und trauen den Repräsentanten der Regierung nur dann eine wirklich glaubwürdige Verhandlungsführung zu, wenn auch SF-Soldaten mit am Tisch sitzen.

Man kann sich kaum ein größeres Kompliment für all die Soldaten der Special Forces denken, die in diesem schmutzigen kleinen Krieg kämpfen mussten.

Und El Salvador ist keineswegs die einzige Erfolgsgeschichte der Special Forces. Amerikas »stille Profis« übernehmen nach wie vor scheinbar unmögliche Aufträge und erfüllen sie – und das nicht etwa, indem sie die »ignoranten Tunichtgute von Eingeborenen« mit hirnlosem, gewalttätigem, »rambomäßigem« Müll überwältigen, wie man es in Film und Fernsehen zu sehen bekommt. Sondern sie verrichten ihre Arbeit weit häufiger mit ganz konkreten Akten der Güte, Hilfe, Vermittlung, Kooperation und des Mitgefühls.

Die meisten von uns wissen nur sehr wenig über ihre Verdienste, weil diese Männer darum bemüht sind, ihr Handwerk diskret und in aller Stille auszuüben. Nun soll der Schleier der Verschwiegenheit einmal gelüftet und einige der wesentlichen Aufgaben des Special Forces Command und seiner Einheiten sollen näher betrachtet werden.

Doch zuvor schauen wir uns an, wie dieser ganz besondere Geist der Special Forces, der sie von jeder anderen militärischen Truppe dieser Welt unterscheidet, entstanden ist.

Prüfsteine: Tradition und Erbe

Alle militärischen Eliteeinheiten legen ein gewisses Clan- oder Stammesverhalten an den Tag. Doch nur sehr wenige tun das ausgeprägter als die U.S. Special Forces (ihre Zurückhaltung ergibt sich daraus).

Untereinander tauschen sie sich allerdings schon aus.

Soldaten der Special Forces empfinden geradezu eine Art von Verehrung für die Leistungen ihrer Truppe. Der Eindruck, dass sie ihre Vergangenheit und Tradition leben und atmen, ist bestimmt nicht falsch, denn genau das ist der »Klebstoff«, der sie im Feldeinsatz zusammenhält. Ihre ganz besondere Verehrung gilt solch außergewöhnlichen Individuen, die für ihre Kameraden, deren Missionen und ihre persönliche Ehre alles gegeben haben.

Dabei kommen den SF-Soldaten jedoch unweigerlich auch alle jene in den Sinn, die vor ihnen ihr Leben gegeben haben, um hoffnungslose Situationen, andere SF-Soldaten oder manchmal auch nur Unbeteiligte zu retten, die zufällig im Weg standen. Aber was dieser Organisation tatsächlich Leben und Geist einhaucht, ist die physische Präsenz genau solch heroischer Männer bei den SF, die überlebt haben und ihre Geschichte erzählen konnten. Sie sind fast so etwas wie mystische Prüfsteine für die SF-Soldaten in ihren Teams geworden. Ihre Geschichten sind für die erfahrenen SF-Soldaten Allgemeinwissen.

Deshalb werden auch hochdekorierte Kriegshelden aus früheren Jahre häufig eingeladen, einige Zeit zusammen mit den neuen SF-Rekruten im Camp MacKall in North Carolina zu verbringen und deren Ausbildung zu beobachten. Solche lebenden Legenden und Träger der Medal of Honor[78] treffen und berühren zu können, ist für die Teilnehmer an einem »Q«-Kurs äußerst bewegend.

Gerade die Kenntnis des Erbes der Special Forces ist es, die einem die Möglichkeit gibt, die heutigen Soldaten mit den großartigen Kämpfern der Vergangenheit zu vergleichen. Ebenso bietet das Wissen um die Leistungen früherer Einheiten eine ausgezeichnete Möglichkeit, Einsätze von heute besser und genauer zu bewerten. Aus diesem Grunde unternehmen wir jetzt einen schnellen Ausflug in die Vergangenheit und sehen uns an, wie die Special Forces zu dem geworden sind, was sie heute sind.

Die Wurzeln

Im Zweiten Weltkrieg erkannte Amerika den Wert von Einheiten wie den Special Forces und diese Einheiten, die im Krieg entstanden, stellen die Wurzeln der heutigen SF-Gemeinschaft dar.

So verfolgt das 75th Ranger Regiment seine Wurzeln bis zu den »Darby's Rangers« zurück, die am D-Day bei Pointe du Hoc die Klippen der Normandie erklommen und später in ganz Westeuropa kämpften. Die SEALs wiederum blicken auf die Taten der frühen Underwater Demolition Teams (UDTs) zurück, die amphibischen Operationen praktisch auf nahezu jedem Kriegsschauplatz den Weg bereiteten. Die Special Forces entstammen der »Devil's Brigade« und dem OSS.

Die 1st Special Service Force, besser bekannt als »Devil's Brigade«, war eine zusammengeführte Einheit aus kanadischen und US-amerikanischen Truppen, die sich auf die Aufklärung in der Tiefe des Raumes und auf den Häuserkampf spezialisiert hatten. Die Brigade wurde im Jahre 1942 in Montana im Fort William Henry Harrison aufgestellt. Ursprünglich sollte sie an einem Luftlandeunternehmen in Norwegen teilnehmen (das jedoch abgeblasen wurde). Später stand sie in Italien (und nahm beispielsweise an so berühmt gewordenen Angriffen wie dem auf den Berg La Difensa teil) und Südfrankreich im Gefecht, wo sie ihre Fähigkeiten in der tiefen Aufklärung und beim Häuserkampf mit unvergleichbarer Heftigkeit demonstrierte. Dank ihrer hervorragenden Ausbildung und Kampfkraft schlug sie sogar feindliche Verbände, die zahlenmäßig weitaus größer waren als sie selbst – allerdings oft um einen hohen Preis. Sie hatte in fünf verschiedenen Einsätzen 2314 Gefallene zu beklagen, das entspricht 134 Prozent ihrer ursprünglichen Stärke. So war die Brigade zum Zeitpunkt ihrer letzten Schlacht in Frankreich Ende 1944 lediglich noch ein Schatten ihrer selbst. Ihre Verluste waren derart hoch und ihre Einsatzfolge war derart intensiv gewesen, dass ein Wiederaufbau durch Personalersatz ein-

---

78 Die Ehrenmedaille ist eine der höchsten Auszeichnungen für Soldaten des amerikanischen Militärs (Anm. d. Ü.).

fach nicht mehr möglich war. Der Verband hatte »ausgespielt«, wie man es im amerikanischen Bürgerkrieg zu bezeichnen pflegte.

Heute verfolgt jede Special Forces Group eine geradezu spirituelle Verbindung zu einer der Kompanien der 1st Special Service Force, und sie feiern diese Abstammung jeweils an jedem 5. Dezember, dem so genannten *Menton Day*. Damit wird des Tages gedacht, an dem die ursprüngliche Brigade im französischen Dorf Menton aufgelöst wurde. Der Furcht erregende Ruf, der den Special Forces vorauseilt, wurde damals in der Tradition des Kampfes Mann gegen Mann geboren.

Von General »Wild Bill« Donovans Office of Strategic Services (OSS) leiten die Special Forces ihre eher ungewöhnlichen Rollen und Aufträge ab: Aufklärung, Sammeln von nachrichtendienstlichen Informationen, nicht konventionelle Kriegführung und humanitäre Hilfe. Während des Zweiten Weltkrieges führte das OSS eine ganze Reihe wichtiger Missionen in allen Teilen der Welt durch. Es seien nur einige Beispiele von der langen Liste erwähnt: In Burma führten sie die einheimischen Stämme in den Krieg gegen Japan. In Vietnam unterstützten sie einen jungen Nationalisten (den wir als Ho Tschi Minh kennen). Gegen Ende des Krieges stöberten sie deutsche Waffenexperten auf und brachten sie in den Westen. Kurz, das OSS wirkte auf begeisterungsfähige junge Männer und Frauen, die das große Abenteuer suchten, wie ein Magnet. Doch viele von ihnen bezahlten den Enthusiasmus mit ihrem Leben.

Bei einem seiner besonders abenteuerlichen Unternehmungen ließ das OSS verdeckt operierende Teams hinter den feindlichen Linien abspringen. Dort sollten sie nachrichtendienstliche Informationen sammeln und Widerstandsgruppen unterstützen:

Die drei Mann starken so genannten *Jedburgh Teams* sprangen über Frankreich und Belgien ab, wo sie sich mit Kräften der Résistance zusammenschlossen und anschließend dabei mithalfen, die unterschiedlichen Partisaneneinheiten auszubilden und auszurüsten. Nach der Landung der Alliierten im Juni 1944 nahmen sie an Überfällen von Partisanen hinter den Linien teil.

Das OSS stellte auch Teams auf, die damals als Operational Groups (OGs) bezeichnet wurden. Diese 34 Mann starken Teams waren praktisch die unmittelbaren Vorfahren sämtlicher SF-Detachments der heutigen Zeit. Normalerweise kämpften die OGs als geteiltes Team, wobei die einzelnen Elemente 15 oder 16 Mann stark waren. Sie wurden bei Operationen in Italien, Griechenland, Jugoslawien und Norwegen eingesetzt. Genau wie die *Jedburghs* führten sie nicht nur eigene Aktionen durch, sondern arbeiteten auch an der Ausbildung und Ausrüstung von Partisanen- und Widerstandsgruppen mit. Die Erinnerung an die OGs lebt heute in dem Umriss eines OSS-Dolches weiter, der sich auf dem Ärmelabzeichen der Special Forces befindet.

Obwohl das OSS und die Devil's Brigade ganz wesentlich zum Sieg der Alliierten im Zweiten Weltkrieg beitrugen, überlebte weder die eine noch die andere Truppe nach Kriegsende. Doch ihre Leistungen haben letztlich den Weg für die Aufstellung der Special Forces geebnet.

Aaron Bank: Der Gründervater der Special Forces

Das Versagen von CIA und SOF im und nach dem Koreakrieg zeigte die Lücken im Spektrum der Einsatzprofile des amerikanischen Militärs auf: Es fehlten Kräfte zur Durchführung von Spezialeinsätzen und genau in dieser Lücke fanden die Army Special Forces endlich ihre Nische.

Noch vor der Unterzeichnung des Waffenstillstandsabkommens für Korea im Jahre 1953 war eine Sache klar ersichtlich: Wenn die Vereinigten Staaten von Amerika ihre Fähigkeiten für die Durchführung von Spezialeinsätzen, so wie sie im Zweiten Weltkrieg noch möglich gewesen waren, wiederbeleben wollten, musste jemand außerhalb der CIA mit der Führung beauftragt werden.

So war es eigentlich als purer Glücksfall anzusehen, dass eine Hand voll OSS-Veteranen in der U.S. Army an die Notwendigkeit des Guerillakampfes in der Welt des Kalten Krieges glaubte. Für sie war es völlig klar, dass die Großmächte nie auf Nuklearwaffen zurückgreifen würden (es sei denn, sie spielten verrückt). Deshalb – davon waren diese OSS-Veteranen fest überzeugt – mussten andere Arten der Kriegführung entwickelt und perfektioniert werden. Sie suchten insbesondere nach Möglichkeiten, um so genannte »kleine Kriege« zu führen.

Brigadier General Robert McClure, ein ehemaliger OSS-Fachmann, und zwei talentierte Colonels, Aaron Bank und Russel Volckmann, setzten sich an die Spitze der Gruppe von OSS-Veteranen und sie kämpften um Unterstützung für ihr Konzept in der Army. Ihre Überlegungen konzentrierten sich auf Osteuropa, weil dort ihrer Ansicht nach der Guerillakampf und die nicht konventionelle Kriegführung zu einer neuen Waffe gegen die wachsende Bedrohung durch kommunistische Aggressionen werden konnte. Sollte es zu einem sowjetischen Überfall auf Westeuropa kommen, konnten Spezialeinheiten hinter den Linien »zurückbleiben«. Diese Teams sollten Überraschungsangriffe durchführen, Informationen sammeln und ganz allgemein die kommunistischen Kräfte nicht zur Ruhe kommen lassen, wenn die Hauptwelle eines sowjetischen Angriffes erst einmal über sie hinweggerollt war. Ganz im Stil von Colonel John S. Mosbys »Rebel-Raider«-Truppe im amerikanischen Bürgerkrieg würden die Special Forces in der Lage sein, die Ebenen Osteuropas zu ihrem »Rosengarten« zu machen und den Feind zwingen, für die Jagd auf die Special Forces wichtige Kampftruppen von der Front abzuziehen.[79]

Obwohl diese Gedanken eindeutig jenseits aller Vorstellungen in den normalen Richtlinien der Army lagen, erkannte die Führung doch die Vor-

---

79 John Singleton Mosby war der berühmte Kavallerie-Offizier der Südstaaten, der eine kleine Streitkraft so genannter »Rebel Raider« (die in erster Linie aus zwielichtigen Zivilisten bestand) in den nordwestlichen Bezirken von Virginia aufstellte. Mehrere Jahre lang griffen sie Nachschubeinrichtungen und Versorgungslinien der Union [Nordstaaten] an und versorgten die unter der Führung von Robert E. Lee stehende Armee Nord-Virginias mit hervorragenden Aufklärungsergebnissen. Die Mosby-Raider waren so erfolgreich, dass die Bezirke von Loudoun und Prince William im Westen von Washington D.C. als »Mosby's Country« bezeichnet wurden.

Colonel Aaron Bank, USA. Colonel Bank gilt als Gründervater der modernen Special Forces und war Kommandeur der 10th Special Forces Group.
Offizielles Foto der U. S. Army

teile, die in ihrer Verrücktheit steckten. Da ein Krieg mit Atomwaffen in Europa ganz offensichtlich undenkbar war, ergab ein geheimer Plan B durchaus Sinn … ganz besonders wenn der Konflikt für die NATO schief gehen sollte. Darüber hinaus würde die neue Truppe ausgesprochen preiswert sein und irgendwelche erkennbaren Risiken barg die Sache auch nicht in sich.

Anfang der Jahres 1952 reiste Colonel Bank nach Fort Bragg in North Carolina (das von jeher das Zentrum für schnelle Reaktionskräfte war und über die erforderlichen Grundlagen an Personal, Fallschirmspringer-Ausbildungseinrichtungen sowie über die entsprechende Ausrüstung verfügte) mit dem Befehl im Gepäck, aus 2300 Männern die erste Einheit für nicht konventionelle Gefechtsführung zu bilden. In Fort Bragg suchte sich Bank ein unter dem Namen Smoke Bomb Hill bekanntes Gelände aus und richtete dort das ein, was man damals noch als ein »Physiological/Special Center« bezeichnete. Nachdem die Infrastruktur erst einmal stand, konnte sich Bank daran machen, die passenden Männer für seine Einheit zu finden.

Wie nicht anders zu erwarten, fühlten sich viele ehemalige OSS-Angehörige von Banks Einheit angezogen. Dort erwarteten sie Abenteuer und eine Kameradschaft, die sie in dieser Art bei der Army nicht erlebt hatten. Andere Bewerber waren als Flüchtlinge aus Osteuropa gekommen und suchten jetzt nach Mitteln und Wegen, ihre frühere Heimat von der kommunistischen Herrschaft zu befreien. (Viele hatten immer noch Familienmitglieder auf der anderen Seite des Eisernen Vorhanges, für sie war der Ost-West-Konflikt weit mehr als nur eine politische Auseinandersetzung.)[80] Bei allen Anwärtern handelte es sich ausschließlich um Freiwillige. Jeder Einzelne musste eine Fallschirmspringer-Qualifikation für Luftlandeeinsätze besitzen und über reichlich Infanterieerfahrung verfügen. Die meisten beherrschten darüber hinaus noch zwei oder mehr Sprachen. Soweit sie nicht Offiziere waren, standen sie doch zumindest im Rang eines Sergeant und hatten mehrere Dienstjahre in der Army vorzuweisen.

Diese Männer traten der neuen Truppe im vollen Bewusstsein bei, gegebenenfalls als Spione exekutiert zu werden, sollten sie einmal hinter den feindlichen Linien in Gefangenschaft geraten. (Ich hatte die Gelegenheit, mit einigen der ersten Rekruten aus Colonel Banks Einheit zu sprechen, und konnte feststellen, dass es ihnen überhaupt nichts ausmachte, in diesem Bewusstsein leben zu müssen.) Es handelte sich um hoch motivierte und qualifizierte Männer, die begeistert waren, dass sie eine Chance erhielten, den Kalten Krieg nach ihren eigenen Bedingungen auszufechten. Für sie war es schlicht eine unwiderstehliche Herausforderung.

Nachdem Monate mit Rekrutierung, Ausbildung und Organisieren ins Land gegangen waren, wurde Banks Einheit schließlich am 19. Juni 1952 offiziell für aufgestellt erklärt. Sie bekam die Bezeichnung 10th Special Forces Group – Airborne und war speziell für den Einsatz in Europa vorgesehen. Die ganze Einheit bestand zu dem Zeitpunkt gerade einmal aus zehn Mann (einschließlich Colonel Bank), aber die Zahl wuchs in den folgenden Monaten schnell auf die ursprünglich vorgesehenen 2300 an.

Die Ausbildung umfasste eine große Bandbreite von Kenntnissen, angefangen von der Handhabung der Funkgeräte über medizinische Hilfeleistung bis hin zu Fremdsprachen, Fallschirmspringer-Training und etlichen anderen Fertigkeiten. Die für diese Einheiten geplanten Missionsprofile schlossen Aufklärung, Stoßtruppunternehmungen in die Tiefe des feindlichen Raumes, die Niederschlagung von Aufständen und eine Reihe weiterer Aufgaben mit ein, doch über allem stand die Anforderung, in einem vom Feind kontrollierten Territorium zu operieren und zu überleben und das möglicherweise über Monate oder Jahre.

Im Jahre 1953 kam es in Ostdeutschland zu Arbeiteraufständen. Weil man sich in Amerika Sorgen machte, dass dies die Sowjets auf den Plan bringen könnte, schickte man die 10th SFG ins Feld, noch bevor deren Ausbildung abgeschlossen war. Bevor die Einheit jedoch verlegt wurde, teilte man sie auf, und eine Hälfte wurde in die Bundesrepublik Deutschland geschickt, in die Nähe von München, nach Bad Tölz. Der in den Staaten verbliebene Teil wurde in 77th SFG umbenannt und erhielt einige Jahre später den Befehl, einige kleine Detachments in den Fernen Osten zu schicken

80 Die meisten Immigranten, die zu den ersten Special-Forces-Soldaten gehörten, erhielten nach dem als Lodge Act bekannten Gesetz die amerikanische Staatsbürgerschaft. Dieses Gesetz war nach seinem Befürworter, Senator Henry Cabot Lodge, benannt und gab der U.S. Regierung das Recht, Soldaten, die in ihrem Heimatland politischer Verfolgung ausgesetzt waren, sofort die amerikanische Staatsbürgerschaft zu verleihen, wenn sie in den US-amerikanischen Streitkräften dienen wollten.

(angesichts der wachsenden Bedrohung durch die Volksrepublik China in dieser Region).

Ab 1957 wurden diese Detachments dann als 1st SFG (A) bezeichnet. Der Schwerpunkt ihrer Aktivität verlagerte sich nach Ostasien, da man der Ansicht war, diese Region würde einer ähnlichen Aufmerksamkeit bedürfen, wie sie Europa seitens der 10th SFG zuteil wurde.

Inzwischen wurde die in den Staaten verbliebene 77th in den Jahren bis 1960 zur Stärke einer vollwertigen Gruppe aufgefüllt. Von da an war sie die 7th SFG (A) und ihr wurde Lateinamerika als der Bereich zugewiesen, auf den sie sich fortan zu konzentrieren hatte.

So waren die Special Forces in einem Zeitraum von weniger als zehn Jahren zu einem festen Bestandteil der Kräftestruktur der Army geworden und sie schickten ihre Operational Detachments (ODs) auf der ganzen Welt ins Feld.

Der Mann, mit dem alles begann, Colonel Bank, lebt heute noch im Großraum Los Angeles. Als vor einigen Jahren ein neues Gebäude als Teil der Ausbildungsstätte der Special-Forces-Schule errichtet wurde (in dem sich nebenbei bemerkt auch das Archiv des USASOC befindet), bekundete die oberste Führung des USASOC ihre Absicht, dass sie das Gebäude eines Tages voller Stolz mit dem Namen dieses Mannes schmücken wird, wenn er einmal nicht mehr ist. So wird der Vater der Special Forces weiterleben und alle neuen SF-Soldaten, die zur Ausbildung dorthin kommen, werden seinen Namen kennen.

Das Grüne Barett

Barette gehören in Ländern wie Großbritannien und (natürlich) Frankreich schon seit langer Zeit zu den genehmigten Kopfbedeckungen für Militäreinheiten. Dies galt jedoch *nicht* (zumindest bis vor kurzem) für die Vereinigten Staaten von Amerika. Die Ablehnung des Baretts hat die Special Forces jedoch nicht davon abhalten können, Barette zu tragen.

Die Soldaten der Special Forces trugen also bereits jahrelang im Einsatz ihr (von Major Herb Brucker, einem OSS-Veteranen des Zweiten Weltkrieges, entworfenes) grünes Barett, bevor es vom Heeresministerium offiziell zugelassen wurde. Es gefiel ihnen einfach. Nach und nach wurde das Green Beret zu einem Symbol für die Einstellung und Professionalität der Special Forces. Und die offizielle Ablehnung hatte nur zur Folge, dass die SF-Soldaten es umso häufiger auch in den Heimatstützpunkten aufsetzten.

Im Jahre 1961 wurde die Ächtung letztendlich doch noch aufgehoben – und das ist eine eigene Geschichte.

John F. Kennedy – bekanntermaßen ein Mann, der Stil und Renommee liebte – wurde mit dem Ziel Präsident, den Kommunismus aktiv zu bekämpfen, die Kommunisten überall zu schlagen, wo sie auftauchten, ganz besonders in den Konflikten, die er als »so genannte Kriege zur nationalen Befreiung« bezeichnete: kleinen Kriegen, die im Rahmen kommunistischer Aufstände entbrannten. (Die Kuba-Krise und die Berlin-Krise dämpften seine erste Begeisterung bald, aber das ist ein anderes Kapitel.)

So ist es keineswegs überraschend, dass er die neu geschaffenen SFGs zu seiner bevorzugten Waffe für die »kleinen Kriege« machte.

1961 flog der Präsident nach Fort Bragg, um dort die 82nd Airborne und andere Verbände des XVIII. Airborne Corps zu besichtigen. Dabei besuchte er auch die Soldaten der Special Forces. Man hatte ihn zwar schon im Vorfeld über deren Möglichkeiten informiert, aber er wollte sich selber einen Eindruck verschaffen. Außerdem wollte er sich mit eigenen Augen ansehen, wie sie ihre grünen Barette trugen (was ihm irgendwie zu Ohren gekommen war). Solche Dinge gefielen ihm.

Als die Army merkte, woher der Wind wehte, vollzog sie eine blitzschnelle Kehrtwendung und noch bevor Kennedy in Fort Bragg eintraf, hatte man es geschafft, das Barett als offiziellen Bestandteil der Uniform für die Special Forces anzuerkennen.

In Bragg hielt Kennedy vor den SF-Truppen eine seiner typischen hoch emotionalen Reden. Unter anderem versprach er ihnen, sie würden in den bevorstehenden Schlachten mit dem Kommunismus ganz vorne mit dabei sein. Prophetische Worte!

Innerhalb weniger Monate wurde eine gewaltige Aufstockung der Special Forces angeordnet und nicht weniger als vier neue SFGs wurden aktiviert, was effektiv eine Verdopplung der Stärke der Special Forces bedeutete. Am 21. September 1961 wurde die 5th SFG (A) aufgestellt und schnell als Haupt-SF-Einheit nach Südostasien geworfen (sie sollte später in Vietnam zu einer Legende werden). 1963 folgten ihr dann die 3rd, 6th und 8th SFG.

John F. Kennedy hatte für die Soldaten der Special Forces eine derartige Bedeutung gewonnen, dass sie dem SF-Ausbildungszentrum in Fort Bragg im Anschluss an das tödliche Attentat 1963 seinen Namen gaben – JFK Special Warfare Center.

Letztendlich sollte die Liebe dieses amerikanischen Präsidenten für die stilvolle Kopfbedeckung der Special Forces noch weiter reichende Folgen haben. Das amerikanische Volk fand wie der Präsident Gefallen an den gut aussehenden grünen Baretten der SF-Truppe und schließlich wurde die Bezeichnung auf die Männer übertragen: Fortan waren sie die »grünen Barette«. Sie gaben in den 60er-Jahren nicht nur einem Spielfilm mit John Wayne in der Hauptrolle den Namen, der sich als Kassenmagnet erwies, sondern auch einem Schlager, der sich lange Zeit in den Hitlisten halten konnte. Aber das war nun wiederum etwas, das den SF-Soldaten überhaupt nicht gefiel. Obwohl sie auf ihre Kopfbedeckung ausgesprochen stolz waren und sind, zucken sie stets zusammen, wenn man sie »Green Berets« nennt.

»Wir sind doch keine *Hüte*!«, bekommt man dann mit Nachdruck zu hören.

Roger Donlon: Die Ikone

Für die meisten von uns, die sich überhaupt noch an diese Zeit erinnern können, begann die amerikanische Verwicklung in den Vietnamkrieg um die Mitte der 60er-Jahre mit dem Zwischenfall im Golf von Tonkin und der anschließenden Intervention durch die Marines und die Air Cavalry. Für die Special Forces hatte der Krieg in Südostasien jedoch schon erheblich früher begonnen. In der Tat wurde der erste amerikanische Soldat, der in Vietnam sein Leben verlor, bereits am 21. Oktober 1956 getötet. Es war Captain Harry G. Cramer jr. vom 14th Special Forces Operational Detachment (SFOD) der 77th SFG. Dieses SFOD war die erste Einheit mit aktiven Soldaten, die Amerika in den Vietnamkrieg schickte.

Cramers Name steht heute ganz oben auf der Liste auf dem Ehrenmal für die Vietnam-Veteranen an der Mall von Washington.

Jahrelang hielten sich SF-Soldaten in Vietnam und anderen Ländern im südostasiatischen Raum auf, um den einheimischen Truppen die entscheidenden Fähigkeiten für das Überleben unter der wachsenden Bedrohung durch den Kommunismus zu vermitteln. Die Phase der Beratung und Schulung dauerte bis zum August 1964. Dann wurde ein Zerstörer der U.S. Navy im Golf von Tonkin angegriffen und die Army und das Marine Corps entsandten Verbände in Divisionsstärke nach Vietnam.

Selbst nach dem Angriff im Golf von Tonkin änderte sich der Auftrag der SF – Einheiten der südvietnamesischen Armee auszubilden – nicht. Er wurde nur um weitere Aufträge ergänzt. Die gesamte 5th SFG (A) wurde nach Vietnam verlegt und richtete ihr Hauptquartier in Nha Trang ein. Von da an wurden die SF-Einheiten ins Feld geschickt, um Augen und Ohren für die größeren konventionellen Verbände zu spielen und sie zu sichern. Zusätzlich führten sie von einer Reihe von Lagern, die amerikanische und südvietnamesische Truppen gemeinsam eingerichtet hatten, so genannte »Stolperdraht-Patrouillen« durch. Dabei suchten sie nach nordvietnamesischen Einheiten, die aus Laos und Kambodscha nach Südvietnam eingesickert waren. Um diese gemeinsam genutzten Lager sollte es bald zu einigen der heftigsten Feuergefechte des gesamten Krieges kommen.

Einer dieser Angriffe erfolgte in der Nacht des 6. Juli 1964. Im Schutze der Dunkelheit versuchten damals zwei komplette Bataillone des Vietkong, einen wichtigen Außenposten im zentralen Hochland in der Nähe von Nam Dong zu überrennen. Der Posten wurde vom Detachment A-726 der amerikanischen Special Forces und gemischten Kräften der Südvietnamesen, Einheimischen und australischen Soldaten verteidigt und gehalten.

Noch während der Angriff tobte, wurde in vielen Verteidigungsstellungen des Lagers, das unter dem Kommando von Captain Roger Donlon stand, die Munition knapp. Obwohl der Captain durch feindliche Granaten und Mörserfeuer bereits mehrfach getroffen worden war, half er dabei mit, Munition aus einem brennenden Gebäude zu holen und sie zu den vorgeschobenen Posten zu tragen. Auf dem Rückweg zog er verwundete Kameraden mit nach hinten. Trotz seiner vielen Verletzungen machte er so lange verbissen weiter, bis er sicher sein konnte, dass nicht nur das Lager gerettet war, sondern auch all seine Männer versorgt waren.

Mit der Dämmerung kam Entsatz. Donlons Truppe hielt Nam Dong immer noch, die überlebenden Kämpfer des Vietkong zogen sich in das Landesinnere zurück, und Roger Donlons Heldenmut brachte ihm die erste Medal of Honor ein, die in Vietnam vergeben wurde.[81]

Donlon erholte sich von seinen Verletzungen und lebt heute zurückgezogen in Kansas.

Die Tapferkeit des später zum Colonel beförderten Roger Donlon war kein Einzelfall. Im Laufe der folgenden zehn Jahre sollten noch etliche Männer der 5th SFG mit einigen der höchsten Orden ausgezeichnet werden: 17 Medals of Honor, 60 Distinguished Service Crosses, 814 Silver Stars, 13234 Bronze Stars, 235 Legions of Merit, 46 Distinguished Flying Crosses und 2658 Purple Hearts. Die 5th war die mit Abstand am höchsten dekorierte Einheit des Vietnamkrieges.

Die Jungs können zu Recht stolz auf all diese Ehrungen sein, doch es war die erste Medal of Honor, die den Maßstab für die Leistungen der SF im Gefecht setzte. Bis auf den heutigen Tag hängen die Bilder dieses stillen, bescheidenen Mannes an den Wänden vieler SF-Büros und Mannschaftsräume. Man erzählte mir, dass viele Angehörige der Special Forces an besonders harten Tagen einen Blick auf das Foto von Donlon werfen und dann sofort wieder wissen, worin ihre Aufgabe besteht.

Operation Kingpin: Bull Simons und das Stoßtruppunternehmen auf Son Tay

Colonel Arthur »Bull« Simons, ein Ranger-Veteran aus dem Zweiten Weltkrieg, wurde in den 50er-Jahren SF-Soldat. Um die Zeit, als er nach Vietnam kam, hatte er sich schon den Ruf erworben, ein fähiger Führer und stahlharter Mann zu sein.

Simons' erste größere Heldentat in Vietnam fand in den 60er-Jahren im Rahmen einer Operation statt, die damals unter der Bezeichnung White Star bekannt wurde. Simons führte 107 SF-Soldaten nach Laos, wo sie Tausende von Stammesangehörigen der Meos rekrutierten und sie anschließend bei Unternehmungen und Überfällen auf die Pathet-Lao-Kräfte anführten. Nach sechs Monaten im Dschungel brachte er alle seine 107 Soldaten wieder nach Hause – eine beachtliche Leistung, welche die ohnehin schon beeindruckende Liste seiner herausragenden Taten verlängerte.

Und dann ergab sich im Jahre 1970 eine wirklich besondere Gelegenheit praktisch ganz von selbst.

Dazu muss ich etwas weiter ausholen.

---

81 Der Überfall auf Nam Dong gab später den Hintergrund ab für den Film *The Green Berets* mit John Wayne in der Hauptrolle. Obwohl die Filmhandlung rein fiktiv ist, entspricht die dargestellte Situation den Tatsachen, und auch die Heftigkeit, mit der die Nordvietnamesen das Lager angriffen, ist realistisch wiedergegeben.

Zur damaligen Zeit wurden die meisten amerikanischen Kriegsgefangenen in Nordvietnam im berüchtigten »Hanoi Hilton« (der tatsächliche Name lautete Hoa Lo) festgehalten. Die Bedingungen dort waren schlichtweg unmenschlich. Es gab kaum etwas zu essen (die Mahlzeiten bestanden aus Kürbissuppe und verschimmeltem Brot) und keine Gelegenheit, etwas für Körper und Geist zu tun. Am schlimmsten war, dass die Gefangenen – außer wenn sie zu Verhören abgeholt oder geschlagen wurden – in vollständiger Isolation vegetierten. Kriegsgefangene müssen die Möglichkeit haben, mit anderen Kriegsgefangenen zu kommunizieren, sonst brechen sie zusammen. Ohne soziale Kontakte dieser Art ist es unmöglich, stark zu bleiben. Unter den Verhältnissen des Hanoi Hilton war es so gut wie unmöglich, Gefühle wie Glauben und Hoffnung zu bewahren.

Zu Beginn des Jahres 1970 schoss eine unbemannte Aufklärungsdrohne Fotos von einem neuen nordvietnamesischen Kriegsgefangenenlager westlich von Hanoi, das an einer Biegung des Roten Flusses lag. Das Lager hieß Son Tay und fungierte als Auffangeinrichtung, da das Hanoi Hilton inzwischen aus allen Nähten platzte. Bei der Analyse der Aufnahmen entdeckten die Fotoauswerter Botschaften der mehr als 50 Kriegsgefangenen: Sie wollten gerettet werden – ein gewiss nicht überraschender Wunsch.[82]

Es dauerte dann nicht lange, und in Fort Bragg machte das Gerücht die Runde, Simons suche nach Freiwilligen für einen Sonderauftrag. Bevor auch nur der Hintergrund der Mission bekannt wurde, hatten sich bereits über 500 SF-Soldaten gemeldet, die mitmachen wollten.

Natürlich bestand der Auftrag in der Rettung der Gefangenen von Son Tay.

Die Mission erhielt den Decknamen »Kingpin« (Königskegel), und Simons sollte sie anführen. Die Operation Kingpin wurde von etwas mehr als 100 handverlesenen SF-Soldaten durchgeführt, die bis zum letzten Mann SF-Veteranen mit Südostasien-Erfahrungen waren.

In Vorbereitung auf den Einsatz durchliefen die Freiwilligen monatelange spezielle Ausbildungslehrgänge auf der Eglin AFB in Florida. Als das Unternehmen schließlich losgehen sollte, kannten sie den Lagerkomplex von Son Tay besser als ihr eigenes Wohnzimmer[83]. Zur Einschleusung

82 Dazu ist anzumerken, dass die Gefangenen in Son Tay etwas besser behandelt wurden, als man in Hoa Lo mit ihnen umgegangen wäre. Sie hatten Kontakt untereinander und sie mussten auf den Feldern arbeiten. Das half ihnen, unter den gegebenen Umständen körperlich und geistig gesund zu bleiben.

83 Um die Truppen, die an dem Unternehmen teilnehmen sollten, besser mit dem Kriegsgefangenenlager und seiner Umgebung vertraut zu machen, wurde durch eine Spezialwerkstatt der CIA ein verkleinertes Modell des Lagers (es kostete 60 000 US-Dollar und hatte den Decknamen »Barbara«) nachgebaut. Zusätzlich baute man auch noch auf der Eglin AFB ein zerlegbares Modell in voller Größe zusammen, das für die Generalproben diente. Da das große Modell abgebaut werden konnte, hatten die sowjetischen Foto-Aufklärungssatelliten keine Chance, das Übungsgebiet zu entdecken oder Rückschlüsse auf das eigentliche Ziel zu ziehen. Heute können Besucher »Barbara« im Museum der Special Forces von Fort Bragg besichtigen. (Vielleicht sollte noch hinzugefügt werden, dass das Museum kürzlich nach Colonel »Bull« Simons benannt wurde.)

des Teams in das Lager stellte die Air Force eine Task Force mit Langstrecken-Hubschraubern zur Verfügung. Um den Überraschungseffekt noch weiter zu steigern, sollte der Führungshubschrauber, der ein Angriffsteam an Bord hatte, einen Absturz in das Zentrum des Lagerkomplexes vortäuschen (an dieser Geschichte ist noch mehr dran, wie wir gleich sehen werden), während das Unternehmen selbst durch einen Ablenkungsangriff der Air Force und der Navy gedeckt werden sollte, die Luftschläge gegen Hanoi und Haiphong führten. (Damit war »Kingpin« eine echte »Joint«-Operation, lange bevor dieser Terminus in Mode kam.)

Anfang November des Jahres 1970 genehmigte Präsident Nixon den Überfall auf Son Tay. Das Personal und die Flugzeuge wurden zügig herangeführt und der Vorstoß pünktlich am 21. November 1970 in Gang gesetzt.

Die Ausführung verlief dann nahezu perfekt. Der Führungshubschrauber stürzte genau zur vorgegebenen Zeit in das Lager, die Wachen wurden schnell getötet, und das Team schwärmte über den ganzen Bereich aus, um nach Gefangenen zu suchen. In der Zwischenzeit landete der Hubschrauber mit Bull Simons und seiner Abteilung jedoch aus Versehen einige Kilometer vom Lager entfernt in der Nähe einer »Höheren Schule«, wie die Nachrichtenspezialisten den Ort bezeichneten. Dort stießen sie auf eine Kaserne, in der sich mehrere hundert feindliche Soldaten aufhielten. Diese leisteten Widerstand und wurden prompt getötet. Danach stiegen Simons und seine Jungs erneut in ihren Hubschrauber und flogen zum Kriegsgefangenenlager, um die Sache zum Abschluss zu bringen.

Unglücklicherweise stellte sich heraus, dass das Lager verlassen war. Es gab dort keinen einzigen Kriegsgefangenen mehr. Alle waren einige Wochen zuvor in ein anderes Lager mehrere Kilometer entfernt verlegt worden. Bitter enttäuscht machten sich Simons und sein Stoßtrupp auf den Rückflug in Richtung Heimat.

In der Öffentlichkeit wirkte das Unternehmen wie ein Fehlschlag. Tatsächlich waren die Ergebnisse überraschend positiv. Einmal waren die Kosten, wie sich schnell herausstellte, äußerst gering gewesen (was sicherlich teilweise auf die hervorragende Ausbildung, teilweise aber auch auf pures Glück zurückzuführen ist): Die Gesamtverluste beliefen sich auf eine einzige *Wild-Weasel*-Maschine des Typs F-105 G, die bei dem Ablenkungsangriff abgeschossen wurde (die beiden Besatzungsmitglieder konnten mit dem Schleudersitz aussteigen und gerettet werden), und einen SF-Soldaten, der eine Verletzung am Bein davontrug.

Das Unternehmen – und das war weitaus wichtiger – lehrte die Nordvietnamesen einige wichtige Lektionen:

Als Erstes holten die Nordvietnamesen – mit dem Damoklesschwert weiterer Stoßtruppunternehmen über ihren Häuptern – sämtliche Kriegsgefangenen nach Hoa Lo in die Nähe von Hanoi zurück. Dort pferchten sie dann acht bis zehn Mann in eine Zelle – nicht gerade ideale Lebensumstände, aber für einen Kriegsgefangenen ist der Kontakt zu Mitgefangenen auf jeden Fall bedeutend besser als die Isolation. Die Männer blühten regelrecht auf.

Das Denkmal für Arthur »Bull« Simons am Tag seiner Enthüllung in Fort Bragg, North Carolina. Dieser legendäre Special-Forces-Soldat führte 1970 den Angriff auf das Gefangenenlager Son Tay in Nordvietnam an.
John D. Gresham

Zweitens nahmen die Nordvietnamesen allmählich die Reaktionen der Weltöffentlichkeit zur Kenntnis. Sie dachten über die Frage nach, was wohl geschehen würde, wenn die gefolterten und ausgemergelten Kriegsgefangenen gerettet und anschließend vor laufende Fernsehkameras gestellt würden.

Daraufhin wurden die Amerikaner schlagartig besser behandelt. Die schrecklichen Verhöre wurden eingestellt, das Essen wurde besser und reichhaltiger, die Lebensbedingungen verbesserten sich generell. Die Nordvietnamesen hatten begriffen, dass die Gefangenen als Faustpfand auf jeden Fall mehr wert waren denn als Sündenböcke. So hatte das Son-Tay-Unternehmen den Kriegsgefangenen zumindest wieder Hoffnung gegeben. Zum ersten Mal während des Vietnamkrieges hatte ihr eigenes Land ein deutliches Zeichen gesetzt, dass es sich immer um seine Männer kümmerte, die in Kriegsgefangenschaft geraten waren. Zumindest hatte es den Mut bewiesen, es zu versuchen.[84]

---

84 Nach dem Krieg gab der texanische Computermagnat Ross Perot eine große Party für die Teilnehmer an der Operation Son Tay und die Männer, die sie hatten retten wollen. So versuchte Perot selbst in einer Zeit, in der seine amerikanischen Mitbürger den Vietnam-Veteranen den Rücken zukehrten, den Männern des Stoßtrupps zu zeigen, wie hoch er die Kriegsgefangenen, ihre Familien und ihre Retter schätzte. Szenenwechsel in den Iran: Dort wurden während der Islamischen Revolution mehrere Angestellte Perots als Geiseln genommen. Und an wen wandte sich Perot auf der Suche nach Hilfe? Natürlich an Bull Simons. Bull führte eine Gruppe leitender Angestellter von Perots Firma in den Iran und holte die Geiseln heraus – ohne Verluste.

Und so hatte sich ein scheinbares Versagen in einen weiteren legendären Sieg der SF verwandelt.

Dick Meadows: Der ewige Krieger

Wer ist der großartigste Special-Forces-Soldat aller Zeiten?

Wer nicht in eine hitzige Debatte geraten möchte, sollte diese Fragen in der Welt der Special Forces tunlichst nicht stellen. Die Jungs nämlich, die den »Q«-Kurs der Special Forces absolviert haben, gehören ohnehin schon zu einer besonderen Sorte Mensch, und viele erleben ungewöhnliche Karrieren voller unglaublicher Taten. Folglich ist das Ansinnen, daraus den Besten auszuwählen, in etwa so, als wollte man die schönste Frau aller Zeiten küren. Die ungeheuer große Zahl der Anwärter auf den Titel macht die Wahl zu einem hoffnungslosen Unterfangen.

Und doch: Fällt in der Gesellschaft von SF-Soldaten ein bestimmter Name, so kann man ziemlich sicher sein, dass die Reaktion aus einem warmen Lächeln und einem freundlichen Kopfnicken besteht. Dieser Name ist Major Richard »Dick« Meadows. Dick Meadows ist praktisch so etwas wie die Quintessenz eines Special-Forces-Soldaten, die Verkörperung all dessen, was die Special Forces ausmacht.

Dick Meadows kam früh zur Army. Er verpflichtete sich bereits im Alter von 15 Jahren und stieg bald zum jüngsten Master Sergeant in der Army auf. 1953 wechselte er zur 10th SFG. Anschließend tat er in verschiedenen Gruppen auf der ganzen Welt Dienst (einschließlich einer Austauschverwendung beim elitären britischen Special Air Service). Die Taten, die seinen Namen zu einer Legende werden ließen, vollbrachte er in Südostasien.

Meadows diente bei drei Einsätzen in der 5th SFG in Vietnam. So war er zum Beispiel auch eins der Mitglieder in Simons' »White-Star«-Team und er führte als einer von dessen Patrouillenführern Meo-Krieger gegen die Pathet Lao.

Seine Fähigkeiten als Dschungelkämpfer und Patrouillenführer beeindruckten die Führung in Saigon derartig, dass General William Westmoreland persönlich ihn noch im Feld zum Captain beförderte. Es war die erste Beförderung eines Unteroffiziers zum Offizier in diesem Krieg.

Endgültig Eingang in die Geschichtsbücher fand Meadows jedoch durch das Son-Tay-Unternehmen. Er entwickelte den Gedanken, einen mit SF-Soldaten besetzten Hubschrauber absichtlich in den Hof des Kriegsgefangenenlagers stürzen zu lassen (und er lag goldrichtig mit seiner Einschätzung, dass dies der schnellste Weg war, das Team hineinzubringen). Natürlich führte er dieses Team dann auch persönlich an. Als im Laufe der Mission klar wurde, dass das Lager verlassen war, brachte er sein Team zu den Hubschraubern der Hauptkräfte zurück. Dank ihm kam jeder einzelne Mann sicher wieder nach Hause.

In den Jahren nach Vietnam verbrachte Dick Meadows seine restliche Dienstzeit in der Army als Ausbilder.

Das Denkmal für Major Dick Meadows neben dem Gebäude des U.S. Special Operations Command in Fort Bragg, North Carolina. Meadows war ein unverwüstlicher Special-Forces-Soldat, der seine Heldentaten in Vietnam, Laos und dem Iran vollbrachte.
JOHN D. GRESHAM

Rein theoretisch setzte er sich 1977 nach insgesamt 30 Dienstjahren zur Ruhe. Tatsächlich blieb er immer SF-Soldat, selbst als seine offizielle Verbindung zur Army längst gekappt war.

Deshalb heuerte ihn Colonel Chargin Charlie Beckwith gegen Ende der 70er-Jahre als Berater an, als er nach qualifizierten Ausbildern für die Delta Force suchte. Kurz darauf, im Jahre 1980, merkte die CIA urplötzlich, dass sie keine Leute vor Ort hatte, die in der Lage gewesen wären, die Rettungsmission für die Geiseln im Iran zu unterstützen. Also holte sie sich Meadows und schickte ihn nach Teheran, um die Sache zu erledigen.

Er wurde mit der falschen Identität eines irischen Geschäftsmannes eingeschleust, erkundete persönlich den Botschaftskomplex, rekrutierte Operateure und bildete sie aus, kaufte Lastwagen und andere Transportmittel und präparierte sie und bereitete schließlich auch noch alles für die Ankunft von Beckwith und seiner Delta Force vor.

Und dann, als die Rettungsmission am Punkt Desert One angelangt war, wurde sie abgebrochen (in völligem Chaos) und man ließ ihn im wahrsten Sinne des Wortes einfach hängen. Unglücklicherweise hatte man bei der CIA vergessen, ihn darüber zu informieren, dass die Rettungsmannschaft zurückgerufen worden war (er durfte das der iranischen Presse entnehmen), und ihn einfach allein in Teheran zurückgelassen.

Er machte sich deswegen freilich keine Sorgen. Nachdem er so viele Männer heil nach Hause gebracht hatte, schaffte er es diesmal auch, sich selbst sicher nach Hause durchzuschlagen.

In den 80er-Jahren bildete Meadows weiterhin Anti-Terror-Profis auf der ganzen Welt aus und würde das gewiss auch heute noch tun, hätte er nicht seine letzte Schlacht verloren. 1995 erkrankte er an Leukämie und starb zwei Monate nach der Diagnose.

Dick Meadows starb in einer wahren Flut von Würdigungen, Ehrungen, Orden und Medaillen. Er hatte alle erdenklichen Orden bekommen – mit einer Ausnahme: der Medal of Honor. (Obwohl einer seiner engeren Freunde einmal feststellte: »Wenn die Berichte über seine geheimen Aufträge jemals der Öffentlichkeit zugänglich gemacht würden, bekäme er die auch noch!«)

Heute gibt es bei den Special Forces drei dauerhafte Erinnerungen an Dick Meadows: seinen Sohn Mark, der inzwischen Offizier bei den Rangern der Army ist, eine Bronzestatue im Hof des USASOC-Hauptquartiers und schließlich eine besondere Auszeichnung des SOCOM, die jedes Jahr unter seinem Namen einem herausragenden befehlshabenden Offizier verliehen wird.

Angesichts dieser außerordentlichen Leistungen nehme ich mir persönlich das Recht heraus, Dick Meadows mit großem Stolz zum ewigen Krieger der Special Forces zu ernennen. Meadows repräsentiert alles, was an diesen besonderen Männern gut, gescheit und professionell ist.

Irgendwie habe ich das Gefühl, die meisten SF-Profis würden mit mir ohne Widerspruch darauf anstoßen.

Die mageren Jahre

Genau wie das übrige amerikanische Militär wurden auch die Special Forces in den 70er-Jahren für das Versagen in Vietnam bestraft. Das drückte sich in der Abmusterung der 1st, 3rd, 6th und 8th SFG aus, wodurch die ganze Gemeinschaft auf gerade noch die Hälfte ihrer Stärke reduziert wurde. Tatsächlich gab es damals sogar Vorschläge, die SOF ganz zu eliminieren. Letztendlich ist es nur den entschiedenen Anstrengungen einiger weniger Visionäre zu danken, dass die Special Forces am Leben blieben. Ich könnte jetzt seitenlang über das Elend berichten, das SF-Soldaten und andere SOF-Einheiten in dieser Zeit durchlitten, aber zur Veranschaulichung soll eine Geschichte genügen.

Zu einem gewissen Zeitpunkt im Laufe der dunklen Jahre der Regierung Carter starteten einige Leute in der Army eine Initiative, um die verbliebenen SF-Kapazitäten (die 5th und 7th SFGs) zu erhalten. Dieses Programm lief unter der Bezeichnung »Special Proficiency At Rugged Training and Nation Building« (SPARTAN). Oberflächlich betrachtet, war das Ganze eine ziemlich dumme Idee – nicht weil der vorgeschlagene Einsatz Verschwendung gewesen wäre, sondern weil die Verwendung von SFGs (die immerhin über einige Jahre Felderfahrung verfügten) bedeutet hätte, Perlen vor die Säue zu werfen. Andererseits hat vielleicht ausgerechnet diese »Arbeitsbeschaffungsmaßnahme« die SFGs gerettet.

Jedenfalls wurden SF-Soldaten im Rahmen von SPARTAN in wirtschaftlich schwache Regionen der Vereinigten Staaten geschickt, wo sie Jobs erledigten ähnlich denen, die während der Depressionszeit vom Civil

Conservation Corps erledigt wurden: Sie bauten Straßen und Brücken, leisteten medizinische Hilfe und vollbrachten andere gute Taten, hauptsächlich unter den verarmten Einwohnern der verarmten Bezirke Hoke und Anson in North Carolina und bei den Indianerstämmen in Florida, Arizona und Montana.

Doch so ehrenwert dieser Dienst auch gewesen sein mag, dafür hatten sich die SF-Soldaten nicht bei den Streitkräften verpflichtet. Allerdings zeigte das Projekt SPARTAN, was die Männer der Special Forces alles in Kauf zu nehmen bereit waren, um ihre Gemeinschaft zu erhalten.

Ich beuge mein Haupt, dass professionelle Kämpfer solche Dinge erledigen mussten ... und bin doch gleichzeitig auch stolz, dass sie bereit dazu waren.

Der Gegenschlag

Die Regierung von Präsident Reagan änderte alles und im Laufe der 80er-Jahre wurden die Special Forces ebenso wie der Rest des U.S. Militärs wieder aufgebaut. Sie avancierten zur größten Komponente des neuen SOCOM und sie konnten nun nicht nur einen großen Teil ihrer verlorenen Gemeinschaft wiederherstellen (die 1st und 3rd SFG wurden reaktiviert), sondern sie haben auch mitgeholfen, den amerikanischen Einflussbereich auszudehnen (wie zum Beispiel in El Salvador).

Vor allem aber konnten die Special Forces sich wieder im Feuer von Schlachten beweisen.

Im Dezember 1989 lief die Operation Just Cause gegen Panamas starken Mann Manuel Noriega an. General Maxwell Thurman, Commander in Chief des U.S. Southern Command, bestimmte die Special Operation Forces zur Speerspitze der Invasion und die SF-Soldaten waren die wichtigste Komponente innerhalb der Speerspitze. Die SF-Teams führten dabei das komplette Spektrum an Missionen durch: Sie griffen Führungseinrichtungen an, kämpften in einigen üblen Gefechten mit den panamaischen Verteidigungskräften und nahmen viele Gefangene.

Und dann, nur wenige Monate nach Just Cause, operierten SF-Truppen in den Wüsten am Persischen Golf.

Trotz General Schwarzkopfs kurzsichtiger Einstellung gegenüber den Special Forces entwickelte sich ihr Einsatz im Rahmen der Operationen Desert Shield und Desert Storm zum größten seit Vietnam. Die 3rd und die 5th SFG gingen in voller Stärke nach Saudi-Arabien, um die alliierte Koalition zu unterstützen. Dort fanden sie auch sofort genügend wichtige Aufgaben – wenn auch nicht unbedingt solche, die sie sich gewünscht hätten. Da die SFGs über die größte Gruppe Arabisch sprechender Soldaten im gesamten Militär verfügten, waren sie hervorragend darauf vorbereitet, eine Untergrund- und Widerstandsbewegung in Kuwait aufzubauen. (Doch Schwarzkopf würgte diesen Plan ab. Er wollte keine Leute, die er nicht kontrollieren konnte, in Situationen verwickelt sehen, die den Krieg auslösen konnten, bevor er selbst dazu bereit war.)

Da aus diesem Vorhaben nichts wurde, machte man die SF-Soldaten zu Verbindungsoffizieren für die vielen alliierten arabischen und muslimischen Verbände in der Koalition (diesen Job hätten sie auf jeden Fall auch übernehmen müssen, wenn die Kuwait-Mission bewilligt worden wäre). So fuhren die SF-Soldaten als Berater und Beobachter zusammen mit ihren Alliierten in die Schlacht und waren bei den ersten Truppen, die im Februar 1991 in die befreite Hauptstadt Kuwait einrückten.

Unterdessen wurden, kaum dass die Entscheidung für eine Bodenoffensive gegen den Irak gefallen war, mehrere Dutzend SF-Teams tief in das feindliche Territorium eingeschleust, wo sie wichtige nachrichtendienstliche Erkenntnisse über irakische Truppenbewegungen sammelten, die den Kommandeuren der Bodentruppen entscheidende Unterstützung während des 100-Stunden-Krieges lieferten. (Obwohl einige Teams entdeckt wurden, als unbeteiligte Beduinen über ihre Verstecke stolperten, schafften es am Ende doch alle, wieder hinter die eigenen Linien zu entkommen.)

In dem Jahrzehnt, das dem Golfkrieg folgte, haben Soldaten der Special Forces praktisch bei jeder größeren militärischen Operation der Vereinigten Staaten eine bedeutende Rolle gespielt. Sie waren bei den Einsätzen auf Haiti, in Ruanda und auf dem Balkan mit dabei. Das alles geschah und geschieht, während das Special Forces Command auch weiterhin seine »normalen« Aufgaben erfüllt: in aller Stille unsere Alliierten ausbildet und ihnen dabei hilft, ihre Interessen besser zu wahren und zu schützen.

Zur Zeit zählen die Soldaten des SFC zu den Kämpfern Amerikas, denen die Politik das meiste Vertrauen entgegenbringt – eine zwiespältige Situation. Natürlich freuen sie sich, dass ihnen vertraut wird, aber die Kehrseite besteht darin, dass man sie mit mehr Aufgaben betraut, als sie erfüllen können.

Special Forces Command: Die Green Berets

Das Special Forces Command, das von einem Major General (Zwei-Sterne-General) der Army geführt wird, ist (mit mehr als der Hälfte der 30000 SOF-Planstellen) nicht nur der größte Verband innerhalb des SOCOM, sondern auch der aktivste, was Operationen angeht. Stets befinden sich zwischen 40 und 60 SF-Detachments in Einsätzen auf der ganzen Welt. Damit liegt ihre Einsatzrate sogar noch höher als die der Aircraft Carrier Battle Groups (CVBGs) der Navy und der Marine Expeditionary Units – Special Operations Capable (MEU [SOC]) des USMC. Tatsächlich sind die Special Forces – gemessen in Einsatztagen im Ausland pro Mann und Jahr – sogar die am meisten beschäftigten Kämpfer Amerikas.

Wahrscheinlich ist das auch der Grund dafür, weshalb gerade diese Einheiten das »Joint«-Prinzip am häufigsten praktizieren. Mit anderen Worten: SF-Detachments arbeiten im Felde mit einer erheblich größeren Bandbreite an Einheiten und Personal anderer Teilstreitkräfte und Nationen zusammen als jede andere militärische Organisation der Vereinigten Staaten von Amerika. Sie lassen sich regelmäßig von der U.S. Air Force oder

Offizielle Grafik der U. S. Army

Navy transportieren, üben häufig zusammen mit dem USMC und führen jedes Jahr Feldoperationen in bis zu 100 Ländern (»downrange«) durch. Zweifellos ist das alles eine schwere Bürde für das SFC.

Das Special Forces Command, das erst 1989 im Kielwasser von Goldwater-Nichols entstand, trägt praktisch von der Wiege bis zur Bahre die Verantwortung für jede einzelne Facette des Lebens bei den Special Forces: Dem SFC obliegt die unmittelbare Überwachung des JFK-Ausbildungszentrums, wo neue SF-Soldaten rekrutiert und ausgebildet werden. Das SFC führt die verschiedenen SF-Gruppen und ist für deren Organisation, Ausrüstung und Ausbildung verantwortlich. Darüber hinaus ist es auch noch die Genehmigungsinstanz für SF-Operationen und muss vor *jedem* einzelnen Einsatz konsultiert werden, bevor er genehmigt wird.

Wie auch die anderen größeren Komponenten innerhalb des SOCOM (Ranger, SEALs usw.) hat das SFC eine fast vollständige Kontrolle über die Struktur seiner Einheiten, die Art und Weise, wie sie ausgebildet werden, ihre Ausrüstung und ihren Auftrag. Für all jene, die das SFC mit Einsätzen beauftragen wollen, kann eine derart umfassende Kontrolle durchaus frustrierend sein. Aber nur so ist wirklich sichergestellt, dass die SF-Truppen über die erforderlichen Mittel verfügen, um ihren Job erledigen zu können. Jede Anfrage für einen Einsatz wird ebenso wie jeder einzelne Auftrag gründlichst von Leuten überprüft, die die Bedürfnisse und die Grenzen von SF-Einheiten und ihren Soldaten kennen. Langfristig ist es nur vernünftig, unrealistische Anfragen sorgfältig abzuklopfen und gegebenenfalls zu vertagen.

Aber außer dieser reinen Kontrollfunktion steckt im SFC noch wesentlich mehr. Das schauen wir uns jetzt an und dabei werfen wir gleich auch noch einen Blick auf die Organisationsstruktur.

Das Hauptquartier des U.S. Army Special Operations Command in Fort Bragg, North Carolina. Dieses mächtige Gebäude beherbergt zusammen mit anderen Special-Operations-Komponenten auch die Führungselemente der Special Forces.
John D. Gresham

Die Festung: Das Hauptquartier des Special Forces Command

Fort Bragg in North Carolina ist einer der größten Militärstützpunkte Amerikas. Es liegt zwischen den Sandhügeln und Küstenebenen von North Carolina und ist seit dem Zweiten Weltkrieg Dreh- und Angelpunkt für alle schnellen Reaktionskräfte der Vereinigten Staaten. An der Ostseite dieses riesigen Komplexes befinden sich die Hauptquartiere, Kasernen und anderen Einrichtungen der 82nd Airborne Division und des XVIII. Airborne Corps.

Was jedoch für unser Thema von Interesse ist, liegt auf der südöstlichen Seite des Stützpunktes. In der Nähe des ursprünglichen SF-Ausbildungsbereiches, dem Smoke Bomb Hill, befinden sich in einem festungsähnlichen Gebäude die Hauptquartiere des U.S. Army Special Operations Command und des Special Forces Command – ein Monument aus rotem Ziegelstein, das von der Obsession des Militärs kündet, sich selbst zu schützen. Es strahlt den Charme und die Wärme einer mittelalterlichen Burg aus, was sicher auch beabsichtigt war, als es Mitte der 90er-Jahre gebaut wurde[85]. Wären da nicht die sorgfältig gepflegten Rasenflächen, das Buschwerk und die Gehwege, würde der Platz nur eine Botschaft signalisieren: »Verschwinde! Das hier drinnen ist für Leute wie dich viel zu ernst!« Sogar der Parkplatz ist sorgfältig abgesichert: Hindernisse aus

85 Ich sollte vielleicht erklärend hinzufügen, dass sämtliche Regierungsgebäude der Vereinigten Staaten auf der ganzen Welt als Ergebnis der terroristischen Bombenanschläge, die sich zu einer regelrechten Plage entwickelt haben, immer »festungsmäßiger« geworden sind. Schlechte Sicherheitsvorkehrungen und mangelhafte Schutzmaßnahmen haben schon einige Leben gekostet, und kein militärischer Führer möchte sich nachsagen lassen, in dieser Beziehung nachlässig gewesen zu sein.

Beton trennen das Gebäude vom umliegenden Gelände und nach Besucherparkplätzen wird man vergeblich suchen. (Ich musste meinen Wagen fast 200 m vom Haupteingang entfernt jenseits des vor Hitze glühenden Parkplatzes abstellen.) Innen ist die Absicherung mit computergesteuerten Drehkreuzen und bewaffneten Wachen sogar noch strenger.

Die Führung des Special Forces Command

Die Führung des Special Forces Command hält sich traditionell gerne im Hintergrund, die meisten Führer der verschiedenen Gemeinschaften und Komponenten-Kommandos haben ihr Berufsleben hinter einem Vorhang von Absicherung verbracht. Nur sehr wenige haben Lust, hinter diesem Vorhang hervorzutreten. Und doch, trotz aller instinktiven Geschlossenheit und Verschwiegenheit, war man mir gegenüber immer dann, wenn ich Informationen brauchte, so offen, wie die Möglichkeiten es zuließen. Dafür bin ich sehr dankbar.

An der Spitze der Hierarchie des SFC steht Major General William G. Boykin, ein stiller, tief religiöser, fast einsiedlerischer Berufsoffizier der SOF. Er verfügt über umfassende Erfahrungen bei den Special Forces und anderen Verbänden des USASOC (vor seiner jetzigen Verwendung führte er die Delta Force und war Stabsoffizier im Joint Special Operations Command, zwei Einrichtungen, über die kaum etwas ans Licht der Öffentlichkeit dringt).

General Boykin hat eine Reihe persönlicher Ziele:

- **Einsatzrate (OpTempo)** – In den letzten zehn Jahren hat die Einsatzrate bei Überseeeinsätzen der SF einen kritischen Punkt erreicht. Betrachtet man die nachfolgende Tabelle, in der die Einsätze des SF-Personals Mitte der 90er-Jahre nach Anzahl und Ländern aufgelistet sind sowie der Gesamtpersonalansatz und die Personalstärke für jede Mission, wird klar, was damit gemeint ist:

Haushaltsjahr	**1992**	**1993**	**1994**	**1995**	**1996**	**1997**
Betroffene Länder	72	121	150	184	167	131
Zahl der Einsätze	495	554	1066	1593	2325	2183
Gesamtpersonal	14678	15192	16012	17022	20642	21951
Personal pro Einsatz	29,65	27,42	15,02	10,69	8,88	10,06

Die Tendenz ist Besorgnis erregend: in den vergangenen zehn Jahren hat sich die Anzahl der Länder, in denen Missionen durchgeführt wurden, nahezu verdoppelt, die Gesamtzahl der Einsätze ist um unglaubliche 400 Prozent gestiegen. In der gleichen Zeit erhöhte sich auch der Personalansatz im Einsatz um 50 Prozent, während die verfügbare Personalstärke pro Einsatz um fast zwei Drittel fiel.

Was bedeutet das alles nun in der Realität? Vor allem bedeuten diese Zahlen, dass jeder SF-Soldat bis zu 180 Tage im Jahr »downrange« verbringen muss. Zweitens wird jeder einzelne Einsatz – bedingt durch die Tatsache, dass die Zahl der verfügbaren Männer pro Einsatz zurückgegangen ist – nur noch mit weniger als den zwölf Mann durchgeführt, die normalerweise die Sollstärke eines A-Teams sind.
Mit anderen Worten heißt das: Die U.S.-Regierung überlastet ihre Special Forces in einem gefährlichen Maß, was bereits zur Folge hat, dass – wie schon zuvor erwähnt – viele SF-Soldaten bereits »mit den Füßen abgestimmt« haben. Die hohen Einsatzraten veranlassen viele SF-Soldaten, ihren Dienst zu quittieren. Die unausbleibliche Folge ist wiederum, dass die Belastung der Teams im Einsatz noch weiter erhöht wird.

General Boykin hat wie auch schon General Bowra vor ihm hart daran gearbeitet, seiner Truppe Erleichterungen zu verschaffen (General Bowra wechselte als Kommandeur zum SWC). Dass dies erste Erfolge hatte, zeigte sich schon vor 1998, als General Boykin übernahm, bereits da gab es leichte Verbesserungen. Das belegen die Zahlen für das Haushaltsjahr 1997. Diesem Trend folgend, hat General Boykin das Außenministerium dahingehend unter Druck gesetzt, die Zahl der Auslandseinsätze zu reduzieren. Dazu hat er eine Mindest-»Ruhe«-Zeit festgelegt, die seine Leute zu Hause haben sollen, und gleichzeitig für bessere Einrichtungen und Versorgung im Außeneinsatz gesorgt.

- **Kampffähigkeit** – Aus General Boykins Sicht hat die Kampffähigkeit der Special Forces durch die Betonung von friedenserhaltenden, humanitären und anderen, nicht mit dem Gebrauch von Waffen verbundenen Einsätzen gelitten. Demzufolge wird in der Ausbildung jetzt wieder mehr Gewicht auf Gefechtsdrill und Gefechtsübungen gelegt. Darüber hinaus sorgte er auch dafür, dass die Special Forces verstärkt an den großen Übungen beteiligt werden, wie sie am Joint Readiness Training Center (JRTC in Fort Polk, Louisiana) und am National Training Center (NTC in Fort Irwin, Kalifornien) abgehalten werden. Er setzte auch die Teilnahme seiner Männer an der umfassenden Übung Joint Task Force Exercise (JTFEX) durch.
- **Lebensqualität** – Niemand wird bezweifeln, dass der Lebensrhythmus der Special Forces persönliche Beziehungen in hohem Maße belastet. Ebenso wenig kann in Abrede gestellt werden, dass das Zusammenleben mit Menschen, die sich von den SF angezogen fühlen, häufig recht schwierig ist. (Der Scherz, dass jeder, der mehr als fünf Jahre Dienst in den Teams ohne Scheidung überlebt, einfach nicht hart genug arbeitet, enthält sicher mehr als nur ein Körnchen Wahrheit.) Um seinen SF-Truppen und ihren Familien etwas Besseres zu bieten, hat General Boykin alles in seiner Macht Stehende unternommen, die Belastungen für das Privatleben seiner Leute abzumildern. So hat er die Einsatzraten reduziert, den Soldaten ermöglicht, ihren aufgelaufenen Urlaub vollständig und ohne Unterbrechung zu nehmen, und ihnen ganz generell mehr Freizeit eingeräumt – wann immer es möglich ist.

- **Modernisierung** – In der Vergangenheit haben die Special Forces überwiegend Ausrüstungs- und Versorgungsgüter benutzt, die für konventionelle Einheiten entwickelt worden waren. Jetzt, nachdem ein Großteil dieses Gerätes abgenutzt und veraltet ist, hat das SFC seine eigene Stabsabteilung für Beschaffung (G7) aufgestellt. Sie soll helfen, das »Zeug« zu entwickeln und zu kaufen, das die SF-Soldaten zu Beginn des 21. Jahrhunderts brauchen.
- **Infrastruktur** – Die Wiedergeburt der Special Forces in den 80er-Jahren hat jedoch den Zustand der Plätze, die sie ihr Zuhause nennen, nicht gleichfalls positiv beeinflusst (gewöhnlich sind das die ärmlichsten und unbeliebtesten Plätze innerhalb der Liegenschaften der Army). Die meisten Einrichtungen fallen schon auseinander. Einige Gruppen hatten Stabsgebäude und Unterkünfte belegt, die noch aus dem Zweiten Weltkrieg stammten. Die Veränderungen hier liefen zwar langsam, aber es gab wenigstens Veränderungen. Mit Ausnahme der 5th SFG (in Fort Campbell, Kentucky), die immer noch auf neue Gebäude und Einrichtungen wartet, bekommen alle SF-Einheiten neue und zweckdienliche Stabsgebäude, Unterkünfte und Übungseinrichtungen.

General Boykin wird von einem sehr kompakten Kommandostab unterstützt, in dem sich der schlanke Charakter der Special Forces widerspiegelt. Sein Command Sergeant Major ist Mike Bishop, sein stellvertretender Kommandeur Brigadier General John Sales (der eigentlich zur Nationalgarde gehört). Es gibt einen Chef des Stabes, einen Nachrichten-Stabsoffizier (G-2), einen Einsatzstabsoffizier (G-3) und so weiter und sogar einen Militärseelsorger. Insgesamt verfügt das SFC jedoch nur über 100 militärische und 20 zivile Stabsangehörige für die Führung eines Kommandos von mehr als 10000 Mann mit einem weltweiten Auftrag – eine winzige Zahl im Vergleich zu anderen militärischen Verbänden vergleichbarer Mannstärke. Auf jeden Fall sagt es eine Menge über die ausschließlich sachbezogene Natur der Special Forces aus.

Ein Maßstab für Kampfverbände ist seit jeher das zahlenmäßige Verhältnis von »Kopf zu Schwanz«: das Verhältnis der Kampftruppen zu den Versorgungstruppen. In den typischen Kampfverbänden der Army beträgt es eins zu zwei. In Vergleich dazu haben bei den SF-Kampfeinheiten in der Regel immer zwei von drei Personen einen Kampfauftrag. Anders ausgedrückt: Jede SF-Einheit, angefangen vom Büro des Kommandierenden Generals bis hin zum kleinsten Detachment, ist schlank und auf den Kampf hin optimiert.

Die Gruppen: Die Schneide des Schwertes

Die Basiseinheit der SF ist, wie schon gesagt, das nominell zwölf Mann starke Operational Detachment A (ODA). Doch Einheiten ziehen nicht völlig auf sich allein gestellt in einen Einsatz. Jedes einzelne ODA ist Bestandteil eines übergeordneten Verbandes, der Special Forces Group –

Airborne[86]. Hiervon existieren insgesamt sieben. Obwohl alle sieben eine ähnliche Struktur und Organisation besitzen, sind sie von ihrer jeweils eigenen Vergangenheit, eigenen Auftragsprofilen und einer ganz eigenen Kultur geprägt (zwei von ihnen gehören zur Army National Guard, was sie zu »Wochenend-« oder »Teilzeit-«Kriegern macht). Es gibt auch noch einige kleinere Einheiten, die dem SFC angeschlossen sind und die wegen ihrer wachsenden Bedeutung im derzeitigen Weltklima gesondert betrachtet werden müssen.

Noch ein Hinweis am Rande: Ich werde in diesem Buch einige tatsächlich agierende Personen vorstellen. Da es zur Tätigkeitsbeschreibung von Militärpersonal gehört, dass es häufig bewegt wird, kann dies hier nur eine Momentaufnahme des Status der verschiedenen Gruppen sein, wie er sich im März 1999 darstellte. Darüber hinaus wird hier über Männer berichtet, die durch regelmäßige Einsätze »downrange« einem relativ hohen Risiko ausgesetzt sind, und deshalb wurden die meisten Namen verändert.

Struktur: Die Zusammensetzung einer Special Forces Group

Als Colonel Aaron Bank 1952 die 10th SFG aufstellte, ahnte er sicher nicht, dass er damit eine Art Schablone entwickelt hatte, die das nächste halbe Jahrhundert bestehen sollte (und auch heute noch kein Zeichen von Abnutzung zeigt). Heute repräsentieren sieben SFGs die Kampfkraft des SFC. Neben dem 75th Ranger Regiment in Fort Benning, Georgia, handelt es sich um die größten SOF-Einheiten des Militärs der Vereinigten Staaten. Und ich bezweifle – mit einer Entschuldigung vor den Rangern und ihren sicherlich ganz ausgezeichneten Kampfqualitäten –, dass es irgendeine andere Kampfeinheit auf der Welt gibt, die eine größere Bandbreite von Aufgaben erfüllen kann als eine im Feld stehende SFG.

Damit ist der Zeitpunkt gekommen, dass wir uns die Zusammensetzung eines ODA in voller Mannstärke noch einmal näher anschauen:

- **Führung** – Die Führung eines ODA liegt bei einem SF-Captain (18A) und dessen Stellvertreter, einem Warrant Officer (180A).
- **Planung und Einsatz** – Den Job von Planung und Nachrichtensammlung teilen sich zwei dienstgradhöhere Sergeants. Ein Master Sergeant ist gleichzeitig Team Sergeant und Einsatzunteroffizier (NCO-18Z). Er wird von einem dienstgradniedrigeren Unteroffizier mit den Spezialbereichen Nachrichten und Einsatz unterstützt (18F).
- **Waffen** – Ein A-Team besitzt zwei Unteroffiziere als Waffenspezialisten (18B). Auch hier ist einer der beiden im Dienstgrad höher, aber beide tragen denselben Tätigkeitscode.

---

86 Alle SF-Einheiten sind »Airborne«, das heißt Fallschirmspringer-Einheiten (denn jeder SF-Soldat muss seine Qualifikation als Fallschirmspringer nachweisen) und werden korrekterweise auch so bezeichnet. Ich werde im Buch die kürzere Variante verwenden und spreche nur von SFG.

Struktur und Personal eines Special Forces Operational Detachment Alpha (ODA) oder A-Teams der Special Forces.

Rubicon. Inc., von Laura DeNinno

- **Pionierwesen** – Wie im Bereich Waffen gibt es in jedem A-Team auch zwei Unteroffiziere (18C) für das Pionierwesen.
- **Sanitätswesen** – Jedem A-Team sind zwei der hervorragenden Sanitätsspezialisten (18D) der SF zugeteilt. Sie gehören zu den am meisten beschäftigten und wertvollsten Leuten im SFC.
- **Fernmeldewesen** – Jedes A-Team verfügt über zwei Fernmeldeunteroffiziere (18E).

Für das Personal der Special Forces ist es völlig alltäglich, dass die Mitglieder des Teams auch in anderen Tätigkeiten ausgebildet sind, so dass jeder bei Ausfällen, Aufteilung des Teams oder Personalmangel vor dem Einsatz auch einen anderen Platz einnehmen kann. Sie alle besitzen die für das Einsatzgebiet relevanten Sprachkenntnisse und eine entsprechende Ausbildung, um mit den Besonderheiten der örtlichen Kultur, der Tradition und anderen Problemen richtig umgehen zu können.

Bei der Zusammenstellung einer SFG führt man zunächst sechs ODAs zu einer Kompanie zusammen. Hinzu kommt ein Operational Detachment Bravo (ODB) hinzu als Kompanie-Stab. Dazu gehören die Fernmelde-(18E)- und Pionier-(18C)- Spezialisten. Ein Warrant Officer (180A) in der Kompanie bringt operationelle Fachkenntnisse ein und führt das

Kompanie-Stab der Special Forces
Operational Detachment Bravo
B-Team

Struktur und Personal eines Kompanie-Stabes der Special Forces, Operational Detachment Bravo (ODB) oder B-Team.

Rubicon. Inc., von Laura DeNinno

Unteroffizierkorps, ein SF-Major (18A) steht zusammen mit einem SF-Sergeant Major (18Z) an der Spitze der Kommandostruktur.

Eine solche SF-Kompanie ist der Grundbaustein für die nächste Ebene der SFG – das SF-Bataillon.

Jedes SF-Bataillon besteht wiederum aus drei Kompanien: einer Support Company (Unterstützungseinheit für Logistik, Transport usw.), einer Führungsgruppe und einem Stabs-Platoon (dem Headquarters and Headquarters Detachment, HHD). Das HHD eines SF-Bataillons ist 37 Mann stark einschließlich eines Lieutenant Colonel (18A) als Kommandeur, eines Major (18A) als dessen Stellvertreter und eines Command Sergeant Major (1800 Z). Offiziell wird der Bataillonsstab als Operational Detachment Charlie (ODC) bezeichnet und ist eine funktionsfähige Einheit einschließlich des notwendigen Sanitäts-, Fernmelde-, Pionier-, Nachrichten- und sogar Zivilpersonals.

Die drei SF-Kompanien werden der Reihe nach mit Alpha für den Buchstaben A, Bravo für B und Charlie für C bezeichnet, alle sind für die Erfüllung ihrer eigenen, speziellen Aufgaben vorgesehen. So muss zum Beispiel die A-Kompanie ein ODA bereitstellen, das in der Lage ist, Operationen mit dem militärischen Fallschirm-Freifallsystem (Military Free-Fall, MFF) durchzuführen, während die B-Kompanie ein für Unterwasser-Operationen (Underwater Operations, UWO) qualifiziertes A-Team stellen muss.

Insgesamt besteht das SF-Bataillon also aus 383 Leuten und ist somit ein unabhängiger SF-Verband, der nur noch nachrichtendienstliche, logistische und Transportunterstützung von höheren Hauptquartieren und anderen Einrichtungen braucht, um ins Feld ziehen zu können. Oft besteht bei einem größeren regionalen Eventualfall (Major Regional Contingency, MRC, ein hübscher Euphemismus dafür, dass hier »die Kacke wirklich am Dampfen« ist[87]) die erste Reaktion des SOCOM darin, ein SF-Bataillon eine Vorauskompanie entsenden zu lassen.

Zuletzt werden drei SF-Bataillone mit einem weiteren Stabszug (HHC/ODC, 89 Mann stark, damit also fast doppelt so stark wie ein HHD auf Bataillonsebene) und eine Group Support Company[88] (144 Mann) zusammengefügt. Damit erhält man dann eine komplette Special Forces Group, die mit 1382 Mann etwa die Stärke einer traditionellen Infanterie-Brigade der Army hat. Zwei Drittel des Personals einer solchen SFG befinden sich als einsatzfähige und missionsbereite SF-Soldaten in den Teams.

Jede SFG (einschließlich der beiden Gruppen von der ANG, der Army National Guard) ist für einen bestimmten Bereich der Welt eingeteilt, um dort Operationen durchzuführen oder zu unterstützen. Das gesamte Personal verfügt über eine entsprechende Sprachausbildung und kulturelle Schulung und das HHC der Gruppe überwacht laufend die politische und militärische Lage in der betreffenden Region. Teile einer SFG können schon im Voraus in ihrem Bereich vorgeschoben eingesetzt oder stationiert sein, damit die Transportzeiten in eine Krisenzone möglichst kurz sind. Aus diesem Grund unterhält die 10th SFG immer noch ein Bataillon in Deutschland. Für die 1st SFG steht eines in Okinawa und die 7th SFG hat eine Kompanie in Puerto Rico (Stand 1999).

Die regionale Orientierung führt zu einigen recht interessanten Konsequenzen. So definiert die zugeteilte Region zum Beispiel häufig die Kultur und den Lebensstil einer bestimmten Gruppe. In der 7th SFG (die Lateinamerika abdeckt) gilt es als ausgemachte Sache, dass ein unverheirateter SF-Soldat als Ehefrau eine Lateinamerikanerin mit nach Hause bringen wird, sobald er zum zweiten Mal dorthin »downrange« geschickt worden ist. Und in der 1st SFG (die dem Fernen Osten zugeteilt ist) sind orientalisches Essen und orientalische Ehefrauen der Regelfall.

Aber nun wieder im Ernst: Die nicht mit Kampfhandlungen verbundenen Missionen in Übersee gewährleisten, dass immer mindestens ein ODA in der Nähe ist, wenn eine Krise ausbricht. Es bedarf also nur einer schnellen Änderung der Befehle und Uniformen und binnen kürzester Zeit ist auch schon ein Team, das humanitäre oder Ausbildungsaufträge durchführt, in ein Sonderaufklärungs-(SR)-Team verwandelt, das sofort in dem kritischen Bereich eingeschleust werden kann. Auf diese Weise ist es schon mehr als einmal gelungen, nur Minuten oder Stunden nach Beginn des Konflikts zuverläs-

---

87 Der Buchstabe »C« in der Abkürzung MRC steht manchmal auch für Crisis (Krise) oder Conflict (Konflikt). Aber ganz gleich, ob nun Contingency, Crisis oder Conflict – es läuft doch immer auf dasselbe hinaus: GEWALTIGEN Ärger.

88 Unterstützungskompanie für die Gruppe (Anm. d. Ü.).

Führungsgruppe und Stabszug der Special Forces Operational Detachment Charlie C-Team

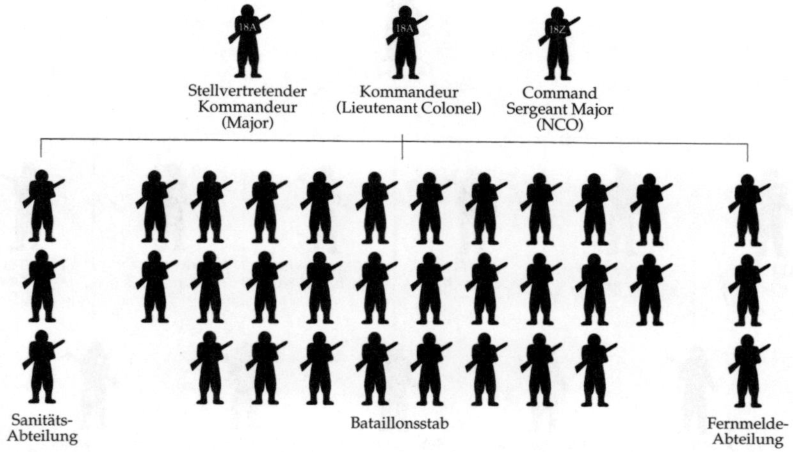

Struktur und Personal eines Bataillonsstabes der Special Forces, das so genannte Operational Detachment Charlie (ODC) oder C-Team.

RUBICON. INC., VON LAURA DENINNO

sige Augen und Ohren am Ort des Geschehens zu haben. Politiker und Diplomaten finden das natürlich äußerst nützlich und hilfreich.

1st Special Forces Group

Die Besichtigung beginnt am vielleicht schönsten Flecken in der Welt der Special Forces, in Fort Lewis, Washington. Dieser Stützpunkt liegt in der

Organisation einer typischen Special Forces Group (1382 Soldaten)

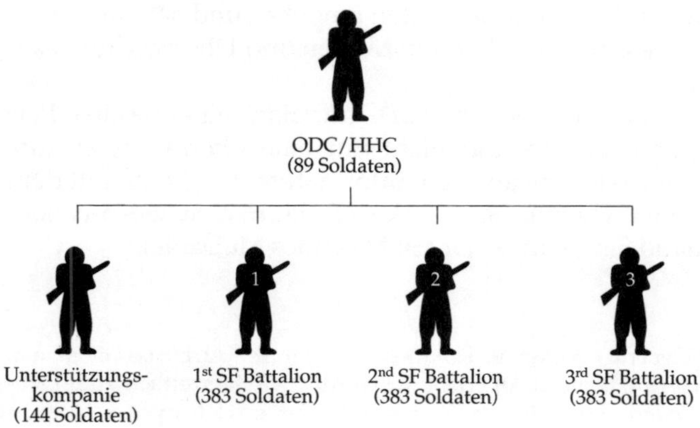

Struktur und Personal einer U.S. Army Special Forces Group.

RUBICON. INC., VON LAURA DENINNO

Struktur des U. S. Army Special Forces Command

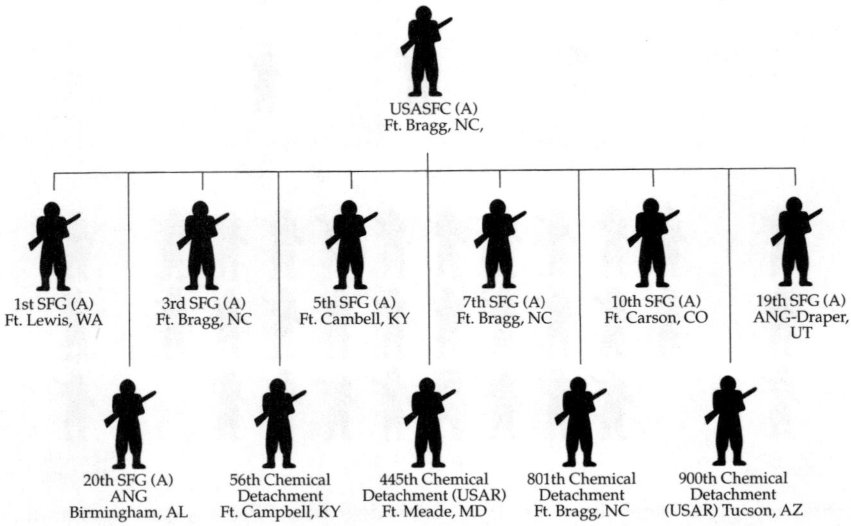

Einheiten und Organisation des U. S. Army Special Forces Command.

RUBICON. INC., VON LAURA DENINNO

Nähe der Stadt Tacoma, am Südende des Puget Sound, und (bei klarem Wetter) in Sichtweite des Mount Rainier. Fort Lewis ist die Drehscheibe für eine Vielzahl von militärischen Operationen an der Pazifikküste. Die nahe gelegene McCord AFB wird bald der Heimatstützpunkt des 2nd Operational Wing sein, das die Schwerlast-Strahltransporter des Typs C-17 A *Globemaster III*, das Lieblingstransportflugzeug aller Logistikfachleute, fliegt. Außerdem liegt in Fort Lewis auch das I. Corps der U.S. Army, das von meinem alten Freund Lieutenant General George Crocker geführt wird.[89]

Gegenüber, auf der Nordseite des Stützpunktes, befindet sich die neue Heimat der 1st SFG. Ihr Hauptquartier wurde im gleichen Stil errichtet wie auch die anderen neuen Komplexe der SF-Hauptquartiere: ein flaches, in einen Hügel eingebettetes Gebäude. Es ist von Unterkünften, Ausbildungseinrichtungen und anderen Gebäuden umgeben und natürlich wird alles von den unvermeidlichen Sicherheitszäunen und Überwachungskameras umschlossen.

Mein Besuch im Hauptquartier der 1st SFG (der nach einer raschen Personenkontrolle begann) brachte mir nicht nur eine überraschend gute Tasse Army-Kaffee ein, sondern auch ein informatives Gespräch mit dem Kommandeur, Colonel Thomas R. Csrnko (Tschernko ausgesprochen) und seinem Command Sergeant Major (SGM) James McDaniel.

89 Zuletzt haben wir General Crocker als Kommandeur der 82nd Airborne Division in meinem Buch *Airborne* (Heyne 2000) erlebt. Er wurde zwischenzeitlich zum Lieutenant General befördert und erhielt das Kommando über das I. Corps.

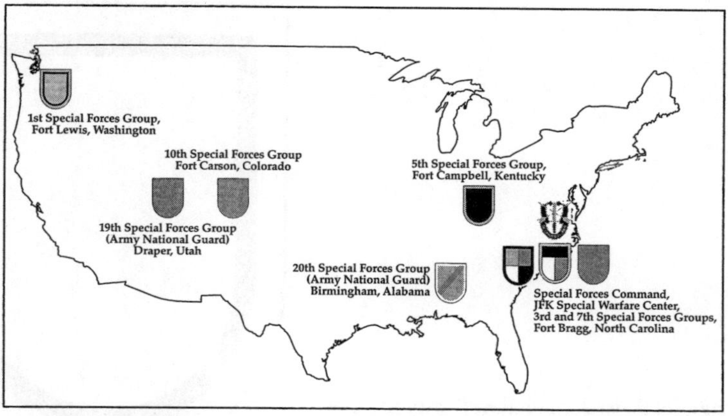

Die Karte zeigt die Heimatstützpunkte der verschiedenen Einheiten des Special Forces Command im Hoheitsgebiet der Vereinigten Staaten von Amerika auf dem nordamerikanischen Kontinent.

Rubicon. Inc., von Laura DeNinno

Die 1st versorgt das U. S. Pacific Command (mit Admiral Dennis Blair als CINC) mit SF-Dienstleistungen. Das PACOM deckt einen Bereich ab, der von der Westküste der Vereinigten Staaten bis zur indisch-pakistanischen Grenze reicht (und auch Korea mit einschließt, wo General John H. Tilleli jr. Oberkommandierender der dort stationierten US-amerikanischen Streitkräfte ist). Das ist flächenmäßig nahezu die Hälfte der Welt. Oder wie Colonel Csrnko gerne und mit unüberhörbarem Stolz sagt: Der Verantwortungsbereich der 1st SFG deckt mehr Quadratkilometer, mehr Völker, Kulturen und Sprachen ab als die Verantwortungsbereiche aller anderen Gruppen zusammengenommen. In ihrem Bereich leben über drei Milliarden Menschen – so viele wie im gesamten Rest der Welt.

Ein solcher Verantwortungsbereich kann die verfügbare Personaldecke leicht überdehnen. Doch werden sie zum Glück durch eine Gruppe der Army National Guard unterstützt.

Wie die anderen Gruppen innerhalb des SFC besteht auch die 1st SFG aus drei SF-Bataillonen, von denen aber nur zwei, nämlich 2/1 SFG und 3/1 SFG, in Fort Lewis stationiert sind. Aufgrund der riesigen Entfernungen und des Zeitaufwandes, der für die schnelle Bewegung von Personal und Material über den Pazifik hinweg erforderlich ist, wurde das 1st Bataillon der 1st SFG (1/1 SFG) nach vorne verlegt und ist in Okinawa stationiert. Es wird von einem Lieutenant Colonel geführt. Das 1/1 SFG hat die Fähigkeit zur schnellen Reaktion bei Konflikten in Korea, Taiwan, auf den Philippinen oder in anderen Krisenherden in Fernost.[90]

Die 1st SFG wurde im Jahre 1960 für die Verwendung im Vietnamkrieg aufgestellt und verfolgt seine Wurzeln zurück bis zur 2nd Company of the 1st Battalion, 1st Regiment, 1st Special Service Force (der »Devil's Brigade«).

90 Die 1st SFG hat ein einzelnes ODA in Korea stationiert zur Unterstützung von Operationen entlang der entmilitarisierten Zone.

Das offizielle Ärmelabzeichen (Emblem) der 1st Special Forces Group (Airborne).
OFFIZIELLE GRAFIK DER U. S. ARMY

1974, nach Vietnam, wurden diese Einheiten in Fort Bragg abgemustert, ihre Truppenfahnen für mehr als ein Jahrzehnt weggeschlossen und für den Tag aufbewahrt, an dem sie vielleicht wieder benötigt würden.

Und dieser Tag kam im Jahre 1980 bei der Aufstockung der Special Forces unter Präsident Reagan. Heute stellt die Gruppe dem SFC und der Nation solide Fähigkeiten im Dschungel-, Winter- und Gebirgskampf bereit und kann darüber hinaus zu Minenräumaufgaben eingesetzt werden.

Aber was macht die 1st SFG eigentlich heute noch da draußen in Asien? Eine ganze Menge, wie die folgende Aufstellung zeigt:

- **Eventualfälle** – Ganz ohne Zweifel besteht die Hauptsorge der 1st SFG auch weiterhin in der Bedrohung durch Nordkorea. Das ist auch der Grund dafür, weshalb die Gruppe weiterhin in Südkorea präsent ist und für den Fall einer kommunistischen Invasion auch ihren festen Platz in den Operationsplänen behalten hat. Die 1st SFG ist aber ebenso darauf vorbereitet, bei Konflikten die amerikanischen Interessen in Taiwan, Thailand und anderen alliierten Ländern zu vertreten.[91] Als neu heranwachsende Gefahren beobachtet die Gruppe die Vergrößerung der chinesischen Streitkräfte ebenso sorgfältig wie das ethnische und ökonomische Chaos an der Java-Barriere.
- **Operationen** – Im Laufe der letzten Jahre fand sich die 1st SFG in erster Linie in zwei Arten laufender Operationen eingebunden. Die erste Aufgabe war die Räumung von Minen und nicht explodierter Munition (Unexploded Ordnance, UXO) in Südostasien. Die Beseitigung von

91 Offiziell ist Taiwan in den regionalen Operationsplänen der 1st SFG nicht enthalten. Doch bedingt durch die »One-China-«Politik (es gibt nur ein China), die seit 1973 die Volksrepublik China als einzige Regierung für China anerkennt, ist Taiwan (offiziell Republik China) so etwas wie ein »Un-Staat« geworden. Trotzdem unterhalten die Vereinigten Staaten besonders enge militärische Beziehungen zu Nationalchina [Taiwan].

Minen und UXO ist weltweit zu einem großen Problem geworden, da sie ein enormes Risiko für die Bevölkerung darstellen. Aus offensichtlichen Gründen sind Bereiche, in denen es noch Minen und UXO gibt, gefährlich und für landwirtschaftliche Nutzung sowie Viehzucht nicht nutzbar. Die 1st SFG war in jeweils 90 Tage dauernden Abschnitten turnusmäßig mit der Ausbildung von Leuten in Thailand, Kambodscha und Laos beschäftigt, die sie in der Beseitigung dieser gefährlichen Relikte eines Krieges unterwiesen. Dabei waren ihre Bemühungen besonders in Laos erfolgreich, und wenn alles weiterhin so gut läuft, sollte das Programm dort in einem oder zwei Jahren abgeschlossen werden können. Die zweite Aufgabe ist die Unterstützung der Drogenbekämpfung im Bereich des PACOM. Jahr für Jahr entsendet die Gruppe acht ODAs turnusmäßig auf 30 Tage dauernde Einsätze in ausgewählte Länder. Dort übernehmen sie die Ausbildung von Polizei und Militär und vermitteln ihnen die notwendigen Fähigkeiten, den Strom von Betäubungsmitteln einzudämmen.

- **JCS-Übungen** – Wenn eine SFG ein ODA für eine bestimmte Mission nach Übersee entsendet, handelt sie immer auf Weisung der Vereinigten Stabschefs und mit Unterstützung des Außenministeriums, der Gastnation und einer ganzen Reihe anderer koordinierender Behörden. In unserem Zusammenhang mag es ausreichen, solche Operationen unter dem Stichwort »JCS-Übungen« zusammenzufassen. Sie decken eine große Bandbreite an Aufgabenstellungen ab, führen zumeist eine Codebezeichnung (aus der hervorgeht, wo sie stattfinden und um was es sich dabei dreht) und fallen in den meisten Fällen unter die Überschrift »Joint Combined Exercise Training« (JCET). JCET-Missionen werden normalerweise nur einem oder zwei ODAs übertragen, von Fall zu Fall kommt noch ein ODB für die Führung und als Verbindungshalter hinzu. Solche JCET-Missionen dienen in erster Linie der Ausbildung, manchmal sind sie auch mit humanitären Projekten oder bautechnischen Vorhaben verbunden. (SF-*Ausbildung* ist natürlich immer das erste Ziel einer jeden JCET-Mission). Nachfolgend nur einige Beispiele für JCET-Missionen, die von der 1st SFG durchgeführt werden:
  - **Ulchi Focus Lens[92]/Foal Eagle** – In Korea führt die 1st SFG zwei groß angelegte Stabsübungen (auf Bataillonsebene) durch, die jeweils mehrere Wochen dauern.
  - **Cobra Gold** – Ebenfalls eine jährliche Übung, die in Thailand stattfindent. Dabei agiert ein Bataillon der 1st SFG als Hauptquartier (Stab) der Joint Special Operations Task Force (JSOTF). Diese JSOTF setzt sich aus Truppen des I. Corps und des USMC zusammen, die dann als OpFor gegen Kräfte des heimischen Militärs antreten.

---

92 Jährlich stattfindende Übungen in Korea. Die hier genannten Ulchi (die sich selbst Nani oder »Eingeborene« nennen) sind die eingeborene Bevölkerung des Ulchi-Bezirks im Territorium von Chabarowsk an der russisch/chinesischen Grenze, in dem ein erheblicher Teil der Bevölkerung aus Koreanern besteht. (Anm. d. Ü.)

- **Balikatan**[93] – Eine etwas kleinere Operation (auf Kompanieebene) auf den Philippinen. Im Rahmen dieser Truppenübung erhält das philippinische Militär die Gelegenheit, seine Fähigkeiten für Konflikte geringerer Intensität zu trainieren.
- **Die Balance-Serie von JCETs**[94] – Das PACOM setzt jährlich fast 40 JCET-Missionen für die 1st SFG an, von denen rund 80 Prozent auch tatsächlich zur Ausführung gelangen. (Die restlichen 20 Prozent fallen aus, da zwischen der Planung und Ausführung eines Einsatzes ohne weiteres 18 Monate verstreichen können. In einer solch langen Zeitspanne können Regierungen stürzen, ganze Volkswirtschaften zusammenbrechen, Kriege ausbrechen oder sich ganz einfach die politischen Gegebenheiten ändern.)

  Das 1/1st SFG führt etwa zwölf dieser JCETs durch, auf die anderen beiden Bataillone entfallen je neun. Im Haushaltsjahr 1999 plante die 1st SFG auch noch die Missionen Balance (B.) Iron (in Indonesien), B. Mint (in Malaysia), B. Saber (in Singapur), B. Magic (in der Mongolei), B. Nail (in Nepal), B. Tiger (auf Tonga), B. Passion (auf Papua-Neuguinea) und andere Einsätze durch.

- **CONUS-Training** – Neben ihren Missionen in Übersee führte die 1st SFG auch eine ganze Reihe Ausbildungsvorhaben auf dem Territorium der Vereinigten Staaten – kurz CONUS (Continental United States) – durch. Dazu gehörten für das 2nd und 3rd Battalion zwei Durchläufe am JRTC (das 1st ist davon wegen seiner vorgeschobenen Stationierung ausgeschlossen) sowie die Unterstützung von Ausbildungen in der Drogenbekämpfung und weiterführendes Training im Scharfschießen, Winterkampf und Gebirgsoperationen.

3rd Special Forces Group

Ist man erst einmal im Hauptquartier des USASOC in Fort Bragg angelangt, findet man die 3rd SFG mit Leichtigkeit. Man geht einfach zum Haupteingang hinaus, überquert die 200 m über den Parkplatz, joggt über eine kleine Straße, und schon ist man da. Die 3rd SFG ist in einem neuen, braun gestrichenen Stabsgebäude untergebracht, das dem der 1st SFG in Fort Lewis stark ähnelt. Hier wird man zwangsläufig irgendwann Colonel Gary Jones und/oder seinem CSM David Farmer über den Weg laufen.

Die 3rd wurde wie die 1st SFG im Jahre 1960 aufgestellt, diente dann während der 60er-Jahre, wurde 1969 abgemustert und in den 80er-Jahren reaktiviert. Auch die 3rd verfolgt ihre Herkunft zurück zur »Devil's Brigade«, präzise zum HHC Detachment des 1st Bataillon im 2nd Regiment.

---

93 Balikatan ist ein philippinisches Wort. Es bedeutet, dem andern seine Schulter geben, um des andern Last zu teilen. (Anm. d. Ü.)

94 *Balance* ist ein Code-Wort, mit dem das US-amerikanische Verteidigungsministerium ausschließlich die Operationen der 1st SFG im Pazifik bezeichnet. Genau genommen wird jede Operation der 1st SFG sogar mit zwei Code-Worten bezeichnet, das erste jedoch lautet stets *Balance.*

Das offizielle Ärmelabzeichen (Emblem) der 3rd Special Forces Group (Airborne).

Offizielle Grafik der U. S. Army

Der Verantwortungsbereich, welcher der 3rd übertragen wurde, ist neu für das SFC. Zum ersten Mal konzentriert sich eine SFG in ihrer Orientierung auf Afrika. Mit Ausnahme der Länder unmittelbar am Horn von Afrika (der Sudan, Ägypten, Eritrea, Dschibuti, Somalia, Äthiopien und Kenia), die wegen ihrer muslimischen Orientierung zur AOR des CENTCOM und damit der 5th SFG gehören, liegt der ganze Kontinent jetzt in der AOR der 3rd SFG (unter dem Oberkommando von EUCOM). Vor diesem Wechsel mussten sie sich Nordafrika mit der 10th SFG (unter EUCOM-Kommando) und Ostafrika mit der 5th SFG teilen. Die neu geschaffene Vereinheitlichung ihrer AOR soll der Gruppe helfen, langfristige Verbindungen aufzubauen und ihre Kräfte deutlich zu bündeln.

Im Kalten Krieg sahen die Vereinigten Staaten in Afrika vor allem einen Lieferanten von Bodenschätzen. Da die Hauptgefahr für die Abschöpfung dieser Ressourcen in links gerichteten Revolutionen gesehen wurde, war es eines der wichtigsten Ziele der Politiker in den Vereinigten Staaten, dort für Stabilität zu sorgen. Mit anderen Worten: Es handelte sich um nichts anderes als eine Politik der stillschweigenden Duldung des Status quo. Nur so ist auch die jahrzehntelange Tolerierung der Apartheid-Politik in Südafrika und von Diktatoren erklärbar wie beispielsweise eines Generals Sani Abacha in Nigeria. Der Status quo konnte jedoch nicht für alle Zeiten erhalten werden, und als der Kalte Krieg ein Ende gefunden hatte, wurde Afrika prompt von Kriegen und Aufruhr zerrissen, ethnische und rassische Spannungen brachen hervor, es kam zu Umwelt- und ökologischen Problemen und der HIV-Virus breitete sich mit alarmierender Geschwindigkeit aus.

Zehn Jahre nach Ende des Kalten Krieges hat Afrika sein Gesicht erheblich geändert. In Südafrika hat sich eine starke multiethnische Demokratie etabliert und die Konflikte verebben langsam (obwohl der Bürgerkrieg in Angola immer noch ein ernstes Problem darstellt). Man könnte durchaus den Eindruck gewinnen, dass die ganze Region auf dem besten Wege zu mehr Stabilität ist. Aber das bedeutet nicht zwangsläufig das Ende aller Probleme.

Neben Problemen bestehen indes nun auch schier unendliche Möglichkeiten und die 3rd SFG versucht diese zu nutzen.

Alle drei Bataillone der 3rd SFG liegen in Fort Bragg, denn es ist keine permanent vorgeschobene Präsenz auf dem afrikanischen Kontinent vorgesehen.

Wie man sich leicht vorstellen kann, hat das Vor- und Nachteile. Der größte Vorteil ist ohne Zweifel die Möglichkeit, dass die Gruppe gemeinsam trainieren und arbeiten kann. Die Kehrseite der Medaille ist jedoch, dass jede Verlegung sofort »Expeditions«-Charakter bekommt, da sie mit Lufttransporten über eine Distanz von bis zu 10000 Kilometern erfolgt und die Teams anschließend auf dem am wenigsten entwickelten Kontinent der Erde operieren müssen. All das unterstreicht nachdrücklich die Bedeutung von Fähigkeiten für das Leben im Felde, Sprachkenntnissen und kulturellem Verständnis.

Wie die anderen Gruppen hat auch die 3rd SFG die volle Palette aus Training, Übungen und anderen Aktivitäten abzuleisten. In den Jahren 1990 und 1991 wurde sie komplett nach Saudi-Arabien verlegt und bei Desert Storm eingesetzt, 1995 nahm sie an der Operation Uphold Democracy gegen Haiti teil.

Aber das soll nicht etwa heißen, dass es in Afrika nicht genug für sie zu tun gibt. Ganz im Gegenteil. Zu ihren ganz normalen Missionen zählen heute:

- **Eventualfälle** – Die Soldaten der 3rd SFG haben mit Sicherheit erleichtert registriert, dass ernsthafte Eventualfälle mittlerweile in Afrika seltener vorkommen. Südafrika scheint wirklich Fortschritte zu machen. Auch die hässlichen kleinen Bürgerkriege in Westafrika sind offensichtlich beigelegt und in Nigeria sieht es so aus, als würde der demokratische Machtwechsel gelingen. Andererseits tobt in Angola immer noch ein Bürgerkrieg, die Situation im Kongo ist undurchschaubar, in Zentralafrika werden weiterhin Stammeskonflikte blutig ausgetragen und die HIV-Krise ist längst nicht unter Kontrolle. Trotz alledem ist die Gefahr eines größeren Regionalkonflikts in der AOR der 3rd SFG offensichtlich eher als gering einzustufen.
- **Operationen** – Die wichtigste über lange Zeit laufende Operation der 3rd SFG trägt die Bezeichnung African Crisis Response Initiative (ACRI). ACRI gehört zu den aufregendsten Ideen, die in der jüngeren diplomatischen und militärischen Geschichte umgesetzt wurden – und ist mit großer Wahrscheinlichkeit bereits heute eine Art Modell-Programm für andere Regionen wie Südostasien und Lateinamerika. Das Ende des Kalten Krieges und die deutliche Zurückhaltung der französischen Regierung haben auf dem afrikanischen Kontinent ein Machtvakuum entstehen lassen. Afrika ist zwar nicht mehr der chaotische Erdteil, der er einmal war, aber Keimzellen für weitere Konflikte sind immer noch reichlich vorhanden. Um auf solche Eventualfälle reagieren zu können, hat das Außenministerium der Vereinigten Staaten im Jahre 1996 die ACRI ins Leben gerufen. Im Rahmen dieses Programms soll eine schlagkräftige und äußerst bewegliche Truppe friedenserhaltender Kräfte entstehen, die sich vom ersten bis zum letzten Mann ausschließlich aus Sol-

daten ausgewählter afrikanischer Staaten zusammensetzt (mit der 3rd SFG in der Funktion einer Agentur für die operationelle Kontrolle und Ausbildung). Diese Truppe wird bis zu einem hohen Grad interoperabel (standardisierte Munition, Kommunikation, Logistikketten usw.) und in der Lage sein, rasch in Kriegsgebiete einzurücken, um sie unter Kontrolle zu bringen. Bislang hat die 3rd SFG über 2000 afrikanische Soldaten aus sechs Nationen ausgebildet (Ghana, Malawi, Mali, Senegal, Uganda und Benin), andere warten bereits, dass sie sich anschließen können.

- **JCS-Übungen** – ACRI-Missionen wurden für vier bis fünf ODAs konzipiert, die von einem ODB zur Führung und Verbindung unterstützt werden. Dazu kommt noch ein CA-Spezialist, der für die Kontakte zum örtlichen Umfeld zuständig ist. Für diese Missionen werden ungefähr 70 SF-Soldaten abgestellt, die dann jeweils etwa 70 Tage in Übersee verbleiben. Zusätzlich zu ACRI schickt die 3rd SFG auch noch Dutzende von JCETs mit dem gleichen Auftrag hinaus, den auch die 1st SFG und die anderen Gruppen zu erfüllen haben. Unabhängig davon hat die 3rd, wie bereits erwähnt, in regelmäßigen Abständen noch weitere Missionen zu übernehmen, um die Gruppen in anderen AORs zu verstärken.

- **CONUS-Training** – Genau wie die anderen SFGs durchläuft auch die 3rd in turnusmäßigen Abständen die Programme am JRTC und NTC sowie etliche Spezialausbildungslehrgänge und Wiederauffrischungskurse. Dazu gehören neben einem Training im Wüstenkampf, Fallschirmtraining für Fortgeschrittene und AMOUT[95] natürlich auch noch all die anderen Fähigkeiten, die in ihrer riesigen AOR benötigt werden.

5th Special Forces Group

Wenn es eine SFG gibt, die in dem Ruf steht, besonders »zäh« zu sein, dann ist es die 5th SFG

Um es gleich vorweg zu sagen: Die 5th SFG ist die SOF-Einheit mit der größten Bedeutung für das Special Operations Command im U. S. Central Command (SOCCENT). Diese Männer stehen vor der schier unlösbaren Aufgabe, die muslimischen Regionen im Nahen Osten, am Persischen Golf, am Horn von Afrika und in Mittelasien abzudecken (das ist ungefähr so weit von Amerika entfernt, wie man laufen kann, ohne nasse Füße zu bekommen). In dieser Region gibt es die weltweit rigidesten Regime und nirgendwo sonst wird die westliche Lebensweise so entschieden abgelehnt. In den letzten Jahren sind hier mehr als ein Dutzend Kriege ausgebrochen, terroristische Zwischenfälle zählen nach Hunderten und die Geplänkel, bei denen mehr als ein paar Schüsse fielen, kann man gar nicht zählen. Und ausgerechnet in dieser Region befinden sich die größten bekannten Öl- und Erdgasreserven der Welt.

---

95 Hier steht das »A« für Advanced, also weiterführend bzw. fortgeschritten. Die Abkürzung MOUT ist im Glossar erläutert. (Anm. d. Ü.)

Das offizielle Ärmelabzeichen (Emblem) der 5th Special Forces Group (Airborne).
Offizielle Grafik der U. S. Army

Aber das ist noch nicht alles. Die AOR der 5th SFG ist noch um einen neuen CENTCOM-Verantwortungsbereich gewachsen: die ehemaligen Sowjetrepubliken Kasachstan, Usbekistan, Turkmenistan und Kirgistan – kurz die »Stans«. Die »Stans« sind nicht nur islamisch orientiert, sondern hegen darüber hinaus auch noch ein tief verwurzeltes Misstrauen gegenüber ihren Nachbarstaaten. Ganz nebenbei handelt es sich bei ihnen außerdem um potenzielle petrochemische Großmächte. Da sie gemeinsame Grenzen mit Ländern wie Iran, Afghanistan und Pakistan haben, die alles andere als ein Hort der Stabilität sind, verspricht die neue Verantwortung der 5th SFG bereits heute einiges an Abenteuern.

Angesichts ihres Zuständigkeitsbereiches mit einem Zeitunterschied zu Amerika von neun bis zehn Stunden ist für die 5th SFG alles, angefangen vom Transport von Personal und Material bis hin zur Koordinierung von Telefonanrufen, mühevoll.

Der Verband wird von Colonel Daniel Brownlee geführt, der von seinem CSM Denzil Ames unterstützt wird.

Die Angehörigen der Gruppe sind bei der Erfüllung ihrer Aufgaben zuweilen über ein Gebiet verstreut, das dreimal so groß ist wie die Vereinigten Staaten und in dem 430 Millionen Menschen leben. Es gibt 17 größere ethnische Gruppen und die Situation wird durch die Vielfalt der Glaubensrichtungen des Islam (die sich oft alles andere als freundlich gegenüberstehen), dazu noch Christen und Juden, zusätzlich kompliziert. Um all dem gerecht werden zu können, wurde das Personal der 5th SFG allein in fünf Sprachen ausgebildet: Arabisch, Farsi, Paschtu (ein Dialekt, der in Afghanistan und im Iran verbreitet ist), Russisch (für die »Stans«) und Urdu (für die Muslime in Westpakistan). Dass diese Männer auch noch ein geradezu engelsgleiches Feingefühl für die vielen kulturellen Unterschiede der Region aufbringen müssen, versteht sich fast von selbst.

Als ob dies noch nicht genug der Herausforderungen wäre, ist es der 5th bei keinem der regionalen Verbündeten Amerikas gestattet, eine Einheit dauerhaft zu stationieren. Folglich müssen sämtliche Missionen und Verlegungen von Amerika aus erfolgen. Mit anderen Worten: Die Jungs sammeln jede Menge Vielfliegermeilen! Bei der 5th reisen allein die meisten Unteroffiziere mehr als der Präsident, und das will etwas heißen.

Diese Situation dehnt die Personaldecke der 5th bis hart an die Grenzen dessen aus, was einer militärischen Einheit an Belastungen zugemutet werden kann.

Dazu kommt noch, dass die 5th in den letzten zehn Jahren mehr echte Kampfeinsätze erlebt hat als irgendeine andere Gruppe im SFC. Die Einsatzrate (OpTempo) der 5th ist die höchste im ganzen SFC und es sind keine Anzeichen in Sicht, dass sich das in absehbarer Zeit ändern wird. Wie gesagt: Das Leben in der 5th ist hart. Sehr hart sogar!

Natürlich war das Leben für die 5th niemals wirklich leicht.

Im Vietnamkrieg – das belegen die Zahlen der Auszeichnungen und Toten eindeutig – trug diese Einheit die Hauptlast des Kämpfens und Sterbens im SFC. Als dieser Krieg endlich zu Ende war, mussten sie noch weitermachen, als vier andere Gruppen aufgelöst wurden. Bei dieser Gelegenheit wurden auch noch ihre Reihen geplündert und andere Einheiten – wie das Special Forces Detachment Delta (die berühmte Delta Force) – damit aufgefüllt. Und später, als die 1st und die 3rd SFG reaktiviert wurden, verbannte man die 5th SFG auch noch aus Fort Bragg und schickte sie in eine Einrichtung am hintersten Ende von Fort Campbell (so ziemlich das schäbigste aller SF-Hauptquartiere), die noch aus den fünfziger Jahren stammte. Dort mühen sie sich weiter ab und sind dennoch immer wieder das Schlusslicht unter den Nutzern von Campbell, wenn es um Prioritäten und Finanzen geht. Die anderen Nutzer sind die mächtige 101st Airborne Division (Air Assault – die berühmten »Screaming Eagles«) und das 160th Special Operations Aviation Regiment (SOAR – die »Nightstalkers«).

Für die 5th SFG gehören solche Widrigkeiten inzwischen zum Alltag – wahrscheinlich wollen sie es gar nicht mehr anders haben!

Offiziell wurde die 5th SFG im Jahre 1960 aufgestellt und sie hat seitdem ihre Truppenfahnen nicht ein einziges Mal einrollen müssen.[96] Natürlich sind diese Männer mit Recht stolz auf ihre lange Geschichte (nur die 10th SFG steht länger ununterbrochen im Dienst). Werfen wir noch einen kurzen Blick auf die Schwerpunkte ihrer Arbeit:

- **Eventualfälle** – Die beiden wirklich großen Problemzonen im Verantwortungsbereich der 5th SFG sind natürlich der Iran und der Irak. Wenn sie sich nicht gerade gegenseitig bekämpften oder gegen ihre eigenen ethnischen Minderheiten Krieg führten, haben diese beiden Rowdies am Persischen Golf ihre kleineren Nachbarn überfallen, den Seeverkehr unterbrochen und versucht, sich Massenvernichtungswaffen zu beschaffen. Allein im Jahre 1998 fanden drei größere Verlegungen in

96 Wie die anderen Gruppen verfolgen auch sie ihre Wurzeln zurück zur »Devil's Brigade«, genau genommen auf das HHC des 1st Battalion des 1st Regiment der Brigade.

Bataillonsstärke statt, um Operationen gegen den Irak zu unterstützen, und das wird wahrscheinlich auch noch so lange in diesem Stile weitergehen, bis Saddam Hussein die Macht verliert.

Hinzu kommen natürlich auch noch all die neuen Krisen, die immer wieder in der AOR aufflackern. Sie reichen vom Krieg zwischen Äthiopien und Eritrea (im Augenblick [Stand 1999] die größte bewaffnete Auseinandersetzung der Welt) bis zur Anwesenheit der Terroristengruppe von Osama bin Laden in Afghanistan. Daneben schwelen noch mehrere Dutzend Auseinandersetzungen, von denen jede einzelne sehr schnell eine größere Verlegung von SFG-Einheiten und -Personal erforderlich machen kann.

- **Einsätze** – Rein technisch gesehen ist die Aussage zwar richtig, dass keiner der amerikanischen Verbündeten in dieser Region die dauerhafte Stationierung von SOF-Einheiten und -Personal auf seinem Hoheitsgebiet zulässt. Allerdings haben sie nichts einzuwenden gegen den regelmäßigen Austausch von Kräften der Special Operations innerhalb ihrer AOR (genau genommen ist dies sogar erwünscht). Auf diese Weise kann SOCCENT in der Region eine ständige Präsenz von Truppen sicherstellen. Die operationellen Aktivitäten der 5th SFG konzentrieren sich in erster Linie auf das nördlich der kuwaitischen Hauptstadt gelegene Camp Doha. Hier unterhält die U.S. Army ein riesiges Vorausdepot, in dem genug gepanzerte Fahrzeuge, Lastkraftwagen, Flugzeuge und Waffen bereit gehalten werden, um eine komplette Panzerbrigade, ein Patriot-Flugabwehrbataillon und ein vollständiges SF-Bataillon auszurüsten. Die Army lässt ständig etwa ein Drittel der Gesamtstärke der 5th durch Camp Doha schleusen und sichert damit die Anwesenheit eines Minimalkontingentes in Kuwait. Dies soll abschreckend auf den Irak und den Iran wirken und sie von Angriffen abhalten. Im Falle einer Krise haben zusätzlich herangeführte Verbände die Möglichkeit, auf das eingelagerte Gerät von Camp Doha zurückzugreifen, so dass sie innerhalb weniger Tage einsatzbereit sein können.

Die wichtigste der kontinuierlich durchgeführten Übungen findet in Kuwait statt und heißt Iris Gold. Dabei handelt es sich um eine besondere Operation gemeinsam mit dem kuwaitischen Militär. Jeweils drei Mann starke SF-Teams arbeiten mit eigens für diesen Zweck modifizierten Spezialfahrzeugen mit den vier Brigaden des kuwaitischen Heeres zusammen. Sie erledigen für die amerikanischen Luftstreitkräfte Verbindungsaufgaben und Bodenaufklärung, sollte es zu einer neuerlichen Invasion kommen.

Im Fall einer Krise können zwei weitere Kompanien SF-Soldaten umgehend nach Kuwait verlegt werden. Diesen würde dann ein Bataillons-ODC folgen. Auf diese Weise könnten dann bewaffnete Such- und Rettungseinsätze (Combat Search und Rescue-[CSAR]) für abgeschossene alliierte Flugzeugbesatzungen durchgeführt werden und ebenso Aufklärungs- und Angriffsmissionen in der Tiefe des Raumes.

Zusätzlich zu ihren Unterstützungseinsätzen in Kuwait trägt die 5th SFG auch zu ACRI und anderen friedenserhaltenden Maßnahmen bei.

Das offizielle Ärmelabzeichen (rotes Emblem) der 7th Special Forces Group (Airborne)

Offizielle Grafik der U. S. Army

- **JCS-Übungen** – Trotz der hohen Einsatzrate der 5th SFG, die sie bei ihren laufenden Operationen und bei Eventualfällen beibehalten muss, besteht auch noch die Verpflichtung, JCET-Übungen in der Region durchzuführen. Dabei wird die 5th zwar weniger belastet als andere Gruppen (und bekommt von ihnen manchmal sogar noch Unterstützung), aber es sind trotzdem genug Missionen. Sie reichen von der Schießausbildung für nationale Polizeikräfte bis hin zur Herstellung militärischer Sonderfähigkeiten wie etwa der Scharfschützenausbildung für eine Armee, die über solche noch nicht verfügt.
- **CONUS-Training** – Wie jede andere militärische Kraft muss auch die 5th SFG trainieren, um gut zu bleiben. Angesichts der hohen Einsatzrate sind die Verlegungen in die Übungsgelände jedoch eher selten. Gleichwohl bemüht man sich, im Zweijahresrhythmus jedes Bataillon einmal zum NTC zu schicken. Gewisse Fähigkeiten wie MFF, AMOUT, UWO und maritime Einsätze müssen laufend trainiert werden. Zwar werden diese Fähigkeiten aufrecht erhalten, aber mehr als ein Minimum an Training ist nicht möglich.

7th Special Forces Group

Gibt es eigentlich eine SFG, in der das Leben so richtig Spaß macht?

Nun … in gewisser Hinsicht kann man das bejahen.

Wenn es eine AOR gibt, in der das Spaß macht, dann ist es die der 7th SFG: Lateinamerika und die Karibik. Und kaum jemand weiß besser als die Männer der 7th SFG, wie man »downrange« seinen Spaß haben kann. Vorsichtshalber will ich aber hinzufügen, dass kaum eine Gruppe die Vereinigten Staaten in Lateinamerika und in der Karibik besser repräsentiert als eben diese Männer.

Die 7th SFG findet man auf der dem USASOC-Hauptquartier gegenüberliegenden Straßenseite in Fort Bragg. Sie ist in einem braun angestrichenen Gebäudekomplex untergebracht, fast identisch mit dem der 3rd SFG. Der Auftrag der 7th ist die Unterstützung des U.S. Southern Command (SOUTHCOM) mit all ihren Einheiten und Diensten.

In den letzten Jahren waren das SOUTHCOM und das Special Operations Command SOUTHCOM (SOCSOUTH) gut ausgelastet: Zunächst einmal galt es, den Umzug von ihrem früheren Stützpunkt in Panama in neue Zentren zu bewerkstelligen, die in Miami, Florida und Puerto Rico eingerichtet wurden.[97] Dann führten Grenzverschiebungen dazu, dass ihrem Verantwortungsbereich ein neues Gebiet hinzugefügt wurde, nämlich die gesamte Karibik (die vorher zum Atlantic Command [LANTCOM] gehört hatte). Durch diese Veränderungen fällt jetzt der ganze Bereich südlich der Grenze der Vereinigten Staaten mit Ausnahme von Mexiko in den Verantwortungsbereich des SOUTHCOM.

Die 7th SFG hat ihre Wurzeln in der 1st Company des 1st Battalion im 1st Regiment der Devil's Brigade. Im Jahre 1960 erlebte sie ihre Wiedergeburt, als die 77th SFG geteilt wurde. Seit dieser Zeit hat sie hauptsächlich Aufgaben in Lateinamerika übernommen, was in der Regel bedeutete, mit Konflikten wie dem in El Salvador umgehen zu müssen.

Aber die Zeiten ändern sich nun einmal. Heute operiert die 7th SFG in einer Region, in der sich nach Jahrhunderten der wirtschaftlichen Ausbeutung und politischen Unterdrückung Demokratie und Wirtschaftswachstum entwickeln.

Verglichen mit anderen Verantwortungsbereichen sind die sprachlichen Anforderungen in dieser Region eher moderat (lediglich Spanisch und Portugiesisch). Angenehm ist auch, dass von jedem Ort in ihrer AOR Fort Bragg in ein paar Flugstunden zu erreichen ist. Des weiteren bedeutet ein Unterschied von gerade einmal ein bis zwei Zeitzonen, dass die Einsätze zu Uhrzeiten stattfinden, die sich nur unwesentlich von denen zu Hause unterscheiden. Solche Faktoren tragen durchaus dazu bei, die Belastung für die Angehörigen der 7th SFG zu reduzieren, und lassen es außerdem zu, dass sie der Ausbildung und anderen Entwicklungsprojekten mehr Zeit widmen können. Normalerweise genießen sie auch den Vorteil längerer Aufenthalte an ihrem Heimatstützpunkt (was die Lebensqualität deutlich verbessert und dementsprechend auch die Zahl der Weiterverpflichtungen steigen lässt).

Auch die Persönlichkeit des Kommandeurs der 7th ist ein Pluspunkt. Colonel Ed Phillips ist ein großer, fröhlicher Mann, der ganz offensichtlich das Leben in den SF ebenso wie seine Soldaten liebt.[98] Unterstützt wird er von CSM Richard Tudor und einem Stab engagierter SF-Soldaten. Die Männer von der 7th SFG haben vielleicht mehr Spaß an ihrem Beruf, aber sie haben kein leichteres Leben als die anderen SFGs. Sie absolvieren ebenso viele »Downrange«-Einsätze wie alle anderen Gruppen.

- **Eventualfälle** – Jetzt, da die großen Diktaturen (in Argentinien, Brasilien und Panama) nur noch Geschichte sind und die marxistischen Regierungen (in Nicaragua und Kuba) entweder bereits verschwunden

97 Der Umzug war eine Folge der Übergabe der Kanalzone durch die Vereinigten Staaten entsprechend dem Vertrag, der 1970 durch die Carter-Administration geschlossen wurde.

98 Erst nachdem ich dies geschrieben hatte, erfuhr ich, dass Phillips die Army verlassen hat.

Das offizielle Ärmelabzeichen (grünes Emblem) der 10th Special Forces Group (Airborne).

Offizielle Grafik der U. S. Army

sind oder neutralisiert wurden, ist Lateinamerika eine erheblich freundlichere und liebenswürdigere Gegend geworden. Im Augenblick bestehen die einzig signifikanten Risiken für Konflikte auf Kuba (Was wird passieren, wenn Fidel Castro stirbt?) und in Kolumbien (Wird die Regierung dem Druck der Drogenkartelle und Terroristen standhalten oder zusammenbrechen?).

Um für die zweite Möglichkeit gerüstet zu sein (die zu erheblichen Problemen führen würde), band man die 7th durch das JCET-Programm in Kolumbien sehr intensiv in die Ausbildung der Kräfte ein, die Drogen- und Terroristenbekämpfung leisten. Darüber hinaus hat die 7th das Militär anderer Staaten vorbereitet, sollte der Zirkus in Kolumbien tatsächlich losgehen.

- **Einsätze** – Das Ende des Kalten Krieges hat für die 7th SFG definitiv *keine* Reduzierung der Zahl ihrer ständigen Einsätze gebracht. Einer der letzten Einsätze war der Welt kleinste und erfolgreichste friedenserhaltende Mission. Es liegt schon lange zurück, aber es gab einmal eine Zeit, in der Peru und Ecuador wegen eines strittigen Grenzverlaufs Krieg führten. Daraufhin wurde die 7th SFG ausgesandt, um das Problem zu lösen. Nach etlichen Jahren enger Zusammenarbeit mit beiden Parteien gibt es jetzt einen rechtlich festgelegten und von beiden Seiten anerkannten Grenzverlauf. (Diese Operation wurde im Winter 1998/99 abgeschlossen.)
- **JCS-Übungen** – Obwohl die 7th SFG nur vergleichsweise wenig mit echten Operationen und Eventualfällen belastet ist, sitzen die Männer keineswegs zu Hause herum, mähen ihren Rasen und mixen sich Cocktails. Ganz im Gegenteil. Nach zwei Jahrhunderten böser Erinnerungen an US-amerikanische Interventionen wartet Lateinamerika mit einem gerüttelten Maß echter Herausforderungen auf. Hier gilt es ohne Wenn und Aber mit den Scherben der amerikanischen Vergangenheit aufzuräumen. Deshalb ist die 7th SFG einer der am stärksten ausgelasteten Verbände im Rahmen des JCET-Programms. Pro Jahr führen die Männer mehrere hundert »Downrange«-Missionen durch. Viele sind humanitärer Natur wie zum Beispiel die Errichtung von Kliniken und öffentlichen Versorgungseinrichtungen, aber es gehören auch die eher normalen Aufgaben der Ausbildung von militärischen, paramilitärischen und Polizeikräften dazu.
- **CONUS-Training** – Wegen der relativ entspannten Sicherheitslage im Verantwortungsbereich des SOUTHCOM kann die 7th mehr als andere SFGs zu Hause in den Vereinigten Staaten trainieren. Deshalb nimmt diese Gruppe nicht nur an mehr Rotationen durch das JRTC und NTC

teil, sondern widmet auch einen erheblichen Teil ihrer verfügbaren Zeit experimentellen Projekten und Übungen (was wiederum allen Gruppen zugute kommt).

10th Special Forces Group

Das Hauptquartier der 10th SFG liegt in Fort Carson, Colorado, inmitten einer hügeligen Prärielandschaft, die die Kulisse für einen Western abgeben könnte. Angesichts dieser Landschaft ist man versucht zu vergessen, dass die 10th innerhalb des SOCEUR den Verantwortungsbereich Europa abzudecken hat.

Fort Carson befindet sich in einem Gebirgstal in der Nähe von Colorado Springs und ist die Heimat einer ganzen Reihe von Verbänden der Army, unter anderem der 7th Infantry Division und das 3rd Armored Cavalry Regiment[99]. Fort Carson ist ein weitaus besserer Stützpunkt, als es die alten Kasernen der 10th in Bad Tölz waren, und um Klassen besser als ihr ehemaliger Heimatstützpunkt Fort Devens in Massachusetts. Heute ist die 10th in modernen Einrichtungen auf dem Gelände von Fort Carson untergebracht und hat es auch geschafft, für ihr vorgeschoben stationiertes 1st Battalion eine neue Heimat in einer ehemaligen Panzerkaserne in der Nähe von Stuttgart zu finden.

Die 10th SFG gehörte mit zu den Gruppen, die im Jahre 1952 noch durch Colonel Aaron Bank persönlich aufgestellt wurden, und ist damit die älteste aller Gruppen. Wie alle anderen führt auch sie ihre Wurzeln auf die Devil's Brigade zurück, genau genommen auf die 4th Company des 2nd Battalion im 1st Regiment. Heute wird sie von Colonel Richard Mills und seinem CSM Henry Ramirez geführt.

Obgleich die Gruppe nach wie vor ihren Schwerpunkt in Europa hat, ist Colonel Banks ursprüngliche Begründung für die Aufstellung der 10th mit dem Zusammenbruch der Sowjetunion und des Warschauer Paktes hinfällig geworden. Doch an deren Stelle ist eine ganze Reihe nicht weniger schwieriger Probleme getreten. Die Gruppe ist immer noch vorgeschoben stationiert und in vollem Umfang ausgelastet. Was ihre Einsatzrate und Operationen im Rahmen tatsächlich eintretender Eventualfälle angeht, wird sie sogar nur von der 5th SFG übertroffen. Die 10th ist umfassend in die Bemühungen im Rahmen der NATO-Osterweiterung eingebunden und nimmt darüber hinaus an den friedenserhaltenden Maßnahmen auf dem Balkan teil. Damit nicht genug, arbeitet sie auch noch hart daran, dem Militär der ehemals kommunistischen Länder Professionalität und den Respekt vor den Werten der Demokratie näher zu bringen.

Durch die Neu-Definition der regionalen Verantwortungsbereiche konnte der 10th SFG eine gewisse Erleichterung von ihrer enorm hohen

---

99 Fort Carson liegt im Süden von Colorado Springs. Die Stadt selbst beherbergt die Air Force Academy, Cheyenne Mountain/NORAD und dient dem U.S. Space Command als Hauptquartier.

Auslastung verschafft werden. Im Jahre 1998 gaben sie die Verantwortung für die »Stans« und Nordafrika ab, wodurch ihnen im Nahen Osten nur noch Israel, der Libanon und die Türkei blieben. Sie sind allerdings nach wie vor für sämtliche SF-Operationen in Osteuropa verantwortlich einschließlich jenen in Russland, dem größten Teil der alten Sowjetunion und allen anderen Nationen des ehemaligen Warschauer Paktes.

Bedingt durch die Notwendigkeit, ihre schnelle Reaktionsfähigkeit zu erhalten,[100] belässt die 10th SFG ihr 1st Battalion auch weiterhin »vorne« in Deutschland, während das 2nd und 3rd Battalion zu Hause in Fort Carson stationiert sind.

Werfen wir einen Blick darauf, was diese Männer so treiben:

- **Eventualfälle** – Wenn man nicht gerade hinter dem Mond lebt, kann man sich eigentlich denken, welche Art von Eventualfalloperationen den Kernauftrag der 10th SFG ausmachen: Es sind die Missionen auf dem Balkan, im Nahen Osten und in Russland. Die Operationen Allied Force, Deliberate Force und die verschiedenen Hilfseinsätze auf dem Balkan sind typische Beispiele für schnelle Reaktionen durch die 10th SFG.
- **Einsätze** – Die meisten Einsätze hat die 10th SFG in den letzten Jahren im Rahmen der Unterstützung von Balkan-Missionen geleistet. Die umfangreichsten waren dabei die friedenserhaltenden und Minenräumeinsätze für die Operationen Joint Forge in Bosnien und Joint Guardian sowie Noble Anvil im Kosovo.
- **JCS-Übungen** – Im Jahr 1999 sah sich die 10th SFG ganz besonders häufig in JCS-Übungen eingebunden. Dazu gehörten mehr als zwei Dutzend JCETs und Mobile Training Teams (MTTs), die zur Drogenbekämpfung und zu Minenräumoperationen in die baltischen Staaten geschickt wurden.
- **CONUS-Training** – In den letzten Jahren war die 10th SFG stark mit CONUS-Trainingseinsätzen ausgelastet. Hierzu gehörten auch Übungen, die der Qualifizierung ehemaliger Länder des Warschauer Paktes für eine NATO-Mitgliedschaft dienten. Darüber hinaus gibt es bei der 10th auch noch eine umfangreiche Liste von Wiederauffrischungs- und Neuqualifizierungslehrgängen mit besonderem Schwergewicht auf Gebirgs- und Kaltwettereinsätzen.

19th Special Forces Group (Army National Guard)

Zusätzlich zu den fünf aktiven SFGs stehen zwei Army National Guard (ANG) SFGs unter dem Kommando des SFC. Diese Verbände werden

---

100 Diese Notwendigkeit liegt in der Wahrscheinlichkeit begründet, dass plötzlich eine räumlich begrenzte Krise ausbrechen kann. Darüber hinaus verlangt die von den USA verfolgte Politik (ähnlich wie in Korea), einen hohen Grad an Präsenz und Bereitschaft in Regionen zu unterhalten, die den USA nahe stehen. Und dazu gehört auch Europa.

Das offizielle Ärmelabzeichen (blaues Emblem) der 19th Special Forces Group (Airborne).
Offizielle Grafik der U. S. Army

durch ehemals aktives SF-Personal besetzt, können mit den gleichen Missionen beauftragt werden und kommen aus gemischten ANG-Einheiten aus einem Dutzend amerikanischer Bundesstaaten. Mit anderen Worten: Bei diesen Einheiten handelt es sich keineswegs um »Wochenend-Krieger«, sondern vielmehr um hoch qualifizierte SF-Profis, die zufällig unter der Woche auch noch einem anderen Job nachgehen.

Für die Special Forces ist das ganz und gar nichts Neues. Schon lange bevor das »Total-Force«-Operationskonzept[101] entwickelt wurde, verfügten die Special Forces über SF-Einheiten der Reserve, stellten diese auf und setzten sie auch ein. In den 50er-Jahren unterstützte die 77th SFG verschiedene Operational Detachments der Reserve und der ANG aus North Carolina, New Jersey, Illinois und einer ganzen Reihe anderer Bundesstaaten aus dem Westen der USA mit Personal und anderen Leistungen. 1960 wurde dann die erste Army Reserve (AR[102]) Group gebildet, nämlich die 11th SFG in Boston, Massachusetts. Schließlich waren insgesamt neun AR und ANG SFGs aufgestellt, von denen allerdings alle bis auf zwei wieder abgemustert wurden.

Nach Ansicht der SFC-Führung sind diese beiden ANG-Gruppen das beste Sonderangebot im ganzen Kommando: Einerseits sind die Personalkosten äußerst gering, da die Soldaten nur für ihren monatlichen Wochenend-Dienst und eine einzige Reserve-Einberufung von zwei Wochen Dauer pro Jahr besoldet werden. Andererseits bleibt der Organisation auf diese Weise eine große Zahl äußerst erfahrener älterer SF-Soldaten erhalten. Die ANG-Gruppen geben diesen Männern die Möglichkeit, das Beste aus beiden Welten mitzunehmen: eine vernünftige zivile Laufbahn nach ihrem

101 »Total Force« (Gesamtstreitkraft) ist das wesentliche Operationskonzept des heutigen US-amerikanischen Militärs. Nach diesem Konzept werden aktive Einheiten, Einheiten der Reserve und der Nationalgarde mit der gleichen Ausrüstung ausgestattet, erhalten die gleiche Ausbildung und können als komplettes Team gemeinsam kämpfen.

102 Damit es bei den opulenten amerikanischen Abkürzungen nicht zu Verwechslungen kommt, wird hier von einer *AR-Group* gesprochen. Die eigentliche nahe liegende komplette Abkürzung »ARG« ist schon durch die Amphibious Readiness Group des USMC belegt. (Anm. d. Ü.)

aktiven Dienst bei den SF und darüber hinaus die Gelegenheit, weiterhin an äußerst anspruchsvollen Einsätzen und Operationen teilzunehmen.

Natürlich wäre es denkbar unrealistisch, wollte man erwarten, dass sich diese Teilzeitsoldaten die gleiche körperliche Fitness und Kampffähigkeit erhalten können wie die aktiven SF-Truppen. Die ANG-Angehörigen halten sich ohne Frage gut in Form, aber sie müssen auch nicht die Furcht einflößenden Krieger spielen. Sie sollen vielmehr ihre größeren Erfahrungen und ihre Routine einbringen. Das ist auch der Grund, weshalb das SFC die ANG in der Regel mit den weniger intensiven Missionen – wie beispielsweise den JCETs und anderen Ausbildungsmissionen – beauftragt.

Aber daraus darf man keinesfalls folgern, sie könnten nicht kämpfen. Es handelt sich bei diesen Männern um gescheite und hoch qualifizierte Soldaten, die von ihren Kameraden im aktiven Dienst voll und ganz respektiert werden. Tatsächlich sind nach nur wenigen Wochen im Einsatz kaum noch Unterschiede zwischen aktiven und SF-Soldaten der ANG festzustellen.

Das Hauptquartier der 19th SFG ist Draper in der Nähe von Salt Lake City im Bundesstaat Utah und befindet sich in einem großen Bürogebäude. Die Einheit wird von Colonel Jordan Hughes und seinem CSM Owen Quarnberg geführt. Genau wie die aktiven Gruppen verfolgen auch sie ihre Wurzeln zurück bis zur Devil's Brigade, in ihrem Fall auf die 1st Company im 1st Battalion des 3rd Regiment.

Die 19th ist genauso aufgebaut wie die aktiven Gruppen, mit dem einzigen Unterschied, dass ihre einzelnen Komponenten als Einheiten über sieben US-Bundesstaaten verstreut sind: Kalifornien, Washington, Utah, Colorado, Ohio, Rhode Island und West Virginia. Die Einheiten sind normalerweise in ANG-Einrichtungen und Depots untergebracht. Da diese den Regierungen ihres jeweiligen Heimatstaates gehören und von ihnen auch unterhalten werden, verteilen sich die Unkosten auf eine breite Basis öffentlicher Mittel. Für den einzelnen Bundesstaat bringt es den Vorteil mit sich, dass die Einheiten bei Naturkatastrophen oder Notlagen sofort zu Hilfseinsätzen zur Verfügung stehen.

Für die Aufträge an ANG-SFGs gibt es einige wenige generelle Regeln. Über allem steht das Gebot, dass sie zwar voll für Kampf- und Eventualfalleinsätze verwendbar sind, jedoch hauptsächlich als Ersatz bei weniger schwierigen und weniger anstrengenden Missionen eingesetzt werden. Sie entlasten aktive SF-Einheiten, die für schwierigere und zeitaufwändigere Einsätze herangezogen werden können.

Rein geografisch gesehen, deckt die 19th ein weites Gebiet ab, sie ist nicht nur in Afrika, sondern auch im Nahen Osten, in Asien und im Fernen Osten im Einsatz. Nachfolgend sind einmal die letzten Aufträge der 19th SFG aufgeführt:

- **Eventualfälle** – Die 19th SFG ist zwar nicht in feststehende Eventualfallplanungen einbezogen worden, doch das kann sich in Zukunft durchaus ändern. SF-Einheiten der ANG könnten schon bald Vollzeitmissionen wie Drogenbekämpfung, Antiterroreinsätze und Einsätze gegen Massenvernichtungswaffen übernehmen. (Vom praktischen Ablauf her

Das offizielle Ärmelabzeichen (Emblem) der 20th Special Forces Group (Airborne)
OFFIZIELLE GRAFIK DER U. S. ARMY

kann das auf zwei Arten ermöglicht werden: Erstens könnten die betroffenen Einheiten auf Befehl des Präsidenten aktiviert werden. Zweitens reichen die verschiedenen ODAS der ANG den Dienst von einem Detachment zum anderen weiter.)

- **Einsätze** – Wie bereits festgestellt, hat die 19th SFG keine eigene Verantwortung für feststehende Einsätze.
- **JCS-Übungen** – Genau damit verdienen die SFG der ANG ihren Sold. Sie übernehmen Missionen, die im Normalfall eine aktive SF-Einheit binden würden. 1999 hat die 19th Missionen in Kenia, Jordanien und Oman durchgeführt, bei denen ein oder zwei ODAs Kenntnisse in Aufklärung, Spähtruppunternehmen und Angriffshandlungen vermittelten. Darüber hinaus führte die 19th noch mehrere Gefechtsstandübungen in Südkorea durch, die jeweils »Downrange«-Verlegungen in Kompaniestärke erforderlich machten. Ihre umfangreichste Serie von Einsätzen war eine Reihe von JCETs zur Unterstützung der 1st SFG in Asien. Dazu gehörten fast ein Dutzend ODA-Missionen in Mikronesien, Papua-Neuguinea, Südkorea, an der Java-Barriere und auf den Malediven. Hier unterrichtete die 19th die örtlichen Militär- und Polizeikräfte in einer Vielzahl von Bereichen, angefangen von Erster Hilfe bis hin zur Scharfschützenausbildung.
- **CONUS-Training** – 1999 führte die 19th das volle Spektrum der Ausbildung einschließlich MFF, UWO und verschiedener Neu-Qualifikationen in Spezialgebieten innerhalb der Vereinigten Staaten durch.

20th Special Forces Group (Army National Guard)

Die 20th SFG wird von Colonel James Yarbrough und CSM Joe Riley geführt. Sie ist auf acht Bundesstaaten an der Ostküste der Vereinigten Staaten verteilt (Alabama, Mississippi, Florida, Kentucky, Virginia,

Maryland, Illinois und Massachusetts). Ihr Hauptquartier liegt in Birmingham, Alabama. Sie leitet sich von der 1st Company im 1st Battalion des 3rd Regiment der »Devil's Brigade« ab.

Die 20th SFG hat einen primär auf Lateinamerika und die Karibik orientierten Schwerpunkt und wird hauptsächlich durch das SOCSOUTH eingesetzt. Damit bilden diese Männer eine äußerst nützliche Verstärkung für die 7th SFG. 1999 erledigten sie die folgenden Aufgaben:

- **Eventualfälle** – Genau wie die 7th und die 19th muss auch die 20th SFG mit keinen ernsten Eventualfällen rechnen. Obwohl auch diese Männer über alle Fähigkeiten verfügen, um in Krisensituationen einzugreifen, werden sie auch in Zukunft mit großer Wahrscheinlichkeit in erster Linie JCS- und CONUS-Trainingsmissionen unterstützen.
- **JCS-Übungen** – 1998 und 1999 hatte die 20th ihren Terminkalender voll mit JCS-Übungen, vor allem JCETs. Sie führte zwei kleinere Übungen in Guyana und Panama und über 20 JCETs in Honduras, El Salvador, Ecuador, Costa Rica, Surinam, Panama, Trinidad, Venezuela, Barbados, Antigua und Puerto Rico durch. Diese Ausbildungsoperationen hatten die Vermittlung einer Vielzahl von Fähigkeiten zur Aufgabe einschließlich humanitärer Hilfe, bewaffnetem Such- und Rettungsdienst, Drogenbekämpfung, Minenbeseitigung und friedenserhaltenden Maßnahmen.
- **CONUS-Training** – Ähnlich wie die 19th durchlief auch die 20th SFG im Jahre 1999 eine ganze Reihe von Ausbildungsprogrammen zur Wiederauffrischung auf dem Territorium der Vereinigten Staaten. Dazu gehörten auch Neu-Qualifikationen in MFF, UWO und weiteren Spezialtätigkeiten.

Die beiden Gruppen der ANG sind eine wichtige Verstärkungsmöglichkeit für die fünf aktiven SFGs. Tatsächlich wäre es nur klug, wenn man noch weitere ANG-Gruppen aktivieren würde, um SF-Einsätze in einem nicht kriegerischen Umfeld zu unterstützen. Damit könnten den aktiven Gruppen die wirklich schwierigen Operationen vorbehalten bleiben. In Anbetracht ihres derzeitigen OpTempo sollte eine solche Entlastung so bald wie möglich erfolgen.

Andere SFC-Einheiten

Das SFC trägt zusätzlich noch die Verantwortung für vier Chemical Reconnaissance Detachments (CRDs).

Zwei davon, das 56th und 801st CRD, sind aktive Einheiten mit Stützpunkt in Fort Campbell bzw. Fort Bragg. Daneben gibt es noch zwei CRDs der AR, und zwar das 445th und 900th in Fort Meade in Maryland und Fort Carson in Colorado. Bei diesen Einheiten handelt es sich um kleine, hoch spezialisierte Detachments mit besonderer Ausbildung und entsprechendem Gerät. Sie sollen für die SOF-Kommandeure den eventuellen Einsatz von chemischen Kampfstoffen aufspüren, vermessen und die daraus resultierende Art und den Umfang der Bedrohung analysieren. Es handelt sich um die einzigen Einheiten der Army, die derartige Fähigkeiten im Bereich der SOF verfügbar machen.

Unterstützungseinheiten

Das SFC kann nur in äußerst begrenztem Umfang ohne externe Hilfe Verlegungen durchführen und seine Aufträge erfüllen. Bei den Unterstützungsleistungen spielen Transportressourcen, Kommunikationsdienste, nachrichtendienstliche Unterstützung und Wetterinformationen die Schlüsselrolle. Zum Glück sind viele solcher Dienste innerhalb des USASOC und SOCOM verfügbar und können unmittelbar durch die SF-Verbände abgerufen werden.

- **160th Special Operation Aviation Regiment (SOAR – »The Nightstalkers«)** – Die »Nightstalker«, der geheimste und am besten mit neuester Technik ausgerüstete Verband im USASOC, »versorgen« den Rest des Kommandos mit der Lufttransportkapazität, die 1980 bei der Rettungsaktion für die Geiseln im Iran so bitter fehlte. Die Einheit liegt in Fort Campbell, Kentucky, und fliegt eine bunte Vielfalt von Hubschraubern, die alle massiv für Spezialzwecke umgebaut wurden. Zu diesen Maschinen gehören beispielsweise:
  - **MH-47D/E *Chinook*** – Hubschrauber des Typs MH 47 sind die Schwerlasttransporter großer Reichweite. Bei diesen Maschinen handelt es sich um eine stark modifizierte Variante des berühmten zweimotorigen Doppelrotor-Hubschraubers der Army, der den Typennamen *Chinook* trägt und von Boeing hergestellt wird. Die beim SOAR geflogene Variante ist mit einem eigens konstruierten Missionspaket ausgerüstet. Dazu gehören unter anderem ein Geländefolgeradar (TFR), vorwärts gerichteter Infrarotsucher (FLIR), Geräte für elektronische Gegenmaßnahmen (ECM), ein Stutzen für die Betankung in der Luft, Bordcomputer usw. Durch diese und einige andere Komponenten kann der *Chinook* für Nonstop-Missionen eingesetzt werden, wie sie 1980 im Iran noch unmöglich waren. Ein einziger MH-47 kann bis zu 20 voll ausgerüstete Special-Operations-Soldaten oder ein Schlauchboot und 12 Männer tragen.
  - **MH-60 K/L *Pave Hawk*** – Der MH-60 basiert auf dem bekannten UH-60 *Blackhawk* und ist so etwas wie der kleine Bruder des MH-47 *Chinook*. Er verfügt über eine ähnliche Missionsausstattung und ist auch für ähnliche Einsätze gedacht, allerdings mit kürzerer Reichweite und geringerer Zuladung. Die »K«-Variante des MH-60 verfügt über einen Luftbetankungsstutzen, so dass auch längere Einsätze geflogen werden können. Diese Maschine hat zusätzlich Luft-Boden-Lenkwaffen und Maschinengewehre an Bord. Es gibt unbestätigte Berichte über eine Angriffsversion des MH-60K, die unter der Bezeichnung AH-60 laufen soll und angeblich zusätzlich zu dem normalen Mis-

Ein Transporthubschrauber des Typs MH-47 vom 160th Special Operations Aviation Regiment wirbelt bei der Landung Schmutz und Staub auf. Das 160th verschafft der Special-Operations-Gemeinschaft der Army die autonome Fähigkeit, Truppen aus der Luft in ein Feindgebiet einzuschleusen.

OFFIZIELLES FOTO DER U. S. ARMY

sionspaket über einen Laser-Zielbeleuchter und zwei Maschinenkanonen vom Kaliber 30 mm verfügt. Damit hätte diese Maschine eine mit dem AH-64 *Apache* vergleichbare Feuerkraft, die durch *Hellfire-* und *Stinger*-Lenkflugkörper zur Bekämpfung von Boden- und Luftzielen noch weiter verstärkt werden könnte.

- **A/M/TH-6 »Little Bird«** – Der »Little Bird« ist das geheimnisvollste Pferd im Stall der 160th. Tatsächlich handelt es sich bei ihm nicht nur um einen einzelnen Typ von Hubschrauber, sondern vielmehr um eine ganze Familie von leichten Angriffs-, Überfall- und Beobachtungshubschraubern, die auf der bekannten Hubschrauberserie TH-6/MD-500 basiert, die von Boeing (früher McDonnell Douglas and Hughes) gebaut wird. Vieles, was mit diesem Hubschrauber zusammenhängt, ist streng geheim. Es ist jedoch immerhin so viel bekannt geworden, dass die meisten mit einem leichten FLIR-System ausgestattet sind sowie mit einer 6-läufigen »Mini-[Gatling-]Kanone« Kaliber 7,62 mm und mit Luft-Boden-Raketen bewaffnet werden können. Der »Little Bird« wird auch als Angriffs- und Transporthubschrauber in bebauten Gebieten eingesetzt. Bis zu sechs Special-Operations-Soldaten können sich mit der »Fast-Rope«- Technik in Städte und Industriekomplexe von ihm abseilen.

Die »Nightstalker« haben sich auf Nachteinsätze spezialisiert, wo ihre Überlegenheit in der Sensorik, der Navigationsausstattung, Waffen und den Fähigkeiten der Besatzungen den entscheidenden Vorteil in einem Gefecht bedeuten können. Sie haben seit ihrer Aufstellung Anfang der 80er Anteil an vielen Aktionen gehabt und haben sich seitdem zu einem der am meisten beschäftigten Verbände des amerikanischen Militärs entwickelt. Wenn die »Nightstalkers« einen Nachteil haben, so ist es ihre vergleichsweise geringe Größe und die Abhängigkeit von Infrastruktur und Unterstützung (Unterbringung, Logistik usw.). Das kann ihre Verwendbarkeit für expeditionsähnliche Unternehmungen begrenzen.

Air Force Special Operations (AFSOC)

Neben dem 160th SOAR holt sich das SOCOM weitere bedeutende Transportkapazitäten aus dem Air Force Special Operations Command (AFSOC) in Hurlbert Field, Florida. Dazu gehören besonders ausgerüstete Turboprop-Transporter vom Typ MC-130 *Hercules* mit einer Ausstattung zur satellitengestützten Kommunikation und Navigation. Der MC-130 kann durch die SOF für Fallschirmeinsätze und das Absetzen von Lasten aus der Luft genutzt werden. Weiterhin steht eine Staffel Schwerlasttransporter des Typs C-141 B *Starlifter* für ähnliche Aufgaben zur Verfügung.[103] Wenn schwere Feuerunterstützung erforderlich wird, kann das AFSOC auch noch seine AC-130 *Spectre Gunships* einsetzen. Diese Flugzeuge sind mit ihren Kanonen und Maschinengewehren vom Kaliber 105 mm, 25 mm, 20 mm und 7,62 mm in der Lage, punktgenau zu schießen und das bei nahezu jedem Wetter und unter allen denkbaren Sichtbedingungen. Schließlich verfügt das AFSOC auch noch über einen kleinen Bestand spezieller Hubschrauber für Sondereinsätze – die MH-53J *Pave Low*. Die *Pave Lows* sind schwer bewaffnet und können unter fast allen Witterungsbedingungen und bei nahezu allen Sichtverhältnissen operieren. Selbst eine bestehende Bedrohung durch fast alle bekannten Arten von Luftverteidigungssystemen spielt für sie keine Rolle. Kurzum, bei den *Pave Lows* handelt sich um das zur Zeit fähigste Lufttransportmittel der Welt, wenn es um Sondereinsätze geht.

In wenigen Jahren wird das AFSOC eine SOF-Version des neuen Kipp-Rotorflugzeuges V-22 *Osprey* bekommen. Die *Osprey* wird dann die *Pave Lows* und einige der MC-130 ersetzen und für eine gewaltige Verbesserung in puncto Reichweite, Nutzlast und anderen Bereichen sorgen.

Die Navy: Unterseeboote und Spezialboote

Die Special Forces sind darum bemüht, sich auch weiterhin in nennenswertem Umfang Kapazitäten zu erhalten, um ihre Truppen von See her oder auf Flüssen in »verwehrte« Gebiete (Gebiete, die von Leuten besetzt

103 Die Schwerlast-Transportfähigkeit der SOF ist zwar im Augenblick mit dem 437th Airlift Wing [Lufttransportgeschwader] auf der Charleston AFB in South Carolina stationiert, jedoch ist geplant, diese Einheit schon bald auf die McGuire AFB in New Jersey zu verlegen. Außerdem bestehen gute Aussichten, dass Maschinen des Typs C-17 *Globemaster III* modifiziert werden und den SOF-Auftrag übernehmen, wenn die für SOF-Einsätze geeignete C-141B in einigen Jahren ausgemustert wird.

sind, die etwas gegen die Anwesenheit von SOF-Truppen in der Gegend haben) einschleusen zu können. Bei den SF-Einheiten ist es schon seit langem eine Selbstverständlichkeit, Schlauchboote einzusetzen, und sie tun dies von einer Vielzahl unterschiedlicher Plattformen aus. Zur Durchführung solcher Vorhaben kann die Navy beauftragt werden, ihre Transportdienste mit SOF-fähigen Unterseebooten und Spezialbooten bereitzustellen. Zu diesem Zweck hat die Navy zwei ehemalige Träger-Atom-Unterseeboote für ballistische Lenkflugkörper, die *Kamehameha* (SSN-642) und die *James K. Polk* (SSN-645) bereitgestellt, außerdem das Special-Operations-Boot *Parche* (SSN-643). (Die *Parche* und die inzwischen außer Dienst gestellte *Richard Russel* waren früher einmal taktische (Angriffs-)Unterseeboote der verlängerten *Sturgeon*-Klasse (SSN-637). Allem Anschein nach bestehen Pläne, die *Parche* durch die *Jimmy Carter* (SSN-23) zu ersetzen.) Diese Boote verfügen über Schleusenkammern für Taucher sowie außen angebrachte Hangars für Motorboote und Schlauchboote zur Anlandung von Truppen. Darüber hinaus kann die Navy auch Fahrzeuge ihrer Special Boat Squadrons an die Special Forces ausleihen. Von diesen bevorzugen die Special Forces besonders die neuen Boote der *Cyclone*-(PC-I)-Klasse, da sie über die nötigen Kapazitäten verfügen, gleich mehrere ODAs samt ihrer Ausrüstung auch noch in flachen Gewässern und kleinen Flüssen zu transportieren. Des weiteren hat die Navy noch kleinere Boote wie die der neuen Mark-V-Serie im Bestand, die kleine Flüsse und Bäche hinauffahren können und für schnelle Bewegungen in Küstengewässern sehr gut geeignet sind.

75th Ranger Regiment

Ohne Frage verfügen die Special Forces über eine beeindruckende Fähigkeit, mit kleinen Einheiten gegen spezielle Ziele vorzugehen. Manchmal ist es aber unumgänglich, auch mal etwas *wirklich Großes* anzugreifen, einzunehmen oder zu zerschlagen. In einem solchen Fall wendet sich das SOCOM an das 75th Ranger Regiment aus Fort Benning in Georgia. Das 75th setzt sich aus drei Rangerbataillonen zusammen (zwei in Fort Benning und einem in Fort Lewis). Sie verschaffen den nationalen Kommandobehörden schnelle Reaktionskräfte, die ausnahmslos die Fallschirmspringer-Qualifikation besitzen und als Einheiten auch groß genug sind, mit vielen verschiedenen Zielen umgehen zu können. Zu solchen Eventualitäten gehörten Einsatzprofile wie Angriffe auf Flugplätze und deren Einnahme (wie in Grenada und Panama geschehen) und der großangelegte Kampf in Städten (wie in Somalia).

Das 75th hat als Kampfverband einen geradezu Furcht erregenden Ruf und der entspricht durchaus ihrer langen Tradition, die bis in die Zeit des Zweiten Weltkrieges zurückreicht. Die Ranger sind so etwas wie die Umkehrung der Feuerwehr: Sie können einen Gegner genauso das Fürchten lehren wie ein Verrückter mit einem Flammenwerfer.

Ich würde mich jedenfalls lieber nicht mit ihnen anlegen!

U. S. Space Command (SPACECOM)

Keine externe Dienstleistung ist für die SF wichtiger als die, die ihnen das U.S. Space Command zur Verfügung stellt. Das SPACECOM ist auf der Peterson AFB in der Nähe von Colorado Springs im Bundesstaat Colorado beheimatet und praktisch die Genehmigungsinstanz für satellitengestützte Kommunikation. Darüber hinaus liefert es Wetter- und nachrichtendienstliche Daten, die zu den lebensnotwendigen Informationen einer jeden SF-Mission gehören. Das SPACECOM sorgt dafür, dass diese Leistungen verfügbar und zuverlässig sind, und ermöglicht auf diese Weise erst die Erfüllung der gesamten Bandbreite des globalen Auftrages, den das SFC zu erfüllen hat.

Rollen und Aufträge: Die Methode der Special Forces

Spätestens jetzt sollten wir uns genauer anschauen, was diese Leute überhaupt treiben.

Das SFC hat sich praktisch seine spezielle Nische in der SOF-Welt gesucht und beansprucht jetzt fest eingeführte Rollen und Missionen für sich allein. Natürlich ist klar, dass es keinen militärischen Verband gibt, der alles kann – aber die Special Forces decken schon eine ganz erhebliche Menge von Einsatzprofilen ab. Der Schlüssel zu allem liegt darin, ihre Grenzen zu kennen.

So ist es zum Beispiel besser, nicht gleich ein ganzes Bataillon SF-Soldaten per Fallschirm über einem zu erobernden Flugplatz abzusetzen, sondern statt dessen lieber ein oder zwei ODAs damit zu beauftragen, dass sie diesen Platz erkunden. Anschließend kann dann ein Ranger-Bataillon eingeflogen werden und die Sache erledigen.

Eine andere große Stärke der SF ist ihre Planungsfähigkeit.

Die Fans von Action-Filmen sind jetzt wahrscheinlich ziemlich überrascht, aber das SOF-Personal besteht keineswegs aus hirnlosen Killern. SF-Soldaten sind anders. Sie wissen es besser, denn das ist sicherlich nicht der richtige Weg, die Dinge zu erledigen. Gerade die hirnlosen Killer werden in der Regel »downrange« als Erste getötet. Die SF-Soldaten hingegen gehören zu den gescheitesten Leuten, die man sich vorstellen kann. Sie verbringen Stunden damit, jedes Detail auch der einfachsten Unterrichtsstunde eines Lehrgangs zu durchdenken, um vielleicht auf diese Weise einen noch besseren Weg zur Erledigung ihres Auftrages auszutüfteln. Viele haben auch im Feld einen modernen Laptop-Computer und Digitalkameras dabei. Diese nutzen sie zur Erstellung operationeller Planungsdokumente, die oft so gut sind, dass sie sogar die Aufmerksamkeit der JCS wecken.

Natürlich hat jeder SF-Soldat auch das Planungssystem »Bleistiftstummel« dabei – ein Notizbuch, Kugelschreiber oder Bleistift, Kompass, Karte und Winkelmesser –, nur für den Fall eines Falles.

Die Missionen der Special Forces

- **Foreign Internal Defense** (FID) – FID ist die häufigste aller SF-Missionen. Dazu gehören die Ausbildung der militärischen, paramilitärischen und Polizeikräfte anderer Nationen, damit sie sich besser gegen Umstürze, Aufstände und organisierte Kriminalität zur Wehr setzen können. Diese Missionen können praktisch im vollen Spektrum der Gefechtsführung stattfinden, von der Friedenssituation vor einem Krieg bis zu Widerstandsanstrengungen im Krieg selbst, und sogar der Wiederaufbau des Militärs nach einer Auseinandersetzung fällt darunter.
- **Antiterror-Ausbildung** – Dabei geht es um die Ausbildung der verschiedenen Kräfte einer Nation in den Grundlagen der Terrorismusbekämpfung. Dazu gehören Überwachungstechniken, Waffen- und Taktikausbildung im Nahkampf und spezielle Planungsverfahren.
- **Special Reconnaissance (SR)** – Das ist der häufigste und vielleicht wichtigste Kampfauftrag der SF. Das Ziel einer SR-Mission ist es, Nachrichten zu sammeln, um die Fähigkeiten, Absichten, Handlungen und/oder die Ausrüstung einer feindlichen Streitkraft aufzuklären.
- **Unconventional Warfare (UW)** – UW war damals, im Jahre 1952, der Kernauftrag für die ersten Angehörigen der 10th SFG. Heute wird damit ein breites Spektrum von militärischen und paramilitärischen Einsatzfähigkeiten beschrieben. Die unkonventionelle Gefechts- bzw. Kriegführung wird hauptsächlich von einheimischen, Eingeborenen- oder Milizeinheiten praktiziert. Die entsprechenden Truppen werden durch das SF-Personal organisiert, ausgebildet, ausgerüstet und unterstützt. Solche Maßnahmen sind durch nationale politische Richtlinien und Entscheidungen gedeckt.
- **Direct Action (DA)** – DA-Einsätze sind Missionen kurzer Dauer, in der Regel Überfälle oder kleine, offensive Aktionen begrenzten Umfangs, durch die ein spezielles Angriffsziel eingenommen, beschädigt oder zerstört werden soll. Der Begriff Angriffsziel kann eine Vielzahl von Dingen bezeichnen, neben militärischer Ausrüstung, Stützpunkten und Personal auch anderes, was von höheren Kommandobehörden oder der nationalen Führung als Ziel identifiziert wurde.
- **Collateral Activities** – Die so genannten Nebenaufgaben werden von den ODAs häufig zusätzlich im Rahmen ihres Hauptauftrages übernommen. Dazu gehören:
  - **Humanitäre Hilfe** – Das Sanitätspersonal eines ODA (die 18D-ler) werden nicht selten, wenn sie »downrange« im Einsatz sind, gebeten, ihre herausragenden Fähigkeiten dem Gesundheitsdienst zur Verfügung zu stellen. In solchen Fällen behandeln sie die Menschen vor Ort, wobei es für sie dann keinen Unterschied macht, ob es sich bei ihren Patienten um Eingeborene oder militärisches Personal der Gastgebernation handelt.
  - **Security Assistance/Mobile Training Teams (SA/MTT)** – Gelegentlich stellen ODAs während ihrer Einsätze MTTs zusammen, um den

Ein Soldat der Special Forces (im Bild kniend) instruiert venezolanische Soldaten im Scharfschießen. Diese Ausbildung gehört zu einer Mission der »Foreign Internal Defense« und ist eine von vielen, die Special Forces im Feldeinsatz zu leisten vermögen.

Offizielles Foto der U. S. Army

örtlichen militärischen, paramilitärischen und Polizeikräften besondere Fähigkeiten oder Verfahren beizubringen oder sie sie in neue Ausrüstungen einzuweisen. Die Teams zur Sicherheitsunterstützung/Mobilen Ausbildung fungieren darüber hinaus auch als Sicherheitskraft für die politische Führung und andere VIPs vor Ort.

- **Minenräumung** – Oft müssen SF-Soldaten die entsprechenden Kräfte einer gastgebenden Nation in den Fähigkeiten und Techniken unterweisen, um ein Gebiet von Minen zu befreien. In den meisten Fällen bedeutet dies die Ausbildung von Ausbildern: Die SF-Angehörigen vermitteln anderen ihre Ausbildungstechnik, damit diese dann die gewonnenen Kenntnisse der Minenbekämpfung vor Ort weitergeben können.
- **Drogenbekämpfung** – Um den militärischen, paramilitärischen und Polizeikräften einer Gastgebernation bei der Bekämpfung der Anpflanzung, Verarbeitung von und des Handels mit Drogen zu helfen, müssen SF-Soldaten gelegentlich die Kräfte vor Ort in den Techniken und Taktiken der Drogenbekämpfung ausbilden. Mit dazu gehört die Ausbildung im Sammeln von Informationen, der Planung von Überfällen und deren Ausführung und in den richtigen Polizeitaktiken.

- **Friedenserhaltung** – In jüngster Zeit waren die Special Forces intensiv in friedenserhaltende Maßnahmen eingebunden. Nach ihren erfolgreichen Operationen in Ecuador stehen sie nun im Rahmen der Balkan-Mission in Bosnien und im Kosovo im Einsatz.
- **Combat Search and Rescue (CSAR)** – Hin und wieder werden SF-Einheiten auch als Bodensicherheitselement bei CSAR-Einsätzen gebraucht, wenn abgeschossene Flugzeugbesatzungen oder sonstige Militärangehörige geborgen werden müssen. Dabei werden die SF-Truppen mit den beteiligten Hubschraubern und anderen Unterstützungsflugzeugen kommunikativ zusammengeschlossen, um die Abbergung zu ermöglichen.
- **Unterstützung innerhalb von Koalitionen** – SF-Soldaten werden häufig im Verbindungsdienst zwischen US-amerikanischen und koalierten alliierten Kräften eingesetzt, da sie nicht nur über einzigartige Sprachkenntnisse verfügen, sondern auch die Region kennen und das erforderliche kulturelle Verständnis besitzen.

Die Kenntnisse und Fähigkeiten, die für diese Einsätze erforderlich sind, gehören zum Kern des Ausbildungsplanes im »Q«-Lehrgang und den nachfolgenden Schulungen. Jedes ODA der SF kann diese Dienste normalerweise komplett anbieten und wird dabei wahrscheinlich ziemlich gute Arbeit leisten.

Die Stücke des Kuchens: Areas of Responsibility (AORs)

Nach den Buchstaben der Goldwater-Nichols- und Nunn-Cohen-Gesetze gehören zu jedem Regionalkommando verschiedene Unterkomponenten. Eine davon ist für die Koordination der Aktivitäten von Special Operation Forces zuständig. Die Kommandeure dieser Komponenten kontrollieren die Mehrzahl der Verbände (Army, Air Force, Marine Corps, Navy, SOF usw.), die ihnen im Fall einer Krise unterstellt werden. So war zum Beispiel mein alter Freund General Charles »Chuck« Horner (USAF, inzwischen im Ruhestand) während der Operation Desert Storm der Boss des Central Command Air Force (CENTAF). In dieser Funktion kontrollierte er so ziemlich alles, was flog. Wie man sich vorstellen kann, verursachte ein derartiger Grad an Kompetenz mehr als nur ein paar Meinungsverschiedenheiten. Aber solange es noch kein besseres System gibt, ist die gegenwärtige zusammengeführte operationelle Kommandostruktur eben das Beste, was wir haben.

Die Komponenten des Special Operations Command in jedem zusammengeführten Kommando decken dieselben regionalen Bereiche ab wie die entsprechenden SFGs. Diese Komponenten werden durch einen hochrangigen SOF-Offizier geführt, der dem Vier-Sterne-General der Region (also dem CINC) unmittelbar untersteht. Nachfolgend sind die gegenwärtigen Regionalkommandos des SOC und ihre Kommandeure aufgelistet:

- **Special Operations Command, Central (SOCCENT)** – Das SOCCENT ist auf der MacDill AFB in Florida stationiert und wird von Brigadier General Frank J. Toney jr. geführt. Darüber hinaus verfügt es noch über ein vorgeschobenes Hauptquartier in Bahrain. General Toney kommandiert alle SOC-Kräfte in der Region der Special Forces, in der es heute am meisten zu tun gibt. Das Kontingent der SF dabei wird hier durch die 5th SFG gestellt. CENTCOM ist für die US-amerikanischen Militäroperationen vom Horn von Afrika bis zu den »Stans« verantwortlich. Darüber hinaus deckt diese Verantwortung aber auch sämtliche Staaten am Persischen Golf, Afghanistan und Pakistan ab.
- **Special Operations Command, Europe (SOCEUR)** – Geht man rein nach Zahl und Größe der unterstellten Einheiten, so ist das SOCEUR die größte SOC-Komponente. Zu diesem Kommando gehören zwei komplette Gruppen (die 3rd und 10th SFG) und der Teil der 19th SFG, der für SOF-Einsätze verfügbar ist. Das von EUCOM abgedeckte Territorium erstreckt sich vom Nordkap bis zum Kap der Guten Hoffnung und reicht auf dem Festland bis weit nach Russland hinein. Darüber hinaus gehört auch Israel mit zu seinem Verantwortungsbereich. Das SOCEUR wird von Brigadier General Eldon A. Bargewell geführt.
- **Special Operations Command South (SOCSOUTH)** – Wie der Rest des SOUTHCOM hat auch SOCSOUTH durch die Übernahme der Karibik vom USACOM einen neuen Verantwortungsbereich hinzugewonnen. Erst kürzlich hat das SOCSOUTH sein Hauptquartier von der Kanalzone in Panama nach Puerto Rico verlegt. Das SOCSOUTH wird von Brigadier General James W. Parker, einem langgedienten SF-Mann, geführt. Ihm sind die 7th und die 20th SFG unterstellt.
- **Special Operations Command, Atlantic (SOCLANT)** – Nachdem kürzlich sein verbliebener regionaler Verantwortungsbereich an das SOUTHCOM übertragen wurde, ist diesem Kommando keine SFG mehr zugeordnet. Das SOCLANT wird von Colonel (O-6) Hayward S. Florer kommandiert.
- **Special Operations Command, Pacific (SOCPAC)** – Das SOCPAC ist in Hawaii stationiert und wird von Brigadier General Jack R. Holbien, USAF, geführt. Er verfügt über zwei SFGs, die für diese Region zuständig sind: die 1st SFG und im Bedarfsfall den größten Teil der 19th SFG.
- **Special Operations Command, Korea (SOCKOR)** – Rein technisch gesehen sind die US-amerikanischen Streitkräfte in Korea keines der großen Regionalkommandos, doch sie werden durch einen Vier-Sterne-General der Army mit einem eigenen SOC-Kommandeur geführt. SOCKOR steht unter dem Kommando von Colonel Robert C. Leicht, der über ein Special Forces Detachment im Land und die vorgeschoben stationierte 1/1st SFG in Okinawa verfügen kann. Darüber hinaus besteht für ihn jederzeit auch die Möglichkeit, SOF-Kräfte anderer Kommandos, die in Bereitschaft stehen, zur Verstärkung anzufordern.

Das CONOPS der Special Forces: Einige Beispiele

Nun betrachten wir einmal die Art und Weise näher, wie die Special Forces Groups zusammengestellt und auf ihre Missionen geschickt werden. Vorweg ist es wichtig festzuhalten, dass die SF-Führung ihre Aufgaben mit einem minimalistischen Ansatz anzugehen pflegt. Die Führung weiß, dass einige wenige ODAs keinen Krieg, keine Schlacht, ja nicht einmal ein Gefecht gewinnen werden. Die Special Forces verstehen sich als eine unterstützende Kraft, die – wenn alles verläuft wie geplant – den größeren und schlagkräftigeren Kräften den Weg zum Sieg bereitet.

Nachfolgend betrachten wir drei typische SF-Verlegungspakete. Es gibt zwar keine standardisierte SF-Zusammenstellung, aber die Beispiele zeigen, wie die Verbände gerne vom SFC für Einsätze zusammengestellt werden, die mit größter Wahrscheinlichkeit zu erledigen sind.

Beispiel 1: Operationen geringer Intensität in toleranter Umgebung

Bei den weitaus meisten Missionen der Special Forces handelt es sich um relativ kleine Einsätze, für die gewöhnlich zwei oder drei ODAs entsandt werden. Dazu kommt dann noch ein ODB für die anstehenden Befehls- und Führungsaufgaben hinzu. Ein solches Paket ist maßgeschneidert für Ausbildungsaufgaben bei einer freundlich gesinnten Gastnation. Geht man einmal von der Annahme aus, eine lateinamerikanische Gastnation habe um eine 90 Tage dauernde JCET-Mission gebeten und sie wäre vom Außenministerium und den JCS genehmigt worden, wird das SFC die 7th SFG in Fort Bragg beauftragen, ein Paket aus zwei ODAs und einem ODB zusammenzustellen. Diese sollen sechs bis neun Monate später »downrange« verlegt werden. Damit gewinnt der Stab der Gruppe genügend Zeit, die Teams auszuwählen, die letztendlich losgeschickt werden sollen, den Kommandeur für den Einsatz festzulegen und die vor der Mission erforderlichen Erkundungen beim Gastgeber vor Ort durchzuführen.

Die nächste Phase des JCET beginnt ungefähr drei Monate vor der eigentlichen Verlegung mit dem Training der ausgewählten Teams. Die Wahl wird dabei in erster Linie auf die fallen, die sich im so genannten »Amber«-Status befinden. »Amber« bedeutet, dass diese Teams schon einige Monate zu Hause waren, ihren Urlaub genommen oder an Lehrgängen teilgenommen haben und damit generell wieder einsetzbar sind.[104]

Etwa um diese Zeit fliegt dann schon einmal ein Ortserkundungsteam (das aus ein oder zwei Mann besteht) zur gastgebenden Nation, besucht

104 Die Special Forces teilen den Einsatzbereitschaftsstatus einer Einheit mit der Farbskala Green/Amber/Red [grün, bernsteinfarben, rot] ein. Green bedeutet voll einsatzbereit, eine Amber-Einheit befindet sich im Training und der Vorbereitung auf den Einsatz, mit Red werden die Einheiten bezeichnet, die gerade von einer Mission zurückgekehrt sind und nun erst einmal Urlaub und Ausbildung brauchen.

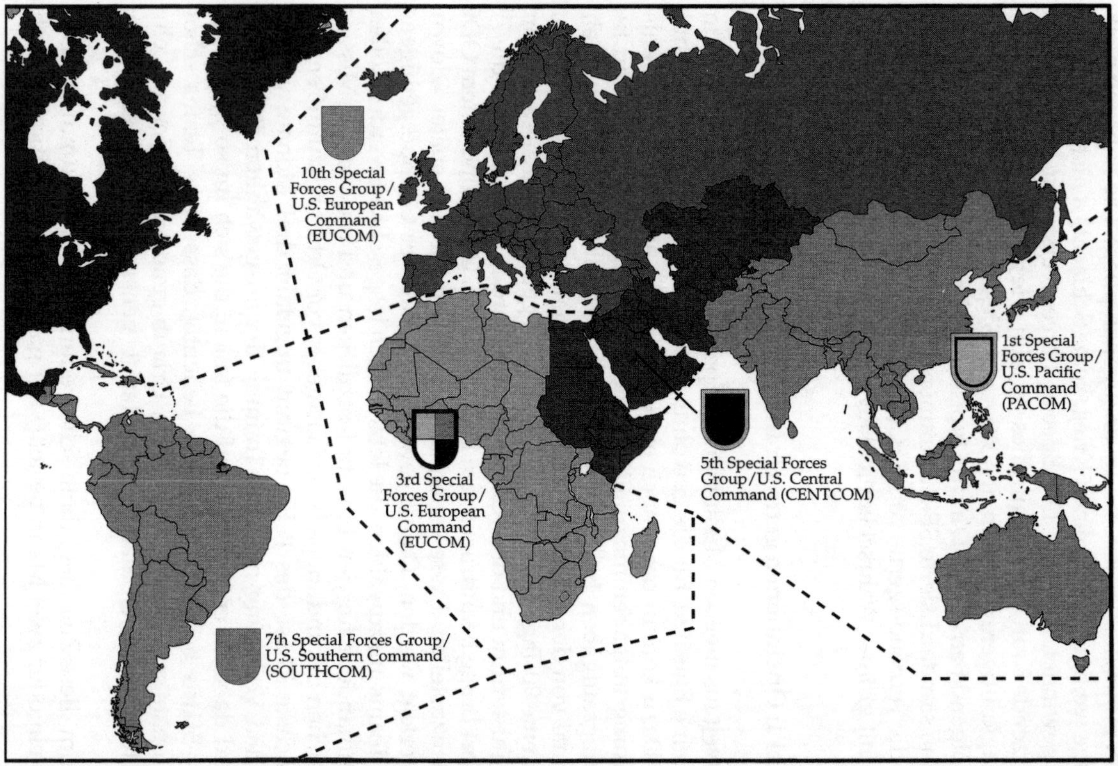

Diese Karte zeigt die gegenwärtigen Verantwortungsbereiche der aktiven Special Forces Groups und ihr zugeordnetes zusammengeführtes Kommando.

Rubicon. Inc., von Laura DeNinno

die dortige US-Botschaft, koordiniert Aktivitäten und Pläne und wählt die erforderlichen Unterkünfte und Ausbildungseinrichtungen aus. Bei der Gelegenheit bereitet es auch gleich Ankäufe oder Leasingverträge vor, die für besondere logistische, Fernmelde-, Transport- oder Infrastrukturbedürfnisse erforderlich sind. So haben die meisten lateinamerikanischen Länder zum Beispiel ein recht gut entwickeltes Mobil-Telefonsystem. Handys haben sich inzwischen zu einem Koordinierungs- und Notfallkommunikationsmittel von geradezu unschätzbarem Wert entwickelt. Wenn die Erkenntnisse des Erkundungsteams zu Hause vorliegen, können sie noch mit in das Training der Teams einbezogen werden.

Das Training geht bis ungefähr vier Wochen vor dem Einsatz weiter. Dann wird gepackt und die eigentliche Vorbereitung auf die Verlegung beginnt. Jetzt gewinnt auch die Transportfrage allmählich an Bedeutung, denn die benötigte Menge an Personal, Ausrüstung und Versorgungsgütern bestimmt letztendlich das Transportmittel. So ist es zum Beispiel durchaus möglich, die Soldaten der SF per Flugzeug auf eine Insel in der Karibik zu bringen, während ihr schweres Gerät und die Versorgungsgüter in Container geladen und mit Lastwagen und per Schiff transportiert werden.

Aus offensichtlichen Gründen benutzen die SF-Leute am liebsten ein Schwerlast-Transportflugzeug wie die C-17A *Globemaster III,* die über solch enorme Kapazitäten verfügt, dass sie alles auf einem einzigen Flug mitnehmen kann. Doch ihre Verwendung ist kostspielig und das TRANSCOM (das Transportation Command der Air Force) hat nicht viele Maschinen dieses Typs.

In den Wochen unmittelbar vor der Verlegung werden noch eine Menge Besprechungen für die Missionskommandeure und Teamführer abgehalten, damit sie die Welt, in die sie geschickt werden, möglichst gut kennen. Die Führer informieren anschließend ihrerseits die Stäbe ihrer Gruppe und des SFC über ihre eigenen Ausbildungs-, Verlege-, Sicherheits-, Kommunikations- und Notfallpläne. Des weiteren müssen jetzt auch Repräsentanten des Außenministeriums informiert werden. Nur wenn alle darin übereinstimmen, dass die Männer für die Mission gut vorbereitet sind, wird der Einsatz auch tatsächlich abgesegnet und der Verlegebefehl unterzeichnet.

In dieser Zeit bekommen die SF-Soldaten Gelegenheit, ihr Testament auf den neuesten Stand zu bringen und sich auf die Trennung von Familie, Freunden und ihren Lieben vorzubereiten.

Am Tag der Verlegung haben die Teams dann alles verpackt und sind endgültig bereit, auf die Reise zu gehen. Falls das TRANSCOM ein Militärflugzeug bereitgestellt hat, werden sie von Pope AFB (in der Nähe von Fort Bragg) aus starten. Ist das nicht der Fall, zieht jeder Zivilkleidung an und fliegt mit einem Linienflugzeug zum Bestimmungsort.

Dort angekommen, werden die Teams zunächst einmal in einem Hotel in der Nähe der amerikanischen Botschaft untergebracht. Die ersten Tage vergehen mit Briefings durch Botschaftsangehörige und ersten Kontakten zum Personal der Einheiten ihrer gastgebenden Nation. In diesen Tagen werden dann auch die bestellten Leihwagen und Mobiltelefone abgeholt. Nur wenn jedes Team richtig eingeführt und vollständig informiert ist, dürfen sie »downrange« zu ihren Einsatzorten in der Nähe der Einheiten, die sie ausbilden sollen, abrücken.

»Downrange« angekommen, bezieht jedes Team einen Platz, der als »Team-House« ausgewählt wurde – oft ein Privathaus, das für einige Monate angemietet wurde. Allerdings können auch leer stehende Kasernen belegt werden oder die Männer schlagen einfach ihre Zelte auf (was allerdings inzwischen eher selten der Fall ist).

Ein Team-Haus muss für den Fall terroristischer Anschläge oder eines Aufruhrs leicht zu verteidigen sein, es müssen mehrere Flucht- und Ausweichwege vorhanden sein. Darüber hinaus ist natürlich auch ein bisschen Komfort durchaus erwünscht (eine Klimaanlage und eine Fernseh-Satelliten-Antenne machen da schon eine Menge aus). Letztendlich ist die Zweckmäßigkeit bei der Wahl eines Team-Hauses ein wichtiges Kriterium, denn die einzelnen Teams können durchaus Hunderte von Kilometern voneinander entfernt untergebracht sein.

Gehen wir nun zu Führung, Leitung und Kommunikation über. Welche Funkgeräte und anderen Kommunikationssysteme braucht ein SF-Major eigentlich, um das SOCSOUTH, das SFC und die nationalen Kommandobehörden über seine Lage und die erzielten Fortschritte auf dem Laufenden zu halten? Auch hier gilt wieder das minimalistische Prinzip »so wenig wie möglich«. Zunächst einmal haben die Fernmeldeunteroffiziere die Wahl unter einer Vielzahl von Funkgeräten und Verschlüsselungssystemen. Daraus können sie die passende Ausrüstung für ihre Teams zusammenstellen. Damit wird das ODA dann ein Kommunikations-Zentrum (meist nicht mehr als ein Tisch) in einer Ecke des Team-Hauses einrichten. Hier haben die Männer in aller Regel mindestens drei abhörsichere Kommunikationssysteme: einen (SATCOM) Transceiver[105], ein Hochfrequenz-(HF-)Funksystem und ein frequenzmoduliertes SABRE-(UKW-)Gerät für das eigene Kommunikationsnetzwerk. Ein Mobiltelefon (wenn verfügbar) ist normalerweise eine weitere Reserve.

Das SATCOM-System wird so zusammengestellt, dass es sowohl Sprache als auch Daten übertragen kann. Über ein solches System ist es möglich, praktisch ohne Verzögerung mit jedem Punkt auf der Welt Verbindung aufzunehmen.[106]

HF-Funkgeräte unterliegen in ihren Anwendungsmöglichkeiten erheblich stärkeren Einschränkungen, da über sie nur Morse-Übertragungen möglich sind. Andererseits bringt aber gerade die Begrenzung auf das Morsesystem auch Vorteile mit sich. Seine Zuverlässigkeit und Verfügbarkeit sind nämlich erheblich größer als die des SATCOM-Systems. Das hängt natürlich auch mit der schon legendären Fähigkeit der 18E-ler zusammen,

105 Sende-/Empfangsgerät (Anm. d. Ü.)

106 Das eigentliche Datenübertragungsgerät ist gewöhnlich nichts anderes als ein Laptop- oder ein Palmtop-Computer, der seinen Datenfluss über ein digitales Verschlüsselungssystem zum Funkgerät schickt. Damit kann man mit Hilfe frei käuflicher Software E-Mail-Nachrichten verschicken, eine für das Team außerordentlich nützliche Angelegenheit.

Antennen aufzubauen, und der begrenzten Zahl von SATCOM-Kanälen und -Transpondern, die durch das SPACECOM für die einzelnen Missionen reserviert werden können.[107] Das SABRE-Radio-UKW-Sprechfunksystem wird gewöhnlich für Sprach- und Datenübertragung vor Ort genutzt. Mobiltelefone sind zwar auch recht nützlich, besitzen aber naturgemäß nicht die Verschlüsselungssicherheit der anderen Funksysteme.

Die Kommunikationseinrichtung der ODBs benutzt die gleichen Geräte. Allerdings haben sie, weil sie regelmäßig mit der Außenwelt kommunizieren müssen – was besonders für die Verbindung nach Fort Bragg gilt –, in der Regel doppelt so viele. Beim ODB werden normalerweise zwei Sätze SATCOM- und HF-Funksysteme eingerichtet, eines für die Verbindung zu den ODAs vor Ort, das andere für die Berichte in die Welt »da draußen«.

Stehen alle Systeme, wird ein Routineplan erstellt, nach dem Meldungen mehrmals täglich übermittelt werden. In der Regel werden die Verbindungen besonders in kritischen Phasen und bei besonderen Ereignissen auch noch mehrmals am Tage zusätzlich überprüft. Aller Funkverkehr zurück in die Staaten geht zunächst einmal im Fernmeldezentrum des SFC an der Chicken Road in Fort Bragg ein. Von dort werden die Meldungen dann an die verschiedenen involvierten Dienststellen weitergeleitet. Obwohl die Funkdisziplin ein fester Bestandteil der operativen Absicherung (Operations Security, OpSec) ist, ist mir bislang noch nicht zu Ohren gekommen, dass irgendjemand auf einer FID-Mission einen Rüffel bekommen hätte, weil er sich zu häufig gemeldet hat. Die bitteren Lektionen aus vier Jahrzehnten haben den SF-Soldaten klar gemacht, wie wichtig es ist, auch in den angenehmsten Ländern vorsichtig zu bleiben. (Es sollte hier vielleicht noch angemerkt werden, dass jede SF-Mission das komplette Arsenal an Waffen, angefangen vom M16, M249 SAW, M230 und 40-mm-Granatwerfer bis hin zu anderen vielleicht benötigten Systemen, dabeihat). Es ist schließlich schon mehr als einmal passiert, dass sich eine friedliche FID-Mission in einen schnell eskalierenden Kampfauftrag verwandelt hat. SF-Soldaten müssen auf alles vorbereitet sein.

Der Plan für die eigene Sicherheit bei einem Einsatz kann (wenn erforderlich) auch Sperren und Barrikaden und den Einsatz bewaffneter Wachen einschließen. Normalerweise besteht jedoch der beste Sicherheitsplan darin, die Teams in ihre Umgebung einzubetten und gute Kontakte zu den einfachen Leuten anzuknüpfen. Wenn sie in den örtlichen Restaurants essen, ihre Nahrungsmittel und andere Dinge des täglichen Lebens beim einheimischen Kaufmann erstehen und ganz generell der Bevölkerung helfen (indem zum Beispiel der Sanitätsunteroffizier [18D] auf Hausbesuche geschickt wird), werden die Teams für die Einheimischen zu Freunden und verlieren das Image des reichen, erdrückenden nordameri-

107 Das SPACECOM ist mit der Vergabe der nur begrenzt zur Verfügung stehenden SATCOM-Ressourcen aus verständlichen Gründen recht zurückhaltend. Das ist auch der Grund dafür, weshalb sich unter Umständen verschiedene SF-Missionen in den unterschiedlichen Bereichen einer Region, je nach Dringlichkeit und Bedeutung ihrer Mission, einen einzelnen Satellitenkanal oder Transponder teilen müssen.

kanischen Vetters. Für die Sicherheit der Angehörigen eines Teams hat sich freundliches Verhalten immer wieder als erheblich wirkungsvoller erwiesen als Körperschutz und Festungswälle.

(Man sollte nicht vergessen, dass viele FID-Missionen auch den Zweck haben, den gastgebenden Nationen die Vereinigten Staaten von Amerika als Partner zu verkaufen. Schwer bewaffnete Soldaten sind da ein ganz schlechtes Verkaufsargument.)

Das ist auch der Grund, weshalb die Mitglieder der Teams ihre Uniformen und Kampfanzüge zwar beim Unterricht und in der Ausbildung tragen, das Team-Haus jedoch ausschließlich in Zivilkleidung verlassen.

Haben sich die Teams erst einmal eingerichtet, ihre Kommunikationsgeräte zum Laufen gebracht und sich nach außen abgesichert, kann die eigentliche FID-Mission beginnen – die Ausbildung von Einheiten der gastgebenden Nation. Normalerweise werden fast immer beide ODAs mit der Ausbildung von militärischen, paramilitärischen und Polizeikräften in Kompanie- oder Bataillonsstärke beauftragt, um die unterschiedlichsten taktischen, operationellen und ausrüstungsspezifischen Techniken zu vermitteln. Die Ausbildung folgt einem exakt festgelegten Unterrichtsplan, der neben den Aspekten, die mit Kampf und Krieg zu tun haben, auch eine Einführung in die Menschenrechtspolitik enthält. Auch das ODB wird in diese Ausbildungstätigkeit mit einbezogen, ihm fällt es in der Regel zu, technische Unterweisung in Landnavigation, Radiokommunikation, Einsatzplanung usw. abzuhalten. Die Ausbildungspläne werden bis ins kleinste Detail befolgt, einschließlich einer Vielzahl von Prüfungen für die Auszubildenden und regelmäßigen Berichten nach Hause zum Gruppen-Hauptquartier und an das SFC.

Gegen Ende der dreimonatigen Verlegung ist der Unterricht beendet und die Teams beginnen, alles wieder einzupacken. Zu Hause bleibt dann eigentlich nur noch wenig zu tun. Nachdem die Teammitglieder ihre Ausrüstung gereinigt und wieder abgegeben haben, müssen sie noch ihre Berichte schreiben, an den Abschlussbesprechungen teilnehmen und eine Gesamtauswertung der Mission erstellen. Die Auswertung entscheidet, ob die Mission ein Erfolg war oder nicht und darüber, ob auch in Zukunft FID-Missionen für die betreffende gastgebende Nation eingeplant werden sollen.

Ist das alles geschafft, werden die Teams als »Red« eingestuft und in Urlaub geschickt.

Während sie im Urlaub sind, werden bereits die nächsten Einsätze vorbereitet, und nach ihrer Rückkehr dauert es in der Regel nicht lange, bis sie einen neuen Auftrag bekommen. Und dann geht es wieder von vorne los.

Beispiel 2: Eine akute Krise

Im nächsten Beispiel für einen SF-Einsatz sehen wir uns die Reaktion auf einen konkreten Konflikt oder eine Krise an. Wie nicht anders zu erwarten, erfordert eine solche Mission eine deutlich umfangreichere Reaktion.

Nehmen wir einmal an, dass irgendwo einer unserer Verbündeten – oder auch einfach nur eine Nation, die uns nahe steht – bedroht wird. Hier ist ganz eindeutig eine Reaktion der Vereinigten Staaten gefordert und sie wird auch schnell eingeleitet. Der regional zuständige CINC stellt eine Joint Task Force (JTF) zusammen und sammelt seine Truppen in Vorbereitung einer Verlegung in das Krisengebiet. Der SOC-Kommandeur für diesen Bereich bekommt entsprechende Anweisungen und die Entscheidung fällt, dass eine SOF-Truppe zur Unterstützung der JTF entsandt werden soll. Dazu gehört dann auch der Befehl, ein komplettes SF-Bataillon in die Krisenregion zu schicken, das dort eine Forward Operation Base (FOB) für den SOF-Verband einzurichten hat.

Da sämtliche SF-Einheiten einen Verlegeplan für schnelle Reaktionen fertig in der Schublade liegen haben und die Ausrüstung schon vorgepackt ist, damit ein Abrücken ohne Verzug erfolgen kann, entwickelt sich die Angelegenheit mit atemberaubender Geschwindigkeit.

Als Erstes wird ein vollständiges SF-Bataillon zusammengetrommelt und auf die Verlegung an den Ort vorbereitet, an dem es seine FOB einrichten soll. Gleichzeitig sind andere Einheiten des USASOC und SFC gefordert, dieses Bataillon zu unterstützen.

Fast zeitgleich mit dem Eintreffen des Verlegebefehls für das Bataillon autorisiert der Gruppenkommandeur die Entsendung des ODC (der Führungsgruppe des Bataillons) und fordert dazu bestimmte Einheiten des USASOC sowie andere Unterstützungsverbände an. Darunter befindet sich auch ein »Scheibchen« Kommunikationspersonal und Ausrüstung vom 112th Signal Battalion, dem eigenen Fernmeldebataillon des USASOC, damit man in ständiger Verbindung bleiben kann. Darüber hinaus wird noch ein Team von Unterstützungs- und Logistikpersonal des 528th Special Operations Support Battalion, ebenfalls eines USASOC-Verbandes, mit von der Partie sein. Die Führung des USASOC wird mit einiger Wahrscheinlichkeit auch für ein paar Hubschrauber vom 160th SOAR sorgen und vielleicht ein Kontingent Militärpolizei und/oder Pioniere des XVIII. Airborne Corps bereitstellen.

Da diese Einheiten benötigt werden, um vor der Ankunft der drei SF-Kompanien des Bataillons die FOB aufzubauen, werden sie mit Transportflugzeugen der USAF zur Position der künftigen FOB eingeflogen, ehe auch nur das erste Mitglied eines SF-Teams auf die Reise geht.

Sobald die erste Einheit in dem gastgebenden Land eingetroffen ist, bricht rege Geschäftigkeit aus. Die größte Herausforderung besteht jetzt erst einmal darin, die FOB für die drei Kompanien, die nur wenige Tage später ankommen werden, vorzubereiten. Vor allem anderen muss der richtige Ort ausgewählt werden. Bestehende Einrichtungen wie Kasernen oder Flugzeughallen sind zwar geradezu ideale FOBs, aber die Gruppen sind auch bereit, in Zelte einzuziehen. Wie auch immer die Unterkünfte dann letzten Endes aussehen, die Vorauselemente der SOF Task Force müssen *schnell* arbeiten, damit sie noch rechtzeitig in den Konflikt eingreifen können.

Die folgenden Tage sind von hektischer Aktivität geprägt und jede Einheit setzt dabei ihre besonderen Talente ein. Die Militärpolizei und die Pioniere errichten die äußere Umzäunung und beginnen mit der Erstellung des Selbstschutzplanes. Das Team vom 112th Signal Battalion richtet das Fernmeldezentrum ein, zieht die Telefonkabel in der zukünftigen FOB und baut das Computer- Netzwerk auf. Die Abordnung des 528th Special Operations Support Battalion bereitet die logistischen und Unterstützungsfunktionen vor, zu denen auch alles gehört, was mit Versorgung, Verpflegung, sanitären Einrichtungen und angemessenen Schlafgelegenheiten für alle, die noch kommen sollen, zu tun hat.

Die FOB erwacht zum Leben, sobald das Fernmeldezentrum aktiviert wird – das ist in der Regel binnen weniger Stunden der Fall. Da die Einsatzplanung unterstützt, nachrichtendienstliche Daten verarbeitet und die Teams im Einsatz geführt werden müssen, ist die Zahl der SATCOM- und HF-Funk-Schaltkreise weitaus größer als bei unserem ersten Beispiel. Die FOB hat gewöhnlich zwischen acht und zwölf Schaltkreise der beiden Typen, so dass ein regelrechter Antennenwald vor dem Fernmeldezentrum aufwächst. Wie man sich vorstellen kann, ist ausreichend elektrischer Strom genauso wichtig wie Verpflegung und Wasser. Die Pioniere haben alle Hände voll zu tun.

Sobald die SF-Kompanien im Lande sind, richten sie einschließlich des ODB-Kompaniestabes und der ODA-Teams ihre eigenen Liegenschaften ein. Ihr Kommunikationspaket wird wahrscheinlich mindestens genauso groß sein wie bei FID-Einsätzen und es kann parallel zu den Fernmeldeeinrichtungen der FOB betrieben werden.

Das übergeordnete Ziel ist es, so schnell wie möglich eine Basis aufzubauen, von der aus zügig Einsätze entsprechend dem Bedarf des JTF-Kommandeurs durchgeführt werden können. Um den JTF-Stab in seiner Befehlsgebung zu unterstützen, wird im JTF-Hauptquartier eine kleine SF-Zelle eingerichtet, die man als Special Operations Command and Control Element (SOCCE) bezeichnet. Sie bildet praktisch den Verbindungskanal für Befehle und Informationen, die zwischen dem Hauptquartier und FOB hin und her fließen.

Wenn alles richtig abgelaufen ist, kann das SF-Bataillon die FOB innerhalb von zwei bis drei Tagen beziehen und in den Einsatz gehen. Zu diesem Zeitpunkt hat die FOB wahrscheinlich bereits mit der Planung der ersten Missionen zur Unterstützung der JTF begonnen. Das werden in der Regel SR-Einsätze sein, damit ein geschultes Auge auf die Aufklärungsziele geworfen wird, die dem JTF-Kommandeur besonders wichtig sind.

Die ersten SF-Einsätze laufen gewöhnlich innerhalb von 96 Stunden nach Ankunft des ersten ODA an. Nach Möglichkeit wird selbst dieser Einsatz noch einmal geprobt, bevor die Teams entweder in den Maschinen des SOAR abfliegen oder andere gerade verfügbare Transportmöglichkeiten zu ihrem Einsatzort benutzen. Gleichzeitig werden weitere SR-Einsätze und die ersten DA-Operationen im Rahmen der Gefechtsstrategie des JTF-Kommandeurs durchgeplant. Sollte das Gewicht der amerikanischen Verbände bei den feindlichen Kräfte keine ausreichend abschreckende Wirkung erzielt haben, kann es zwischenzeitlich nämlich schon zu offenen Kampfhandlungen auf dem Kriegsschauplatz gekommen sein.

Das ist dann etwa die Zeit, in der die SR-Teams – nachdem sie die Ziele von Interesse beobachtet haben – die ersten Daten von ihrer Position hinter den feindlichen Linien an die FOB zurückschicken. Diese Daten in Verbindung mit den Aufklärungsergebnissen von Satelliten und Aufklärungsmaschinen, abgefangenem Funkverkehr und anderen Quellen ermöglichen es dem JTF-Kommandeur, seine Reaktionen auf die Absichten des Feindes festzulegen.

Sollten die feindlichen Kräfte bis dahin noch keine offenen Kampfhandlungen begonnen haben, wird der JTF-Kommandeur wahrscheinlich anordnen, dass die SR-Teams zunächst auch weiterhin nur beobachten und melden (dabei werden die SR-Teams in turnusmäßigen Abständen ausgetauscht).

Hat der Feind das Feuer bereits eröffnet, schaltet das SF-Bataillon einen Gang höher. DA-Missionen werden gestartet, um feindliche Infrastruktur zu zerstören (Brücken, Kommunikationszentren usw.), Massenvernichtungswaffen und ihr Bedienungspersonal zu jagen und möglicherweise mit der konventionellen Kriegführung hinter den feindlichen Linien zu beginnen.

Es werden aber auch erste Kontakte mit Gruppen der Opposition hergestellt, die bei einem möglichen Guerillakampf unterstützt werden sollen.

Diese Operationen werden so lange fortgeführt, bis es zu einer Lösung des Konfliktes kommt und beide Kontrahenten ein Friedensabkommen unterzeichnen. Selbst dann gehen die SF-Missionen wahrscheinlich noch lange weiter, wenn die anderen konventionellen Verbände schon längst zu Hause sind, weil der JTF-Kommandeur wahrscheinlich den Wunsch hat, die SF-Teams bei der Überwachung des vereinbarten Waffenstillstandes oder einer Feuereinstellung einzusetzen. Die SF-Teams können auch benötigt werden, um Flüchtlinge zu versorgen und Teams für Minenräumaktionen auszubilden. Manchmal will ein JTF-Kommandeur auch, nachdem die FOB bereits abgerissen wurde und das Bataillon schon längst zu Hause angekommen ist, noch einige SF-Kräfte in seinem Verantwortungsbereich behalten, und dann könnte eine Abordnung etwa in Kompaniestärke an den betreffenden Ort verlegt werden.

Beispiel 3: Ein großer, regional begrenzter Konflikt

In diesem Szenario geht es um den schlimmstmöglichen Fall, dass eine große Krise zu einem ausgewachsenen Krieg eskaliert, einem MRC (Major Regional Conflict), wie man das auf dem Beltway[108] nennt. Ein solcher großer regionaler Konflikt macht mindestens den Einsatz einer kompletten Gruppe und die Einrichtung einer zusätzlichen Führungsebene der

108 Gemeint ist die Ringautobahn um Washington D.C. (Anm. d. Ü.)

SOF erforderlich. Man spricht dann vom Hauptquartier der Joint Special Operations Task Force (JSOTF), es ist dem HQ des Befehlshabers auf dem Kriegsschauplatz zugeordnet (das normalerweise in einem freundlichen Nachbarland eingerichtet wird). Das JSOTF sieht einer FOB sehr ähnlich und verfügt über vergleichbare Einrichtungen, Kommunikationsmittel und Personal. Der Unterschied besteht darin, dass eine JSOTF die SOF-Einheiten auf Kriegsschauplatzebene koordinieren soll. Sie führt in einem solchen Fall nicht nur eine komplette SFG und setzt sie ein, sondern handhabt auch die operative Planung und Unterstützung des Ranger Regiments, der SEAL-Teams und Special Boat Squadrons und ist für den Einsatz der SOC-Maschinen der USAF zuständig.

In der Regel wird eine solche JSOTF entweder von einem Colonel oder einem Brigadier General geführt, jeweils der Kommandeur des SOC in der Region oder ein SFG-Kommandeur übernimmt diese Verantwortung. Es gibt nur sehr wenige Personen, die eine derartig umfangreiche gemischte Formation von SOF-Verbänden wirklich führen können, und deshalb entscheidet sich auch niemand leichten Herzens für diesen Job.

In der Zwischenzeit schreitet die Verlegung der SF-Bataillone in ähnlicher Weise voran, wie im vorausgegangenen Szenario beschrieben wurde, mit dem Unterschied, dass jedes an einem anderen Ort aufgestellt wird (die räumliche Konzentration solcher Verbände würde sie zu einem äußerst lohnenden Ziel machen). Auch die Missionen werden im wesentlichen genauso wie im vorausgehenden Szenario durchgeführt, allerdings entsteht ein erheblich größerer Koordinationsaufwand mit den Kommandeuren der anderen Komponenten, weil unangenehme Situationen und »blue on blue« (Verluste durch eigenes Feuer) möglichst vermieden werden müssen.

Die Anforderungen an die Kommunikation, ganz besonders an die SATCOM-Ressourcen, sind in einem solchen Fall enorm. Unter Umständen führt kein Weg daran vorbei, für den alltäglichen Fernmeldeverkehr, der nicht besonders geheim und verschlüsselt ist, zusätzlich kommerzielle SATCOM-Zeit einzukaufen. Der Fortgang des Szenarios wird schließlich vom Charakter des Eventualfalles und den Anforderungen des JTF/Kriegsschauplatz-Befehlshabers abhängen (vieles wird genauso ablaufen wie im zweiten Beispiel, nur in größerem Umfang und mit größeren Risiken). Unabhängig von den Einzelheiten ist auf jeden Fall klar, dass die SF/SOF-Einheiten vom Anfang bis zum Ende stark in das Geschehen vor Ort eingebunden sein werden.

Training für den Ernstfall

Wenn du glaubst, Ausbildung sei teuer …
solltest du es einmal mit Unwissenheit versuchen!

Unbekannter Lehrer an einer Schule

Für die US-Regierung beginnt das neue Jahr jeweils am 1. Oktober, dem ersten Tag des neuen Haushaltsjahres (Fiscal Year, FY). An diesem Tag werden die Buchungen auf die Konten des alten Jahres geschlossen und die neuen Haushaltsmittel fließen. An diesem Tag beginnen auch die meisten neuen militärischen Operationen und Missionen offiziell (deren Bezeichnung gewöhnlich aus der Abkürzung für das Haushaltsjahr und einer Codeziffer zusammengesetzt wird).

Es ist bestimmt auch kein Zufall, dass der Oktober gleichzeitig der Monat ist, in dem sämtliche größeren Ausbildungsübungen anlaufen. (Die eher negative Duplizität der Ereignisse hat mit dem Geldfluss zu tun. Da in der Regel Ausbildungsmaßnahmen gestrichen werden, wenn »unvorhergesehene Ereignisse« eintreten, was praktisch jederzeit der Fall sein kann, ist es sinnvoll, diese Termine so früh wie möglich im Haushaltsjahr anzusetzen.)

Die umfangreichsten Übungen finden am Joint Readiness Training Center (JRTC) in Fort Polk in Louisiana und am National Training Center (NTC) in Fort Irwin in Kalifornien statt. Die meisten SFGs nehmen jedes Jahr turnusmäßig entweder am einen oder anderen teil, niemals jedoch an beiden. Die 3rd und 5th SFG (mit ihren Missionen in Afrika, dem Mittleren Osten und am Persischen Golf) absolvieren meist die Übungen am NTC, während die 1st, 7th, 10th, 19th und 20th sich mehr in Richtung JRTC orientieren. (Interessanterweise nehmen die SFGs nur selten an Übungen in Übersee teil, weil ihre Missionen sie ohnehin oft genug nach Übersee bringen … und sie auch sonst auf Trab halten.)

Da sich alles darum dreht, die Situationen, mit denen sich die Männer und Frauen unserer Streitkräfte konfrontiert sehen können, möglichst wirklichkeitsnah nachzustellen, werden Übungen schnell umfangreich und kompliziert. Mit anderen Worten: Ich sehe mich nicht in der Lage, sehr viel mehr als gerade einmal einen Eindruck davon zu vermitteln, wie Übungen bei den Special Forces aussehen. Allerdings habe ich wertvolle Zeit mit den Soldaten der Special Forces während ihrer wichtigeren Ausbildungsereignisse verbracht. Und ich glaube, dass die Kostproben durchaus den Geschmack der ganzen Mahlzeit repräsentieren.

Noch eine Anmerkung: Sowohl die Kommandeure als auch das Personal der U.S. Army bauen ihre Terminplanung für das ganze Jahr in erster

Linie vor dem Hintergrund ihrer Vorbereitungen auf die wichtigsten Ausbildungszyklen auf (wobei die gelegentlichen Eventualfälle in der realen Welt ausgeklammert bleiben werden… jedoch *nicht* vollständig). Diese Übungen sind so etwas wie das »Abschlussexamen« für die Verwendung als Kommandeur und können ohne weiteres Karrieren beschleunigen oder beenden… und dennoch werden sie gerade von den Kommandeuren – paradoxerweise – innig geliebt!

Und noch ein Hinweis: Um die SF-Soldaten auf ihren »Downrange«-Missionen nicht zu gefährden, muss ich vorsichtig sein, dass ich nicht zu viel verrate. Deshalb werden mit Ausnahme der Kommandeure der SF-Bataillone oder Gruppen alle Soldaten der Special Forces im Folgenden lediglich mit Pseudonymen genannt.

JRTC 99-1: Die Odyssee des ODA 745

Seit inzwischen mehr als einem Jahrzehnt bildet das Joint Readiness Training Center (JRTC) nun schon Einheiten und Soldaten in der Kunst der Infanterie-Gefechtsführung aus. Ursprünglich befand sich diese Einrichtung in Fort Chaffee, Arkansas, doch im Jahre 1993 wurde sie nach Fort Polk in Louisiana (wo wesentlich mehr Raum zur Verfügung steht) verlegt. Hier erhalten inmitten von Nadelwäldern und Sümpfen Einheiten aus allen Waffengattungen der Army die beste Ausbildung der Welt in Truppenübungen.

Das ist wirklich keine leere Floskel. Viele der besten neuen Ideen und Konzepte für die Ausbildung von Militärpersonal stammen aus Fort Polk. Nur um zwei Beispiele zu nennen: die Verwendung von Personal für eine dritte Teilnehmergruppe an den Übungen (die dann neutrale, nichtregierungstreue oder friedenssichernde Personen spielen) und das, was als »adaptive Szenarien-Methoden« bezeichnet wird (willkürlich eingestreute, nicht festgeschriebene Ereignisse, variable Grade von Bedrohungen und dergleichen). Sie sind inzwischen von anderen Teilstreitkräften und Kommandobereichen für ihre Übungen übernommen worden. Das U.S. Atlantic Command setzt bereits etliche adaptive Szenarien des JRTC ein, um die Qualität der eigenen Joint Task Force Exercises (JTFEXs)[109] zu verbessern – dieser gewaltigen Kriegsspiele, die abgehalten werden, um die Einsatzbereitschaft der Flugzeugträger-Kampfgruppen (CVBGs), der Navy und der Amphibious Ready Groups (ARGs) sowie der Marine Expeditionary Units – Special Operations Capable (MEU [SOC]s) des U.S. Marine Corps zu überprüfen.

Darüber hinaus hat der Stab des JRTC auch noch Ausbildungs- bzw. Übungsszenarien entwickelt, die auf die Vorbereitung von Einsätzen wie die Frieden sichernden Missionen in Bosnien und die humanitären

---

109 Für weitere Informationen über die JTFEX-Übungsserien verweise ich auf mein Buch *US Marines* (Heyne 1998).

Hilfsaktionen in Haiti abgestimmt sind. Des weiteren wurden Übungen geschaffen, die nachweisen sollen, welche der ehemaligen Mitgliedsstaaten des Warschauer Pakts heute so weit sind, dass sie im Rahmen des Programms Partnership For Peace (PFP)[110] in die NATO aufgenommen werden können. Auch wurden Zahl und Transparenz von SOF-Operationen im Rahmen von Ausbildungszyklen erhöht und verbessert (damit auf diese Weise das Verständnis von Kommandeuren der konventionellen Kräfte für die Fähigkeiten von SOF-Einheiten wächst und sie gleichzeitig lernen, effektiver mit ihnen zusammenzuarbeiten). Schließlich haben sie auch die Aufmerksamkeit der Öffentlichkeit – und damit auch der Medien – auf die Special Forces gelenkt.

Vor kaum mehr als drei Jahren sprach man bei den JRTC-Zyklen nicht öffentlich von SOF-Operationen zur Unterstützung konventioneller Einheiten. Das hat sich inzwischen grundlegend geändert. Das U.S. Army Special Operations Command und das Special Forces Command haben beide (wenn auch nicht ohne Druck von Seiten des Kommandeurs des JRTC bzw. von Fort Polk, Brigadier General Sam Thompson) erkannt, dass ein wenig mehr Aufgeschlossenheit nicht schaden kann.

Mit all dem im Hinterkopf machte ich mich Oktober 1998 auf den Weg nach Fort Polk. Hier sollte ich im Rahmen des ersten JRTC-Zyklus im neuen Haushaltsjahr (JRTC 99-1) mehr über SOF-Operationen erfahren.

Beim JRTC 99-1 handelte es sich um die erste größere Übung des Haushaltsjahres 1999 für die Special Forces und es stand eine größere Truppenübung für das 2nd Battalion der 7th Special Forces Group (2/7th SFG) auf dem Programm. Das 2/7th SFG sollte die Haupt-SOF-Komponente bei einer Übung zur Unterstützung größerer konventioneller Einheiten sein, nämlich der 1st Brigade der 10th (1/10th) Mountain Division. Entsprechend des für diese Übung erstellten Szenarios sollte das 2/7th SFG im Gebiet um Fort Polk eine vorgeschobene Operationsbasis (Forward Operation Base, FOB) einrichten und von dort aus mit der Ausbildung, Zusammenstellung und Ausführung von SF-Missionen zur Unterstützung der 1/10th Mountain beginnen. Dabei würde dann eine große Bandbreite von SF-Fähigkeiten zum Tragen kommen einschließlich Special Reconnaissance (SR, Sonderaufklärung), Direct Action (DA, Direktangriff) und Civil Affairs (CA, Zivilangelegenheiten). Deren Verlauf würde unmittelbaren Einfluss darauf haben, welche Bedingungen die 1/10th antreffen würde. Die unmittelbare Verbindung zwischen konventionellen und SOF-Operationen ist darauf ausgelegt, die Synergien der beiden Kräfte in der wirklichen Welt besser widerzuspiegeln.

---

110 Diese Übungen (mit den Bezeichnungen Cooperative Nugget-95 und -97) verschafften der NATO eine Möglichkeit, sich ein Bild von den Streitkräften der verschiedenen PFP-Nationen zu machen, und zu beurteilen, wie gut vorbereitet sie für die Aufnahme in das nordatlantische Verteidigungsbündnis waren. Im Jahre 1999 wurden auf diesem Weg die ehemaligen PFP-Nationen Polen, Ungarn und die Tschechoslowakei als jüngste Mitgliedsstaaten in die NATO aufgenommen.

Dienstag, 6. Oktober – Fort Polk, Louisiana

Ich flog mit einer normalen Zivilmaschine zum England Municipal Airpark von Alexandria in Louisiana, knapp 80 Kilometer von der Stadt Leesville und Fort Polk entfernt.

Schon während ich mit meinem Mietwagen auf der Louisiana Route 28[111] das Flugplatzgelände verließ, konnte ich die Einweisefläche für die 1/10th Mountain erkennen. Überall standen Fahrzeuge, Zelte und Personal, von einem Abstellplatz in der Nähe stiegen Hubschrauber auf und brummten ringsherum. Hier war alles auf dem Sprung, in wenigen Tagen in die JRTC-»Box« abzurücken (so wird das Gelände von Fort Polk bezeichnet, in dem die Übungsgefechte stattfinden).

Im Fort angekommen, traf ich mich zunächst einmal mit meinen alten Bekannten Paula Schlag und Dan Nance vom Public Affairs Office (PAO) und schaute dann kurz in das Dienstzimmer von Brigadier General Samuel S. Thompson III. (dem Kommandeur von Fort Polk und dem JRTC), einem Veteran der Special Forces aus der Zeit des Vietnamkrieges.

Sam Thompson ist einer der Hauptgründe für die jüngsten Erfolge des JRTC. Er arbeitet hart dafür, diese noch weiter zu verbessern und seinen Standort gesund und beschäftigt zu halten. Überall auf dem Stützpunkt kann man die Früchte seiner Arbeit erkennen, angefangen von verbesserten Unterkünften bis hin zu neuen Straßen und anderer Infrastruktur.

Fort Polk hat sich seit dem Umzug aus Fort Chaffee im Jahre 1993 gewaltig verändert und ist enorm gewachsen. Dennoch ist die Lage im Zentrum von Louisiana nicht gerade umwerfend. (Schließlich liegt dieser Stützpunkt in alle Himmelsrichtungen knapp 80 Kilometer von jeglicher Zivilisation entfernt und bis zum vergangenen Jahr gab es in Leesville nicht einmal ein Einkaufszentrum. Hier gibt es keine Einwahlnummer für AOL, das Wetter stellt sich in der Bandbreite von schlecht bis miserabel dar und die Landschaft leidet an einer Überbevölkerung von Alligatoren und vier Arten giftiger Schlangen.) Trotzdem ist es eines der fortschrittlichsten und aufregendsten Klassenzimmer der Welt.

Nach meinem Schwätzchen mit General Thompson fuhr ich zum Hauptquartier des Special Operations Training Detachment hinüber, das auf der Nordseite des Stützpunktes liegt. Das SOTD steht derzeit unter dem Kommando von Lieutenant Colonel Mike Rozsypal und ist das Führungs- und Beobachtungselement, das bei JRTC-Übungen den SOF-Anteil im Auge behält. Mit einem äußerst erfahrenen Stab an Observer-/Controller-(O/C-)Personal (früher nur als »Schiedsrichter« bezeichnet) leitet und

111 Diese Einrichtung war einmal die England AFB, wo die A-10A *Thunderbolt* (die *Warthogs* [Warzenschweine]), die in Desert Storm noch mitgekämpft haben, ihren Stützpunkt hatten. Der Stützpunkt wurde bei der ersten Runde der Stützpunktschließungen im Laufe der 90er-Jahre dicht gemacht. Heute werden die Platzeinrichtungen kommerziell genutzt, doch die Regierung unterhält auf dem Gelände immer noch Einrichtungen in begrenztem Umfang (wie beispielsweise die Einweisefläche des JRTC).

Lieutenant Colonel Mike Rozsypal von der U.S. Army. Als Kommandeur der Special Operations Training Division am Joint Readiness Training Center der Army (in Fort Polk, Louisiana) trägt Rozsypal die Verantwortung für die Beaufsichtigung der Übungen im Rahmen der Ausbildungszyklen der Special Forces.

John D. Gresham

bewertet es SOF-Einheiten am JRTC und am NTC und stellt auf diese Weise eine glatte Schnittstelle zwischen den SOF und den konventionellen Kräften und Operationen bei Truppenübungen her.

Das SOTD-Team hat eindeutig den härtesten Job im gesamten Pool der O/Cs am JRTC. Im Gegensatz zu den konventionellen Einheiten bleiben die SOF während des Zyklus nicht zwingend in der »Box« – noch nicht einmal im Reservat von Fort Polk.

Obwohl das Reservat bereits ein Gebiet von mehr als 4050 Quadratkilometern an nutzbarem Übungsraum bereitstellt (die Gesamtfläche des Stützpunkts ist mit weit über 8000 Quadratkilometern mehr als doppelt so groß), ist dieser Sandkasten für die SOF-Einheiten immer noch zu klein. Um ausreichend Platz zu haben, die Vielzahl von Angriffszielen, Terrains und Szenarien durchzuspielen, die einen umfassenden Einsatz von SOF-Kräften ermöglichen, hat das SOTD Arrangements getroffen, auch andere Einrichtungen zu nutzen, die durchaus so weit entfernt liegen können wie Kalifornien und Carolina. Nur so bekommen die SOF-Teilnehmer die Ellbogenfreiheit, die sie auch in einem Einsatzgebiet in der wirklichen Welt haben. Die Unterschiedlichkeit der Einrichtungen und Orte ist für die SOF-Einheiten eine großartige Sache, doch stellen sie gleichzeitig auch eine enorme Belastung für das SOTD und das Übungsplatzpersonal des JRTC dar.

So ist es während einer Übung häufiger die Regel als die Ausnahme, dass O/Cs des SOTD bereits vor dem Morgengrauen mit der Koordinationsarbeit für die Besprechungen in Fort Polk beginnen. Anschließend fahren sie den ganzen Tag zu einem abgelegenen Übungsterrain, wo sie

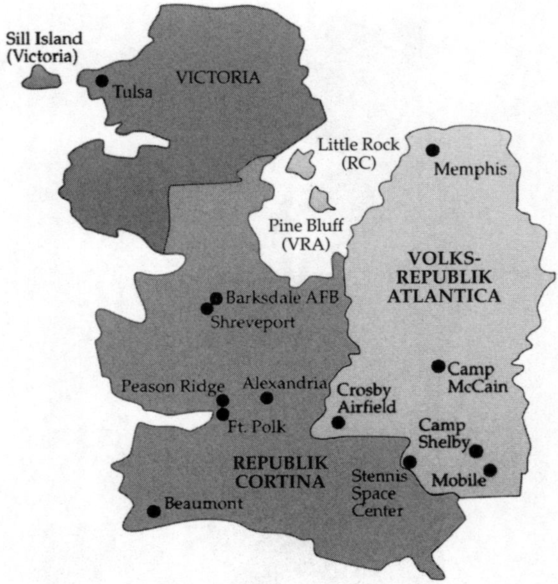

Die imaginäre Insel Aragon, die bei Übungen am Joint Readiness Training Center (JRTC) der U.S. Army verwendet wird. Obwohl sich das JRTC im Bereich von Fort Polk in Louisiana befindet, können Operationen durchaus über das gesamte Gebiet von Aragon laufen.
RUBICON. INC., VON LAURA DENINNO

die ganze Nacht zur Unterstützung einer SOF-Einheit durcharbeiten, die Hunderte von Kilometern entfernt von Fort Polk mit SR- oder DA-Missionen beschäftigt ist. Das bedeutet wirklich harte Arbeit für Lieutenant Colonel Rozsypal und seine Männer, doch steht außer Frage, dass dadurch der Bereitschaftszustand der SOF-Einheiten für unvorhergesehene Einsätze großen Stils erheblich verbessert werden konnte.

Lieutenant Colonel Rozsypal selbst ist ein hochgewachsener, schlanker Texaner mit einer leisen, tiefen Stimme. Nach meinem Eintreffen beim SOTD stellte er mich seinem Stab vor und führte mich dann hinüber ins Konferenzzimmer, um mir dort die Grundregeln zu erläutern, die ich während der bevorstehenden Operationen befolgen sollte.

Da ich sowohl als »Presse« wie als O/C des SOTD ausgewiesen sein würde, war ich, soweit es Mike Rozsypal und seine Leute anging, in deren Augen in erster Linie ein O/C… solange ich mich an die vorgeschriebenen Regeln hielt.

Der Nachteil dabei war allerdings, dass ich höllisch aufpassen musste, was ich im Zusammensein mit dem Personal der verschiedenen Gruppen der SOF und OpFor (Opposing Force, der Gegner) von mir gab und tat, während diese sich »im Spiel« befanden. Der Vorteil war, dass ich einen einzigartigen, ungehinderten Zugang zu den Terminplänen für die vorgesehenen Ereignisse hatte und in der Lage sein würde, mir nach eigenem Ermessen spezielle Missionen und Ereignisse herauszupicken, die mich besonders interessierten.

Nach meiner Besprechung mit Lieutenant Colonel Rozsypal reichte dieser mich an seinen äußerst fähigen Stellvertreter Major Bill Shaw weiter. Major Shaw ist ein sehr erfahrener SOF-Offizier der 10th SFG, er hat viel

Zeit in Europa (speziell in Bosnien-Herzegowina) verbracht. Er führte mich in die eher praktischen Belange der Übung ein.

Seine erste Aufgabe bestand darin, mir ein kleines schwarz-rotes Notizbuch auszuhändigen, so etwas wie die Bibel des JRTC. Darin waren sämtliche Informationen über die geplanten SOF-Missionen und -Ereignisse zu finden, die im Rahmen von JRTC 99-1 ablaufen sollten. Darüber hinaus, so erklärte Bill weiter, entsprach dieses Buch genau dem, das auch seine O/Cs vom SOTD bei sämtlichen JRTC-Zyklen verwendeten. Deshalb sollte ich immer daran denken, dass es für die Dauer des augenblicklichen Zyklus »übungsgeheim« war und *niemanden* einen Blick hinein werfen lassen, es sei denn, ich hätte ihn eindeutig als O/C identifiziert.

Des weiteren erwartete man von mir, dass ich für Feldeinsätze stets korrekt gekleidet war – was den kompletten Kampfanzug (Battle Dress Uniform, BDU), eine weiche Feldmütze und Tarnfarbe für das Gesicht bedeutete (Tarnfarbe allerdings nur, wenn eigens befohlen).

Nachdem Major Shaw die Regeln und Vorschriften erläutert hatte, umriss er das Übungsszenario für JRTC 99-1:

Dem Gesamtszenario entsprechend hatte das 2/7th SFG die Bewegungen der 1/10th Mountain bei einer – im Jargon der Army formuliert – »sich langsam aufschaukelnden internationalen Krisensituation« zu unterstützen. Die Krise sollte sich auf der imaginären Insel Aragon zutragen – die rein theoretisch irgendwo mitten im Atlantik rund 3200 Kilometer östlich von Washington, D. C., lag. (Für die Übung bestand Aragon aus Teilen von Louisiana, Arkansas, Mississippi, Alabama, Oklahoma, Texas und Tennessee). Aragon war theoretisch in drei Länder unterteilt – »Cortina« (das waren die Guten), »Atlantica« (das waren die Bösen) und »Victoria« (das waren nicht näher bezeichnete Neutrale, von denen nur so viel bekannt war, dass sie sich sowohl mit den »guten« wie auch den »bösen« Jungs verbünden konnten je nach gewähltem Szenario). Im Laufe von JRTC 99-1 hatte Victoria die Stationierung US-amerikanischer Streitkräfte und Flugzeuge auf seinem Hoheitsgebiet gestattet und vertrat damit im Grunde eine pro-amerikanische/-cortinianische Haltung. Darüber hinaus wurde angenommen, dass die verschiedenen Bevölkerungsgruppen auf der Insel Aragon Englisch, Spanisch und Französisch sprachen. Die Bevölkerung selbst sollte multiethnisch sein und der christlichen Religion angehören.

Im Szenario JRTC 99-1 wurde davon ausgegangen, dass die Streitkräfte Atlanticas (bezeichnet als Revolutionäre Volksarmee, PRA) sich auf eine Invasion Cortinas vorbereiteten, wo sie sich auf die Unterstützung durch Truppen von Aufständischen in Cortina (der Freiheitsfront Cortina, CLF) verlassen konnten. Die Amerikaner, so die Annahme, hatten bereits im Vorfeld Truppenverlegungen in die Region durchgeführt, um eine Ausweitung der Aggressionen von Atlantica zu unterbinden. Die Kontingente sollten sowohl von Cortina als auch von Victoria aus operieren. Die 1/10th Mountain war der größte dieser Verbände und würde die Hauptlast der konventionell gegen die PRA und CLF zu führenden Gefechte zu tragen haben. Der Auftrag lautete, die Situation in Cortina zu stabilisieren, die

Aufstände der CLF zu neutralisieren und die zu erwartende Invasion Atlanticas zurückzuschlagen.

Da ich mich mehr auf die SOF-Seite von JRTC 99-1 konzentrieren wollte, fügte Major Shaw noch einige Details über diesen Teil des Zyklus an. Angehörige der Special Forces sollten zusammen mit Elementen des 160th Special Operations Aviation Regiment (SOAR, die »Nightstalker«) dem Brigadekommandeur der 1/10th Mountain (der den Kommandeur der Joint Task Force Cortina spielte) die SOF-»Muskeln« zur Verfügung stellen, die er für die Erfüllung seiner Mission brauchte. Die SOF-Einheiten sollten die konventionellen Kräfte unterstützen und Missionen durchführen, um das Gefechtspotenzial der feindlichen Kräfte abzuriegeln. An JRTC 99-1 nahmen etliche SOF-Einheiten des USASOC teil, die nachfolgend noch einmal einzeln aufgeführt sind:

- **Joint Special Operations Task Force Cortina (JSOTF [Cortina])** – Normalerweise stehen der Kommandeur einer JSOTF und sein Stab an der Spitze der SOF-Kommandokette auf einem Kriegsschauplatz, doch bei den JRTC-Übungen wird diese Rolle von Teilen des Stabes der Einsatzgruppe übernommen. Sie schreiben das Übungsszenario für die SOF und kontrollieren die Ereignisse während der Übung in Echtzeit. Die JSOTF Cortina lag tatsächlich auf einem Gelände in der Nähe des Hafens der Stadt Beaumont in Texas.
- **Special Operations Command and Control Element Cortina (SOCCE [Cortina])** – Dabei handelt es sich um das wichtigste Verbindungsglied zwischen den SOF und den konventionellen Kräften … und gleichzeitig um den Hauptgrund, weshalb sich die operationellen Beziehungen zwischen den beiden bemerkenswert verbessert haben. Das SOCCE-Konzept platziert ein zwölf Mann starkes Koordinationselement aus SOF-Personal (normalerweise unter dem Kommando eines Majors) im Tactical Command Center (TOC, der taktischen Befehlszentrale) einer höheren Kommandoebene – beispielsweise einer Brigade oder Division. Im Falle von JRTC 99-1 sollte das SOCCE (Cortina) den Kommandeur der 1/10th Mountain mit der Fähigkeit versehen, seine Aufträge an das 2/7th SFG zu schicken, und außerdem die notwendigen Führungsmöglichkeiten für die Einsätze im Feld bereitstellen. Für JRTC 99-1 hatte man das Personal für das SOCCE (Cortina) vom 2/7th SFG gezogen, aber es sollte mit dem TOC der 1/10th Mountain kolloziert bleiben. Zu Anfang war das noch auf der Einweisefläche des England Airpark, als dann aber die 10th Mountain in die »Box« von Fort Polk verlegt wurde, zogen SOCCE und TOC natürlich mit dorthin um.
- **2/7th SFG** – Für JRTC 99-1 hatte das 2/7th SFG den größten Teil seines Befehls- und Führungselementes (ODC) mitgebracht, jedoch nur die nachfolgend im Detail aufgelisteten SF-Teams und Unterstützungseinheiten ungefähr in Kompaniestärke:
  - **Forward Operating Base 72 (FOB 72)/Operational Detachment Charlie (ODC)** – Unter dem Kommando des Kommandeurs des 2/7th SFG, Lieutenant Colonel Joe Smith, hatte die FOB 72 die Aufgabe, alle

Planungen, Vorbereitungen und die Führung der unterschiedlichen Missionen zu übernehmen, die von der JSOTF (Cortina) und dem SOCCE (Cortina) durchgeführt wurden.

- **Operational Detachment Alpha (ODA)** – Für JRTC 99-1 hatte das 2/7th SFG fünf ODAs mitgebracht. Diese waren in erster Linie vom 2/7th abkommandiert worden (einschließlich einiger, die erst wenige Stunden vor dem Ende des Haushaltjahres 98 [FY-98] von einem »Downrange«-Einsatz zurückgekommen waren).
- **Support Operations Team Bravo (SOT-B)** – Neben den fünf ODAs hatte das 2/7th SFG in Form eines SOT-B-Elements auch noch einiges an nachrichtendienstlichen Fähigkeiten (Military Intelligence MI) mitgebracht. Dieses SOT-B-Team sorgte für die nachrichtendienstliche Koordination beim Stab der FOB 72 und nahm die Befehls- und Führungsfunktion für die beiden SOT-A-Teams wahr, die Informationen sammeln sollten und die nachfolgend beschrieben sind.
- **Support Operations Team Alpha (SOT-A)** – Das 2/7th SFG hatte zwei SOT-A mitgebracht, die die FOB mit Informationen aus der Funk- und Elektroniküberwachung versorgten. Normalerweise sind diese Teams vier Mann stark, alle vier sind besonders ausgebildete Kommunikations-Spezialisten im Range von Sergeants. Die SOT-As sind mit leichtgewichtigen, speziell für den Feldeinsatz ausgelegten Abhörgeräten ausgerüstet. Normalerweise sind diese Teams während der »realen« Missionen einem ODA zugeordnet.

  Obwohl Lieutenant Colonel Smith nur ein paar Hundert SF-Soldaten mitgebracht hatte, sollten sie die Operationen eines kompletten Bataillons simulieren. Neben der Planung und Durchführung tatsächlicher Missionen würden sie auch noch etliche andere entwerfen, die niemals zur Durchführung gelangten. Genau dies würde dem FOB-Stab die Gelegenheit geben abzuschätzen, wie die Arbeitsbelastung in Kriegszeiten sein würde.

- **478th Civil Affairs (CA) Battalion** – Ebenfalls der FOB 72 unterstellt war eine kleine, aber keineswegs unbedeutende Civil-Affairs-Abteilung (CA). Sie setzte sich aus sechs Soldaten der Army-Reserve zusammen, die vom in Miami, Florida, stationierten 478th Civil Affairs Battalion abkommandiert worden waren. Dieses Detachment würde eine ganz wichtige Ressource angesichts der Herausforderungen im Bereich der Zivilangelegenheiten sein, die sich in der »Box« ergaben.
- **3rd Battalion/160th SOAR (»The Nightstalkers«)** – Auf Weisung des USASOC steuerte das 160th SOAR vier Special-Operations-Transporthubschrauber des Typs MH-60 bei, die auch den Langstreckentransport für die verschiedenen Missionen des 2/7th SFG sicherstellen sollten. Die zum 3rd Battalion gehörenden und auf dem Hunter Army Airfield in der Nähe von Fort Stewart in Georgia stationierten MH-60 sind Hubschrauber älterer Bauart, denen noch einige der neuesten Avionik-Komponenten fehlen, aber sie sind bereits mit der Vorrichtung zur Betankung während des Fluges ausgerüstet. Für die Dauer von JRTC 99-1 sollten die Hubschrauber des 160th eine eigene, vorgeschobene Einsatzbasis

Ein Hubschrauber des Typs MH-60 Blackhawk vom 160th Special Operations Regiment. Zwei dieser Maschinen wurden eingesetzt, um das ODA 745 von Fort Polk in Louisiana nach Camp Shelby in Mississippi zu bringen.
Offizielles Foto der U.S. Army

auf der Barksdale AFB in der Nähe von Shreveport in Louisiana einrichten.

- **4th Marine Air Wing** – Um den Luftbetankungsanforderungen der Hubschrauber vom Typ MH-60 des 160th gerecht zu werden, stellte das USMC ein Tankflugzeug des Typs KC-130T des 4th MAW zur Verfügung. Auf der Naval Air Station Fort Worth in Texas (früher auf der Carswell AFB) stationiert, unterstand die KC-130T der Marine Aerial Refuel Transport Squadron 234 (VNGR-234). Im Gegensatz zu den meisten Tankflugzeugen der USAF, die Strahltriebwerke besitzen, haben die Maschinen des Typs KC-130 Turboprop-Triebwerke[112], was bedeutet, dass sie erheblich langsamer fliegen können. Darüber hinaus sind Maschinen des Typs KC-130 mit dem Standard-»Trichter-und-Sonde«-Betankungssystem der NATO ausgerüstet (das auch von Hubschraubern des Typs MH-47 und MH-60, wie sie das 160th fliegt, verwendet wird) und nicht mit dem System des »fliegenden Baums« der USAF. Ein weiterer Vorteil ist, dass Maschinen des Typs KC-130 auch noch als mittelschwere Transportmaschinen verwendet werden und Fallschirmjägertruppen transportieren können.

112 Da es sich hierbei um die Flugzelle einer C-130 *Hercules* handelt. (Anm. d. Ü.)

Die Forward Operating Base 72 (FOB 72) während JRTC 99-1. Hier befand sich das Hauptquartier des 2nd Battalion of the 7th (2/7th) Special Forces Group (SFG).
John D. Gresham

- **16th Special Operations Wing** – Um zusätzliche Luftbetankungs-, Transport- und Luftabwurfkapazitäten für die Unterstützung des 2/7th SFG bereitzustellen, schickte das Air Force Special Operations Command eine Maschine des Typs MC-130 Combat Talon in der Special-Operations-Spezialausführung. Eine solche MC-130[113], wie sie dem 16th Special Operations Wing vom Hurlbert Field in Florida unterstellt ist, kann verdeckte Eindring-Operationen in verbotenem Luftraum und Präzisionsabwürfe von Versorgungsgütern am Fallschirm durchführen, Fallschirmspringern Präzisionssprünge ermöglichen und Betankungseinsätze für Hubschrauber fliegen, die den Special Operations Forces oder Marines unterstellt sind. Darüber hinaus können die Combat Talons auch als Bomber verwendet werden und die schweren (6 800 kg) BLU-82-Bomben abwerfen. Diese Bomben werden offiziell als »Commando Vault« bezeichnet, sind aber besser bekannt unter ihren Spitznamen »Big Blue 82« und »Daisy Cutter«[114].

Das war schon eine beträchtliche Menge an SOF-Muskulatur. Aber Major Shaw ließ keinen Zweifel daran aufkommen, dass jede einzelne Komponente im Laufe der bevorstehenden Übung reichlich zu tun haben würde.

113 Ebenfalls eine Flugzelle der C-130 *Hercules* in Spezialausführung. (Anm. d. Ü.)

114 Die BLU-62 wurden während des Vietnamkrieges dazu verwendet, Baum- und Pflanzenbewuchs zu vernichten, um so schnellstmöglich Landeplätze für Hubschrauber zu schaffen. Während des Golfkrieges 1991 wurden mit den BLU-82 irakische Minenfelder geräumt und feindliche Truppen in Angst und Schrecken versetzt. (Anm. d. Ü.: Im Jahr 2001 setzten die USA »Daisy Cutter« in Afghanistan ein.)

Im Anschluss an Major Shaws SOF-Briefing für das JRTC 99-1 ging ich hinüber zum Motel des Stützpunktes und legte mich erst mal aufs Ohr. Am nächsten Morgen sollte ich einen Einblick in die FOB 72 und die Missionen erhalten, die dort für den bevorstehenden Zyklus geplant wurden.

Mittwoch, 7. Oktober – Fort Polk

Der Morgen dämmerte grau und verhangen und versprach stürmisch zu werden. Ich war schon früh auf den Beinen, um so viel wie möglich von den Operationen der FOB 72 mitzubekommen, und traf mich bereits um 6 Uhr mit Major Shaw im SOTD-Hauptquartier. Nachdem er mir eine Sicherheitsplakette ausgehändigt hatte, die ich mir an die Tasche klemmen musste, gingen wir zusammen über die Straße zu dem für O/Cs reservierten Eingang des FOB-Geländes. In diesem Bereich stehen Kasernengebäude, die noch aus der Zeit des Zweiten Weltkrieges stammen und auf mich den Eindruck machten, als würden sie beim nächsten Sturm davonfliegen. Und das Wetter sah ziemlich rau aus ...

Der Boden war durch den tagelangen Regen bereits völlig durchweicht und man hatte Sperrholzplatten ausgelegt, um sich zumindest zwischen den einzelnen Gebäuden einigermaßen trittfest bewegen zu können.

Unser Ziel war der Speisesaal des 2/7th, wo sich unser USACOM-Projektoffizier zu uns gesellte – Major Tom McCollum, der PAO der Special Forces (der auch während der ganzen Übung diese Rolle spielen würde). Tom sollte während JRTC 99-1 die ganze Zeit im Rahmen des Programms »Medien auf dem Gefechtsfeld« der Army »im Spiel« sein und dabei hypothetische Öffentlichkeitsarbeit für die FOB 72 leisten. Genau wie alle anderen Teilnehmer (ganz gleich, ob sie zu den Alliierten, OpFor, neutralen Zivilisten oder dergleichen gehörten) würde auch er ein MILES-Gurtzeug (Multiple Integrated Laser Exercise System) tragen, das ihn als Opfer »zählen« würde, sollte er bei der Übung »erschossen« oder »verwundet« werden.[115]

SOF-Soldaten mögen eine gute, heiße Mahlzeit. Dessen waren sich die Verantwortlichen durchaus bewusst und sie hatten sämtliche Hindernisse aus dem Weg geräumt, damit die Soldaten im FOB 72 gut gefüttert und versorgt wurden. Zu jeder Mahlzeit (Frühstück und Mittagessen) gab es eine Bar mit frischen Früchten und/oder Salaten und jede Menge typisch amerikanische Speisen. Das Frühstück war so nahrhaft wie auf dem Lande üblich, wahlweise mit Eiern, Pfannkuchen, Brötchen und Bratensaft und den verschiedensten Arten von Aufschnitt.

Nachdem ich mir meinen Teller gefüllt hatte, steuerte ich den Tisch des Mannes an, der für die nächsten Tage mein Gastgeber sein würde: Lieutenant Colonel Joseph M. Smith. Joe Smith gehört zur neuen Generation

---

115 Für weitergehende Informationen über das MILES und seine Verwendung bei Übungsgefechten verweise ich auf meine Bücher *Armored Cav* (Heyne 1997) und *Airborne* (Heyne 2000).

von Führern bei den SOF – mit langjähriger »Downrange«-Erfahrung und dennoch ausgebufft, was die neuen Technologien angeht, die das Geschäft revolutioniert haben. Als Bataillonskommandeur des 2/7th SFG steht er an vorderster Front bei der Einführung neuer Computer, Kommunikationsgeräte und anderer Technologien für die Einheiten und Missionen der Special Forces.

In Kürze würde ich mit Informationen über all diese Dinge gefüttert werden, doch zunächst einmal stand eine mehr menschliche Angelegenheit aus der realen Welt an.

Major McCollum und Lieutenant Colonel Smith riefen einen jungen SF-Soldaten offensichtlich spanischer Herkunft herüber, den sie mir als Captain Carlos vorstellten. Carlos war gerade eben erst von einem »Downrange«-Einsatz in Ecuador zurückgekehrt, wo einige ODAs friedenssichernde, humanitäre und andere Pflichten erfüllt hatten. Er hatte dabei zusammen mit seinen Teams in einer überwiegend gebirgigen Landschaft gearbeitet, die von verschiedenen Indianerstämmen bevölkert ist.

Dabei hatte man ihm einen kleinen Jungen vorgestellt, den ich einmal Juan nennen will. Juan war etwa vier Jahre alt, als Carlos zusammen mit seinem ODA in dem Bergdorf eintraf, in dem der Junge lebte. Carlos erfuhr, dass Juan im Alter von ungefähr zwei Jahren in ein Holzfeuer in der Küche (in seinem Dorf gab es weder Gas noch Elektrizität, geschweige denn eine Kanalisation oder gar Telefon) gefallen und durch die Brandwunden furchtbar verunstaltet worden war. Von unterhalb des Kinns an bis praktisch zur Mitte des Brustbeins zog sich eine einzige große Narbe quer über den kleinen Körper. Essen, Sprechen und sogar jede Art von Bewegung fielen ihm schwer. Ohne Zweifel hatte das Schicksal diesem kleinen Jungen übel mitgespielt.

Aber trotz seines Unglücks war Juan ein fröhliches, freundliches Kind und der erklärte Liebling des ganzen Dorfes. Und er hatte auch das Herz von Captain Carlos im Handumdrehen erobert. Er überlegte, was er für den Jungen tun konnte.

Bei einem Besuch in der amerikanischen Botschaft in Quito hatte Carlos dann mit seinem Vater in Miami telefoniert. Im Laufe weiterer Telefongespräche stellte sich heraus, dass es ein Programm der Shriner-Stiftung gab, das genau für Kinder wie Juan ins Leben gerufen worden war. Im Rahmen dieses Programms würden nicht nur die Kosten für die notwendige plastische Operation übernommen, sondern auch Zuschüsse für den Lebensunterhalt der Familie während der Rekonvaleszenzzeit gezahlt.

Captain Carlos kümmerte sich persönlich um den Papierkrieg (einschließlich der Fotos), der für einen Antrag bei der Shriner-Stiftung erforderlich war, und binnen weniger Wochen kam die Zusage, dass sich Juan auf den Weg in die Vereinigten Staaten machen konnte und dort operiert würde.

Daraufhin wurden am Texas Children's Hospital in Houston entsprechende Vorkehrungen getroffen und es sah so aus, als könnte es jederzeit losgehen … wäre da nicht ein kleines Problem gewesen: Irgendjemand musste dafür sorgen, dass Juan und sein Vater nach Amerika reisen konnten.

Lieutenant Colonel Joe Smith, USA. Smith war in der Zeit des JRTC 99-1 Kommandeur des 2nd Battalion of the 7th Special Forces Group.
John D. Gresham

Unbeirrt machte sich Captain Carlos erneut an die Arbeit. Er wurde persönlich beim amerikanischen Botschafter in Ecuador vorstellig und fragte, ob nicht vielleicht er etwas arrangieren könnte. Wie sich herausstellte, konnte der Botschafter tatsächlich etwas tun, und Juan und sein Vater bekamen Plätze in einem Flugzeug, das der Drogenbekämpfung gehörte und nach Miami in Florida fliegen sollte. (Obwohl es sich um einen Leerflug handelte, ist es offiziell nicht erlaubt, ausländische Zivilisten mitzunehmen. Doch der Botschafter schaffte es, die entsprechenden Formalitäten aus dem Weg zu räumen.)

Nur wenige Wochen später traf Juan mit seinem Vater auf dem Flughafen von Miami ein. Dort wurden sie von Captain Carlos' Vater empfangen und in Richtung Houston dirigiert. (Allerdings erst nach einer kleinen Verzögerung: Juans Vater hatte noch nie eine automatische Toilettenspülung gesehen und geriet über die Flughafentoilette völlig in Verzückung.)

Juans Operationen verliefen gut und ein paar Wochen später befand er sich bereits wieder auf dem Weg nach Hause – ein kleiner Junge, dessen Leben sich zum Besseren gewendet hatte, nur weil ein SF-Soldat erkannte, dass er helfen konnte. (Man kann sich leicht vorstellen, wie die anderen Einwohner des Dorfes reagiert haben. Dort wird mit Sicherheit nie wieder eine Rebellenorganisation eine Chance haben!)

Nachdem Captain Carlos seine Geschichte zu Ende erzählt hatte, stand er auf und ging zurück in den Tee-Raum, um die Einsätze zu planen, die sein ODA zugewiesen bekommen hatte.

Nach dem Frühstück folgte ich Lieutenant Colonel Smith und Major McCollum quer über das Gelände zur Einsatzzentrale der FOB 72.

Während wir über den matschigen Platz zwischen den Kasernen gingen, wies mich Lieutenant Colonel Smith auf die verschiedenen Sicherheitseinrichtungen hin, die seine Einheit hier erstellt hatte. Das ganze Gelände hatte etwa die Länge eines Straßenblocks einer Stadt bei einer Breite von knapp 100 Metern und war mit Drahtverhauen und Hindernissen gegen das Eindringen von Personen geschützt. Darüber hinaus waren Wachtürme errichtet und Flutlichtstrahler montiert worden. Überall hatte man auch Infrarot-Bewegungsmelder installiert und Streifen patrouillierten ununterbrochen.

Diese Vorsichtsmaßnahmen waren nicht übertrieben: Am Abend zuvor hatte ein Heckenschütze einen SF-Soldaten auf dem Gelände »erschossen« und ihn zum Sammelpunkt für Opfer des JRTC gebracht, wo er für »tot« erklärt wurde – das erste Opfer[116] beim 2/7th.

Doch das Personal des FOB 72 rächte sich für diesen Angriff. Es schnappte ein anderes CLF-Team, das versuchte, durch eine scheinbar übersehene Lücke im Drahtverhau auf das Gelände zu gelangen. Die Aufständischen der CLF »starben« in einem wahren Hagel von Geschossen aus den automatischen Waffen der SF. Obwohl es auch in den nachfolgenden Wochen immer wieder zu heftigen Scharmützeln kam, geriet das FOB nicht in Gefahr.

Die Kommandozentrale befand sich in einem zweistöckigen Kasernengebäude, das noch einmal separat mit Stacheldraht und Spanischen Reitern geschützt war. Die Stabs- und Führungselemente hatten sich jeweils eigene Schreibtisch- bzw. Arbeitsbereiche in der ersten Etage eingerichtet. Alles erinnerte stark an die Einsatzzentrale daheim in Houston. Die Plätze blieben rund um die Uhr besetzt. Sie waren mit einer ganzen Ansammlung von Desktop- und Laptop-Computern, Druckern, Telefonen, SABER-Funkgeräten und einlaminierten Karten bedeckt. Die Computer waren, wie auch alle anderen in der FOB, untereinander zu einem umfangreichen Local Area Network (LAN) verbunden, das es jedem einzelnen Anwender erlaubte, über einen großen File Server, der in einem anderen Kasernengebäude stand, auf alles zuzugreifen, von E-Mails aus dem Internet bis hin zu abgesicherten Daten aus der Geheimhaltung unterliegenden Datenbanken.

Eine Etage darüber lag der Besprechungsraum, ausgestattet mit einem Großbild-Projektionssystem für die elektronischen Dias, die bei den Besprechungen verwendet werden. Da Lieutenant Colonel Smith mich eingeladen hatte, um 7 Uhr an der Besprechung zum Wachwechsel teilzunehmen, war dieser Raum jetzt mein Ziel. Der Stab der FOB ist in zwei Gruppen geteilt. Zweimal täglich tritt der komplette Stab zusammen, um

---

116 Am JRTC wird jeder, den sein MILES-System als »tot« oder »verwundet« gemeldet hat, zu einer zentralen Sammelstelle in der Nähe des Flugplatzes geschickt. Dort werden nach dem Zufallsprinzip Karten verteilt, auf denen die Art der »Verwundung« angegeben ist. Manche Wunden können »behandelt« werden, andere sind »tödlich«. Einige der »Toten« dürfen zu ihren Einheiten zurückkehren und weiter mitmachen, müssen aber bei ihren Einheiten genau registriert werden.

sich gegenseitig zu informieren und der jeweils anderen Gruppe die Pflichten für die folgenden zwölf Stunden zu übertragen. Während dieser Besprechung erhält man üblicherweise das beste Gefühl dafür, wie SF-Operationen organisiert und durchgeführt werden.

Im Anschluss an die Vorträge des nachrichtendienstlichen, meteorologischen, logistischen und Presse-Personals begann der Operations-Officer (S-3, Einsatzoffizier) die Missionen darzustellen, die von der FOB 72 im Rahmen von JRTC 99-1 durchgeführt werden sollten. Auf Weisung der JSOTF (Cortina) standen insgesamt sechs Einsätze an, die wirklich stattfinden würden – drei vom Typ SR, zwei DAs und eine einzelne CA. Die einzelnen Missionen waren folgendermaßen angelegt:

- **CA001** – Die CA001 war darauf ausgerichtet, die moralische und politische Einstellung der Zivilisten (in diesem Falle also der angeheuerten Rollenspieler) im Bereich des Dorfes Carnis (eines künstlich geschaffenen Ausbildungsdorfes in der Nordwestecke des Übungsgeländes) einzuschätzen. Carnis, als Joint Special Operations Area (JSOA) »Acorn« bezeichnet, war für den Kommandeur der 1/10th Mountain/JTF (Cortina) von einiger Bedeutung, da dieses Gebiet beiderseits seiner geplanten Zugangsroute in die »Box« lag. Zum Personal von CA001 gehörten auch eine kleine CA-Abteilung (zwei Mitglieder des 487th CA Battalion) und ein ODA, das für die Sicherheit zu sorgen hatte. Diese Männer waren bereits durch zwei Hubschrauber des Typs MH-60L vom 160th SOAR eingeschleust worden. Obwohl CA001 laut ursprünglicher Planung schon am Tag zuvor hätte abgeschlossen sein sollen, war der Einsatz wegen der ausgezeichneten Qualität und des großen Umfangs an Informationen, die er erbracht hatte, nachträglich verlängert worden (und lief immer noch).
- **SR001** – Um die logistischen Fähigkeiten der CLF bei Feldoperationen besser beurteilen zu können, hatte man ein ODA und ein SOT-A in das Gebiet im südwestlichen Teil der »Box« eingeschleust. Dort sollten sie Informationen sammeln und diese dann zurück an die FOB melden. Das kombinierte ODA/SOT-A-Team sollte per Fallschirm hineingebracht werden und später, sobald es Verbindung mit der 1/10th Mountain (deren Einmarsch für den 9. Oktober geplant war) aufgenommen hatte, wieder herausgeholt werden.
- **SR002** – SR002 hatte die Aufgabe, eine mutmaßliche Sendestation der CLF ausfindig zu machen, über die von den Aufständischen psychologische Kriegführung betrieben wurde. Diese Station sendete angeblich aus dem Südostende der »Box« und bekam die Bezeichnung »Paint«. Wie SR001 würde auch SR002 aus einem kombinierten ODA-/SOT-A-Team bestehen, das die Sendungen des Feindes abhörte und hoffentlich daraus Zieldaten gewinnen konnte, die es dann der JSOTF (Cortina) melden würde. Auch SR002 sollte im Anschluss an die Kontaktaufnahme mit der 1/10th Mountain wieder herausgeholt werden.
- **SR003** – Ein ganz wesentlicher Bestandteil des Szenarios von JRTC 99-1 war die Unterdrückung feindlicher Waffeneinsätze und der Möglichkeit

zum Einsatz von Massenvernichtungswaffen. SR003 sollte als Aufklärungstrupp fungieren, um die Fähigkeit der CLF zum Einsatz von chemischen Minen (die mit dem geächteten Senfgas gefüllt waren) zu erkunden. Ein einziges ODA war für die Mission vorgesehen und zwei MH-60L vom 160th SOAR sollten die Männer auf dem Crosby Airfield (einem Teil des Humochitto National Forest im Südosten von Natchez, Mississippi, der als JSOA »Gator« geführt wurde) absetzen. Das ODA hatte vor, dort etliche Beobachtungsposten einzurichten, das mutmaßliche Sendegebiet zu überwachen und die Zieldaten zurück ans JSOTF (Cortina) zu melden.

- **DA001** – Die Angehörigen von DA001 hatten eine für heutige Tage eher seltene Aufgabe: Sie sollten ein Attentat durchführen. Die Zielperson war ein imaginärer in Atlantica ausgebildeter CLF-Offizier, der als einziger Mann im Lager des Feindes über die notwendige Ausbildung und Ausrüstung verfügte, um das Scharfmachen und den Einsatz der Minen mit den chemischen Kampfstoffen zu beaufsichtigen. Die Bundesgesetze belegen selbst in Kriegszeiten Attentatsmissionen mit bemerkenswerten Einschränkungen. Doch hier handelte es sich, wie man sehen wird, um eine Ausnahmesituation und eine gerechtfertigte Tötung. Und das sind die Gründe, die diesen »Hit« (Slangausdruck für Attentat) legalisierten: Der Mann war uniformiertes Mitglied einer bekannten militärischen Truppe. Aus diesem Grunde hatte die JSOTF (Cortina) seine Eliminierung autorisiert und dem 2/7th SFG die Aufgabe übertragen, mit einem speziell dafür zusammengestellten Scharfschützen-ODA den Job zu erledigen. Dieses ODA würde durch zwei MH-60L-Hubschrauber des 160th SOAR von Camp Shelby (JSOA »Snake«) in Mississippi aus eingeschleust und auch wieder herausgeholt werden.
- **DA003** – Eine weitere Mission, die mit Massenvernichtungswaffen zu tun hatte. Diese hier war darauf ausgelegt, einen anderen Experten für chemische Waffen in den Diensten der CLF zu eliminieren. Dieser Mann sollte allerdings nicht getötet werden, denn er hatte durchsickern lassen, dass er gerne »aussteigen« würde. Deshalb würde DA003 aus einer Entführung bestehen. Das ODA würde mit zwei MH-60L des 160th SOAR in das verlassene Stennis Space Center (das einmal die wichtigste Einrichtung für den Zusammenbau der einzelnen Stufen der Saturn-5-Mondrakete war) in Mississippi (JSOA »Magic«) eingeschleust werden. Dort sollten die Männer mit dem »Aussteiger« Kontakt aufnehmen, erklären, wer sie waren, und dann mit zwei anderen MH-60L wieder verschwinden.

Diese Missionen sollten vom 2/7th SFG tatsächlich durchgeführt werden, etliche andere sollten nur geplant und geprobt werden. Jedes ODA sollte jeweils zwei Missionen planen, aber nur eine ausführen. Zu diesen Einsatzplanungen gehörten:

- **SR004** – Die Verhinderung des Einsatzes von Panzerabwehrwaffen (der aus Russland stammenden AT-7) seitens der CLF. Dazu würde SR004 ein ODA nach Camp McCain (JSOA »Gold«) in Mississippi einschleusen. Sobald die Teams am Boden wären, sollten sie die Einrichtungen, in denen sich die AT-7-Raketen befanden, lokalisieren und die Zielansprachen an die alliierten Luftangriffskräfte weitermelden.

- **DA004** – Eine enorm umfangreiche und komplizierte Mission, bei der zwei ODAs in die Bereiche Peason Ridge (JSOA »Nerve«) und Horses Head (JSOA »Horse«) auf den Schießbahnen von Fort Polk hineingebracht werden sollten, um dort zwei CLF-Befehls- und Führungsziele anzugreifen und zu zerstören. Dabei sollten die Teams zwei Verstecke ausfindig machen und zerstören, in denen Verschlüsselungsmaschinen und die dazugehörigen Materialien untergebracht waren. Durch die Unterbindung abgesicherter Kommunikation bei der CLF würden die konventionellen Kräfte der Alliierten künftige Operationen der CLF besser voraussehen und vereiteln können.

Sämtliche Operationen, die nur geplanten und auch die tatsächlich umgesetzten, waren durch das JSOTF (Cortina) so ausgelegt, dass eine unmittelbare Unterstützung der Bedürfnisse und Wünsche der 1/10th Mountain erfolgen konnte. In Abhängigkeit von den Resultaten der Operationen würde sich die 1/10th Mountain mit einer Bedrohung durch Massenvernichtungsmittel oder weiter entwickelte Waffen konfrontiert sehen – oder eben nicht.

Um die Planungs-, Vorbereitungs- und Durchführungsprozesse der SF-Missionen insgesamt besser verstehen zu können, entschloss ich mich, wenigstens eine von der ersten bis zur letzten Minute zu beobachten. Wie man sich leicht vorstellen kann, war es DA001, die mich auf Anhieb reizte. Zehn äußerst beeindruckenden jungen Männern vom Anfang bis zum »Hit« auf eine klassische Scharfschützenmission zu folgen ist für sich schon aufregend, aber darüber hinaus konnte ein solcher Einsatz auch noch einige besonders interessante Aspekte von SOF-Operationen offenbaren.

Sobald das Briefing zum Wachwechsel vorüber war, setzte ich meine Besichtigung des FOB 72 fort. Obwohl die Gebäude so baufällig wirkten, hatte das 2/7th SFG Hervorragendes geleistet, sie in ein Heim weit weg von zu Hause zu verwandeln. Auf dem gesamten Gelände der FOB hatte man das Gefühl, als würde sich jeder noch einmal sammeln. CA001 war bereits in der »Box« und produzierte wichtige Daten für die JSOTF (Cortina) und die 1/10th Mountain, SR001, SR002 und DA001 sollten innerhalb der nächsten 24 Stunden an den Start gehen.

Doch es war ein Problem aufgetaucht, das von Minute zu Minute schlimmer wurde: das Wetter. Bereits im Laufe der letzten Tagen waren einige recht üble Gewitterstürme über das Gebiet gezogen und es wurden noch weitere erwartet. Der Himmel färbte sich immer bedrohlicher, als wir uns dem Gebäude näherten, in dem das ODA 745 in einer ebenfalls zweistöckigen Kaserne untergebracht war.

Das ODA 745 hatte die komplette erste Etage mit Beschlag belegt, der Aufenthaltsraum ging nach vorne hinaus, die Schlafstellen lagen im hinteren Gebäudeteil. Der Morgen war durch die Vorbereitungen für DA001, das am Abend beginnen sollte, ziemlich hektisch für die Männer gewesen. Dennoch wurde ich herzlich begrüßt, bekam auch gleich eine Tasse Kaffee angeboten und wurde umfassend über die laufenden Tätigkeiten informiert.

Um mich herum arbeitete rund ein Dutzend SF-Soldaten. Einige davon gehörten dem Team an, das DA001 ausführen würde, andere gehörten zu anderen ODAs und halfen mit, die Mission das »Licht der Welt« erblicken zu lassen. In einer Ecke befreite ein Sergeant Essensrationen von allen überflüssigen Verpackungsmaterialien (Pappschachteln). Wenn nur die eingeschweißten Teile der MREs mitgenommen wurden, passten immer drei komplette Mahlzeiten in eine der unglaublich festen braunen MRE-Taschen aus Plastik. Diese wurden dann wieder mit Lassoband versiegelt und zum Schutz noch einmal in einen anderen Plastikbeutel mit Reißverschluss gesteckt. Jedes Mitglied des ODA 745 würde sechs solcher Pakete mitnehmen und dazu noch Wasser für mehrere Tage. Das Team konnte sich dann im Gebiet JSOA »Snake« (Camp Shelby) versteckt halten, ohne jeden Tag erneut auf die Suche nach Wasser gehen zu müssen.

Nachdem man mir einige Augenblicke Zeit gelassen hatte, das richtige Gefühl für diesen Ort zu bekommen, wurde ich den Mitgliedern des ODA 745 vorgestellt, die DA001 ausführen sollten.[117] ODA 745 war ein »Pick up«-Team für JRTC 99-1. Das bedeutete, dass etliche SF-Soldaten, die diesem Team unterstellt waren, normalerweise in anderen ODAs arbeiteten. Nun wurden ihre speziellen Fertigkeiten für DA001 gebraucht.

Nachfolgend möchte ich die neun jungen Männer des ODA 745 einmal vorstellen:

- **Kommandeur** – Das ODA würde unter dem Befehl von Captain Greg stehen, der das Kommando im Feld für die Mission hatte und selbst während des »Hits« mit zum Sicherungstrupp gehören würde.
- **Team Sergeant** – Das Tagesgeschäft der Operationen des ODA 745 würde Sergeant Charlie überlassen bleiben, einem altgedienten Soldaten der 7th SFG. Sobald sie im Zielgebiet von Camp Shelby angekommen wären, sollte Charlie die Mission Support Site (MSS[118]) für das Team betreiben.
- **Kommunikation** – DA001 würde sich als außerordentliche Belastung für die Fernmeldetechnik erweisen, und das sowohl beim Team als auch in der FOB 72. Ein einzelner 18E, in diesem Fall Staff Sergeant John, sollte sich um alles kümmern.
- **Sanitäter** – Sämtliche SF-Missionen laufen nur, wenn wenigstens ein Sanitäter (18D) dabei ist. Für DA001 hatte das ODA 745 den sehr erfahrenen 18D Staff Sergeant Brandon dabei.

---

117 Obwohl die Art und Weise, wie die ODAs durchnummeriert sind, auf den ersten Blick willkürlich erscheinen mag, steckt doch ein tieferer Sinn dahinter: Die erste Zahl bezeichnet die SFG, zu der das ODA gehört. Die zweite entspricht der Nummer der Kompanie (von denen es neun in einer SFG gibt). Die letzte Zahl der ODA-Kennzeichnung legt die Nummer fest, die es innerhalb der Kompanie hat, sie reichen von eins bis sechs. Auf diese Weise lässt sich auch die Bezeichnung ODA 745 schnell auflösen: Es ist das 5. ODA der 4. Kompanie (also der Kompanie »A« des 2nd Battalion) in der 7th SFG.

118 Basislager (Anm. d. Ü.)

- **Scharfschützen** – Zwei Scharfschützenteams würden den tatsächlichen »Hit« ausführen. Jedes Team bestand aus zwei Mann, der eigentliche Scharfschütze war mit einem Scharfschützenkarabiner des Typs M24 bewaffnet und der Späher war mit einem Hochleistungs-Späher-Fernglas ausgerüstet. Die beiden Scharfschützen für DA001 waren die Sergeants Sean und Shannon.
- **Späher** – Bei dieser Mission waren nicht unbedingt die Scharfschützen für die Rolle, die sie zu spielen hatten, zertifiziert. Hier besaßen die Späher an den Ferngläsern die eigentliche Qualifizierung als Scharfschützen. Mit anderen Worten: Die Männer, die Major Benitiz erschießen sollten, waren zwar qualifizierte Waffen-Sergeants, hatten jedoch keinen Scharfschützenkurs absolviert. Captain Greg und Sergeant Jim waren den Ausführungen ihrer beiden zertifizierten Scharfschützen gefolgt, die argumentiert hatten, dass der schwerste Teil dieses »Hits« darin bestünde, das Ziel auszumachen und die Schützen darauf einzuweisen. Die Späher nennen wir Sergeant Jim und Sergeant Glenn.
- **SAW-Schütze** – Um den beiden Scharfschützenteams nach den Schüssen auf das Ziel Deckung zu geben, nahm das Team noch einen Schützen mit einem leichten Maschinengewehr des Typs M249 SAW mit. Captain Greg und Sergeant Louis (der M249-Schütze) würden die »Blockstellung« besetzen.

Obwohl dem ODA einsatzwichtiges Personal fehlte – ein 18C (Pionierwesen), ein 18D (Sanitätswesen) und ein 18E (Fernmeldetechnik) –, war es in der Lage, die Mission durchzuführen. Es ist heute keine Seltenheit, dass ODAs in »Downrange«-Einsätze gehen und wichtiges Personal nicht dabei haben. Insofern spiegelte DA001 durchaus die Realität wider.

Inzwischen befand sich das Team schon in der von ihnen so bezeichneten »Isolierungsphase«, dem Zeitabschnitt, in dem die Männer den endgültigen Einsatzplan ausarbeiten und noch einmal ihre Ausrüstung, die Terminvorgaben und andere Details überprüfen. Die Isolierung ist nicht als vollständig zu verstehen und wird immer wieder zu Besprechungen, Inspektionen und eine Probe der Mission (so dies möglich ist) unterbrochen.

Die Generalprobe für diese Mission hatte tatsächlich aber schon vor Ort in einem Geländebereich von Fort Polk stattgefunden, und die Schützen führten stolz als Zeugnis ihrer Leistungen die Zielscheiben (große Papierziele mit aufgedruckten menschlichen Silhouetten) vor. Beide hatten eine »Zehn« geschossen (und damit den tödlichen Bereich getroffen). Um völlig einsatzbereit zu sein, brauchten sie nur noch die Zeit, ihre Vorbereitungen abzuschließen, und dann würde es das »Briefback« und die Inspektion durch Colonel Smith geben.[119]

119 Unter »Briefbacks« werden die wirklich letzten Besprechungen verstanden, die stets noch unmittelbar vor der Durchführung einer Mission abgehalten werden. Nicht selten werden dabei auch noch die allerletzten Probleme ausgeräumt, die Einsatzregeln festgelegt und andere Punkte behandelt, die noch in letzter Minute der Klärung bedürfen.

Nachdem ich die Einladung angenommen hatte, um 16 Uhr am Briefback des ODA 745 teilzunehmen, machte ich mich auf den Weg, auch noch andere Teams zu besuchen. Während ich zwischen den Kasernengebäuden hindurchging, ließ der bedrohliche Sturm schließlich etwas nach – allerdings im Tausch gegen heftige Regengüsse, Blitz und Donner und immer noch recht hohe Windgeschwindigkeiten. Der Sturm war nach Osten weitergezogen und zwar in die Absprung- und Einschleuszonen für SR001, SR002 und DA001. Damit war die Gefahr, dass es witterungsbedingte Verzögerungen geben könnte, erheblich gestiegen.

Um 16 Uhr war ich wieder im Aufenthaltsraum des ODA 745. Lieutenant Colonel Smith, sein Command Sergeant Major, etliche andere Offiziere vom Stab des 2/7th SFG und Major McCollum (der als »Presse«-Eskorte fungierte) waren schon anwesend. An der Vorderseite des Raumes war das komplette ODA-745-Team angetreten und hatte zahllose Diagramme, Karten und Satellitenfotos auf den Besprechungstafeln angebracht. Was sie zusammengestellt hatten, war eine Mischung von »Bleistiftstummel«-, Laptop- und Farb-Tintenstrahldrucker-Ausarbeitungen, in die ein paar Zeichnungen auf Einwickelpapier und Grafiken mit Filzstift eingestreut waren. Nicht besonders elegant, aber dennoch beeindruckend, was das Team hier binnen weniger Tage ausgearbeitet hatte.

Als alle bereit waren, begannen die Mitglieder des Teams die Details ihrer Mission vorzutragen. Einige der wichtigsten Punkte waren die folgenden:

- **Angriffsziel** – Das Ziel für DA001, Major Raul Benitiz, ein hypothetischer Offizier der CLF, der von der PRA in Atlantica eine Ausbildung im Einsatz von Chemiewaffen bekommen hatte, war das mutmaßlich einzige Mitglied der CLF, das über die technischen Kenntnisse und Fähigkeiten verfügte, Landminen und Artilleriegranaten mit Nerven- und Senfgas zu befüllen, scharf zu machen und richtig zu platzieren. Benitiz' Mission im Rahmen von JRTC 99-1 bestand nun darin, einen Kader von CLF-Technikern im Umgang und Einsatz chemischer Landminen und Artilleriegranaten auszubilden, was im Erfolgsfall katastrophale Folgen für die JTF (Cortina) haben würde. Seine Beseitigung würde mit an Sicherheit grenzender Wahrscheinlichkeit auch die Möglichkeit eliminieren, dass sich die 1/10th Mountain beim Einmarsch in die »Box« mit einer Bedrohung durch Massenvernichtungswaffen konfrontiert sah. Der alliierte Nachrichtendienst hatte es derweil nicht nur geschafft, Benitiz in Camp Shelby ausfindig zu machen, sondern hatte auch schon ein Raster seines Tagesablaufs erstellen können.
- **Zeitplan** – Der Beginn von DA001 war für 21 Uhr am selben Abend terminiert. Sollte es zu einer witterungsbedingten Verzögerung kommen, war eine 24-stündige »Verschiebung« vorgesehen. Für den tatsächlichen »Hit« standen damit also zwei Zeitfenster zur Verfügung: Eines davon öffnete sich am Abend des 8. Oktober und das andere 24 Stunden später am Abend des 9. Oktober. Mit anderen Worten: ODA 745 musste noch vor Einbruch der Dämmerung am Tag des »Hits« im Einsatzgebiet

sein. Nachdem die Teams ihre Schüsse abgegeben hatten, würden sie so schnell wie möglich aus dem Zielgebiet verschwinden, zur Exfiltrationszone marschieren und dort darauf warten, entweder am 8. oder 9. Oktober wieder aufgenommen zu werden.

- **Transport** – Der gesamte Infiltrationsflug (mit Ausnahme der Einschleusung des Teams in die Landezone) mit den Hubschraubern MH-60L *Blackhawk* vom 160th SOAR würde nonstop erfolgen, die Maschinen sollten auf dem Rückflug zu ihrer FOB auf der Barksdale AFB von einem Tankflugzeug in der Luft betankt werden. Einmal am Boden, würde sich das Team nur noch zu Fuß fortbewegen (ein Mot-Marsch war nicht vorgesehen). Für den Fall, dass das Ausfliegen per Hubschrauber nicht möglich sein sollte, war das ODA 745 darauf vorbereitet, eine höchster Geheimhaltung unterliegende Lösung zu wählen, sich abzusetzen und sich zu den eigenen Linien durchzuschlagen.[120]
- **Logistik** – Um den logistischen Aspekt des Einsatzes machte sich DA001 am wenigsten Sorgen. Dank der kurzen Dauer der Mission würde man nicht versuchen, das Team zu versorgen, während es sich im Bodeneinsatz befand. Die Mitglieder des Teams hatten ihre Zuteilungen an »gestrippten« MREs und ausreichende Mengen an Trinkwasser dabei, um mehrere Tage durchhalten zu können. Die einzig wirklich wichtige logistische Aufgabe war, ein gutes Versteck für das MSS möglichst in der Nähe von Trinkwasser ausfindig zu machen. Der nachrichtendienstliche Stab der FOB 72 hatte einige geeignete Orte vorgeschlagen und das Team hatte bereits Marschrouten zu jedem davon ausgearbeitet.
- **Kommunikation** – Das ODA 745 musste zwar keine Unmengen an Verpflegung und Wasser mitschleppen, aber bei der Kommunikationsausrüstung sah die Sache ganz anders aus. Neben einem tragbaren SATCOM-Gerät musste das Team auch noch ein Standard-HF-Funkgerät und ein Handy dabeihaben für den Fall, dass es zu einer realen Notsituation (wie beispielsweise einem medizinischen Notfall oder einer schweren Verletzung) kommen sollte. Für die Kommunikation innerhalb des Teams trug jedes Mitglied auch noch ein auf dem UKW-Band arbeitendes SABER-Funkgerät der Firma Motorola. Zu einem nicht unerheblichen Teil stützte sich der Einsatzplan auf das einwandfreie Funktionieren dieser SABER-Funkgeräte, da die Koordination zwischen dem Scharfschützen-, Rückzugs-, Sicherungs- und dem MSS-Team von lebenswichtiger Bedeutung war.
- **Erwartete Bedrohungskräfte** – DA001 würde *tief* in feindlichem Territorium stattfinden. Allein der Flug nach Camp Shelby ging schon über

120 Absetzbewegungen (E&E, Escape & Evasion) von Special Forces gehören mit zu den am besten gehüteten Geheimnissen ihrer zahlreichen Operationsabläufe. Selbst im Rahmen von Übungen wie JRTC 99-1 wurde ich gebeten, dazu keine Fragen zu stellen und auch keine Informationen über E&E-Abläufe zu erwarten. Doch so viel kann ich sagen, dass E&E einen ganz wichtigen Bestandteil der Ausbildung bei den Special Forces darstellen und die Abläufe ständig geübt werden.

eine Entfernung von über 400 Kilometer und die Bedrohung durch Aktionen der OpFor war durchaus als realistisch einzustufen. Andererseits waren die Geländebedingungen für das ODA von Vorteil – eine wellige, sumpfige Hügellandschaft mit von Wasserläufen durchzogenen Ebenen. All diese Bereiche waren im Großen und Ganzen überwuchert, dazwischen gab es zahllose Trampelpfade und hin und wieder auch befestigte Straßen. Man ging davon aus, dass man Major Benitiz in einem auf einer Wiese erbauten Bungalow antreffen würde. Dieser Bungalow würde jedoch von seiner persönlichen Leibwache beschützt werden, die aus drei bis fünf Soldaten des CLF/PRA bestand, die alle mit leichten Maschinengewehren und automatischen Waffen bewaffnet waren. Außerdem stand zu erwarten, dass ein ganzer Zug (also 20 Mann oder mehr) feindlicher Soldaten im Gebiet patrouillieren würde, ausgerüstet mit Mörsern und schweren Maschinengewehren. Zusätzliche Truppen (über 60 Mann stark) im Gebiet schlossen auch die Beamten der örtlichen Forstverwaltung und Personal der Polizeikräfte aus Atlantica mit ein.

- **Angriffsziele** – Das Schlüsselziel von DA001 war die Eliminierung (das heißt Tötung) von Major Benitiz in seinem Bungalow. Wenn möglich, wollte das Team nach erfolgtem »Hit« herausbekommen, in welchem Zustand er sich befand. Allerdings war das zweitrangig gegenüber der Aufgabe, das Team in die Ausschleusungszone zu schaffen. Darüber hinaus sollte das ODA 745 erkunden, auf welchem Stand die Ausbildung der CLF-Mitglieder durch Benitiz angelangt war, und zwar abhängig davon, womit sie es im Laufe der Mission zu tun bekommen würden (chemische Minen des Typs KHF-2 und Schutz-/Kampfanzüge für die chemische Gefechtsführung).
- **Risiko-Einschätzung** – Da es kaum einmal eine militärische Operation gibt, die genau nach Plan verläuft, bleibt den Planern gar nichts anderes übrig, als zu versuchen, möglichst viel von dem, was schief gehen könnte, in ihre Planungen mit einzubeziehen und passende Gegenmittel zu ersinnen. Das heißt dann »Risiken-Einschätzung«. Captain Gregs Team hatte sich bemüht, die wichtigsten Risikomomenten von DA001 zu erfassen, einschließlich der Möglichkeiten, dass ein Hubschrauber während der Einschleusungsphase abstürzen könnte (in diesem Fall würde dann ein auf sieben Mann reduziertes Team den »Hit« ausführen müssen) oder dass es zu Opfern durch »Friendly Fire[121]« kam (was am besten durch optimale Schusswinkel auf das Angriffsziel vermieden wurde). Unter dem Strich stand fest: DA001 war eine Mission mit hohem Nutzen und hohem Risiko. Aber wenn die Planung gut war, die Proben hervorragend durchgezogen wurden und in Anbetracht der Qualifikation des Teams würde sie wahrscheinlich ein Erfolg werden.

---

121 Wird auch als »Blue on Blue« bezeichnet; gemeint ist, dass sich befreundete Kräfte gegenseitig beschießen. (Anm. d. Ü.)

Es war ein solider Plan und Lieutenant Colonel Smith segnete ihn ebenso wie sein Stab ab.

Nun wurde es Zeit für das Team, noch ein wenig auszuruhen, fertig zu packen und sich um die letzten persönlichen Dinge zu kümmern.

Für mich dagegen bedeutete es, dass ich jetzt ein bis zwei Tage warten musste, bis ich den »Hit« in Camp Shelby (was für mich eine sechsstündige Autofahrt bedeutete) beobachten konnte. Bis dahin würde ich die Zeit nutzen und einige andere Operationen im Rahmen von JRTC 99-1 beobachten.

Mittwoch, 7. Oktober – England Airpark, Alexandria, Louisiana

Als ich auf dem Gelände der FOB 72 eintraf, war mir ziemlich schnell klar, dass der gestrige Sturm hier einige Dinge durch den Lokus gespült hatte. Das Wetter hatte »Verschiebungen« nicht nur beim Start von DA001, sondern auch für die Einschleusungen von SR001 und SR001 per Fallschirm ausgelöst. (Sobald es zu Verzögerungen kommt, werden geplante Missionen im Terminplan weiter nach hinten »verschoben«. Bei den meisten Missionen waren bereits »Verschiebungspunkte« wegen witterungsbedingter Verzögerungen oder anderer Ereignisse, auf die man keinen Einfluss hat, in die Planungen einbezogen worden.) Alles musste neu terminiert werden, damit die Missionen am heutigen Abend anlaufen konnten.

Im Briefing zum morgendlichen Wachwechsel wurden die neuen Startpläne bekannt gegeben. Zu meiner großen Überraschung war die Stimmung in den Aufenthaltsräumen der Teams nach wie vor optimistisch. Für das ODA 745 bedeutete der Tag Verzögerung eine Extraportion Schlaf und die Möglichkeit, noch etwas Feinschliff am Operationsplan durchzuführen – was allerdings auch bedeutete, dass sie sich schneller bewegen mussten, als ihnen lieb war, sobald sie in Camp Shelby waren. Aber es gehört eben mehr als nur ein wenig schlechtes Wetter dazu, erfahrene SF-Soldaten aus der Ruhe zu bringen.

Nach dem Briefing machten Major McCollum und Lieutenant Colonel Smith mir ein Angebot, das ich einfach nicht ablehnen konnte: In den Hubschraubern war noch Platz für mich, und ich konnte das ODA 745 am heutigen Abend auf seiner Infiltrations-Mission direkt begleiten. Mein *Ja* kam mir ziemlich leicht über die Lippen.

Bis es so weit war, fuhren Major McCollum und ich zurück zum England Airpark, wo wir das SOCCE-Koordinationsteam (Cortina) besuchten, das mit der 1/10th Mountain zusammenarbeitete. Etwa eine Stunde später befanden wir uns im Aufmarschgebiet der 1/10th Mountain. Von hier aus sollte die Brigade zur »Box« abrücken und wir konnten die Konvois mit den Führungs-LKWs schon in Richtung Fort Polk rollen sehen.

Auf unserem Weg ins Aufmarschgebiet mussten Major McCollum und ich mehrmals unsere Ausweise zücken und überprüfen lassen; der Sicherheitscordon war äußerst dicht.

Das Hauptquartier der JTF (Cortina) 1/10th Mountain hatte ein großes Lagerhaus am einen Ende des Geländes bezogen. Das SOCCE (Cortina) wiederum hatte eine Ecke in dem Lagerhaus für sich beansprucht und diesen Bereich mit Sperrholzwänden vom Rest des TOC des Hauptquartiers der 1/10th separiert. Das SOCCE (Cortina) selbst setzte sich aus Mitgliedern einer ODB/Stabskompanie zusammen, die von der 7th SFG hierher abkommandiert worden war. Major David, ein Kompaniechef der 7th SFG, wies das Team mit kühler Effizienz in seine Aufgaben ein.

Während ich mich umschaute und gelegentlich Fragen stellte, schien mir alles noch ziemlich ruhig. Die CA001-Mission lief immer noch in der Nähe des Dorfes Carnis und Major David kam und ging etliche Male mit Lageberichten und Informationen für den Kommandeur der JTF und dessen Stab, aber sonst schien sich nicht viel zu tun. Überall um uns herum verrichteten rund ein Dutzend SF-Soldaten ihre Arbeit in fast vollkommenem Schweigen.

Doch eine Stunde später, als gerade eine Besprechung über die Aufgaben- und Koordinationsabläufe des SOCCE lief, wurde es auf einmal interessant. Um 14.30 Uhr traf eine Meldung vom FOB 72 ein, dass die CLF dem Team, das mit der Durchführung von CA001 in Carnis beschäftigt war, um 1 Uhr einen Hinterhalt gelegt hatte. Die SF-Truppen hatten schwere Verluste hinnehmen müssen und benötigten verzweifelt Hilfe.

Kurz darauf kam von der Polizeistation in Carnis und der Organisation World Relief (einer Gruppe von Rollenspielern, die eine Nichtregierungsorganisation simulierte, die zivile Hilfe leistete) eine Mitteilung, welche weitere Einzelheiten lieferte: Im Anschluss an den Hinterhalt waren sieben SF- und CA-Soldaten liegen geblieben und man hatte den Eindruck, einige seien »gefallen«, aber man wusste nicht, wie viele.

Major David sammelte die ersten noch bruchstückhaften Berichte und verschwand durch die Tür zum TOC der 1/10th, um mit dem Brigadekommandeur zu reden.

Derweil begann schon ein Mitglied aus dem SOCCE-Stab des Majors, ein SOCCE Staff Sergeant, der außerdem ein 18E-ler (Sanitäts-Unteroffizier) war, seine Ausrüstung zusammenzupacken. Von draußen drangen Geräusche herein, die darauf hinwiesen, dass Soldaten der 1/10th Mountain sich sammelten.

Im Laufe der nächsten Stunden setzte sich das Mosaik langsam zusammen. Folgendes war geschehen:

Einige Tage zuvor war eine Abteilung der Sicherungskräfte von CA001 abgezogen worden, weil sie sich auf eine andere Mission vorbereiten sollten, die später in diesem Zyklus stattfinden würde. Damit waren gerade noch vier CA-Soldaten vom 478th und ein vier Mann starkes Sicherungsteam von SF-Soldaten zurückgeblieben. Diese Männer hatten es mehrere Tage lang geschafft, enorm wertvolle Informationen über die Situation der Zivilbevölkerung in Carnis zu liefern … diese Information waren so wertvoll, dass man bei der JSOTF (Cortina) entschieden hatte, sie dort zu belassen, bis die 1/10th Mountain am Abend des nächsten Tages eintreffen würde.[122] Jetzt war dieses Team ausgelöscht und eine zunächst erfolgreiche CA-Mission hatte den denkbar schlechtesten Verlauf genommen.

Fast augenblicklich stellte Major Davids Team eine Rettungsmannschaft zusammen. Ein Platoon der 1/10th nahm außerhalb des SOCCE seine Waffen und Versorgungsgüter auf, wo es auch gleich von einem Warrant Officer eingewiesen wurde, der als Chefsanitäter mitgehen würde. Nur ein paar Hundert Meter weiter wurden zwei Hubschrauber des Typs UH-60L *Blackhawk* und zwei weitere des Typs OH-58D *Kiowa Warrior* startbereit gemacht. Der erste *Blackhawk* sollte die Soldaten transportieren und die Verwundeten ausfliegen, während der andere als Befehls- und Führungsplattform diente. Die *Kiowa Warrior* hingegen fungierten als Eskorte/Sicherung.

Während all das ablief, nahm Major David eine rasche Lagebeurteilung vor. Er hatte kein gutes »Gefühl« für die Situation, in die er jetzt seinen Rettungstrupp schicken musste. Was würde passieren, wenn der Feind noch weitere Pläne für Hinterhalte hatte? Womöglich war er dabei, noch mehr Jungs in eine noch größere Falle tappen zu lassen? Das Dorf Carnis war im Grunde nicht mehr als eine kleine Ansammlung von Gebäuden an einer Straßengabelung am nördlichen Ende der »Box« von Fort Polk. Die einzige Lichtung, die als LZ (Landing Zone, Landezone) für die UH-60 in Frage kam, lag mehrere hundert Meter vom Dorf entfernt. Für die CLF sollte es also ein Leichtes sein, mit ein paar Mörsern, tragbaren SAMs oder Artillerie-Trupps mit Geschützen, aus denen raketengetriebene Granaten verschossen werden konnten, einen Hinterhalt zu legen[123] ... Alles in allem eine ziemlich vertrackte Situation.

Und es konnte sogar noch weit schlimmer kommen.

Da war zunächst einmal die Tatsache, dass man eine noch umfangreichere Rettungstruppe losschicken musste, wenn es nötig werden sollte, die erste Rettungsmannschaft herauszuholen ... und das würde noch schlimmere Möglichkeiten für Hinterhalte eröffnen. So langsam klang das nach einem ziemlichen Chaos, das sämtliche Planungen der 1/10th Mountain für JRTC 99-1 in Gefahr brachte. Inzwischen fragte sich der Major schon ernsthaft, ob er wirklich das Risiko eingehen sollte, eine Rettungstruppe nach Carnis zu schicken.

Und das ist einer der Gründe, weshalb es nie leicht ist, Kommandeur zu sein.

Andererseits gibt aber auch immer wieder Situationen, in denen die Zeit einem zu Hilfe kommt.

Und so war es auch an diesem Tag. Nachdem man stundenlang an dem Problem gearbeitet hatte, löste es sich ganz von allein. Um 15.30 Uhr lief die Meldung ein, dass ein Arzt der Organisation World Relief die verwun-

122 Der Plan sah vor, dass die Aufklärungselemente der 1/10th Mountain am 7. Oktober um 19 Uhr in die »Box« einrücken sollten, während die Hauptmacht am 8. Oktober um 13 Uhr in Carnis eintreffen würde.

123 Im Vietnamkrieg nutzte der Vietkong gern verletzte amerikanische Soldaten und Marines als »Köder«, um durch sie weitere Truppen in eine Hinterhaltszone zu locken.

deten SF-/CA-Soldaten mitgenommen und zu einer örtlichen Klinik gefahren hatte. Man konnte davon ausgehen, dass die Geretteten überleben würden. Das wiederum bedeutete, dass der Rettungseinsatz abgesetzt wurde und jeder im SOCCE wieder zur Ruhe kommen konnte.

Das war mein Stichwort, mich zu verabschieden.

Während Major McCollum und ich zurück nach Fort Polk fuhren, konnten wir nicht umhin, uns immer wieder zu fragen, warum CA001 überhaupt da draußen sein musste. Nach dem ursprünglichen Plan sollte CA001 nur ein paar Tage in Carnis arbeiten und während dieser Zeit hätten sie auch eine ausreichend bemessene Sicherungstruppe gehabt, die Ausschau nach den bösen Jungs halten konnte. Dann aber waren sie mehr als ein halbe Woche dort geblieben, während der größte Teil der Sicherungsabteilung schon wieder zur FOB 72 abgezogen worden war. Dass dies auf Befehl des JSOTF (Cortina) hin geschehen war, machte auch keinen großen Unterschied mehr. Sieben SF- und CA-Soldaten waren aus dem Spiel und die CA-Verluste beliefen sich auf zwei Drittel des ohnehin schon kleinen CA-Detachments der 478th. Die beiden letzten Überlebenden hatten eine verdammt harte Zeit vor sich, bis Entsatz für sie eintreffen konnte.

Hatten die Kommandeure die falschen Entscheidungen getroffen? Schwer zu sagen. Zumindest hatten Major McCollum und ich keine schlüssige Antwort auf diese Frage. Jedenfalls wurde das »Carnis-Massaker« noch tagelang in der FOB 72 diskutiert.

Doch jetzt musste ich mich erst einmal auf den Flug mit dem ODA 745 vorbereiten, der am Abend losgehen sollte.

Mittwoch, 7. Oktober – Fort Polk

Um 21.30 Uhr fanden sich Major McCollum und ich uns auf dem Gelände der FOB 72 ein, um dort auf das Eintreffen der beiden MH-60L vom 160th SOAR zu warten. Ich trug eine feuerbeständige NOMEX-Fliegerkombi, Helm, Handschuhe, Fliegerjacke und hatte etwas Verpflegung und Wasser bei mir, dazu ein Notizbuch und einen grünen Beutel aus Nylon.

Entsprechend der mit dem SFC und dem 160th SOAR getroffenen Vereinbarung würde ich in der Nacht keine Fotos machen und auch nicht die Namen der Crews und deren Rufzeichen notieren. Im Gegenzug für diese (erheblichen) Einschränkungen sollte ich etwas erleben, was nur wenige Zivilisten jemals erleben dürfen: einen Flug mit den 160th SOAR »Nightstalkers« in einem ihrer Special-Operations-Hubschrauber.

Bei diesen speziellen Vögeln handelt es um die ersten Ausführungen des Modells MH-60L, das jetzt von der neueren Version MH-60K ersetzt wird. Die Version »L«, gebaut auf der Basis des Flugzelle des *Blackhawk* von Sikorsky, war das Übergangsmodell, das als Zwischenlösung beschafft worden war, während das Regiment auf das erheblich leistungsfähigere Modell »K« wartete (das mit den Sonden für Luftbetankung und Geländefolge-Radar ausgerüstet ist). Am vorangegangenen Abend wäre das ODA 745 noch mit zwei »K«-Modellen in den Einsatz geflogen worden, doch diese beiden Maschinen standen am heutigen Abend nicht mehr zur Verfügung. Deshalb waren jetzt zwei MH-60L auf dem Weg von ihrer FOB in Barksdale in der Nähe von Shreveport hierher, um das Team nach Camp Shelby zu bringen.

Obwohl diesen Maschinen die Sonde für die Luftbetankung fehlte und sie auch kein Geländefolge-Radar (Terrain Following Radar, TFR) hatten, verfügte die »L« doch über ein AAQ-16 FLIR (Forward Looking Infrared, Wärmebildgerät) und Night Vision Goggles (NVGs, Nachtsichtgeräte) und besaß darüber hinaus auch noch die komplette Garnitur SATCOM-Kommunikationsgeräte. Bewaffnet waren sie mit zwei sechsläufigen Minikanonen vom Kaliber 7,62 mm und für die Navigation stand ein ARN-148-Navigationssystem mit einem in die Avionik integrierten GPS-Empfänger zur Verfügung. Des weiteren verfügten die Maschinen über Zusatztanks an den externen Montagepunkten außen am Rumpf. Je vier Mann bildeten die Crew – ein Pilot, ein Co-Pilot und zwei Schützen (von denen einer der Crew-Chief war). Wenn diese Vögel voll mit Treibstoff, Personal (bis zu sechs Passagiere können mitgenommen werden) und Ausrüstung beladen sind, geht es darin ziemlich eng zu.

Für die Teams des 2/7th SFG würde es eine hektische Flugnacht werden. Das 160th SOAR hatte noch weitere Maschinen in JRTC 99-1 eingebracht, darunter die größeren MH-47K-*Chinook*-Transporthubschrauber mit ihren zwei Rotoren, die noch zu einem späteren Zeitpunkt des Zyklus gebraucht wurden. Über das Absetzen des ODA 745 in Camp Shelby hinaus sollten auch noch SR001 und SR002 von MC-130 der USAF mit dem Fallschirm über der »Box« abgesetzt werden. Die erste Aufgabe für SR002 bestand mittlerweile darin, Kontakt mit den Überlebenden von CA001 aufzunehmen und sie zu befragen.

Gleich außerhalb der nördlichen Umzäunung der FOB 72 waren zwei Landeplätze angelegt worden. Dort traf ich mich mit dem Koordinationsoffizier des SOAR, der mir eine schnelle Sicherheitseinweisung gab und mir erklärte, wie die NVGs benutzt wurden (ausgezeichnete Geräte des Typs PVS-7B mit einer hervorragenden Auflösung, wenn sie richtig eingestellt waren).

Präzise um 21 Uhr schwangen die beiden MH-60 von Norden kommend herein und setzten auf den beiden Streifen der LZ auf. Kaum waren die Maschinen abgestellt, sprangen die Crews aus den Hubschraubern und die Bodenmannschaften begannen mit dem Nachtanken aus herangefahrenen Tanklastzügen. Während all das noch lief, marschierte Captain Greg schon mit seinem Team vom Aufenthaltsraum herüber. In seiner Begleitung befanden sich auch Lieutenant Colonel Smith und einige Offiziere aus dessen Stab. Nachdem alles im Kreis Aufstellung genommen hatte, hielten die Crews der beiden SOAR-Hubschrauber eine kurze Einweisung vor dem Start ab und erläuterten den Ladeplan:

Fünf Soldaten vom ODA 745 (das A-Team) würden in der Führungsmaschine mitfliegen (wo auch ich mit von der Partie sein sollte), weitere vier (das B-Team) würden in die zweite Maschine steigen. Jeder Mann trug einen gut 40 kg schweren Rucksack, sein Lasten-Tragegeschirr und Waffen. Es würde hübsch eng werden, mit wenig Platz, um einmal die

Beine ausstrecken zu können.[124] Ich wurde praktisch mit dem Schuhlöffel in einen engen Springersitz unmittelbar hinter dem Cockpit gezwängt, den ich für die kommenden vier Stunden auch nicht wieder verlassen würde – so lange dauerte der Flug nach Fort Shelby und der anschließende Rückflug zum Auftankplatz. Es war zwar alles andere als komfortabel, aber andererseits würde es sicherlich nicht langweilig werden.

Gegen 22 Uhr waren die beiden Vögel voll aufgetankt, alle Mann und sämtliche Ausrüstung befanden sich an Bord und die Maschinen wurden angelassen. Wir warteten noch kurz auf die Startfreigabe vom Fort Polk Army Airfield, dann hoben die beiden schwer beladenen Hubschrauber vom Boden ab und nahmen Kurs Ost in den Nachthimmel hinein.

An Bord des führenden Hubschraubers wurden die ersten Minuten damit verbracht, die Instrumente, Funkgeräte, Displays und anderen Komponenten der Flugsteuerung einzujustieren, bis die Flugbesatzung zufrieden war. Die fünf Soldaten des A-Teams hinter mir versuchten noch eine Runde zu schlafen.

Es war ein wundervoller Abend für einen Flug – kühl, trocken und hell. Ein gewaltiger Vollmond tauchte rechts voraus in der Windschutzscheibe auf, ringsherum leuchteten die Sterne und die Lichter am Boden. Die Flugbesatzung hatte die Maschine schließlich auf ihren Kurs in Richtung Osten eingesteuert und wir flogen mit 120 Knoten Geschwindigkeit (knapp über 220 km/h) in einer Höhe von 1 500 Fuß[125] über Grund dahin.

Die »Nightstalker« verfügen über beeindruckende Fähigkeiten für das Eindringen im Tiefflug bei Nacht und unter schlechten Witterungsbedingungen. Die Führungsabläufe für den Nachtflug liefen sowohl im Cockpit wie auch bei der Crew geradezu unglaublich glatt ab. Obwohl die Flugbedingungen an jenem Abend wirklich ausgezeichnet waren, verhielt sich jeder an Bord so, als müssten wir durch Nebel fliegen, der dick wie Erbsensuppe war.

Vorne lösten sich Pilot und Co-Pilot kontinuierlich in ihren Aufgaben ab. Immer einer übernahm für 20 bis 25 Minuten die Steuerung und übergab danach an den anderen. Der Pilot, der gerade nicht die Steuerungseinrichtungen der Maschine hatte, kümmerte sich um die Überwachung der Flugsysteme, behielt die Navigationssysteme im Auge und achtete auf den Abstand zwischen den beiden in Formation dahinfliegenden Hubschraubern. Diese Routine war eingeführt worden, um Schwindelanfällen und Ermüdungserscheinungen vorzubeugen, die einen praktisch ohne Vorwarnung überfallen können, wenn man nicht aufpasst.

---

124 Die Sitze in den *Blackhawks* sind so konstruiert, dass sie den Passagieren optimalen Schutz bei Abstürzen bieten. Wenn es aber in Kampfeinsätze geht, bauen die SF-Männer sie gewöhnlich aus, damit sie bei den teilweise recht lange dauernden Infiltrationsflügen mehr Platz haben und noch ein wenig Ruhe finden können. Während JRTC 99-1 hatte das 160th SOAR die Sitze jedoch aus Sicherheitsgründen an ihren Plätzen belassen (wie immer bei Übungen, die in den Vereinigten Staaten stattfinden).

125 457,5 m. Flughöhen werden üblicherweise in Fuß angegeben. Ähnliches gilt auch für die Geschwindigkeit von Flugzeugen. Hier wird nach wie vor die Angabe in Knoten (1nm/h = 1,852 km/h) verwendet. (Anm. d. Ü.)

Der Pilot an der Steuerung trug spezielle NVGs, die auf die Beleuchtung des Cockpits abgestimmt waren. So verfügte der Pilot selbst unter schwachen Lichtbedingungen immer über eine hervorragende Auflösung seines Sichtbereichs. An jenem Abend war das Licht draußen derart hell, dass es die NVGs teilweise »auswusch«, was dazu führte, dass die Piloten hin und wieder die Geräte absetzen mussten und mit dem bloßen Auge die Landmarken am Boden überprüften.

Die ganze Zeit über hatte jeder an Bord (nicht nur die Piloten) die Aufgabe, nach Telefon- und Strom-Überlandleitungen Ausschau zu halten, da sie für Hubschrauber die gefährlichsten Hindernisse auf nächtlichen Tiefflügen darstellen. Zwar sind die Leitungen auf sämtlichen Karten verzeichnet, doch wir hatten trotzdem die Pflicht, sofort »Leitungen!« zu brüllen, sobald wir welche erspähten.

Nach etwa einer Stunde konnte ich die hellen Lichter von Baton Rouge gerade eben im Süden erkennen und auf der rechten Seite etliche Chemiefabriken und Raffinerien, welche hier die Ufer des Mississippi säumen. Eine halbe Stunde später überflogen wir die Grenze zwischen den Bundesstaaten Louisiana und Mississippi und drangen damit in »verweigertes Territorium« ein. Aus dem Blickwinkel der Übung betrachtet, hatten wir damit den Luftraum Atlanticas verletzt. Im Klartext: Der Krieg hatte für uns soeben begonnen.

Die Flugbesatzungen der Hubschrauber dunkelten sofort die Positionsleuchten ab und gingen auf eine Flughöhe von 500 Fuß über Grund hinunter. Von jetzt an flogen sie unter Realbedingungen, die bis ins kleinste Detail eine Gefechtsinfiltration in eine »heiße« Landezone simulierten. Von Zeit zu Zeit stiegen wir kurz, um uns von einer Strom- oder Telefon-Überlandleitung freizuhalten, sackten aber gleich danach wieder auf unsere alte niedrige Flughöhe zurück. Auf diese Weise flogen wir eine weitere halbe Stunde, bis wir in die JSOA »Snake« (Camp Shelby) kamen, wo wir noch einmal ein ganzes Stück tiefer gingen.

Jetzt nutzten die Flugbesatzungen Hügel und andere Geländemerkmale, um einer möglichen Entdeckung und Abwehraktionen der Feinde entgehen zu können. Das dauerte noch einmal eine Viertelstunde.

Am 8. Oktober um 0 Uhr 13 kam die für die Einschleusung vorgesehene LZ in Sicht – etwa einen Kilometer lang und 100 Meter breit. Augenblicke später wurden auch schon die seitlichen Einstiegsluken aufgeschoben und die Soldaten trafen ihre letzten Vorbereitungen zum Ausstieg. Die Schützen besetzten ihre Minikanonen und waren gleich darauf bereit, ihre (simulierte) Munition vom Kaliber 7,62 mm auf jeden Unglücklichen herabregnen zu lassen, der uns erfasst hatte. Der Crew-Chief rief dem A-Team »30 Sekunden« zu, und schon zog der *Blackhawk* hoch und ging drastisch mit der Fluggeschwindigkeit herunter.

Die Landezone (als »Angus« bezeichnet) war mit hohem Gras bewachsen und von den jüngsten Regenfällen total aufgeweicht. Klugerweise hatten sich die Piloten der beiden *Blackhawks* dagegen entschieden, vollständig aufzusetzen (damit sich die Kufen nicht im Matsch festsaugen konnten). So gingen sie für weniger als 20 Sekunden in den Schwebeflug, während die Soldaten ihre Bündel mit Ausrüstung hinausstießen und dann selbst absprangen. Ich konnte das Platschen der Rucksäcke, wenn diese auf dem Boden aufkamen, ebenso deutlich hören wie die Flüche von Captain Greg und seinen Männern, als sie in das knöcheltiefe Wasser sackten. Und dann waren sie auch schon verschwunden – Marschrichtung West, nach Louisiana.

Da die Seitentüren offen geblieben waren, wurde es verdammt kalt im Crewabteil und ich hatte nicht genügend Bewegungsspielraum, um meine lederne Fliegerjacke anzuziehen. So blieb mir während der Dreiviertelstunde, die verging, bis die Hubschrauber wieder aus Mississippi heraus waren und ihren Auftankplatz erreicht hatten, nichts anderes übrig, als vor mich hin zu zittern. Der Auftankplatz entpuppte sich als kleines Flugfeld in der Nähe von Hammond in Louisiana, wo wir schließlich um 1 Uhr landeten. Drei Stunden Flug lösten sofort mit dem Aufsetzen eine wahre Stampede in Richtung der Toiletten und Kaffeeautomaten aus. Um 2 Uhr waren beide Vögel wieder aufgetankt und alle Mann wieder an Bord, bereit für den zweistündigen Flug zurück zur Barksdale AFB.

Dieser gewaltige Bomberstützpunkt (Heimatstützpunkt der 8. US-amerikanischen Luftflotte [8th Air Force] und des 2nd Bombardment Wing [2. Bombergeschwader], das Maschinen des Typs B-52H *Stratofortress* fliegt) kam gegen 4 Uhr in Sicht. Der Landepunkt, den die Chopper vom 160th zugewiesen bekommen hatten, lag genau zwischen zwei Staffeln mit B-52 auf der Abstellfläche. Eine der beiden hatte offensichtlich noch bis spät in diese Nacht zu tun. Die Spannungen mit dem Irak waren wieder stärker geworden und sechs dieser mächtigen Bomber, die bereits mit aus der Luft zu startenden Cruise-Missiles bestückt waren, sollten in Kürze abheben und nach Diego Garcia im Indischen Ozean starten. (Diese Bomber und ihre Crews nahmen kaum drei Monate später an der Operation Desert Fox [Wüstenfuchs] gegen den Irak teil.)

Aber jetzt war es erst einmal Zeit, ein wenig auszuruhen. Als die Rotoren zum Stillstand gekommen waren, sammelte ich meinen Helm und die Tragetasche ein und schaute mich um nach Major McCollum, der bereits an einer Ecke der Abstellfläche auf mich wartete.

Er hatte für uns Räume im Motel der Barksdale AFB organisiert. Dort schliefen wir durch bis zum Mittag und fuhren am Nachmittag nach Fort Polk zurück.

Als wir ankamen, hatte das ODA 745 bereits Kontakt mit der FOB aufgenommen und gemeldet, dass es einen geeigneten Platz für das MSS gefunden und seine Trinkwasserbestände zum ersten Mal ergänzt hatte. Wie es aussah, kam DA001 gut aus den Startlöchern.

Laut Terminplan sollte der »Hit« am Abend des folgenden Tages, des 9. Oktober, stattfinden.

Freitag, 9. Oktober – Fort Polk

Auch dieser Tag dämmerte hell und klar – optimale Bedingungen für die gut 450 Kilometer lange Fahrt nach Camp Shelby, die Major McCollum und mich erwartete. Doch bevor wir endgültig losfuhren, legten wir noch einmal einen kurzen Zwischenstopp bei der Einsatzzentrale der FOB ein, um uns ein Bild vom Stand der Dinge bei DA001 und den anderen Missionen zu machen. Nach dem Massaker an CA001 war die Gruppe vielleicht noch angespannter als zuvor. Die Lektion, die man zwei Tage zuvor hatte hinnehmen müssen, stand allen noch viel zu frisch vor Augen. Auf unserem Weg zu einem Treffen mit Lieutenant Colonel Smith blieben wir kurz am CA-Schreibtisch stehen, um ein paar Worte mit der einzigen Überlebenden des »Gemetzels« von Carnis, einer CA-Soldatin, zu wechseln. Sie bestätigte genau das, was ich schon vermutet hatte: Das Team war ganz schön nervös geworden, weil es so lange draußen in der »Box« auf sich gestellt war. Es hatte keinerlei Anzeichen für Aktivitäten der CLF oder PRA gegeben, bis dann das Feuer aus automatischen Waffen eröffnet wurde. In der Zwischenzeit, so berichtete sie uns, seien Aufklärungselemente der 1/10th Mountain in die »Box« eingedrungen, und alles schien so weit unter Kontrolle zu sein. Die Überlebenden der CA-Abteilung blieben immer in der Nähe der FOB, hatten aber im Grunde ihre Operationen eingestellt, bis das Opfer-/Evakuierungssystem des JRTC ihre »toten« und »verwundeten« Kameraden wieder für Aktionen freigab.

Ein kurzer Blick noch auf DA001: Das ODA 745 hatte für den »Hit«, der am Abend stattfinden sollte, seine Positionen bezogen und befand sich jetzt auf der Suche nach guten Feuerstellungen. Für Major McCollum und mich bedeutete dies, dass es höchste Zeit wurde, uns dorthin auf den Weg zu machen, wenn wir die Sache noch mitbekommen wollten. Nachdem wir unsere Kampfanzüge angezogen und unsere Feldausrüstungen zusammengepackt hatten, sprangen wir ins Auto und machten es uns für eine sechsstündige Reise bequem.

Etwa um die Mitte des Nachmittags überquerten wir bei Natchez den Mississippi und fuhren weiter in Richtung Hattiesburg (wo sich der Campus der University of Southern Mississippi befindet). Darüber hinaus ist Hattiesburg auch die »Stadt draußen vor dem Tor« für Camp Shelby.

Der Posten gehört zu den vielen, die Anfang der 90er-Jahre als Resultat des Programms Base Reduction and Closing (BRAC)[126] einer »Neuordnung« unterzogen wurden. Unter BRAC wurde Camp Shelby zu einem Stützpunkt für die Einheiten der Mississippi National Guard und Army Reserve und wurde auch für bestimmte Ausbildungsprojekte freigegeben. Eine dieser neuen Aufgaben war, als Satelliten-Ausbildungseinrichtung für das JRTC zu dienen, das sich heute der weiten Räume und des vielfältigen Terrains für die unterschiedlichsten Arten von Missionen bedient.

Gegen 18 Uhr kamen wir an und machten uns gleich auf den Weg zum Stab der Range Control Group[127], der sich am Südende des Stützpunktes

126 Ein von der US-Regierung initiiertes Programm, bei dem über die Umstrukturierung und den Abbau von Stützpunkten aller Teilstreitkräfte befunden wurde. (Anm. d. Ü.)

127 Die RCGs, die Range Control Groups, sind auf die Führung und Instandhaltung von Übungsgeländen spezialisierte Einheiten in den jeweiligen Einrichtungen von U.S. Army, USMC usw. (Anm. d. Ü.)

befand. Von dort wurden wir zu einer kleinen Quonset-Hütte in der Nähe geschickt, wo ein Team des Geländepersonals von SOTD und JRTC gerade auf dem Weg zum Schießgelände für scharfe Munition war, um dort die Vorbereitung der Zielgruppen für die in dieser Nacht anstehenden Aktivitäten abzuschließen. Der Führer dieser Gruppe war Major Tim Fitzgerald, von seinen Freunden nur kurz »Fitz« genannt.

Bei dem geplanten »Hit« des ODA 745 würde scharfe Munition zum Einsatz kommen, was immer mit Risiken verbunden ist. Aber echten »Stahl ins Ziel« zu bringen ist und bleibt nun einmal der Maßstab einer Scharfschützenmission. So kann es später keine Dispute geben. Nebenbei bemerkt, vermitteln Platzpatronen den Männern mit den Augen am Visier und dem Finger am Abzug niemals das gleiche Gefühl wie echte Patronen.

Major Fitzgerald brachte uns in einem HMMWV zum Zielgebiet. Hier hatten seine Leute von der Betriebseinheit für das Übungsgelände eine alte Hütte in ein höchst raffiniertes Ziel verwandelt. Im Innenraum hatte man eine Schaufensterpuppe als Major Raul Benitiz dekoriert. Der Benitiz-Dummy war auf einem Gerät montiert, das den Einschlag einer Kugel registrierte und bei einem Treffer nach hinten in Richtung Boden schwingen würde (wie ein echter Körper auch reagieren würde). Um den Scharfschützenteams ein erkennbares Ziel zu liefern, hatte man eine 60 Watt starke Glühbirne an der Decke befestigt – alles würde so aussehen, als säße Benitiz beim Lesen.

Zwischenzeitlich war noch eine zweite Schaufensterpuppe auf ein Wagensystem gehängt worden, das zu einer »Mörser-Stellung« in einigen Metern Entfernung verlief. Dort gab es auch einige Maschinengewehrnester, die Benitiz' Leibwache darstellen sollten.

All diese Simulatoren waren mit ferngesteuerten pyrotechnischen (Feuerwerks-) Geräten verbunden. Sobald die Scharfschützen ihre Schüsse abgegeben hatten, würden sie eine stürmische Antwort bekommen.

Als es dunkel wurde, fuhren wir im HMMWV ein paar hundert Meter weiter nach Nordosten und parkten hinter einem aufgegebenen Munitionsbunker. Anschließend kletterten wir an den grasbewachsenen Seiten empor und setzten uns neben den Bediener der ferngesteuerten Feuerwerksladungen. Eine zweistündige Wartezeit folgte.

Während wir unsere MREs verzehrten, zeigten Fitz und sein Team aus O/Cs und Geländearbeitern uns eine Karte des Gebietes und wiesen uns auf das MSS und die Infiltrationsrouten auf das Zielgebiet hin. Das Team, das den »Hit« ausführen würde, befand sich schon seit Stunden in diesem Gebiet und war im Versteck für uns unsichtbar. Tatsächlich mussten wir sogar davon ausgehen, dass Captain Greg und seine Soldaten uns die ganze Zeit über beobachtet hatte, während wir um die Zielhütte herumschnüffelten – ein weiterer Grund dafür, weshalb jeder von uns, der als O/C ausgewiesen war, die weiche Feldmütze auf dem Kopf und Tarnfarben im Gesicht trug. So konnten uns alle, die »im Spiel« waren, von Soldaten der OpFor unterscheiden, die in der Gegend patrouillierten.

Um 20 Uhr 30 war es schließlich ganz dunkel.

Ein Rüstmechaniker des JRTC bereitet in Camp Shelby, Mississippi, eine Schaufensterpuppe für das ODA 745 vor. Sie soll einen feindlichen Spezialisten für chemische Waffen namens Major Benitiz simulieren.
JOHN D. GRESHAM

Als Major Fitzgerald uns die PVS-7B NVGs überreichte, bat er sich für den Rest der Operation absolute Ruhe aus. Er würde uns schon ein Zeichen geben, wenn sich irgendetwas tat.

Das erste Zeichen dafür, dass das ODA 745 sich seinem Ziel näherte, kam, als Captain Greg mit Sergeant Louis (seinem M249-SAW-Schützen) leise hinter uns auf den Bunker kletterte und die beiden dann rund 75 Meter vor uns damit begannen, die Abriegelungsstellung einzurichten. Wenige Augenblicke später traten die Scharfschützenteams aus dem Waldrand im Nordwesten und nahmen ihre Positionen ein.

Bevor ich mit der Schilderung fortfahre, sollte ich vielleicht die Organisation des ODA 745 für den »Hit« genauer darstellen. Die nachfolgende Tabelle zeigt die Aufgabenverteilung auf die einzelnen Mitglieder des Teams:

ODA 745 Funktion	**zugewiesene Soldaten**
Abriegelungsposition	Captain Greg (Kommandeur) und Sergeant Louis (M249-Schütze)
Scharfschützenteam 1	Sergeant Sean (Scharfschütze) und Sergeant Jim (Späher)
Scharfschützenteam 2	Sergeant Shannon (Scharfschütze) und Sergeant Glenn (Späher)
MSS-Team	Sergeant Charlie (Team Sergeant), Sergeant John (Fernmelder) und Sergeant Brandon (Sanitäter)

Die vier Elemente war ihren Aufgaben entsprechend organisiert: Die beiden Scharfschützenteams und das Element für die Abriegelungsstellung stießen weit vor, um den »Hit« auszuführen, während das MSS-Team hinten blieb. Dem MSS-Team fiel die Aufgabe zu, die Kommunikation zur FOB aufrechtzuerhalten und die Sicherheit auf der Ausschleusungsroute aus der Tötungszone zu gewährleisten. Es gab in diesem Plan nur wenig Rückabsicherungen. Lediglich sechs Mann arbeiteten in einem Gebiet von einigen Hektar Größe, das außerdem auch noch waldreich und überwiegend grasbewachsen war. Die Dunkelheit und der Bewuchs sollten eigentlich ausreichen, die Elemente des ODA 745 vor einer Entdeckung durch die Patrouillen der OpFor zu bewahren.[128] Und im Übrigen vermutete man, dass die OpFor nicht mit NVGs ausgerüstet sein würden.

Das Zeitfenster für den Schuss öffnete sich um 20 Uhr 30 und schloss sich wieder um 21 Uhr 30. Als der Zeitpunkt näher rückte, kämmte Major Fitzgerald rigoros die Funkfrequenzen durch, um sicherzustellen, dass das Team freies Gelände und ein offenes Schussfeld antreffen würde. Um 20 Uhr 15 waren alle drei Teams in Position.

Der Bunker und die Straße direkt vor uns mündeten in eine weitläufige Wiese mit der Hütte rund 500 Meter weiter vorn. Die Abriegelungsstellung von Captain Greg war im Unterholz verborgen und lag etwa 300 Meter vom eigentlichen Ziel entfernt. Zwischenzeitlich waren die Scharfschützenteams vom Wald zu unserer Rechten auf die Wiese geschlichen, dabei hatten sie darauf geachtet, einen Trennwinkel von mindestens 15° zwischen den Teams und dem Ziel einzuhalten. Im Klartext hieß das, der Schuss von Team 1 würde in einem Winkel von 45° zur Frontlinie durch das Fenster der Hütte schlagen. Team 2 lag mit 30° Abweichung zum optimalen Schuss direkt von vorn etwas günstiger.

Die Sicht war ausgezeichnet (keinerlei Bodennebel oder Dunst), es herrschte so gut wie keinerlei Querwindeinfluss und die Bodenbedeckung vor der Hütte war dichter als am Abhang bei der Straße. Damit hatte das Scharfschützenteam 1 Deckung und aus 275 m ein gutes Schussfeld auf sein Ziel.[129] Das Scharfschützenteam 2 würde aus etwa der gleichen Entfernung feuern. Zwar würde der große Winkel des Schussfeldes die Schwierigkeit erhöhen, aber die kurze Entfernung glich das wieder aus.

Doch wie es der Zufall so will – die Gelände-Kontrolloffiziere befahlen genau in dem Augenblick, als sich das Zeitfenster für den Schuss öffnete, »das Ganze halt«, weil ein ziviler Rettungshubschrauber, der nach einem

---

128 Im Laufe der Planungen hatte man beim ODA 745 zunächst daran gedacht, während des »Hits« die so genannten »Gilly Suits« zu tragen: Tarncapes, die so konstruiert sind, dass ihr Träger praktisch mit der Umgebung verschmilzt. Obwohl spätere Analysen darauf hinwiesen, dass sie möglicherweise hilfreich gewesen wären, entschied man sich dagegen, weil sie schwer und unhandlich sind (außerdem kann es darunter ziemlich warm werden).

129 Für Scharfschützen ist es enorm wichtig, die richtige Entfernung zum Ziel zu erfassen, ohne dabei Laser- oder andere aktive Entfernungsmesssysteme einzusetzen. Dies erfordert ein hohes Maß an Kenntnissen über die Bewegung im Feld.

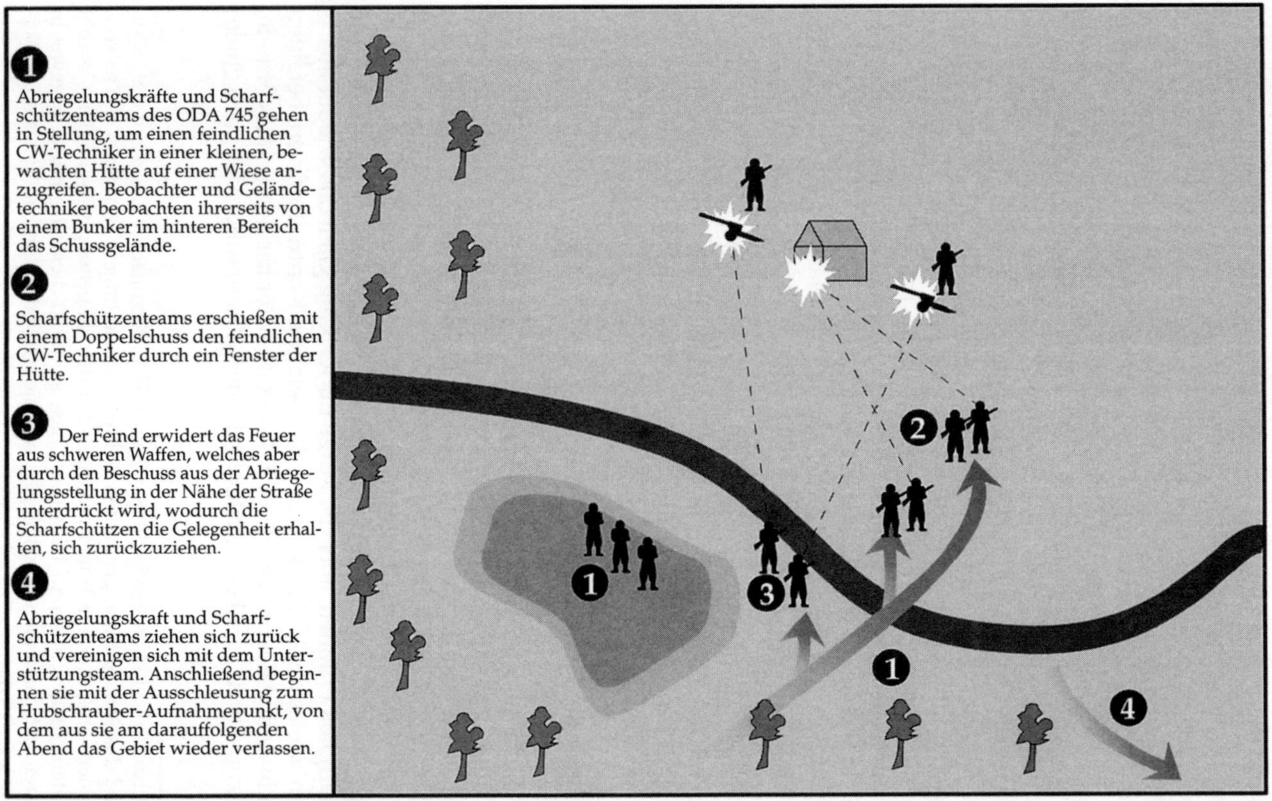

Karte des »Hits«, den das ODA 745 in Camp Shelby, Mississippi, auf Major Benitiz ausführte.

Rubicon. Inc., von Laura DeNinno

Autounfall einige Kilometer entfernt angefordert worden war, das Gebiet überfliegen musste. Bei der Verwendung scharfer Munition bestand die Gefahr, dass ein Querschläger nach oben abgelenkt wurde und dort den Hubschrauber traf (was weniger unwahrscheinlich ist, als es vielleicht klingt).

Captain Greg nutzte die Verzögerung, um noch einmal zu überprüfen, wo seine Scharfschützenteams in Stellung gegangen waren. Jedes Mitglied des ODA 745 war mit speziellen Multifunktions-Stroboskoplampen ausgestattet, die so eingestellt werden konnten, dass sie nur gerichtetes pulsierendes Infrarotlicht abstrahlten. Diese Lichtimpulse sind für das bloße menschliche Auge nicht sichtbar, doch für Benutzer von NVGs oder FLIRs erstrahlen sie in nicht zu übersehender Helligkeit. Greg befahl seinen Teams, ihre Positionen mit den IR-Stroboskopen anzuzeigen, damit auch die letzte Möglichkeit ausgeschlossen wurde, dass ein verirrtes Geschoss aus seiner Stellung irgendjemanden aus den Scharfschützenteams treffen konnte.

Um 20 Uhr 45 wurde die Auszeit durch die Range Control Group wieder aufgehoben und der harte Teil von DA001 kam endgültig in Gang: das Ziel zu erschießen und sich aus dem Staub zu machen. Die Sergeants Jim und Glenn nahmen die Arbeit mit ihren Späherferngläsern auf und visierten Major Benitiz im dämmrigen Licht der Hütte an.

Es ist ein Lehrsatz im Scharfschützengeschäft, dass Schüsse aus einer Distanz von weniger als 500 Metern eine leichte Aufgabe sind. Doch bevor das missverstanden wird: Ein manngroßes Ziel über eine Entfernung von gut einem halben Kilometer zu treffen ist alles andere als *leicht*. Allerdings kann ein fähiger Schütze das relativ leicht erlernen. Der eigentlich harte Teil – und dessen waren sich die beiden erfahrenen Scharfschützen voll und ganz bewusst – bestand nicht darin, das Ziel zu treffen, sondern es vielmehr optisch aufzufassen. Das war auch der Grund, weshalb sie sich entschieden hatten, als Späher zu fungieren: So konnten sie die beiden Sergeants Shannon und Sean an ihren M24 besser auf das Ziel einweisen.

Schließlich gaben Major Fitzgerald und Captain Greg den beiden Scharfschützenteams grünes Licht. Auf einmal schien die Zeit nur noch im Schneckentempo zu vergehen. Die Funkgeräte verstummten, wir hörten und sahen nicht mehr das Geringste. Nach einer Zeit, die uns wie Stunden vorkam (dabei waren es gerade einmal vier Minuten gewesen), meldeten die Späher über Sprechfunk, dass sie bereit seien. Captain Greg erteilte die Freigabe für den »Hit« und auf einmal ging alles wieder rasend schnell.

Obwohl die Sergeants Shannon und Sean das Ziel nicht in ihren Zielfernrohren ausmachen konnten (dafür war das vorhandene Licht einfach zu schwach), führten die Späher sie doch ganz sorgfältig auf das Ziel. Im Grunde zielten sie auf einen speziellen dunklen Fleck auf der Fensterscheibe, der für sie Major Benitiz repräsentierte.

Weiter hinten auf dem Bunker hörten wir dann zweimal das Krachen der M24-Scharfschützengewehre Kaliber 7,62 mm. Die Schüsse fielen in einem Abstand von einer Sekunde. Zweimal durch ein Fenster zu schießen, hinter dem sich das Ziel befindet, ist ein uralter Scharfschützentrick. Die erste Kugel zerschmettert die Glasscheibe und trifft vielleicht sogar auch noch das Ziel. Die zweite Kugel kann dann nicht mehr durch das Fensterglas abgelenkt werden und fliegt sicher ins Ziel. Und genau das hatten Shannon und Sean getan. Die erste Kugel vom Scharfschützenteam 1 flog in Richtung des sechssprossigen Fensters, durchbrach das Segment unten rechts, wurde durch den Einschlag leicht abgelenkt und trat in den unteren Abdominalbereich von Major Benitiz ein (genau gesagt in seine Leber, wenn es sich um einen wirklichen Menschen gehandelt hätte). Die zweite Kugel vom Kaliber 7,62 mm flog noch präziser. Nachdem sie das Loch passiert hatte, das die erste Kugel geschlagen hatte, traf sie den linken unteren Brustbereich von Major Benitiz. Hätte es sich um eine reale Situation gehandelt, hätte dieser Schuss alle Blutgefäße unterhalb des Herzens zerrissen. Auf jeden Fall hätten beide Kugeln ausgereicht, ein menschliches Opfer zu töten.

Major Raul Benitiz von den CLF wurde offiziell für »tot« erklärt.

Die beiden Scharfschützenteams hatte ausgezeichnete Arbeit geleistet. Jetzt mussten sie nur noch sehen, dass sie so schnell wie möglich fortkamen.

Und das war leichter gesagt, als getan.

Kaum hatten die Kugeln der Scharfschützen ihr Ziel gefunden, drückte der Range Control Operator, der die pyrotechnischen Geräte steuerte, auf seine Knöpfe und binnen Sekunden eröffneten zwei (simulierte) Maschinengewehrnester das Feuer. Gleichzeitig brachen die Mörsergranaten-Simulatoren am Waldrand zu unserer Rechten los. Die lagen zwar noch ein gutes Stück hinter den Scharfschützen, aber sie beharkten genau den Bereich, den die Teams in Kürze passieren mussten. Das war genau der Grund, weshalb die Abriegelungsstellung eingerichtet worden war. Sergeant Louis eröffnete sofort aus seinem M249 SAW das Feuer auf die feindlichen Stellungen und Captain Greg fiel mit seinem Karabiner M4 in den Beschuss ein. Alles in allem pumpten die beiden etwa 860 Schuss Kaliber 5,56 mm in die Maschinengewehrnester und die Mörserstellung. Das verschaffte den Scharfschützenteams die nötige Zeit, ihre Ausrüstung zusammenzupacken und sich auf ihrem Fluchtweg abzusetzen.

Danach verließen auch Greg und Louis ihre Abriegelungsstellung und folgten ihnen zum Sammelpunkt – an der Ecke des Bunkers mit der Antenne.

Eine halbe Stunde später versammelten auch wir, die wir auf dem Bunker gewesen waren, uns dort während einer künstlich eingelegten Übungsunterbrechung, bei der die Mitglieder des Teams ihre Waffen sicherten und die restliche scharfe Munition abgaben. Alle trugen immer noch ihre PVS-7B NVGs. Die Hitze, die der Lauf des M249 SAW abstrahlte, ließ es hellgrün im Sichtfeld leuchten.

Die sechs Jungs vom ODA 745 waren immer noch dabei, ihren Adrenalinrausch abzubauen, und hätten sich liebend gern unterhalten. Doch die Zeit war jetzt knapp geworden und sobald sie ihre Waffen wieder mit Platzpatronen geladen hatten, rückten sie zum MSS ab. Leise verschmolzen sie mit der Nacht und waren verschwunden.

Major Fitzgerald sammelte Major McCollum und mich ein und wir machten uns auf den Weg zu meinem Leihwagen. Es standen uns sechs Stunden Fahrt nach Fort Polk bevor.

Samstag, 10. Oktober – Fort Polk

Ich schlief bis zum Mittag, und der Nachmittag war bereits zur Hälfte um, bevor ich zur FOB 72 hinüber ging, um mich zu informieren, wie es um das ODA 745 bestellt war.

Nach dem »Hit« hatten es alle geschafft, sicher zurück in ihr Versteck zu gelangen. Sobald es dunkel war, würden sie zum Ausschleusungsplatz vordringen – eine weitere Wiesen-LZ, ganz ähnlich der, auf der sie zwei Nächte zuvor gelandet waren. Dort sollten sie gegen 22 Uhr 30 von zwei MH-60L des 160th SOAR aufgenommen und auf direktem Wege zur LZ an der FOB 72 geflogen werden, wo dann gleich anschließend das Debriefing (zu dem man auch mich eingeladen hatte) stattfinden würde.

Unterdessen schienen die anderen Missionen ganz gut zu laufen.

Die große Neuigkeit war die erhebliche Verstärkung des 160th SOAR auf der Barksdale AFB. Dort standen inzwischen vier Hubschrauber des Typs MH-60L, zwei MH-60K und ein MH-47K. Diese Flugkapazitäten sollten im Verlauf von JRTC 99-1 noch kräftig ausgeschöpft werden. (Das wurde für die Planung künftiger SOAR-Verwendungen für Feldeinsätze festgehalten.)

Nach einem Abendessen mit dem PAO-Stab des JRTC in Leesville kehrte ich zusammen mit Major Bill Shaw auf das Gelände der FOB 72 zurück, wo ich mich über den Fortschritt des ODA 745 auf den neusten Stand bringen ließ.

Als die beiden MH-60L auf der Ausschleusungs-LZ angekommen waren, wurden sie von einem Maschinengewehr-Trupp der OpFor erwartet, der dort einen Hinterhalt für die Hubschrauber gelegt hatte. Doch die MG-Schützen an den Türen der *Blackhawks* hatten sofort mit ihren sechsläufigen Minikanonen vom Kaliber 7,62 mm das Feuer erwidert und die drei Mitglieder des CLF-Teams auf der Stelle ausgeschaltet. Dann hatten sie auf dem schnellsten Weg das ODA 745 eingeladen, nach Westen abgedreht und den Luftraum Atlanticas verlassen. Der restliche Flug verlief glatt, die beiden Chopper setzten um 1 Uhr 40 auf der LZ der FOB 72 auf. Lieutenant Colonel Smith und ein großer Teil des 2/7th SFG-Stabes waren anwesend, um das ODA 745 zu begrüßen und zum Aufenthaltsraum zu begleiten.

Dort gab man den Männern einige Minuten Zeit, ihre Waffen zu entladen, zu sichern und ihre Rucksäcke zu verstauen, bevor man sich zum Debriefing niedersetzte.

Sonntag, 11. Oktober – Fort Polk

Seit den Lügen von Vietnam sind die Debriefings und Abschlussbesprechungen nach einem Einsatz (After Action Review, AAR) – die aufrichtige Beurteilung von Erfolg oder Misserfolg einer Operation – zu einer unumstößlichen Einrichtung bei der Army geworden.

Selbstverständlich haben die Special Forces ihre eigenen Traditionen und Prozeduren, solche Dinge zu handhaben.

Erschöpft, aber glücklich setzte sich das ODA 745 im Halbkreis vor die Kommandeure und den Stab der FOB 72. Dann wurden Notizbücher und Karten herausgezogen und sie legten ihre Aktivitäten der letzten Tage dar, um Lieutenant Colonel Smith und seinem Stab einen »raschen Überblick« zu verschaffen, auf dessen Grundlage dann ein erster Bericht an die JSOTF (Cortina) und das SOCCE (Cortina) hinausgehen konnte. (Die für später angesetzte AAR würde dann eine formellere und ausführlichere Besprechung der gesamten Mission sein, bei der wirklich alle Aspekte des Einsatzes diskutiert würden.)

Captain Greg und seine Männer hakten die grundsätzlichen Fakten zu dem »Anschlag« auf Major Benitiz und die anschließende Exfiltration zum MSS ab. Dabei erläuterten sie auch ihre Beobachtungen über die OpFor-Aktivitäten in Camp Shelby, die stärker als erwartet gewesen waren. Sie äußerten sogar die Vermutung, dass die OpFor Bluthunde eingesetzt haben könnte, um ihre Spuren zu verfolgen.

Dieser Satz brachte uns Übrige zum Lächeln. Man hatte das Team nicht darüber informiert, dass in der Woche zuvor die Jagdsaison auf Waschbären eröffnet worden war (das war offensichtlich nicht bis in die nachrichtendienstliche Besprechung vor dem Einsatz vorgedrungen). Während DA001 lief, hatten Dutzende von Jägern mit ihren Jagdhunden auf dem öffentlich zugänglichen Teil von Camp Shelby Jagd auf Waschbären gemacht. Für das ODA 745 musste der Eindruck entstanden sein, als würde der ganze Staat Mississippi nach ihm suchen.

Anschließend diskutierte das Team andere Punkte wie die WMD-Aktivitäten der OpFor (tatsächlich hatte das Team keinerlei Anzeichen für Chemie- oder sonstige Massenvernichtungswaffen feststellen können), die Verwendung von IR- und Laserbeleuchtungen zur Koordination während des »Hits« sowie die Probleme, die sich bei der Exfiltration in der Primär-LZ ergeben hatten. Der gesamte Einsatz war mit äußerst mühsamen Fußmärschen durch sumpfiges Gelände verbunden gewesen und etliche Gebiete, von denen man angenommen hatte, sie wären frei, hatten sich als dicht bewachsen erwiesen. Deshalb konnte in der Exfiltrations-LZ auch nur eine MH-60L landen statt der geplanten zwei.

Bedingt durch das Fehlen von WMD-Aktivitäten im Operationsbereich von DA001 wurde dieser Einsatz aus dem Blickwinkel der JTF (Cortina) zu einem vollen Erfolg. Das 1/10th Mountain konnte seinen Einmarsch in die »Box« abschließen und brauchte sich keine Gedanken mehr um Chemiewaffen zu machen.

Nach dem offiziellen Ende des Debriefings hatten Lieutenant Colonel Smith und sein Stab noch einige Fragen. Dann ließen sie die Männer abtreten, damit sie etwas essen und sich anschließend ausruhen konnten.

Damit war auch der Zeitpunkt für mich gekommen, zurück ins Hotel zu fahren. Die AAR sollte laut Terminplan am Abend um 18 Uhr im Kino des SOTD stattfinden, das sich in einer Ecke des FOB-72-Geländes befand. Ich wurde gefragt, ob ich auch daran teilnehmen wolle. (AARs werden bei den SF fast immer in absolut »geschlossener Gesellschaft« abgehalten.)

Selbstverständlich sagte ich ja.

Diese AAR sollte auch meine letzte Aktivität im Rahmen von JRTC 99-1 sein. Danach war es Zeit für mich, dass ich wieder nach Hause kam.

Kurz vor 18 Uhr begleitete mich Paula Schlag vom Büro für Öffentlichkeit am JRTC/Fort Polk zum Kino des SOTD. Wie sich herausstellte, war es mir doch nicht gestattet, an der AAR selbst teilzunehmen (wo ich unter Umständen gestört hätte), doch ich durfte mir die Live-Übertragung im Video-Schnittraum ansehen.

Es wurden viele Punkte angesprochen – und irgendwie ging es durcheinander. Hier ein Beispiel:

Die Diskussion wurde mit Bemerkungen zu der 24-stündigen Verspätung eröffnet, mit der die Mission begonnen hatte. Diese hatte jedoch, wie sich herausstellte, keineswegs eine Unterbrechung bewirkt, sondern dem Team im Gegenteil die Gelegenheit verschafft, sich noch einmal mit der Routenplanung zu befassen, sich mit dem Gelände vertrauter zu machen und einige andere Dinge zu erledigen. Außerdem hatte das Team dank der Verzögerung den dringend benötigten Schlaf nachholen können, so dass die Erschöpfung im Feld nicht so groß war. Darüber hinaus bekam das ODA 745 (das aus fünf verschiedenen Teams zusammengesetzt war) Zeit, Kontakte und eine bessere Arbeitsbeziehung aufzubauen.

Andererseits hatte der Druck auf den Terminplan der Mission die Verfügbarkeit der Hubschrauber vom SOAR bei der Ein- und bei der Ausschleusung beeinträchtigt. Dadurch gerieten die Teams unter einen höheren Zeitdruck, als ihnen lieb war. Sie hätten mehr Zeit für die Beobachtung des Zielgebietes gebraucht. Und obwohl das Feuergefecht in der Aufnahme-LZ zu ihren Gunsten ausgegangen war, hätte es vermieden werden können, wenn sich die Teams langsamer hätten bewegen können und weitere Landezonen verfügbar gewesen wären.

Als Nächstes folgten Kommentare zum Planungszyklus. Einerseits hatte es Probleme gegeben: Die verwendete Software für die Planung der Marschgeschwindigkeiten über Gelände von unterschiedlicher Bodenbeschaffenheit hatte sich als nicht geeignet für die Berücksichtigung von sumpfigem und schlammigem Gelände erwiesen. Andererseits hatten die genauen GPS-Koordinaten eine exakte Ortsplanung erleichtert (zum Beispiel für Verstecke und für Positionen, von denen aus die Scharfschützenteams am besten ihre Schüsse abgeben konnten).

Anschließend ging es darum, dass sie in den MH-60 wie die Sardinen in der Dose eingepfercht worden waren. Mit vier komplett ausgerüsteten SF-Soldaten und dazu noch vier Mann Hubschrauberbesatzung war die

Maschine überfüllt und unbequem. Das Hauptproblem waren die Sitze. Die Jungs wollten keine Sitze, sondern lieber auf ihren Rucksäcken sitzen, dann konnten sie den Vogel auch wesentlich schneller verlassen.

Kurz gesagt, trotz einiger Einschränkungen und »Künstlichkeiten«[130] hatte sich DA001 als hervorragendes Übungsereignis erwiesen. Die Jungs vom ODA 745 hatten ihre Erfahrungen zweifelsfrei genossen und würden ein paar ausgezeichnete Lektionen mit zurück zu ihren Teams nehmen können.

Dazu gehörten unter anderen:

- **MSS Position** – Ein wichtiger Punkt von DA001 war die Entscheidung, die Position für das Versteck tief ins Herz der Sümpfe von Camp Shelby zu legen. Sie waren leicht zu verteidigen, boten genügend Trinkwasser, erwiesen sich darüber hinaus auch noch als hervorragend für Funkübertragungen geeignet und waren (unter Berücksichtigung des Geländes) sogar halbwegs komfortabel. Der Nachteil war, dass eine »Hintertür« fehlte. (Es gab nur einen einzigen Weg hinein und hinaus.) Dennoch war es trotz all der Jäger und Hunde, die dort herumrannten (und eigentlich dort nicht hätten sein sollen, weil sie ein Sicherheitsrisiko darstellten) ein geschützter und sicherer Platz für die Erledigung der Aufgabe.
- **Proben** – Viele der wichtigen Entscheidungen, denen DA001 seinen Erfolg verdankte – wie beispielsweise die Verwendung von zertifizierten Scharfschützen als Späher –, waren die unmittelbaren Resultate von Probeläufen und Tests vor dem Einsatz. Verständlicherweise benötigt eine Mission, die so kompliziert ist wie DA001, so viele Tests und Proben, wie man in die zur Verfügung stehende Zeit nur hineinpacken kann.
- **Kommunikation** – Der Kommunikationsplan von DA001 war ausgezeichnet, ebenso die Ausrüstung, die man für die verschiedenen Phasen der Mission gewählt hatte. Dazu gehörten die SATCOM- und HF-Geräte, über die Verbindung zur FOB 72 gehalten wurde, genauso wie die SABER-Funkgeräte für die »beweglichen« Phasen der Mission und die IR-/Laser-Signalgeräte.
- **Rückmeldung** – Übereinstimmend beurteilten die Mitglieder des ODA 745 die Mission DA001 als einen der anstrengendsten und realistischsten Übungseinsätze, an denen sie je teilgenommen hatten. Empfindungen aus der wirklichen Welt wie Hetze, Isolation und Belastungen waren reichlich vertreten.

130 Unter »Künstlichkeiten« werden Situationen verstanden, die sich in einem Modell oder Kriegsspiel ergeben und ein Resultat bringen, das in der realen Welt so nie vorkäme. (Beispiele hierfür sind die Geländesicherheit oder zeitliche Beschränkungen bei der Nutzung eines bestimmten Geländeabschnitts.) Solche Resultate können durchaus gut oder positiv sein und auch wichtige Lektionen vermitteln. Dennoch sind und bleiben sie letzten Endes künstlich und das müssen sich auch alle Beteiligten klar machen, damit die abschließende Bewertung realistisch ausfällt.

Die Mitglieder des ODA 745 nach ihrem erfolgreichen Einsatz und der Abschlussbesprechung zusammen mit der Schaufensterpuppe, die ihnen als Ziel gedient hatte. Die Puppe wurde von zwei Kugeln der Scharfschützen getroffen, die beide ausgereicht hätten, das Ziel zu »töten«.

John D. Gresham

Nach der AAR machte ich mich auf den Weg zur Einsatzzentrale der FOB 72, um einen letzten Blick auf den Stand der anderen Missionen des 2/7th SFG zu werfen. Viel gab es nicht zu berichten: SR001, SR002, SR003 und DA003 liefen und es schien alles glatt über die Bühne zu gehen. Es gibt eine Art Faustregel im SOF-Geschäft, die besagt, dass alles ziemlich glatt läuft, wenn mehr als 50 Prozent Erfolge gemeldet werden oder positive Informationen eingehen. Mit Ausnahme des Massakers an CA001 schienen die verschiedenen Missionen besser verlaufen zu sein als geplant, was auch den vergleichsweise leichten Einmarsch der 1/10th Mountain in die »Box« des JRTC erklärt.

Das heißt aber nicht, dass es jeder am JRTC leicht hatte. Die Einheiten kommen dorthin, um getestet und examiniert zu werden und nicht um einfach nur in Bewegung zu bleiben. Schon bald sollten die OpFor gegen die 1/10th Mountain zurückschlagen. Sie unternahmen einige ebenso brutale wie wirksame Angriffe auf das TOC der 1/10th Brigade.

Aber das ist eine andere Geschichte.

Für mich war es an der Zeit, nach Hause zu fliegen.

Der Weg nach Westen: NTC 99-02

Im selben Monat, nur kurz nach meinem Besuch im JRTC, war ich schon wieder unterwegs, um ein SF-Bataillon bei seinen turnusmäßigen Übungsgefechten zu beobachten… aber gänzlich anderen Übungsgefechten als jene, die in Fort Polk stattgefunden hatten.

Die Wüste im Westen der Vereinigten Staaten von Amerika ist das extreme Gegenteil zum grünen Flachland Louisianas. Obwohl die Landschaft dort sehr an die Oberfläche des Mars erinnert und der Betrachter nicht unbedingt auf die Idee kommt, dass Amerikaner jemals an so einem Ort kämpfen werden, haben sowohl die Army als auch die Marines dort einige sehr wichtige Lektionen gelernt, die ihnen geholfen haben, 1991 den Bodenkrieg am Persischen Golf zu gewinnen. In dieser Wüste liegen Einrichtungen wie das National Training Center (NTC) von Fort Irwin, das Marine Desert Training Center (MDTC) in Twenty-Nine Palms in Kalifornien und die Yuma Proving Grounds in Arizona. Diese Übungsgelände bieten ausreichenden Raum für die Bewegungen ganzer Brigaden gegen vergleichbar große OpFor-Formationen, ohne dass dadurch die Nachbarn in Barstow oder Palm Springs gestört werden.

Auch hier runden – genau wie am JRTC – SOF-Truppen die Übungsszenarien ab.

Mein erstes Ziel auf dieser Reise war die Wüstenstadt Yuma in Arizona, die rund 480 Kilometer im Südosten von Fort Irwin an der Grenze zwischen Mexiko, Kalifornien und Arizona liegt. Das 1st Battalion, 3rd Special Forces Group (1/3rd SFG) war nach Yuma gekommen, um die 3rd Brigade of the 3rd Infantry Division (Mechanized) bei ihrem turnusmäßigen Besuch von Fort Irwin zu unterstützen.[131]

Das NTC unterscheidet sich auf mannigfache Weise vom JRTC. Zunächst einmal konzentriert man sich am NTC auf traditionelle Übungen großer Panzer- und Panzergrenadier-Verbände, weshalb die Operationen am NTC in der Regel stärker dezentralisiert sind. Das ist auch der Grund, weshalb bei den SOF-Einheiten dort Operationen tief hinter den feindlichen Linien im Vordergrund stehen. Normalerweise sind keine CA-Missionen erforderlich, dafür aber umso mehr DA- und SR-Einsätze. Aus dem gleichen Grund würde das 1/3rd SFG auch sein FOB Hunderte von Kilometern außerhalb der AOR einrichten, in der die konventionellen Truppen ihre Einsätze hatten.

Da die SOF nur an wenigen NTC-Zyklen im Jahr teilnehmen, werden sie durch den gleichen SOTD-Stab verwaltet und verteilt, der diese Pflichten auch am JRTC versieht. Das bedeutete für mich einen weiteren Besuch bei meinen Freunden Lieutenant Colonel Mike Rozsypal, Major Bill Shaw und Major Tim Fitzgerald im Feldeinsatz.

Die Stadt Yuma ist eine elektrisierende Mischung aus altem mexikanischem Charme, Landwirtschaft mit künstlichen Bewässerungsanlagen, militärischer Funktionalität und Fast Food. Da die Stadt in der Nähe des

131 Obwohl die 3rd/3rd Infantry rein technisch gesehen zur 3rd Infantry Division (Mechanized) gehört, die ihren Stützpunkt in Fort Stuart, Georgia, hat, ist sie in Fort Benning, ebenfalls in Georgia, stationiert. So etwas ist heutzutage bei der Army fast schon Alltag. Verschiedene Abteilungen größerer Einheiten können im wahrsten Sinne des Wortes Tausende von Kilometern voneinander getrennt sein.

Colorado River liegt, kann sie auf eine lange Geschichte als Zentrum für Transport und Landwirtschaft zurückblicken, doch die in der Nähe befindlichen Übungs- und Testgelände von gewaltigen Ausmaßen haben sich auch für das amerikanische Militär von unschätzbarem Wert erwiesen. Im Osten der Stadt liegt Chocolate Mountain, wo Navy und Marine Corps ihre Bomben- und Luftkampfgelände für instrumentierte Übungen und Übungen mit scharfer Munition unterhalten. Etwas näher liegt ein großes, U-förmiges Gebiet der Army, das als Yuma Proving Ground, kurz YPG, bekannt ist.

Das YPG-Gelände mit mehr als 3400 Quadratkilometern ist das Testzentrum der Army und anderer Teilstreitkräfte für Wüstengerät. Hier testet man Kampffahrzeuge unter den Bedingungen Höhe, Hitze und Staub. (Die Kampfpanzer des Typs M-1 *Abrams* mussten hier im Jahre 1980 ihre erste Bewährungsprobe bestehen… unter Bedingungen, die denen am Persischen Golf sehr ähnlich waren, wo sie sich dann 1991 noch einmal bewährten.)[132] Hier befindet sich auch ein Artillerie-Übungsgelände, das groß genug ist, selbst Systeme wie die Version Block 1a (mit vergrößerter Reichweite) des Army TACtical Missile System (ATACMS) zu testen. Außerdem ist es die Heimat der JFK Special Warfare Center and School's Military Free Fall School, wo das SOF-Personal mit den ausgefalleneren Formen der Infiltration per Fallschirm vertraut gemacht wird. Alles in allem ist das YPG ein riesiger Sandkasten, in dem alle Spielarten von Ausbildung und Tests durchgezogen werden können… *ohne* dass dabei die Wüstenumgebung über Gebühr belastet wird.[133]

Die Reise nach Yuma ist ganz schön anstrengend. Für mich bestand sie aus einem Transkontinentalflug nach Los Angeles und dann einem Pendlerflug zum Flughafen Yuma. Yuma Airport wird als Zivilflughafen genutzt, hat aber auch Einrichtungen des U.S. Marine Corps auf dem Gelände. Als ich aus der Maschine stieg, schlug mir die Wüstenhitze entgegen, als hätte jemand eine Ofentür geöffnet. In Yuma ist eine Klimaanlage die meiste Zeit des Jahres nahezu unverzichtbar und ohne ein kaltes Getränk bewegt sich hier niemand von einem Ort zum anderen.

Zu meiner Begrüßung hatte sich mein USASOC-Projektoffizier, Major Tom McCollum, eingefunden, der mich anschließend durch NTC 99-02 begleiten würde.

---

132 Vor der Operation Desert Storm (dem eigentlichen Golfkrieg) hatten noch Kritiker prophezeit, die in den USA hergestellten Waffen würden in der Hitze und dem Staub am Persischen Golf versagen. Tatsächlich wurde und wird aber jedes militärische System in Verwendung – Panzer, Hubschrauber, LKWs, Funkgeräte, Gewehre und Computer – am YPG und anderen Einrichtungen getestet. Sie haben *alle* in der Wüste funktioniert. Ein nicht unerheblicher Teil der hohen Kosten für militärische Systeme wird dafür aufgewendet, sicherzustellen, dass sie überall funktionieren, von der Arktis bis zur Sahara.

133 YPG hat einen außergewöhnlich guten Ruf im Umweltschutz. Erst kürzlich hat die Einrichtung den Umweltpreis des Department of the Army für den Stützpunkt mit den besten Leistungen im Umweltschutz bekommen.

Nachdem Tom und ich in dem Hotel am Rande der Stadt, das für die nächsten Tage mein Stützpunkt war, zu Abend gegessen hatten, setzten wir uns zusammen und er informierte mich. Da ich auch jetzt wieder als SOTD-Mitglied laufen würde, wiederholte Tom noch einmal die Regeln für O/Cs, die man mir schon einige Wochen zuvor mitgeteilt hatte. »Vor allem immer viel Wasser trinken!«, schärfte er mir noch ein, bevor er sich für die Nacht verabschiedete.

Mittwoch, 28. Oktober – Yuma Proving Ground, Arizona

Mein erster Tag in der FOB 31 (beim 1/3rd SFG wurde das gleiche Verfahren für die Benennung angewendet wie auch vom 2/7th SFG am JRTC) begann sonnig, klar und heiß … also genau wie angekündigt.

Auf der Fahrt zum östlich der Stadt gelegenen YPG-Stützpunkt bot sich für einen Ostküstenbewohner wie mich ein eher seltener Anblick: ein mit Radar ausgerüsteter erdgebundener Aerostat (das ist ein kleiner, wie ein Blimp[134] geformter Fesselballon), der nach Drogen schmuggelnden Flugzeugen Ausschau halten sollte, die aus Richtung Mexiko anflogen. An der südlichen Grenze der Vereinigten Staaten sind eine ganze Reihe dieser fliegenden Sensoren im Einsatz (allerdings nicht bei schlechten Witterungsbedingungen – aber dann sind in der Regel auch keine Drogenschmuggler unterwegs). Sie haben in der Anti-Drogenkampagne schon gute Dienste geleistet.

Etwas später und ein ganzes Stück weiter östlich stößt man auf ein Flugfeld der Army. Gleich hinter der Free Fall School und dem Gebäude, in dem das Army Aviation Test Directorate untergebracht ist, war ein Zelt- und Wohnwagenlager aufgeschlagen worden. Das war mein Ziel: FOB 31 – deutlich spartanischer, expeditionsmäßiger und provisorischer, als es die FOB 72 gewesen war. Das hier war eine bunte Mischung aus Wohnwagen und großen Zelten, wie sie bei der Army üblicherweise verwendet werden. Aus allen Ecken klang das Dröhnen der Generatoren und Klimaanlagen herüber. Selbst die Zelte waren klimatisiert, da die Teams und anderes Personal darin lebten und den größten Teil ihrer täglichen Arbeiten erledigten. Natürlich war auch die FOB 31 mit der gleichen Art von Barrikaden, Drahtverhauen und Personenabwehrmaßnahmen umgeben, die ich schon bei der FOB 72 kennen gelernt hatte.

Die Stabs- und Einsatzzentrale des 1/3rd SFG war in einem der Wohnwagen untergebracht. Hier ging es spartanischer und weniger Hightech-mäßig zu als bei der 7th SFG, man plante noch mit dem Bleistift. *Selbstverständlich* nehmen auch die Angehörigen der 3rd SFG bei »Downrange«-Einsätzen Laptops, SATCOM-Verbindungen und GPS-Empfänger mit. Es ist nur so, dass sie nicht derart stark auf solches Handwerkszeug angewiesen sind wie andere Gruppen – bei ihren Besprechungen werden wesentlich mehr Papiergrafiken und -karten verwendet und das, was an elektronischen

134 Ein Blimp ist ein Kleinluftschiff ohne feste Rahmen-Unterkonstruktion. (Anm. d. Ü.)

Die Forward Operating Base 31 während NTC 99-02 auf dem Yuma Proving Ground in Arizona. Sie fungierte als Hauptquartier für das 1st Battalion of the 1st Special Forces Group,während dessen Zyklus am National Training Center.

John D. Gresham

Dias für die Besprechungen eingestreut wird, ist auch entschieden weniger »sexy«. Die Schlichtheit ist sicherlich Teil ihres ganz eigenen Stils, andererseits aber auch durch die Erfordernisse ihrer AOR (Afrika) mit bestimmt, die nun einmal zu den technisch am wenigsten entwickelten Regionen der Welt zu rechnen ist. Die Soldaten der 3rd SFG besitzen ein *enormes* Einfühlungsvermögen, was die Eingeborenen in ihrer AOR angeht. Niemals würden sie wie die sprichwörtlichen »hässlichen Amerikaner« auftreten.

Obwohl es im Op-Center der FOB 31 ziemlich beengt zuging, erfüllte es seinen Zweck. Auf dem ganzen Gelände herrschte eine nüchterne Arbeitsatmosphäre. Die SF-Soldaten bewegten sich ohne erkennbare Hast und dennoch zielgerichtet zwischen den Zelten und Wohnwagen, offensichtlich hatten sie permanent die Anfangstermine für ihre Missionen im Auge.

Das Szenario von NTC 99-02 unterschied sich nur unwesentlich von anderen Szenarien für Übungsgefechte, die ich bis dahin erlebt hatte: Die Brigade der 3rd/3rd Infantry (Mech.) würde in das Übungsgelände von Fort Irwin einrücken und dort Gefechte mit der OpFor vom 11th Armored Cavalry Regiment (ACR)[135] austragen. NTC 99-02 würde (einmal mehr) auf einer hypothetischen Insel stattfinden. Sie trug den Namen Tierra Del

135 Beim 11th ACR handelt es sich um die berühmte »Blackhorse Cav«, die den Kalten Krieg damit verbracht hat, in der Bundesrepublik Deutschland über die überaus wichtige Tiefebene von Fulda zu wachen. Nach dem Ende des Konflikts wurde diese Truppe für einige Zeit abgemustert, später jedoch als OpFor am NTC reaktiviert. Darüber hinaus haben sie auch ihre normale Mission als ACR im Falle eines Krieges beibehalten. Weitere Informationen über diese Einheiten finden Sie in einem Buch, das ich mit meinem guten Freund General (i. R.) Fred Franks geschrieben habe: *Into the Storm* (Putnam 1998).

Cartoon des Debriefings beim ODA 745.

OFFIZIELLE GRAFIK DER U.S. ARMY

Diablo (»Teufelsland«) und erstreckte sich (real) über Kalifornien, Nevada, Oregon, Baja California sowie Teile von Arizona und Utah. Tierra Del Diablo gliederte sich (wieder einmal) in drei imaginäre Nationen – Mojave (unsere Freunde), das Königreich Pahrumphia (die Feinde von Mojave) und die Volksrepublik Krasnovia (People's Democratic Republic of Krasnovia, PDRK, die Feinde von allen!)[136]

Für NTC 99-02 hatten die Krasnovianer und Pahrumphianer eine Allianz gebildet und stritten sich mit Mojave um die natürlichen Bodenschätze. Es waren ausgedehnte Uranvorkommen gefunden worden und die neue Krasnovia-Pahrumphia-Konföderation (KPK) wollte die Minen an sich reißen, um durch deren Ausbeutung ihr eigenes Bauprogramm für Massenvernichtungswaffen (in diesem Fall Atomwaffen) zu finanzieren. Die Streitkräfte der KPK waren in die Ressourcengebiete Mojaves eingefallen – in diesem Fall das Gebiet um Fort Irwin. Die 11th Cavalry würde die Rolle der 11. (Mot.) Schützendivision der KPK übernehmen und es mit der Brigade der 3rd Infantry[137] zu tun bekommen. Die Mission des 1/3rd SFG sollte nun darin bestehen, den Einmarsch der US-amerikanischen Brigade nach Fort Irwin zu unterstützen und den Einheiten der alliierten Luftstreitkräfte zu helfen.

Für die Dauer von NTC 99-02 würden die der FOB 31 unterstellten Einheiten von der imaginären Insel Yuma aus operieren, die definitionsgemäß zu Mojave gehörte. Zu den Einheiten zählten:

- **FOB 31** – Das der FOB 31 unterstellte 1/3rd SFG würde die im Rahmen dieses Zyklus angesetzten Missionen ausführen. Ähnlich wie das 2/7th SFG am JRTC brachte das 1/3rd SFG einen Bataillonsstab mit (etwa) einer Kompanie ODAs und anderen Unterstützungseinheiten ein. Diese gliederten sich wie folgt:
  - **HHC/Operational Detachment Charlie (ODC)** – Unter dem Kommando von Lieutenant Colonel James L. (Roy) Dunn, dem Kommandeur des 1/3rd SFG, würde die FOB 31 die Aufgabe haben, eine Vielzahl an Missionen zu planen, vorzubereiten und zu führen, die für das JSOTF (Mojave) und SOCCE (Mojave) durchgeführt werden sollten.
  - **Support Operations Team, Bravo (SOT-B)** – Das 1/3rd hatte auch ein SOT-B-Element mitgebracht, das für die FOB 31 Befehls- und Führungsleistungen im Bereich des militärischen Nachrichtendienstes und Analysen bereitstellen sollte.
  - **SOCCE 31** – Als Verbindungsglied zur 3/3rd Infantry Division wurde dieses Element im TOC der größeren Einheit untergebracht.
  - **Operational Detachment Alpha (ODA)** – Das 1/3rd SFG hatte zur Durchführung der anberaumten Einsätze fünf ODAs mitgebracht.

136 Der Grundgedanke bei der Vergabe solcher Namen ist, dass sie den Teilnehmern nie wieder begegnen werden, aber leicht zu behalten sind.

137 Weitergehende Informationen über das NTC finden Sie in meinem Buch *Armored Cav* (Heyne 1997).

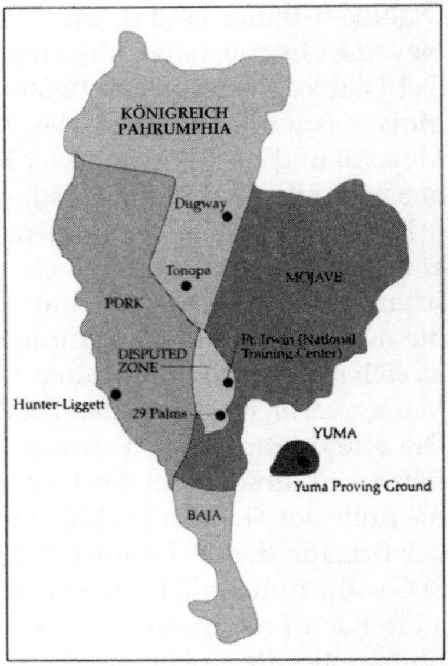

Die imaginäre Tierra Del Diablo, wie sie für Operationen der U.S. Army am National Training Center (NTC) Verwendung findet. Zwar befindet sich das NTC in Fort Irwin und damit in Kalifornien, doch können Operationen über die gesamte Tierra Del Diablo laufen.
RUBICON. INC., VON LAURA DENINNO

- **Support Operations Team, Alpha** – Um die FOB 31 mit den notwendigen Funk- und elektronischen Überwachungsfähigkeiten zu versehen, hatte das 1/3rd SFG zwei SOT-As für NTC 99-02 dabei.
- **112th Chemical Reconnaissance Detachment (CRD)** – Hierbei handelte es sich um ein fünf Mann starkes Element, das den Einheiten, die der FOB 31 unterstellt waren, ihre Fähigkeiten im Umgang mit Chemiewaffen zur Verfügung stellen sollte.
- **2nd Platoon/108th Military Police Company (2/108th MP)** – Weil der Einsatz der FOB 31 an eine Expedition erinnerte, war für das 1/3rd SFG auch ein Zug Militärpolizei von der 16th MP Brigade/503rd MP Battalion/108th Company zu NTC 99-02 abkommandiert worden. Dieser Zug sollte die Streifen um die FOB 31 übernehmen und damit das Personal des 1/3rd SFG vom Sicherungsdienst entlasten.

  Mit Ausnahme der Militärpolizei-Einheit entsprach die Ansammlung von SF-Einheiten des 1/3rd SFG weitgehend der des 2/7th am JRTC und sie würden auch versuchen, etwa die gleiche Arbeitsbelastung im Einsatz zu simulieren.

• **3rd Marine Air Wing (3rd MAW)** – Das dritte Fliegergeschwader des U.S. Marine Corps mit Heimatstützpunkt auf der MCAS[138] Miramar (in der Nähe von San Diego in Kalifornien) und Yuma stellte zwei Flugzeugtypen für die Unterstützung von SOF-Operationen während NTC 99-02 bereit:
- **Marine Attack Squadron 513 (VMA-513 – »The Nightmares«)** – Eines der wichtigsten Übungsziele für das 1/3rd SFG bestand darin, seine Fähigkeiten bei zusammengeführten Luftangriffen und Artille-

138 Marine Corps Air Station (Anm. d. Ü.)

riefeuer unter Beweis zu stellen. Die Marines hatten die Aufgabe bekommen, das 1/3rd dabei mit vier Bombeneinsätzen zu unterstützen. Sie sollten von Kampfflugzeugen des Typs AV-8B *Harrier* geflogen werden, die durch die »Nightmares« der VMA-513 von der MCAS Yuma gestellt wurden. Die AV-8B *Harrier* II sind mit dem so genannten Angle Rate Bombing System (ARBS) ausgerüstet. Dabei handelt es sich um ein elektrooptisches Waffenabwurfsystem, das mit einem Laserpunkt-Spürgerät ausgerüstet ist. Das ARBS verschafft den *Harrier*-Piloten die Möglichkeit, Ziele am Boden auszumachen, die von einem Laser-Designator markiert werden. Es gibt verschiedene Arten von Designatoren – Geräte wie das AAQ-14 LANTIRN, das bei Maschinen der Air Force und der Navy eingebaut ist, und leichtgewichtige, tragbare in der Art des PAQ-10 Ground Laser Target Designator. Sobald sich das ARBS auf den Punkt eines Laserdesignators aufgeschaltet hat, berechnet das System die optimale ballistische Bahn für die Waffen und wirft diese dann vollautomatisch ab. Richtig angewendet, kann das ARBS eine »Reihe« ungelenkter »Stahlbomben« mit einer Präzision werfen, die fast die von PGMs (Precision Guided Munition) erreicht. Der als »Terminal Guidance« (TG[139]) bezeichnete Prozess wurde im Laufe von NTC 99-02 etliche Male vom 1/3rd SFG praktiziert.
- **Marine Aerial Refueler Transport Squadron (VMGR-352)** – »The Raiders« – Zwar musste keines der Flugzeuge, die während NTC 99-02 SOF-Unterstützungseinsätze flogen, tatsächlich während des Fluges betankt werden, aber es bestand ein Transportbedarf für die Verlegung von Teams über weite Strecken und zur Durchführung von Infiltrationen per Fallschirm. Die Marines hatten daher die Aufgabe, zwei Flugzeuge des Typs KC-130 *Hercules* in der Tank-/Transportversion bereitzustellen, die diesmal von den »Raiders« des auf der MCAS Miramar stationierten VMGR-352 kamen.

- **Nevada Army National Guard** – Für Hilfe bei verdeckten Einschleusungen und Rückholaktionen der ODAs steuerte die Nevada Army National Guard einen schweren Transporthubschrauber des Typs CH-47 *Chinook* bei.

  Wie Ihnen sicher nicht entgangen ist, war das 160th SOAR bei NTC 99-02 weder mit Flugzeugen noch mit Personal vertreten. Das lag daran, dass man dort mit Vorbereitungen für Operationen in der realen Welt beschäftigt war – im Irak und auf dem Balkan.

Während wir darauf warteten, dass Lieutenant Colonel Dunn aus der Stabsbesprechung kam, übergab mir Major Bill Shaw vom JRTC SOTD ein Handbuch zur Übung und wies mich in die geplanten Missionen ein, darunter die folgenden:

- **SR001** – Bei SR001 sollte Aufklärungsarbeit in einem mutmaßlichen Produktionsgelände für Massenvernichtungswaffen geleistet werden,

139 Führung beim Endanflug (Anm. d. Ü.)

das sich auf pahrumphianischem Hoheitsgebiet befand und als JSOA »Tiger« geführt wurde (und in der Realität auf dem alten Dugway Proving Ground in Utah lag). Ein ODA sollte zusammen mit dem fünf Mann starken CRD per Fallschirmabsprung aus geringer Höhe (Öffnung des Fallschirms via Static-Line beim Absprung aus einer KC-130 des Marine Corps) in das Gebiet eingeschleust werden. Nach der Landung sollten die Männer sich dann zu einer hoch gelegenen Position vorarbeiten, die komplett bewachsen war und damit gute Deckung am Boden zu bieten versprach. Von dort aus konnte die ständige Überwachung eines bestimmten Bereiches am Boden gewährleistet werden. Über die reine Überwachung des Geländes hinaus sollten ODA und CRD nach Anzeichen suchen, ob tatsächlich Massenvernichtungsmittel produziert wurden (chemische und Bodenproben nehmen). Sobald diese Aufgabe erledigt war, sollte das Team Kontakt mit einem Agenten in Mojave aufnehmen und anschließend ein Gelände aufsuchen, auf dem eine andere KC-130 der Marines landen und sie wieder aufnehmen und ausfliegen konnte.

- **SR002** – Das war die ehrgeizigste aller SR-Missionen. Bei SR002 sollte ein zusammengesetztes ODA/SOT-A-Team nach Fort Irwin (JSOA »Otter«) eingeschleust werden, um von dort aus Frühwarnungen über Truppenbewegungen von KPK-Streitkräften in Richtung Irwin Military City (IMC, im Grunde der gesamte Stützpunkt-Komplex von Fort Irwin) weiterzugeben. Das Team würde in einer der MC-130 nach IMC geflogen werden und anschließend mit dem CH-47 *Chinook* von der Nevada ANG in die JSOA »Otter« eingeschleust werden. Sobald das Team eine Position bezogen hatte, von der aus eine wichtige Straßenkreuzung beobachtet werden konnte, würde es den feindlichen Fahrzeugverkehr überwachen und die Erkenntnisse zurück an die FOB 31 melden. Geplant war, diesen Einsatz über mehrere Tage laufen zu lassen. Danach sollte das Team von einem UH-60 *Blackhawk* der Heeresfliegerbrigade der 3rd Infantry (Mech.) herausgeholt werden. Den Rückflug nach Yuma würde es dann wieder in einer MC-130 antreten. Darüber hinaus sollte dieses Team auch noch die Terminal Guidance für ein bis zwei Angriffe von *Harriern* der Marines durchführen. (Diese Aufgabe wollte man ihnen verschweigen, bis die Einschleusung abgeschlossen war.) Damit würde eine nicht unerhebliche Verantwortung auf den Schultern der Männer lasten, die mit dieser Aufgabe betraut waren, von dem extremen Stress einmal ganz abgesehen.
- **SR003** – Ähnlich wie SR002 sollte auch SR003 eine potenzielle Infiltrationsroute der KPK (in der JSOA »Gator«) abdecken, die in den Komplex von Irwin Military City führte. Dies würde allerdings eine motorisierte Mission sein, bei der GMVs verwendet werden sollten. Das Team selbst würde so etwas wie eine Kopie der ODA/SOT-A Kombination sein, die auch bei SR002 im Einsatz war, und würde in etwa auch die gleichen grundlegenden Aufgaben haben. Sie würden mit einer MC-130 eingeschleust werden, die eine gefechtsmäßige Angriffslandung durch-

führen würde. Die Ausschleusung sollte dann auf die gleiche Art und Weise erfolgen.[140]

- **DA001** – Im Rahmen von DA001 war ein Überfall auf das mutmaßliche Versteck der Massenvernichtungswaffen (Chemiewaffen) in Pahrumphia geplant, das als JSOA »Horse« geführt wurde (und ebenfalls auf dem Dugway Proving Ground in Utah lag). Das ODA würde seine Einschleusung unter Einsatz der HAHO-Fallschirm-Sprungtechnik (High Altitude, High Opening) durchführen. Sobald die Ziele zerstört waren, würde das ODA Kontakt mit einem mojavianischen Agenten aufnehmen (in Wirklichkeit ein Rollenspieler, der ein Mitglied einer örtlichen Widerstandszelle darstellte) und dann zu einem Exfiltrations-Flugfeld vordringen, wo es von einer KC-130 *Hercules* der Marines aufgenommen werden sollte.
- **DA002** – Diese Mission hatte die Zerstörung eines versteckten Lagers von Boden-Boden-Raketen der KPK und die Eliminierung der dazugehörigen Bedienungsmannschaften zum Ziel. Dafür sollte ein ODA samt GMV nach Twenty-Nine Palms – JSOA »Bison« (in der Nähe von Palm Springs in Kalifornien) – an Bord einer KC-130 der Marines per gefechtsmäßiger Angriffslandung eingeschleust werden. Auf dem Boden angekommen, sollte das ODA dann auf dem Landweg bis zu einem Gelände vorrücken, von dem das Ziel eingesehen und vor dem Angriff aufgeklärt werden konnte. Sobald die Ziele eindeutig bestimmt waren, sollte das Team angreifen und die Anlagen sprengen. An Bord einer anderen KC-130 vom Marine Corps würde es wieder ausgeschleust werden.
- **DA003 (Planung)** – Bei DA003 handelte es sich um eine Mission, für die lediglich die Planungen durchgeführt werden sollten. Sie war darauf ausgelegt, einen verletzten mojavianischen Agenten herauszuholen, der hinter den feindlichen Linien in Krasnovia in der Falle saß, und über spezielle Kenntnisse des krasnovianischen Programms für Massenvernichtungswaffen verfügte. Das ODA plante, sich mit einer der KC-130 nach Fort Hunter-Ligget – JSOA »Eagle« (in der Nähe von Monterey in Kalifornien) – einzuschleusen und dort mit der krasnovianischen Widerstandsbewegung Kontakt aufzunehmen, die den mojavianischen Agenten beschützte.

---

140 Die Angriffslandung ist eine Spezialität der Transportmaschinen des Typs C-130 *Hercules*. Dabei fliegt eine voll beladene C-130, bei der sämtliche Klappen voll ausgefahren sind, an und hängt im wahrsten Sinne des Wortes nur noch an ihren Propellern in der Luft. Sobald das Fahrwerk der Maschine den Boden berührt hat, werden die Turboprops auf Gegenschub umgesteuert und die *Hercules* kommt auf einer Strecke von knapp über 300 Metern zum Stillstand. Anschließend wird die Maschine auf dem schnellsten Wege entladen (manchmal bleibt sie dafür nicht einmal stehen) und startet dann wieder auf ähnliche Weise, wie sie gelandet ist. Zwar ist auch eine C-17A *Globemaster III* in der Lage, ähnliche Landungen durchzuführen, doch es ist unter wirtschaftlichen Gesichtpunkten ziemlich fragwürdig, einen Transport-Jet im Wert von rund 250 Millionen Dollar in einem höchst gefährlichen Umfeld aufs Spiel zu setzen.

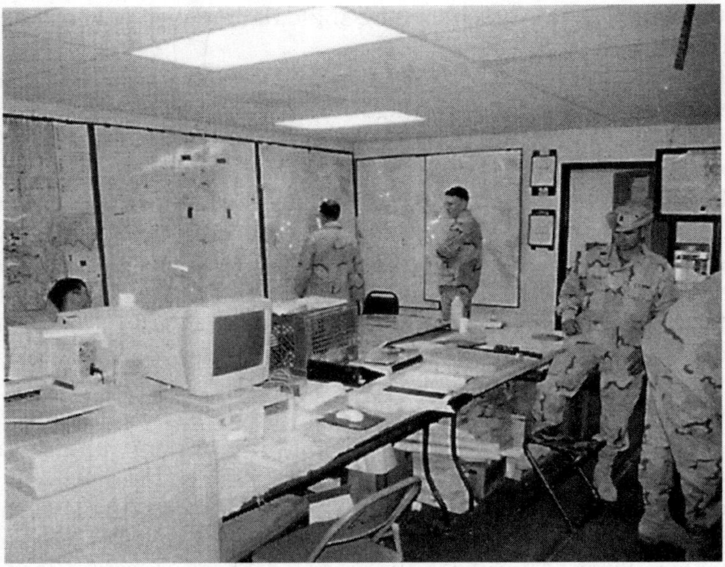

Das Führungszentrum für die FOB 31 während NTC 99-02.
John D. Gresham

- **DA004 (Planung)** – DA004 war ebenfalls eine Mission, die lediglich durchgeplant werden sollte. Ihr Ziel war es, eine krasnovianische Betankungsanlage für Raketen in der Nähe der Tonapah Test Range[141] – JSOA »Snake« (im nördlichen Teil von Nevada, wo früher das Geschwader mit den F-117 *Nighthawks* stationiert war) – auszuschalten. Das Gebiet galt als derart stark verteidigt, dass man davon ausging, ein Team am Boden würde bessere Erfolgschancen haben als selbst ein umfangreicher Luftangriff mit PGMs.
- **UW001** – Eine der faszinierenderen Missionen, die von der FOB 31 durchgeführt werden sollte, war eine UW-Operation (Unconventional Warfare), geführt als UW001. Bei dieser Mission sollte Personal der FOB 31 Versorgungsbündel für die Aufständischen in Pahrumphia zusammenstellen, die aus der Luft abgeworfen werden würden. Diese Mission sollte gegen Ende von NTC 99-02 zur Durchführung kommen. Vorgesehen war, die Pakete aus einer KC-130 oben in Utah über dem Dugway Proving Ground abzuwerfen.

Die meisten Berufssoldaten werden auf die Frage, ob sie lieber in der Wüste oder im Wald sind, antworten, dass sie Schutz und Wasser den Vorzug geben. Auf die SF-Soldaten, die hier bei NTC 99-02 in die Einsätze gingen, wartete eine Reihe wüstenspezifischer Probleme … Erst einmal mussten sie jeden einzelnen Tropfen Wasser mitschleppen, dann mussten sie extrem hohe und extrem tiefe Temperaturen erdulden und sie konnten mit

141 Raketenversuchsgelände der U. S.-Streitkräfte (Anm. d. Ü.)

keinerlei Deckung von oben rechnen. Die Geologie der Gegend, in der sie operieren sollten, stellte eine vielleicht weniger offensichtliche, doch deshalb keineswegs geringere Herausforderung dar. In etwas größeren Höhen, wo häufig Missionen angesetzt waren, herrscht Basalt vor – also Felsen mit einem enorm hohen Eisenanteil. Das kann die Kompassnavigation erschweren und die Funkverbindungen ziemlich stören. Der Fernmeldeunteroffizier (18E) musste also sehr sorgfältig planen, um zuverlässige Funkverbindungen zur FOB 31 aufrechtzuerhalten.

Etwa um die Zeit, als Bill Shaw mit seinem Briefing fertig war, kam Lieutenant Colonel Dunn aus seiner Stabsbesprechung und stellte sich vor. Roy Dunn, ein groß gewachsener, charmanter Südstaatler, vermittelte mir sofort das Gefühl, willkommen zu sein. Er lud mich sogar ausdrücklich ein, an einigen Ereignissen teilzunehmen, so auch an der Übung »Medien auf dem Gefechtsfeld«, die am Nachmittag des nächsten Tages stattfinden sollte – eine simulierte Pressekonferenz, bei der er es mit einer Crew von den »Kabel-Nachrichten«[142] – die vom PAO des JRTC gestellt wurde – zu tun haben würde. Die Medien-Crew des JRTC steht im Ruf, ziemlich bissig zu sein. Das versprach eine großartige Show zu werden.

Nach dem Treffen mit dem Kommandeur führte man mich durch das Lager.

In jedem einzelnen Zelt bereiteten sich die Teams auf ihre Einsätze vor, führten Briefbacks durch, probten und packten ihre Rucksäcke bis an die für Operationen zulässige Obergrenze von knapp über 90 kg. Ein erheblicher Teil dessen, was sie mitnehmen würden, war Wasser, und zwar Gallonen, allein um das Überleben sicherzustellen.[143] Der Rest der Last würde sich aus Verpflegung, Munition, Waffen, Sprengstoffen, Kommunikations- und Navigationsausrüstung sowie Sensorgeräten (soweit erforderlich) zusammensetzen. Außerdem waren da noch Tarnnetze, »Gilly Suits« und Materialien für die Verstecke, die von den Teams mitgenommen werden mussten, die sich für längere Zeit am selben Ort aufhalten würden.

Noch im Laufe dieser Nacht sollten die Missionen zu SR001, SR002 und SR003 anlaufen. Am Montag würde ich dann 565 km fahren, um in Fort Irwin die Terminal-Guidance-Phase von SR002 zu beobachten.

Donnerstag, 29. Oktober – Yuma Proving Ground

Es war ein ruhiger Tag und außer dem Punkt »Medien auf dem Gefechtsfeld« stand nichts weiter in meinem Terminkalender. Daher verbrachte ich

142 Anspielung auf amerikanische Nachrichtensender wie CNN und CNBC, deren Reporter für ihre aggressiven Fragen berüchtigt sind. (Anm. d. Ü.)

143 Eine Gallone Wasser (3,785 Liter) bringt es auf ein Gewicht von knapp 4 kg. Selbst wenn man den Tagesverbrauch mit nur einer Gallone veranschlagt, muss jeder SF-Soldat für eine sechstägige Mission fast 25 kg Wasser mitschleppen und natürlich die dazugehörigen Behältnisse. Tatsächlich liegen aber die von der Army festgelegten Standards für Soldaten im Wüsteneinsatz bei einer Mindestaufnahme von zwei Gallonen Wasser pro Tag.

den Tag in der Einsatzzentrale und hörte zu, wie es mit den drei SR-Teams nach deren Einschleusung voranging. Alle hatten die Verstecke an den vorgegebenen Positionen bezogen und ihre Überwachungssysteme eingerichtet. Die ersten verwertbaren Daten über den feindlichen Fahrzeugverkehr kamen bereits herein. Diese wurden sofort an das SOCCE (Mojave) weitergeleitet, das sich zusammen mit dem 3rd/3rd Infantry (Mech.) auf dem Marsch nach Irwin Military City und zur JSOTF (Mojave) befand. Bislang hielten sich die feindlichen Bewegungen im Norden von IMC noch in Grenzen.

Wie erwartet, war es für SR002 ein hartes Stück Arbeit, in Position zu kommen.

Nach der Einschleusung durch den CH-47 von der Nevada ANG hatten sie die Teams in drei kleine Elemente aufgeteilt und waren zu ihren Verstecken im Norden von IMC vorgerückt. Die Verstecke befanden sich auf einem Berg, von dem aus eine wichtige Straßenkreuzung zu überblicken war. Die drei Elemente des Teams waren auf zwei Bergspitzen und einen kleinen Höhensattel verteilt. So konnten sie einerseits die Straßenkreuzung überwachen, andererseits lagen sie in einem günstigen Winkel zueinander, so dass sie mit den beiden SOT-A-Lauschempfängern Kreuzpeilungen des Funkverkehrs vornehmen konnten. Positiv war, dass sie sich in einer guten Position befanden, um den Boden- und Hubschrauberverkehr der KPK – der ziemlich stark war – zu beobachten. Diese Medaille hatte aber auch eine Kehrseite: Weil der Fahrzeug- und Hubschrauberverkehr der KPK so stark war, waren die Positionen der Männer nicht ganz ungefährdet. Als weiteres Problem erwies sich eine ausgedehnte Basaltformation, auf der das ODA 324/SOT-A 301 in Stellung gegangen war. Die Frequenzen der SATCOM-Funkgeräte gerieten gründlich durcheinander. Das bedeutete, dass die Männer sich mit den altmodischen Hochfrequenz-Funkgeräten per Morsezeichen verständigen mussten, bis sie die SATCOM und andere Geräte wieder zuverlässig betreiben konnten (was dann letzten Endes zwei Tage in Anspruch nehmen sollte).

»Media on the Battlefield« ist ein Programm, das in der gesamten U.S. Army läuft. Es ist darauf ausgelegt, die Soldaten darauf vorzubereiten, dass sie im Feldeinsatz richtig mit den Medien umgehen. Die Vorbereitung kann auf unterschiedliche Art und Weise erfolgen. Sie kann einfach so aussehen, dass die Soldaten mit Karten ausgestattet werden, auf denen die Abläufe für den Umgang mit ungeplanten Medienereignissen festgelegt werden. Sie kann aber auch so ausgefeilt sein, dass eine regelrechte Ausbildung in einem Klassenzimmer erforderlich ist (so wie es beispielsweise bei den PAOs praktiziert wird).

Das Medien-Programm des JRTC stellt den Kommandeur einer Einheit in die Situation einer Pressekonferenz. Simulierte Fernsehteams von Nachrichtensendern sind anwesend, die darauf trainiert wurden, dem Offizier unter dem grellen Licht der Scheinwerfer und vor laufenden Kameras die Hölle auf Erden zu bereiten (alles wird aufgezeichnet und später zur Beurteilung und Bewertung herangezogen). Unter der Führung einer weiblichen Rollenspielerin, die den Namen »Maggie LaLouch«

Lieutenant Colonel Roy Dunn, U. S. Army, nach einer simulierten Pressekonferenz während NTC 99-02. Die Dame direkt vor ihm ist eine Rollenspielerin aus Fort Polk, die eine kratzbürstige Medienvertreterin spielt.
John D. Gresham

bekommen hat, stellt ein aus drei Personen bestehendes Team wirklich *harte* Fragen. Nicht wenige Offiziere würden entschieden lieber in ein Gefecht ziehen, als Maggie und ihrer Crew auch nur eine einzige Stunde Rede und Antwort zu stehen.[144]

Richtig mit ausgebufften Reportern umzugehen mag für einen Soldaten vielleicht nicht so wichtig sein wie der Kampf, doch auch das Militär muss sich den Konsequenzen des »CNN-Effektes« stellen (wenn ein Schritt gemacht ist, will die ganze Welt wissen, was als Nächstes passiert). Reporter sind nicht *grundsätzlich* feindselig eingestellt. Aber sie sind es sehr *oft*. Geht im Umgang mit Reportern etwas schief, kann einen das teuer zu stehen kommen. Maggie trat nicht nur hart, sondern feindselig auf.

Die Pressekonferenz begann pünktlich um 16 Uhr. Lieutenant Colonel Dunn begann mit einem kurzen Kommandeursbriefing über FOB 31 und seine Aufgabe auf der Insel Yuma. Dabei betonte er besonders, dass man die einheimische Bevölkerung erreichen wollte. Er sah gut aus, war ausgezeichnet vorbereitet und gab sich nett und ausgeglichen vor den Kameras.

Bei den ersten Fragen spielte Maggie ihm die Bälle zu und Dunns Antworten waren ausgesprochen charmant. Alles lief ganz hervorragend und glatt … jedenfalls zunächst.

144 »Maggie LaLouch«, die gefährliche Maggie, ist eine Zivilangestellte des Stabes für Öffentlichkeitsarbeit am JRTC in Fort Polk und Ehefrau eines dortigen Range Operators. Sie ist eine kluge, talentierte Frau, die ihre Rolle als »Medien OpFor« sehr ernst nimmt und hart dafür arbeitet, den Offizieren beizubringen, wie sie es den Reportern nicht zu leicht machen.

Maggie wurde eindeutig härter, als sie zu einer Frage überleitete, die auf die Ausbildung in Gefechtsführung mit Chemiewaffen abzielte (wobei sie implizierte, dass im »Krieg um Tierra Del Diablo« eventuell Chemiewaffen eingesetzt werden könnten). Dunn ging damit genauso sicher um wie mit den Nettigkeiten zuvor (die Ausbildung in Gefechtsführung mit chemischen Waffen sei eine lebensnotwendige Rückversicherung, doch niemals würden die Vereinigten Staaten von Amerika als Erste diese Massenvernichtungswaffen einsetzen).

Etwa 20 Minuten nach Beginn des Interviews ließ Maggie ihre erste Bombe hochgehen: »Was passiert eigentlich mit dem AWOL-Soldaten?« (AWOL steht für »Absent Without Leave« und ist der in Amerika übliche Begriff dafür, dass ein Soldat sich unerlaubt von der Truppe entfernt – also desertiert –, was ein sehr schweres Verbrechen ist.)

Vor ein paar Tagen waren *zwei* MPs von der 108th Company wirklich desertiert und wurden immer noch vermisst. Maggie schoss ihn also praktisch von der Seite mit einer Frage aus der Realität an, die nichts mit der künstlichen Situation der Übung zu tun hatte. Mit anderen Worten: Die Frage kam völlig unerwartet und ohne Vorbereitung. Überdies sind aus Dunns Sicht die AWOL eine wirklich sensible Angelegenheit innerhalb des Militärs. Einerseits kommt so etwas extrem selten vor. Andererseits entstehen immer auch Zweifel an der Führung der Einheit, in der die Desertion stattgefunden hat – damit werden Kommandeure nicht gerne vor die Öffentlichkeit gezerrt.

Doch Dunn trat die Flucht nach vorn an. »Nun, Maggie, genau genommen haben wir es nicht mit einem, sondern sogar mit zwei AWOLs zu tun«, gestand er ein, »und wir unternehmen ernsthafte und andauernde Anstrengungen, die beiden Soldaten zurückzuholen.« Und er fuhr fort: »Ich hoffe allerdings inständig, dass die beiden jungen Männer in Sicherheit sind und von sich aus zurückkehren, bevor die Folgen für sie noch schlimmer werden, als sie es bereits sind. Falls ihre Familien eine Idee haben, wo sie sein könnten, möchte ich sie hiermit um ihre Mithilfe bitten, damit die beiden sicher zu ihren Einheiten zurückkommen.«

Als sei ihm der Einfall gerade erst durch den Kopf geschossen – ein sehr *cleverer* Einfall –, bot er an, den weiblichen Captain, der das MP-Detachment kommandierte, herbeizurufen, damit sie sich einem Interview stellen konnte. Das wurde dankend angenommen und später auch umgesetzt (sie machte ihre Sache sehr gut). Damit nahm die Pressekonferenz ein harmonisches Ende.

In der nachfolgenden AAR gab es von Maggie und ihrer Crew ein dickes Lob für Lieutenant Colonel Dunn. Sein offensichtliches Mitgefühl, sein Takt, seine Offenheit und das Geschick, mit dem er die Fragen parierte, hatten »die Medien« beeindruckt.

Freitag, 30. Oktober – Yuma Proving Ground

Am 30. Oktober begann das 3rd/3rd Infantry (Mech.) damit, sich nach Fort Irwin durchzukämpfen, und (was nur bedingt etwas mit diesem Ereignis zu tun hatte) gleichzeitig gingen Befehle für Einsatzänderungen an die SR-Teams hinaus, die sich im Feld befanden. (In wirklichen Gefechten, wo alle Ereignisse sich ständig im Fluss befinden – um nicht zu sagen: chaotisch sind –, müssen Planungen andauernd geändert werden. Also geschieht dies auch in simulierten Gefechten.)

Für das ODA 324/SOT-A 301, das mit der Mission SR002 beschäftigt war, bedeuteten die neuen Befehle erhebliche Veränderungen: Ihre Mission wurde um etliche Tage verlängert (sie sollten am Wochenende mit Nachschub versorgt werden), weil das Team am Montag eine »Terminal Guidance« durchführen sollte (als Ziel zugewiesen wurde ihnen ein feindliches Lager etwas nördlich der Straßenkreuzung, rund zweieinhalb Kilometer von ihrer augenblicklichen Position entfernt). Darüber hinaus sollten sie auch nicht, wie zunächst geplant, mit einem UH-60 *Blackhawk* ausgeschleust werden, sondern stattdessen irgendwann im Laufe der kommenden Woche Verbindung mit den konventionellen Kräften aufnehmen. Die Änderung der Mission – von einer reinen Observierung und dem Abhören des Funkverkehrs zu einer DA-Aufgabe – brachte auch zusätzliche Gefahren mit sich.

Und das alles sollte an einem einzigen Tag passieren.

Sofort überlegte man beim Team, wo man am besten den PAQ-10 Ground Laser Target Designator (GLTD) platzieren sollte, um die Wahrscheinlichkeit eines präzisen und erfolgreichen Angriffs auf das Ziel zu erhöhen.

Da sich das Angriffsziel gut innerhalb der Reichweite ihres batteriegetriebenen GLTD befand und die *Harrier*-Jockeys ihr ARBS einsetzen würden, um den Abwurf hinzubekommen, musste das Team lediglich – theoretisch – einen digitalen Impulscode in den GLTD eintippen und das Ziel unmittelbar vor dem Angriff mit dem Laserpunkt »beleuchten«, den Rest würde das ARBS erledigen. Doch tatsächlich war diese Mission weit komplizierter, als sie sich anhört, allein schon deshalb, weil das Team die volle Verantwortung für den letzten Teil der Anflugroute der *Harrier* trug. Das bedeutete, dass sie für die beiden Flugzeuge von den Marines den besten Weg durch möglicherweise vorhandene Luftabwehrstellungen finden und sie gleichzeitig auf einen Kurs bringen mussten, der ihre Chancen auf einen erfolgreichen Waffenabwurf maximierte.

Der Captain des Teams unternahm etliche Erkundungen zu Fuß, um das Gebiet zu kartografieren, und übermittelte seine Erkenntnisse dann an die FOB 31. Diese Informationen wurden an das SOCCE-Element (Mojave) in IMC weitergeleitet, das sie an die für die Lufteinsätze verantwortliche Zelle der JTF (Mojave) weitergab.

Am Montag würde ich nach Fort Irwin fahren, um mir anzuschauen, was bei all dem herausgekommen war.

Montag, 2. November – National Training Center, Fort Irwin, Kalifornien

Weil ständig die Gefahr der Entdeckung durch die »bösen Jungs« bestand, wurde es ein angespanntes Wochenende für die Mitglieder des ODA 324/SOT-A 301. Die Änderung ihres Auftrages gefiel ihnen nicht besonders, doch sie hatten den neuen Auftrag natürlich mit der für die SF typischen stoischen Gelassenheit akzeptiert. Die Kommunikation per SATCOM lief immer noch nicht einwandfrei, aber die HF-Systeme funktionierten weiterhin zuverlässig.

Zumindest war der am Wochenende erwartete Nachschub ein Lichtblick. Weitere MREs. Und frisches Wasser.

Der Luftangriff war für Montagabend 22 Uhr Pazifik-Standardzeit (PST) geplant. Major McCollum und ich hatten noch eine ziemlich weite Reise vor uns. Die Fahrt nach Fort Irwin würde höchst langweilige sechs Stunden dauern.

Gegen 18 Uhr PST waren wir endlich da und setzten uns gleich mit dem Büro für Öffentlichkeitsarbeit des Standortes in Verbindung. Nach einer Stippvisite im örtlichen Burger King stiegen wir in einen HMMWV und machten uns auf den zwei Stunden langen Weg in Richtung Norden zur »Box« von Fort Irwin.

Während dieser nächtlichen Aktion würden wir wieder unsere PVS-7b NVGs tragen und sämtliche Regeln für O/Cs zu befolgen haben (Kampfanzug, volle Gesichtstarnung usw.). Da dies technisch gesehen ein Ereignis war, bei dem »scharfe Munition« verwendet wurde (die *Harrier* würden scharfe 227-kg-Bomben des Typs Mk. 82 abwerfen), mussten wir alles von einer mit Sandsäcken geschützten Stellung aus beobachten, die vom Geländewartungspersonal von Fort Irwin eingerichtet worden war. Den Regeln entsprechend, befand sich die Stellung etwas oberhalb und seitlich versetzt zum geplanten Flug-Bombenabwurf-Pfad der Jets des U.S. Marine Corps. An diesem sicheren Platz versammelte sich noch weiteres Personal des NTC-Stabes.

Gegen 20 Uhr brach die Dunkelheit herein und wir blieben bis 30 Minuten vor der geplanten »Time on Target« (TOT, Zeitpunkt des Eintreffens über dem Ziel) im HMMWV. Sich in der Dunkelheit auf dem Übungsgelände zu bewegen ist keine besonders empfehlenswerte Sache. Dann geben sich nämlich Klapperschlangen und ähnlich unfreundliche Kreaturen ein Stelldichein.

Im von Sandsäcken geschützten Bunker händigte uns das Range-Control-Personal Kevlar-Helme und kugelsichere Westen aus – nur für den Fall, dass die Würfe der *Harrier* zu »kurz« ausfallen sollten. Dann horchten wir in die Gespräche hinein, die auf den Sprechfunkkanälen der Range Control und der O/Cs geführt wurden. Die beiden AV8-B von der VMA-513 hatten problemlos in Yuma abgehoben und kreisten jetzt in der Nähe des Standortes, bis sie die Freigabe für den Bombenanflug bekamen. Etwa eine Viertelstunde vor der eigentlichen TOT (22 Uhr) wurde grünes Licht für das Gebiet gegeben und wir konnten mithören, wie das Team des ODA

1 Das ODA324 dringt in feindliches Territorium ein und teilt sich auf. Anschließend richten die Teams ihre Observierungsstellungen auf einem Berg ein, von dem aus sie die Straßenkreuzung auf dem Komplex des NTC-Übungsgeländes überblicken können.

2 Das ODA324 beobachtet feindliche Truppen bei der Einrichtung eines Lagers an der Straßenkreuzung und nimmt Kontakt mit seinem Hauptquartier auf. Der JTF-Kommandeur befiehlt der FOB, das ODA anzuweisen, eine Terminal-Guidance-Mission für zwei Jagdbomber vom Typ AV-8B *Harrier II* vom USMC durchzuführen.

3 Das Personal des ODA324 »markiert« das Ziel mit seinem PAQ-10 Laserpunkt-Designator, damit das ARBS-System der *Harrier* seinen automatischen Bombenabwurf durchführen kann.

4 Zwei AV-8B Harrier II Jagdbomber vom VMA-513 werfen jeweils sechs Mk. 82 Allzweckbomben auf das Ziel ab. Anschließend zieht sich das ODA324 verdeckt in Richtung Südosten zurück und schließt sich am darauffolgenden Tag den alliierten Truppen an.

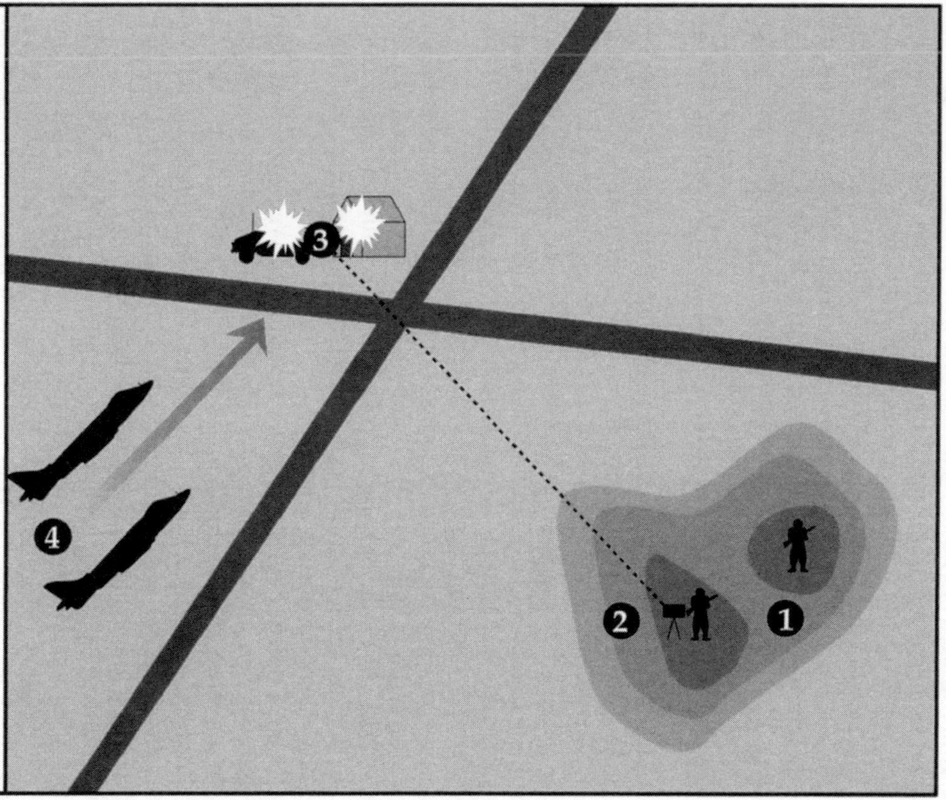

Karte der Terminal-Guidance-(TG-)Mission des ODA 324 während NTC 99-02.

Rubicon. Inc., von Laura DeNinno

324/SOT-A 301 die Piloten der Marines hereinsprach. Dann wurden noch letzte Instruktionen und die Authentifizierungs- und Lasercodes übermittelt. Bei fünf Minuten bis TOT wurde den Jets der »scharfe« Anflug freigegeben und sie begannen mit ihrem Angriff auf das Ziel. Zwischenzeitlich war auch der PAQ-10 GLTD eingeschaltet worden und das Angriffsziel lag im Markierungslicht des Laser-Designators. Da die Jets ihren Anflug mit mehr als 500 Knoten (knapp 930 km/h) flogen, hörten wir sie erst wenige Sekunden bevor sie tatsächlich da waren. In den Cockpits hatten die Piloten ihre ARBS auf »Suchen« nach dem LLDR-Laserpunkt eingestellt, und sie »sahen« ihn dann auch prompt.

»Erstes Ziel aufgeschaltet«, meldeten sie und damit begann der Endanflug.

Die erste *Harrier* röhrte über die Berge im Süden unserer Position und nahm dann Anlauf zum Bombenabwurf aus horizontalem Tiefflug auf die Zelte im Norden der Straßenkreuzung. Als der Bordcomputer der Ansicht war, der richtige Zeitpunkt sei gekommen, gab er die Bomben aus ihren Halterungen frei. Sobald die Bomben sich gelöst hatten, wurden sie durch »Bremsschirme« mit hohem Luftwiderstand verzögert, damit die *Harrier* den Schrapnells nach der Explosion entkommen konnte.

In unserer knapp dreieinhalb Kilometer entfernten Position beobachteten wir durch die NVGs, wie die Bomben direkt ins Ziel krachten. Die zweite *Harrier*, die einige Sekunden später eintraf konnte im Grunde nicht mehr ausrichten, als den Schutt noch einmal durcheinander zu wirbeln.

Und das war es dann auch schon.

Das Range-Control-Personal machte sich auf den Weg zum Zielgebiet, um sicherzustellen, dass auch tatsächlich sämtliche Bomben hochgegangen waren, während wir schon zurück nach Fort Irwin fuhren – das für mich allerdings nur einen kurzen Zwischenstopp bedeutete, da ich von dort aus gleich weiter nach Las Vegas fuhr. Dort blieb ich auch nur über Nacht und flog am nächsten Morgen nach Hause.

Am darauffolgenden Tag verließen die Teams des ODA 324/SOT-A 301 ihre Beobachtungspositionen und zogen sich erfolgreich zu den Linien des 3rd/3rd Infantry (Mech.) zurück. Tatsächlich stellte sich später heraus, dass sämtliche Missionen der FOB 31 erfolgreich waren. Jedes Vorhaben war erreicht und jedes Ziel wie geplant getroffen worden. Als Ergebnis konnte das 3rd/3rd Infantry (Mech.) seinen Zyklus beginnen, ohne sich Sorgen über einen Angriff mit Massenvernichtungswaffen oder Flugkörpern machen zu müssen.

Die enge professionelle Koordination zwischen den konventionellen und den SOF-Kräften hatte einen erheblichen Teil dazu beigetragen, dass NTC 99-02 zu einem Erfolg wurde.

Downrange: Special Forces im Einsatz

Es ist metrischer Montag in Kuwait!

Ein Chief Warrant Officer der Army Special Forces

Soldaten verdienen ihren Sold nicht allein durch die Perfektionierung ihrer Kenntnisse, sondern durch Operationen in anderen Ländern – »downrange«, wie es bei den Special Forces heißt. Selbstverständlich ist die Ausbildung von lebenswichtiger Bedeutung und allein schon die Beobachtung der Ausbildung kann eine ganze Menge über die militärische Organisation selbst verraten. Doch all das ist nie ein Ersatz für die wirkliche Welt. Deshalb sollte ich nach dem Willen des SFC ebenfalls so viel Zeit wie möglich »downrange« verbringen. Dort, so meinte man, würde ich den besten Eindruck gewinnen, wie die Special Forces ihre einzigartige Rolle innerhalb des nationalen Sicherheitssystems erfüllen.

Besonderen Wert legte das SFC dabei darauf, dass ich meine Erfahrungen mit den alltäglichen Aufgaben von SF-Soldaten machte, die bei Missionen des Typs JCET (praktisch der überwiegende Teil der SF-Feldeinsätze) eingesetzt waren, und darüber hinaus sollte ich eine möglichst große Bandbreite anderer SF-Operationen kennen lernen.

Beinahe dort: Bosnien

Aus genau diesem Grund machten sich Major McCollum und ich uns nach dem Abschluss von NTC 99-02 auf die Reise in Richtung Osten und legten einen Zwischenstopp in Fort Carson in Colorado ein. Fort Carson ist eine der vielen militärischen Einrichtungen, die rund um Colorado Springs liegen (weitere sind die Air Force Academy, die Peterson AFB und die Shriever AFB oder Cheyenne Mountain – der Stützpunkt des North American Aerospace Defense Command, NORAD). Fort Carson ist der Stützpunkt der 7th Infantry Division (eine Einheit der Army National Guard), des 3rd Armored Cavalry Regiment und etlicher anderer Einheiten, darunter auch der 10th Special Forces Group (die in zwei miteinander verbundenen Gebäuden untergebracht ist und aus zwei auf dem US-amerikanischen Kontinent stationierten Bataillonen besteht).

Unsere Reise erfüllte einen doppelten Zweck: Zum einen würde ich die Gelegenheit haben, mich mit dem Stab des 2/10th SFG über die Einheit und deren Fähigkeiten zu unterhalten. Zum anderen war geplant, dass ich die 10th SFG bei ihren friedenssichernden Missionen in Bosnien-Herzegowina beobachten sollte, und in Fort Carson sollte ich die ersten Unterweisungen und andere Instruktionen zur Vorbereitung auf diesen Trip bekommen.

Drei ODAs der 10th SFG sollten laut Plan kurz nach dem Neujahrstag 1999 nach Bosnien-Herzegowina verlegt und dort dann als Teil der Friedenssicherungstruppe der Vereinten Nationen tätig werden. Die Truppe, die im Rahmen der Operation Joint Forge (die NATO-Bezeichnung für diesen Einsatz) arbeitete, war für die Umsetzung der Bedingungen des Dayton-Abkommens aus dem Jahre 1995 verantwortlich.[145] Bislang hatte der Frieden ohne größere Verstöße gegen das Abkommen gehalten – aber gerade mal *hauchdünn*. Die bosnischen Serben hatten eindeutig keinen Gefallen am Abkommen von Dayton gefunden: Sie würden dadurch die regionale Vorherrschaft verlieren, die sie bis zum Sommer 1995 noch besessen hatten. Sie hatten ihren Unwillen in den meisten Fällen durch die »schleppende« Umsetzung der Vertragsbedingungen, teilweise auch durch öffentliche Proteste und Krawalle oder Schikanen gegenüber dem NATO-Personal zum Ausdruck gebracht. Die Friedenssicherungstruppe der Vereinigten Staaten von Amerika würde sie jetzt etwas härter anpacken müssen.

Zwischenzeitlich hatten die Kriegshunde in Restjugoslawien wieder zu bellen begonnen und die NATO veranstaltete mit Slobodan Milosevic Armdrücken um das Schicksal der albanischen Minderheit im Kosovo.

Praktisch gesehen bedeutete das, dass sich die Einheiten, die als nächste für den Einsatz an der Reihe waren, auf eine Vielzahl von Eventualitäten würden vorbereiten müssen – von einer einfachen Konfliktlösung bis hin zu einem ausgewachsenen Bürgerkrieg. Das war der Grund, weshalb Major McCollum und ich nun in unsere Mäntel schlüpften und uns auf den Weg zum Hauptquartier des 2/10th SFG machten.

Mittwoch, 4. November 1998 – Hauptquartier des 2/10th SFG in Fort Carson, Colorado

Der Kommandeur des 2/10th SFG, Lieutenant Colonel Tom Rendall, erwartete uns in der Lobby ihres Hauptquartiers. Nach einer kurzen Einweisung geleitete er uns zum Konferenzraum des Bataillons. An sämtliche Wände waren Karten, Fotos und Diagramme getackert. Sie zeigten die

145 Gegen Ende des Jahres 1995 trafen die verschiedenen Krieg führenden Parteien des Bürgerkriegs in Bosnien im Anschluss an die Operation Deliberate Force (ein kurzer Bombenangriff gegen die bosnischen Serben) auf der Wright-Patterson AFB in Dayton zusammen, um ein Friedensabkommen auszuarbeiten. Die Bedingungen der Übereinkunft sahen die Einstellung militärischer Unterstützung für die Serben und Kroaten vor, eine Teilung Bosnien-Herzegowinas in ethnische/religiöse Zonen und die Entsendung einer multinationalen Friedenstruppe, die die Umsetzung des Abkommens überwachen sollte. Den Hauptteil der Truppen stellten die USA, Großbritannien und Frankreich, etliche andere Staaten, darunter auch Russland, steuerten Einheiten bei.

Das neue Hauptquartier der 10th Special Forces Group in Fort Carson, Colorado. Die in einem Hochgebirgstal gelegene Einrichtung ist der Heimatstützpunkt der Gruppe, die Hilfe bei Special Operations in Europa leistet.

John D. Gresham

Missionen der SF-Teams, die jetzt nach Bosnien-Herzegowina verlegt werden sollten. Zuvor hatte Major McCollum schon alle notwendigen Vorbereitungen für meinen Bosnientrip getroffen. Langsam wurde es ernst. Heute sollte ich operativ sensibles Material – Daten, Orte, Personal und Informationen über verschiedene Schlüsselmissionen – bekommen. Sollte ich irgendetwas davon ausplaudern, so teilte man mir mit, würde ich Menschenleben gefährden, mein eigenes eingeschlossen.

Das alles und noch einige Regeln mehr erklärte mir der Kommandeur, während ich mich hinsetzte. Dann wurde die Beleuchtung gedämpft und die Besprechungen nahmen ihren Lauf.

Und so stellte sich die Situation zum damaligen Zeitpunkt dar: Der Friedenssicherungseinsatz in Bosnien-Herzegowina (die Operation Joint Forge) ging in ihr viertes Jahr. Die Friedenstruppen, als Stabilization Force (SFOR) bekannt, setzten sich aus schweren und konventionellen Kräften aus mehr als einem Dutzend Nationen zusammen. Diese waren entweder NATO-Bündnisstaaten oder solche, die sich dem Programm Partnership for Peace (ein NATO-Programm, das Nationen des ehemaligen Warschauer Paktes und anderen helfen sollte, sich für eine Aufnahme in die NATO zu qualifizieren) angeschlossen hatten. Die aus Amerikanern, Franzosen und Briten bestehende SFOR führte Missionen in drei Kontrollzonen durch. Die amerikanischen Truppen trugen die Bezeichnung Task Force Eagle und waren auf dem Gelände eines riesigen, schwer verteidigten Forts in der Nähe von Tuzla im Nordsektor der amerikanischen Zone stationiert (die den größten Teil Zentralbosniens abdeckte). Bedingt durch die ethnische Vielfalt der Bevölkerung ist die Friedenssicherung dort alles andere als leicht. Deshalb werden dort auch kontinuierlich Einheiten in Brigadegröße nach dem Rotationsprinzip ein- und ausgeflogen.

Aber was treiben sie eigentlich genau? Nun, eine ganze Menge: Patrouillieren und Aufklärung, die Bewertung und Einschätzung potenziell »heißer« Punkte, die Beilegung von Eigentums- und Zugangsstreitigkeiten und die Unterdrückung jeglicher Aktivitäten durch Aufständische.

Ursprünglich kam die amerikanische Brigade von Einheiten, die ihren Stützpunkt in Europa hatten, doch vor kurzem wurden die Missionen von Einheiten übernommen, die auf dem nordamerikanischen Festland stationiert sind. So operierte beispielsweise im Frühjahr 1999 eine Brigade der 1st Armored Cavalry Division aus Fort Hood in Texas von Tuzla aus. Sie sollte anschließend turnusmäßig von einer Brigade der 10th Mountain Division (die für diesen Einsatz am JRTC trainiert hatte) abgelöst werden.

Friedenssicherung ist nicht einfach, weil hasserfüllte, rachedürstende und gewaltbereite Menschen nur sehr schwer davon zu überzeugen sind, die Ruhe zu bewahren. Friedenssicherung mit militärischer Gewalt enthält in sich eine starke Spannung – allerdings eine notwendige. Die friedenssichernde Kraft muss sich friedlich verhalten und dennoch den großen Knüppel im Sack haben. Hat sie den großen Knüppel nicht parat, kann es schnell passieren, dass die verfeindeten Parteien wieder aufeinander losgehen, und dann wird jeder Angehörige der Kraft zu einer potenziellen Geisel oder zum Ziel einer Erpressung – oder von Kugeln. Diese Tatsachen stehen gerade in dem Gebiet, das früher einmal Jugoslawien war, in einem ganz besonders hellen Licht, denn hier gibt es seit Jahrhunderten offene und schwärende Wunden und nur der harten Hand von Marschall Tito war es möglich, so etwas wie Ordnung in das zerrissene Land zu bringen. Jedenfalls ist es heute ein Paradebeispiel für eine Situation, in der diplomatische Bemühungen einfach Verschwendung sind.

Aus diesen Gründen hat die SFOR auch stets die Haltung eines »großen Hundes« eingenommen. Praktisch bedeutete dies die Anwesenheit einer Menge Schützenpanzer des Typs *Bradley* und vieler bewaffneter Geländefahrzeuge, auf denen Soldaten mit vollem Körperpanzer und geladenen und gesicherten Waffen aufgesessen waren. Ein Operationskonzept, wo eine solche Einheit mehr an eine Besatzungstruppe als eine Gruppe Nonnen von Mutter Teresa erinnert, schafft es natürlich nur bedingt, die einheimische Bevölkerung davon zu überzeugen, dass alles nur dem Frieden dient.

Bislang jedenfalls schien bei der SFOR-Mission so weit alles glatt gelaufen zu sein. Allerdings bietet eine Situation, in der man bemüht ist, den Deckel auf dem Druckkochtopf zu halten, den verschiedenen Splittergruppen auch immer wieder Gelegenheiten, die eine oder andere Art praktikabler friedlicher Übereinkünfte zu treffen. Es gibt eigentlich keinen Grund, weshalb zwei christliche Glaubensrichtungen – die orthodoxe und die römische – nicht mit ihren muslimischen Nachbarn auskommen sollten. Vielleicht kommen sie eines Tages doch noch darauf, dass sie im Grunde alle ein und denselben Gott verehren.

Bis dahin wären die schweren konventionellen Kräfte – der Deckel auf dem Druckkochtopf – ohne eine gute Bodenaufklärung praktisch blind. Und sie brauchen natürlich auch eine überragende Unterstützung aus der Luft, die dazugehörige Logistik und hochkarätige nachrichtendienstliche Überwachung, zudem hat die SFOR ein kleines Kontingent von Special Forces Teams im Lande platziert. Diese Teams, die von der 10th und der 3rd SFG gezogen wurden, werden in die jeweiligen Problemzonen entsandt und halten überall dort Augen und Ohren offen, wo sie am meisten gebraucht werden: zum Beispiel in einer Stadt in der Nähe einer Demarkationslinie, wo man Spannungen erwartet. Außerdem werden die Teams als Verbindungselemente zu anderen, nicht amerikanischen Friedenssicherungseinheiten genutzt.

Meine Hoffnung bestand darin, eins dieser Teams in Bosnien-Herzegowina besuchen zu können.

Im Briefing, an dem ich teilnehmen sollte, würden die Einsatzplanungen vorgestellt und anschließend vom Operationsstab des $2/10^{th}$ durchdacht und kritisch erörtert.

Anfang Januar 1999 würde das $2/10^{th}$ SFG drei Teams nach Bosnien-Herzegowina in den Einsatz schicken, um dort die Operation Joint Forge zu unterstützen. Die nachfolgend aufgelisteten Einheiten waren zu den entsprechenden Einheiten kommandiert:

- **AOB 060** – Die Koordination vorgeschobener Aktivitäten für die SF-Einsätze sollte ein ODB leisten, das als Befehls-, Führungs- und Kommunikationselement für die anderen beiden Missionen in der amerikanischen Friedenssicherungszone arbeiten würde.
- **ODA 040** – Eine der größten Herausforderungen für die Amerikaner in den SFOR ist stets die Aufrechterhaltung der Kommunikation und Koordination mit friedenssichernden Einheiten anderer teilnehmender Nationen. In Bosnien-Herzegowina war unter diesen Herausforderungen wiederum eine der härtesten die Zusammenarbeit mit den Russen, die eine komplette Brigade Fallschirmjäger zu Joint Forge beigesteuert hatten (die Panzerabteilung, die später gegen Ende des Luftkriegs in Jugoslawien zum Flughafen von Pristina im Kosovo raste, kam von dieser Einheit). Da die Kommunikationsausrüstung des russischen Heeres technisch gesehen etliche Generationen hinter der des amerikanischen Militärs herhinkt, hatten die Russen es wirklich schwer, mit den Amerikanern in Kontakt zu bleiben. Und bei multinationalen Militäreinsätzen birgt es ein gewisses Gefahrenpotenzial in sich, wenn schon die Versendung eines Faxes mit Problemen verbunden ist. Zuverlässige Verbindungsarbeit war in diesem Fall besonders wichtig. Deshalb hatte man das ODA 040 bei der russischen Brigade untergebracht, die dort als Liaison Coordination Element (LCE) arbeiten und auf diesem Weg eine direkte Verbindung zum Rest der SFOR und Task Force Eagle in Tuzla aufrechterhalten sollte. Darüber hinaus würde das ODA 040 einen ganz praktischen, wenn auch nirgendwo dokumentierten Vorteil bieten: Die Männer bekamen gleich auch einen ungehinderten Einblick in das

Verhalten der Russen im Feldeinsatz. Die langjährige enge Verbindung der Russen zu ihren slawischen Verwandten, den Serben, hatte zu Aktionen geführt, die unter dem Aspekt der Gerechtigkeit bestenfalls als zweifelhaft eingestuft werden konnten. Die SF-Beobachter würden nicht zwangsläufig Einfluss auf das Verhalten der Russen nehmen, doch immerhin waren sie in der Lage, eventuelle Vorfälle zu dokumentieren.

- **ODA 062** – Die Mission der anderen Komponente des 2/10th SFG bestand darin, als so genanntes Joint-Coordination-Observer-Team (JCO) in der Stadt Doboj zu fungieren, die von entscheidender strategischer Bedeutung war. Da sie genau im Schnittpunkt dreier ethnischer Zonen (Serben, Muslime und Kroaten) innerhalb der amerikanischen Zone lag, wurde erwartet, dass sie sich als Krisenpunkt erweisen würde. Das ODA 062 sollte in die Stadt einrücken und dort ein Team-Haus einrichten. Im Klartext hieß das, dass sie ganz normal ein Privathaus anmieten, dieses mit angemessener Kommunikationsausrüstung ausstatten und es anschließend als Ausgangsbasis verwenden würden, von der aus sie mit nicht gemieteten – und nicht gekennzeichneten – geländegängigen PKWs das Gebiet patrouillieren konnten. Die Mitglieder des Teams selbst würden entweder Zivilkleidung oder allenfalls eine Art Kampfanzüge tragen und lediglich das absolute Minimum an Waffen und Schutzkleidung sehen lassen. Bei ihren Runden durch das Gebiet bestand ihre Aufgabe in erster Linie darin, die Einheimischen kennen zu lernen, Kontakte zu knüpfen und die Stimmung in der Bevölkerung zu beobachten – alles in der Hoffnung, Probleme zu lösen, bevor Kampfhubschrauber des Typs *Apache* oder *Bradley*-Schützenpanzer aufziehen mussten.

Nach diesem Teil des Briefings bat mich der Kommandeur, den Raum zu verlassen; nun wurden die der Geheimhaltung unterworfenen Aspekte der Einsatzplanung diskutiert.

Nach einiger Zeit wurde ich wieder in den Konferenzraum zurückgerufen. Die Diskussion hatte sich mittlerweile wieder allgemeineren Punkten zugewandt wie der unergründlichen und komplizierten Geschichte und Politik auf dem Balkan – Bereiche, von denen ich keine große Ahnung hatte. Schon einleuchtend, dachte ich, dass der SF-Stab den Männern empfiehlt, sich in das Gebiet, in dem sie eingesetzt werden, einzulesen (SF-Soldaten sind unersättliche Leseratten – stets haben sie eine ganze Sammlung von Büchern in ihren Tragetaschen und Team-Häusern). Da es sicherlich auch für mich sehr sinnvoll sein würde, mich mit Büchern kundig zu machen, bat ich den Stab des 2/10th SFG um entsprechende Lektüreempfehlungen.

Die Liste war aufschlussreich (genau genommen war es gar keine Liste, denn sie hatten gleich die richtigen Bücher zur Hand, die sie mir quer über den Tisch zuschoben):

- ***Peacekeeper: The Road to Sarajevo*** von Major General Louis MacKenzie. Diese wichtige Analyse des Vorgehens der NATO auf dem Balkan wurde vom ehemaligen Kommandeur der Friedenssicherungstruppe der Vereinten Nationen geschrieben und reicht bis zur Unterzeichnung und Umsetzung des Dayton-Abkommens.

- ***To End a War*** von Richard Holbrooke. Das Standardwerk über die Verhandlungen über die Zukunft von Bosnien-Herzegowina. Da es sich um ein Buch über Diplomatie handelt, das von einem Diplomaten geschrieben wurde (Holbrooke ist der amtierende UN-Botschafter Amerikas und ein Mann mit einem bekanntermaßen ausgeprägten Ego), ist der Blickwinkel etwas eingeschränkt.
- ***Bosnia: A Short History*** von Noel Malcomb. Dieses Buch beschreibt den Verfall von Bosnien-Herzegowina im Laufe der 90er-Jahre und seine Entwicklung zu einem Gefahrenherd der Gegenwart. Ein ausgezeichnetes Werk für all diejenigen, die an einem aktuellen Blick auf die Region interessiert sind.
- ***Yugoslavia: Death of a Nation***[146] von Laura Silber und Allan Little. Hierbei handelt es sich um das Begleitbuch zu einer hervorragenden, jedoch kontrovers beurteilten fünfstündigen Dokumentation, die 1996 vom Discovery Channel und der BBC ausgestrahlt wurde. Fernsehserie und Begleitbuch werfen beide einen Blick weit zurück in die Vergangenheit und zeigen, dass die Wurzeln des Konfliktes etliche hundert Jahre zurückliegen. Zugleich wird betont, dass die Führer der verschiedenen gegenwärtigen Splittergruppen ausgiebigen Gebrauch von überholten ethnischen Symbolen gemacht haben (ähnlich wie Hitler und die Nazis), um durch sie die jüngsten Hasskampagnen und ihr selbstsüchtiges Verhalten zu rechtfertigen.
- ***Endgame: The Betrayal and Fall of Srebrenica***[147] von David Rhode. Die Srebrenica-Krise war einer der ganz schlimmen Vorfälle des Bürgerkrieges. Dort hatten – unter den Augen westlicher Beobachter und der versammelten Presse – die Serben Tausende von Kroaten und Muslimen ermordet und in Massengräber geworfen. Das Buch ist leider im Buchhandel vergriffen und in Bibliotheken schwer zu finden. Die präzise Untersuchung der Krise und des Massenmordes ist fesselnd zu lesen und wichtig für alle, die die Dynamik des Konflikts, den auf dem Balkan herrschenden Hass und die Rachsucht verstehen wollen.
- ***The Ugly American*** von Eugene Burdick und William J. Lederer. Dieser Klassiker aus den 50er-Jahren ist auch heute noch überzeugend und wird *allen* SF-Soldaten praktisch als Pflichtlektüre empfohlen. Der Roman (auf der Basis der Erlebnisse eines CIA-Agenten, der in Vietnam im Einsatz war und dessen Geschichte auch die Grundlage für Graham Greenes Roman *The Quiet American* lieferte) ist und bleibt das Standardwerk, *was* Amerikaner im Überseeeinsatz *nicht* tun sollten und *wie* sie es *nicht* tun sollten.
- ***Eastern Approaches*** von Fitzroy MacLean. Der Autor, ein britischer Diplomat, erzählt von seinen Reisen durch Osteuropa in den 30er- und

146 Deutscher Titel: *Meine Mission. Vom Krieg zum Frieden in Bosnien* (Piper 1998).

147 Deutscher Titel: *Die letzten Tage von Srebrenica. Was geschah und wie es möglich wurde* (Rowohlt 1997).

40er-Jahren. *Eastern Approaches* liefert ein klares Bild davon, wie Marschall Tito und seine Partisanen den Staat Jugoslawien schufen.

- ***Low Intensity Operations: Subversion, Insurgency, Peacekeeping*** von Frank Kitson. Ein überraschend klar geschriebenes und leicht zu lesendes »Gewusst wie« für die Kriegführung geringer Intensität, sozusagen ein Handbuch für Revolutionäre. Es deckt sämtliche größere politische und militärische Aktionen ab, die für eine populistische Rebellion erforderlich sind, einschließlich einer Aufzählung der Anzeichen, an denen sich Erfolg oder Misserfolg ablesen lässt. Im Gegensatz zu anderen Büchern über dieses Thema, die meist dazu tendieren, Guerilla-Führer zu Idolen zu erheben und die positiven Möglichkeiten (wie Friedenssicherungsoperationen) ignorieren, behandelt dieses Buch das gesamte Spektrum und ist daher für alle SF-Soldaten sehr hilfreich, die ihr Handwerk erlernen.
- ***FM 100-20* – U.S. Army Training and Doctrine Command. –** Praktisch die *Bibel* für SF-Soldaten. Das Field Manual (FM) 100-20 ist die Standard-Ausbildungsrichtlinie für *low-intensity*-Konflikte.
- ***How to Win Friends and Influence People***[148] von Dale Carnegie. Auf den ersten Blick ist es vielleicht überraschend, diesen Titel in der Auswahl zu finden, doch denken wir einen Augenblick darüber nach: Schwerpunkt des Buches ist das Bemühen, Menschen davon zu überzeugen, die weder einen selbst kennen noch wissen, wie man gesehen werden möchte, und was man tut, um im bestmöglichen Licht dazustehen. Hier wird ein Plan ausgebreitet, wie man den Weg zu anderen Menschen findet. Besondere Betonung liegt darauf, zu erfahren, was wichtig für die anderen Menschen ist, um davon ausgehend ihre Bewunderung und ihr Vertrauen zu gewinnen und ihnen dann zu demonstrieren, dass man selbst etwas zu bieten hat, was hilfreich und wichtig für sie sein kann. Das funktioniert im Verkaufsgeschäft und das funktioniert »downrange«. Menschen sind nun einmal Menschen und das auf der ganzen Welt, gewöhnlich allerdings nicht ganz so gewieft wie die Amerikaner darin, die Marketingtechniken zu erkennen, die von Dale Carnegie favorisiert werden. Jedenfalls gehört es zu den Grundlagen einer SF-Mission, den Menschen zuzuhören, ihr Vertrauen und ihre Bewunderung zu gewinnen.

Dem letzten Buch, das vor mir auf den Tisch fiel, gebührt ganz eindeutig ein Sonderplatz im Herzen der SF:

- ***Fielding's The Worlds Most Dangerous Places, Third Edition*** von Robert Young Pelton. Wenn man ein Fan schrulliger bis absurder Abenteuer ist, wird man die *Dangerous Places* (bei der loyalen Fan-Gemeinde lediglich als *DP* bekannt) lieben. *DP* ist ein kompaktes Kompendium aus persönlichen Notizen, Reiseaufzeichnungen und nicht ganz ernst gemeinten Stoffsammlungen über Reisen zu den gefährlichsten Orten dieser Welt, samt Anleitungen, wie man solche Besuche überlebt. Obwohl sich in diesem Buch eine Menge findet, was lediglich auf Hörensagen basiert

148 Deutscher Titel: *Wie man Freunde gewinnt* (Scherz 2000).

und von eher zweifelhafter Genauigkeit ist, hat es sich zu einem Standard-Ausrüstungsteil in den Rucksäcken der SF-Soldaten auf dem Weg »downrange« entwickelt.

Im Anschluss an das Briefing bekam ich im Büro des Kommandeurs noch einige Worte mit auf den Weg. Der wichtigste Punkt dabei dürfte der gewesen sein, dass die Situation in Bosnien derzeit einigermaßen stabil erschien, was bedeutete, dass ich in der amerikanischen Zone eigentlich kaum Gefahren für Leib und Leben zu fürchten hatte – dank der starken U.S.-Präsenz und der ausgezeichneten Befehls- und Führungsarrangements. Dann empfahl er mir nachdrücklich, mich warm anzuziehen (wenn möglich, sollte ich mir einen dieser neuen Gore-Tex-Parkas besorgen, die auch seine Männer warm und trocken hielten).

Insgesamt äußerte er sich aber besorgt über die Entwicklung auf dem südlichen Balkan. Zwischenzeitlich gab es erste Anzeichen dafür, dass die Serben in Belgrad eine ethnische Säuberung des Kosovo von der albanisch stämmigen Bevölkerung planten. Diese Krise konnte seinem Gefühl nach jederzeit ausbrechen und durchaus die NATO in einen echten Krieg hineinziehen.

Auf diese Weise ausreichend vorgewarnt, empfahl ich mich.

Laut Terminplan sollte ich Major McCollum Anfang Januar auf der Eagle Base in Tuzla treffen und dann mit ihm »downrange« fahren. Der Flug sollte nach Ungarn gehen und von dort weiter nach Tuzla. Tom McCollum und seine Leute vom 2/10th SFG 2 würden mich zu kurzen Besuchen bei allen drei Teams mitnehmen – ganz besonders gespannt war ich auf die russischen Fallschirmjäger.

Doch leider wurde nichts davon Wirklichkeit.

Nur wenige Tage vor meinem geplanten Abflug mit einem Transportflugzeug C-5 *Galaxy* der USAF von der Dover AFB in Delaware teilte man mir mit, dass es »Verzögerungen« gebe. Dann kamen weitere Entschuldigungen vom Büro für Öffentlichkeitsarbeit in Tuzla und bald folgte die Absage, auf die ich mich schon langsam eingestellt hatte: Bis auf weiteres wollte General Montgomery Meigs, der Kommandierende General der US-amerikanischen Streitkräfte in Europa, weder Schriftsteller noch Journalisten im Kampfgebiet haben. Weitere Erklärungen wurden nicht abgegeben.[149]

Doch ich verfolgte im Laufe der darauffolgenden Tage sehr genau die Nachrichtensendungen und fand meine eigene Antwort. Zwei Tage nach

---

149 General Montgomery Meigs ist der jüngste Spross einer langen Reihe von Generälen, die alle einer der ersten Familien der Army entstammen. Sein Namensvetter, Abraham Lincolns Quartermaster General während des Bürgerkrieges, beschlagnahmte den Wohnsitz General Robert E. Lees in Virginia und machte daraus den Nationalfriedhof von Arlington. Der heutige General Meigs ist ein Veteran des Golfkrieges von 1991; damals hatte er das Kommando über eine Panzerbrigade, die Einsätze gegen die Republikanischen Garden Saddam Husseins fuhr. Meigs ist Spezialist in der geheimnisvollen Wissenschaft der Einsatzforschung und darüber hinaus ein hervorragender Historiker und Autor.

der Absage nahmen SOF-Kräfte der NATO einen serbischen General fest, der beschuldigt wurde, in Bosnien Kriegsverbrechen begangen zu haben – ein »dicker Fang« für das Kriegsverbrechertribunal in Den Haag.

Fast im gleichen Moment begannen die Serben, das Feuer zu schüren. Innerhalb weniger Stunden wurden NATO-Patrouillen in ganz Bosnien schikaniert und es mussten sogar einige gepanzerte Verstärkungseinheiten losgeschickt werden, um einige Patrouillen aus der Klemme zu befreien. Der Aufruhr dauerte letzten Endes etliche Wochen an.

Mit anderen Worten: General Meigs hatte sich entschlossen, keinerlei Risiken einzugehen und Zivilisten von vornherein aus der Gefahrenzone herauszuhalten.

So, wie es aussah, würde die Lage um die Eagle Base für die kommenden Monate recht gespannt bleiben und ich kam zu dem Schluss, dass es besser war, den Bosnien-Trip ganz zu streichen. Natürlich war ich traurig, dass es nicht geklappt hatte, aber ich war General Meigs auch dankbar, dass er mir den Hintern gerettet hatte. Danke, Monty!

Der Persische Golf

Der Balkan war keineswegs das einzig lohnende Ziel für meine »Downrange«-Exkursionen.

Der Persische Golf beispielsweise hat dem neugierigen Beobachter einiges zu bieten, obwohl es zu dem Zeitpunkt, als die endgültige Entscheidung fiel, dass ich dorthin fliegen sollte (etwa einen Monat nach meinem Besuch in Fort Carson), ebenfalls so aussah, als würde ich in einen echten Krieg geraten.

Der Unterschied zwischen meinem geplatzten Trip nach Bosnien und dem gelungenen an den Golf lag letzten Endes in der Einschätzung der Gefahren, die damit für Zivilisten verbunden sein konnten. In Bosnien ging man aus, dass terroristische oder sonstige Vergeltungsakte im Bereich des Möglichen lagen. Am Golf dagegen vertrat man die Ansicht, dass selbst im Fall eines echten Krieges die Wahrscheinlichkeit, dass Leute wie ich Risiken ausgesetzt sein könnten, als eher gering einzustufen war. Das war aber nicht gleichbedeutend damit, dass ich dort tun und lassen konnte, was ich wollte. Es *gab* genug Gefahren am Golf und meine Freunde bei den SF taten ihr Bestes, mich davor zu schützen. In diesem Bemühen waren sie – Gott sei Dank – ziemlich erfolgreich.

Derweil gebärdete sich Saddam Hussein wieder als normales lästiges Ärgernis und Amerika schlug zusammen mit seinen Verbündeten hart zurück. Die schon lange schwelende Krise um die UN-Inspektoren und deren Zugang zu den irakischen Produktionsstätten für Massenvernichtungswaffen und Marschflugkörper war wieder einmal eskaliert und eine Militäraktion schien unmittelbar bevorzustehen. Der Flugzeugträger-Gefechtsverband um die USS *Eisenhower* (CVN-69) war in Begleitung eines Stroms von Luft- und Bodentruppen-Verstärkungen in den Persischen Golf eingelaufen. Auf beiden Seiten gab es wütendes Schnauben, scharfe Atemzüge und lautes Säbelgerassel. Wer würde den Bluff des anderen wohl als Erster durchschauen? Oder war es vielleicht gar kein Bluff?

Am 14. November fanden die Drohgebärden ein Ende und der Ausführungsbefehl für die Luftangriffe auf den Irak traf beim Kommandierenden General des Central Command, General Tony Zini, ein. Flugzeuge (die noch zurückgerufen werden konnten) hoben ab und Cruise Missiles (die nicht mehr umkehren konnten) wurden startklar gemacht. Da lenkten die Iraker ein und kündigten an, dass sie wieder bereit seien, UN-Inspektoren Zutritt zu gewähren.

Die Diplomaten nahmen wieder Platz und versuchten ein weiteres Mal, eine Einigung zu finden. (Letztlich gelang es ihnen nicht. Aber das ist eine andere Geschichte.)

Während die Situation sich zuspitzte (besser gesagt, *obwohl* die Situation sich zuspitzte), arrangierte das Special Forces Command meine Besuche bei den Elementen der 5th SFG am Persischen Golf. Nach den Erfahrungen mit meinem fehlgeschlagenen Bosnientrip sei mir vergeben, wenn ich zunächst gewisse Zweifel hatte, ob meine Reise an den Golf tatsächlich stattfinden würde. Aber diesmal lag ich mit meinen Bedenken glücklicherweise falsch und alles verlief bestens.

Die fast 13 000 Kilometer lange Reise begann am National Airport damit, dass ich den Führer für meine Expedition, einen Einsatzoffizier beim Stab der 5th SFG, kennen lernte. Ich nenne ihn einmal Major Neil. Neil war ein erfahrener Kommandeur von SF-Teams und Kompanien und man hatte ihn mir zugeteilt, weil er über die nötigen sprachlichen und kulturellen Kenntnisse sowie Erfahrungen mit dem Schutz von VIPs verfügte. (Major McCollum sollte mich ursprünglich ebenfalls begleiten, musste aber wegen in letzter Minute aufgetauchter Visa-Probleme dann doch zu Hause bleiben.) Also war Neil mein Führer und Bodyguard, der mich sicher durch die Golfstaaten geleiten sollte.

Laut Plan sollten wir zunächst nach Amsterdam fliegen, dort umsteigen und nach Bahrain weiterfliegen, einem kleinen Inselstaat in der Bucht zwischen dem saudischen Hafen Dharan und der Halbinsel von Katar. Hier würde ich die vorgeschobenen Hauptquartiere für die SOF-Einheiten unter dem CENTCOM-SOCCENT und eine Abteilung der 5th SFG besichtigen, die gerade einen Ausbildungseinsatz beendeten. Von dort würden wir nach Kuwait fliegen und weitere Teams der 5th SFG besuchen einschließlich der Teams, die in den laufenden Einsatz gegen den Irak eingebunden waren.

Kurz vor der Abreise informierte mich Major Neil, dass sich die Irakkrise zuspitzte, da sechs Terroristengruppen in der Region ihr Unwesen trieben. Das bedeutete, dass er einige *sehr* spezifische Sicherheitsanweisungen für mich hatte und wie eine Glucke über mich wachen würde. Unter diesen Umständen war mir diese Form der Aufmerksamkeit alles andere als unangenehm.

Für den Flug von Amerika zum internationalen Flughafen etwas außerhalb von Bahrains Hauptstadt Manama brauchten wir fast genau 20 Stunden und drei verschiedene Flugzeuge. Als wir schließlich ankamen, war ich ziemlich fertig. Kaum ausgestiegen, schleuste mich Major Neil durch den Zoll und verfrachtete mich in einen Mietwagen, mit dem wir zu unserem Hotel fuhren, einem Best Western (haben Sie etwas Exotisches erwartet?). Seine überragenden Fahrtechniken waren hier im arabischen Verkehrsgewühl (die wahre Gefahr!) äußerst hilfreich.

Im Hotel schaffte ich es gerade noch, mich durch die Schleier meiner Erschöpfung auf einige seiner grundlegenden Vorsichtsmaßregeln zu konzentrieren. Erstens: Fenster immer geschlossen halten und die Türen verriegeln. Zweitens: Nur trinken, was aus einer Flasche kommt. (Obwohl die Entsalzungsanlagen entlang der Küste Trinkwasser produzieren, das in diesem Teil der Welt fast ebenso wertvoll wie das Öl ist, das man hier fördert, ist das Wasser in den Haushalten immer noch mehr als nur ein bisschen salzig. Zum Waschen und Baden reicht es allemal aus, aber wirklich trinkbar ist es nicht. Deshalb trinken die Leute nahezu ausschließlich Wasser aus Flaschen.)

Augenblicke später war ich auf meinem Zimmer und versuchte, mich von der Mutter aller Jet-Lags zu erholen.

Donnerstag, 19. November – Camp Kalid, Sheik Isa, Bahrain

Am nächsten Morgen gab mir Neil beim Frühstück (das überraschend gut war und aus Eiern, Wurst, allen möglichen Brotsorten, Früchten und Getreideflocken bestand) im Speisesaal des Hotels einen Abriss der Situation vor Ort. Bahrain, so erklärte er mir, ist der liberalste und toleranteste der Golfstaaten und der Ort, wohin es die Menschen aus den mehr orthodoxen arabischen Nationen zieht, wenn sie »spielen« wollen. Die Insel ist über einen langen Fahrdamm mit dem saudischen Festland verbunden. Am saudischen Ende des Damms gelten sämtliche Restriktionen des Islam, was Essen, Trinken und Umgang mit anderen angeht. Manama dagegen erwartet den Besucher mit hellem Neonlicht, das es schon fast mit Las Vegas aufnehmen kann.

Doch trotz aller westlichen Annehmlichkeiten weiß man stets genau, wo man ist. Schon ganz früh morgens und dann in regelmäßigen Abständen über den Tag verteilt hört man die Rufe der Muezzins – und zwar sowohl von den Spitzen der Minarette wie auch über die örtlichen Fernsehsender. Und wenn man dann auf die Straßen hinaustritt, steht unübersehbar ein Soldat der Nationalgarde mit seiner vollautomatischen Maschinenpistole MP-5 vor dem Hoteleingang.[150] Diese Jungs dürften einer der Hauptgründe dafür sein, dass die Straßenkriminalität in diesem Teil der Welt verschwindend gering ist.

---

150 Viele Nationen unterhalten Nationalgarden – eigentlich nationale Polizeikräfte –, die eine Kombination von Institutionen darstellen, etwa FBI, Schatzamt, Staatspolizei/Miliz und Reserve des Militärs in einem.

Nach dem Frühstück schnappte ich mir mein Tagesgepäck, kaufte noch etliche gut gekühlte Flaschen Wasser und stieg für eine rasche Fahrt zum Südende der Insel in den Mietwagen. Dort sollte ich einen Vorgeschmack vom »Downrange«-Leben der Special Forces bekommen.

Auf unserem Weg registrierte ich unwillkürlich eine ganze Reihe von Industriebetrieben neben den erwarteten petrochemischen Anlagen. Der derzeit herrschende Emir und seine Familie arbeiten hart daran, einen Industriestandort zu schaffen, der auch dann noch Überlebenschancen hat, wenn einmal das endgültige Ende der Ölquellen gekommen ist.

Rund 50 Kilometer im Süden von Manama fuhren wir in ein ausgedehntes militärisches Sperrgebiet, das weder auf den örtlichen Straßenkarten noch in irgendwelchen Reiseführern verzeichnet ist. Das ist Sheik Isa (bei den amerikanischen Fliegern, die von hier aus geflogen sind, heißt es auch »Shakey's Pizza«), ein gewaltiger Luftstützpunkt, der selbst mit dem Betrieb schwerster Maschinen keinerlei Probleme hat. Gerade zu der Zeit diente er der Air Expeditionary Force der USAF als Stützpunkt. Zu dieser Einheit gehören nicht nur Maschinen des Typs F-15 *Eagle* und *Strike Eagle*, sondern auch F-16 *Fighting Falcon*, Tankflugzeuge und sogar eine Abteilung aus vier dicken *Lancer*-Bombern B-1B. Als wir ankamen, konnten wir einen Schwarm Flugzeuge beträchtlicher Größe im Süden erkennen, der sich offensichtlich gerade in der Platzrunde befand.

Auf unserem Weg in Richtung Osten auf den Golf zu passierten wir einige Kalksteinbrüche, dann bog Neil nach links ab und steuerte auf einen Bunkerkomplex und ein paar Zelte zu und wir waren am Ziel – Camp Kalid.

Camp Kalid war eine kleine Zeltstadt auf einer Fläche von rund vier Hektar, sie gruppierte sich rund um die Betonbunker am Nordende des Sheik-Isa-Sperrgebiets. Es war heiß und staubig (die Temperaturen lagen hier immer noch bei über 32 °C, obwohl es bereits Ende November war) und das Lager machte einen kargen und öden Eindruck, sah man einmal von den Zelten und den verstreut herumstehenden Fahrzeugen ab … und die Zelte wurden gerade abgebaut. Hier hatten insgesamt fünf Teams (vier ODAs und ein ODB) von der 5th SFG ein Ausbildungszentrum für Personal aus Katar und Bahrain als Teil des Programms Joint Combined Exercise Training (JCET) errichtet, das SF-Soldaten helfen sollte, den richtigen Weg für die Ausbildung ausländischer Soldaten zu erarbeiten. Die Teams waren in den vergangenen sieben Wochen in Bahrain gewesen und hatten vor, sich am nächsten Tag auf den Heimweg zu machen (zu Thanksgiving würden sie wieder zu Hause sein).

Ich habe ganz bewusst »hatten vor« geschrieben, denn es war noch einigermaßen fraglich, ob sie tatsächlich zum geplanten Termin würden abreisen können – ein Resultat des Irak-Alarms, der damit so etwas wie eine Erinnerung an die Realität darstellte, mit der sich die 5th ständig konfrontiert sieht: *Alles* ist immer in der Schwebe. Weil der 5th SFG stets die am weitesten entfernte Ecke in einer Area of Responsibility (AOR) zugewiesen wird, haben ihre Angehörigen oft das Gefühl, die wirkliche Hölle auf Erden bestünde darin, auf Flugzeuge zu warten.

Major Neil lächelte, als ich etwas in der Art sagte. »Letztes Jahr«, erzählte er, »bin ich mehr als 160 000 Kilometer weit gereist. Sie können sich kaum vorstellen, wie viele Vielfliegermeilen ich dabei gesammelt habe.«

Obwohl sich im Augenblick nicht viel Interessantes abspielte – es sei denn, man hat Spaß daran, Leuten beim Packen zuzusehen –, kam es zu einigen recht angeregten Unterhaltungen und der Kommandeur des Lagers, ebenfalls ein Major, lud uns ein, mit ihm und seinen Männern zu Mittag zu essen. Dieses wurde als Buffet in einem großen Zelt angeboten. Die von einheimischen Catering-Betrieben zubereitete Mahlzeit bestand aus Hühnchen, Lamm, Reis, Gemüse und einigen Beispielen traditionell amerikanischer Kost.

Während des Essens gab uns der Kommandeur einen Abriss seiner Mission und des Lebens in einer SOF-Einheit in der AOR des CENTCOM.

Da es derartige Anstrengungen und so viel Zeit kostet, Leute an und vom Persischen Golf zu transportieren, trachtet der örtliche SOCCENT-Kommandeur mit aller Macht danach, seine Truppen so lange wie möglich im Kampfgebiet zu halten. Dies hat zu einem Konzept geführt, das heute als »Nabe und Speiche« bezeichnet wird: Sobald die SF-Teams in der AOR eingetroffen sind, bewegen sie sich von einem Einsatz (hinaus auf eine der »Speichen«) zu einem anderen, der irgendwo anders in der Region läuft (also hinaus auf eine andere Speiche). Die »Nabe« dabei ist das vorgeschobene CENTSOC-Hauptquartier in Bahrain. Durch dieses »Nabe-und-Speiche«-Konzept haben die Teams verschiedene Einsätze zu erledigen, bevor sie nach Hause zurückkehren dürfen. Das entlastet die beschränkten Transportkapazitäten und es sind mehr SF-Einheiten in der Region, was sicherlich von Vorteil ist im Fall einer schnell eskalierenden Krise. Der Nachteil ist jedoch, dass auf diese Weise die wertvollste SF-Ressource (nämlich das Personal) in Einsätzen gebunden wird, die manches Mal den Eindruck von »Arbeitsbeschaffungsmaßnahmen« vermitteln und die Soldaten der 5th SFG, die ohnehin schon die am meisten beschäftigten SF-Soldaten der Army sind, langsam, aber sicher ausbrennen lassen.

Es bestand kein Zweifel, dass die SF-Soldaten das Gefühl hatten, dass sie viel zu viel Zeit in Camp Kalid mit Arbeitsbeschaffungsmaßnahmen verbracht hatten. Obwohl sie sich durchaus intensiv in der Ausbildung der einheimischen Streitkräfte engagierten, hatte diese Aktion lediglich etwa sieben Tage ihres 50 Tage dauernden Einsatzes in Anspruch genommen. Die restlichen 43 Tage hatten sie frustriert in ihren Zelten oder draußen in der Sonne gesessen und darauf gewartet, dass die Bahrainer auftauchten. Ihrer Ansicht nach war eine schlechte Koordination zwischen dem amerikanischen Außen- und Verteidigungsministerium und Bahrain dafür verantwortlich, dass die Dinge hier so schlimm durcheinander gelaufen waren.

Unter den gegebenen Umständen war es daher durchaus verständlich, dass sie jetzt darauf brannten, nach Hause zu kommen. Tatsächlich schafften sie es dann auch noch, pünktlich zu den Feiertagen wieder zu Hause zu sein,

Nach dem Mittagessen schnappte ich mir eine Flasche kaltes Wasser und wurde dann durch das geführt, was von Camp Kalid noch übrig war (ein erheblicher Teil der Einrichtung war bereits abgebaut und verpackt worden).

Die Bunker, so wurde mir mitgeteilt, waren als Sicherheits- und Kommunikationsbaracken genutzt worden, während die Männer selbst draußen in den Zelten gelebt hatten. In unmittelbarer Nähe hatten die Soldaten der 2/5th SFG Schießstände und Orientierungskurse für das JCET-Training eingerichtet.

Während wir dort herumspazierten, tat mir der Kommandeur seine Ansichten über die hauptsächlichen Beschwerden seiner Soldaten kund – und räumte dabei ein, dass ihre Frustration im Großen und Ganzen berechtigt sei. Aber er betonte auch, dass sie den ausländischen Soldaten eine gute Ausbildung geboten, sehr sinnvoll mit ihren Verbündeten kooperiert und einige wertvolle Lektionen für künftige JCET-Missionen gelernt hätten.

Des Weiteren wies er darauf hin, dass die Irak-Krise die Beziehungen zwischen den USA und ihren Verbündeten am Persischen Golf belastet habe und die Situation es erforderlich mache, sich in Geduld zu üben. Es gebe zwar einige nicht irakische Araber, die große Stücke auf Saddam Hussein hielten, die meisten seien den USA aber dankbar dafür, dass sie ihm weiterhin die Stirn boten. Doch die Iraker *seien* nun einmal ihre arabischen Brüder. Darüber hinaus seien eben diese Araber – die besten Gastgeber, die man sich für einen kurzen Aufenthalt nur wünschen kann – ziemlich nervös bei dem Gedanken an eine lang andauernde Präsenz fremder (sprich: amerikanischer) Kräfte in ihren Ländern. Das Beste für alle Beteiligten sei – aus ihrer Sicht –, wenn alle endlich ihre Differenzen beilegen und zum normalen Alltag der Ölförderung zurückkehren würden.

Kurz gesagt: Die meisten Araber hätten es am liebsten, wenn sich das Problem mit dem Irak ganz einfach in Luft auflösen würde.

Etwa um die Mitte des Nachmittags beendeten wir die Besichtigung und fuhren zurück nach Manama. Unterwegs wies mich Major Neil auf eine der interessanteren Touristenattraktionen in Bahrain hin, den »Lebensbaum«. Dabei handelt es sich um einen knorrigen, unansehnlichen Joshua-Baum[151], der mitten im Nirgendwo steht und weit und breit das einzig Lebendige ist, das man an dieser trostlosen Wüstenpiste findet. Dem Vernehmen nach soll der Baum das älteste Lebewesen unseres Planeten sein (Joshua-Bäume soll es bereits vor vielen tausend Jahren gegeben haben). Einige Muslime behaupten, hier müsse sich einmal der Garten Eden befunden haben.

Etwas später kamen wir an den Grabhügeln vorbei, für die Bahrain berühmt ist (das Nationalmuseum hat ihnen eine faszinierende Ausstel-

151 Der *Joshua Tree* ist einer der ältesten Wüstenbewohner. Da er keine Jahresringe ausbildet, weiß man nicht, wie alt so ein Baum werden kann. Seinen heutigen Namen erhielt er von den Mormonen, weil er sie an den hebräischen Führer Joshua erinnerte, der seine Arme zum Himmel streckt. (Anm. d. Ü.)

lung gewidmet). Man findet Tausende von sehr unterschiedlicher Größe über die ganze Insel verstreut, von Einzelgräbern bis hin zu kunstvoll ausgearbeiteten Gruften für mehrere Leichname.

Kurz darauf waren wir zurück im Las Vegas am Persischen Golf und in unserem Hotel… und standen Minuten später unter der Dusche. Nach einer Ruhepause folgte ein Abendessen im Hotel Diplomat, einem der Orientierungspunkte vor Ort.

Freitag, 20. November – (Vorgeschobenes) SOCCENT-Hauptquartier, Bahrain

Obwohl man in Bahrain im Vergleich zu anderen arabischen Staaten die Regeln des Islam wesentlich lockerer betrachtet, geht auch dort am Freitag – dem »islamischen Sabbat« – alles langsam und ruhig zu (immerhin öffnen alle Geschäfte mit einer entsprechenden Erlaubnis ein paar Stunden um die Mittagszeit).

Da ich bis zu den nächsten Ereignissen auf meinem Terminplan – ein Besuch beim Kommandeur des vorgeschobenen Elements des U.S. Special Forces Command (SOCCENT), dem dann mein Flug nach Kuwait folgen sollte – einige Stunden totschlagen musste, nutzte ich die Zeit, den örtlichen *Suk*, den arabischen Markt, zu erkunden. Das ist immer ein lohnendes Unternehmen.

Tatsächlich wurde die Zeit dann doch noch knapp und ich musste mich beeilen, zum Gelände der U.S. Navy zu kommen, wo ich den örtlichen SOCCENT-Kommandeur treffen sollte.

Da Bahrain einer der wenigen arabischen Staaten ist, die die Einrichtung permanenter Stützpunkte ausländischer Mächte auf ihrem Boden erlauben, ist dieser Staat zu einem sehr wichtigen Eckpfeiler der amerikanischen Interessen am Persischen Golf geworden.

Im Hafen selbst lag eine beträchtliche Zahl amerikanischer, britischer und bahrainischer Kriegsschiffe, direkt neben dem Hafengelände erstreckte sich eine der größten Baustellen, die ich je gesehen hatte. Hinter massiven Eingrenzungen aus Betonblocks befanden sich Dutzende von Gebäuden in unterschiedlichen Stadien der Fertigstellung. Das war der Komplex des Naval Forces Central Command (NAVCENT) Forward.

Zuvor war NAVCENT auf einem umgebauten amphibischen Schiff, der USS *LaSalle* (AGF-3), untergebracht. Doch nun, da man der Region ihre eigene Flottenbezeichnung gegeben hatte (U.S. 5th Fleet), waren dauerhaftere Einrichtungen erforderlich geworden.

Wie nicht anders zu erwarten, wurde alles wie eine Festung gebaut, autark und überlebensfähig, mit Unterkünften für das Personal und seine Familien unmittelbar vor den Schlagbäumen.

Nachdem unsere Akkreditierungen intensiv überprüft worden waren, durften Major Neil und ich das Gelände betreten. Wir marschierten fast einen Kilometer weit hinüber zu den voll klimatisierten Wohnwagen, in denen das vorgeschobene SOCCENT-Hauptquartier untergebracht ist.

Dort stellte mich Major Neil Colonel James B. Conners von der USAF vor, einem Veteranen in der SOC-Gemeinschaft der U.S. Air Force, der auf Gunship-Operationen spezialisiert war.

In seinem Dienstzimmer gab der Colonel mir einen Überblick über die bunt gemischten SOF-Operationen am Persischen Golf.

Er begann damit, dass er mir auf der Karte zeigte, wo gerade Einsätze liefen, und teilte mir dann seine Gedanken über den Alarm vom letzten Wochenende mit, als es fast zu einem Krieg gekommen wäre. »*So* knapp standen wir vor tatsächlichen Gefechten«, bekräftigte er mit einer entsprechenden Geste.

Dieser Alarm hatte auch noch etlichen anderen Menschen Kopfschmerzen bereitet: Man hatte damit begonnen, zahlreiche Truppen in den Golf zu verlegen, nur um jetzt erkennen zu müssen, dass man sie nicht brauchte. Noch schlimmer war, dass etliche Einheiten in Europa und auf den Azoren festsaßen und nur eine vage Vorstellung davon hatten, wo sie letzten Endes landen würden. Vor allem aber sind solche Verlegungen enorm kostspielig (sie werden aus verschiedenen Fonds für unvorhergesehene Ausgaben finanziert, sind aber immer ein Nullsummenspiel). Demzufolge tat der Colonel jetzt sein Bestes, zusammen mit seinen Vorgesetzten Ordnung in die Dinge zu bekommen und den Personalstrom in seiner AOR in die umgekehrte Richtung zu lenken.

Als der Colonel sich dann den weiter gefassten Themen zuwandte, zeigte er sich brennend daran interessiert, dass ein ausschließlich für diese Region bestimmtes vorgeschobenes SOF-Hauptquartier entstand, das völlig separat von den Einrichtungen der Army, Navy und Air Force liegen würde,[152] zwischen denen sich die SOF-Einheiten derzeit etwas eingequetscht fühlen. Diese Regelung würde auch den Gastnationen gefallen, weil dadurch die amerikanische Präsenz über einen weiteren Raum verteilt werden könnte und weniger offensichtlich erschiene.

Ein Gedanke besteht darin, eine spezielle SOF-Einrichtung in Katar zu bauen; die dortige Regierung hat schon die Bereitschaft bekundet, einem solchen Projekt zuzustimmen. Aber gerade im Moment ist das Geld der alles bestimmende Faktor, und das ist – wie üblich – wieder einmal knapp bemessen. Die Gesetzgeber in Washington ziehen es nun einmal vor, Geld für Bauvorhaben in den eigenen Bundesstaaten auszugeben statt in fremden Ländern. Dennoch ist das SOCOM überzeugt, dass ein vorgeschobenes Hauptquartier erforderlich ist und sicherlich auch bewilligt wird, sobald der Bau der Marineeinrichtungen in Bahrain erst einmal abgeschlossen ist.

Nach der Besprechung nahm ich gerne die Einladung des Colonel an, ihn auf die gegenüberliegende Seite des Geländes zu begleiten und dort

---

152 Die Einrichtungen der Army befinden sich in Camp Doha im Norden von Kuwait City, während die der Navy in Bahrain angesiedelt sind. Die Air Force wiederum liegt in Al Karj (auf der Prince Sultan Air Base, die während des Golfkrieges dem 4th Wing als Stützpunkt diente) in Saudi-Arabien (vorher befand sie sich in Dharan).

Kommandeursablösung auf dem Gelände der U. S. Navy in Bahrain. Von diesem Gelände aus werden zusammen mit den Einheiten der Air Force und der Army Special Forces auch die Einsätze von Navy SEALs und Spezialeinsatz-Kampfschiffen am gesamten Persischen Golf unterstützt.

John D. Gresham

einer kleinen Feierlichkeit beizuwohnen: einer Kommandeursablösung beim örtlichen SEAL-Team (Navy Sea-Air-Land).

Nach einem kurzen Spaziergang betraten wir etwas, das auch gut als Platz im Zentrum einer Stadt in Arizona oder einer anderen Gemeinde irgendwo im Südwesten der Staaten hätte durchgehen können. Um eine Rasenfläche waren Häuser im Ranch-Stil gruppiert (in einem Haus gab es sogar ein Internet-Café einschließlich Kaffee-Bar), an den Rändern wuchsen Palmen. Junge amerikanische Soldaten schlenderten umher... Es hätte genauso gut auch ein schönes, entspanntes Wochenende in den Staaten sein können.

In der Zwischenzeit hatten sich etliche Hundert SOF-Soldaten von allen Teilstreitkräften eingefunden, wobei die Navy SEALs in ihren weißen Sommeruniformen den größten Teil ausmachten. Was dann folgte, war eine der sicherlich erfreulicheren Traditionen beim Militär: die formelle Übergabe eines Kommandos im Feld. Die Verdienste des scheidenden Kommandeurs wurden gewürdigt, darunter auch die Einrichtung einer vorgeschobenen Präsenz der SEALs am Persischen Golf. Dann folgten viel sagende Kommentare darüber, wie die SEALs kürzlich ein kleines Patrouillenboot des Typs Mark V dazu verwendet hatten, die lebenswichtige Straße von Hormus zwischen dem Iran und Oman zu überwachen. Tatsächlich hatte in dieser Nacht ein anderes Patrouillenboot gleichen Typs die USS *Enterprise* (CVN-65) CVBG in den Persischen Golf geführt. Es war damals eine ziemlich hektische Zeit am Golf.

Eine Stunde später waren Major Neil und ich schon wieder zurück am Flughafen, bereit für den etwa einstündigen Flug nach Kuwait. Der Flug war schnell und komfortabel, obwohl die Maschine sehr voll war: Viele Kuwaiter kehrten nach Hause zurück, denn am nächsten Morgen begann die islamische Arbeitswoche.

Nach den eher laschen Kontrollen am Flughafen von Bahrain war der Flughafen von Kuwait fast ein Schock. Die Schrecken des Krieges mochten vielleicht vorüber sein, doch offensichtlich glaubte man das hier noch nicht recht. Tausende von Menschen trafen an diesem Abend ein – Soldaten verbündeter Nationen, zivile Beschäftigte und der normale Strom von Geschäfts- und Privatleuten – und das Ministerium für Innere Sicherheit (dessen Polizeikräfte für lokale Sicherheit, den Zoll, den Grenzschutz und die Terrorismusbekämpfung zuständig sind) war stark vertreten, jeder Mann in schwarzer Uniform und mit umgehängter MP-5-Maschinenpistole.

Nachdem wir den Zoll passiert hatten, geleitete Neil mich zum Ausgang des Flughafens, wo wir einen stämmigen Mann in Zivilkleidung trafen – nicht zu übersehen, dass es sich um einen hochrangigen SF-Soldaten handeln musste. Sein Name war Chief Warrant Officer Wade und er hatte den Befehl bekommen, während meines Besuchs für meine Sicherheit und meinen Schutz zu sorgen. Wade dirigierte uns zu einem großen Chevrolet *Suburban* im Parkhaus.

Dann folgten 20 Minuten Fahrt, auf der ich unter einer Art Dauerfeuer aus Sicherheitsinformationen lag – Folge der Spannungen mit dem Irak und der Sorge über Berichte, nach denen islamistische Terrorgruppen aktiv geworden seien. Im Klartext hieß das: Es war das volle Programm eines E&E-Plans (Escape & Evasion) ausgearbeitet worden. Praktisch bedeutete dies, dass ich jedes Mal, wenn ich das Hotel verließ, in diesem Panzer von einem Auto sitzen und von Männern umgeben sein würde, die über ausreichende Feuerkraft verfügten, ein komplettes Einkaufszentrum auszulöschen. Hinten im Wagen lagerten etliche Kanister Treibstoff und mehrere Kästen mit Wasserflaschen – alles nur für den Fall, dass wir uns gezwungen sehen könnten, nach Saudi-Arabien zu fliehen.

Die Erkenntnis, das ich jetzt ein potenzielles – und noch vor kurzen tatsächliches – Kriegsgebiet betreten hatte, traf mich mit voller Wucht, als ich im Sheraton Kuwait ankam. Die Außenwände des Gebäudes waren noch übersät mit den Einschlägen der Kugeln aus den Gefechten des Jahres 1991. Mir war etwas mulmig, als ich an der Rezeption eincheckte.

Samstag, 21. November – Camp Doha, Kuwait

Chief Wade traf früh am nächsten Morgen mit seinem Suburban ein. Heute sollte die Fahrt nach Camp Doha gehen, das westlich von Kuwait City liegt. Der Weg führte uns über einen verstopften vierspurigen Boulevard am Hafen entlang. Nach einem Blick auf den Verkehr kommentierte Chief Wade diesen nur mit den Worten: »Metrischer Montag.« Auf die

Frage, was er damit meine, erklärte er, dass die islamische (nicht metrische) Arbeitswoche eben an einem Samstag beginne.

Nach etwa 20 Minuten kamen die hohen weißen Mauern von Camp Doha in Sicht und wir bogen zum Sicherheits-Hauptquartier ab.

Camp Doha ist das vorgeschobene Hauptquartier der Army am Persischen Golf, und das bereits seit den 90er-Jahren, als die U.S. Army es von den Vereinten Nationen übernommen hatte. Hier ist genug Ausrüstung eingelagert, um eine komplette Panzer- oder Mot-Schützenbrigade versorgen zu können, und außerdem auch noch die Unterstützungs-Infrastruktur für nachfolgende Truppen bis zu Divisionsstärke. Im Rahmen dessen, was unter der Bezeichnung Operation Intrinsic Action läuft, operiert gewöhnlich standardmäßig ein Bataillon der 3rd Infantry Division (Mechanized) in Kuwait.

Obwohl die USA genau genommen keinen festen Stützpunkt hier haben (um die Gefühle der Kuwaiter nicht zu verletzen), halten sich in Camp Doha ständig etliche tausend US-Soldaten auf. Die kürzlich eingetretene Aufregung hatte diese Zahl erheblich anschwellen lassen. Jetzt lagen hier auch noch eine komplette Panzerbrigade und ein Patriot-Raketen-Bataillon und hatten die Lagerbestände geplündert. Sie alle hofften, packen zu können und eine Transportmöglichkeit nach Hause zu finden, wo sie endlich Urlaub haben würden.

Unser Termin sollte am Ostende des Stützpunktes in einem der vielen Lagerhäuser beginnen, die man zu Kasernen und Einsatzzentren umfunktioniert hatte. Nachdem wir unsere Sicherheitsplaketten in Empfang genommen und eine wirklich *harte* Sicherheitsüberprüfung an einem der Kontrollpunkte passiert hatten, betraten Major Neil und ich die Advanced Operation Base (AOB) 590, den Stützpunkt der amerikanischen Special Forces in Kuwait. Hier sollte ich über die SF-Operationen in der Region informiert werden, bevor es hinaus ins Feld ging.

Das erste Briefing kam vom Kommandeur des Special Operations Command and Control Element Kuwait (SOCCE-K), einem Lieutenant Colonel, der ziemlich schnell klarlegte, wie die derzeitigen SOF-Missionen in Kuwait aussahen: Während noch einige JCET Foreign Internal Defense (FID) liefen, unterstützten die Marineeinheiten der SF das laufende See-Embargo gegen den Irak, indem sie Personal und Boote für die Blockade stellten. Die SOF-Präsenz in Kuwait zielte in erster Linie darauf ab, der Bedrohung durch Aggressionen des Irak (und möglicherweise auch des Iran) entgegenzuwirken – und vor allem jedwede irakische oder iranische Invasion noch vor den Grenzen von Kuwait City zum Stillstand zu bringen. Sollte tatsächlich wieder ein Krieg ausbrechen, bestünde die Aufgabe der amerikanischen SOF-Soldaten darin, der Armee Kuwaits bei der Beschaffung nachrichtendienstlicher Informationen zu helfen, Artillerie und CAS-Missionen (Close Air Support) durchzuführen und Pläne für die Rettung abgeschossener Flieger der alliierten Kräfte zu entwickeln.

Herzstück der SOCCE-K Mission ist eine Operation mit der Bezeichnung »Iris Gold«, die den größten Teil der SF-Kräfte in dieser Region beansprucht.

An dieser Stelle übernahm der Kommandeur der AOB 590, Major Wes, die Leitung der Besprechung. Iris Gold, so erklärte er, sei eine ständig in Camp Doha in Company-Stärke anwesende JCS-Abteilung von der 5th SFG, bestehend aus sechs ODAs, einem ODB und weiteren Unterstützungselementen. Die ODAs wiederum gliederten sich in insgesamt 21 drei Mann starke Teams (als Coalition Support Teams, CSTs, bezeichnet), von denen jedes über ein Geländefahrzeug mit ausreichend Treibstoff, Munition, Verpflegung und einer Funkausrüstung verfügte. Die CSTs sind äußerst erfahren darin, zusammen mit ihren Partnern von den kuwaitischen Streitkräften im Feldeinsatz zu operieren. Jedes einzelne Team kann unter normalen Umständen eine Woche lang im Feld sein und braucht währenddessen lediglich mit Wasser und Treibstoff versorgt zu werden.

Der Zweck von Iris Gold besteht in der Verstärkung der vier Brigaden der Kuwait Land Forces (KLF), von denen jede aus vier Panzer-/Mot-Schützenbataillonen besteht, die dann mit ausreichend starker Luftunterstützung durchhalten sollen, bis Bodenkampftruppen der Alliierten nachgeführt werden können.[153] Da die vier KLF-Brigaden im Augenblick mit neuen M1-*Abrams*-Kampfpanzern und *Warrior*-Schützenpanzern aufgerüstet werden, stehen ihre Chancen gar nicht schlecht. Um all das sinnvoll in die Tat umsetzen zu können, ist jeder kuwaitischen Brigade und jedem Bataillonsstab auch noch jeweils ein berittenes CST unterstellt, während stets ein weiteres mit dem mobilen Hauptquartier der KLF ausrückt, wenn dieses in einen Einsatz zieht. Im Falle einer Invasion würden die CSTs als Boden-Koordinationselement fungieren und artilleristische oder alliierte CAS-Missionen anfordern. (Vielleicht sollte ich an dieser Stelle noch erwähnen, dass die CST-Präsenz an jedem kuwaitischen TOC auch ein ausgezeichneter Weg ist, etwas für die Moral der Kuwaiter zu tun.)

Alle vier Monate findet ein turnusmäßiger Wechsel statt und eine neue Company der 5th SFG übernimmt. Als wir uns vor Ort befanden, hatte gerade die 3rd/5th SFG Dienst. Sie war Anfang Oktober eingetroffen und ihr Turnus würde bis Ende Januar laufen.

Major Wes' Briefing sollte später fortgesetzt werden. Jetzt machte ich mich erst einmal auf den Weg zum Mittagessen in der Kantine von Camp Doha – einer weitläufigen ehemaligen Lagerhalle mit ausreichenden Mengen an Tischen und Stühlen, um tausend Soldaten Platz zu bieten. Danach kehrten wir in den SOF-Bereich zurück, um uns die Einrichtungen anzuschauen.

Im Vergleich zu den Soldaten im Camp Kalid von Bahrain führten die Leute in Camp Doha ein recht bequemes Leben. Die Team-Mitglieder waren in klimatisierten Zwei-Mann-Stuben untergebracht mit Duschen und Toiletten. Außerdem standen ihnen Freizeiteinrichtungen zur Verfügung. Alle Räume waren mit Fernsehgeräten ausgestattet (meistens lief

---

153 Die vier KLF-Brigaden sind wie folgt verteilt: Die 35th Armored deckt die westliche Grenze zum Irak, die 26th Cavalry deckt den Norden des Landes. Die 15th Armored Brigade ist für die Zentralregion des Landes zuständig und die 6th Infantry (Mech.) verteidigt Kuwait City.

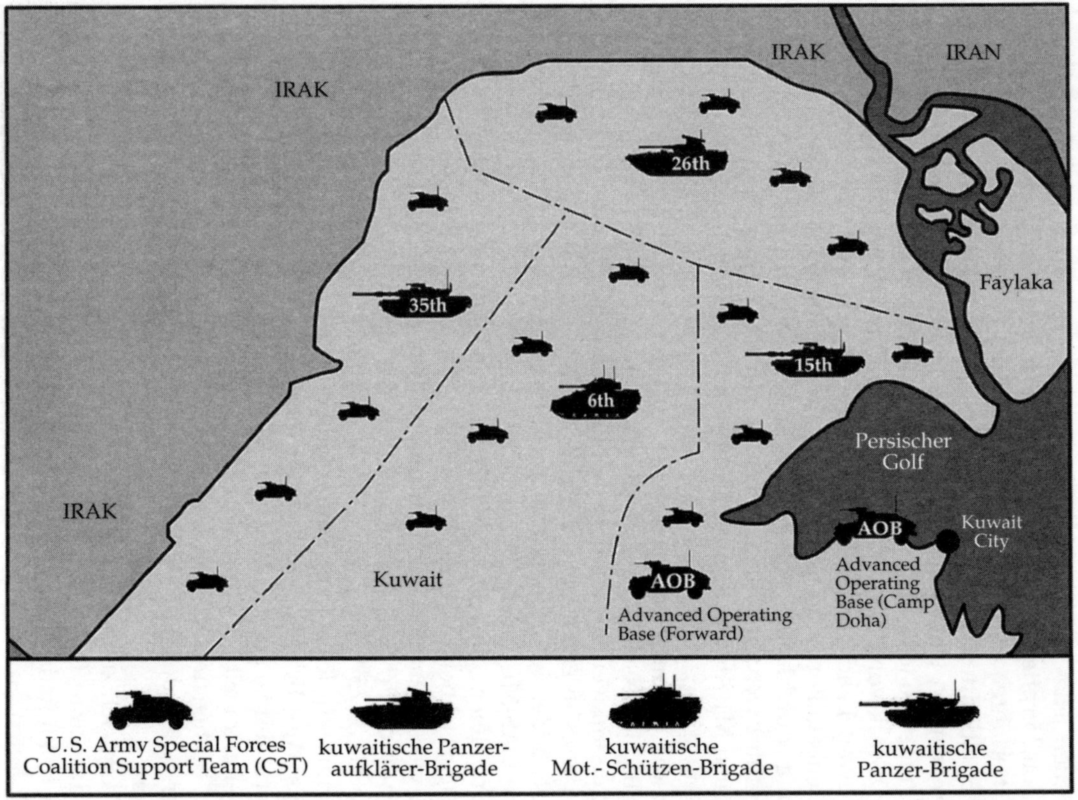

Kartografische Darstellung, wie die Special-Forces-Teams von »Iris Gold« im Falle eines Krieges eingesetzt würden.

RUBICON. INC., VON LAURA DENINNO

CNN oder BBC). Abends gehörten dann Spielfilme und Popcorn zum Standardprogramm.

Nach der Besichtigung kehrte ich ins Kommandozentrum von SOCCE-K/Iris Gold zurück und hörte mir den Rest von Major Wes' Briefing an:

Bei Einsätzen in Kuwait, begann er, seien amerikanischen Soldaten notwendigerweise Beschränkungen auferlegt. Obwohl es in Kuwait nicht so streng islamisch zugeht wie in Saudi-Arabien und einigen anderen Anrainerstaaten des Persischen Golfs, ist und bleibt es ein islamischer Staat. Das bedeutet: *kein* Alkohol für amerikanisches Militärpersonal, *kein* direkter Kontakt zu kuwaitischen Frauen außerhalb des Geländes von Camp Doha und Besuche in Kuwait City nur zu zweit. Diese Regelungen sind nicht gerade angetan, einen Tourismusboom auszulösen. Die amerikanischen Militärangehörigen blieben die meiste Zeit auf dem amerikanischen Gelände, es sei denn, sie mussten zu Übungen hinaus in die Wüste.

Als Nächstes wurde mein Reiseplan für die kommenden Tage besprochen: Ich würde eine Reihe von Standorten im ganzen Emirat besuchen und mit einem Besuch beim ODA des 5th SFG beginnen, das mit unabhängigen JCET-Einsätzen beschäftigt war.

Wes schloss seine Ausführungen damit, dass er mir einen dicken Natronpapierumschlag überreichte, der eine zusammengefaltete Karte aus Tyvec-Papier (das ist ein synthetisches Papiermaterial, das nicht nur wasserfest, sondern fast unverwüstlich ist) in einem mit Tarnfarben bedruckten Umschlag enthielt. Dabei handelte es sich um eine Fluchtkarte, wie sie Flugzeugbesatzungen und andere Soldaten bekommen, die in diesem Teil des Persischen Golfs arbeiten und dabei erhöhten Risiken ausgesetzt sind. Sie zeigte Details von Kuwait, dem südlichen Irak und dem Norden Saudi-Arabiens, die in keinem Reiseführer und auf keiner normalen Landkarte zu finden sind.

Wes überreichte sie mir mit den Worten: »Damit werden Sie wissen, wo Sie sind … nur für den Fall.« Mehr brauchte er auch gar nicht dazu zu sagen. Schließlich lag der Irak nicht einmal eine Autostunde entfernt.

Nach dieser ernüchternden Feststellung kehrten Major Neil, Chief Wade und ich zum Suburban zurück und waren eine halbe Stunde später wieder im Sheraton.

Sonntag, 22. November – Ausbildungsgelände des Innenministeriums, Kuwait

Beim Frühstück informierte mich Neil über die jüngsten Neuigkeiten. Die Bedrohung durch die terroristischen Gruppen, die Neil und seine Vorgesetzten so sehr beunruhigt hatte, war allem Anschein nach geringer geworden, aber da unser Auto draußen ohne Eskorte fahren würde, hatte man entschieden, uns noch zwei weitere Männer vom Sicherheitspersonal der Botschaft mit auf den Weg zu geben, die uns auch auf allen weiteren Reisen durchs Land begleiten sollten.

Je mehr, desto besser.

Special-Forces-Soldaten vom ODA 571 führen eine Sicherheitseinweisung für Soldaten des kuwaitischen Ministeriums für innere Sicherheit durch, bevor sie mit ihnen zu einer Übung mit scharfer Munition in den Norden von Kuwait City abrücken. Die 5th Special Forces Group hält ständig eine komplette Company Soldaten in Kuwait einsatzbereit.

John D. Gresham

Ich schnappte mir wieder mein Tagesgepäck und stieg zusammen mit allen anderen in den großen Chevy. Es war ein wunderschöner staub- und dunstfreier Tag. Sicherlich würde es wieder sehr heiß werden, doch da die Luftfeuchtigkeit nicht hoch war, würde die Hitze erträglich sein.

Auf einer sechsspurigen Schnellstraße ging es zunächst einmal rund 30 Kilometer in Richtung Norden, bis das brettebene Wüstenterrain langsam wellig wurde. In friedvolleren Zeiten hat diese Straße Kuwait City mit Al Basrah im Irak verbunden. Heute sind zwar keine Schäden mehr zu sehen, aber diese Straße hat während des Krieges jede Menge Gefechte erlebt. Schon bald bogen wir nach Osten auf eine Nebenstraße ab und fuhren weiter, bis zu unserer Linken ein mit Mauern umgrenztes Gelände auftauchte. Das war das Übungsgelände für Handwaffen der Polizeitruppen des kuwaitischen Ministeriums für innere Sicherheit.

Hier sollten wir ein Team von der 3/5th SFG, das ODA 571, dabei beobachten, wie es Polizeitruppen des Ministeriums für innere Sicherheit im Gebrauch des Sturmgewehrs M16 unterwies, das schrittweise in Kuwait eingeführt werden soll. Heute sollte ein Schießen über mittlere Entfernungen aus unterschiedlichen Positionen stattfinden.

Die Auszubildenden waren, wie ich später erfuhr, hauptsächlich Angehörige der Militärpolizei, die in Special Weapons and Tactics (SWAT) trainiert werden und dabei den Feinschliff im Umgang mit Menschenaufläufen und Krawallen bekommen sollten. Nach Einschätzung der Jungs vom ODA 571 waren die Leute gut motiviert, aber noch weit von den Cracks zu Hause in Fort Campbell entfernt.

Soldaten der 5th Special Forces Group beaufsichtigen die Treffsicherheitsausbildung von Soldaten des kuwaitischen Innenministeriums. Diese Truppen kommen nur sehr selten in den Genuss einer derart qualifizierten Ausbildung, sie ist deshalb eine unschätzbar wertvolle Erfahrung für die jungen kuwaitischen Soldaten.
JOHN D. GRESHAM

Als wir uns dem Gelände näherten, brachten gerade einige Soldaten mit Tackern Papierziele auf Ständern aus Holz an und schritten dann die verschiedenen Geländemarkierungen ab. Andere öffneten Munitionskisten mit Patronen des Kalibers 5,56 mm.

Etwa um dieselbe Zeit traf auch ein Konvoi LKWs mit einer Abteilung Soldaten des Ministeriums für innere Sicherheit ein, die etwa die Stärke eines amerikanischen Platoons hatte. Nachdem die Männer abgesessen waren, unterhielt sich der Teamführer des ODA 571 mit seinem kuwaitischen Kollegen darüber, wie die Dinge am heutigen Morgen ablaufen sollten. Dieses scheinbar nebensächliche Detail ist von erheblicher Bedeutung, da es keinesfalls so aussehen durfte, als stünden hier arabische Soldaten unter dem Kommando von Amerikanern. Eine der wichtigsten Regeln, die SF-Soldaten bei JCET-Missionen zu lernen haben, ist die, die Dinge *mit* ihren Kameraden von den Gastnationen zu erledigen und nicht an ihnen vorbei oder über ihre Köpfe hinweg. Dadurch soll vermieden werden, dass sie als »hässliche Amerikaner« auftreten. Der jeweilige Offizier der Gastnation bekommt eher eine *Beratung*, als dass er angewiesen wird, was er zu tun hat, und das stärkt seinen Status sowohl in den eigenen Augen als auch in den Augen der jungen Soldaten. Natürlich ist die Verlockung groß, einfach zu sagen: »Das kann ich selbst besser«, aber die SF-Soldaten müssen die Rolle von Mentoren übernehmen und nicht die von Vorgesetzten.)

Einige Augenblicke später führten die kuwaitischen Offiziere ihre Soldaten unter den wachsamen Augen der Soldaten vom ODA 571 immer zu jeweils einem Dutzend zur Feuerlinie, während der Rest aus Gründen der Sicherheit weiter hinten im Schutz eines Sandwalls stehen blieb. Nach einer kurzen Sicherheitseinweisung auf Arabisch wurden den Soldaten an der Feuerlinie die Feuerpositionen und Haltungen vorgeführt. Immer, wenn sich bei einem ein Problem ergab, trat ein SF-Soldat gleichen Ranges zu ihm und ging mit dem Kuwaiter so lange alles durch, bis er die Position verstanden hatte. Hatte die erste Gruppe schließlich alle Positionen und Haltungen erfolgreich absolviert, wurden die Kuwaiter durch eine Reihe von Trockenübungen an der Waffe geführt und dann erst wurde die scharfe Munition ausgegeben. Die Angehörigen des ODA 571 händigten jedem Teilnehmer ein volles Magazin mit 30 Schuss aus und dann begann das Feuern.

Jedem Mann war es gestattet, seine Waffe in vollem Umfang zu prüfen, aus jeder Position und über eine Vielzahl von Entfernungen, während die SF-Soldaten hinter der Linie auf und ab gingen und überall dort helfend eingriffen, wo es ihnen notwendig erschien. Es war deutlich zu erkennen, dass den jungen Arabern diese Ausbildung ungeheuren Spaß machte. Die meisten Soldaten in diesem Teil der Welt können schon von Glück sagen, wenn sie zwei- bis dreimal pro Jahr auf einen Schießstand dürfen. Hier verballerten die Jungs ihr Jahresgehalt an einem einzigen Morgen und später, im noch ausstehenden Teil der Ausbildung, würden sie das gleich noch einmal tun dürfen.

Sobald die erste Gruppe durch war, machte sich die nächste bereit. Unterdessen sicherten ihre Kameraden die Waffen, entluden die nicht verbrauchte Munition, andere Männer tauschten die Zieltafeln aus. Das alles ging in weniger als zehn Minuten über die Bühne und kurz darauf stand die nächste Gruppe an der Feuerlinie, die schon bald der dritten und letzten Platz machen würde.

Während die Plätze getauscht wurden, warf ich einen Blick über den Höhenzug im Norden. Obwohl er kaum mehr als 100 Meter hoch war, ragte er wie ein Gebirgsmassiv aus der flachen Wüstenlandschaft hervor. Eine Sekunde später traf mich die Erkenntnis, dass ich auf etwas sehr Wichtiges blickte. Ich griff nach meiner Fluchtkarte und dem GPS-Empfänger, um die Entdeckung abzusichern. Tatsächlich – ich blickte genau auf den Al-Mutlah-Höhenzug, der einmal den Namen »Highway of Death« erhalten hatte.

Im Jahre 1991 hatten hier die koalierten Luftstreitkräfte Tausende von Irakern auf dem Rückzug aus Kuwait City erwischt. Der Pass über die Höhenzüge erwies sich als Engstelle, was die alliierten Kampfflugzeuge nutzten, um jeweils das erste und letzte Fahrzeug des Konvois zu bombardieren. Damit war der Rest wie in einer Falle eingeschlossen und konnte mit Leichtigkeit weiter mit Bomben belegt werden. Die Bilder vom »Highway of Death«, die über das Fernsehen und durch die Printmedien gingen, trugen ihren Teil zum frühen Ende des Golfkrieges bei. Tatsächlich waren aber die meisten der zerstörten Fahrzeuge keineswegs irakische Militärfahrzeuge, sondern gestohlene PKWs und LKWs, die mit Plündergut beladen waren. Die Iraker hatten bei ihrem Rückzug aus Kuwait City praktisch alles mitgehen lassen, was nicht niet- und nagelfest war. Als damals das Bombardement begann, war zumindest der überwiegende Teil der Iraker clever genug, sofort in die Wüste zu fliehen, so dass letztendlich nur sehr wenige bei dem Angriff ums Leben kamen. Im Grunde

Ein Angehöriger des ODA 571 gibt einem Soldaten des kuwaitischen Innenministeriums Tipps. Soldaten der Special Forces bemühen sich sehr, nie »von oben herab« mit ausländischen Truppenangehörigen zu reden, und respektieren stets die Gesetze und Gebräuche des Gastlandes.

JOHN D. GRESHAM

handelte es sich also weit weniger um eine »Autobahn des Todes« als vielmehr um eine »Autobahn der aufgegebenen Beute«. Dennoch hatten die ausgebrannten Autowracks die westliche Zivilbevölkerung und auch wichtige Politiker des Westens so stark beeindruckt, dass der Krieg beschleunigt beendet wurde.

Nun sah der Highway aus wie jede andere Schnellstraße, aber für mich war er ein fesselnder und zugleich beklemmender Anblick. Hier war ein kleines, doch durchaus wichtiges Stück Geschichte geschrieben worden.

Als ich meine Aufmerksamkeit wieder den aktuellen Vorgängen zuwandte, kam gerade die Mitteilung vom ODA 571, dass der morgendliche Drill jetzt beendet war. Nach dem Mittagessen sollte es weitergehen. Doch das würde ich schon nicht mehr mitbekommen, da es für mich Zeit wurde, nach Kuwait City zurückzufahren. Dort wartete bereits das nächste Ereignis auf mich.

Sonntag, 22. November – Gelände der Emiratsgarde, Kuwait

Die Fahrt hinaus zum ODA 594, das auf dem Kasernengelände der kuwaitischen Emiratsgarden untergebracht war, dauerte 45 Minuten. Währenddessen zischten die Kuwaiter in ihren gewaltigen Chevrolet *Impalas* (nach Auskunft von Chief Wade ist der *Impala* das beliebteste Automodell im ganzen Nahen Osten) an uns vorbei.

Die Emiratsgarden sind genau das, wonach sie sich anhören: das Sicherheitspersonal für die Al-Sabah-Familie, und sie nehmen ihren Job sehr ernst. Während der irakischen Invasion im Jahre 1990 hatte ein großer Teil

Soldaten des ODA 594 der Special Forces trainieren Mitglieder der kuwaitischen Emiratsgarden im Pistolenschießen. Da diese Männer die Aufgabe haben, die königliche Familie Kuwaits zu schützen, handelt es sich durchweg um Elitesoldaten mit hervorragender Ausrüstung und großem Können.

John D. Gresham

der kuwaitischen Einheiten einfach die Waffen fallen lassen und Heil in der Flucht gesucht. Lediglich die verzweifelte Opferbereitschaft der Emiratsgarden hatte dem Emir die Zeit verschafft, zusammen mit der königlichen Familie nach Saudi-Arabien zu entkommen. Die Ausfälle bei den Garden waren enorm und es ist erst kürzlich gelungen, die Lücken in ihren Reihen wieder vollständig zu schließen.

Die Kasernen der Emiratsgarden sind ein gewaltiger Komplex von rund 6,5 Quadratkilometern Ausdehnung, geschützt von einem sehr eindrucksvollen Sicherheitszaun und einer kompletten Batterie Patriot-Boden-Luft-Lenkwaffen (was sicherlich *eine Menge* über diese Einheit in Brigadegröße aussagt).

Da die arabischen Armeen samt und sonders erst nach der britischen Kolonialzeit aufgestellt wurden und dadurch mit vollautomatischen Waffen in der Art des AK-47 oder M-16 groß geworden sind, gibt es bei ihnen keine wirkliche Tradition, was das Präzisionsschießen angeht. Dieser Mangel erweist sich heute gerade in diesem Teil der Welt, in dem es praktisch jederzeit zu Geiseldramen und Antiterroreinsätzen kommen kann, als großes Problem. Den Kuwaitern war darum sehr daran gelegen, die Emiratsgarden in den Fähigkeiten des Scharfschießens ausbilden zu lassen, und die Aufgabe des ODA 594 bestand darin, ein Ausbildungsprogramm zu entwickeln und durchzuziehen.

Nachdem wir die Sicherheitskontrollpunkte hinter uns gelassen hatten, fuhren wir hinüber zu den Schießbahnen im Norden des Stützpunktes.

Schon als wir näher kamen, hörten wir das kehlige Bellen von Abschüssen schwerer Karabiner und großkalibriger Pistolen. Wir parkten unser Auto, schnappten unser Gepäck und Wasser und gingen zu einem überdachten Stand, in dem eine kleine Gruppe der Emiratsgarden mit rund einem halben Dutzend Soldaten der 5th SFG arbeitete.

Während die Schützen ihre Waffen für den nächsten Durchgang vorbereiteten, versorgte uns ein Warrant Officer der SF namens Sam mit einigen Hintergrundinformationen. Normalerweise, erklärte er uns, sind die Emiratsgarden mit Sturmgewehren des Typs M16 bewaffnet und tragen Seitenwaffen des Typs SIG der 220er-Serie, Kaliber 9 mm, die kaum für das Präzisionsschießen taugen. Mittlerweile verfügen selbst Eliteeinheiten in so reichen Ländern wie Kuwait nur noch über eingeschränkte Beschaffungsmittel für neue Waffen. Im Augenblick können sie sich beispielweise ein erstklassiges Scharfschützensystem wie das amerikanische M24 oder eines aus der Barrett-Serie einfach nicht leisten. Insofern hat der Krieg gegen ihre unfreundlichen Nachbarn im Norden doch etwas Gutes (wenn auch nicht viel) gehabt: Als die irakischen Streitkräfte aus Kuwait abzogen, hinterließen sie jede Menge in Russland produzierter Scharfschützengewehre SVD *Dragonow* des Kalibers 7,62 mm. Sie sind zwar nicht gerade der letzte Schrei der Technik, aber die kuwaitischen Soldaten haben sie generalüberholt und verwenden sie nun für ihre ersten Scharfschützengruppen.[154]

Die Soldaten des ODA 594 bringen ihren jungen kuwaitischen Schützenkameraden die Grundlagen in Zielauffassung und -zentrierung bei. In jeder der sechs Schießbahnen befanden sich zwei Soldaten der Emiratsgarden, denen jeweils ein SF-Soldat zugeordnet war, sie zu trainieren.

Die Dragonow hat einen ganz üblen Abschussknall und man konnte überall die Staubwolken aufsteigen sehen, wo die Wälle und Kugelfänge am Ende der Schießbahn von den mächtigen Projektilen des Kalibers 7,62 mm getroffen wurden.

Nach einiger Zeit konnte ich erkennen, dass einige kuwaitische Soldaten eine echte Begabung für das Scharschützenhandwerk zeigten. Das bestätigte mir dann auch Chief Sam, der alles mit Argusaugen beobachtete. Ein paar der Männer seien sogar so gut, erklärte er, dass die Jungs von den SF ihren talentiertesten Schülern auch noch das Spähen beibringen wollten und vielleicht anschließend ihre eigenen, in den USA hergestell-

154 Es gab einmal Zeiten, speziell während des Zweiten Weltkrieges, da waren Scharfschützen so etwas wie eine Spezialität der Russen. In späteren Jahren war das Dragonow SVD eines der besten Scharfschützengewehre der Welt und besonders in Vietnam eine sehr gefürchtete Waffe, die im Dschungelkampf eine beeindruckende Leistung zeigte, was Genauigkeit und Durchschlagskraft anging. Heute jedoch ist das SVD mit seinem hölzernen Schaft und Griff (im Gegensatz zu den aus Polyester und Verbundmaterialien gefertigten westlichen Konstruktionen) und schlechten Visieren und Abzügen ziemlich überholt. Es ist fast ein Ding der Unmöglichkeit, mit einem SVD Ziele über weite Entfernungen (mehr als 500 Meter) zu treffen. Innerhalb einer Entfernung von rund 400 Metern ist diese Waffe jedoch nach wie vor ebenso einsatzfähig wie tödlich.

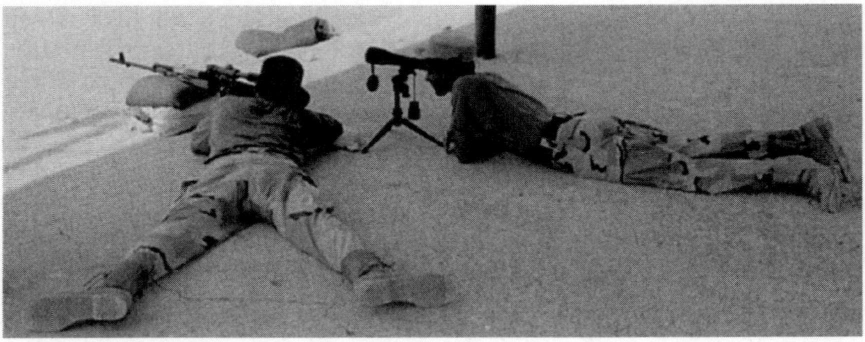

Soldaten der kuwaitischen Emiratsgarde üben mit einem in Russland hergestellten Scharfschützengewehr des Typs SVD. Soldaten des ODA 594 der Special Forces helfen ihnen dabei, Scharfschützenfähigkeiten für die Armee Kuwaits zu entwickeln.

JOHN D. GRESHAM

ten M24-Karabiner auspacken würden, um ihnen einen Vorgeschmack auf das zu verschaffen, was sie vielleicht in der Zukunft erwarten dürfen.

Dann beobachtete ich, wie ein wirklich sehr talentierter junger kuwaitischer Scharfschütze und ein Amerikaner mit einem freundschaftlichen Wettschießen auf die Ziele am Ende der Schießbahn begannen… was in gewisser Weise einer der Kernpunkte des JCET-Programms ist.

Das war dann auch der Zeitpunkt, an dem der Chief mir anbot, auch selbst einmal mit einem Dragonow zu schießen. Das ließ ich mir natürlich nicht zweimal sagen!

Sekunden später lag ich auf dem Betonboden auf dem Bauch in Stellung, das SVD auf einem Sandsack, um es zu stabilisieren. Ich folgte der Empfehlung des Chiefs, den Kolben so fest wie möglich gegen die Schulter einzuziehen. Mit dem Auge in sicherem Abstand zur Visiereinrichtung, zog ich langsam den Abzug durch, bis sich der Schuss löste. Es gab einen gewaltigen Knall und der Kolben schlug hart gegen meine Schulter zurück. Am anderen Ende stieg eine Staubwolke hinter der Zielscheibe auf. Einen Augenblick später setzte Chief Sam sein Scharfschützenglas ans Auge und teilte mir das Ergebnis mit.

»Hoch rechts, Figur«, meldete er.

Jetzt konnte auch ich so gerade eben durch das Zielfernrohr das Loch im Pappkameraden ausmachen und korrigierte dementsprechend meine Einstellung für den nächsten Schuss. Die nächsten Kugeln trafen kontinuierlich die Mitte des Ziels. »Gar nicht schlecht!«, gratulierte ich mir selbst.

In Erinnerung an Fort Polk fiel mir jetzt auch wieder ein, was man dort über den Wert eines guten Zielfernrohrs gesagt hatte. Das konnte ich nun aus eigener Erfahrung bestätigen.

(Zurück im Hotel betrachtete ich den Bluterguss an meiner Schulter, der durch den pferdetrittartigen Rückstoß des Dragonow in blaugrauem Glanze erstrahlte. Er erinnerte mich noch etliche Tage an meinen Besuch bei den Scharfschützen.)

Trooper des ODA 594 beraten ihre kuwaitischen Kameraden während der Scharfschützenausbildung auf dem Gelände der Emiratsgarden im Westen von Kuwait City. Die kuwaitischen Soldaten lernten schnell und erwiesen sich als recht kompetent im Umgang mit ihren russischen SVD-Scharfschützengewehren.

John D. Gresham

Inzwischen war es Zeit fürs Mittagessen. Die Männer vom ODA 594 sammelten ihre Waffen und Ausrüstungsgegenstände ein und drängten sich in ein paar gemietete Range Rover, die sie zurück zu ihrem Team-House brachten – einer hübschen Offiziersunterkunft innerhalb des Geländes der Emiratsgarden, in der die Klimaanlagen einen schweren Kampf gegen die Mittagshitze ausfochten.

Nach dem Mittagessen mit den SF-Soldaten fuhren wir nach Kuwait City und damit zurück in einen Dunstschleier, der ein Kratzen in unseren Kehlen verursachte. Kuwait-Husten«, erklärte Chief Wade. »Macht die Mischung aus feinem Wüstenstaub und dem Schwefel der Ölproduktion. Viel Wasser trinken hilft.«

Er hatte Recht, es funktionierte tatsächlich. Dennoch war ich froh über die relativ saubere Luft im Hotel – und die Gelegenheit, ein wenig auszuruhen und schon einmal mit dem Packen für den Heimflug zu beginnen.

Morgen war mein letzter Tag am Persischen Golf, doch bevor es endgültig auf den Heimweg ging, stand zum Abschluss noch ein größeres Ereignis auf meinem Terminplan.

Montag, 23. November – Bomben-Übungsgelände von Udari, Kuwait

Nachdem wir gefrühstückt und aus dem Hotel ausgecheckt hatten, trafen Major Neil und ich uns mit Chief Wade und den beiden Sicherheitsmännern von der Botschaft, mit denen wir uns dann Richtung irakischer Grenze in

Überreste irakischer Panzerfahrzeuge entlang der Grenze zwischen Kuwait und dem Irak. Hunderte solcher Wracks liegen in der Wüste verstreut, unübersehbares Zeugnis der Kämpfe, die 1991 hier stattgefunden haben.

John D. Gresham

Bewegung setzten. Unser Ziel war das Bomben-Übungsgelände von Udari knapp zehn Kilometer von irakischem Hoheitsgebiet (und rund 100 Kilometer von Kuwait City) entfernt. Hier übten die CSTs von Iris Gold ihre CAS-Fähigkeiten. Heute sollten wir zusehen, wie sie mit Kampfflugzeugen des Typs F/A-18C der Kuwaiti Air Force (KAF) zusammenarbeiteten.

Auf der Fahrt dorthin passierten wir die gewaltige Ali Al Salem Airbase, wo etliche der kuwaitischen, amerikanischen und britischen Lufteinheiten liegen, die die Operation Southern Watch – die Überwachung der »Flugverbotszone« über dem südlichen Irak – unterstützen. Gerade als wir vorbeifuhren, hoben vier Kampfflugzeuge des Typs Tornado von der Landebahn in den morgendlichen Himmel ab.

Wenn man einen guten Feldstecher besitzt, kann man in einer Ecke des Stützpunktes etwas erkennen, das aussieht wie zerstörte Verteidigungshügel. Tatsächlich handelt es sich dabei um Flugzeugbunker, die während Desert Storm von mit BLU-109 bestückten lasergelenkten 1000-kg-Bomben zerstört wurden – eine immer noch beeindruckende Dokumentation der Zerstörungskraft amerikanischer Waffen.

Fast ebenso grimmig faszinierend sind die hin und wieder auftauchenden Asphaltstreifen im Straßenbelag, die während des Krieges von Streubomben getroffen wurden. Sie haben Hunderte riesiger Schlaglöcher hinterlassen, die inzwischen alle geflickt sind. Was sie allerdings den Menschen zugefügt haben mögen, ist kaum vorstellbar.

Nach einer weiteren halben Stunde Fahrt erreichten wie die Abzweigung zum Udari-Übungsgelände. Von hier aus ging es auf einer mit Querrillen übersäten Schotterstraße in Richtung Nordwesten. Chief Wade schaltete den Suburban in den Allradantrieb und hielt den Wagen sorgfältig in der ausgefahrenen Spur. Ein paar Minuten später erkannten wir den Grund dafür: Überall um uns herum standen aufgegebene irakische Bunker und Befestigungen, die in den Jahren 1990 und 1991 erbaut worden waren, und die ganze Wüste schien darüber hinaus mit unglaublichen Mengen des unterschiedlichsten Gefechtsmaterials übersät – Landminen, Blindgänger von Streubomben, Panzerabwehr- und Luftabwehrraketen

Special-Forces-Soldaten vom ODA 595 leiten auf dem Udari Übungsgelände in der Nähe der Grenze zwischen Kuwait und dem Irak Bombenanflüge. Sie arbeiten im Rahmen der Operation Iris Gold, eines amerikanisch-kuwaitischen Austauschprogramms.
John D. Gresham

und bergeweise Artilleriegranaten, eine wahre Teufelshöhle nicht hochgegangener Sprengkörper.

Zwar wurden die Ölfelder und bewohnten Gebiete Kuwaits nach dem Krieg vergleichsweise sicher gemacht, aber ein Spaziergang in diesem Gebiet bedeutet immer noch den fast sicheren Tod.

»Wenn wir jetzt eine Panne haben«, warnte Chief Wade (obwohl im Grunde keine besondere Warnung erforderlich war), »bleiben Sie bitte auf jeden Fall im Fahrzeug und warten Sie auf Rettung. Bewegen Sie sich *keinesfalls* ohne Führer.«

Gegen 10 Uhr hatten wir schließlich das Udari-Gelände erreicht, wo wir gleich auf zwei CST-Teams vom ODA 505 trafen, die hier standen, um von ihren Geländefahrzeugen aus Bombenanflüge zu leiten (deren Sammlung von Funkgeräten, Navigations- und Späherausrüstung reicht auch aus, so ziemlich alles, angefangen von normalen Schwerkraftbomben bis hin zu LGBs, anfordern zu können).

Im Laufe der nächsten Stunde wurden Schwärme kuwaitischer F/A-18C angefordert und zur Bombardierung bestimmter Koordinaten gelenkt. Waren die Koordinaten erst einmal von den CST-Teams durchgegeben worden, machte das Flugzeug seine Anflüge über die Zielgebiete – eine Reihe herrenloser irakischer Panzer in einigen Kilometern Entfernung. Die Kuwaiter benutzten dazu die kleinen BDU-33, Übungsbomben von 3,5 kg, und sie leisteten bei der Platzierung der Bomben ausgezeichnete Arbeit (die von den F/A-18 allerdings nahezu vollautomatisch erledigt wird).

Nach rund einer Stunde drehten die F/A-18 wieder ab und flogen zurück nach Ali Al Salem, was mir die Gelegenheit verschaffte, mich ein wenig eingehender mit dem CST-Team zu unterhalten.

Eine Rotte Jagdbomber des Typs F/A-18C *Hornet* der Kuwaiti Air Force kreischen im Tiefflug über das Bomben-Übungsgelände Udari. In Kriegszeiten würden Maschinen dieses Typs von Soldaten der amerikanischen Special Forces aus ihren Ground Mobilty Vehicles (GMVs) zu Angriffszielen geführt.

JOHN D. GRESHAM

Was dabei herauskam, lässt sich in wenige Worte fassen: Sollte es noch einmal eine irakische Invasion geben, würden die Kuwaiter unter der Voraussetzung, dass ihre Brigaden wenigstens eine Zeitlang Widerstand leisten konnten, genug Feuerkraft anfordern können, um das Emirat aus der Luft abzusichern. Es waren selbstbewusste junge Männer, die sich jedoch keinen Illusionen hingaben, was passieren würde, sollten die kuwaitischen Streitkräfte nicht standhalten können.

Nach einem vorsichtigen Spaziergang zurück zum Suburban machten wir uns auf den Weg zurück nach Camp Doha, wo ich dann zusammen mit Neil auf unseren Flug wartete, der später am Abend gehen sollte.

Während Chief Wade den Suburban wieder in die Spurrillen der Schotterpiste zur Schnellstraße einfädelte, betrachtete ich die Verheerungen, die der Krieg angerichtet hatte. Wie viel Zeit würde wohl noch vergehen, bis dieses Land wieder sicher für Menschen wäre? Ein ehemaliger Offizier von Desert Storm, der zu meinem Bekanntenkreis zählt, meinte einmal, dass in tausend Jahren Archäologen wohl eine aufregende Zeit erleben werden, wenn sie mit Ausgrabungen auf den Schlachtfeldern Kuwaits beginnen und dabei auf all die Blindgänger stoßen.

Auf Drängen von Major Neil legten wir noch einen letzten Zwischenstopp in Kuwait City ein. Im südlichen Teil der Stadt gab es in der Zeit der irakischen Okkupation ein sicheres Haus für die Kämpfer des kuwaitischen Widerstandes. Unmittelbar vor ihrem Rückzug trieb der irakische Geheimdienst junge Männer zusammen, um sie nach dem Krieg als Geiseln einzusetzen (etliche davon werden nach wie vor im Irak gefangen gehalten – wenn sie noch am Leben sind). Doch als die Iraker sich diesem Haus näherten, erwartete sie eine Überraschung: Sie wurden von gut einem Dutzend schwer bewaffneter Widerstandskämpfer empfangen, die

Das Märtyrermuseum in Kuwait City. Hier leistete unmittelbar vor der Befreiung Kuwaits durch die Alliierten mehr als ein Dutzend kuwaitischer Untergrundkämpfer den irakischen Streitkräften erbitterten Widerstand.

John D. Gresham

mit allem schossen, was sie hatten. Diese Kuwaiter waren derart wutentbrannt, dass den Irakern letzten Endes nichts anderes übrig blieb, als einen Panzer vom Typ T-55 und Schützenpanzer anzufordern, um die Widerständler niederzukämpfen. Obwohl die meisten Kuwaiter im anschließenden Gemetzel fielen, gelang es doch einigen wenigen, zu entkommen und ihre Geschichte zu erzählen.

Heute ist das Gebäude ein Museum für die Märtyrer des Widerstands und der Öffentlichkeit zur Besichtigung zugänglich.

Als ich eintrat, fand ich es noch genau in dem Zustand des schrecklichen Tages im Jahre 1991. Kein einziges Einschlagloch von den Kugeln und Granatsplittern war repariert worden, an den Wänden klebte noch eingetrocknetes Blut – eine bedrückende Erinnerung daran, dass an dieser Stelle mutige Männer im Kampf gegen die Tyrannei gefochten und ihr Leben gegeben hatten.

Montag, 23. November – Camp Doha, Kuwait

Nach einem Abendessen in Camp Doha wurde ich zum Zentrum für Moral und Wohlergehen geleitet, das bei der Truppe nur »Uncle Frosty's« heißt – eine riesige Lagerhalle, die man so umgebaut hat, dass sie aussieht wie eine Raststätte in den Staaten. Hier können die Soldaten kostenlos

Hamburger, Pommes frites und Getränke bekommen, Musik hören, fernsehen oder sich auf einer der Großbildleinwände einen Film anschauen. Heute war »Slasher«-Nacht, was bedeutete, dass Gruselfilme im Dreierpack liefen. Überall nuckelten die Soldaten an ihren Mineralwässern und alkoholfreien Bieren und genossen es, einfach nichts zu tun.

Für mich wurde es Zeit, mich zu verabschieden und ein letzten Mal in Chief Wades Suburban zu steigen – für den ersten Abschnitt der langen Reise nach Hause.

Danke, Neil, es war ein fantastisches Erlebnis!

South of the Border: Venezuela

Meine Reise an den Persischen Golf hatte mir einen Vorgeschmack von der SF-Welt »downrange« verschafft. Zu behaupten, mein Appetit wäre dadurch bereits gestillt gewesen, wäre allerdings glatt gelogen. Ich wollte noch andere SF-Missionen in einer Vielfalt von Umfeldern kennen lernen. Und es gab etliche Möglichkeiten, die sich praktisch ganz von allein anboten – unter anderem auch ein Besuch der 7th SFG in Bolivien oder der UXO-Ausbildungsstätte der 1st SFG in Kambodscha –, aber die konnte ich einfach nicht mit meinem Terminkalender in Einklang bringen (und ich muss ganz offen zugeben, dass der Gedanke an eine Reise um die halbe Welt, nur um dann dabei zuzusehen, wie die Entwaffnung von Kämpfern erfolgte, die mit geradezu antiken Waffen ausgestattet waren, mich nicht gerade von Hocker riss).

Zu Beginn des Jahres 1999 fiel mir jedoch genau die richtige Gelegenheit buchstäblich in den Schoß: Venezuela. Strategisch wichtig, reich an Bodenschätzen und einer der Hauptverbündeten der USA in Lateinamerika durchläuft dieses Land zur Zeit einen tief greifenden Wandel. Hier würde ich eine Seite der SF-Downrange-Einsätze kennen lernen, die ich noch nicht miterlebt hatte: weniger fokussiert auf die Eventualitäten des »Hier und Jetzt«, wesentlich stärker darauf ausgerichtet, die Streitkräfte und Fähigkeiten einer Nation aufzubauen. Diese Gelegenheit konnte ich mir einfach nicht entgehen lassen, und so plante ich mit meinem Freund Major McCollum eine Reise für Februar 1999.

Der 8. Februar dämmerte in der Gegend von Washington kalt und schneeverhangen, und für die Reisenden kam erschwerend noch ein Pilotenstreik bei American Airlines hinzu – sie hatten sich ausgerechnet die Flugrouten nach Lateinamerika und in Richtung Südosten für ihren Ausstand auserkoren. Damit befand sich die gesamte östliche Hälfte des Landes im Zustand eines Luftverkehrsinfarktes.

Trotz des Chaos schafften es dann einige äußerst findige Mitglieder des Reservierungspersonals, mich zum Miami International Airport zu schaffen, wo ich Tom McCollum in einem wahren Meer verärgerter Reisender traf.

Sechs Stunden später und nach einer Odyssee von Fluggesellschaft zu Fluggesellschaft schaffte ich es mit dem sprichwörtlichen geölten Schuhlöffel doch noch, einen Platz in einer Maschine nach Venezuela zu ergattern, musste aber Tom McCollum, der weniger Glück gehabt hatte, in dem Rummel in Miami zurücklassen (er stieß dann später in Venezuela wieder zu mir). Irgendwann nach Mitternacht landete meine Maschine auf dem Caracas International Airport, wo ich von einem netten jungen SFG-Sergeant namens Carlos begrüßt wurde, der mich so lange unter seine Fittiche nahm, bis Tom McCollum da war.

Der Caracas International liegt an der Küste und einige Kilometer nördlich der Stadt, weshalb es einige Zeit dauerte, ins Hotel zu kommen. Während der Fahrt fütterte mich Carlos mit Informationen über die Situation vor Ort:

Einer Woche zuvor war Hugo Chavez mit viel Pomp und Protesten in sein Amt als Präsident eingeführt worden. Als Chavez noch Offizier der Armee gewesen war – er gehörte der Fallschirmjägertruppe an –, hatte er im Jahre 1992 den fehlgeschlagenen Militärputsch angeführt und war für zwei Jahre im Gefängnis gelandet. Jetzt stellte er sich selbst als radikaler Populist dar, der mit angeblich großen Ideen für eine politische Reform aufwarten konnte. Im Grunde mündeten seine Vorstellungen darin, sämtliche Bastarde rauszuschmeißen – die korrupte und selbstsüchtige politische Elite, die lange Zeit das politische Geschehen des Landes bestimmt hatte (während ich diese Zeilen schreibe, ist er dabei, das Gerichtswesen und die Nationalversammlung neu zu ordnen).

Es sieht so aus, als würde die venezolanische Bevölkerung ihn mögen (im Augenblick liegt die Zustimmung bei 70 Prozent).

So weit, so gut.

Aber es ist nicht von der Hand zu weisen, dass Chavez stark autoritäre Neigungen an den Tag legt. Unabhängigen demokratischen Stimmen scheint er keine Beachtung zu schenken und er ermutigt sie gewiss nicht. Ein ernstzunehmender Plan, wie er mit den wirtschaftlichen Problemen Venezuelas umzugehen gedenkt, ist nicht erkennbar (obwohl erst kürzlich die Preise für Rohöl verdoppelt wurden, könnte das Misstrauen der Wirtschaft gegenüber Chavez in diesem Jahr zu Einbußen in der Größenordnung von 6 Prozent führen). Tatsächlich ist das Risiko, dass er alles nur noch schlimmer macht, weit größer, als dass es ihm gelingt, die Dinge zum Besseren zu wenden. Der Gedanke ist keineswegs abwegig, dass Venezuela unter Chavez zu einer Diktatur werden könnte (obwohl Diktaturen in Lateinamerika etwas aus der Mode gekommen sind). Dagegen spricht allerdings, dass die Bevölkerung Venezuelas ihre demokratischen Rechte und ihre Verfassung wie einen Schatz hütet. Leicht wird sie sich davon jedenfalls nicht trennen.

Die kommenden Jahre versprechen in Venezuela also *sehr* interessant zu werden (wie in dem chinesischen Sprichwort, dass es ein Fluch ist, in interessanten Zeiten zu leben).

Natürlich ist Kolumbien als Nachbar Venezuelas ebenfalls von den Auswirkungen des »Fluchs« ereilt worden, und was noch schlimmer ist, der Aufstand dort, der mit der Drogenproduktion zu tun hat, bedroht inzwischen die gesamte Region in einem Ausmaß, das sich leicht zu einem größeren Krieg aufschaukeln kann. Im Augenblick ist dieses Land das reinste Schlangennest. Allein diejenigen zu identifizieren, die eine wichtige Rolle im Bereich der Macht spielen, ist so gut wie unmöglich. Es gibt keine klaren Fronten wie Links gegen Rechts, Arm gegen Reich oder eine Splittergruppe gegen eine andere. Hier tritt praktisch jeder gegen jeden an. Allerdings kann man den Oberteufel identifizieren und das sind die Drogen und die Drogengelder. So ist die größte Rebellengruppe (die ein Gebiet kontrolliert, das etwa so groß ist wie die Schweiz), die Revolutionären Streitkräfte Kolumbiens (FARC, Fuerzas Armares Revolucionarios Columbianes) nominell eine Kraft der Linken, tatsächlich aber weniger eine politische Kraft, sondern eher eine Söldnerarmee der Drogenkartelle. (Außerdem verschaffen sie sich durch Schutzgelderpressung und das Kidnappen reicher oder anderweitig wichtiger Personen einiges an Einkünften.) Und die FARC sind keineswegs die einzige dunkle Kraft in Kolumbien. Ebenso wenig handelt es sich bei ihnen nur um eine Bande, die sich auf Kidnapping und andere kriminelle Taktiken spezialisiert hat, das ist eher die Spezialität der rechts gerichteten Nationalen Befreiungsarmee. Auf dem rechten Flügel angesiedeltes Militär verursacht sicher ebenso viel Ärger wie die Linken.

Die Zukunft Kolumbiens sieht alles andere als rosig aus. Sollten die FARC beispielsweise die gewählte Regierung von Präsident Andres Pastrana stürzen (was durchaus im Bereich des Möglichen liegt), hätten wir damit die erste Drogenregierung. Doch auch eine Regierungsübernahme durch die Rechten kann kaum als Verbesserung angesehen werden.

Für den Fall, dass die FARC die Macht übernehmen würden, hätte dies mit ziemlicher Wahrscheinlichkeit eine Kriegserklärung durch die Nachbarstaaten einschließlich Venezuelas zur Folge. (Es hat bereits einige Zusammenstöße an den Grenzen gegeben und Venezuela hat langsam, aber sicher damit begonnen, seine Armee und Nationalpolizeitruppen zu verstärken.) Wie gesagt: Es sind interessante Zeiten.

Derweil sind der amerikanischen Politik in dieser Region die Hände gebunden: Einerseits wollte die Regierung Clinton die demokratisch gewählten Regime unterstützen und so den Deckel auf dem kolumbianischen Druckkochtopf halten (viel Glück dabei!). Andererseits sind die Lateinamerikaner stolze und unabhängigkeitsliebende Menschen und sie sträuben sich dagegen, eine vollwertige *Yanqui*[155]-Partnerschaft in Angelegenheiten ihrer nationalen Sicherheit zu akzeptieren. (Zu gut ist ihnen noch der amerikanische Imperialismus im Gedächtnis, obwohl das schon Jahrzehnte zurückliegt.) Aus diesen beiden Gründen besteht die derzeitige amerikanische Vorgehensweise in diesem Teil Lateinamerikas darin, die Sicherheitskräfte der Gastnationen zu trainieren, anstatt amerikanische Streitkräfte dort zu stationieren. Diese Art von Unterstützung macht eine spezifische Form von Teams der Special Forces zur Durchführung von FID-Missionen im JCET-Stil erforderlich.

155 Spanische Version der Bezeichnung *Yankee* für die Nordamerikaner (Anm. d. Ü.)

Als ich in Venezuela ankam, war die 7th SFG mit vier Missionen auf venezolanischem Boden beschäftigt, in die vier aktive Teams (drei ODAs und ein ODB) involviert waren. Mein Wunsch war es nun, jedes einzelne dieser Teams in Aktion zu erleben.

Irgendwann nach Mitternacht Ortszeit kamen wir im Hotel an. Früh am nächsten Morgen stand bereits ein Treffen in der amerikanischen Botschaft auf dem Terminplan. Venezuela ist mit Sicherheit ein fantastischer Ort, um dort Urlaub zu machen – nur war ich nicht als Tourist gekommen.

Dienstag, 9. Februar – Amerikanische Botschaft in Caracas, Venezuela

Caracas ist eine wunderschöne Stadt in einem Tal, umgeben von Höhenzügen. Die amerikanische Botschaft liegt auf einem der höchsten Hügel und ist stärker befestigt als eine mittelalterliche Burg.

Nachdem Carlos und ich die Sicherheitskontrolle passiert hatten, stiegen wir die Treppen hinauf in den gewölbten Sicherheitsbereich, in dem die verschiedenen militärischen, geheimdienstlichen und juristischen Abteilungen untergebracht sind.[156] Hier arbeiten Beamte des Militärs und der Coast Guard, von der CIA, dem FBI, der DEA[157] und anderen Polizeibehörden und Nachrichtendiensten unter strengsten Sicherheitsauflagen und dem Mantel völliger Diskretion. Obwohl es kein Geheimnis ist, dass sie vor Ort sind (wie auch in anderen Ländern), üben sie sich in äußerster Zurückhaltung.

Als ich eintrat, wurde ich von einem gut aussehenden Chief Warrant Officer der SF (wir wollen ihn einmal Milwaukee nennen) mit sanfter Stimme begrüßt. Er leitete die Koordination der vier Teams mit der Botschaft. Chief Milwaukee ging erst einmal den Terminplan für meine Reise mit mir durch.

Für heute stand ein Besuch auf dem Stützpunkt der Guardia Nacional im Osten von Caracas auf dem Programm. (Die Guardia Nacional ist von ihrer Funktion her gleichzeitig Nationalgarde, Staatspolizei und Sicherheitsdienst.) Anschließend sollte ich dann in den Süden und in Richtung Westen fliegen, um die anderen drei SF-Teams bei der Arbeit zu beobachten. Darüber hinaus wurde mir mitgeteilt, dass Major McCollum voraussichtlich irgendwann im Laufe des Abends eintreffen würde – immer unter der Voraussetzung, dass sich die Auswirkungen des Streiks nicht noch weiter zuspitzten. Mit einem schiefen Lächeln über Toms trostlose Lage im Gesicht, folgte ich Sergeant Carlos zurück zu seinem Wagen und wir traten die Fahrt zum östlich von Caracas gelegenen Macarao an.

---

156 Sämtliche juristischen, nachrichtendienstlichen und militärischen Funktionen werden innerhalb von Räumen ausgeübt, die im Grunde Gewölbe aus Metall sind. Sie können bei einem Angriff oder Überfall verriegelt und gesichert werden und dienen in solchen Fällen gleichzeitig als Schutzräume.

157 Drug Enforcement Agency, die Drogenbekämpfung – nicht zu verwechseln mit der Mineralölgesellschaft DEA. (Anm. d. Ü.)

Dienstag, 9. Februar – Hauptquartier der Grupo de Acciones Commandos de la Guardia Nacional de Venezuela

Während wir in östlicher Richtung auf die Berge zu und in den Nationalpark El Ávila hinein fuhren (Venezuela ist einer der ersten Staaten auf dem lateinamerikanischen Festland, in dem es eine ernst zu nehmende Umweltbewegung gibt, die auch von der Regierung unterstützt wird), beschrieb mir Sergeant Carlos die Einheit, die ich heute besuchen würde. Die Grupo de Acciones Commandos de la Guardia Nacional de Venezuela (kurz als GAC FAC bezeichnet) entspricht in etwa den auf Terrorismusbekämpfung spezialisierten Einheiten in Amerika (den Geiselrettungsteams des FBI oder der Delta Force der Army), was ihren Auftrag angeht, und ist sicherlich eine der talentiertesten Militäreinheiten in Südamerika – die Elite der Elite, wenn man so will (das, was amerikanische Planer gern als »Rang 1«-Einheit bezeichnen). Obwohl technisch gesehen als Bataillon geführt, liegt die tatsächliche Stärke der GAC FAC mit 120 Mann eher in der Größenordnung einer etwas überdimensionierten amerikanischen Company. Sie ist in drei jeweils vierzig Mann starke Kompanien (zu je zwei Zügen) untergliedert. Die GAC FAC ist eine schlagkräftige kleine Einheit, die über ein breites Spektrum von Fähigkeiten verfügt (sie ist keineswegs auf Antiterror-Einsätze beschränkt). Ganz im Gegensatz zu den anderen lateinamerikanischen Eliteeinheiten, die etwas Operettenhaftes haben (sie tragen fantastische Uniformen, können zackig marschieren, würden aber bei einem Angriff auf ein Badezimmer scheitern), ist die GAC FAC eine hart ausgebildete Truppe mit Kenntnissen, die von Fluss- und Unterwassergefechtsführung über Geiselbefreiung bis hin zu Scharfschützen- und Sprengfähigkeiten reichen. Darüber hinaus besitzt die gesamte Truppe Springer- und Luftbeweglichkeitsqualifikation, was bedeutet, dass sie praktisch an jeden nur vorstellbaren Ort eingeschleust werden kann. (Nach Einschätzung der SOF-Kommandeure ist diese Truppe mit Abstand die fähigste Kommando-Sondereinsatzkraft in der gesamten Region.)

Die GAC FAC ist Teil der weit umfangreicheren Guardia Nacional, die für die innere Sicherheit der Nation verantwortlich ist (das Heer, die Marine und die Luftstreitkräfte sind zuständig für die Abwehr von Bedrohungen von außen). Anders ausgedrückt: Die Guardia Nacional erledigt all die Aufgaben, die in Amerika normalerweise in den Tätigkeitsbereich von Institutionen wie dem Justizministerium, dem Schatzamt, der Bundespolizei und teils auch der Nationalgarde der Army fallen. Sie haben bereits unter Beweis gestellt, dass sie in diesen Rollen ausgezeichnete Arbeit leisten, was mit dazu beigetragen haben dürfte, dass sich diese Truppe bei der Bevölkerung recht großer Beliebtheit erfreut. Tatsächlich geht die Akzeptanz so weit, dass die Guardia Nacional als Hüter und Wahrer der Verfassung und der demokratischen Verhältnisse im Staat gesehen wird. (Man kann wirklich den Eindruck gewinnen, dass sie jedes Mal, wenn es da unten geknirscht hat, am Ende wieder auf der Seite der demokratisch gewählten Regierung auftauchten. Dies scheint die Überzeugung in der Bevölkerung gestärkt zu haben, dass sie es auch das

Der Eingang zum Gelände der GAC FAC im Osten von Caracas, Venezuela. Die GAC FAC ist die beste Antiterror-Einheit in Lateinamerika und stellt so etwas wie das Gegenstück zur Delta Force dar.

John D. Gresham

nächste Mal wieder schaffen werden.) Es war auch die GAC FAC, die den von Hugo Chavez im Jahre 1992 versuchten Staatsstreich niederschlug. (Obwohl die Guardia Nacional den neuen Präsidenten genau im Auge behält, steht nach den Spannungen zwischen Chavez und seinen Sicherheitskräften in der Vergangenheit jetzt nicht mehr zu erwarten, dass es Schwierigkeiten geben wird.)

Aber all das ist nicht gerade billig. Die GAC FAC kostet fast doppelt so viel wie ein normales Bataillon der Guardia Nacional in der Art des 69., dem ich später einen Besuch abstattete. Doch ihre eindrucksvolle Liste von Erfolgen, die sie im Kampf gegen Terroristen und Schmuggler errungen hat, rechtfertigt die Ausgaben allemal. Tatsächlich ist die GAC FAC ein wirklicher Garant für die Stabilität in der gesamten Region und es liegt im größten Interesse der Vereinigten Staaten von Amerika, die hohen Standards zu erhalten, die in der Ausbildung angelegt werden, und sie darüber hinaus noch mit neuen Fähigkeiten zu versorgen.

Nach einer rund einstündigen Fahrt durch ein wunderschönes Tal in der Gebirgslandschaft trafen wir gegen 11 Uhr vormittags in den Kasernen der GAC FAC ein. Das Gelände mit uniformierten Wachen am Eingang ist weder besonders groß noch protzig. Genau genommen erinnerte es mich mehr an ein Pfadfinderlager zu Hause. Aber das hier war alles andere als ein Sommerlager, sondern vielmehr eine Einrichtung, die ähnlich wie das Gelände der Delta Force in Fort Bragg bis in letzte Detail funktionell ist.

Im GAC-FAC-Reservat, das sich über etliche Quadratkilometer des Tales erstreckt, unterhält die Einheit Schieß- und Sprengstoff-Übungsgelände, Hindernisparcours, eine kleine Überlebensschule, eine über-

Soldaten des ODA 763 von der 7th Special Forces Group leiten Mitglieder der GAC FAC im Rahmen einer ausgeklügelten Übung in einer simulierten Schule an. Die der Guardia Nacional unterstellte GAC FAC ist eine beeindruckende Antiterror-Einheit.

John D. Gresham

dachte Schießbahn, in dem Breschenschlagen und Überfälle geübt werden und auf den Seen werden die Kenntnisse im Umgang mit Schlauchbooten vermittelt.

Obgleich diesen Einrichtungen die technische Raffinesse vergleichbarer Einrichtungen in den Vereinigten Staaten fehlt, darf man nicht vergessen, dass Hochtechnologie nicht der einzig mögliche Weg ist, Männer für das Kommandohandwerk auszubilden. Die Beobachtung durch erfahrene Unteroffiziere kann durchaus das Fehlen von geschlossenen Fernseh- und Videoüberwachungskreisen wettmachen… entsprechend dem Motto: Wenn es einen Dollar kostet, jemanden zu 90 Prozent perfekt auszubilden, dann kostet es zehn Dollar, die 99 Prozent zu erreichen, und 100 Dollar, um daraus 99,9 Prozent zu machen. Die GAC FAC lag im Bereich von 99 Prozent.

Sobald wir unseren Wagen geparkt hatten, begleitete mich Carlos zu einer kleinen, irgendwie rustikal wirkenden Kaserne direkt neben der Straße. Das war das Team-Haus des ODA 763. Diese Abteilung kommt von der »E«-Company des 2nd/7th SFG (und gehört damit zu den Teams, die für Lieutenant Colonel Joe Smith arbeiten, den ich bei meinem Besuch von JRTC 99-1 kennen gelernt hatte). Das ODA 763 bestand aus insgesamt neun Männern unter dem Kommando eines Captains namens Marshall. Im Laufe der kommenden Wochen sollte das ODA die GAC FAC mit einer großen Bandbreite an Ausbildung, Beratung und Unterstützungsdiensten wie etwa den folgenden unterstützen:

Oberst (Coronel) Marcos Rojas, der Kommandeur der GAC FAC
John D. Gresham

- **Scharfschützenausbildung** – Das ODA 763 würde ein Scharfschützen-Auffrischungsprogramm für die Scharfschützen-Teams der GAC FAC einrichten und beaufsichtigen. Mit zu diesem Programm sollte auch ein Büchsenmacherkurs gehören, um die Präzision der Waffen zu verbessern, sowie eine Späherausbildung und eine komplette Neu-Qualifizierung des gesamten Scharfschützenpools bei der GAC FAC.
- **Mobile Abriegelung** – Um die Fähigkeiten der GAC FAC im Bereich der Drogenbekämpfung zu verbessern, plante das ODA 763 die Vermittlung von Kenntnissen, wie sich die Drogen-Handelsrouten nach Venezuela hinein und durch das Land hindurch wirksam abriegeln lassen. Dazu gehörten auch das Sammeln nachrichtendienstlicher Erkenntnisse, deren Analyse und Auswertung, Einsatzplanung sowie Straßensperr- und Suchtechniken.
- **Auffrischung-/Ausbildung auf der Schießbahn** – Eine Schießbahn ist eine Ausbildungseinrichtung, die ein echtes Gebäude simuliert. Truppen greifen ein solches Gebäude im Rahmen ihrer Ausbildung mit scharfer Munition an. Obwohl die Schießbahn der GAC FAC sicherlich einmal eine solide Einrichtung war, ist sie jetzt, nach jahrelangem Gebrauch, praktisch in Trümmer geschossen. Das ODA 763 hatte vor, ein Programm zu starten, in dessen Verlauf die Truppen der Guardia Nacional das Gebäude wieder aufarbeiten, verbessern und dabei gleich dessen Nutzungsmöglichkeiten erweitern sollten.
- **Überlebenstraining** – Das ODA 763 wollte für die GAC FAC praktisch die Miniaturversion seines eigenen SERE-Ausbildungszentrums einrichten (Survival, Evasion, Rescue and Escape).

- **Taktische Ausbildung im Feld** – Hierbei wollte das ODA 763 die GAC FAC in einen umfassenden Lehrgang über Feld- und taktische Manöver einbinden. Dazu sollten auch Training in Überfällen, Hinterhalten, Aufklärung, Orientierungsmärsche und die Vermittlung anderer Kenntnisse gehören, die für SOF von Belang sein können.
- **Versorgung mit Material** – Um sämtliche andere Ausbildungsziele sinnvoll unterstützen zu können, würde das ODA 763 die GAC FAC auch mit einer Vielzahl von Ausbildungshandbüchern, Karten und anderen Materialien (die natürlich alle ins Spanische übersetzt sind) ausstatten, um sie auf die zu erwartenden Bedrohungen, Einsätze und Ziele vorzubereiten.

Ohne Frage hatte man sich für gerade einmal acht Wochen eine ganze Menge vorgenommen (das Team war Mitte Januar eingetroffen).

Das Team-Haus war ein mächtiges Gebäude mit reichlich Platz für Betten und die Unterbringung der Waffen und sonstigen Ausrüstung. In einer Ecke hatte sich der Fernmelde-Sergeant mit seiner Sammlung von Satelliten-, UKW- und anderen Funkgeräten eingerichtet. Er lächelte, als wir an ihm vorbeigingen, und reckte den Daumen hoch.

Nach einem schnellen Rundblick war es auch schon Zeit, dass wir uns beim Kommandeur der GAC FAC meldeten.

Das Stabsgebäude lag nur einen kurzen Spaziergang den Hügel hinauf. Dort angekommen, bot man mir einem Stuhl in einem kleinen Patio an und versorgte mich mit einem kühlen Drink. Einige Minuten später wurde ich dem Mann vorgestellt, der nach Ansicht vieler der beste Offizier in der gesamten Guardia Nacional ist: Coronel Marcos Rojas. Mir leuchtete das sofort ein – er wirkte auf Anhieb wie ein wirklich hochkarätiger Militärprofi. (Wie man mir berichtete, stand er damals kurz vor seiner Beförderung zum General.) Kraftvoll gebaut, mit hellen Augen und ernstem Auftreten, schaffte er es selbst mit seinem gebrochenen Englisch, zu vermitteln, wie stolz er auf seine Einheit war und wie dankbar dafür, dass die Vereinigten Staaten ihm das ODA 763 geschickt hatten, um sie noch besser zu machen. Mit Captain Marshall als Übersetzer sprachen wir über Rollen und Missionen der Guardia Nacional und der GAC FAC und wie sie in das Venezuela eines Hugo Chavez passten. Er ließ keinen Zweifel daran, dass er und seine Männer gestern wie heute jederzeit bereit seien, Putschversuche niederzuschlagen.

Pünktlich um zwölf Uhr stand er auf und bedeutete uns, ihm hinunter in Richtung Straße zu folgen. Wir unternahmen eine Besichtigungstour durch das Kasernengelände. Alles war – wie nicht anders zu erwarten – sauber und ordentlich und die jungen Männer, die mir über den Weg liefen, waren samt und sonders drahtig und hart, freundlich und stattlich.

Hier gab es ausschließlich Freiwillige, erklärte der Oberst, und er war persönlich stolz darauf, dass jeder hier ein gutes Leben führte, gut ausgerüstet und verpflegt wurde und die Gewissheit hatte, dass die Bevölkerung Venezuelas hinter ihm stand. Während wir weitergingen, sprach er jeden einzelnen Soldaten mit dem Namen an und die Männer freuten sich

Ein Soldat der GAC FAC bei der SERE-Ausbildung (Survival, Evasion, Rescue, and Escape).
John D. Gresham

offensichtlich, ihn zu sehen. Man konnte richtig ihren Stolz spüren, dass er einer *von ihnen* war. Dieser Mann war kein »*Jefe*« alten Schlages (also nicht der typisch südländische Boss und starke Mann), sondern ein moderner militärischer Führer, wie er besser nicht sein konnte.

Ein paar Minuten später führte er uns in den Speisesaal für die Soldaten und dirigierte uns zum vordersten Tisch, wo er mit Platz nahm. »Das ist die *einzige* Kantine im ganzen Lager«, erklärte Captain Marshall. »Es gibt keine getrennten Einrichtungen für Offiziere und Mannschaften. Hier nehmen alle dieselben Mahlzeiten zu sich.« Lediglich die Kasernen waren nach Rangstufen getrennt und wenn ich ehrlich sein soll, muss ich sagen, dass mir die Unterkünfte der Mannschaften besser gefallen haben als die der jungen Offiziere, die noch keine allzu hohen Dienstränge erreicht hatten.

Coronel Rojas teilte buchstäblich *alles* mit seinen Männern. Selbst beim amerikanischen Militär existieren hohe kulturelle Mauern zwischen den Offizieren und Mannschaften (allerdings ist bei den Special Forces nicht allzu viel davon zu spüren). Ich war ziemlich beeindruckt.

An diesem Nachmittag teilte sich das ODA in zwei Gruppen. Die beiden Schützen fuhren zusammen mit einem Assistenten einen LKW zu einem neu aufgeschütteten Erdwall weiter unten im Tal, wo sie ein vorher genau vermessenes Scharfschützengelände einrichteten, und setzten dort den Scharfschützenlehrgang fort, den sie in der Woche zuvor begonnen hatten. Vier andere Mitglieder des Teams nahmen eine andere Kompanie mit die Straße hinunter und brachten ihr die Grundkenntnisse für Straßensperren und Fahrzeugdurchsuchungen bei.

Soldaten des ODA 763 führen mit den Männern von der GAC FAC eine Scharfschützenausbildung durch. Die GAC FAC verfügt über ein sehr entwickeltes Scharfschützenpotenzial für Antiterror-Einsätze.

John D. Gresham

Ich sprang mit auf Coronel Rojas' LKW und wir fuhren hinauf zum Damm. Vier venezolanische Scharfschützen übten dort bereits in voller Tarnkluft, um sich so früh wie möglich mit den Störungen und Problemen vertraut zu machen, die bei Missionen auftreten können, bei denen gilt »ein Schuss, ein Toter«. Während ich sie beobachtete, gingen zwei Schützen der SF langsam von Mann zu Mann, überprüften hier ein Visier, stellten dort Griffschalen nach und vermittelten die vielen kleinen Details, die einen guten Scharfschützen ausmachen. Coronel Rojas stand unmittelbar hinter den Amerikanern und beobachtete jede Bewegung.

Einige Zeit später trat er selbst auf eine der Scharfschützenpositionen, legte sich hin und feuerte zehn Schuss ab. Die Ziele standen auf 500 Meter, also nach heutigen Scharfschützenstandards in mittlerer Entfernung, und er erzielte ab dem dritten Schuss direkte Treffer, ohne von den Trefferbeobachtern eingewiesen worden zu sein.

Dann mussten wir auch schon zum LKW zurückkehren und weiter ging es bei der Ausbildung in Straßensperren und Fahrzeug-Durchsuchungen.

Die GAC-FAC-Kompanie war inzwischen von den Kasernen herunter marschiert. Dabei begleitete sie einer der Hunde des Lagers, eine kleine, einäugige Promenadenmischung, der sich auch zu den Soldaten gesellt, wenn die ihre Fallschirmabsprünge und Hubschrauberüberfälle üben. Bei der GAC FAC besitzen selbst die Hunde Springerqualifikation.

Sobald die Kompanie vor Ort eingetroffen war, setzten sich die vier SF-Soldaten mit ihnen in den Schatten der Bäume und erklärten ihnen die Abläufe: wie eine Straßensperre errichtet wird, wie Fahrzeuge angehalten und richtig durchsucht werden, einschließlich der Grundsätze über die Menschenrechte von Verdächtigen, ein ganz wichtiger Punkt für SF-Truppen auf JCET-Missionen. Nach all den »schmutzigen« Geschichten über das Verhalten des lateinamerikanischen Militärs Zivilisten gegenüber werden derartige Aspekte wann immer möglich bei einer JCET-Mission eingeflochten.

Zwanzig Minuten später war es dann Zeit, die Straßensperre zu errichten. Soldaten einer anderen GAC-FAC-Kompanie hatten sich freiwillig gemeldet, als OpFor bei dieser Übung zu fungieren. Diese Männer würden den LKW fahren, der angehalten und durchsucht werden sollte.

Der Truppführer der GAC FAC teilte einige seiner Männer (die alle ihre kugelsicheren Westen angelegt hatten) ein, die auf der Straße als Kontrollposten stehen sollten. Der Rest hielt sich außer Sicht im Schutz der Bäume neben der Straße.

Die Straßensperre selbst bestand aus Absperrkegeln und Hindernisstreifen für Reifen (das sind Metallplatten mit herausstehenden Nägeln). Dann wurde begonnen, den Fahrzeugverkehr anzuhalten und zu kontrollieren. Die Männer inspizierten die Fahrgastzellen und Motorräume, untersuchten die Fahrgestelle mit Spiegeln und einer Blitzlichtvorrichtung an einem Handgriff und unterzogen die Fahrzeugpapiere einer genauen Prüfung. Sobald der Führer des Teams oder einer seiner Männer den Eindruck hatte, dass eine intensivere Durchsuchung angezeigt war, wurden Fahrer und Beifahrer zwischen die Bäume gewinkt, wo sie dann von der dort postierten Sicherheitsgruppe durchsucht und befragt wurden. Das Fahrzeug wurde noch gründlicher kontrolliert, bis schließlich etliche Pakete mit angeblichen (simulierten) geschmuggelten Drogen auftauchten.

An diesem Punkt brachen die SF-Soldaten die Übung erst einmal ab zu einer kritischen Besprechung. Anschließend tauschten die GAC-FAC-Soldaten die Rollen, so dass jeder einmal zur Gruppe auf der Straße gehörte.

Diese Abläufe wurden etwa ein Dutzend Mal wiederholt. Als die Zeit schließlich um war, lief die Prozedur bei den GAC-FAC-Soldaten nicht nur wie am Schnürchen, sondern sie kamen auch schon mit den ersten Verbesserungsvorschlägen, die sie aufgrund ihrer Erfahrungen einbrachten.

Wen wundert es, dass Coronel Rojas zufrieden war.

Zurück in Caracas sprachen Sergeant Carlos und ich die Pläne und Ziele für den Rest meiner Reise durch. Morgen wollten wir uns nach Süden in Richtung San Fernando de Apure bewegen, wo wir uns mit zwei weiteren Teams der 2/7th SFG treffen würden. Da Major McCollum nun doch noch mit der Mitternachtsmaschine eintreffen sollte, würde Sergeant Carlos endlich wieder zu seinen Pflichten bei der Botschaft zurückkehren können.

Mittwoch, 10. Februar – Kasernen der Guardia Nacional in San Fernando de Apure

Ein früher Weckanruf zerstreute den letzten Zweifel: Tom McCollum hatte es in den frühen Morgenstunden tatsächlich geschafft, nach Venezuela zu gelangen. Etwas später saßen wir schon beim Kaffee zusam-

Soldaten der GAC FAC werden von Mitgliedern des ODA 763 darin unterwiesen, wie man Straßensperren aufbaut und Fahrzeuge kontrolliert. Die Ausbildung dient der Unterstützung von Operationen zur Unterbindung des Drogenschmuggels.

John D. Gresham

men, und nachdem Carlos eingetroffen war, fuhr er uns zum Flughafen.

Unser Ziel, San Fernando de Apure (was so viel bedeutet wie *Die Stadt des heiligen Ferdinand an den Ufern des Flusses Apure*) ist mit rund 90 000 Einwohnern die größte Stadt der Region *Los Llanos* und liegt etliche hundert Kilometer südlich von Caracas. *Los Llanos* ist ein überwiegend brettebenes Hochplateau mit gewaltigen Landstreifen, die Ackerbau und Viehzucht vorbehalten sind. Das am Südufer des Flusses gelegene San Fernando de Apure ist der Dreh- und Angelpunkt aller wirtschaftlichen Aktivitäten in diesem Teil der Welt. Darüber hinaus befindet sich hier eins der wichtigsten Hauptquartiere der Guardia Nacional.

Das alles heißt aber nicht zwangsläufig, dass dieser Ort leicht zu erreichen ist. Man kommt entweder mit dem Auto hin oder mit einer Pendler-Fluglinie, wie man das bei uns bezeichnen würde. Wir flogen – in einem Ding, das vor rund 50 Jahren bestimmt einmal eine bildschöne 20-sitzige Twin Beech gewesen war (eine zweimotorige Beechcraft mit doppeltem Seitenleitwerk in der Art der B-25 mit einer spektakulären Formgebung), aber ohne einen einzigen Ölfleck und die geringste Macke. Wahrscheinlich war sie früher einmal ein Transportflugzeug der venezolanischen Luftstreitkräfte für VIPs und ist dann nach jahrelanger liebevoller Pflege an eine Fluggesellschaft verkauft worden. Ich war echt verblüfft, wie schnell diese alte Schönheit von der Startbahn abhob und zu steigen begann, während sie gleichzeitig schon für den nur wenige Minuten dauernden Flug nach San Fernando de Apure in Richtung Süden abdrehte.

Der Flugplatz oder vielmehr das Flugfeld von San Fernando de Apure entpuppte sich als eine Angelegenheit mit einer einzigen Start- und Landebahn, die jedoch sogar für mittelgroße Transportmaschinen des Typs C-130 *Hercules* groß genug war. Damit wäre ihre Kapazität aber auch erschöpft gewesen. In dem kleinen Gebäude des Flughafenterminals wurden wir von Major Mark begrüßt, dem hochgewachsenen, fröhlichen Kommandeur des ODB 740, der gleichzeitig auch Kommandeur der Company Alpha der 2/7th SFG war.

Als Kommandeur der Company Alpha musste er nicht nur seinen eigenen Stab leiten, sondern darüber hinaus auch noch den Befehl über die drei ODAs führen, die über ganz Venezuela verstreut in eigene Missionen eingebunden waren: das ODA 763 oben in Marcaro mit der GAC FAC, das ODA 743 hier in San Fernando de Apure und das ODA 746 in El Guayabo im Westen des Landes. Darüber hinaus stellte sein ODB noch die Kommunikation und Führung für die Missionen der 2/7th SFG in Guatemala, Ecuador und Costa Rica. Er hatte zwar nicht das Kommando über die drei Missionen, trug aber die Verantwortung für die regelmäßige Weiterleitung der Berichte nach Fort Bragg und für alle Unterstützungsanfragen der Einheiten. (Dass ein ODB zwischen zwei und sechs ODAs führt, die innerhalb einer Einsatzregion tätig sind, ist schon fast zum Standard geworden.)

Unseren ersten Halt legten wir im Team-Haus des ODB 740 ein. Es befand sich in der zweiten Etage eines von Mauern umgebenen Kasernengebäudes, das den 69. Commando Rurales (was etwa einem Landwehr-Kommando in Bataillonsstärke entspricht) unterstellt ist. Das 69. ist eine erst kürzlich aufgestellte »reguläre« Einheit und Teil des erheblich umfangreicheren 6. Regionalkommandos (eine aus vier Bataillonen bestehende Brigade), das seinerseits zum 1. Einsatzkommando (in Süd-Venezuela) gehört. Seine Mission bestand – wie die der anderen »regulären« Einheiten – in der Abwehr von Rebellionen, der Durchsetzung von Gesetzen und darin, dem Heer als Reserve zur Verfügung zu stehen. Im Augenblick leben die Truppen des 69. in einem ehemaligen Gefängnisgebäude, das vom Justizministerium nicht mehr benötigt wird.

Auf jeden Fall war das keine Eliteeinheit in der Art der GAC FAC, was sich auch schon bald zeigte.

ODB 740 und ODA 743 hatten die Aufgabe, den neuen Rekruten die Grundlagen von Taktik, Leben im Felde und den Umgang mit Feuerwaffen beizubringen.

Das Team-Haus des ODA 740 war in einer mit Klimaanlage ausgestatteten Kaserne eingerichtet. Die Klimaanlage erfüllte ihren Zweck, denn in der Zeit, in der bei uns Winter herrscht, ist es auf den *Los Llanos* heiß und feucht. An einem Ende des Gebäudes befand sich ein kompaktes Befehls- und Führungszentrum, in dem ein höherrangiger Fernmeldeunteroffizier (18E) für die Kommunikationseinrichtungen zuständig war.

Das vom ODB 740 während des turnusmäßigen Aufenthaltes Anfang 1999 in Venezuela genutzte Team-Haus. Die komfortablen Unterkünfte befinden sich in leer stehenden Kasernen der Guardia Nacional in San Fernando de Apure.
John D. Gresham

Jeder SF-Soldat hatte ein eigenes Bett und einen Spind für sich allein. Darüber hinaus standen auch die normalen Annehmlichkeiten eines Team-Hauses zur Verfügung: ein Fernseher mit Videorecorder, Tische mit Laptop-Computern, ein oder zwei Ghetto-Blaster und jede Menge CDs und Filme. Unter den Videocassetten befand sich natürlich auch die (bei den SF-Teams) allgegenwärtige Kopie des Films *The Green Berets* mit John Wayne in der Hauptrolle (wenn Soldaten der Gastnation einmal zu Besuch kommen, wollen sie unbedingt diesen Film sehen). Außerdem gab es auch noch eine Kochplatte, um Kaffee oder auch mal eine Kleinigkeit zu kochen (normalerweise nahm das Team seine Mahlzeiten entweder zusammen mit den Offizieren des 69. oder in einem der Restaurants im Ort ein).

Nachdem wir uns kurz umgeschaut hatten, brachte Major Mark Tom McCollum und mich zu einem verspäteten Frühstück in die Stadt. Über Eier mit Speck gebeugt, besprachen wir unsere Pläne für die kommenden Tage. Dann checkten wir in etwas ein, was vor Ort wohl als Hotel durchgehen mochte (Klimaanlage und fließend warmes und kaltes Wasser waren immerhin vorhanden), und fuhren anschließend zurück zum Team-Haus, wo wir an einem Briefing über Einsatzbefehle und Einsatzziele teilnehmen durften.

Die gesamte Operation, über die ich gern Näheres erfahren wollte, wurde aus dem Etat der Joint Chiefs of Staff finanziert und zur Bezeichnung der einzelnen Missionen wurden CN- Leitungsnummern verwendet (Counternarcotics, Drogenbekämpfung). In der folgenden Übersicht sind die Missionen aufgeführt:

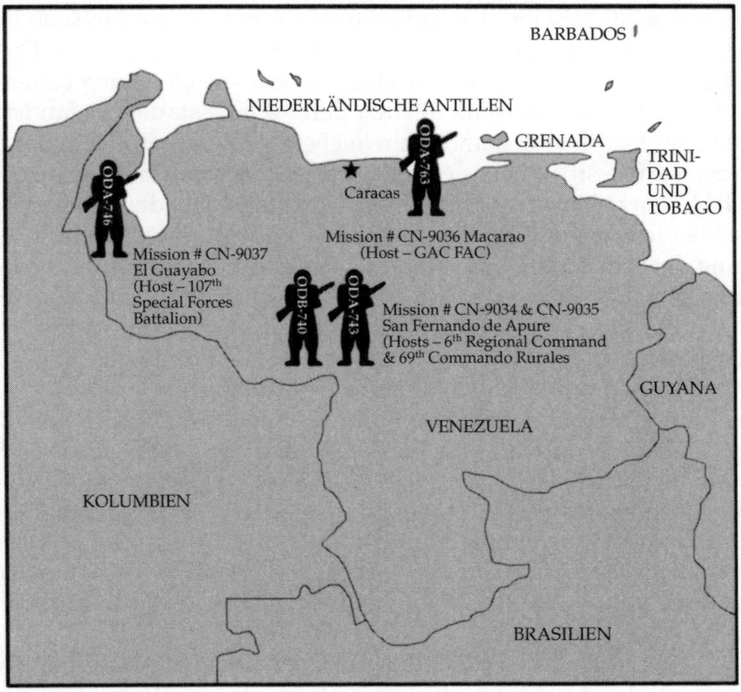

Diese Karte zeigt die Verteilung der Teams der 7th Special Forces Group (Airborne) bei ihren Anfang des Jahres 1999 in Venezuela abgelaufenen Missionen.

Rubicon. Inc., von Laura DeNinno

Nummer der JCS-Mission	Einheit	Gasteinheit	Ort	Mission
CN-9034	ODB 740	6. Regional-Kommando (Brigade HQ)	San Fernando de Apure	Einführungskurs Gefechtsstab
CN-9035	ODA 743	69. Commando Rurales	San Fernando de Apure	Ausbildung für leichte Infanterie
CN-9036	ODA 763	GAC FAC	Macarao	Leichte Infanterie-/Antiterror-Ausbildung
CN-9037	ODA 746	107. Bataillon der Spezialeinsatz-Kräfte Venezuelas	El Guayabo	Ausbildung für leichte Infanterie

Jede einzelne SF-Mission war auf eine bestimmte venezolanische Einheit abgestimmt und die Planungen waren für jede maßgeschneidert. Die individuelle Abstimmung war sehr wichtig, da sich die einzelnen venezolanischen Einheiten in unterschiedlichen Bereitschaftsstadien befanden und teilweise sehr stark voneinander abweichende Einsatzprofile in der nationalen Sicherheitsstruktur zu erfüllen hatten. So stand beispielsweise die GAC FAC ganz oben an der Spitze der Nahrungskette der Guardia Nacional, schließlich war sie ihre beste Einheit und unmittelbar der obersten Führung der Streitkräfte unterstellt. Deshalb war es auch möglich, dass im Rahmen von CN-9036 jede Art von fortgeschrittenen und schwierigen Übungen mit dieser Einheit durchzuführen. Das 69. Commando Rurales hingegen hatte seinen Platz am entgegengesetzten Ende des Spektrums – es war brandneu und noch nicht besonders wichtig.

Aus diesem Grund wurden im Rahmen von CN-9035 auch erst einmal Grundbegriffe vermittelt – das Baby (nämlich die neuen Gardesoldaten) sollte laufen lernen.

Jede Mission erforderte einen ganz eigenen Ausbildungsplan und damit auch individuelle Bewertungskriterien für Erfolg oder Misserfolg.

Über allem stand, dass es eine Vielzahl von Regeln und Bestimmungen zu beachten galt, wozu die Menschenrechte zählten und natürlich auch die finanziellen Vorgaben.

Da die venezolanischen Einheiten nur über ziemlich beschränkte Mittel verfügen, mussten die meisten Verbrauchsgüter (wie Verpflegungsrationen, Munition, Zielscheiben, Baumaterial und dergleichen) aus den Vereinigten Staaten angeliefert werden. Das wiederum hatte zur Folge, dass eine Menge amerikanischer Gelder dafür aufgewendet wurden, allein all diese Dinge hinunter nach Venezuela und dann auch noch zu den weit verstreut liegenden Ausbildungseinrichtungen zu bringen. Da diese in den Vereinigten Staaten von Amerika gekauften Versorgungsgüter aus Haushaltsmitteln der Vereinigten Stabschefs (die nach § 10 des Federal Code der Überwachung unterliegen) beschafft worden waren, musste alles, was im Laufe der Missionen nicht verbraucht worden war, wieder in die Staaten zurück transportiert werden, damit es dort gutgeschrieben werden konnte. Nach dem Verständnis der Rechnungsprüfer der Army war damit nicht nur die nicht verbrauchte Munition gemeint, sondern wirklich alles, was nicht verbraucht worden war, einschließlich des Verpackungsmaterials!

Das Ergebnis war ziemlich hirnrissig: Der Wert des in die Vereinigten Staaten zurücktransportierten Materials lag niedriger als die Transportkosten. Hier wurde also in dem Versuch, jede Möglichkeit zu Verschwendung und Schwindel zu unterbinden, eine noch größere Verschwendung verursacht. Das muss man sich mal auf der Zunge zergehen lassen!

Andererseits stellt sich die Frage, ob die Einsätze in Übersee den amerikanischen Steuerzahler wirklich so viel kosten. Tatsächlich ist das gar nicht der Fall – im Gegenteil, die Ausgaben sind vergleichsweise gering:

Zunächst muss man bedenken, dass die SF-Soldaten, ihre Waffen, Verpflegung und andere grundsätzliche Dinge, die sie für einen Einsatz

Der Fernmelde-Sergeant (18E) des ODB 740 betreibt die Kommunikationszentrale für das Team. Aus einem kleinen Kämmerchen heraus führte das ODB 740 noch drei andere Teams, die über Venezuela verstreut im Einsatz waren, und dazu noch einige weitere in Lateinamerika.

John D. Gresham

benötigen, sowieso aus dem normalen Haushalt der Army bezahlt werden müssen. Dazu kommen noch die Kosten für Munition, Baumaterial, zusätzliche Verpflegung und andere Verbrauchsgüter sowie die Kosten, die durch eine zweimonatige Nutzung von Handys und Leihwagen entstehen. Natürlich dürfen auch die Frachtkosten nach und von Venezuela nicht vergessen werden.

Unter dem Strich ergibt das eigentlich erstaunlich niedrige Kosten in der Größenordnung von rund einer Viertelmillion Dollar für alle vier Missionen zusammen (tatsächlich liegen sie sogar noch ein klein wenig darunter). Im Vergleich dazu dürfte es schon schwer fallen, einen einzigen Flugzeugträger auch nur eine *Stunde* lang zu diesem Preis betreiben zu wollen.

Nachdem Major Mark sein Briefing beendet hatte, gingen wir zu der kleinen Kommunikationszentrale hinüber, die an einem Ende der Cafeteria lag. Da nicht weniger als sieben Missionen ihre gesamte Kommunikation über dieses enge Portal laufen ließen, war der Sergeant (Drew) ein viel beschäftigter Mann. Seine Ausrüstung bestand aus einer klassischen SF-Mischung von extrastabilen Geräten der Army (Funkgeräte vom Typ PRC-5/TRQ-43, Verschlüsselungssystemen vom Typ KY-99A/KL-43 und Modems vom Typ MST-20/BDC-400) mit zivilen, kommerziellen Systemen (wie Laptops, die unter dem Betriebssystem Windows 98 liefen, oder HP-97 Palmtops und dergleichen). Ich entdeckte aber auch eines der neuen Funk-/Verschlüsselungsgeräte PRC-137, die praktisch direkt mit jeder Art von Kommunikationsgerät, angefangen von einer Morsetaste bis hin zu einem Laptop, verbunden werden können.

Viele Menschen haben ein großes Interesse an Überseeoperationen wie den Missionen in Venezuela. Das hat aber zur Folge, dass erhebliche Ansprüche an die Kommunikationseinrichtungen gestellt werden. So meldeten beispielsweise das Special Forces Command, die 7th SFG, das SOCOM und auch das SOCSOUTH (unter Brigadier General James W. Parker) offensichtliche operationelle Bedenken an. Darin standen ihnen verschiedene Mitglieder der Diplomatenschaft nicht nach: der amerikanische Botschafter in Caracas, der Staatssekretär für die Beziehungen zu Lateinamerika und der Außenminister persönlich, und alle wollten auf dem Laufenden gehalten werden. (So erhält Madeleine Albright beispielsweise ein wöchentliches Briefing über den Stand aller JCET-Missionen. Diese Missionen sind *sehr* wichtig für die Regierung.)

Außerdem besteht bei den Missionen ein kontinuierlicher Fluss an »Hauswirtschaftsverkehr« (Personal- und Versorgungsberichte, Änderungen in den Terminplänen und dergleichen) und persönlichen E-Mails.

Da Sergeant Drew praktisch Dreh- und Angelpunkt all dieser Aktivitäten war, arbeitete er im Schnitt zwischen zwölf und sechzehn Stunden täglich. So ganz nebenbei entwarf er noch neue Schnittstellenkabel, wartete und reparierte die Funkgeräte und Computer anderer Teams und versuchte hin und wieder ein paar Stunden Schlaf zu bekommen. Ich darf allerdings nicht vergessen darauf hinzuweisen, dass er jede einzelne Minute seiner Tätigkeit genoss. Ganz gleich, ob er seine zweimal wöchentlich stattfindenden HF-Funk-Test-»Schüsse« zum Kommunikationszentrum auf der Chicken Road von Fort Bragg abgab oder nach einem neuen Weg suchte, wie er alte Ausrüstungsgegenstände wieder zusammenflicken konnte, um der Army ein wenig Geld zu sparen, er war auf jeden Fall ein glücklicher SF-Soldat.

Später am Nachmittag nahm mich Major Mark dann mit auf die dem Kasernenkomplex gegenüberliegende Seite der Allee zu einem großen, flachen, teilweise überwucherten Feld, wo gerade rund ein halbes Dutzend SF-Soldaten vom ODA 743 damit beschäftigt waren, eine Kompanie Soldaten der Guardia Nacional auszubilden.

Major Mark machte uns mit den Mitgliedern des ODA 743 bekannt und gleich darauf nahm mich der Team-Führer, ein Captain namens Tom, zur Seite. »Wir bringen ihnen gerade die rudimentären Taktiken des Bodenkampfes bei«, erklärte er mir. »Dazu teilen wir sie in Schützentrupps zu je zehn Mann ein und die lernen dann alles über Formationen, Suchabläufe und die Bewegung im Gelände. Innerhalb eines einzigen Monats sind sie so weit, dass sie schon einen Überfall mit scharfer Munition auf ein Angriffsziel durchführen können, und zwar mit allem Drum und Dran einschließlich Breschenschlagen und Sprengungen.« Derartige Lektionen gehören zum Grundwissen der Infanterieausbildung und wenige Armeen beherrschen dies besser als die amerikanische. Die jungen Gardisten hörten aufmerksam zu und taten ihr Möglichstes, ihren *Yanqui*-Instruktoren zu folgen.

Soldaten vom 69. Bataillon der venezolanischen Guardia Nacional üben in der Nähe von San Fernando de Apure Bewegungen im Feld.

John D. Gresham

Tom ließ mich dann allein und ging von einem Schützenteam zum nächsten. Immer wieder blieb er kurz stehen und zeigte einem Gardisten, wie er sich am besten verhielt, wenn er in Deckung bleiben und gleichzeitig seine Umgebung weiter beobachten wollte. Das ging so lange, bis er endlich zufrieden war – und das war erst nach Stunden der Fall.

Anschließend fuhr ich mit ihm zurück zum Team-Haus des ODA 743, das sich am anderen Ende der Stadt befand.

Das Gebäude lag in einem Wohngebiet, das für die zur 6. Brigade kommandierten Offiziere der Guardia Nacional reserviert war. Es erinnerte mich stark an die Wohngebiete, die es auch in den Vereinigten Staaten an den Standorten der Army gibt, und diese hier waren recht ansehnlich. In den Schlafzimmern standen Feldbetten, die Ausrüstung war in den Küchen und Esszimmern untergebracht worden und das Kommunikationszentrum (das allerdings nur etwa halb so umfangreich wie das von Sergeant Drew war) war im Hobbyraum eingerichtet.

Zusätzlich zu den standardmäßigen Fernsehgeräten und Videorecordern hatte das ODA 743 auch noch eine DSS-Satellitenantenne von knapp 50 cm Durchmesser mitgebracht, über die sie gerade ein College-Basketball-Spiel in digitaler Qualität empfingen.

»Das hier ist das beste Team-Haus, das ich je hinbekommen habe«, erzählte mir Captain Tom. »Es ist komfortabel… und getrennt vom ODB 740.« Im Klartext bedeutete das, dass es ihm gefiel, nicht im Schatten seines Kompaniechefs leben zu müssen, und er offensichtlich über die Freiheit verfügte, die Dinge auf seine Weise zu erledigen. SF-Soldaten schätzen nun einmal ihre Unabhängigkeit.

Offiziersanwärter der Guardia Nacional führen unter Anleitung von Soldaten der Special Forces vom ODB 740 Landnavigationsübungen durch.

John D. Gresham

Nach einem Abstecher in ein Tierschutzgebiet am anderen Ufer des Apure, wo ich die größten Krokodile und Anakondas meines Lebens zu Gesicht bekam (ehrlich, ich habe da ein Krokodil gesehen, das über vier Meter lang war, und erfuhr, dass dies noch nicht einmal das größte war; angeblich lebte in einem Fluss in der Nähe ein fünf Meter langes), fuhren wir in ein nahe gelegenes Restaurant und aßen dort zusammen mit Major Mark zu Abend.

Donnerstag, 11. Februar – Kasernengelände der Guardia Nacional in San Fernando de Apure.

Schon früh am Morgen war ich wieder auf den Beinen und wartete im Team-Haus des ODB 740 darauf, dass der kurze Ausflug zu einem der letzten Ausbildungsereignisse startete.

Das 6. Regionalkommando unterhält in San Fernando de Apure eine Ausbildungsakademie für frisch gebackene Offiziere der Guardia Nacional, deren Kommandierung zu einer der Einheiten in der Umgebung in Kürze erfolgen soll. An dieser Akademie, die im Gebäudekomplex der Fliegerei der Guardia Nacional auf dem örtlichen Flughafen untergebracht ist, lernen junge Männer von den Mitgliedern des ODB 740 das Soldatenhandwerk und die Führung von Untergebenen. Dazu hat das ODB 740 einen kleinen Übungsbereich eingerichtet, in dem die Studenten eine Dosis Operationskunst US-amerikanischen Stils verpasst bekommen.

Als ich ankam, war der kleine, aber gut ausgestattete Unterrichtsraum mit rund einem Dutzend Kandidaten gefüllt. In dem Kurs ging es um Bodennavigation und Kartenarbeit. Jeder Schüler war mit einer von den Amerikanern zur Verfügung gestellten Karte des Gebietes, einem Karten-Protraktor (Winkelmesser) und einer Reihe von UTM-Koordinaten für bestimmte Orte ausgestattet worden. Anschließend hatte man sie in Teams von zwei oder drei Mann aufgeteilt, deren Aufgabe darin bestand, die Rou-

Coronel José Grant, der Kommandeur des 107. venezolanischen Spezial-Einsatzkräfte-Bataillons, mit einem Special-Forces-Soldaten vom ODA 746.
John D. Gresham

ten zu plotten und die zeitliche Abstimmung für einen hypothetischen Trupp zu treffen, der von einem Ort zu einem anderen marschieren sollte.

In der Morgenvorlesung waren Marschzahlen unter verschiedenen Geländebedingungen behandelt worden. Jetzt erhoben sich die Offiziersanwärter, und verließen den Unterrichtsraum, um sich den Aufgaben zuzuwenden.

Etwa zwanzig Minuten später wurden sie von den SF-Instruktoren gebeten, ihre Lösungen vorzulegen. Etwa ein Drittel der Kursteilnehmer hatte es geschafft, eine Marschroute festzulegen und die Zeitabläufe zu kalkulieren. Der Rest musste sich noch einmal damit beschäftigen.

Nach Unterrichtsende blieben noch einige der jungen Offiziere zurück, um noch weiter mit den SF-Ausbildern zu arbeiten… und entlockten damit Major Mark ein freundliches Lächeln. »Das ist genau die Art von Offizieren, nach denen wir immer in Übersee suchen«, erklärte er mir. »Ich notiere mir ihre Namen und behalte sie im Auge.«

Als der Morgen etwa zur Hälfte verstrichen war, befand ich mich bereits wieder auf dem Weg zum Flughafen.

Da es bei der Beechcraft in Caracas noch am Boden einen Generatorausfall gegeben hatte, wurde es dann doch drei Uhr nachmittags, bis endlich die Ersatzmaschine eintraf, ein Klassiker der Luftfahrt: eine DC-3. Sie nahm uns auf und wir flogen zurück nach Caracas.

Von dort aus flogen Major McCollum und ich schnell hinüber nach Maracabo im Westen des Landes.

Freitag, 12. Februar – Kaserne des 69. venezolanischen Fallschirmjäger-Bataillons in El Guayabo

Ganz früh morgens waren Tom McCollum und ich schon auf und erreichten einen Pendlerflug (diesmal war es eine moderne Turboprop-Maschine des Typs ATR-72) zum kleinen Flughafen von Santa Barbara, wo wir von

Soldaten des 107. venezolanischen Spezial-Einsatzkräfte-Bataillons werden von ihren amerikanischen Kameraden vom ODA 746 in Traumabehandlung unterwiesen.

John D. Gresham

zwei Soldaten des ODA 746 in Empfang genommen wurden (ihr Auftrag war, mit den Soldaten des 107. venezolanischen Spezial-Einsatzkräfte-Bataillons zu arbeiten). Nachdem wir unser Gepäck in ihren Mietwagen geladen hatten, stiegen auch wir ein und fuhren los in Richtung der im Südwesten gelegenen Stadt El Guayabo (wenige Kilometer von der Grenze zu Kolumbien entfernt). Die Landschaft war wunderschön, mit ihren sanften Hügeln und den vielen Seen und Flüssen. In der Ferne konnte man die Anden erkennen.

Hier liegen die Kasernen des 107. venezolanischen Spezial-Einsatzkräfte-Bataillons, einer der besten Einheiten der venezolanischen Streitkräfte. Der Auftrag des 107. besteht in der Sicherung der Region gegen Drogenhändler und Überfälle der kolumbianischen FARC-Rebellen. Überall sonst würden derartige Aufgaben sicherlich von Einheiten übernommen werden, die eher den Charakter einer Polizeitruppe haben, doch in dieser Gegend ist die Größenordnung eine andere: Im Grunde ist es schon ein leise brodelnder Krieg. Erst kurz zuvor hatten FARC-Rebellen wieder wohlhabende venezolanische Rancher gekidnappt, um Lösegeld zu erpressen. Da diese Banditen für ihre Aktionen praktisch alle Transportwege nutzen – zu Land, zu Wasser und in der Luft –, hat man das ODA 746 nach El Guayabo geschickt, um die Venezolaner mit neuen Werkzeugen auszurüsten, damit sie zurückschlagen können.

Ganz im Gegensatz zu den etwas behelfsmäßigen Kasernen der Guardia Nacional in San Fernando de Apure standen hier echte Militärkasernen mit allem Drum und Dran einschließlich sorgfältig geschnittener Rasenflächen und Sträucher. Die Gebäude machten einen soliden Eindruck und es liefen jede Menge schlanke, kraftstrotzende venezolanische SF-Soldaten herum. Während ich mich umschaute, konnte ich mich des

Soldaten des 107. venezolanischen Sondereinsatzkräfte-Bataillons bei der Ausbildung an Schlauchbooten. Ihre Drogenbekämpfungsmission macht auch Flussoperationen erforderlich.

JOHN D. GRESHAM

Eindrucks nicht erwehren, dass hier wirklich das »Spitzenteam« zugange war und dass ein guter Mann das Kommando über sie haben musste.

Und tatsächlich *hatte* ein guter Mann das Kommando, ein Offizier vom Schlage des GAC-FAC-Kommandeurs: Coronel José Grant.

In der komfortablen Cafeteria der Special Forces wurde ich Captain Jeff vorgestellt, dem Kommandeur des ODA 746, der mich darüber aufklärte, worin die Aufgabe des Teams bestand.

Die Männer von Coronel Grant, so erläuterte er, überwachten die Grenzregion in Patrouillen von drei bis fünf Tagen Dauer – einige zu Fuß, andere per Hubschrauber und wieder andere entweder mit LKWs oder allradgetriebenen Geländewagen. Ihnen fehlte eine Möglichkeit, den Verkehr auf den zahlreichen Flüssen zu überwachen und abzuriegeln, die kreuz und quer durch die Grenzregion fließen. Um diesem Mangel abzuhelfen, hatte die venezolanische Armee für das 107. große Schlauchboote angekauft und mit starken Außenbordern ausrüsten lassen (die voraussichtlich im kommenden Sommer bei der Truppe eintreffen würden). Um die Venezolaner auf den Umgang mit den Booten vorzubereiten – und den Bereitschaftsgrad insgesamt zu verbessern –, hatten die Vereinigten Staaten das ODA 746 entsandt. Neben einer Auffrischungsübung für leichte Infanterie bildeten die Mitglieder des ODA die Venezolaner im Umgang mit der Vier-Meter-Version der Schlauchboote vom Zodiac-Typ aus, die in Kürze ausgeliefert werden sollten.

Anderthalb Stunden später stapfte ich durch eine sumpfige Wiese in Richtung auf einen mit Frischwasser gefüllten Teich, wo das ODA 746 (unter Anleitung von Coronel Grant und Captain Jeff) mit einer Kompanie venezolanischer SF-Soldaten zu üben beabsichtigte.

Die Vorgabe war, den Männern beizubringen, wie man diese Art von Booten schnellstmöglich aufrüstet, zu Wasser bringt und sicher handhabt. Später sollten dann die Übungen auf dem Wasser folgen, zu denen auch der Umgang mit den Booten unter den Bedingungen gehören würde, wie sie auf einem Fluss anzutreffen sind.

Da die Männer bereits in den Kasernen eine gewisse Vorbereitung erfahren hatten, waren sie startbereit, als wir eintrafen. Es mussten nur noch einige Sicherheitsaspekte durchgegangen werden, dann konnte die Übung beginnen. Jeder Mann bekam eine Rettungsweste und man teilte einen Mann mit einem durchgeladenen und gesicherten Karabiner M4 als Wachposten ein … nicht etwa aus Angst vor einem FARC-Angriff, sondern aus Furcht vor der 6,5 Meter langen Anakonda, die in dem Teich lebte (und an diesem Nachmittag nur ein einziges Mal auftauchte.) Nun, da alle Sicherheitsbedingungen erfüllt waren, konnte der Spaß losgehen.

Die Soldaten des 107. wurden in Gruppen zu je zwölf Mann aufgeteilt, die dann die Ausbildung in der Art eines Wettbewerbs durchliefen. Es wurden Wettrennen veranstaltet, wer als Erster sein Schlauchboot zusammengesetzt und aufgepumpt hatte und wer es am schnellsten schaffte, es zu Wasser zu lassen. Dann fanden Wettbewerbe statt, wer am besten damit im Wasser umgehen konnte. Zum Abschluss folgte noch das Hinausrudern der Boote bis zur Mitte des Teichs, Kenterübungen, das Wiederaufrichten und abschließend ein Wettrudern zurück zum Ufer.

Der Wettkampf ging sehr temperamentvoll über die Bühne und das Siegerteam setzte sich nur ganz knapp durch.

Im Nu war alles vorbei.

Mit den Bootsrennen endete auch mein Besuch beim ODA 746. Nun lag nur noch der endlose Flug nach Hause vor mir.

Aber es war eine gute, produktive Reise gewesen und ich bin meinen Freunden von den Special Forces außerordentlich dankbar, dass sie mir einen Einblick in ihre Arbeit gewährt haben. Ich kann mir keine besseren Botschafter für die tiefsten und stärksten Werte Amerikas denken als solche Männer.

Ins 21. Jahrhundert

Es kommt immer auf die Jungs an, die kämpfen, und nicht so sehr auf die Technologie und die neuesten Waffen. Das ist eine der unumstößlichen Wahrheiten in sämtlichen Teilstreitkräften und Truppengattungen des Militärs – und gilt sogar einschließlich der Weltraumkrieger. Bei den Special Forces hat diese Wahrheit aber wahrscheinlich ihre größte Bedeutung. Es sind die *Menschen* in dieser Gemeinschaft, die sie definieren, und nicht die Waffen, die von ihnen getragen werden, oder das Gerät, von dem sie transportiert werden.

Natürlich wäre es vermessen anzunehmen, dass die Soldaten der SF dagegen gefeit sind, ab und zu einen lüsternen Blick auf die beeindruckende Waffentechnologie ihrer Brüder und Schwestern bei der Army zu werfen, die diese im Laufe der nächsten zehn Jahre bekommen werden. Doch nur ein sehr kleiner Teil dieser neuen Ausrüstung wird für den überwiegenden Teil der SF-Einsätze irgendwie von Nutzen sein, denn auch in Zukunft werden über 90 Prozent der Missionen darin bestehen, im kleinen Rahmen Ausbildungs- und Unterstützungsaufgaben in Entwicklungsländern zu übernehmen. Für solche Missionen reichen meist einige A-Detachments aus, die von einer B-Abteilung für die Befehls- und Führungsbereiche und die Logistik unterstützt werden.

Dennoch werden neue Techniken – auch High-Tech-Ausrüstung – bei SF-Missionen eine Rolle spielen, allerdings nur bei den wirklich »großen«, wie sie in den 90er-Jahren am Persischen Golf, auf dem Balkan und auf Haiti stattfanden.

Zumindest das eine oder andere Teil an High-Tech-Ausrüstung wird seinen Weg auch in die Rucksäcke der SF finden.

Unvermeidbar wird es auch noch zu Veränderungen kommen – bei der Planung, der Kommunikation, den Systemen. Das muss ganz einfach so sein. In diesem Kapitel werfen wir einmal einen Blick nach vorn, in die Welt der SF im 21. Jahrhundert, und versuchen zu erkunden, wie die Entwicklung weitergehen könnte.

Die Special Forces im 21. Jahrhundert

Wie wird der SF-Soldat der Zukunft aussehen?

Im Grunde wird er nicht viel anders aussehen als heute. Zumindest hoffe ich das und bete ich dafür. Denn gerade jetzt erscheint mir die Mischung aus Ausbildung, Training, mentalen und emotionalen Fähigkeiten und der Moral der Truppe eine nahezu optimale Ausgewogenheit erreicht zu haben. Natürlich wird es immer wieder einmal Verbesserungen und höhere Grade von Effizienz geben, doch es ist sehr wahrscheinlich, dass die Standards und Qualifikationen, wie sie bereits in den frühen Phasen des SF Qualification Course an der JFK-Schule so sehr betont werden, in ihrer gegenwärtigen Form noch für lange Zeit erhalten bleiben können.

Doch das heißt leider nicht, dass alles in bester Ordnung wäre.

Obwohl der »Q«-Kurs ohne Zweifel ganz außergewöhnliche Männer hervorbringt – und daran wird sich auch so bald nichts ändern –, stecken die Streitkräfte, in denen diese Männer dienen, in ziemlichen Schwierigkeiten. Ähnlich wie sämtliche anderen Teilstreitkräfte des US-Militärs haben auch die Special Forces Probleme mit der Rekrutierung und Verpflichtung von geeigneten Leuten, mit denen sie die ihnen zugewiesenen Rollen und Aufgaben ausführen können. Schlimmer noch: Die Anforderungen, die an die SF-Gemeinschaft gestellt werden, wachsen weiter, vor allem in Bereichen wie der Foreign Internal Defense (FID) und der Humanitarian Assistance (HA).

Genau genommen haben gerade die hohe Qualität und die Standards der Special Forces ihnen in gewisser Weise größere Probleme beschert als sämtliche Bemühungen von Feinden. Heute hat kaum eines der durchschnittlichen SF-ODAs tatsächlich die vorgesehene Stärke von zwölf Soldaten. Oft kann sich ein ODA schon glücklich schätzen, wenn es aus gerade einmal acht oder neun Männern besteht. Das bedeutet aber nichts anderes, als dass es einfach nicht genug Leute für die anfallenden Aufgaben gibt, und ein durchschnittlicher SF-Soldat, der zu einem Team kommandiert wird, muss mehr als sechs Monate pro Jahr »downrange« verbringen. Zwangsläufig sind die Männer über kurz oder lang ausgebrannt und zu viele SF-Soldaten quittieren ihren Dienst.

Wenn die Qualitäten und Fähigkeiten der Special Forces erhalten bleiben sollen, muss sich die Führung intensivst darum kümmern. Und genau das geschieht auch. Obwohl die Details natürlich strengster Geheimhaltung unterliegen, ist doch einiges durchgesickert, in welche Richtung die Gedanken der Führung gehen:

Die erste Herausforderung des 21. Jahrhunderts wird für die SF darin bestehen, das geeignete Rohmaterial für die Teams zu rekrutieren – nämlich außergewöhnliche Männer.

Im Laufe der letzten Jahrzehnte hat bei der U.S. Army ein Truppenabbau um fast ein Drittel stattgefunden. Darüber hinaus werden viele Posten, die früher von aktiven Soldaten besetzt waren, heute mit Reservisten und Männern der Nationalgarde aufgefüllt. Dadurch hat das Special Forces Command ein gewaltiges Rekrutierungsproblem.

Es ist ja nicht nur so, dass zu viele SF-Soldaten ihren Dienst quittieren; darüber hinaus schrumpft auch das Reservoir an möglichem Ersatz immer weiter.

Der Weg eines Soldaten über die traditionelle Karriereleiter, die schließlich bei einem SF-Team endet, führt durch eine Serie immer enger werdender Filter. In jedem einzelnen Karrierestadium – Airborne School (Fallschirmjäger-Ausbildung), Ranger-Ausbildung und so weiter – wird die Zahl der Männer, die sich für den nächsten Schritt qualifizieren, geringer und immer mehr steigen aus. Gleichzeitig stehen heute, da die Army insgesamt wesentlich kleiner geworden ist, nur noch rund zwei Drittel der Kandidaten zur Verfügung, auf die seitens der SF noch vor zehn Jahren zurückgegriffen werden konnte.

Ein alter Technikerspruch lautet: »Du kannst es gut haben, du kannst es schnell haben, du kannst es billig haben. Such dir zwei davon aus!« Heute sieht sich die Führung der SF mit durchaus vergleichbaren Wahlmöglichkeiten konfrontiert, oder in ihren Begriffen ausgedrückt: Qualität, Quantität und Einsatzhäufigkeit (OpTempo). Qualität ist der übergreifende Maßstab, der an die Kandidaten für den »Q«-Kurs, den Lehrgang selbst, seine Standards und die Härte der Ausbildung und schließlich an die Soldaten, die den Abschluss schaffen, angelegt werden muss. Quantität gibt Aufschluss über die Zahl der Stellen, die es in den verschiedenen SF-Einheiten zu besetzen gilt. »Operations Tempo« (OpTempo, im deutschen Zusammenhang »Vorgehensgeschwindigkeit«) schließlich ist das Maß dessen, was und wie viel ein einzelner Soldat leisten und wie viele Einsätze jede einzelne Einheit innerhalb eines vorgegebenen Zeitraums bewältigen kann. Das OpTempo hat unmittelbare Auswirkungen auf die Möglichkeiten der U.S. Army, SF-Soldaten halten zu können, und damit gleichzeitig auch darauf, wie viele neue Männer als Ersatz zur Verfügung stehen.

Qualität, Quantität und OpTempo sind also untrennbar miteinander verbunden. Eine Veränderung in einem der drei Bereiche bewirkt eine Veränderung bei den beiden anderen. Wird beispielsweise die Vorgehensgeschwindigkeit zu stark heraufgesetzt, verlassen mehr Soldaten die Truppe, was zur Folge hat, dass neues Personal ausgebildet werden muss, um sie zu ersetzen. Wenn sich herumspricht, dass immer mehr Veteranen wegen des hohen OpTempos den Dienst quittieren, werden sich immer weniger Rekruten für den »Q«-Kurs melden, was wiederum dazu führt, dass dort die Teilnehmerzahlen rückläufig sind. Die vorhandenen Kräfte müssen dann noch stärkeren Belastungen ausgesetzt werden. Die Special Forces stecken in einem Teufelskreis.

Was kann man unternehmen, um das Defizit im Bereich von Rekrutierung, Ausbildung und Aufrechterhaltung der Truppenstärke zu beseitigen?

Eine Option gibt es jedenfalls, und die besteht darin, die Standards für den Zugang zum »Q«-Kurs und die Aufnahme in die Special Forces herabzusetzen. Doch wie man sich leicht vorstellen kann, ist diese Vorstellung bei den Teams der Special Forces etwa so beliebt wie ein dicker Ölfleck im Sand bei einer Beach-Party von Greenpeace. Es gibt sicherlich mehr als nur ein paar alte SF-Soldaten, die sich nur zu gut an Vietnam erinnern können, als Vergrößerung damit gleichgesetzt wurde, dass jedermann zu den SF kommen konnte. Damals endete die Verwässerung der Standards in einer Katastrophe – und es gibt keinen Grund, warum das in Zukunft nicht so sein sollte. Anders ausgedrückt: An Qualität und Ausbildung des Personals dürfen auch weiterhin keine Abstriche gemacht werden. Kompromisse kann und darf es nicht geben.

Die nächste Möglichkeit könnte darin bestehen, die Zahl der Teams und das OpTempo zu reduzieren – und beim Special Forces Command wurde darüber auch schon nachgedacht.

Will man die ODAs wieder auf die vorgesehene Stärke von zwölf Mann bringen, muss man zwangsläufig die Gesamtzahl der Teams um rund ein Drittel zurückfahren. Darüber hinaus muss die Zahl der »Downrange«-Einsätze im gleichen prozentualen Verhältnis reduziert werden, will man den personellen und professionellen Vorgaben, die an das SF-Personal zu stellen sind, weiterhin gerecht werden.

Das wird natürlich den Kunden der Special Forces einiges an Unannehmlichkeiten bereiten, auch befreundeten Regierungen, regionalen CINCs, dem Außenminister und mehr als einmal bestimmt auch dem Präsidenten selbst – allesamt Menschen, die bekannt dafür sind, dass sie Unannehmlichkeiten überhaupt nicht lieben. Wenn an einem beliebigen Montagmorgen die Nachricht ins Außenministerium flattert »Tut uns leid, aber die Mission, die Sie angeordnet haben, muss leider gestrichen werden. Wir haben nicht genug Leute dafür«, wird der Armee-Staatssekretär bereits am Nachmittag eine sehr unangenehme Aktennotiz auf seinem Schreibtisch vorfinden.

Aber ob nun Unannehmlichkeiten oder nicht, allein Gott kann etwas aus dem Nichts entstehen lassen. Also dürfte es höchste Zeit sein, dass die Führung der »Green Machine« ihre zivilen Herren und Meister davon in Kenntnis setzt, dass die Militärmacht der Vereinigten Staaten von Amerika ihre praktischen Grenzen hat. Es steht außer jeder Frage, dass diese Grenzen nicht nur erreicht, sondern schon längst überschritten sind. Für verantwortungsvolle militärische Führer ist der Zeitpunkt gekommen, sich zurückzuziehen und neu zu orientieren. Qualität hat nun einmal ihren Preis. Das Außenministerium, die regionalen CINCs und ausländische Regierungen müssen einfach akzeptieren, dass die Gemeinschaft der Special Forces nur eine bestimmte Größe hat. Es wird nie genug SF-Soldaten und -Teams geben, um alles zu erledigen, was man gerne erledigen möchte.

Im Klartext heißt das: Die Neugruppierung der SF wird mit großer Wahrscheinlichkeit darauf hinauslaufen, dass die Zahl der ODAs in jeder SF-Kompanie von sechs auf vier reduziert wird. Auf diese Weise wird es zumindest möglich sein, die einzelnen Teams aufzufüllen und sie wieder auf volle Sollstärke zu bringen. Darüber hinaus wird auch die Stabskompanie (oder Operational Detachment Bravo [ODB]) Verstärkung erfahren, was wiederum die Möglichkeit eröffnet, diese Einheit im Bedarfsfall in zwei Abteilungen zu teilen, womit dann zwei Unterstützungstrupps für »Downrange«-Operationen zur Verfügung stehen könnten. Die tatsächlichen Auswirkungen sind in der nachfolgenden Tabelle dargestellt:

	Derzeit	**Geplant**
ODAs pro Special Forces Group	54	36
ODAs pro Special Forces Battalion	18	12
ODAs pro Special Forces Company	6	4

Eine Neugruppierung ist nicht die einzige Möglichkeit, um der Defizite Herr zu werden. Man kann auch den Pool an Kandidaten für den »Q«-Lehrgang erweitern. Doch auch einem solchen Vorhaben sind Grenzen gesetzt. Von vornherein ist die Hälfte der Bevölkerung ausgeschlossen, solange § 10 des Federal Code Frauen verbietet, in Kampftruppen (und das sind die Special Forces) Dienst zu tun.

Eine andere Quelle von Kandidaten könnten Rekruten sein, die von anderen Teilstreitkräften zu den Special Forces wechseln. Der Transfer innerhalb von Truppen- und Waffengattungen ist nicht nur völlig legal und in Ordnung, es gibt auch keinen Grund, weshalb nicht manche Matrosen, Marines oder Flieger das Leben bei den Special Forces als attraktive Alternative zu ihrer derzeitigen Verwendung ansehen sollten. Doch praktisch dürfte die Rekrutierung aus anderen Teilstreitkräften unter dem Strich mehr Probleme schaffen als lösen. Die anderen Truppen- und Waffengattungen haben nämlich durchaus mit eigenen Rekrutierungs- und Weiterverpflichtungsproblemen zu kämpfen. Mit ziemlicher Sicherheit würden sie ein solches Vorgehen als »Personalwilderei« betrachten und der dann folgende politische Aufruhr wäre für alle Beteiligten schädlich.

Wahrscheinlich wäre die bessere Alternative die Aufstellung neuer SF Groups bei der Nationalgarde (zusätzlich zu den bestehenden 19th und 20th SFGs, die bereits hervorragende Beiträge zur Unterstützung aktiver SFGs auf der ganzen Welt geleistet haben). Diese SFGs könnten dann beispielsweise Missionen in eher »toleranten« Umfeldern auf der ganzen Welt übernehmen. Doch auch bei den Special Forces der Nationalgarde gibt es nicht genug Kandidaten für die vorhandenen Stellen. Die Army hat sogar Probleme damit, selbst die attraktiven Lücken bei der Nationalgarde zu füllen. Wie man sieht, gibt es keine einfache Antwort auf die Frage, wie man mehr SF-Soldaten bekommen könnte.

Die Werkzeuge des 21. Jahrhunderts

Nachdem die Special Forces jahrzehntelang praktisch am unteren Ende des militärischen Versorgungssystems gelebt haben, haben sie es schließlich doch noch geschafft, die Kontrolle über ihr Beschaffungssystem zu bekommen und es wurden bereits erste Geräte und Versorgungsgüter ausgeliefert.

Heißt das nun, dass der SF-Soldat des 21. Jahrhunderts zur computerbepackten, mit Phasern um sich schießenden Schreckensgestalt wird, wie es einige Theoretiker der Army auf ihren PowerPoint-Schaubildern so gerne darstellen? Wohl kaum.

Bei den Special Forces zählten schon immer die Menschen und nicht die Ausrüstung, die sie mit sich herumschleppten. Nebenbei bemerkt entsprechen, wie man wohl schon feststellen konnte, besondere Klamotten und High-Tech-Spielereien nicht gerade dem Image, das die Special Forces den einheimischen Soldaten gegenüber aufbauen wollen, die vielleicht wenige Wochen zuvor noch irgendwo im Urwald gelebt haben. Wenn man die Aufgabe übernommen hat, einheimische Soldaten auszubilden, deren Ausrüstung in den meisten Fällen aus einem antiquierten AK-47, einem staubigen Rucksack und ein Paar alten Turnschuhen besteht, kann man nicht mit Waffen kommen, die den letzten Stand der Technik des 21. Jahrhunderts repräsentieren, ohne Gefahr zu laufen, dass einen diese Menschen bestenfalls als gönnerhaft ansehen und sich schlimmstenfalls beleidigt fühlen. Das ist nicht der Weg, ein gutes Verhältnis aufzubauen und Sensibilität für eine andere Kultur und Situation an den Tag zu legen.

Natürlich wird man auch auf SF-Soldaten treffen, die mit High-Tech-Geräten ausgerüstet sind, doch in wesentlich geringerem Umfang, als dies beispielsweise bei anderen Soldaten der Army der Fall ist, und meistens nur, wenn SF-Einheiten in größere, truppenübergreifende Operationen eingebunden sind.

Mit diesen Prämissen im Hinterkopf wenden wir uns nun der Frage zu, was die SF-Soldaten an neuer Technologie und Ausrüstung wohl zusammenpacken werden, wenn sie sich auf den Weg zu einem größeren Krisenherd machen. Die folgende Liste dürfte einen recht guten Eindruck vermitteln.

- **Satellitenkommunikation** – Die Revolution in der drahtlosen Kommunikation hat mit der Einführung eines Systems, in dem normales Handy und Satellitentelefon miteinander kombiniert wurden, einen weiteren gigantischen Schritt nach vorn getan. Obwohl sich die Verwendung von Iridium wohl als Fehlschlag erweisen dürfte (das Satellitentelefonsystem hat nicht die Verbreitung gefunden, damit es wirklich profitabel werden kann), werden die beiden konkurrierenden Unternehmen Orbital Science und Globalstar voraussichtlich innerhalb der nächsten Monate ihren Betrieb aufnehmen. Dabei verfügt Globalstar über das Potential, SF-Einsätze zu unterstützen. Das gilt besonders für solche, die in nur gering bedrohten und toleranten Umfeldern stattfinden. Die Geräte, mit denen die Soldaten ausgerüstet sein werden, sind dann nicht wesentlich größer als die Handys, die noch vor ein paar Jahren benutzt wurden (die Batterie wird den meisten Platz beanspruchen und den größten Teil des Gewichts ausmachen). Bereits in der Grundausstattung kann man mit diesen Telefonen sowohl Sprache als auch Daten übertragen. Die Preise liegen heute unter 1000 Dollar und fallen von Tag zu Tag weiter. Damit ist abzusehen, wann sie an jeden einzelnen Soldaten ausgegeben werden können. Ihre Datentransferrate liegt zwar derzeit noch bei weniger als 9600 Baud, aber das reicht für die meisten heutigen Anwendungen bei den Special Forces völlig aus. Und es ist zu erwarten, dass Systemverbesserungen in den kommenden Jahren die derzeit gegebenen Leistungsdaten um etliche hundert Prozent steigern werden. Praktisch als Bonus kommt hinzu, dass die heutigen Geräte bereits voll digitalisiert sind, was den Vorteil hat, dass problemlos Echtzeit-Verschlüsselungschips eingebaut werden können. Damit wären diese Geräte ein verlässlicher Ersatz, sollte einmal das militärische

Primär-SATCOM-System ausfallen. Das Verteidigungsministerium behält diese und andere kommerzielle Weltraum-Provider gut im Auge, weil sie vielleicht in absehbarer Zeit auch in der Lage sein werden, Leistungen wie die Übertragung von Fotomaterial bis hin zu einer Auflösung von einem Meter und direkt übertragene Telefonkonferenzen anzubieten.

- **Navigation** – Es gibt wohl keine neue Technologie, die im Laufe der vergangenen Jahrzehnte die Gefechtsführung stärker beeinflusst hat als das NAVSTAR Global Positioning System (GPS). Innerhalb weniger Jahre sind Millionen militärisch und zivil genutzter GPS-Empfänger gebaut und verkauft worden und haben eine ganz neue Art von Dienstleistung bereit gestellt: Mit einem solchen Gerät lässt sich jederzeit die genaue Position und Zeit feststellen. So haben in jüngster Zeit bei dem Feldzug gegen Jugoslawien GPS-gelenkte AGMs (Air to Ground Missile, Luft-Boden-Flugkörper) und Bomben einen erheblichen Teil der Arbeit geleistet.

Heute geht die Weiterentwicklung der GPS-Technik in die Richtung, die Genauigkeit des gesamten Systems noch mehr zu verbessern und weitere Integrationsmöglichkeiten für solche Empfänger in andere Systeme zu schaffen. Dementsprechend werden Einsatzmöglichkeiten immer weiter zunehmen.

Die größere Genauigkeit wird erreicht, sobald die neue Block-IIR-Serie von Satelliten gestartet und in ihrer Umlaufbahn eingerichtet ist. Sie wurden gebaut, um die inzwischen in die Jahre gekommenen älteren Satelliten der NAVSTAR-Konfiguration abzulösen, und werden mit verbesserten Atomzeituhren und erheblich leistungsfähigeren Computern ausgerüstet sein. Unter dem Strich wird eine rund 50-prozentige Verbesserung der Systemgenauigkeit herauskommen, ohne dass wesentliche Änderungen an der Hard- oder Software der Empfänger nötig sind. Für die militärischen Nutzer dieses Systems wird sich die Genauigkeit der Positionsangabe auf einen Punkt von weniger als sieben Metern Durchmesser auf dem Boden erhöhen. Für die GPS-gelenkten Präzisionswaffen heißt das, dass durch die Block-IIR-Modernisierung die Präzision der Gefechtsmaterialien standardmäßig die hohe Genauigkeit haben wird, die augenblicklich nur von den LGBs (Laser-Guided Bombs, den lasergelenkten Gleitbomben) erzielt wird. Diese Verbesserungen werden auch Auswirkungen auf die Special Forces haben. Fast zwangsläufig kommen einem Verwendungsmöglichkeiten bei der Planung von humanitären Auffanglagern, aber auch von Hinterhalten in den Sinn. Es ist anzunehmen, dass das Block-IIR-Satellitensystem innerhalb der nächsten Jahre stehen wird und dass dann auch sehr bald der Nachfolger der heutigen GPS-Empfänger (unter der Bezeichnung Block IIF) in Produktion geht.

In der Zwischenzeit dürfte immer mehr Ausrüstung und Kleidung mit integrierten GPS-Empfängern entwickelt werden.

Ein einfaches und nahe liegendes Beispiel könnte ein Multifunktionsgerät sein, das am Handgelenk getragen wird. Darin wäre eine ganz normale Armbanduhr (wie etwa das von den Soldaten der SF favorisierte High-End Modell von Casio) mit einem Miniatur-GPS-Empfänger kombiniert. Verfügt erst einmal jeder einzelne SF-Soldat über ein solches Gerät, kann kaum noch jemand »verloren gehen«, und das Timing und die Koordination von Einsätzen kleiner Einheiten werden erheblich verbessert. GPS-Empfänger mit integrierten »Moving Map«-Datenbanken können in etliche andere Geräte des täglichen Gebrauchs wie Bodenfahrzeuge, Laptop- und Palmtop-Computer oder Kofferradios eingebaut werden. Seit GPS-Empfänger für die zivile Nutzung schon für unter 100 Dollar zu haben sind, spielen die Kosten praktisch keine Rolle mehr. Die Vorteile sind hingegen gar nicht hoch genug zu veranschlagen.

- **Robustere Palmtop-Computer** – Kein Einsatz der Special Forces wird ohne eine ganze Sammlung von Laptop- und Palmtop-Computern starten, es besteht nicht mehr auch nur der geringste Zweifel an der Nützlichkeit solcher Geräte. Das Problem ist nur ihre kurze Lebensdauer. Zur Zeit sind die meisten handelsüblichen Computer-Produkte dieser Art recht empfindlich, was die Umweltbedingungen angeht – Temperatur, Luftfeuchtigkeit, Staub, Nässe und dergleichen. Und wenn sie einmal unsanft zu Boden fallen, sind sie meist kaputt. Mag sein, dass solche Geräte für die Verwendung bei einem vorgeschobenen Stab oder in der Kaserne geeignet sind – wo man mit solchen Beschränkungen notfalls leben kann –, für Einsätze im Feld sind sie aber kaum zu gebrauchen. Es fehlt eine ganze Familie von robusten Laptop- und Palmtop-Computern, die für eine Vielzahl militärischer und allgemeiner Aufgaben geeignet sind. Hierzu gehört beispielweise der Empfang und die Versendung von E-Mails (wobei natürlich auch die Möglichkeit bestehen muss, digitale Fotos und andere Datenformate übertragen zu können). Darüber hinaus sollten sie über ein kleines Spreadsheet und eine Datenbank verfügen, über ein Grafiktablett und, wenn möglich, auch gleich noch über einen eingebauten GPS-Empfänger. Die Geräte sollten sich problemlos mit einem Satelliten-Telefon verbinden lassen für das Verschicken und Empfangen von Daten.
- **Tragbare Sensorsysteme** – Ein ganz großer Sieg im Kampf gegen Größe und Gewicht konnte bei den tragbaren Sensorsystemen errungen werden. Innerhalb von knapp zehn Jahren schrumpften Wärmebildscanner (FLIR, Forward Looking Infrared) von der Größe eines kleinen Bierfasses auf die einer Cola-Dose. Bei anderen Systemen wurden vergleichbare Verbesserungen erzielt, was Qualität und Preis angeht. Zu nennen sind etwa Restlichtverstärker, Laser-Designatoren, Digitalkameras und GPS-Empfänger. Der nächste große Fortschritt wird aller Wahrscheinlichkeit nach ein einziges Gerät sein, in dem die meisten der oben beschriebenen Systeme vereinigt sind. Das könnte beispielweise ein Art großes Fernglas sein, mit dem es gleichzeitig möglich ist, an der Satellitenkommunikation teilzunehmen. So könnte ein *einziger* Soldat, der mit einem derartigen System ausgerüstet ist und als Sensorposten arbeitet, Bilder und Zielkoordinaten in Echtzeit zurück ans Hauptquartier sen-

den – und das bei allen Licht- und Witterungsbedingungen. Anschließend könnte er gleich noch die Feuerleitung übernehmen, wenn die Entscheidung gefallen ist, einen Präzisionsbeschuss auf eine Vielzahl von entsprechenden Zielen zu lenken – das wären dann Fähigkeiten, über die heute noch nicht einmal komplette Einheiten verfügen.

- **»Intelligente« Kleidung und Ausrüstung** – Ein normaler SF-Soldat hat einen ganzen Spind voll mit Kampfanzügen (Battle Dress Uniforms, BDU), die jeweils auf spezifische klimatische und Geländebedingungen zugeschnitten sind, je nachdem, womit bei einem Einsatz zu rechnen ist. Da aber die klimatischen Bedingungen und Geländegegebenheiten, mit denen sich ein SF-Soldaten – oft im Laufe eines einzigen Einsatzes – konfrontiert sieht, oft extrem unterschiedlich sind, wird es in seinem Rucksack bald sehr eng. Aber es könnte durchaus sein, dass die voll gestopften Rucksäcke demnächst der Vergangenheit angehören werden. Kleidung, die in der Lage ist, sich den Umfeldbedingungen anzupassen, ist inzwischen in greifbare Nähe gerückt. In gar nicht allzu ferner Zukunft könnte es sein, dass der Durchbruch beim Einweben von leitfähigen Mikrofasern in computergesteuerter Kleidung gelingt, und diese Bekleidung könnte über einige faszinierende Merkmale verfügen. Sie könnte beispielsweise eine »Chamäleon«-Außenhülle haben, die sich in Farbe und Muster perfekt an das umgebende Terrain und die Umweltbedingungen anpasst. Darüber hinaus besteht die Möglichkeit, sie mit einer kugelsicheren Innenlage aus Kevlar-Geweben zu versehen, die nicht nur gegen den Beschuss aus Waffen des Kalibers 5,56 und 7,62 mm, sondern auch noch gegen Projektile des Kalibers 9 mm Schutz bieten – und das aus nächster Nähe. Solche Mikrofasern sind auch in der Lage, sich unter elektrischer Ladung auszudehnen und damit die isolierende Wirkung der Kleidung zu verbessern. Die elektrische Energie würde von einer Serie kleiner Generatoren produziert, die an den Gelenken getragen werden. Mit anderen Worten: Jeder, der solche Kleidung trägt, produziert auch gleich seine eigene elektrische Energie. Damit funktioniert diese Art von »intelligenter« Kleidung praktisch überall – in Wüsten ebenso wie in Wäldern, Bergen und Städten.

All diese Projekte, die im Augenblick vielleicht noch nach Sciencefiction klingen, basieren auf bereits existierenden Technologien. Innerhalb weniger Jahre (und natürlich unter der Voraussetzung, dass der amerikanische Steuerzahler bereit ist, großzügige finanzielle Hilfestellung zu leisten) werden SF-Soldaten mit einer Vielzahl von signifikanten Gefechtsvorteilen in den Einsatz ziehen, über die sie heute noch nicht verfügen. Obwohl sich diese neue Ausrüstung sicherlich nicht für so genannte *Low-End*-Missionen[158] wie FIDs und HAs eignet, wird sie in hoch brisanten Konfliktsituationen wie regional begrenzten Kriegen und verdeckten Überfällen von entscheidender Bedeutung sein.

---

158 Gemeint sind damit Missionen geringerer Intensität auf einer fiktiven Skala von Schwierigkeits- und Bedrohungsgraden. (Anm. d. Ü.)

Tatsächlich sieht es so aus, dass die so genannten *High-End*-Missionen (und die Ausrüstung dafür) derzeit das Ziel prüfender Blicke beim Planungsstab des SOCOM sind, und zwar aus den gleichen Gründen, weshalb SF-Szenarien am JRTC und NTC sehr stark auf Operationen in »großen« Konflikten fokussiert sind. Das darf jedoch nicht so missverstanden werden, als wären alle anderen SF-Missionen von geringerer Bedeutung – keineswegs. Aber die *High-End*-Missionen stellen nun einmal das schwierigste Einsatzprofil im gesamten Spektrum der Special Forces dar. Folglich erfordern sie auch die größten Investitionen. In »großen« Konflikten laufen allein zahlenmäßig schon die meisten SF-Einheiten und -Einsätze auf und die SF-Einheiten sind umfangreicher als gewöhnlich (nicht selten erreichen sie Bataillonsstärke). Demzufolge sind natürlich auch die damit verbundenen Risiken und Schwierigkeiten besonders hoch.

Wie sich diese neue Technologie möglicherweise bei solchen Missionen zur Anwendung bringen lassen kann, wird derzeit in etlichen Feld- und Laborexperimenten untersucht. Zu einigen Beispielen komme ich später.

Das CONOPS der Special Forces im 21. Jahrhundert

Im Kampf zu sein heißt, dass man nie mehr als einen falschen Schritt vom schreienden, tobenden, heulenden Chaos entfernt ist. Daher ist das, was man beim Militär »Befehl und Führung« nennt, eine absolute Notwendigkeit. Idealerweise beinhaltet »Befehl und Führung« ungehinderte Kommunikation die Kommandokette hinauf und hinunter. Doch das wurde noch nie in idealer Weise verwirklicht. Zu keiner Zeit hat die erforderliche Bandbreite an Möglichkeiten zur Verfügung gestanden. (Rauch-, Flaggen-, Trompetensignale, Telegrafen und selbst Funkgeräte sind *außerordentlich* unzuverlässige Medien.) Und selten, vor allem nicht in kritischen Situationen, werden Kämpfer in der Lage sein, ihre Aufmerksamkeit gleichermaßen konzentriert auf das Kämpfen *und* das Reden zu verteilen.

Doch das Ziel ist immer, das Chaos möglichst gering zu halten.

Die neue Computer- und Kommunikationstechnik stellt da einen gewaltigen Fortschritt dar.

Aber wie können solche Technologien SF-Einheiten in Bataillons- oder Gruppengröße tatsächlich helfen, ihre Einsätze in Kriegszeiten besser durchzuführen? Und fast noch wichtiger ist eine andere Frage: Wie kann man die Organisation und das Einsatzkonzept (Concept of Operations, CONOPS) von SF-Gruppen oder -Kommandos so weit verändern, dass kleinere, aber besser ausgestattete ODAs die verschiedenen Aufgaben, die ihnen übertragen werden, noch erfolgreicher bewältigen können?

Jahrelang haben hochrangige Führungspersönlichkeiten bei den SF daran gearbeitet, einen effizienten Planungs- und Einsatzprozess zu entwickeln, einen Prozess, der stärker auf die Bedürfnisse des Personals von ODAs fokussiert war und gleichzeitig die Einbeziehung von Personal und

Organisationen ermöglichte. Zu diesen Bemühungen gehörte unter anderem eine komplette Überprüfung der Einsatzplanung und Durchführung von der Basis bis zur Spitze. Die Führung der Special Forces hat sich dabei besonders nach Wegen umgesehen, wie man neue Technologien und Systeme nutzen kann, um den Planungsprozess noch weiter zu öffnen, die Leistung der Teams im Feldeinsatz zu verbessern und vor allem die Zeit für die Planung der Missionen zu verkürzen und den Arbeitsaufwand auf allen Ebenen des Planungs- und Durchführungsprozesses zu verringern.

Im Folgenden werden einige Überlegungen vorgestellt:

- **Vermeidung des »Ofenrohr-Effekts«** – Von einem »Ofenrohr-Effekt« ist im militärischen und im geschäftlichen Leben immer wieder die Rede. Gemeint ist ein Prozess mit einer festgeschriebenen Kette von Aufgaben, die der Reihe nach abgearbeitet werden müssen, um ein bestimmtes Ziel zu erreichen. Anders ausgedrückt: Damit das Ziel erreicht wird, darf der Prozess selbst weder von außerhalb des »Ofenrohrs« beeinflusst, noch durch irgendetwas unterbrochen werden. Das gilt für alles und jeden innerhalb und außerhalb des Ofenrohres.

  Ein gutes Beispiel für ganz alltägliche Ofenrohreffekte sind die öffentlichen Dienstleistungen. Will man auf Elektrizität, Telefon oder Kabelfernsehen zugreifen, muss man sich (von einigen Ausnahmen einmal abgesehen) an die großen, etablierten Elektrizitätswerke, Telefon- oder Kabelfernsehgesellschaften wenden. Dort bekommt der Kunde das, was sie ihm geben wollen. Der Kunde selbst hat keinerlei Einfluss darauf, auf welche Weise ihm diese Dienste zur Verfügung gestellt werden, und er muss den Preis zahlen, der von diesen Einrichtungen gefordert wird.

  Praktisch die gesamte Bundesregierung ist in einzelne Ofenrohre aufgespalten, die eifersüchtig von Bürokraten bewacht werden. Ihre gesamte berufliche Existenz dreht sich nur darum, »ihre« Ofenrohre zu verteidigen. Als weiteres Axiom können wir formulieren, dass mit steigendem Sicherheitsgrad, der eine Organisation oder ein Programm schützt, die Wahrscheinlichkeit wächst, dass diese Organisation oder dieses Programm ein Ofenrohr ist.

  Umgekehrt wird es niemanden überraschen, dass diejenigen, die im militärischen Leben oder im Geschäftsleben »Revolutionen« ausgelöst haben, hart daran gearbeitet haben, Ofenrohre zu zerstören oder zumindest in sie einzudringen. So haben sie es neuen Leuten und Ideen ermöglicht, frischen Wind in die vorher abgeschotteten Gemeinschaften, Prozesse oder Programme zu bringen.

  Heute ist der Prozess, wie ein ODA der Special Forces in einen Einsatz geschickt wird, ein Paradebeispiel für ein solches Ofenrohr. Das Team selbst hat erstaunlich wenig Mitsprache. Man erwartet von ihm gar nicht, dass es Optionen vorschlägt, wie der Einsatz durchgeführt werden könnte.

  Natürlich treffen die Teams aus mehreren Möglichkeiten heraus die Entscheidung, wie sie die ihnen übertragene Mission ausführen wollen, denn jede SF-Mission bedeutet einen unglaublichen Aufwand an Detailplanung auf Team-Ebene. Doch man kann kaum sagen, das hätte irgendwelchen Einfluss auf die großen Züge der jeweiligen Operation, denn diese werden gewöhnlich auf den obersten Ebenen einer JTF oder in den regionalen Hauptquartieren festgelegt. Anders formuliert: Die Optionen der Teams befinden sich ganz unten in den letzten Gliedern der Kette – am Ende des Ofenrohrs. Ihre Wahlmöglichkeiten sind sehr eng begrenzt … genauso wie ihre Mitsprache bei der Gesamtplanung.

So werden ihnen beispielsweise häufig so einsatzentscheidende Dinge wie der Transport zu und aus den Zielgebieten, die Rules of Engagement und die Wahl der Funknetze vorgegeben und es ist ihnen verwehrt, nach anderen Optionen auch nur zu fragen.

Würden ihnen andere Optionen offen stehen, könnte es durchaus sein, dass ein Team eine Infiltration auf dem Seeweg oder mit dem Unterseeboot vorschlägt anstatt auf dem vorgesehenen Luftweg, um das Risiko einer Entdeckung zu reduzieren. Oder ein Team könnte, ebenfalls in der Absicht, die Risiken zu begrenzen, lieber seine Einsatzvorgabe von einem direkten Angriff auf ein Ziel (also einen unabhängigen Überfall) zunächst auf eine Spezialaufklärung (Observierung) ändern, um dann zur Lenkung von Waffen (durch Markierung von Zielen – beispielsweise mit einem Laser) zu wechseln, die von Quellen außerhalb des eigentlichen Einsatzgebietes abgefeuert oder gestartet werden (Artillerie, Flugzeuge oder Flugkörper).

Natürlich muss die letzte Entscheidung immer bei den Kommandeuren liegen, doch es ist sicher eine gute Sache, wenn die Teams mehr Möglichkeiten haben, bei der Planung ihrer eigenen Einsätze auch auf höherer Ebene Vorschläge einzubringen. Das Special Forces Command bemüht sich intensiv, dies zu fördern.

- **Reduzierung von Reibungseffekten** – Jede SF-Mission erfordert die Kooperation und Unterstützung einer ganzen Reihe von militärischen Stellen und Regierungsbehörden. Seien es die Transportflugzeuge und -hubschrauber, welche die Teams befördern, seien es die Karten, die ihnen den Weg weisen, sei es die Kleidung, die sie tragen – alles wird außerhalb des Special Forces Command organisiert.

Natürlich erwartet jedermann Kooperation und Teamarbeit, möglichst *freundschaftliche* Kooperation und *freundschaftliche* Teamarbeit – und das ganz besonders im Laufe von riskanten und gefährlichen Operationen, bei denen es nicht selten um Leben und Tod geht.

Leider kann davon häufig nicht die Rede sein. Viel zu oft gibt es Reibungen, Konkurrenz und Rivalität – was durch die manchmal ungeschickte Art und Weise, wie die Special Forces Dinge handhaben, noch verschlimmert wird. Immer wieder kommt es vor, dass die anderen Teilstreitkräfte und Organisationen sich stur stellen, nur um zu *verhindern*, dass sie den Special Forces genau das geben müssen, was diese brauchen, um eine Mission ausführen zu können.

Derartige Rivalitäten werden sich wohl nie ganz vermeiden lassen. Doch die Vielzahl unterschiedlicher Ressourcen und Dienste, die für eine SF-Operation erforderlich sind, macht es unumgänglich, die Rivalitäten auf ein erträgliches Maß zu reduzieren.

Im Grunde ist das wieder ein Beispiel für das, was schon Clausewitz als »Reibung« bezeichnet hat. Die Special Forces sind dagegen nicht gefeit (genauso wenig wie irgendeine andere militärische Organisation). Wenn sie wollen, dass ihre Einsätze gelingen, müssen sie es schaffen, mit der Reibung klarzukommen, die ihre Gemeinschaft generiert.

Eine der wohl größten Quellen für Reibungseffekte dürfte das System sein, wie Aufklärungsdaten von den Nachrichtendiensten an ihre Kundschaft bei den Streitkräften geliefert werden. Für die Special Forces (wie für jede andere militärische Organisation auch) sind genaue und topaktuelle Aufklärungsdaten von lebenswichtiger Bedeutung.

Inzwischen sind die amerikanischen Nachrichtendienste aber richtige Meister im Abschotten – regelrechte »Ofenrohr-Fetischisten«. Das macht es äußerst schwierig, sie zum Sammeln und anschließend zur rechtzeitigen Lieferung detaillierter und aktueller Aufklärungsdaten zu bewegen – es sei denn, man ist der Präsident persönlich, gehört zum persönlichen Stab des Präsidenten oder besetzt eine hohe Position in der Regierung. Es schmeichelt dem eigenen Ego wohl mehr, wenn man seine Produkte an Kunden ausliefern kann, die in solchen Sphären schweben, als an irgendwelche Burschen, die durch den Matsch kriechen und auch noch auf sich schießen lassen. Die Flaschenhälse im Geheimdienstmilieu sind derart eng, dass die Planer bei den Special Forces oft nicht einmal wissen, was sie nicht wissen, und *ob* es vielleicht *irgendwo* Informationen gibt, die ihnen bei der Durchführung eines Einsatzes helfen könnten – oder Leben retten würde.

Eine Möglichkeit, derartige Einschränkungen zu unterlaufen, könnte darin bestehen, die Planung und Verteilung der Daten aus den verschiedenen Nachrichtendiensten in einem zentralen SF-Zentrum zu konzentrieren. Auf diese Weise hätten die Teams die Möglichkeit, über die gesamte Länge der Kommandokette hinweg ihre Vorschläge zu unterbreiten, und damit hätten sie das nötige Gewicht, um Diensten wie dem NRO und der NSA eindeutige Vorgaben zu machen. Ein solches Zentrum könnte den Teams auch noch andere, ähnlich gelagerte Dienste anbieten – wie beispielsweise die Beschaffung spezieller Kleidung, Ausrüstung oder Verpflegung oder die Einrichtung spezieller Satelliten-Pager und Telefondienste.

- **Bessere Erreichbarkeit** – Computer, Daten-Netzwerke und Hochgeschwindigkeits-Telekommunikation haben so ziemlich alles revolutioniert, was man sich denken kann – *ausgenommen* die Einsatzplanung bei den Special Forces. Die Einsatzplaner der SF halten eisern an ihren Traditionen fest und haben sich erfolgreich gegen alle Fortschritte zur Wehr gesetzt – nicht selten mit guten, konservativen Gründen. Ein Bleistift ist erwiesenermaßen feldtauglich, ein technisches Gerät nicht immer!

Andererseits ist die Grenze zwischen stichhaltigen konservativen Gründen und Halsstarrigkeit gepaart mit Dogmatismus bisweilen hauchdünn. »So haben wir das immer schon gemacht und es funktioniert. Es hat keine Schwachstellen. Den Teufel werden wir tun, etwas daran zu ändern!«

Wo liegt nun also die Wahrheit? Dazu müssen wir erst einmal eine ganz einfache Frage beantworten. Sind fortschrittliche Sensoren, Computer und Kommunikationstechnik in der Lage, SF-Soldaten (auf allen Ebenen) ein besseren Überblick über die Situation zu verschaffen, was ihre Einsatzgebiete und Missionen angeht? Wird diese Technik es den SF-Soldaten ermöglichen, ihre Missionen besser zu erfüllen, oder werden technische Spielereien sie eher von ihren Aufgaben und Zielen ablenken?

Es gibt etliche bei den Special Forces, die diese Frage bereits mit der Budgetverteilung beantwortet haben. Längst haben Laptop- und Palmtop-Computer sowie Digitalkameras und anderer »Krimskrams« das Gesicht der Missionen verändert. Bei jeder Besprechung in einem Zentrum der Special Forces laufen heute Präsentationen unter Verwendung von Großbild-Projektoren ab, die ihre Daten von einem Computer beziehen, auf dem die neueste Generation von Präsentationssoftware installiert ist und der über die entsprechenden Schnittstellen zur Darstellung von Digitalfotos und Videoclips verfügt. Computerisierte Werkzeuge für die Einsatzplanung und digitalisierte Hochgeschwindigkeits-Kommunikation erlauben es den Team-Planern heute, sich erheblich früher in den Einsatzplanungsprozess einzuschalten. Historisch gesehen ist erwiesen, dass die Chancen für den erfolgreichen Abschluss einer Mission umso größer sind, je früher die Teilnehmer in die Planung eines Einsatzes einbezogen werden.

Unterdessen hat die SF-Gemeinschaft in der Absicht, eine richtige Vorstellung von den neuen Technologien und Systemen außerhalb der Befehlszentralen zu bekommen, eine ganze Serie von Laborexperimenten und Feldversuchen eingeleitet. Dabei sind bereits viele Ausrüstungsgegenstände und Konzepte herausgekommen, die durchaus den Kern des CONOPS der SF und der entsprechenden Richtlinien bis weit in dieses Jahrhundert hinein bilden können.

Diesen Aspekt betrachten wir im Folgenden ein wenig intensiver, doch vorausgeschickt seien einige Worte über die Tests selbst.

Der Mensch lernt erheblich mehr aus seinen Fehlern als aus dem, was von Anfang an funktioniert. Genau diese Tatsache ist der Kernpunkt eines jeden militärischen Entwicklungsprozesses.

Die Art von Feldversuchen, an die wir uns inzwischen gewöhnt haben, sind die traditionellen Übungsgefechte, wie sie üblicherweise im JRTC und NTC abgehalten werden. Experimentelle Übungen (wie die, um die es im folgenden Teil geht) sind von ganz anderer Natur. Übungsgefechte testen die Ausbildung, die Vorbereitung und die Ausrüstung unter Stress-, Überraschungs-, Zufalls- und Chaosbedingungen, die möglichst realistisch den Bedingungen in einem Gefecht nachempfunden werden. Experimentelle Feldversuche sind dagegen das militärische Gegenstück zu Experimenten in Forschungslabors. Ihre Aufgabe besteht nicht darin, den

Colonel Ed Phillips von der U. S. Army mit seinem Markenzeichen, einem Basketball. Colonel Phillips war während der hochtechnischen Demonstrationsübung Kommandeur der 7th Special Forces Group.

John D. Gresham

Stand der Ausbildung zu überprüfen (obwohl sie durchaus auch darüber Aufschlüsse liefern können). Hier werden Vorstellungen, Systeme, Technologien und dergleichen getestet, und das alles unter streng überwachten Parametern. Darüber hinaus werden sie häufig mit vielen Dingen befrachtet, die »künstlich« sind – unrealistischen Situationen. Bei Feldversuchen kann praktisch jederzeit etwas schief gehen – und das soll auch so sein –, doch dass so etwas eintritt, ist in Experimentalübungen wesentlich wahrscheinlicher als bei Übungsgefechten. Der Grundgedanke bei den Experimentalübungen ist der, bestimmte Konzepte und Abläufe zu validieren, und nicht notwendigerweise darin, im klassisch militärischen Sinne Gefechte »zu gewinnen« oder Angriffsziele zur erreichen.

Relampago Rojo: »Steinsuppe« und eine Vision

Da die 7th SFG innerhalb der Special Forces stets an vorderster Front stand, wenn es um die Umsetzung neuer Techniken ging, und Colonel Ed Phillips, ihr Kommandeur (der inzwischen befördert wurde), eine der treibenden Persönlichkeiten bei der Vorbereitung der Special Forces auf das neue Jahrhundert war, ist es eigentlich nicht verwunderlich, dass die 7th SFG auch die Versuchseinheit für neue Technologien und CONOPS-Konzepte war.

Ich selbst lernte Phillips' Leidenschaft für neue Technologien erstmals während einer Besprechung gegen Ende des Jahres 1998 kennen, als er seine Vorstellungen vom künftigen SF-CONOPS erläuterte. Es ist eine breit angelegte, »große« Vision von der Zukunft der SF-Operationen, bei der die Special Forces nicht länger nur eine untergeordnete Rolle gegenüber den konventionellen Teilstreitkräften spielen, sondern vielmehr die

Rolle eines gleichgestellten Partners – oder sogar die Führung übernehmen, wenn sich dies als die beste Lösung erweisen sollte. Nachfolgend ist – in groben Zügen und aus Sicherheitsgründen ein wenig gefiltert – die Vision umrissen, die er und eine Hand voll anderer entworfen haben:

Überall dort, wo die Special Forces betroffen sind, kennen sich die Männer in den Teams aus. SF-Soldaten leben für »Downrange«-Missionen, bei denen die einzige Verbindung nach Hause aus einem einzigen Hochfrequenz-Funkgerät mit einer Morsetaste besteht. Ebenso haben alle auch schon ihren Anteil an Übungen auf einem schmutzigen Stück Papier mit einem abgebrochenen Bleistiftstummel geplant. Sie sind in der Lage, den Wert neuer Technologien – Computer, Software und Netzwerke – realistisch einzuschätzen. Doch auch die althergebrachten Methoden haben immer noch ihre Daseinsberechtigung. Genau genommen sind sie manches Mal sogar unverzichtbar. Bei der Planung komplizierter Operationen und Einsätze sind die neuen Techniken aber wirklich hilfreich. Man kann allein schon die Einsätze den Teilnehmern erheblich klarer präsentieren und das wiederum ermöglicht eine bessere Koordination.

Mit anderen Worten: Die neue Vision ist verblüffend einfach. Während einem Genie wie Leonardo da Vinci noch ein einfacher Bleistift und ein Blatt Papier genügte, um eines seiner Meisterwerke zu skizzieren, sollte man den durchschnittlichen Künstler doch besser mit der kompletten Bandbreite an Pinseln, Werkzeugen und Farben ausrüsten. Das ist sicherlich nicht der richtige Weg, ein »geniales« Bild zu bekommen, aber auf jeden Fall bekommt man ein genaues. Technik kann die kreativen Energien unter den Soldaten und Kommandeuren freisetzen. Die Technik ermöglicht es, das Talent eines jeden einzelnen Soldaten vor einer breiteren Zuhörerschaft schon auf eine wesentlich größere Entfernung zu erkennen. Darüber hinaus verschafft sie den Kommandeuren eine größere Bandbreite an Möglichkeiten, zwischen denen sie sich entscheiden können. (Jeder Kommandeur sieht es gern, wenn seinem Feind früher als ihm die Alternativen ausgehen).

So könnten es die neuen Technologien beispielsweise möglich machen, dass sich die wichtigsten Befehls- und Führungszentren für groß angelegte und über weite Räume laufende SF-Operationen in einer gänzlich anderen Zeitzone befinden als der Ort des Konflikts. Es könnte sogar ein zu diesem Zweck fest eingerichteter Raum im Gruppenhauptquartier auf amerikanischem Boden sein, von dem aus eine Vielzahl von Missionen permanent via Telefon und Satellitenverbindungen zu den vorgeschobenen Operationsbasen im Feld überwacht werden.

Visionäre haben in militärischen Organisationen aber einen schweren Stand. Nun ist es nicht so, dass die Verantwortlichen beim Militär grundsätzlich neuen Ideen gegenüber ablehnend eingestellt wären. Ganz im Gegenteil. Sie lieben neue Ideen – allerdings nur dann, wenn sie innerhalb des vorgegebenen Rahmens liegen (das ist das Ofenrohr). Was die Bemühungen von Ed Phillips von anderen unterschied, war die Möglichkeit, Visionen Realität werden zu lassen. Kurzum, er produzierte »Steinsuppe«, wie George Patton sich auszudrücken pflegte.

Im Zweiten Weltkrieg griff General George Patton gerne wesentlich schneller und aggressiver an, als seine Vorgesetzten für gut hielten. Als seine Vorgesetzten ihn aufzuhalten versuchten, kochte er »Steinsuppe«. Dieser Begriff bedarf der Erklärung: Wenn ein Landstreicher sich einen Topf Suppe kochen will und über keinerlei Zutaten verfügt, ja noch nicht einmal einen Topf hat, kocht er eben »Steinsuppe«. Dazu sammelt er eine Reihe Steine und borgt sich dann einen Topf mit kaltem Wasser. Hat er den erst einmal, borgt er sich ein bisschen hiervon und ein bisschen davon, lässt hier ein wenig Fleisch mitgehen, dort ein wenig Gemüse und anderswo etwas Feuerholz – all die Zutaten, die man für eine richtige Suppe braucht. Patton ging ähnlich vor. Wie der Landstreicher bei seinen Zutaten machte er einen kleinen Vorstoß hier, einen weiteren dort und ließ sich an wieder einer anderen Stelle in kleine Gefechte verwickeln. Und noch bevor seine Vorgesetzten mitbekommen hatten, was da eigentlich vor sich ging, lief bereits eine lupenreine Offensive – bevor ihn der Befehl erreichen konnte, sich nicht von der Stelle zu bewegen.

Auf vergleichbare Art und Weise bauten sich Phillips und seine Männer von der 7th SFG eine solide Basis aus Soldaten, Ausrüstung und Gelegenheiten, auf der sie ihre neuen Ideen testen konnten. Im Laufe mehrerer Jahre beschaffte die 7th SFG Computer, Software, Netzwerkausrüstung und andere Kleinigkeiten und baute damit genau die Befehls- und Führungseinrichtungen auf, mit denen das SFC in Zukunft arbeiten könnte.

Ein wichtiges Ziel war, ein Versuchs-Hauptquartier auf Gruppenebene mit Computern, Kommunikationsgeräten und Netzwerken in maximal möglichem Umfang auszurüsten und dann in eine tatsächliche Feldübung einzubinden. Dieses Test-Hauptquartier sollte im Laufe der Übung (die selbst wiederum Bestandteil einer größeren Übung auf Kriegsschauplatz-Niveau sein sollte) etliche weit verstreut operierende SF-Bataillone führen und in einer so genannten »Einsatz-Führungs«-Konfiguration maximalen Gebrauch von Satelliten-Kommunikationsverbindungen und einem Computer-Netzwerk machen. Auf diese Weise würde es möglich sein, die Arbeitsbelastung einer umfangreichen, kriegsschauplatzartigen SF-Operation zu simulieren und die neuen Planungs- und Operationskonzepte gemeinsam mit der Ausrüstung zu bewerten.

Die ersten Testübungen liefen unter der Bezeichnung *Relampago-Rojo*-1 und -2 (R-1 und R-2 in der Kurzform)[159] im Jahre 1997 an. Diese Übungen schufen einen Grundstock an Erfahrungen für das bevorstehende größere Ereignis R-3. R-3 wurde von Ende Februar bis Anfang März 1999 im Südosten der Vereinigten Staaten geplant. Dabei sollte dann der Versuch unternommen werden, die oben beschriebenen Hauptkonzepte vollständig umzusetzen: die Eliminierung der »Ofenrohre«, die Herabsetzung

159 »Relampago Rojo« ist spanisch und bedeutet »Roter Blitz«, eine Anspielung auf den Einsatz der 7th SFG in Lateinamerika und die rote Truppenfahne der Einheit.

von Reibungseffekten und eine Verbesserung der Verbindung. Parallel dazu sollten etliche sehr intensive SF-Operationen ablaufen, und zwar sowohl multinationale als auch teilstreitkraftübergreifende. Außerdem sollten neben jedem einzelnen Bereich des SOCOM und aktiven Truppen auch Reservisten und Einheiten der Nationalgarde teilnehmen. Alle zusammen sollten die SOF-Komponente einer größeren Joint Task Force bilden, allerdings mit einem ungewöhnlichen und innovativen Dreh: Während die größeren konventionellen Einheiten der JTF (Flugzeugträger-Gefechtsverbände, amphibische Gruppen und dergleichen) an einem Ort operierten, sollte das Versuchs-Hauptquartier der SOF-Komponente eigenständig als eine Art Mini-JTF agieren.

Nachdem Einheiten der SOF – in der Rolle von Führungselementen – in ein hypothetisches Krisengebiet eingedrungen waren, sollten die konventionellen Einheiten eintreffen und ihre Befehle vom Kommandeur der SOF-Komponente erhalten (was eine völlige Umkehr des üblichen Verfahrens nach den normalen Richtlinien für teilstreitkraftübergreifende Operationen des amerikanischen Militärs darstellt, bei der eine SOF-Komponente grundsätzlich dem Kommandeur der JTF unterstellt ist). Tatsächlich ist es so, dass ein Kommandeur der SOF mit einiger Wahrscheinlichkeit bereits ODAs und andere Einheiten in dem fraglichen Gebiet am Boden hat und dadurch wahrscheinlich besser als ein JTF-Kommandeur qualifiziert ist, (zumindest) in den ersten Tagen einer Krise das Kommando zu führen. Da er bereits Augen und Ohren vor Ort hat, könnte ein SOF-Kommandeur praktisch in Echtzeit Daten zurück an übergeordnete Stäbe schicken und damit einen glatteren Ablauf bei der Nachführung konventioneller Einheiten in das Kampfgebiet ermöglichen, bevor er schließlich die Führungsverantwortung über eine JTF an normale Stabsstrukturen zurückreicht.

Am Ende unseres ersten Treffens lud Colonel Phillips mich ein, ihn während der R-3-Übung zu besuchen und mir einen persönlichen Eindruck zu verschaffen (dabei sollte ich als O/C, Observer/Controller – selbstverständlich nur ehrenhalber – fungieren). Natürlich nahm ich sein Angebot sofort an.

R-3 erwies sich als eine der kompliziertesten und schwierigsten Übungen, die ich jemals miterlebt habe.

Relampago Rojo-3: Die Aufstellung der Einheiten/Aufgaben

Obwohl es in erster Linie eine experimentelle Übung sein sollte, musste das Konzept innerhalb der umfangreichen konventionellen Gefechtsübung unter der Bezeichnung Joint Task Forces Exercise (JTFEX) umgesetzt werden, die vom USACOM abgehalten wird.[160] Dieses größere Ereignis

160 Weitere Informationen über die JTFEX-Operationen sind in meinen Büchern *Airborne* (Heyne 2000), *U.S. Marines* (Heyne 1998) und *Supercarrier* (Heyne 2000) zu finden.

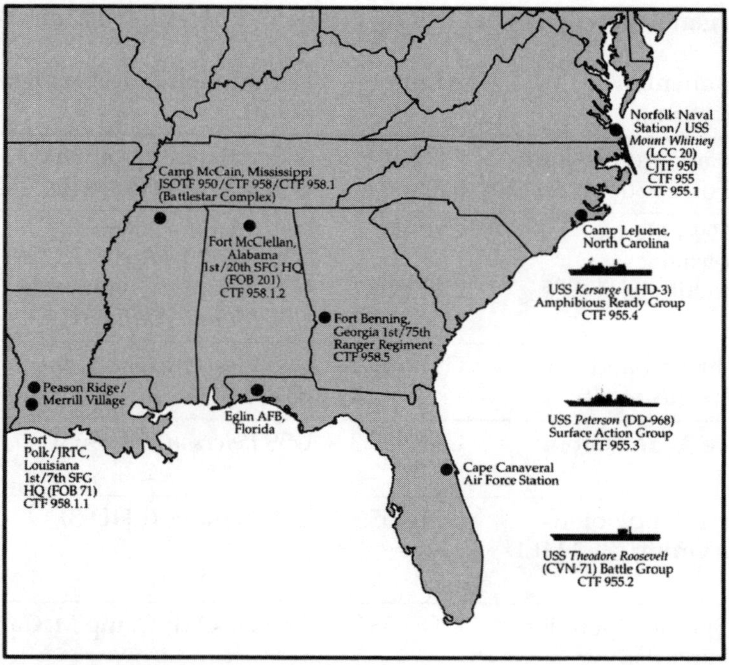

Auf dieser Karte sind die Anordnung der Kräfte und Einsatzorte während *Relampago Rojo*-3 von 1999 dargestellt.

RUBICON. INC., VON LAURA DENINNO

(mit der Bezeichnung JTFEX 99-1) wurde angesetzt, damit sich der Flugzeugträger-Kampfverband um die USS *Theodore Roosevelt* (CVN-71), die Amphibious Ready Group (ARG) um die USS *Kersarge* (LHD-3) und die auf ihr eingeschiffte 26th Marine Expeditionary Unit – Special Operations Capable (MEU [SOC]) für den bevorstehenden Törn ins Mittelmeer qualifizieren konnten.[161] Die Operation fand vor der Küste von Puerto Rico und an der Atlantikküste statt und lief bereits seit etlichen Wochen. Gleichzeitig ließen sich eine Reihe von Flottenverbänden der NATO sowie Einheiten der U. S. Army und Air Force die Gelegenheit nicht entgehen, ebenfalls von der Teilnahme an einer so gewaltigen Übung wie JTFEX 99-1 zu profitieren. R-3 sollte das Szenario aus der größeren Übung beziehen und als Komponente im JTFEX-Gesamtplan operieren. Die Grundaufstellung der Kräfte, die für JTFEX 99-1 vorgesehen waren, kann man der nachfolgenden Tabelle entnehmen:

161 Nur wenige Wochen nach dem Abschluss von JTFEX 99-1 waren diese Einheiten zusammen mit anderen alliierten Streitkräften in Jugoslawien im Einsatz. Und noch später wurde die 26th MEU (SOC) zum Führungselement bei der Operation Joint Guardian, der Friedensicherungsmission im Kosovo.

Organisation der an der Übung JTFEX 99-1 beteiligten Einheiten

Komponenten-bezeichnung	Akronym	Kerneinheit & Gebiet/Basis/Schiff
Kommandeur der Joint Task Force 950	CJTF 950	U.S. Atlantic Command/ USS *Mount Whitney* (LCC-20)
JTFEX 99-1 Marine-komponente	CTF 955	U.S. Atlantic Command/ USS *Mount Whitney* (LCC-20)
Flaggschiff, CJTF-955	CTF 955.1	U.S. Atlantic Command/ USS *Mount Whitney* (LCC-20)
Gefechtsverband *Theodore Roosevelt*	CTF 955.2	USS *Theodore Roosevelt* (CVN-71)
Surface Action Group (SAG)	CTF 955.3	USS *Peterson* (DD-968)
Kersarge Amphibious Ready Group/26th MEU (SOC)	CTF 955.4	USS *Kersarge* (LHD-3)
Joint Special Operations Task Force 958	CTF 958	USSOCOM/Camp McCain, MS

Wie zu erkennen ist, sind die SOF Bestandteil der Combined Task Force (CTF) 958. Das ist die Kraft, die auch den Hauptanteil an Einheiten für R-3 stellte.

R-3 sollte etliche der Vorgaben übernehmen wie Standardbedingungen und Szenarien, die auch bei den Rotationen am JRTC und NTC zum Tragen kommen. Zum Operationsgebiet gehörte die fiktive Insel Cortina, die bösen Jungs kamen aus dem ebenfalls fiktiven Staat Korona. (Natürlich gab es auch noch eine ganze Reihe anderer »fiktiver« Ergänzungen und Komplikationen, auf deren Aufzählung ich jedoch verzichten möchte, um keine unnötige Verwirrung zu stiften.)

Im Rahmen von R-3 sollte sich die JSOTF mit zwei größeren, nahezu gleichzeitig ablaufenden Krisensituationen auseinandersetzen. Bei der ersten waren Massenvernichtungswaffen im Nordwesten Floridas in der Nähe der Eglin AFB im Spiel. Dort wurden Lenkflugkörper des SCUD-Typs mit (chemischen) WMD-Gefechtsköpfen zum Start vorbereitet. Es würde einer sehr aufwändigen Anstrengung seitens der SOF bedürfen, diese Bedrohung zu eliminieren. Eine Anweisung des CINC der JTFEX 99-1 lautete, dieses Ziel aggressiv zu verfolgen, damit der Feind seine Massenvernichtungswaffen nicht gegen die alliierten Kräfte, die ihre Operationen entlang der Ostküste planten, einsetzen konnte.

Die zweite Krisensituation war der eskalierende Aufstand von Kräften Koronas auf der Insel Cortina (in der Realität Louisiana, Mississippi und Arkansas, wobei sich die meisten Aktivitäten in Fort Polk in Louisiana abspielten). Als Höhepunkte wurden die ethnische Säuberung einiger

Das R-3-Wappen am Eingang zur Battlestar-Befehlszentrale. R-3 war darauf ausgelegt, Planungsdaten dafür zu liefern, wie Computer- und Netzwerktechnik für Special Operations des 21. Jahrhunderts genutzt werden können.
John D. Gresham

Ortschaften und eine Bedrohung durch Chemiewaffen angenommen. Die Mission sah die Verfolgung und Zerstörung der Aufständischen und ihrer Bestände an WMDs vor sowie die Rückführung der Einheimischen in ihre Häuser und Dörfer. Das bedeutete nichts anderes, als dass die volle Bandbreite der SOF-Einsatzprofile von den Teilnehmern verlangt wurde, einschließlich Special Reconnaissance (SR), Direct Action (DA), Civil Affairs (CA) und Humanitarian Relief (HA).[162]

Um dieser Vielzahl von Aufgaben gerecht werden zu können, hatte das SOCOM der Führung von R-3 etliche SOF-Einheiten und -Soldaten unterstellt.[163]

- **Commander, Task Force (CTF) 958** – Normalerweise handelt es sich dabei um den Stab einer Joint Special Operations Task Force (JSOTF) auf Kampfgebietebene. Die CTF würde unter dem Kommando eines O-7ers (eines Brigadier General der U. S. Army oder Air Force oder eines Rear Admiral) stehen und ihr würden mindestens eine komplette SFG und andere SOF-Einheiten (Hubschrauber, Transportflugzeuge, Ranger, SEALs und so weiter) unterstellt sein. Bei R-3 hingegen (diese Übung war ja ein Experiment) fungierte der Stab der 7th SFG als JSOTF und Colonel Ed Phillips damit als JSOTF-Kommandeur. Der Stützpunkt der CTF 958 lag in Camp McCain, Mississippi.

---

162 Im Dezember entschied ich, dass es für mich interessanter sein würde, die Operationen der $1/7^{th}$ SFG in Fort Polk zu beobachten als die Jagd auf die SCUDs, die die 20th Group auf der Eglin AFB veranstaltete. Außerdem war die SCUD-Jagd schlechter zu überblicken und enthielt eine Vielzahl von Elementen, die der Geheimhaltung unterlagen und deswegen für mich tabu waren.

163 Die Nomenklatur »Commander, Task Force« (daher die Abkürzung CTF) ist Standard. Ich habe allerdings keine Idee, weshalb sie verwendet wird.

- **Commander, Task Force (CTF) 958.1** – Die SOF-Kräfte der U.S. Army operierten unter dem Befehl einer Einrichtung namens CTF 958.1. Technisch gesehen wurde sie als Army Special Operations Task Force (ASOFTF) bezeichnet. Auch diese Rolle übernahmen Colonel Phillips und der Stab im Hauptquartier der 7th SFG mit Stützpunkt in Camp McCain.
- **Commander, Task Force (CTF) 958.1.1** – Die erste der beiden SF-Einheiten, die an der R-3-Übung teilnahmen, war das 1st Battalion of the 7th Special Forces Group ($1^{st}/7^{th}$ SFG). Es stand unter dem Kommando von Lieutenant Colonel Mike Adams und sollte von der vorgeschobenen Operationsbasis 71 (FOB71) in Fort Polk aus operieren. Im Rahmen von R-3 wurde das $1^{st}/7^{th}$ SFG durch eine Infanteriekompanie des bolivianischen Heeres verstärkt.
- **Commander, Task Force (CTF) 958.1.2** – Die zweite SF-Einheit, die an der R-3 Übung teilnahm, war das 1st Battalion of the 20th SFG ($1^{st}/20^{th}$ SFG) von der National Guard. Es sollte von der FOB in Fort McClellan in Alabama aus operieren, die für etliche Soldaten der 20th praktisch vor der Haustür lag. Bei R-3 stand CTF 958.1.2 unter dem Kommando von Lieutenant Colonel Paul Roberts.
- **Commander, Task Force (CTF) 958.2** – Neben den Soldaten der Special Forces der U.S. Army steuerten auch andere Teilstreitkräfte Personal zu R-3 bei. Eine davon war das Navy Special Warfare Command, welches die SEAL-Teams führt und die dazugehörigen Special Boat Squadrons (SBSs). Unter der Bezeichnung CTF 958.2 setzte sich die Navy Special Warfare Task Group aus der Navy Special Warfare Group Two (NSWG-2) und der SBS-2 zusammen, ihren Stützpunkt hatte sie in der Nähe von Little Creek in Virginia. Sie versorgte die SEALs und Boote, die ihrerseits die küstennahen SOF-Operationen im Rahmen von R-3 unterstützten. (Tatsächlich befanden sich diese Truppen nicht unter dem Kommando von Colonel Phillips, doch waren die Kommandeure dieser Einheiten über das JSOTF-Zentrum mit dem JTFEX-Oberkommando verbunden, wodurch es zu einer stärkeren Belastung des Systems kam – eigentlich als Teil des Experiments ein durchaus erwünschter Effekt).
- **Commander, Task Force (CTF) 958.3** – Neben den SOF-See- und Bodenkräften benötigte man für R-3 natürlich auch fliegerische Komponenten, um die gesetzten Ziele zu erreichen. Da dazu unter Umständen die Einbindung von Kommandos der fliegenden Einheiten von U.S. Army, Navy und Air Force erforderlich werden würde, richtete man ein Hauptquartier für einen Joint Forces Air Component Commander (JFACC) unter der Bezeichnung CTF 958.3 ein. Dieses hatte dann als Joint Special Operations Aviation Command (JSOAC) zusammen mit dem JSOTF-Zentrum seinen Stützpunkt im Camp McCain.
- **Commander, Task Force (CTF) 958.4** – Neben den Einheiten des amerikanischen Militärs nahmen auch SOF-Soldaten aus Großbritannien an der Übung R-3 teil. Da ich gebeten wurde, mich um sie nicht allzu sehr zu kümmern, beschränke ich mich darauf zu erwähnen, dass die United Kingdom Special Forces Task Group (UKSFTG, die als CTF 958.4 ope-

rierte) Personal und Ausrüstung vom Special Air Service (SAS) beisteuerte.

- **Commander, Task Force (CTF) 958.5** – Um die JSOTF mit wirklich ernst zu nehmender Schlagkraft auszustatten, stellte das SOCOM die Dienste der A-Company vom 1st Battalion of the 75th (1st/75th) Ranger Regiment zur Verfügung. Diese Männer kamen vom Hunter Army Air Field in Georgia und liefen unter der Bezeichnung CTF 958.5.

Insgesamt ergab sich folgendes Bild:

Organisation der Special-Operations-Einheiten bei R-3

Komponenten-bezeichnung	Akronym	Kerneinheit & Gebiet/Basis/Schiff
Commander, Joint Task Force 950	CJTF 950	U.S. Atlantic Command/USS *Mount Whitney* (LCC-20)
Joint Special Operations Task Force 950	CTF 958	USSOCOM/Camp McCain, MS
Army Special Operations Task Force	CTF 958.1	USACOM/Camp McCain, MS
Forward Operating Base (FOB) 71	CTF 958.1.1	1st Battalion/7th Special Forces Group (1st/7th SFG) Fort Polk, LA
Forward Operation Base (FOB) 201	CTF 958.1.2	1st Battalion/20th SFG (1st/20th SFG-National Guard) Fort McClellan, AL
Navy Special Warfare Task Group	CTF 958.2	NSWG-2 und SBS-2, an verschiedenen Orten
Joint Special Operations Aviation Command	CTF 958.3	U.S. Air Force Special Operations Command/Camp McCain, FL
United Kingdom Special Forces Task Group	CTF 958.4	22nd Regiment, Special Air Service, an verschiedenen Orten
1st Battalion/75th Ranger Regiment	CTF 958.5	1st/75th Ranger Regiment/Fort Hunter Army Air Field, GA

Die Konzepte, die im Rahmen von R-3 getestet werden sollten, mussten sich also bei der SCUD-Jagd auf der Eglin AFB in Florida und bei der Unterdrückung von Aufständen sowie humanitären Maßnahmen in Fort Polk bewähren. Dabei war jede der beiden Aktionen so strukturiert, dass sie die Arbeitsbelastung durch den Informationsfluss simulierte, der von einer kompletten Special Forces Group zu bewältigen ist (ein Punkt, den man sehr gut im Gedächtnis behalten sollte).

Von dem Zeitpunkt an, da der Startschuss zu der Übung fiel, hatten Phillips und sein JSOTF-Stab weniger als zwei Wochen Zeit, die Planungen für die beiden größeren Operationen abzuschließen und ihre Truppen in die Operationsgebiete zu schaffen. Bei Beginn der Übung würden sich noch die meisten SOF-Einheiten, die an R-3 teilnehmen sollten, in ihren Heimatstützpunkten befinden und darauf warten, dass sie ihre Marschbefehle aus dem R-3-Befehlszentrum bekamen, das sich selbst eben erst im Aufbau befand. Die Einheiten und ihre Kommandeure hatten zwar eine vage Vorstellung, was passieren würde, aber man hatte ihnen keinerlei Details der Operationen zugänglich gemacht. Das war auch so beabsichtigt, denn es sollten einerseits die Unsicherheiten simuliert werden, die in der wirklichen Welt nun einmal zu jeder militärischen Operation dazugehören, und andererseits sollten die Teilnehmer von R-3 ständig auf Trab gehalten werden. Die Ziele waren hoch gesteckt.

Im Rahmen der Aufgabenstellung hatte das JSOTF-Team zwei grundlegende Missionen zu erfüllen. Die erste sollte darin bestehen, mit den Leuten vom 1st Battalion of the 20th (1st/20th) SFG die feindlichen SCUD-Lenkflugkörper und ihre Startrampen auf der Eglin AFB aufzuspüren und zu vernichten. Dazu sollte das 1st/20th eine FOB 201 in Fort McClellan einrichten, die als Ausgangsbasis dienen würde und von einer Vielzahl verbundener SOF-Flieger- und Bodeneinheiten unterstützt werden sollte. Der Plan für das 1st/20th sah vor, SR-Teams in das Gebiet der Eglin AFB einzuschleusen, die dort einige der simulierten fahrbaren SCUD-Abschussrampen (Transporter Erector Launcher, TEL) aufspüren sollten. Sobald die TELs als Ziele identifiziert wären, sollten die Teams dann die Lenkung des Endanflugs (Terminal Guidance) mittels Laser-Designatoren übernehmen. Die Zerstörung sollte durch das Feuer aus Flugzeugen vom Typ AC-130 *Spectre* (Spezialversion der C-130 *Hercules* von Lockheed Martin) der U.S. Air Force (USAF) erfolgen.

Die zweite Mission, die nahezu zeitgleich ablaufen sollte, würde weitaus komplizierter sein. In Fort Polk sollte das 1st Battalion der 7th (1st/7th) SFG die Aufgabe erhalten, die FOB 71 einzurichten. Ihre Mission sollte darin bestehen, ein Dorf im Norden der Hauptbasis in der Nähe des Schießplatzes des JRTC bei Peason Ridge zu befreien. Dort hatten Truppen der Aufständischen die Einheimischen vertrieben (eine Art »ethnischer Säuberung« im kleinen Stil), um die Kleinstadt als Montageplatz für chemische Landminen und andere Massenvernichtungsmittel zu nutzen. Für das 1st/7th sah der Plan vor, SR-Teams in die Gegend von Peason Ridge zu bringen und anschließend die kleine Stadt (die den Namen Merrill Village bekommen hatte) und die umliegenden Gebiete zu erkunden. Sobald die Gegend unter Beobachtung stand, sollte die A-Company des 1st Battalion des 75th (A/1st/75th) Ranger Regiment, unterstützt von AC-130 »Gunships« in MC-130 Special-Operations-Transportmaschinen der USAF, per Fallschirm in das Gebiet springen. Sobald die Ranger sicher am Boden wären, sollten sie Merrill Village angreifen, wobei ihre Hauptaufgabe darin bestand, die aufständischen Truppen entweder zu eliminieren oder gefangen zu nehmen. Wenn Merrill Village gesichert war, sollten die Ranger die Kontrolle an eine multinationale Boden-Eingreiftruppe übergeben, die aus Soldaten des $1^{st}/7^{th}$ Special Forces und Einheiten aus Bolivien bestand. Diese Kräfte sollten dann eine Sicherheitszone um die Ortschaft errichten und damit beginnen, alle gegen Menschen gerichteten Gefahrenquellen (Minen, Trittfallen und dergleichen) zu räumen sowie sonst alles für die Rückkehr der vertriebenen Einwohner (dargestellt von Rollenspiel-Personal des JRTC) vorbereiten. Anschließend sollte der Einsatz noch einige Tage weiterlaufen, damit die bolivianische Task Force der SF Gelegenheit bekam, ihre Kenntnisse und Fähigkeiten in humanitärer Hilfeleistung und Angelegenheiten des Zivilschutzes zu üben.

Beide Missionen waren sehr eng an den »normalen« SOF-Missionen orientiert, wie sie praktisch jederzeit irgendwo auf der Welt notwendig werden können. Allerdings mit einem Unterschied: Im Rahmen von R-3 ergaben sich beide Situationen gleichzeitig und beide wurden von einem einzigen JSOTF-Zentrum aus geführt, das sich mehr als 360 Kilometer weit entfernt in Camp McCain befand. Das SFC wollte auf diese Weise feststellen, ob das neue Befehls- und Führungssystem in der Lage sein würde, mit den unglaublichen Mengen an Informationen zurechtzukommen, die anfallen würden. Darüber hinaus wollte man prüfen, ob die intensivere Verbindung untereinander durch die verbesserten Kommunikationssysteme nicht nur den Informationsfluss steigern, sondern auch den Überblick über die Situation erhöhen würde, und zwar sowohl in der Kommandozentrale als auch bei den Männern im Feld. Die Kommandozentrale sollte als Clearingstelle für Planung, Unterstützung und Aufklärung fungieren und die notwendigen Informationen und Leistungen weiter nach unten an die Teams leiten, die ihre Einsätze zu planen hatten. Außerdem hoffte man, dass ein nicht unerheblicher Teil des »Ofenrohr-Effekts«, der die Operationen von Special Forces bremst, dadurch eliminiert werden könnte und die gesamte Einsatzplanung und -durchführung effizienter und weniger zeitaufwändig sein würde.

Trotz einer großen Zahl an künstlich hervorgerufenen Unwägbarkeiten sollte R-3 ausreichende Mengen an Informationen liefern, damit das Special Forces Command bewerten konnte, ob das, was hier getestet wurde, in der realen Welt Bestand haben würde.

Camp McCain, Mississippi, 21. Februar

Meine Reise zur R-3 begann mit einer Fahrt ins Herz von »Old Dixie«. Auf dem Weg in Richtung Camp McCain, zum Prüfstand für den Stab, kam ich durch Städte und Ortschaften mit so klingenden Namen wie Selma, Meridian und Granada (wo ich übernachtete), alle fest verbunden mit der Erinnerung an die Bürgerrechtsbewegung der 60er-Jahre. Camp McCain ist ein Stützpunkt der Army National Guard im Norden des Bundesstaates

Mississippi. Normalerweise liegt hier außer dem 20th SFG noch ein Bataillon Panzer und Panzerfahrzeuge. In den kommenden Wochen sollte es die Führung der 7th SFG und andere Einheiten des Special Forces Command beherbergen. Hier würde das angesiedelt sein, was Colonel Phillips »Battlestar« getauft hatte – die Verwirklichung der Vision eines Einsatz-Führungszentrums für R-3.

Das Hauptquartier war in unmittelbarer Nachbarschaft der Unterkünfte der Nationalgarde eingerichtet worden (wo der Stab untergebracht war), und zwar in den Bereichen, in denen sich normalerweise die Kantine und die Freizeiteinrichtungen befinden. Hier hatten die Männer der 7th SFG ein Hauptquartier der Joint Special Operations Task Force eingerichtet einschließlich einer simulierten Schutzzone für die Truppen, obwohl dort keine Angriffe von feindlichen Kräften vorgesehen waren (deren eingeschränkte Ressourcen sollten für die tatsächlichen Feldeinsätze reserviert bleiben). Doch hohe Offiziere sind bei solchen Dingen in der heutigen Zeit sehr genau, selbst wenn die Bedrohung lediglich »angenommen« ist. Schließlich sollten in den kommenden Wochen auch etliche hochrangige SOF- und SF-Generäle vorbeispazieren und alles unterhalb einer Truppenabsicherung mit allen Schikanen würde bei ihnen keinen guten Eindruck machen.

Nachdem ich meine Sicherheitsmarke bekommen hatte, führte man mich über das Gelände. Da ich die Übung als O/C des JRTC beobachten durfte, würde ich einen perfekten Überblick über das Geschehen bekommen. Allerdings waren damit für mich auch bestimmte Pflichten verbunden. So musste ich beispielsweise bei meinen Unterhaltungen mit dem Personal, das sich bereits im »Spiel« befand, sehr vorsichtig sein mit meinen Äußerungen. Wenn ich zu viel ausplauderte, würde ich unter Umständen der einen oder anderen Seite unrealistische Vorteile verschaffen und die Ergebnisse der Übung verfälschen. Im vollen Bewusstsein meines erhabenen Status als Beobachter machte ich mich dann auf den Weg ins Zentrum.

Das Wetter war rau und kalt (und es sollte noch am selben Tag zu schneien beginnen). Im Sicherheitszelt wurde ich von meinem alten Freund Major Tim McCollum, einem der Offiziere für Öffentlichkeitsarbeit am USASOC, begrüßt und ins Innere der Schutzzone geleitet. Tom hatte bei der Übung die Rolle des PAO der R-3 JSOTF übernommen und würde in etlichen Aktionen seinen Teil als Rollenspieler beitragen.

Als Erstes machten wir uns auf den Weg zum Support-Center des Hauptquartiers, wo der alltägliche Papierkrieg und die administrativen Dinge abgewickelt wurden. Dort bekam ich erst einmal eine Tasse Kaffee und dann brachte mich Tom im Telegrammstil auf den neuesten Stand, während wir auf Colonel Phillips warteten, der mich weiter herumführen wollte. Die Soldaten der 7th SFG waren bereits einige Tage zuvor eingetroffen und hatten dieses Zentrum in gerade einmal zwei Tagen aus dem Boden gestampft. Zusätzlich zu »Battlestar« waren in einigen anderen Räumen kleine »Zubringer«-Zentren eingerichtet worden, welche die Aufklärungs-, Planungs-, Kommunikations- und andere Funktionen des Stabes unterstützen sollten.

Die Battlestar-Einsatzzentrale während der Übung R-3 – sie erinnert an das Mission Control Center bei einem Raumflug. Battlestar ist so entworfen, dass Befehlshabern von Special-Operations-Einheiten ein klares Bild von »Downrange«-Einsätzen vermittelt wird.

John D. Gresham

Nach einigen Minuten erschien Colonel Phillips und begann mit seiner Besichtigungstour.

Während wir durch die Zentren für Kommunikation, Planung und andere Funktionen gingen, wurde mir klar, dass das Special Operations Command den größten Teil seiner beweglichen Kommunikations-, Computer- und Netzwerkressourcen für R-3 bereitgestellt haben musste. Draußen standen genug Satellitenkommunikations-Laster und Antennen für eine konventionelle Division der Army oder das Hauptquartier eines ganzen Corps. Fast ebenso beeindruckend war die Netzwerkausrüstung für diese Kommunikationskanäle, die alle in einem Local Area Network (LAN) ziviler Bauart zusammengeschlossen waren. Jede einigermaßen wichtige Funktion des Stabes, angefangen von den E-Mails bis hin zum Abruf der Aufklärungssatelliten, würde über dieses LAN laufen. Damit war es der Schlüssel für Erfolg oder Misserfolg der Übung R-3.

Das JSOTF konnte darüber hinaus noch mit einigen recht ungewöhnlichen Extras aufwarten – so standen beispielsweise in einem Bereich ganze Stapel von Styropor- und Sperrholzplatten. Dieses Material sollte zur Herstellung von Geländemodellen dienen, für die Planungen und Besprechungen zu größeren Einsätzen im Rahmen von RF-3 … und gleichzeitig war es eine wichtige Komponente eines weiteren Experiments. Man hoffte, einige der verschiedenen R-3-Operationen ohne die umfangreichen Generalproben ablaufen lassen zu können, die sonst von den SOF-Einheiten gerne durchgeführt werden. Phillips und seine Männer planten, einigen Einsätzen lediglich »virtuelle« Generalproben vorzuschalten, bei denen sie ausführlich Gebrauch von Video-Konferenzschaltungen machen und nur in begrenztem Umfang auf persönliche Besprechungen mit den Kommandeuren der einzelnen Einheiten zurückgreifen wollten. Unter der Bezeichnung Operation Rock Drill (Steinbohrer) sollten die »virtuellen« Konferenzen die Zusammenziehung von Einheiten simulieren, die auf der ganzen Welt weit verstreut operierten, nachdem sie in schnell aufflackernde Krisengebiete geworfen worden waren.

Anschließend gingen wir durch einen Korridor in die Sporthalle, in der sich jetzt die Battlestar-Einsatzzentrale befand – das Herz der anlaufenden R-3-Operation. Das ehemalige Basketball-Spielfeld war durch Sperrholzwände separiert worden, die inzwischen samt und sonders mit Karten, Fotos, Diagrammen und einer Vielzahl von Grafiken bedeckt waren. In den nächsten drei Wochen würde all dies für die Leute in diesem cyberrustikalen Arbeitsraum sehr nützlich sein.

Etwas zurück versetzt von der Vorderseite des großen Raumes befand sich das eigentliche Battlestar-Einsatzzentrum mit drei halbkreisförmig angeordneten Reihen von Klapptischen, komplett vollgestellt mit Computern, Druckern, Netzwerkzubehör und einer Vielzahl anderer High-Tech-Utensilien. Direkt davor standen vier große Fernsehprojektoren, über die eine große Bandbreite von Programmierungen und Materialien dargestellt werden konnte. Während unseres Besuchs wurden folgende Features programmiert:

- Eine ständige Verbindung mit den Wettersatelliten der GOES-Serie der National Oceanic Administration (NOA), über die ununterbrochen aktualisierte Daten der Wolkenbewegungen über dem Osten der Vereinigten Staaten heruntergeladen wurden. So konnte jeder jederzeit auf die bildliche Darstellung der Wetterlage zugreifen.
- Eine computergenerierte Darstellung des östlichen Teils der Vereinigten Staaten von Amerika und der angrenzenden Gewässer mit Anzeige der Positionen von Schiffen und Flugzeugen, die an der bevorstehenden Übung teilnehmen sollten. Diese Darstellung erhielt ihre Daten von einem zusammengeführten System, das die Informationen in Echtzeit lieferte. Es war sehr hilfreich, um nicht nur die gesamte strategische Situation im Rahmen von JTFEX 99-1 im Auge zu behalten, sondern auch die an R-3 teilnehmenden Einheiten.
- Eine hochauflösende Bodenkarte der südöstlichen USA, die den Operationsbereich der SOF-Einheiten abdeckte, die an R-3 teilnahmen. Darüber wurden dann die Symbole der Boden- und Lufteinheiten gelegt, die von einem kleineren Computer im Battlestar-Center aus gesteuert wurden.
- Die *CNN Headline News,* praktisch das Pflichtprogramm für alle im Raum. Da die NCAA Basketball Playoffs des Jahres 1999 unmittelbar bevorstanden, behielt jeder Sportfanatiker ohnehin immer ein Auge auf den aktuellen Berichterstattungen.

Etliche andere Programme und Anzeigen konnten ebenfalls genutzt werden, darunter auch die geheimen Datenzuführungen von Nachrichtendiensten und etliche hundert zivile Programme, die über eine Satellitenantenne hinter dem Zentrum aufgefangen wurden.

Innerhalb des Gebäudes entstand ein Intranet-System auf dem neusten Stand der Technik, das nicht nur mit verschiedenen besonders abgeschirmten Netzwerken verbunden war, sondern auch mit dem normalen Internet. Alle Datenquellen liefen über einen zivilen Netzwerk-Router von Cisco Systems, so dass für das Bedienpersonal im Battlestar-Center und anderen Teilen des Gebäudes alles so aussah, als handelte es sich um ganz normale Sites im World Wide Web.

Nach meinem Rundgang kehrte ich ins Hotelzimmer zurück, um mich auf die Besprechungen des nächsten Tages vorzubereiten… und einen Grillabend zu genießen.

Camp McCain, Mississippi, 22. Februar

Dieser Montagmorgen begann sehr früh, denn ich wollte um 7 Uhr an der Besprechung zum Wachwechsel teilnehmen, die mich auf den neuesten Stand des R-3-Szenarios und der beteiligten Einheiten bringen würde. Nachdem ich meine Plakette am Sicherheits-Kontrollpunkt in Empfang genommen und eine Tasse Kaffee gefasst hatte, wurde ich ins Battlestar-Center geführt, wo man mir einen Platz in der ersten Reihe zwischen Colonel Phillips und seinem Command Sergeant Major anwies.

Um 7 Uhr setzte schlagartig bei allen volle Konzentration ein und die Besprechung nahm ihren Lauf. Einer nach dem anderen traten die einzelnen Abteilungsleiter des Stabes ans Podium und ließen eine Dia-Präsentation über ihren Verantwortungsbereich ablaufen. Wie die meisten elektronischen Besprechungen heutzutage waren auch diese alle unter Microsoft PowerPoint erstellt worden.[164] Computer spielen mittlerweile eine derart wichtige Rolle in unserem Militär, dass größere militärische Planungen keinen Pfifferling wert sind, solange die PowerPoint-Präsentation nicht gelaufen ist, und die mächtigste und wertvollste Person im Stab eines Hauptquartiers ist nicht selten der »PowerPoint-Ranger« (praktisch der »Produzent und Regisseur« der Besprechungen, der die Integration von Texten, Fotos und Grafik managt). Colonel Phillips hatte seinen eigenen PowerPoint-Ranger (einen sehr lebhaften und fähigen jungen Captain der SOF vom Stab der 7th SFG), der seine Briefings produzierte.

Die Besprechung an diesem Montag deckte viele Punkte ab, die meisten hingen mit dem R-3-Szenario zusammen. Obwohl R-3 technisch gesehen bereits lief, lagen die wichtigsten Abschnitte noch fast zwei Wochen in der Zukunft.

---

164 PowerPoint ist ein spezielles Computerprogramm für die Erstellung und Präsentation von Besprechungsdias. Es ist sehr leicht zu bedienen und dennoch recht leistungsfähig. PowerPoint gehört inzwischen zur Grundausstattung beim Militär und in Unternehmen, die sich mit der Aufgabe konfrontiert sehen, ihre Anliegen und Botschaften verständlich zu vermitteln. Erst kürzlich konnte man bei der Operation Allied Force feststellen, dass sämtliche NATO-Besprechungen einschließlich der Videoclips und Fotos unter PowerPoint präsentiert wurden.

Unterdessen war die weit größere Übung JTFEX 99-1, deren Bestandteil R-3 im Grunde war, eigentlich nichts anderes als eine Neuauflage der verschiedenen JTFEX-Übungen, die ich in den vergangenen gut vier Jahren beobachtet hatte. Da diese Übung im Winter stattfand, liefen die Tiefwasser-Segmente (die darauf ausgelegt sind, die Navy- und Marines-Komponenten zu prüfen) in den warmen Gewässern in der Nähe von Puerto Rico ab, während die Hauptrichtung der Übung eine Invasion im Stil des Iraks auf ein hypothetisches Land im »Golf von Sabini« (den Küstengewässern von Carolina) simulierte. Marines der 26th MEU (SOC) jagten aus Puerto Rico heran, um Zivilisten aus der Gefahrenzone zu evakuieren, und die *Theodore Roosevelt* CVBG lief in das Gebiet, um die Operation zu unterstützen. Derweil regneten simulierte SCUD-Lenkflugkörper des Feindes auf Philadelphia herab, weitere wurden in nicht zugänglichen Gebieten Floridas auf den Start vorbereitet. SOF-Einheiten der Navy und des britischen SAS erkundeten das Gelände um Cape Canaveral, wo diese Flugkörper zusammengebaut wurden (der Einschätzung nach sollte sich der Bestand an SCUDs beim Feind auf über 100 Stück belaufen). Gleichzeitig dampfte die USS *Vicksburg* (CG-69), ein Aegis-Kreuzer der U.S. Navy, in den Golf von Mexiko, um dort die Abwehr ballistischer Lenkflugkörper für die Insel Cortina bereitzustellen, falls der Feind welche in diese Richtung abfeuern sollte.

Noch spielten die R-3 Einheiten nur eine Nebenrolle, doch das würde sich innerhalb der kommenden Tage ändern. So war der Fortgang der Operationen im Moment zwar rasch, aber was Battlestar anging, noch ruhig.

Nach dem Briefing machte ich mich auf den Weg zu einem ausgezeichneten Frühstück, das die Sergeants der 7th SFG zubereitet hatten. Da die regulären Köche und Unterstützungstruppen endlose Stunden damit verbringen, Mahlzeiten auf den Tisch zu bringen, hat es die Gruppe der Unteroffiziere übernommen, einmal in der Woche zu kochen. Das reichhaltige, im Stil des Südens bereitete Mahl war hervorragend geeignet, uns für das ungewöhnlich kalte Wetter zu rüsten.[165]

Nach dem Frühstück schaute ich mir die anderen Zentren von Aktivität beim JSOTF an.

Viele Stunden später, als die Sonne langsam unterging und ich mich eigentlich in Richtung Granada und mein Hotel begeben wollte, erhielt ich eine wirklich überraschende Einladung von Colonel Phillips: »Hätten Sie keine Lust, morgen mit uns am COA-Briefing teilzunehmen?«

---

165 Da R-3 rund um die Uhr lief, war das Frühstück die einzige Mahlzeit des Tages, die den Wachwechsel des Battlestar-Personals überlappte. Daher bestimmte Colonel Phillips diese als Hauptmahlzeit und das dafür zuständige Personal tat sein Bestes, sie immer wieder zu etwas Besonderem zu machen. An den meisten Tagen konnte man zwischen Eiern und Pfannkuchen wählen und es gab Bratensoße und Brötchen, Frühstücksfleisch, Obst und einen hervorragenden Kaffee. Gleichzeitig war dies aber auch der Zeitpunkt, an dem das Battlestar-Personal sein Mittagessen, ein MRE, fassen konnte.

Und ob ich Lust hatte! »Sehr gerne«, antwortete ich wie aus der Pistole geschossen.

Bei »Course-of-Action-Briefing« würde der Operationsplan für die CTF 958.1.1 in Fort Polk festgelegt werden. Besprechungen solcher Art sind selbst im Rahmen von Übungen gewöhnlich strengster Geheimhaltung unterworfen. Also war diese Einladung eine unerwartet hohe Ehre für mich.

Ich war mehr als gespannt auf den nächsten Tag.

Camp McCain, Mississippi, 23. Februar

Am nächsten Morgen nahm ich um 7 Uhr wieder am Wachwechselbriefing teil. Wieder saß ich am vordersten Tisch in der Nähe von Colonel Phillips, trank meinen Kaffee und hörte mir an, was über die Entwicklung von JTFEX 99-1 im Laufe der Nacht berichtet wurde. Der Löwenanteil der Aktivitäten drehte sich nach wie vor um die amphibischen und die Träger-Kampfgruppe, die dabei war, in den Golf von Sabini einzulaufen.

Entschieden interessanter war der Teil des Briefings, der R-3 betraf.

Colonel Phillips führte die Sitzungen in erfreulich entspannter und dennoch konzentrierter Weise. Er betrat den Raum mit einem Basketball unter dem Arm und legte ihn auf dem Tisch in seiner unmittelbaren Nähe ab. Jedesmal, wenn einer sein Briefing vermasselte – sei es nun, weil er verworren sprach oder einen lebenswichtigen Punkt unberücksichtigt ließ –, rief Phillips »Ihr Ball!« und warf dem Betreffenden den Baseketball zu. Die Strafe für ein missratenes Briefing bestand darin, bis zur nächsten Besprechung den Basketball herumschleppen zu müssen. Aber vor allem mussten alle Fehler ausgeräumt werden und das ganze Material musste auf Abruf bereit sein.

Solche Mätzchen waren weit mehr als nur ein Zeichen von Humor und ein salopper Weg, mit Fehlern umzugehen. Sie gehörten ganz wesentlich zu Colonel Phillips' Führungsstil. Seine ungezwungene und dennoch harte Technik, die frei von jeder Art von Drohung war, half ihm beim Aufbau einer tiefverwurzelten Loyalität seiner SF-Soldaten ihm gegenüber. Niemand legte Wert darauf, sich »den Ball« einzuhandeln, aber es war sicherlich weit weniger verletzend, als in anderer Art und Weise auf seine Fehler hingewiesen zu werden. Und es war auch nicht gerade der schlechteste Weg, andere zu motivieren, dass sie ebenfalls ihr Bestes gaben.

Hinsichtlich R-3 war festzustellen, dass die an dieser Übung teilnehmenden JSOTF-Einheiten mit dem Marsch in die ihnen zugewiesenen Gebiete begonnen hatten. Ein Transportflugzeug des Typs C-17A *Globemaster III* vom 437th Airlift Wing von der Charleston AFB in South Carolina hatte 80 bolivianische Soldaten abgeholt und brachte sie via Roosevelt Roads in Puerto Rico nach Fort Polk. Die Führungselemente des 1st/7th SFG waren bereits am Tag zuvor mit 72 Soldaten in Louisiana angekommen und hatten unverzüglich mit der Einrichtung der FOB 71 im selben Komplex begonnen, in dem sich vor einigen Monaten das JRTC 99-1 abgespielt hatte. Auch das $1^{st}/20^{th}$ SFG setzte sich in Bewegung, sie sollte ein paar Tage später die FOB 201 in Fort McClellan einrichten. Langsam, aber sicher kam Leben in R-3, der Anstieg des Energiepegels innerhalb des Battlestar war fast körperlich zu spüren.

Einige Stunden später wurde ich zu einem kleinen Raum eskortiert, in dem das COA-Briefing für die Operation Marauder[166] stattfinden sollte (der generelle Name für alle Operationen, die in Fort Polk liefen). Gleich würde ich ein ganz besonderes Ereignis miterleben dürfen – den Prozess der Entscheidungsfindung darüber, wie eine militärische Operation im Feld ablaufen soll.

Diese COA-Besprechung war jedoch aus mehreren Gründen alles andere als normal. Zunächst einmal würden lediglich Colonel Phillips und sein engster Stab von der 7th SFG physisch anwesend sein, denn es sollte ja die Leistungs- und Kommunikationsfähigkeit von Battlestar getestet werden. Ganz im Gegensatz zu normalen Briefings dieses Typs würden sich die Kommandeure der Einheiten von Marauder meilenweit entfernt voneinander aufhalten. Da sie ihre Vorschläge bereits via Satellit-Uplinks gemacht und ins Intranet von Battlestar eingegeben hatten, würden sie jetzt über die JSOTF-Vorhaben per E-Mail und Video-Telekonferenz auf dem Laufenden gehalten werden.

Doch vorweg ein Überblick über das, was die Operation Marauder beinhaltete:

Im Mittelpunkt des Basis-Szenarios stand ein kleiner Ort im Peason-Ridge-Gebiet des Schießplatzes von Fort Polk mit dem (fiktiven) Namen Merrill Village. Dieses Gelände besaß rund ein Dutzend kleinerer Gebäude, in denen normalerweise die Military Operations in Häuser- und Straßenkampf (Military Operation in Urban Terrain, MOUT) ausgebildet und trainiert werden. Für die Zwecke von R-3 repräsentierte Merrill Village eine Art ländlicher Bezirksstadt mit ein paar Dutzend Einwohnern. Bei Eröffnung des R-3-Szenarios war die Zivilbevölkerung bereits durch die Aufständischen aus Korona aus ihren Häusern vertrieben worden, weil die Aufständischen den Ort als Basis nutzen wollten, wo sie ihre Chemiewaffen mit Senfgas befüllen konnten. Das Ziel der Operation Marauder bestand darin, diese Situation wieder ins Gegenteil zu verkehren. Dazu sah der Plan fünf Phasen vor:

- **Phase I** – ODAs der SF und andere Aufklärungselemente nehmen den Ort (bezeichnet als Angriffsziel Frank) unter Beobachtung, bis Angriffskräfte hereingebracht werden können.
- **Phase II** – Im Laufe der Nacht wird die A-Company der $1^{st}/75^{th}$ Rangers von Special Operations AC-130 Spectre Gunships und drei MC-130 *Hercules*-Transportflugzeugen der Air Force herangeführt und per Fallschirm in der Nähe der Ortschaft abspringen. Die Rangers sollen dann das Angriffsziel Frank überfallen und dabei so viele Aufständische aus Korona wie möglich töten oder gefangen nehmen.

166 Marodeur, Plünderer, Räuber (Anm. d. Ü.)

- **Phase III** – Sobald das Angriffsziel Frank gesichert ist, soll eine Bodenkampf-Eingreiftruppe aus SF-Soldaten des 1st/7th SFG und den Bolivianern (die als multinationale Koalitionskraft operieren) die Ranger-Kompanie entsetzen und die Kontrolle über die Ortschaft übernehmen. Gleich anschließend soll dann mit der Rückführung der Einwohner aus einem abgelegenen Auffanglager irgendwo auf dem Gelände von Fort Polk begonnen werden.
- **Phase IV** – Um die Rückkehr zum normalen Leben in der Ortschaft zu beschleunigen, soll ein CA-Team zur Hilfeleistung abgestellt werden und mit ersten Wiederaufbauaktivitäten beginnen. Gleichzeitig wird die zusammengeführte Task Force aus SF und bolivianischen Kräften eine Sicherheitszone einrichten, um den Komplex für die Dauer der Feindseligkeiten zu schützen.
- **Phase V** – Sobald die Kampfhandlungen eingestellt sind, werden die Sicherheits-/CA-Teams abgezogen und Merrill Village kann – hoffentlich – zum normalen Alltag zurückkehren.

Sollten alle Elemente einwandfrei ablaufen, würde Marauder wichtige Resultate für den Kommandeur von JTFEX 99-1 vor der Küste Carolinas liefern. Damit wäre nämlich das schwere Problem mit den Massenvernichtungsmitteln beseitigt, mit dem sich die 26th MEU (SOC) ansonsten bei der kurz bevorstehenden Invasion des Golfs von Sabini konfrontiert sehen würde. Darüber hinaus hätte eine erfolgreiche Operation Marauder aber auch noch erhebliche politische Vorteile im Gesamtszenario zur Folge, die sich positiv für die Navy und Marines auswirken würden, denn sie würden dadurch mehr Zeit für ihren Hauptauftrag entlang der Atlantikküste gewinnen.

Obwohl der Grundplan ziemlich geradlinig klingt, galt es doch noch einige wichtige Entscheidungen zu fällen. Eine Schlüsselrolle spielten dabei die Richtlinien für die Kampfeinheiten, die in Phase II aktiv werden sollten, denn diese Phase war ganz offensichtlich der schwierigste Abschnitt der gesamten Operation. In Phase II gab es nämlich eine Vielzahl ineinander greifender Abschnitte, die wegen der potenziellen Kampfkraft der Aufständischen am Angriffsziel synchronisiert werden mussten.

Die alles beherrschende Frage lautete nun: Wie sollten die Einheiten auf das Dorf vorrücken und es angreifen mit einem Minimum an Opfern unter den eigenen/befreundeten Kräften und einem Minimum an Kollateralschäden?

Die Besprechung fand unter der Leitung des Einsatzoffiziers (S-3) der 7th Group statt und begann mit einem kurzen Gespräch über das Gelände.

Peason Ridge ist ein überwiegend hügeliges, bewaldetes Terrain, auf dem es allerdings auch einige offene Wiesen gibt. Obwohl es sich ziemlich hoch über die niedrigen Sumpflandschaften Louisianas erhebt, ist ein großer Teil des Areals ziemlich matschig. Merrill Village liegt in einer Eckes des bewaldeten Höhenzuges, der von Nordwest nach Südost verläuft. Das umgebende Gelände ist dünn bewaldet und fällt zu einer offenen Wiese im Norden ab. Zahlreiche Feldwege durchziehen das gesamte Areal, und es gibt jede Menge Buschwerk.

Der Kernpunkt, der bei diesem Briefing zur Diskussion stand, war folgender: Sollte die Kompanie Ranger *sowohl* den Angriff *als auch* die Sicherung der Flanke/Drop Zone (DZ) übernehmen *oder* sollte(n) sich eines oder mehrere Bodenkampfelemente mit ihnen zum Überfall vereinigen und ihnen so einige der Probleme abnehmen?

Im Vorfeld dieser Besprechung waren bereits verschiedene Vorgehensweisen für die Rückeroberung von Merrill Village vorgeschlagen worden. Diese waren dann vom S-3-Stab (Einsatz) im Battlestar zu insgesamt vier Angriffsplänen destilliert worden. Anschließend erstellte der Einsatzstab für jede Angriffsoption einen Satz von Mission Essential Task Lists (METLs) und bewertete sie entsprechend der Kriterien Erfolg und Risiko, wie sie bei der Army als Standard üblich sind. Diese Optionen wurden dann Colonel Phillips und seinem Stab vorgelegt, die sie im Seminarstil diskutierten. Die Präsentation des gesamten Materials und die anschließende Analyse der Optionen nahm etliche Stunden in Anspruch.

Letzten Endes kam ein Konsens zustande, der sich mit Colonel Phillips' Einschätzung als Kommandeur deckte, und man entschied sich für die Option, bei der die Hauptlast der Verantwortung für die Sicherheit und den Überfall auf den Schultern der Ranger liegen würde.

Für diese Entscheidung gab es etliche Gründe: Erstens bot sie die beste Gelegenheit, vollen Gebrauch von der Kampfkraft der Ranger zu machen. (Die Ranger gelten nicht gerade als besonders zart besaitet und sind dafür bekannt, dass sie sich ihre Zigarren mit der Lötlampe anzünden.) Zweitens bot diese Variante eine gute Chance, Blue-on-Blue-Opfer, also Verluste durch Beschuss eigener Leute, in der Konfusion und Dunkelheit des Angriffes zu vermeiden. Drittens konnte man so die Aufständischen am ehesten überraschen, was wiederum von lebenswichtiger Bedeutung für die Einnahme der Ortes sein würde.

Aber dieser Plan hatte eine Schwachstelle: Er machte es erforderlich, dass die Männer von ihrer DZ im Norden des Ortes aus zunächst einmal um ihn herum nach Westen marschieren und dann von Süden her angreifen mussten. Nur auf diese Weise konnte das Überraschungsmoment erhalten bleiben und dem Feind gleichzeitig sein wahrscheinlichster Fluchtweg abgeschnitten werden (wenn er sich nach Norden absetzen wollte, musste er die Wiesen überqueren und würde dort unter Beschuss durch die *Spectre* Gunships der Air Force geraten). Sollte dieser Plan nicht gelingen, würde man das Überraschungsmoment verlieren… *und* die Aufständischen ebenfalls.

Angesichts der nur in beschränktem Maße zur Verfügung stehenden Truppen fand Colonel Phillips aber, dass die Stärken dieses Planes dessen Schwächen wettmachten, und er befahl seinem Stab, den Gefechtsplan über das Netzwerk an die verschiedenen CTFs von R-3 zu verschicken. Auf sein Drängen hin sollte dies absichtlich eine sehr harte Übung werden, mit vielen Risiken und Gelegenheiten zu heillosem Durcheinander. Obwohl es einigen Führern und Planern Kopfschmerzen bereitete, dass es ohne große Generalprobe mit allen Einheiten ernsthafte Probleme geben könnte, hoffte man doch, die Telekonferenzen, die Arbeit im Netzwerk und andere Fähigkeiten, die jetzt im Rahmen von R-3 ausprobiert werden sollten, würden das ausgleichen. Aus Phillips' Sicht betrachtet, musste jede Erleichterung des Szenarios und die Bereitschaft, bei diesem Experiment weniger als alles zu geben, das Testergebnis verfälschen. Eigentlich kann man seiner intellektuellen Ehrenhaftigkeit nur Hochachtung zollen.

Die Zeit würde erweisen, ob er richtig lag oder nicht.

Nach der Besprechung geleitete man mich in den Raum, in dem man dabei war, das Modell des Rock-Drill-Terrains zu bauen. Hier gewann das Peason-Ridge-Gebiet langsam Gestalt. Um die Werkbänke verstreut lagen etliche kleine Nachbildungen der Gebäude von Merrill Village, auch kleine Bäume und andere Geländeaccessoires. Fraglos würde dieses Modell zu einem ausgezeichneten Besprechungswerkzeug für die Planer und Führer werden, wenn sie sich am kommenden Wochenende hier zu ihrer Konferenz versammelten.

Mein eigener Plan bestand darin, die Übung für einige Tage zu verlassen und erst zurückzukehren, wenn die Aktionen in ihre heiße Phase eintraten. Auf jeden Fall wollte ich dabei sein, wenn der Überfall der Ranger auf das Angriffsziel Frank begann.

Als ich wieder da war, informierte man mich, dass Lieutenant Colonel Mike Adams' 1st/7th und Mike Rozsypals JRTC Special Operations Training Detachment (SOTD) Observer/Controller bereits auf mich warteten.

Hauptposten in Fort Polk, Louisiana, Freitag, 5. März

Nach den vielen Besuchen in den vergangenen vier Jahren war mir Fort Polk inzwischen vertraut. Morgens fuhr ich als Erstes hinüber zum Büro für Öffentlichkeitsarbeit zu einem Besuch bei meiner alten Freundin Paula Schlag. Bei ihr holte ich mir die entsprechenden Instruktionen, Karten und Briefingmaterialien ab.

Es war ein wunderschöner klarer, spätwinterlicher Tag, der nur mit einer ganz leichten Kaltluftbrise aufwartete. Überall herrschte geschäftiges Treiben. Zeitgleich mit R-3 traf auch eine Brigade der 101st Airborne Division (Air Assault) zu ihrer jährlichen Rotation ein. Da sich JRTC 99-3, die Übung, an der sie teilnehmen würden, mit JTFEX 99-1/R-3 überschnitt, würde diese Zeit zur hektischsten in der Geschichte des Centers werden.

Als Paula mir das Paket mit den Instruktionen aushändigte, sagte sie mir, ich solle mich gleich anschließend im Hauptquartier des Special Operations Training Detachment (SOTD, die O/C-Organisation der SOF) melden. Es lag auf der gegenüberliegenden Straßenseite, wo das 1st/7th SFG seine FOB 71 eingerichtet hatte. Als alles erledigt war, fuhr ich die paar Meilen hinaus zum SOTD, wo mich meine alten Freunde vom JRTC 99-1, Lieutenant Colonel Rozsypal und Major Bill Shaw, erwarteten. Rozsypal verkündete mir die große Neuigkeit, dass er zum Full Colonel befördert worden war, weshalb es jetzt nicht mehr lange dauern sollte, bis er sein Kommando über das SOTD an Lieutenant Colonel Joe Smith würde übergeben müssen (der während JRTC 99-1 noch Kommandeur des $2^{nd}/7^{th}$ SFG war).

Es war ein schöner, freudiger Augenblick, doch unvermeidlich wandte sich die Aufmerksamkeit schnell den bevorstehenden Operationen zu.

Bisher hatte es bei R-3 keine wesentlichen Veränderungen gegeben. Drei SR-Teams vom $1^{st}/7^{th}$ SFG beobachteten das Gelände um Peason Ridge und leiteten ihre Erkenntnisse an die FOB 71 und JSOTF weiter. Zwei der Teams hatten die Aufgabe, das Angriffsziel Frank (also Merrill Village) im Auge zu behalten, das dritte war für die Überwachung der Absprungzone (Tarnbezeichnung Burma) der Ranger zuständig.

Laut Plan sollten die Ranger um 21 Uhr am nächsten Abend (am Samstag, dem 6. März) in der DZ Burma abspringen und eine Stunde später mit dem Überfall auf das Angriffsziel beginnen. Unter der Voraussetzung, dass alles glatt lief, sollte dann die Verbindung mit der Boden-Entsatztruppe mit der Bezeichnung Task Force Sparrow (nach Major Bernie Sparrow, dem Kommandeur der SF-Company, der diesen Teil der Truppe praktisch aufgestellt hatte) um 9 Uhr am folgenden Morgen hergestellt werden. Daran anschließend würde die Übergabe durch die Rangers an die Task Force Sparrow erfolgen, die dann die Kontrolle über die Ortschaft übernehmen sollte. Dann würden sich die Ranger in eine Auffangzone im Norden zurückziehen, wo die MC-130 landen sollten, um sie für den Flug nach Hause an Bord zu nehmen.

In der Zwischenzeit bestand die Aufgabe der in Merrill Village verbliebenen SF-Soldaten und der bolivianischen Infanterie darin, die Gegend nach Minen, versteckten Sprengladungen und anderem nicht hochgegangenem Gefechtsmaterial abzusuchen, damit die Einwohner des Ortes so bald wie möglich zurückkehren konnten. Dieses Ereignis sollte gemäß Terminplan am Montag, dem 8. März, stattfinden und gleich im Anschluss sollte mit den CA-Aktionen begonnen werden.

Waren diese Ziele erst einmal erreicht, würde die Operation Marauder gegen Ende der Woche vorbei sein. Alles in allem war es ein wohl kalkulierter, ordentlicher Zeitplan.

Wenn nun aber die Ereignisse nicht so ordentlich abliefen …

Ich breitete derweil meine Karten und die vom SOTD zusammengestellten Briefing-Unterlagen aus, um schleunigst auszuarbeiten, welche Orte ich besuchen und wohin ich meine Beobachtungspunkte legen wollte.

Mein erster Abstecher brachte mich zu dem Lager, in dem die Internally Displaced Persons (IDPs – die derzeit im Außenministerium gebräuchliche Bezeichnung für »Flüchtlinge«) aus Merrill Village untergebracht waren.[167] Das IDP-Gelände lag rund zwei Kilometer vom

167 Wenn Sie finden, das lese sich wie eine Schlagzeile aus jüngster Vergangenheit, liegen Sie völlig richtig. Die Operation Marauder lief tatsächlich fast wie eine ethnische Säuberung und anschließende Rückführung von Flüchtlingen in der wirklichen Welt, in Ruanda oder im Kosovo, ab. Wir dürfen erwarten, dass wir in den nächsten Jahren noch einiges in dieser Art zu sehen bekommen.

SOTD-Hauptquartier entfernt auf einer hübschen kleinen Lichtung im Wald, war ringsum von Anti-Personen-Hindernissen und Zäunen umgeben und bestand aus einer kleinen Zeltstadt, komplett mit einem Kantinenzelt, Dusch- und Freizeiteinrichtungen. Im Innenbereich hielten sich rund ein Dutzend IDP-Rollenspieler auf und darüber hinaus noch eine Reihe anderer »Mitspieler«: Repräsentanten der örtlichen Polizeiwache und Angehörige der Regierung von Cortina, die im Grunde das Lager betrieben. Den Schutz der Lagereinrichtungen hatte die bolivianische Infanterie übernommen, die einige Tage zuvor an Bord von C-17-Transportern eingeflogen worden war. Die Bolivianer wurden vom ODA-Team des $1^{st}/7^{th}$ SFG unterwiesen, das entsprechende Übersetzungsdienste und logistische Unterstützung bereitstellte.

Zunächst wirkte alles noch schön ruhig und geordnet, aber dieser Eindruck täuschte.

Da gleichzeitig JRTC 99-3 für die 101st Airborne abgehalten wurde, waren die verfügbaren Ressourcen für die OpFor im Rahmen von R-3 recht dünn. Trotzdem hatte es erste Sichtmeldungen von Spähern der Aufständischen in der Nähe des IDP-Lagers gegeben und auch einen Heckenschützenangriff auf das Gelände. Zwar war niemand getroffen worden, doch die IDP-Rollenspieler wurden langsam nervös. Als ich den Drahtverhau passiert hatte und ins innere Lager trat, zeigten sie eindeutige Zeichen von Unruhe und die ersten Rufe in der Art »Wann können wir endlich wieder nach Hause? Wann erobern die Amerikaner unser Dorf zurück? Wann kommt unsere eigene Regierung endlich wieder an die Macht?« wurden laut.

Aus Gründen der operativen Sicherheit (Operational Security, OPSEC) war nicht vorgesehen, den IDPs irgendwelche Details über die Operation Marauder mitzuteilen, bis sie vollständig abgeschlossen war. Also blieb ihnen gar nichts anderes übrig, als stillzuhalten und abzuwarten, bis Merrill Village wieder befreit sein würde.

Nachdem ich das IDP-Gelände wieder verlassen hatte, machte ich mich auf den Weg in den Bereich, in dem sich meine Unterkunft befand. Da ich laut Plan die gesamte Angriffsnacht im Feld verbringen sollte, brauchte ich etwas »Liegezeit«, um auszuruhen und mich vorzubereiten. Und es war gut, dass ich mir diese Zeit nahm.

Schießplatz von Fort Polk in Louisiana, 6. März

Am Samstag schlief ich lange… mit voller Absicht, denn mir war klar, dass ich am bevorstehenden Abend kaum Ruhe finden würde. Dann packte ich meine Sachen zusammen, zog den Kampfanzug an und trat hinaus in den wunderschönen Tag, der den Eindruck vermittelte, als sollten es bis zu 30 Grad werden.

Um die Mitte des Nachmittags nahm ich Kontakt zu Lieutenant Rozsypal im Kontrollkomplex des Schießplatzes von Fort Polk auf. Der liegt ein paar Kilometer im Norden des Hauptpostens und bildet praktisch den Zugang zum Peason-Ridge-Gebiet. Wir parkten unsere Autos, kletterten mit unserer Ausrüstung in einen O/C-HMMWV und fuhren los in Richtung Norden und Merrill Village. Eine halbe Stunde später trafen wir bei der Siedlung ein und stellten das Fahrzeug ein paar hundert Meter davor ab. Dann schritten wir, von Osten kommend, auf das Gelände, identifizierten uns als O/Cs und begannen uns umzusehen.

Kaum zwei Dutzend Mann von den OpFor (die man sich für ein paar Tage von der 101st ausgeliehen hatte) hielten das Gelände besetzt. Als uns der junge Captain (O-3), der das Kommando über die »Aufständischen« hatte, ein wenig herumführte, wurde uns schnell klar, dass der Marauder-Plan bereits erste Lecks hatte.

Eines der drei SR-Teams in Peason Ridge war zufällig von den OpFor entdeckt worden, die Hälfte davon war gleich »getötet« worden, die vier Überlebenden waren in Gefangenschaft geraten. In der Zwischenzeit hatten Soldaten der Aufständischen rund ein halbes Dutzend der Einwohner von Merrill Village als Geiseln genommen worden; sie wurden in einem der Hauptgebäude gefangen gehalten.

Klar hatte der Captain der Ranger jetzt alle Hände voll zu tun. Eine seiner ganz wenigen Quellen, was Aufklärungsdaten über das Dorf anging, war versiegt – und er hatte weder eine Ahnung von den Kriegsgefangenen noch von den Geiseln. Sollte bei dem Überfall auch nur einer dieser Menschen im Feuer der eigenen Leute »getötet« werden, konnte dies später als »Mission fehlgeschlagen« eingestuft werden.

Doch die Kriegsgötter neigen dazu, das Unglück gerecht zu verteilen, und so stellte sich schon bald heraus, dass es um die Aufklärung der Rebellen mindestens ebenso schlecht bestellt war. Die Verhöre mit den gefangen genommenen Mitgliedern des SR-Team hatten keinerlei Aufschlüsse über den bevorstehenden Überfall geliefert. Tatsächlich vertraten sie sogar die Ansicht, der Hauptangriff der SF-Soldaten würde über die westliche Flanke erfolgen (was sicherlich keine ganz schlechte Einschätzung war – schließlich bieten die Wälder in dieser Richtung ausgezeichnete Deckungsmöglichkeiten und der Hügel senkt sich bis hinunter in die Ortschaft).

In der Zwischenzeit hatte sich die OpFor darauf eingestellt, dass sie es mit einer Truppe zu tun bekommen würde, die ihr nicht nur zahlenmäßig, sondern auch an Feuerkraft weit überlegen sein dürfte. Um ihre Stellung zu schützen, hatten sie mehr als zwei Dutzend simulierter Landminen ausgelegt, etliche Gebäude im Dorf befestigt und verschiedene Fluchtwege (Escape and Evasion, E&E) erkundet, zu denen auch die Möglichkeit einer schnellen Evakuierung mit einem requirierten LKW gehörte.

Eigentlich war es nicht weiter verwunderlich, dass, bedingt durch die Topografie, sämtliche ihrer E&E-Routen in Richtung Süden liefen – und damit direkt in die für den bevorstehenden Angriff der Ranger geplanten Linien. Sollte sich der Plan für den Überfall der Ranger auch weiterhin entwickeln wie befohlen, würden die Aufständischen den angreifenden Rangern direkt in die Arme laufen.

Als die Sonne hinter den Hügeln im Westen verschwand, schien es so, als würden die Ranger ein leichtes Spiel mit ihrem Angriff haben, der, von jetzt an gerechnet, in etwa vier Stunden beginnen sollte.

Doch als wir drauf und dran waren, den Rangern den Sieg zuzusprechen, betrat Mutter Natur die Bühne und erinnerte uns daran, wer *wirklich* Chef im Ring ist. Eine sich ausgesprochen schnell bewegende Sturmfront fauchte aus Nordwesten heran, und der warme Wintertag, der unseren nachmittäglichen Ausflug nach Peason Ridge noch so erfreulich gemacht hatte, änderte mit rasender Geschwindigkeit sein Gesicht. Schon nach kurzer Zeit fielen die Temperaturen (bis zum Morgen fielen sie auf –3 °C und machten jedermann in Peason Ridge das Leben zur Qual), und ein scharfer, böiger Wind aus Nordosten setzte ein. Für die angreifenden Ranger stellte diese Situation ein ernstes Problem dar, da dieser Wind exakt rechtwinklig zur DZ Burma wehte und das mit mehr als 20 Knoten (knapp 40 km/h), wobei die Böen durchaus 25 Knoten (46 km/h) erreichten. Die starken Winde, die in einem Winkel von 90 Grad zur Achse der Absprungzone bliesen, bedeuteten, dass die Chancen der Ranger auf einen erfolgreichen Fallschirmabsprung in die DZ Burma mit Atem beraubender Geschwindigkeit schrumpften. (Die Sicherheitsbestimmungen am JRTC schreiben zwingend vor, dass Absprünge bei Querwindgeschwindigkeiten von mehr als 12 bis 15 Knoten in Abhängigkeit von der Stärke der Böen abgewinkt werden müssen.)

Sollte dieser Wind anhalten, würden die Maschinen so lange kreisen wie möglich und immer wieder versuchen, zwischen zwei Böen zu rutschen, um doch noch die Absprünge zu ermöglichen. Sollte sich der Absprung jedoch endgültig als unmöglich erweisen, blieb den MC-130-Transportern keine andere Wahl, als zum Flugplatz der Army in Fort Polk auszuweichen. Dann müssten die Ranger mit Bussen zur DZ Burma geschafft werden. Das wiederum würde eine Verzögerung von etlichen Stunden bedeuten und möglicherweise sogar dazu führen, dass dieser Nachteinsatz völlig abgeblasen werden müsste.

Es war stockfinster, als ich zusammen mit Colonel Rozsypal im HMMWV zum südlichen Ende der DZ Burma fuhr, und die Dinge standen gar nicht gut. Wir blieben in dem HMMWV sitzen und nahmen die Gelegenheit zu einem kurzen Abendessen wahr (der Fahrer des Colonel hatte einen Karton mit Feldrationen und eine Thermoskanne mit heißem Kaffee mitgenommen). Nachdem wir gesättigt waren, tarnten wir unsere Gesichter mit grüner und schwarzer Paste (eine feste Regel für die O/C am JRTC) und versuchten uns warm zu halten, so gut es ging.

Gegen 20 Uhr erwachte das Funksprechnetz der O/Cs zum Leben, die einzelnen Beobachter meldeten, dass sie ihre Posten besetzt hatten. Dann hörten wir, wie über uns am Himmel eine Special Operations AC-130 Gunship der Air Force begann, ihre Kreise zu ziehen (sie sollte für die notwendige Überwachung sorgen und gleichzeitig dem Absprung Feuerschutz geben). Der Wind war zwar ein wenig schwächer geworden, aber immer noch stark genug, den Absprung zu einem Problem zu machen – und zu allem Überfluss war es erbärmlich kalt.

Wir nahmen unsere Nachtsichtgeräte (Night Vision Goggles, NVGs) und warfen einen Blick in die Runde, ob sich irgendwo auf dem Höhenzug schon Anzeichen erkennen ließen, dass die Nachtaktionen begonnen hatten.

Kurze Zeit später begann die AC-130 ihre »simulierten« 105-mm-Haubitzen auf Ziele in der Nähe abzufeuern. Überall um uns herum warf das Vertragspersonal des JRTC daraufhin Feuermarker, die mit hellem Blitz und lautem Knall hochgingen. Gleichzeitig starteten die Rebellen simulierte tragbare Surface-to-Air-Missiles (SAMs – Boden-Luft-Lenkwaffen, die so genannten MANPADS, was für Man-Portable Air Defense System steht) und füllten so den nächtlichen Himmel mit Raketen. Eine durchaus beeindruckende Feuerwerksdarbietung.

Zwischenzeitlich kam vom O/C-Team, das die Situation vom Rande der DZ Burma aus überwachte, die Meldung, dass die Windstärke Grenzwerte erreicht habe. Wenn die Querwinde nicht schlimmer wurden, konnte es so gerade eben noch klappen mit dem Absprung, wobei allerdings in Kauf genommen werden musste, dass die Springer über ein weites Gebiet verstreut werden würden. Außerdem wurden Bedenken laut, ob die Ranger nicht vielleicht sogar bis in die Baumlinien entlang der Südwestecke der DZ getrieben werden könnten.

Wenige Minuten vor 21 Uhr hörten wir den typischen Sound von Turboprop-Triebwerken aus Nordwesten. Ein kurzer Blick durch die NVGs und wir konnten die Positionslichter der drei MC-130 ausmachen, die mit etwa anderthalb Kilometer Abstand zueinander in Kiellinie heranflogen. Der O/C an Bord der führenden MC-130 nahm über den Sprechfunkkreis mit dem DZ-Team Kontakt auf und versuchte so zu entscheiden, ob ein Absprung immer noch möglich war. Die Jumpmaster winkten die ersten beiden Anflüge ab, gaben beim dritten Überflug aber dann doch ihr Okay für den Sprung. Doch das Zeitfenster war nur ganz kurz offen. Kaum hatten ein paar Mann die Maschine verlassen, als der Wind auch schon wieder in Böen auf über 25 Knoten auffrischte und der Absprung durch den Jumpmaster in der führenden MC-130 abgebrochen wurde. (Hätte es sich hier um einen wirklichen Krieg gehandelt, wäre der Absprung auf jeden Fall durchgezogen worden.)

Nun drifteten etwa ein halbes Dutzend Ranger, an ihren Fallschirmen hängend, auf die Baumreihen zu und entschwanden schnell unseren Blicken. Die MC-130s machten noch einen weiteren Überflug, doch der Wind hatte eher noch zugelegt und das war es dann.

Die DZ O/C gaben über Sprechfunk die Streichung des Absprungs bekannt und die Transportmaschinen drehten ab, um Kurs auf Fort Polk zu nehmen. Nach einer mehrstündigen Verzögerung sollten die Ranger nun per Bus an der DZ Burma eintreffen, wo sie dann wieder freigegeben wurden, um auf das Angriffsziel Frank vorzurücken. Da der für diese Nacht vorgesehene Terminplan völlig in Scherben gegangen war, blieb den O/C-Teams nichts anderes übrig, als die Handvoll Ranger, die in die Baumreihen geblasen worden waren, wieder einzusammeln, und nach Wegen zu suchen, selbst warm zu bleiben. (Die Ranger durften sich wieder mit ihren Kameraden vereinen, wenn diese in der DZ eintrafen, und sie blieben so im Spiel.)

Wir kehrten nach Merrill Village zurück, zogen unsere Mäntel an und gingen zu einem Lagerfeuer im Zentrum der Siedlung. Dort trafen wir etwa ein Dutzend O/Cs und schnell ergab sich im warmen Feuerschein eine improvisierte Besprechung. Derweil hatten es sich die OpFor, die »Geiseln« und die »POWs« (Prisoners of War, Kriegsgefangenen) in ihren Schlafsäcken gemütlich gemacht und harrten der Dinge, die da kommen sollten. Von der über uns kreisenden AC-130 kam über Sprechfunk die Meldung des O/C an Bord, dass er uns auf seinem Wärmebildgerät sehen könne – ein heller Fleck, umgeben von einem Kreis kleiner Flecken.

Die Busse brauchten fast fünf Stunden, um die Ranger an ihre Ablauflinie an der DZ Burma zu schaffen, und die brauchten dann noch einmal mehr als fünf Stunden, um die etlichen Kilometer durch den Wald zum Angriffsziel Frank vorzurücken.

Schließlich war es kurz vor 3 Uhr am Sonntagmorgen, als die OpFor-Soldaten aus ihren Biwak-Säcken gescheucht wurden. Doch schon zwei Minuten später waren alle Defensivstellungen der OpFor bemannt und es senkte sich wieder Schweigen über die Lichtung.

Die O/Cs löschten ihr Lagerfeuer und machten sich auf den Weg zu ihren Beobachtungspositionen. Ganz leise folgte ich Colonel Rozsypal hinüber zu einer Position an der Basis eines simulierten Wasserturms an der Ostseite des Dorfes, von wo aus wir den Angriff beobachten konnten. Als wir am Fundament des Turms standen, stellten wir noch einmal sicher, dass wir auch eindeutig als O/Cs gekennzeichnet waren (weiche Tarnmützen und so weiter). Dann versuchten wir einen Sinn in die widersprüchlichen Meldungen zu bringen, die über das O/C-Netz kamen, auf das der Colonel sein Funkgerät geschaltet hatte. Eins war klar: Beim Vorrücken der Ranger von der DZ ging irgendetwas fürchterlich schief.

Erinnern wir uns: Der ursprüngliche Plan für den Überfall hatte vorgesehen, dass der Angriff nach einem Marsch um den Westrand des Ortes von Süden aus vorgetragen werden sollte. Deshalb hätten wir – theoretisch – die Ranger von unser linken Seite herannahen und dann den Hügel rechts von uns heraufstürmen sehen müssen. Jetzt liefen aber Meldungen ein, die besagten, dass die Ranger sich im Norden des Dorfes befanden, was natürlich dazu führte, dass die OpFor ihre ganze Aufmerksamkeit auf diesen Bereich verlagerten.

Plötzlich ertönte in der Dunkelheit unmittelbar vor Einbruch der Morgendämmerung eine Sirene, das Signal der OpFor für einen unmittelbar bevorstehenden Angriff. Etwas unterhalb zu unserer Rechten konnten wir in ein paar hundert Metern Entfernung durch unsere NVGs Bewegung erkennen. Die Ranger rückten durch die Hindernisse und Drahtsperren entlang der Nordseite von Merrill Village vor und bereiteten auch einen direkten Angriff auf die Hauptgebäude des Komplexes vor. Mindestens ein vollständiges Platoon stand bereits direkt vor dem großen Château im Zentrum des Dorfes und ein anderes auf der Flanke nach Westen.

1

Dem ursprünglichen Plan entsprechend, sollten drei Platoons der Ranger vom 1st/75th per Fallschirm im Norden abspringen, nach Westen schwenken und anschließend das Angriffsziel Frank (Merrill Village) von Süden angreifen.

2

Es war geplant, dass die Ranger Merrill Village aus südlicher und westlicher Richtung angreifen sollten, um von dort aus auf das kleine, am Nordende liegende Château vorzurücken. Anschließend sollte das Dorf von Barrikaden und Sprengfallen gesäubert und für die Wiederübernahme vorbereitet werden.

3

Bedingt durch hohe Windgeschwindigkeiten verzögerte sich die Landung der Ranger. Daraufhin traf deren Kommandeur die Entscheidung, vom Originalplan abweichend den Angriff aus dem Norden und Osten des Dorfes vorzutragen. Dazu sprengten die Ranger Breschen in die Drahtverhaue und Barrikaden und marschierten in die Ortschaft ein, um die Truppen der Aufständischen anzugreifen.

4

Als die Aufständischen erkannten, dass der Angriff der Ranger aus dem Norden des Dorfes erfolgte, gingen ihre Truppen der Aufständischen einige Minuten lang zum Gegenangriff über. Dann sprangen die meisten der Rebellen urplötzlich auf ein vorher ausgemachtes Signal hin auf einen verborgenen HMMWV und flohen in Richtung Süden. Damit fiel den Rangern das Angriffsziel in die Hände und sie konnten die Ortschaft am darauffolgenden Morgen an die Special Forces übergeben.

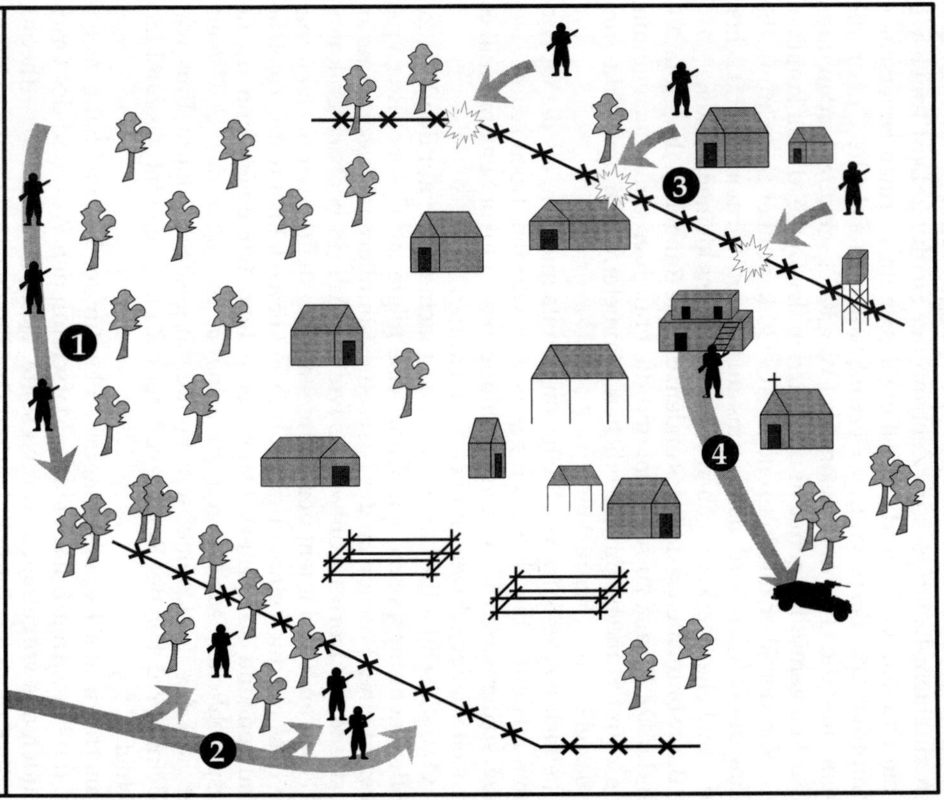

Grafische Darstellung des Angriffs auf das Ziel Frank im Rahmen der Operation Marauder.

RUBICON. INC., VON LAURA DENINNO

Obwohl es scheinbar eine Ewigkeit dauerte, waren tatsächlich erst 20 Sekunden seit der Sirene der OpFor vergangen, als etliche Fallschirm-Leuchtgranaten aus den M203 der Ranger in den Himmel stiegen und die ganze Szene mit ihrem goldenen Glanz erleuchteten. Sofort folgte das Knattern der von Rangern bemannten leichten Maschinengewehre des Typs M249 SAW, mit denen sie Unterdrückungsfeuer schossen.[168] Dieser Beschuss wurde umgehend von sechs Aufständischen der OpFor erwidert, die im Château lagen, und wenig später war ein generelles Feuergefecht im Gange.

Etwas weiter rechts von uns hatte ein Maschinengewehr des Typs M240G der Ranger ebenfalls damit begonnen, in das Château zu feuern, während die Pioniere vorrückten, um Breschen in die Drahtverhaue zu sprengen. Das Feuergefecht zwischen den Aufständischen und den Rangern dauerte noch einige Minuten an, bis eine laute Explosion anzeigte, dass die erste Sprengladung hochgegangen war. Sekunden später sprengte eine weitere Ladung etwas weiter unterhalb die nächste Bresche in die Barrikaden und Ranger strömten auf das offene Gelände im Norden des Châteaus.

Kaum hatten die Ranger damit begonnen, sich durch die Hindernisse zu arbeiten, betätigte der Captain, der die Truppen der Aufständischen befehligte, seine Sirene und teilte damit dem Rest seiner Leute mit, dass der Zeitpunkt gekommen war, mit der E&E-Operation in Richtung Süden zu beginnen. Sekunden später spurteten Dutzende der aufständischen Soldaten von der Rückseite des Châteaus auf den LKW zu, der in der Nähe der Kirche abgestellt war. Trotz der grimmigen Kälte sprang der Motor beim ersten Versuch an und die Rebellen verschwanden in einer Wolke aus Sand und Kies.

Etliche der Aufständischen waren »getötet oder verwundet« worden, aber elf hatten es geschafft, mit ihren Waffen zu entkommen. Zu den Waffen gehörte auch ein Mörser mit 20 Granaten und ein MANPAD-SAM-Abschussgerät. Wenn dies eine normaler JRTC-Durchlauf gewesen wäre, hätte diese Truppe zu einem Alptraum für die geplanten Operationen in den nächsten Tagen werden können. Da R-3 jedoch ein Experimentalszenario war, scherte sich das 1st/7th SFG herzlich wenig um die Fehler der Ranger. Der Mangel an Nachdruck bei den OpFor (die R-3 Aufständischen waren von der 101st Airborne ausgeliehen worden) führte dazu, dass die Aktionen der folgenden Tage praktisch ohne Widerstand über die Bühne gehen konnten.

Dennoch waren wir soeben Zeugen eines größeren Fiaskos geworden.

Die O/Cs am Sockel des Wasserturms waren starr vor Staunen, als die Rebellen entkamen, ohne dass die Ranger das richtig registrierten, weil sie sich offensichtlich voll und ganz darauf konzentrierten, die Gebäude des

---

168 Obwohl R-3 auf dem Schießplatz des JRTC stattfand, wurden sämtliche Angriffe durch Soldaten durchgeführt, die MILES-Ausrüstung trugen und mit Platzpatronen schossen. Die einzig wirklich scharfe Munition, die zum Einsatz kam, waren Leuchtgranaten und Sprengmittel zur Beseitigung von Hindernissen.

Dorfes unter kontinuierlichem Beschuss zu halten. (Das beste Beispiel dafür, dass die Ranger wieder einmal ihrem Ruf gerecht werden wollten, auf alles zu feuern, was sich bewegt.) Nur einige wenige OpFor-Soldaten, die offensichtlich vom Rest ihrer Bande getrennt worden waren, erwiderten weiterhin das Feuer, während sie gleichzeitig nach einem Weg suchten, sich aus dem Gefecht zu lösen.

Obwohl die Schusswechsel noch einige Minuten länger andauerten, war doch schon jetzt klar, dass das Gefecht vorbei war. Gegen 3 Uhr 30 fiel der letzte Schuss.

Die Ranger hatten das Angriffsziel genommen und dabei das Glück auf ihrer Seite gehabt, denn die »Geiseln« und POWs hatten die Tausende von Schuss überlebt, die in das Gebäude gepumpt worden waren, in dem man sie gefangen gehalten hatte. So weit die guten Nachrichten. Doch die Probleme der Ranger waren damit noch nicht zu Ende: Der steife Wind hatte etliche Leuchtgranaten in das Gebüsch im Westen getrieben und dort unmittelbar vor der Ortschaft einige kleinere Buschbrände entfacht. (Es brannten einige Hektar nieder, bevor das Servicepersonal des Übungsgeländes die Brände schließlich so weit unter Kontrolle brachte, dass sie von selbst ausbrennen konnten.)

In der Zwischenzeit musste man sich um die Minenfelder kümmern, die die OpFor zurückgelassen hatte. Die Ranger hatten das Dorf auf einem unerwarteten – und deshalb auch unverminten – Weg relativ leicht erstürmen können. Ob das, was dann kam, geschah, weil sie entweder überheblich oder tollkühn bei der Verfolgung der Rebellen vorgingen oder ob sie einfach nur unterkühlt und übermüdet waren, spielt im Grunde keine Rolle. Jedenfalls traten ein gutes halbes Dutzend der Ranger auf simulierte Landminen in den von den Rebellen ausgelegten Feldern auf der anderen Seite der Ortschaft und verdoppelten so die Zahl der Opfer, die sie während des Überfalls hatten hinnehmen müssen.

Aber trotz des Fiaskos, das die Ranger zu verantworten hatten, hatten die *guten* Jungs gesiegt und Merrill Village befand sich in den Händen der U.S. Army. Damit konnte R-3 in Phase III eintreten.

Für mich wurde es langsam Zeit, mit Colonel Rozsypal in die Wärme des HMMWV zurückzukehren und eine weitere Tasse Kaffee und ein wenig Ruhe zu genießen. Dort blieben wir, bis am Sonntagmorgen gegen 10 Uhr die Task Force Sparrow eintraf.

An diesem Punkt müssen wir einige wirklich ernste Fragen stellen: Lag nicht der Sinn und Zweck dieser Übung darin zu zeigen, wie ein ausgeklügelteres Befehls- und Führungssystem mit einer besseren Gesamtkommunikation funktionieren kann? Welche Vorteile hatte der verbesserte Informationsfluss zum und vom Battlestar gebracht? Wenn Colonel Phillips tatsächlich über nahezu Echtzeit-Informationen über die Aktionen der Ranger verfügte, warum hatte er dann nicht durch einen entsprechenden Befehl eingegriffen und dafür gesorgt, dass sie taten, was er von ihnen erwartete?

Diese Fragen sind schwierig zu beantworten. Wie ich vorhin schon erwähnt habe, ist es nicht leicht, gleichzeitig zu kämpfen und zu reden.

Observer/Controller (O/Cs) des JRTC (einschließlich Lieutenant Colonel Mike Rozsypal, ganz links außen) betrachten das Gelände von Merrill Village am Morgen nach dem Angriff der Ranger.

John D. Gresham

Gute Kommandeure wissen das. Gute Kommandeure wollen nicht auch noch die kleinste Kleinigkeit vorschreiben. Gute Kommandeure trauen ihren Untergebenen zu, die bestmöglichen Aktionen unter den Umständen, mit denen sie sich konfrontiert sehen, durchzuführen. (Ein System, das keine Fehler erlaubt, wird auch niemals Kreativität zulassen, folglich wird es auch nie die Gelegenheit haben zu wachsen.) So waren auch hier die Ranger von dem Augenblick an, da sie die DZ verlassen hatten, in jedweder Hinsicht von der Leine und genau das war auch Bestandteil des Operationsplans. Der Captain der Ranger mag sehr wohl Risiken am Boden erkannt haben, die bei der Planung nicht gesehen wurden. Folglich mag er durchaus das Gefühl gehabt haben, ein Frontalangriff auf das Dorf von Norden her sei die beste Möglichkeit. Wahrscheinlich hat er aber einfach Mist gebaut. Wie auch immer, der Stab im Battlestar war jedenfalls nicht mehr in der Lage, irgendetwas an der Situation zu ändern.

Schießplatz von Fort Polk in Louisiana, 7. März

Der Morgen brach kalt und bedeckt herein. Den Voraussagen nach würde das schlechte Wetter anhalten.

Während wir auf die Task Force Sparrow warteten, nahmen wir ein Frühstück aus Feldrationen zu uns, tranken den letzten Rest von Colonel Rozsypals heißem Kaffee. Natürlich diskutierten wir die Geschehnisse der letzten Nacht. Warum hatte der Ranger-Kommandeur wohl das ursprünglich vorgesehene Flankenmanöver über den Haufen geworfen und sich für einen direkten Angriff von der Nordseite des Dorfes her entschieden? Und warum löste er sich und seine Männer aus dem Marauder-Plan und verursachte damit ein Befehl- und Führungschaos?

Keiner hatte darauf Antworten, doch wir konnten zumindest eine Vermutung anstellen: Alles hatte sich um Stunden verspätet, der Ranger-Kommandeur war sicher erschöpft und mit ziemlicher Sicherheit von seinem eigenen Bataillonskommandeur genervt (der anwesend war und sich wohl in erster Linie fragte, warum man ihn überhaupt mit dieser Übung belästigte), und so hatte er einfach die Entscheidung getroffen, den ganzen Plan über den Haufen zu werfen und das Angriffsziel auf dem direktesten und schnellstmöglichen Weg zu nehmen. Man konnte durchaus den Eindruck gewinnen, dass hier die Animositäten zwischen den Rangern und den Special Forces hochgekommen waren und dass der Kommandeur der Ranger ein weit größeres Interesse daran gehabt hatte, den Überfall hinter sich zu bringen, als den Befehlen eines Kommandeurs der Special Forces Folge zu leisten.

Und jetzt war die Task Force Sparrow bereits eine Stunde über die Zeit, und zwar aufgrund eines Navigationsfehlers in einem der Führungsfahrzeuge des Konvois. Daraus ergab sich eine weitere Lektion: Selbst GPS-Empfänger und perfekte Karten helfen übermüdeten Männern nicht mehr, die zu viel zu tun haben.

Da die Task Force Sparrow mit Verspätung eintraf, lief die Übergabe zwischen ihr und den Rangern in großer Eile und ziemlich nachlässig ab. Nicht nur, dass gleich die MC-130 auf der Piste im Norden der DZ Burma in der Rückzugszone landen sollte, nein, der Kommandeur der Ranger Company wollte auch lieber verschwinden, als Lieutenant Colonel Adams und Major Sparrow zu erklären, wie die Dinge gelaufen waren. Was Colonel Phillips und seinen JSOTF-Stab im Battlestar-Center betraf, die die Entwicklung der Übung via Satellitenkommunikationsverbindungen mit verfolgt hatten, so konnte ich mir nur sehr vage vorstellen, wie frustrierend das alles für sie gewesen sein musste. Wahrscheinlich fühlten sie sich von allen Kriegsgöttern verlassen.

Dennoch hatte R-3 noch einen langen Weg vor sich. Schließlich folgte noch fast eine ganze Woche ununterbrochener Operationen in Merrill Village. Es blieb also mehr als genug Zeit, um herauszufinden, ob Battlestar tatsächlich in der Lage war, zwei weit voneinander entfernte SOF-Operationen gleichzeitig zu führen.

Für mich war es an der Zeit abzubrechen. Ich war jetzt 24 Stunden auf den Beinen und reif für mein Bett.

Schießplatz von Fort Polk, Louisiana, 8. März

Am Montag gegen Morgen hatte sich der Sturm verzogen, der Tag war klar und schön. Ein perfekter Tag, um nach Peason Ridge zurückzufahren und die Rückkehr der IDPs nach Merrill Village zu beobachten. Heute sollte ich mit Major »Fitz« Fitzgerald, einem weiteren SOTD O/C, fahren, mit dem ich schon bei JRTC 99-1 zusammengearbeitet hatte.

Wir fuhren eine kleine Lichtung im Süden der Ortschaft hinauf, wo auch die anderen O/C ihre Fahrzeuge abgestellt hatten. Dann gingen wir hinüber zum gestern eingerichteten Kontrollpunkt und von dort aus weiter ins Dorf.

Im Laufe der Nacht hatte das 1st/7th SFG zusammen mit den Männern von der bolivianischen Infanterie ein Zeltlager unmittelbar im Süden der Ortschaft aufgeschlagen. Außerdem hatten sie die Barrikaden und Drahtverhaue weggeräumt, die von den OpFor zurückgelassen worden waren, so dass das Dorf nun ungehindert patrouilliert und gesichert werden konnte. Major Sparrow hatte seine MP-Patrouillen (die von Hubschraubern des Typs UH-60 *Blackhawk* von der Kentucky National Guard unterstützt wurden) angewiesen, Jagd auf die entkommene OpFor-Einheit zu machen. (Die *Blackhawks* waren dem 1st/7th SFG zur Verfügung gestellt worden, nachdem sich herausgestellt hatte, dass das 160th SOAR damit überfordert war, gleichzeitig die R-3-Operationen in Eglin und Fort Polk zu unterstützen.) Offensichtlich versuchte der Major alles, um die Schwächen auszubügeln, die sich gestern gezeigt hatten. Jetzt hatte er ein überschaubares Gelände, einen »großen Hund« draußen vor der Stacheldrahtsperre und war bereit für den nächsten Abschnitt der Operation: die Rückführung der IDPs nach Merrill Village.

Der Konvoi mit den IDPs – vier LKWs waren nötig, um die Dorfeinwohner einschließlich ihrer Habe zu transportieren – wurde am Boden von einer Phalanx bewaffneter HMMWVs und in der Luft von zwei UH-60 der Kentucky National Guard eskortiert. Zusammen mit der Eskorte traf ein Civil Affairs Detachment ein, dessen Aufgabe darin bestand, die Wiedereingliederungsaktivitäten in Merrill Village zu leiten.

Mit Hilfe des Battlestar-Zentrums hatte Lieutenant Colonel Adams die Bewegungen des Konvois von der Nordseite von Fort Polk nach Peason Ridge mit allen involvierten Elementen sorgfältig koordiniert. Der Konvoi stand ununterbrochen in Verbindung mit der FOB in Fort Polk und der Task Force Sparrow in Merrill Village. Heute lief wirklich alles bis ins letzte Detail perfekt ab und die IDPs trafen pünktlich um 10 Uhr ein.

Als der Konvoi den Kontrollpunkt passierte, trat Major Tom McCollum zu mir, der jetzt die Rolle des PAO in der 1st/7th übernommen hatte. Neben der CA-Mission probierte das USASOC gleichzeitig auch noch eine Reihe neuer Ideen und Techniken für ihr Programm »Medien auf dem Gefechtsfeld« aus und Tom war jetzt hier, um sie anzuwenden.

Als der Konvoi auf dem Marktplatz des Dorfes ausrollte, traten Soldaten von den Sicherheitskräften hinzu, halfen etwa zwei Dutzend IDPs beim Aussteigen und führten sie in einen markierten Bereich im Zentrum des Platzes. Dort setzten sie sich nieder und hörten sich an, was der Leiter des Civil Affairs Detachment (ein weiblicher Captain der Reserve der U.S. Army) ihnen zu sagen hatte. »Hier geht es immer noch ein wenig rau zu«, eröffnete sie den IDPs nach der Begrüßung. »Einige Häuser konnten noch nicht von Sprengfallen oder Minen gesäubert werden, die dort möglicherweise zurückgelassen wurden. Fassen Sie sich also bitte noch etwas in Geduld. Darüber hinaus hoffe ich, dass Sie Verständnis dafür haben, wenn die Soldaten, die dieses Dorf schützen, Sie nicht immer verstehen oder

Der Konvoi mit den »Flüchtlingen« (Internally Displaced Persons, IDP) kehrt im Laufe von R-3 zu den simulierten Heimstätten in Merrill Village zurück. R-3 simulierte nicht nur Kampfhandlungen, sondern auch friedenssichernde und Anti-Proliferations-Maßnahmen (Verhinderung der Verbreitung von Waffen).
John D. Gresham

Ihre Bräuche nicht richtig einzuordnen wissen. Seien Sie aber versichert, dass hier alle versuchen, ihr Bestes zu geben. Bitte vergessen Sie nicht, dass Amerikaner ihr Leben gelassen haben, um Ihr Dorf von den Aufständischen zu befreien.«

Ihre Worte wurden von den IDP-Rollenspielern nicht gerade wohlwollend aufgenommen. Sie wurden zusehends unruhig (ein ziemlich aufsässiger Haufen). Einige murrten, weil ihre Häuser immer noch nicht geräumt waren und sie noch nicht einziehen konnten, andere beschwerten sich, weil sich bolivianische Soldaten ausgerechnet in der Mitte der Viehweide mit einer Maschinengewehrstellung eingebuddelt hatten. Morgen würde es, vertraute uns Major Fitzgerald an, zu einem geplanten Vorfall von zivilem Ungehorsam kommen (von dem die SF-Spieler natürlich keine Ahnung hatten).

Ich hatte keinen Zweifel, dass auf Major Sparrows Truppen Arbeit zukam.

Schießplatz von Fort Polk in Louisiana, 9. März

Einmal mehr fuhr ich zusammen mit Major Fitzgerald nach Peason Ridge. Ein weiterer schöner Wintertag nahm seinen Lauf.

Unser Plan sah so aus, dass wir Merrill Village ganz diskret betreten und bereits vor Ort sein wollten, wenn der geplante »Zwischenfall« stattfand, was so etwa gegen Mittag der Fall sein würde. Der Grundgedanke dabei war, die Sicherheits- und CA-Teams unter Stress zu setzen und zu sehen, wie sie auf eine rasch aufflammende Krisensituation reagieren würden. Während sämtliche TRW-Vertrags-Rollenspieler und O/Cs genau wussten, was kommen würden, hatten die amerikanischen und bolivianischen Soldaten nicht die geringste Ahnung.

Als wir eintrafen, bauten die Amerikaner und die Bolivianer gerade ein neues Krankenhaus zwischen dem Château und der Kirche und konzent-

Die Bewohner von Merrill Village, dargestellt von Rollenspieler, rebellieren. Derartige Ereignisse verschafften der Führung von R-3 die Möglichkeit, mit eskalierenden Situationen umzugehen und dabei ihr neues Befehls- und Führungssystem zu testen.

John D. Gresham

rierten sich voll und ganz auf ihre Arbeit. Wir entschieden uns, die »Rebellion« auf der Terrasse im zweiten Stockwerk des Château abzuwarten. Derweil hatte sich Tom McCollum, der offensichtlich mitbekommen hatte, dass etwas im Busch war, mit der Kamera im Anschlag zu uns gesellt. Tom ist ein alter Hase als Führer von SF-Teams und hat eine Nase für derartige Dinge. Er war bereit, als es losging.

Um die Mittagszeit trafen völlig unerwartet einige LKWs und Vans voller Leute an der Sicherheitsschleuse zum Gelände ein – »Zivilisten« aus einer anderen Stadt auf der Suche nach Zuflucht vor den Aufständischen, bis amerikanische und Truppen aus Cortina ihre eigene Stadt retten würden. Sie wurden durchgewinkt und auf den Dorfplatz dirigiert.

Hier spitzten sich die Dinge dann schnell zu. Die Einwohner von Merrill Village zeigten absolut keine Neigung, ihr Dorf und dessen beschränkte Ressourcen mit den Neuankömmlingen (die beiden Ortschaften waren alte Rivalen) zu teilen, und es kam zu einem kleinen Krawall.

Nach einiger Zeit hatten es die örtlichen Polizeikräfte und die Sicherheitsabteilung der SF geschafft, die beiden Gruppen voneinander zu trennen, und sie riefen das CA-Team herbei, um die Angelegenheit zu klären. Die Leute aus Merrill Village wurden zum Marktplatz geführt, die neuen IDPs zu einem offenen Gelände in der Nähe der Kirche geschickt, wo man ein großes Zelt aufgestellt hatte, das etwas Schutz bieten sollte. Anschließend wurden die Leute dort mit Essen und Wasser versorgt.

Die anschließenden Verhandlungen zwischen beiden Seiten zogen sich über Stunden hin.

Dank der ausgezeichnet organisierten Kommunikationsverbindungen erschien in bemerkenswert kurzer Zeit ein Repräsentant der Regierung von Cortina auf der Bildfläche und ihm gelang es, die Ruhe wieder herzustellen. Zeitpläne wurden ausgearbeitet, wie bestimmte Einrichtungen – wie Küchen, Bäder und die Kirche (für die Gottesdienste) – abwechselnd genutzt werden konnten. Dank des belastbaren Computer-Netzwerks (in diesem Fall via Satellitenkommunikations-Verbindungen) war es lediglich eine Sache von Stunden, bis mit Lastwagen und Hubschraubern zusätzliche Versorgungsgüter, Zelte und andere notwendige Gegenstände angeliefert wurden.

Colonel Phillips' Computer- und Kommunikationsverbindungen hatten bewiesen, dass sie, richtig eingesetzt, überaus nützlich sein konnten, um eine kritische Situation zu deeskalieren.

Ähnlich schwierige Situationen in den folgenden Tagen wurden genauso prompt gelöst.

In der Zwischenzeit hatten sich die Dinge auf der Eglin AFB ebenfalls recht positiv entwickelt (erinnern wir uns, dass diese äußerst komplizierte Operation parallel zu der Fort-Polk-Mission ablief). Nach einer SCUD-Jagd, die sich über mehrere Tage hingezogen hatte, gipfelte der Kampf schließlich in einem nächtlichen Überfall auf das Lenkwaffendepot. Von Endanflugführungs-Teams (Terminal Guidance) der 20th SFG am Boden gelenkt, hatten Flugzeuge des Typs AC-130 der Air Force die Lenkflugkörper in ihren Lagerstätten zerstören können.

Als ich mich auf den Heimweg machte, war ich von der Nützlichkeit des neues Systems vollständig überzeugt. Trotz des von den Rangern verursachten Fiaskos und einiger üblicher Fehler (»shit happens«) hatte das Battlestar-Konzept zur Kontrolle von SOF-Operationen bewiesen, dass es in Kriegszeiten mit Unmengen von Daten- und Kommunikationsaufgaben fertig werden konnte… und das praktisch bereits im ersten Anlauf. Die Auswirkungen besserer Computer- und Kommunikationskapazitäten hatten sich vom ersten COA-Briefing an gezeigt. Sie verschafften Phillips und seinen Kommandeuren nicht nur mehr, sondern auch bessere Optionen und bedeuteten damit einen Riesenschritt voran auf dem Weg zur Eliminierung der Probleme, die wir oben als »Ofenrohreffekt« beschrieben haben. Im Laufe dieser Übung gingen sie mit einem Datenfluss und einer Datengeschwindigkeit um, die kein normales SF-Kommando jemals hätte bewältigen können. Veränderungen wurden berücksichtigt und Probleme früher gelöst.

Battlestar funktioniert also… in einem Umfang, dass Informationen die laufenden Geschehnisse verändern. Aber es haben sich viele neue Fragen ergeben: Mehr als nur ein paar SF-Soldaten, die sich vom Battlestar-Konzept durchaus beeindruckt zeigten, meldeten Bedenken an, dass die neue Technologie missbraucht werden könnte. Sie hatten die vielen Kommandeure vor Augen, die sich verleitet sehen könnten, alles extrem kontrollieren zu wollen. Micromanagement, die Einmischung selbst in kleinste Details, ist eben sehr verführerisch. Ich will es noch einmal wiederholen: Gute Kommandeure vertrauen ihren Untergebenen (und helfen ihnen dabei, aus den eigenen Fehlern zu lernen). Schlechte Kommandeure verfallen schnell der Versuchung, alles kontrollieren zu wollen. Ein paar Veteranen können sich noch gut daran erinnern, wie SF-Kommandeure in Hubschraubern herumgeflogen sind und ihre Befehle an die Truppe am Boden von oben heruntergebrüllt haben. Eine *ganz* schlechte Sache.

Heutzutage, da es UAVs, Satelliten und andere Plattformen gibt, die Bildmaterial liefern, ist das Potenzial für Micromanagement sogar eher noch größer geworden. Ein Gruppenkommandeur oder General in Fort Bragg kann heute seine Befehle in Echtzeit an SF-Soldaten auf der anderen Seite der Welt erteilen. Kommandeure müssen einen harten Kampf gegen die Verlockungen ausfechten, die ihnen diese Techniken bieten.

Schwieriger zu beantworten ist eine andere Frage: Wir haben es hier mit einer Befehls- und Führungszentrale zu tun, die unter Umständen Tausende von Kilometern von den eigentlichen Aktionen und Tausende von Kilometern von den Risiken und Gefahren entfernt ist, mit denen sich die Soldaten im Feld konfrontiert sehen. Situationsbewusstsein und eine verbesserte Kommunikation sind sicherlich gut, ebenso ein verbesserter Datenfluss. Aber es gibt ein Gegenargument: Stress, Intensität und ein »Gefühl« für die Aktion entstehen nur aus der unmittelbaren Nähe zum Ort des Gefechts und das Fehlen solcher Empfindungen könnte unter Umständen negative Auswirkungen auf die Leistungen der Kommandeure haben. Also, welche Ausgangssituation ist denn nun die bessere? Mir scheint die Antwort immer noch offen zu sein.

Auf jeden Fall ist es positiv, dass es den Battlestar-Prototyp gibt – und zwar jederzeit einsatzbereit, sollte er für irgendwelche Eventualitäten in Übersee gebraucht werden. Wenn ich an die augenblickliche Geschwindigkeit denke, mit der sich SF-Operationen ergeben, wäre ich nicht sonderlich überrascht, wenn ein entsprechender Fall schon bald eintritt.

In der Zwischenzeit ist

- die 1st SFG in Thailand und Laos nach wie vor damit beschäftigt, Minen zu räumen, und hält gleichzeitig auf den Philippinen Gefechtsübungen ab;
- die 3rd SFG in Afrika dabei, afrikanische Truppen im Rahmen des ACRI-Programms auszubilden;
- die 5th SFG in Kuwait in gemeinsame Operationen mit dem kuwaitischen Militär eingebunden;
- die 7th SFG in Kolumbien in Antidrogen- und Antiterror-Einsätzen gebunden;

- die 10th immer noch mit der Friedenssicherung in Bosnien und im Kosovo befasst;
- die 19th ständig in Einsätzen in Südkorea und Südostasien; und
- die 20th in Zentralamerika bei der Arbeit.

Dies alles sind nur Bruchstücke des Ganzen. Die Arbeit geht den Special Forces nicht aus.

Operation Merdeka

»*Merdeka*« ist das indonesische Wort für Freiheit. Für Indonesier ist Freiheit – wie wohl für alle Menschen – nicht nur irgendein Wert. Zur Freiheit gehören auch Wahrheit, Gerechtigkeit, Würde, das Fehlen von Unterdrückung und ein gutes Leben für einen selbst und die eigene Familie. Für viele Menschen – und die Indonesier zählen dazu – haben diese Werte verständlicherweise eine heilige Macht. Das galt ganz besonders in der wirren Zeit Indonesiens nach der Vertreibung seiner niederländischen Kolonialherren, die Jahre der Präsidentschaft Sukarnos – Jahre grandioser, spektakulärer und teurer »Projekte«, aber zugleich Jahre der wirtschaftlichen und politischen Stagnation. Unter Sukarno wurde das Wort *Merdeka* fast so etwas wie eine magische Formel. Der indonesische Nationalfeiertag, sozusagen der »Vierte Juli« Indonesiens, heißt Merdeka-Tag. Sukarno liebte es, seine großartigsten Projekte und Monumente »Merdeka-dies« und »Merdeka-jenes« zu taufen. So gibt es in Jakarta beispielsweise einen Merdeka-Platz (auf dessen einer Seite die U.S. Botschaft liegt und auf der anderen der Präsidentenpalast) und auch ein Merdeka-Stadion. Wohin man kommt, überall in Indonesien findet man Merdeka-Parks und Merdeka-Busbahnhöfe. Eine Zeit lang war *Merdeka* sogar ein Grußwort, schon fast in der Bedeutung von »Salaam« oder »Schalom«.

Zehntausende von Indonesiern sind im Laufe der Jahre für den Kampf um die *Freiheit* gestorben. Und abermals Zehntausende wurden ermordet oder gefoltert, weil man in ihnen eine Bedrohung der Freiheit sah. Dazu gehörten Chinesen, die seit Generationen in diesem Land lebten – nur weil man glaubte, sie hätten ihren Reichtum auf Kosten der Eingeborenen erworben. Aber auch Christen, weil sie keine Muslime waren, und Muslime, weil sie keine Christen waren.

Und was haben diese Opfer gebracht? Im Grunde nicht viel. Es gab zwar die äußerlichen Insignien einer Demokratie wie einen Präsidenten, ein Kabinett, Minister und das Parlament. Letzten Endes war es aber die Armee, die das Land aus dem Hintergrund regierte. Statt einer Regierung vom Volk für das Volk hatte das Land eine Regierung von der Armee für die Armee. Abgelegenere Provinzen wurden von den örtlichen Armeegenerälen zu ihrem eigenem Vorteil wie private Lehen beherrscht. Für viele Offiziere und Soldaten gehörte das Morden und Plündern zu ihren verbrieften, völlig legalen Rechten. Die örtlichen Milizen krimineller und mörderischer Spielart (nichts weiter als Banden, welche die Gegner der Regierung und damit der Armee eliminierten) wurden von der Armee nicht nur geduldet, sondern sogar offen unterstützt und versorgt. Und in Regionen wie Ost-Timor war die Armee eher eine Macht der Anarchie und Zerstörung als Hüterin und Verfechterin von Recht und Ordnung.

Die Armee hat tatsächlich eine legale »Rechtfertigung« für ihre Macht im Staat. Schließlich wurde ihr in der indonesischen Verfassung die Aufgabe zugeschrieben, die Nation zu schützen, zu bewachen und zu versorgen. Armeegeneräle verstanden diesen Passus allerdings mehr so, dass sie freie Hand hatten, zu schalten und zu walten, wie es ihnen beliebte. So kamen eben einige Leute in den Genuss von mehr *Merdeka* als andere (wie es schon George Orwell in einem anderen Zusammenhang beschrieben hatte).

Mitte der 60er-Jahre wurde der korrupte, aber charismatische Sukarno von dem ebenfalls korrupten, jedoch völlig uncharismatischen Suharto (der vor seiner Ernennung zum Präsidenten Generalmajor der Armee gewesen war) und einer Clique von genauso korrupten Kumpanen abgelöst. Allerdings schaffte es Suharto, für etwas mehr Ordnung und ein zumindest bescheidenes Maß an wirtschaftlichem Wachstum zu sorgen. Blickte man aber einmal hinter die Kulissen, erkannte man schnell, dass dies lediglich der Ausgleich für seine Plündereien und die seiner Freunde war. Unter dem Strich häuften sie mehr persönlichen Reichtum für sich an, als sie für das Land schufen – Milliarden von Dollar legten sie außerhalb der Landesgrenzen an, wo sie der Nation keinerlei Nutzen brachten.

Indonesier sind bekanntermaßen eher unbeständige Menschen und Aufstände sind für sie fast eine Kunstform. 1998 wurde Suharto nach Wochen zunehmend blutiger Aufstände aus seinem Amt vertrieben. Und was geschah? Er wurde durch einen Freund und Kameraden ersetzt, Dr. B. J. Habibie. Der war ein Technokrat schlimmster Sorte und Liebhaber extravaganter und großartiger High-Tech-Projekte. Habibie war im Grunde nichts als ein schlechter Witz und seine Präsidentschaft glücklicherweise nur von kurzer Dauer. Er wurde – demokratisch – durch Präsident Abdurrahman Wahid ersetzt. Der wiederum war muslimischer Kleriker und, durfte man den Berichten Glauben schenken, tatsächlich ein Mann von Redlichkeit. Seine Aufgabe bestand nun darin, zunächst einmal die komplette Regierung umzubilden (im Klartext: der Armee die Zähne zu ziehen). Während diese Zeilen geschrieben wurden (im Frühjahr 2000), hatte er zumindest schon einen ersten mutigen Anfang in diese Richtung gewagt. Aber es liegt ein schwieriger und gefahrvoller Weg vor ihm und Wahids angegriffene Gesundheit wird der schweren Aufgabe möglicherweise nicht gewachsen sein.

Aber was bedeutet das alles eigentlich im Hinblick auf *Merdeka*?

Nun, sie ist für die zweihundert Millionen Bewohner eines Landes, das die drittgrößte Demokratie der Welt sein *könnte*, immer noch Illusion. Doch es besteht Hoffnung – allerdings auch Grund zur Besorgnis.

2005

Im Laufe seiner Amtszeit hatte Präsident Wahid zwar einige kleinere Erfolge verbuchen können, doch es war ihm nicht gelungen, Indonesien wirtschaftlich voranzubringen. Seine körperliche Konstitution war für Belastungen dieser Art einfach nicht geschaffen – allerdings ließe sich darüber streiten, ob *überhaupt* jemand solchen Belastungen standhalten könnte. Schließlich hatte er sich mit zwei vertrackten Problemen gleichzeitig herum zu schlagen – und er hatte es nicht geschafft, sie zu lösen.

Erstens war da die Balkanisierung des Militärs.

Sicher ist es sinnvoll, wenn eine Nation, die aus Tausenden von Inseln besteht, gut funktionierende See- und Luftstreitkräfte hat, um sich vor den wenigen potenziellen Feinden von außen (Schmuggler und Piraten stellen dabei eine größere Bedrohung dar als eine Invasion) zu schützen. Folglich ist es nicht zwingend erforderlich, eine große Armee unter Waffen zu haben (eine kleine, gut ausgebildete und schnell bewegliche Truppe kann allerdings gelegen kommen).

Wahid war es gelungen, die Macht der Armee zu beschneiden. Dazu hatte er einige der schamlosesten Gauner, Diebe und Mörder aus dem Offizierkorps entlassen, der Armee Mittel gestrichen und die Interessengruppen innerhalb der Landstreitkräfte gegeneinander ausgespielt. Parallel dazu stattete er die See- und Luftstreitkräfte mit einem größeren Etat aus und übertrug den vergleichsmäßig ehrlicheren, vertrauenswürdigeren und insgesamt auch besser ausgebildeten Offizieren dort die anspruchsvolleren Aufgaben. Verständlich, dass all das den nach altem Muster arbeitenden Offizieren in der Armee, die es geschafft hatten, die Attacken Wahids zu überleben, ein Dorn im Auge war. Ihnen gingen damit nämlich erhebliche Teile der in der Verfassung verankerten Privilegien verloren, nach denen ihnen die Rolle von Wächtern und »Ernährern« der Nation zustand. Dass sie dadurch vom leichten Zugang zu den finanziellen Pfründen des Landes abgeschnitten wurden, ärgerte sie ganz besonders.

Zweitens war da die Balkanisierung des Landes.

Im Jahre 2004 wurden Aceh (das am nordwestlichen Ende von Sumatra liegt) und Irian Jaya (der westliche Teil von Neuguinea) praktisch unabhängig. Konfessionskriege auf den Molukken (den ehemaligen Gewürzinseln, die heute von den Indonesiern Maluku genannt werden) hatten Tausende von Morden und die Zerstörung weiter Teile der Infrastruktur der Inseln zur Folge. Im Jahre 2001 hatten randalierende Milizen (sowohl christliche als auch muslimische) die Provinzhauptstadt Kota Ambon (Ambon-Stadt) auf Palau Ambon (der Insel Ambon) verwüstet. Es gab dort kaum ein Gebäude, das nicht die Zeichen von Kugeleinschlägen oder die Spuren der Detonationen primitiver, selbst gebastelter Bomben trug. Zehntausende von Menschen versuchten, in den ausgebrannten Gebäuden, die einmal ihr Zuhause gewesen waren und nun zumeist keine Dächer mehr hatten, Schutz zu finden. Die Milizen hatten die Wasser- und Stromversorgung, Transportmöglichkeiten, Nachrichtenstationen sowie Krankenhäuser und Schulen zerstört. Im Jahr 2002 überließ die Armee – die es ablehnte, irgendeine Verantwortung für die Zerstörungen zu übernehmen (während sie gleichzeitig die gewalttätigere Miliz der Muslime unterstützte) – diese Provinz einfach dem Mob.

Die Molukken bilden keine Inselkette, sondern der Begriff bezeichnet alle die Inseln im indonesischen Archipel, die in einer ungefähr von Norden nach Süden verlaufenden Linie zwischen den größeren Inseln Sulawesi und Neuguinea verstreut liegen. Bedingt durch die Tatsache, dass sie einmal die Juwelen des niederländischen Kolonialreiches und die Hauptquelle des holländischen Gewürzreichtums waren (deshalb zog es Kolumbus 1492 auch in diese Richtung), ist hier der niederländische Einfluss immer noch groß. Es gab sogar Zeiten, in denen auf diesen Inseln eine christliche Mehrheit (wahrscheinlich war es sogar das größte christliche Gebiet Indonesiens) bestand, doch um den Jahrtausendwechsel hatte ein immer stärker werdender Zuwachs von Muslimen die Christen zu einer Minderheit werden lassen (allerdings eine immer noch große und mächtige Minderheit).

Eine Zeit lang gab es kaum Reibereien zwischen Christen und Muslimen. Tatsächlich konnte man während der Regierungszeit von Suharto (den man sich als eine Art indonesischer Marschall Tito vorstellen kann) das Verhältnis der beiden Seiten zueinander sogar als freundschaftlich bezeichnen. Die Muslime halfen den Christen beim Bau von Kirchen und die Christen halfen den Anhängern des Islam beim Bau ihrer Moscheen.

Nach dem Tod von Suharto glitt das Land ins Chaos – zu einem nicht unerheblichen Teil durch Agitatoren der Armee geschürt. Offiziere, die an frühere Zeiten dachten, schienen sich einzubilden, dass sie jetzt von einer dankbaren Nation wie Erlöser begrüßt würden nach dem Motto: »Ihr müsst uns lieben, weil wir es sind, die euch aus dem Feuer erretten, das wir entfacht haben!«

Wahid starb im Jahre 2002. Nach seinem Tod wurde die neue Regierung von Gajah Mada, einem schwachen Präsidenten, und seinem populären Stellvertreter Ratu Adil geführt. Adil, ein General der Luftstreitkräfte, war bei den Militärs beliebt, die nicht zum Heer gehörten, genoss aber auch einiges Ansehen bei einem Teil des einfachen Volkes.

Im Jahr 2004 hatte es der in Amerika ausgebildete Adil – er hatte Naturwissenschaften in Los Angeles studiert und seine Abschlussarbeit an der National Defense University von Washington geschrieben – verstanden, seinen meist unfähigen Präsidenten-Vorgesetzten zu umgehen und einige kleine, aber wohl durchdachte Initiativen ergriffen. Dazu gehörte auch die Einrichtung der JISF, einer teilstreitkraftverbundenen Gruppe indonesischer Spezialeinsatzkräfte. Diese kleine, gut (von US-amerikanischen Special Forces) ausgebildete Truppe wurde sogleich zur weiteren Verwendung auf die Molukken verlegt. Dort gelang es einem Team mit der Unterstützung amerikanischer Special Forces, die Krieg führenden Parteien zu trennen und einen labilen Frieden herzustellen. Damit war zumindest ein guter Anfang zum Wiederaufbau der verwüsteten Infrastruktur der Insel gemacht.

Dezember 2005

Es gab jedoch etliche Leute, denen der vorsichtig keimende Frieden auf den Molukken ganz und gar nicht gefiel. Das galt besonders für die Söhne des Dschihad. Bei der auch kurz als SJ bezeichneten Gruppe handelte es sich um eine gewalttätige radikal islamische Sekte, die ihren Stützpunkt auf Java hatte, der am dichtesten bevölkerten Insel Indonesiens, die das wirtschaftliche und landwirtschaftliche Zentrum des Staates war. Als Vergeltung für das, was sie als Verrat an ihren Glaubensbrüdern auf den Molukken betrachteten (und wozu sie heimlich von der Armee gedrängt wurden), stürmten sie in Scharen an Bord von Booten in einen heiligen Krieg, um die Dinge aus ihrer Sicht zurechtzurücken. Am 10. Dezember befanden sich Tausende von Muslimen auf dem Wasserweg in Richtung Ambon.

Es konnte ihnen nicht erlaubt werden, dort an Land zu gehen.

Also wurden sie von der indonesischen Marine abgefangen und an einen Ankerplatz in der Nähe von Suli geleitet, einer Stadt auf der Ostseite der Baguala Bay rund zehn Kilometer östlich von Kota Ambon.

Obwohl sie von der Marine und den JISF von der Verwirklichung ihres »Kreuzzuges« abgehalten worden waren, war die Situation weiterhin angespannt.

Team-Haus des ODA 142
Flughafen Pattimura
Ambon, Indonesien
25. Dezember 2005, 0526[169]

»Was soll denn der Scheiß?«, bellte Captain Carlos Valdez, der Kommandeur des ODA 142, als ihn das grelle Licht der Morgendämmerung aus dem Schlaf riss. Die Helligkeit kam zwar aus Richtung der aufgehenden Sonne, war aber unglaublich intensiver. Fast instinktiv rollte sich Valdez aus seiner Schlafstätte und zog das Feldbett – zugegebenermaßen nicht der beste Schutz – über sich. Er hatte eine verteufelt genaue Vorstellung davon, was diesen Lichtschein verursachte. Und es war mit ziemlicher Sicherheit das *absolut Letzte*, was er ausgerechnet in Ambon erwartet hätte. Er vergrub den Kopf zwischen den Armen und zählte die Sekunden. »Eintausendeins, eintausendzwei, eintausenddrei, eintausendvier …«

Dann rollte der Donner der Explosion heran. Der Krach war gewaltig, doch Valdez hatte schon Gewitterstürme erlebt, in denen es ebenso schlimm zugegangen war. Sekunden später begann ein Sturm zu wüten, doch auch der war längst nicht so schlimm, wie er erwartet hatte. Es ist schrecklich, wenn man sich etwa 200 Meter vom so genannten Nullpunkt am Boden[170] entfernt befindet (weil man dann sofort tot ist). Noch schrecklicher sind drei Kilometer vom Nullpunkt (weil man dann noch eine kleine Weile länger leben muss). Wenn dieses behelfsmäßige Zählen der Sekunden halbwegs stimmte, war eben eine Atombombe in etwa 20 bis

---

169 5 Uhr und 26 Minuten morgens. Militärische Zeitangaben erfolgen ohne Punkt oder Doppelpunkt als Trennung zwischen Stunden und Minuten als vierstellige Zahl und ohne den Zusatz *Uhr*. (Anm. d. Ü.)

170 Bezogen auf den Punkt der Explosion einer Bombe. (Anm. d. Ü.)

30 Kilometern Entfernung gezündet worden. »Gut«, sinnierte der Captain, »je weiter weg, desto besser.«

Valdez stand auf, trat zum Fenster und öffnete die Läden. In einigen Kilometern Entfernung stieg im Osten ein vor dem grauen Tageslicht dunkler, mit Blitzen durchsetzter Rauchpilz gen Himmel.

»O Gott!«, rief er. Seine Stimme überschlug sich, ohne dass er das selbst richtig wahrnahm.

Er konnte noch keine präzisen Fragen stellen. Aber in einer Ecke seines Bewusstseins nahmen ein paar Gedanken Form an. Die Atombombe hatte auf jeden Fall nicht die Stadt getroffen, die rund zehn Kilometer auf der anderen Seite der Bucht von Ambon lag. Dafür stand der Atompilz zu weit im Osten. *Aber wo dann? Wahrscheinlich irgendwo in der Nähe der Baguala Bay. Und vor allem: Warum?*

»Jesus!«

Carlos musste an Karen und die Jungs denken. *War das hier jetzt ein Ding mit weltweiten Auswirkungen? War das der Ausbruch des großen Wahnsinns? Oder handelte es sich nur um einen räumlich begrenzten Wahnsinn?* Irgendetwas machte ihn sicher, dass sie okay waren… und, dass er sich hier inmitten eines lokalen Irrsinns befand. *Aber ich habe ein paar Probleme!*

Und dann traf ihn ein anderer Gedanke: *Scheiße, frohe Weihnachten!*

Da bemerkte er, dass jemand im Türrahmen (eine Tür gab es nicht) zu seiner Kammer stand. »Sind Sie in Ordnung, Sir?« Es war sein Warrant Officer Max Buser (von seinen Freunden Bruiser[171] genannt). Er wirkte so benommen, wie Valdez sich fühlte. Auch er war, genau wie sein Boss, nur mit Boxershorts und einem T-Shirt bekleidet.

»Ja, danke«, antwortete Valdez. »Und Sie, Bruiser?«

»Ich funktioniere noch.«

»Gut. Dann wollen wir mal sehen.« Valdez war plötzlich klar geworden, dass eine Menge Arbeit auf sie wartete. Irgendjemand hatte eine Atombombe gezündet und er hatte nicht mehr die geringsten Zweifel, dass er und der Rest seines ODA jetzt gefragt waren, den Überlebenden zu helfen und mit Bergungsarbeiten zu beginnen.

Glücklicherweise waren seine Leute nicht allein. Sie würden auf die Unterstützung einiger guter Freunde zurückgreifen können.

Das Team war nicht direkt auf dem Flugplatz stationiert, sondern lag nur einen Steinwurf weit davon entfernt in dem Dorf Laha an der Bucht von Ambon. Sie waren auch mit Booten ausgerüstet worden, die ihnen eine gewisse Mobilität verschafften. Hingegen war das ODB (ODB 140), dem sie unterstanden, auf dem Flugplatz selbst stationiert und in einem von den indonesischen Luftstreitkräften angemieteten Gebäude untergebracht worden. Ein anderes ODA (das 146) lag in Kota Ambon und das dritte (nämlich das 144) in Passo, einer Stadt auf einer flachen Landenge, welche die beiden als Palau Ambon bekannten Halbinseln miteinander verbindet.

---

171 »Schläger« (Anm. d. Ü.)

Von einer Sekunde zur anderen traf Valdez die Erkenntnis, dass sich das östlich der Hauptstadt gelegene Passo verdammt nahe am Bodennullpunkt befand. »Scheiße«, murmelte er vor sich hin, »wir müssen ihnen helfen … und zwar so schnell wie möglich.«

Erneut zwang er seine Gedanken zu den bereitstehenden Kräften zurück.

Die Indonesier würden helfen, vor allem die beiden Kompanien unter Oberstleutnant Kumar, da sie aus JISF-Männern bestanden. Die JISF hatten die Armee aus ihrer Rolle als Friedenstifter auf den Molukken verdrängt, was sicherlich einer der Hauptgründe dafür war, weshalb auf den Inseln überhaupt noch so etwas wie Frieden und Stabilität erreicht werden konnte. Kumar war einer der guten Jungs. Er hatte zu Valdez im Laufe der Monate, die sie inzwischen zusammenarbeiteten, ein gewisses Vertrauensverhältnis aufgebaut. (Schlagartig wurde Valdez klar, dass die JISF-Einheiten in Siri an der Bucht von Baguala Bay lagen, um dort eine Art Schutzwall gegen diese Irren zu bilden, die sich Söhne des Dschihad nannten. *Scheiße*, dachte er. *Das kann nicht weit vom Bodennullpunkt entfernt gewesen sein.*)

Es gab auch noch die örtliche Polizei – aber die war erst kürzlich aufgestellt worden und weitaus schwächer und weniger zuverlässig als die JISF. Aber diese Leute würden in dieser Situation sicherlich immer noch mehr Gutes tun als Schaden anrichten.

Valdez und Bruiser waren mittlerweile in der Kommunikationszentrale des Teams angekommen, sie lag nur wenige Türen von Valdez' Kammer entfernt. Kurz darauf wussten sie, dass ihre Kommunikationsgeräte tatsächlich (wie es auch sein sollte) gegen die elektromagnetischen Impulse (EMP), die bei einer Kernwaffenexplosion freigesetzt werden, geschützt waren. Damit konnten die Leute von den SF den Kontakt untereinander aufrechterhalten und darüber hinaus zu ihren Vorgesetzten von der 1st SFG in Okinawa und in den Vereinigten Staaten. Wahrscheinlich waren sie auch die Einzigen – möglicherweise mit Ausnahme der JISF – auf der Insel, die mit irgendjemandem Kontakt aufnehmen konnten. Aber bislang hatten sie von Kumar noch kein Lebenszeichen bekommen. Mit ziemlicher Sicherheit hatten die EMP die Transistoren in sämtlichen Telefonen, Handys, Funkgeräten, Radios, Fernsehgeräten und Computern gebraten … was wahrscheinlich ebenso für die Navigations- und Sicherheitssysteme auf dem Flugplatz galt.

In der Zwischenzeit traf von Major Ron Carver, dem ODB-Kommandeur, der Marschbefehl für das ODA 142 ein. Das Team sollte sich aufteilen. Valdez sollte die eine Hälfte der Männer hinüber nach Kota Ambon führen und dann selbst auf den rund 950 Meter hohen Hügel namens Gunung Sirimau steigen. Von dort aus würde er den besten Blick über die Bucht von Baguala haben. Carver hatte sich (genau wie Valdez) ausgerechnet, dass die Atombombe irgendwo in oder zumindest in der Nähe der Bucht gezündet worden sein musste. Genauso gut konnte Carver sich vorstellen, weshalb die Atombombe gezündet worden war und was sie zerstören sollte – nämlich die Flottille der Söhne des Dschihad, die vor Siri ankerte. Aber wer dafür verantwortlich war und warum er das getan hatte, waren und blieben zunächst noch unbeantwortete Fragen.

Valdez' Aufgabe bestand darin herauszufinden, wie groß der entstandene Schaden war und wie es bei den Überlebenden aussah.

Die andere Hälfte des Teams sollte so schnell wie möglich hinüber nach Passo fahren (es gab eine ganz anständige Straße entlang der Küste) und alles in ihrer Macht Stehende für das dortige Team tun. Das ODA in Kota Ambon würde sich dann mit Kumars Leuten in Verbindung setzen. Carver rechnete sich aus, dass es etwa zwei Tage dauern würde, ehe wirkliche Hilfe eintreffen konnte. Bis dahin würden sie und die JISF bei der Organisation der notwendigen medizinischen Hilfe und Rettungsmaßnahmen auf sich allein gestellt bleiben.

Das Weiße Haus
Washington, D. C.
24. Dezember 2005, 1713

»Nun, was gibt es?«, fragte ein sichtlich irritierter Präsident, als er den Lageraum betrat. Einen Besuch von Admiral Len Croce, dem Vorsitzenden der Vereinigten Stabschefs, hatte er zu dieser Zeit am wenigsten erwartet, doch es schien wichtig genug zu sein, ihn von der Weihnachtsfeier zu holen, die seine Frau für den Rest ihrer sehr großen und sonst im ganzen Lande verstreuten Familie arrangiert hatte. Söhne, Töchter und deren Ehemänner, Frauen und Kinder. Er hatte Freude an seiner Familie und es gefiel ihm überhaupt nicht, am freudigsten aller Feiertage von ihnen weggeholt zu werden.

Der Präsident, ein großer und hagerer Mann, trug noch seine pastellfarbene Strickjacke und wurde von seinem Corgi begleitet. Er hatte eine Art aufzutreten, die schon fast zu entspannt und ruhig erschien, doch genau das hatte die Wähler für ihn eingenommen. Sie dachten wahrscheinlich, er sei eine Großvaterfigur wie Eisenhower oder Reagan. Doch sein Auftreten täuschte. Er war keineswegs so umgänglich, wie es schien (zumindest war er nicht umgänglicher, als es Eisenhower und Reagan gewesen waren). Er hatte im Golfkrieg mit Auszeichnung gedient, erfolgreich für den Kongress kandidiert und war schließlich zum Gouverneur eines dicht bevölkerten Bundesstaates im Westen des Landes gewählt worden (den er anschließend auch sehr gut vertrat). Dieser Mann war stark, entscheidungsfreudig – und aufbrausend.

Der Hund gehorchte aufs Wort. Der Präsident murmelte nur einen kurzen Befehl und schon legte sich das Tier ruhig neben den Sessel, in dem sein Herr normalerweise Platz nahm. Dann sah sich der Präsident um, als hätte er erwartet, mehr als nur die beiden anwesenden Berater im Raum vorzufinden … bis ihm klar wurde, dass ja Heiligabend war. Seine beiden Besucher wurden von zwei hochgestellten »Laufburschen« begleitet, deren Namen dem Präsidenten entfallen waren.

Croces Gesichtsausdruck war eindeutig grimmig und unterschied sich

1 Eine kleine Kernexplosion löscht die Flotte der Flüchtigen in der Baguala-Bucht aus.

2 Das Special-Forces-Team beginnt auf die Katastrophe zu reagieren und liefert dem Oberkommando erste Aufklärungsdaten vom Schauplatz.

3 SF-Teams führen eine Aufklärungsmission in der Baguala-Bucht durch und bestätigen, dass dort eine Atomkatastrophe stattgefunden hat.

4 Es wird eine Luftbrücke eingerichtet, die Hilfe bringt. Elemente der 82nd Airborne treffen auf dem Flughafen von Pattimura ein.

5 Eine mit einer tragbaren Luftabwehrwaffe ausgerüstete Gruppe der indonesischen Armee greift eine Transportmaschine mit Hilfsgütern an. Die Gruppe wird von einem SOF-Hubschrauber eliminiert.

6 Amerikanische Streitkräfte finden Waffen-/Nachschublager und eliminieren den größten Teil der Gefahren, die ihre Hilfsoperationen bedrohen

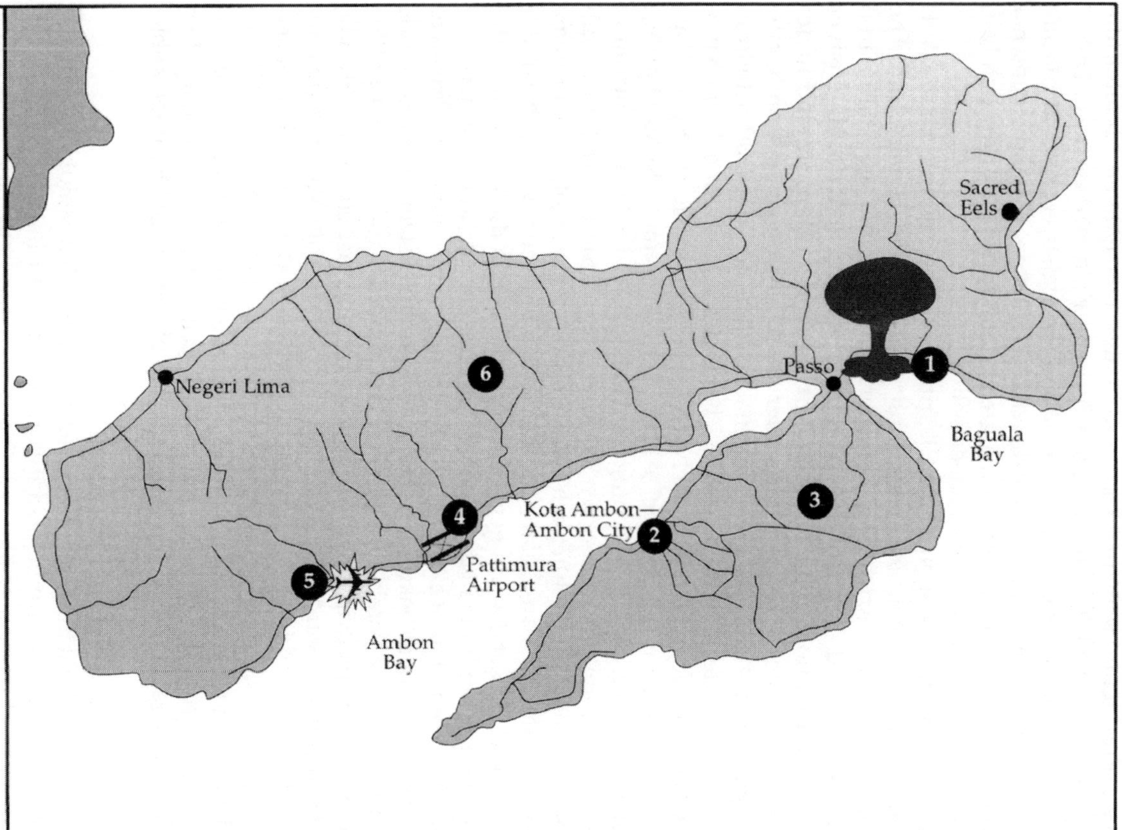

RUBICON. INC., VON LAURA DENINNO

darin nicht wesentlich von dem des neben ihm stehenden Richard Callenbach, seines Zeichens Sicherheitsberater (NSA) des Präsidenten.

»Mr. President«, begann Croce, »wir haben vor einigen Minuten die Nachricht vom NMCC[172] in Colorado Springs erhalten, dass unser DSP[173] *Pacific Bird* einen doppelten Blitz in Indonesien registriert hat.« Er machte eine kurze Pause ein, um seine Worte wirken zu lassen. »Irgendjemand hat dort eine Atombombe gezündet«, fügte er dann hinzu – nur für den Fall, dass es jemand nicht begriffen haben sollte.

Das NMCC im Pentagon ist die Clearingstelle, die Zentrale für die Aufklärung von wichtigen Ereignissen mit militärischem Hintergrund. Die Satelliten dieser Einrichtung befinden sich in einer geostationären Umlaufbahn und können das plötzliche Auftauchen hochintensiver Wärme und Radioaktivität erfassen. Mit anderen Worten: Sie sind in der Lage, Ereignisse wie Raketenstarts oder die Explosion einer Atombombe zu registrieren – und der gleich zweifache Blitz, den der DSP-Satellit in Indonesien entdeckt hatte, war ein sicheres Zeichen für eine Atomexplosion. Der DSP-Vogel leitete diese Nachricht sofort an die 11th Space Warning Squadron auf der Shriever AFB in der Nähe von Colorado Springs weiter, die ihrerseits die Meldung an das NORAD-Frühwarnzentrum in Cheyenne Mountain weitergab. Von dort aus wurde die Meldung zum NMCC geleitet und schließlich dem Präsidenten vorgelegt. Sollte eine klare und unmittelbare Gefahr für die Nation bestehen (wie sie beispielsweise durch Raketenstarts gegeben wäre, bei denen die Flugbahnen der Sprengköpfe auf Ziele in den Vereinigten Staaten oder auf US-amerikanischen Stützpunkten in Übersee gerichtet sind), würde man den Präsidenten binnen weniger Sekunden davon in Kenntnis setzen. Derzeit wurde das Risiko für die Vereinigten Staaten von Amerika aufgrund der großen Entfernung als niedrig eingestuft und es verging fast eine halbe Stunde, bis er informiert wurde. Diese Zeitspanne wurde vom Vorsitzenden der Stabschefs und anderen hochrangigen Vertretern der nationalen Sicherheitsdienste erst einmal genutzt, um sich über die amerikanischen Militär- und Rettungsmöglichkeiten kundig zu machen, die in und um Südostasien zur Verfügung standen. Sie wollten keinesfalls unvorbereitet dem Präsidenten gegenübertreten, sondern ihm gleich einige Optionen anbieten können.

»Wo genau?«, fragte der Präsident.

»Ersten Einschätzungen zufolge vermutlich auf den Molukken, genauer gesagt auf der Insel Ambon«, antwortete Croce. Er hatte seine Hausaufgaben gemacht, bevor er hier erschienen war, und hatte eine vorbereitete Karte dabei, auf welcher der Ort eingezeichnet war. Doch als er aufblickte, war sein Gesichtsausdruck eindeutig verwirrt. »Aber es gibt dort nichts

---

172 National Military Command Center, Zentrum des Nationalen Oberkommandos der U.S.-Streitkräfte. (Anm. d. Ü.)

173 Defense Support Program, ein Aufklärungssatellitenprogramm des amerikanischen Verteidigungsministeriums. (Anm. d. Ü.)

von militärischer Bedeutung, geschweige denn von strategischer oder wirtschaftlicher.«

»Wollen Sie damit etwa andeuten, dass es sich um einen Unfall handeln könnte?«

»Nein – aber gänzlich auszuschließen ist es nicht. Was ich damit sagen wollte, war nur, dass wir keinen Schimmer haben, warum jemand – sofern es sich nicht um einen Unfall gehandelt hat – so ein Ding ausgerechnet dort zündet. Indonesien hat doch keine echten Feinde. Kein einziger der Anrainerstaaten, die über Atomwaffen verfügen – also China, Indien und Pakistan – hat irgendeinen Grund, verärgert zu sein. Darüber hinaus haben die Indonesier selbst auch niemals Gelüste entwickelt, eigene Atomwaffen haben zu wollen. Die haben ja nicht einmal Atomkraftwerke und die Ölvorkommen vor Ort decken ihren gesamten Energiebedarf.«

»Also hätte es tatsächlich ein Unfall sein können«, grübelte der Präsident. »Oder sie haben es sich selbst angetan – immer unter der Annahme, dass sie sich Nukes beschafft haben. Und das wissen wir nicht mit Sicherheit.« Die letzte Bemerkung hörte sich an wie ein milder Tadel und war auch so gedacht. Die amerikanischen Nachrichtendienste *sollten auf jeden Fall* immer wissen, wer über Atomwaffen verfügte und wer nicht.

»Möglich ist es schon«, räumte Admiral Croce ein.

»Nun, meine Herren, ich habe nur gerade daran gedacht, dass im Augenblick in diesem Teil der Welt die Kacke ganz schön am Dampfen ist. Muslime kämpfen gegen Christen und umgekehrt und noch jede Menge mehr von diesem Mist. Es gibt da unten nicht allzu viele Menschen mit einem Heiligenschein.«

»Mag sein«, erwiderte Croce.

»Aber warum sollte irgendjemand dort unten Spaß daran haben, sich selbst mit einer Atombombe in die Luft zu jagen?«, grübelte der Präsident weiter. »Ich habe zwar schon davon gehört, dass man sich ins eigene Fleisch schneiden kann … hab ich selbst auch schon mehr als einmal praktiziert.« Er lächelte. »Aber das hier geht dann doch ein bisschen zu weit.« Er blickte zu seinem National Security Advisor hinüber. »Also, Dick, was denken Sie?«

»Was Sie sagen, Mr. President, ist einleuchtend.« Er zuckte mit den Schultern. »Aber Indonesien ist ein asiatisches Land – alles da unten ist ein einziges rätselhaftes Durcheinander, ohne eindeutige Richtung. Also ich würde mich nicht in irgendwelchen Vermutungen versteigen, ohne vorher zu wissen, was da wirklich vor sich geht.«

»Dann wollen wir doch mal gemeinsam einige Tatsachen sammeln. Was haben wir dort drüben? Irgendwas? Irgendjemanden? Und wo stehen die Flugzeugträger?«.

»Was das anbetrifft, Sir, haben wir vielleicht Glück«, erwiderte Croce. »Wir haben wenigstens den größeren Teil einer Kompanie unserer Special Forces in Ambon. Sie arbeiten dort mit einer Einheit der indonesischen Spezialeinsatzkräfte und mit der örtlichen Polizei zusammen, um den Frieden zu sichern, Nachrichten auszutauschen, die Polizeitruppe auszubilden, und tun gleichzeitig auch noch was für die zivile Infrastruktur.

Während wir uns hier unterhalten, versuchen meine Leute schon den Kontakt mit ihnen herzustellen. Bitte haben Sie Verständnis dafür, Sir, dass die Beschaffung von Nachrichten im Moment etwas schwierig ist. Die elektromagnetischen Impulse, Sie wissen schon.«

»Ja, ich verstehe.«

»Ich habe auf dem Weg hierher auch schon mit dem CINCPAC gesprochen. Von ihm werde ich in Kürze eine Liste all der Einheiten erhalten, die schnell nach Indonesien verlegt werden können ... und hier haben wir vielleicht noch mal Glück. Zur Zeit befindet sich ein CVBG[174] zu Besuch in Perth, also ganz in der Nähe, in Australien, und der hat auch seine MEU (SOC) und ARG von den Marines dabei. Eigentlich sollte es kein Problem sein, sie innerhalb von vier Tagen nach Ambon umzuleiten, nachdem Sie den entsprechenden Befehl gegeben haben.«

»Erteilt. Sagen Sie dem CINCPAC, er soll sie in Bewegung setzen. Sollten wir sie später wieder stoppen müssen, ist immer noch genug Zeit dazu.«

»Wahrscheinlich haben die sogar längst eine Warnmeldung erhalten. Ich sag dem CINCPAC nur kurz Bescheid, dass er loslegen kann.« Damit nickte er in die Richtung seines Assistenten, der daraufhin das Telefon auf der anderen Seite des Raumes abhob.

»Gut. Sonst noch was?«

»Sir, ich habe eigentlich damit gerechnet, dass wir auf DEFCON[175] 4 gehen. Und ich schlage DEFCON 3 für die Regionen dort unten und die angrenzenden Gebiete vor.«

»Einverstanden. Machen Sie das«, befahl der Präsident.

Die Zahlen hinter der Abkürzung DEFCON stehen für die einzelnen Stufen der militärischen Alarmbereitschaft. Es gibt insgesamt fünf. Frieden wird mit DEFCON 5 bezeichnet (Frieden natürlich in dem Sinne verstanden, dass im Augenblick gerade keine akute Bedrohung besteht). Bei DEFCON 4 werden die Kommandeure langsam nervös. Bei DEFCON 3 werden die Streitkräfte in erhöhte Alarmbereitschaft versetzt. DEFCON 2 bedeutet, dass die Sicherheit unmittelbar gefährdet ist und DEFCON 1 schließlich bedeutet den Kriegszustand – und zwar einen, bei dem man schon einmal damit anfangen sollte, für das Überleben der Menschheit zu beten.

»Ach ja, und halten Sie mich auf dem Laufenden, was Sie von den Jungs von den Special Forces hören. Ich möchte wissen, was da draußen vor sich geht. Und ich möchte es jetzt gleich wissen.«

»Ja, Mr. President«, antworteten der Vorsitzende der Stabschef und der Sicherheitsberater wie aus einem Mund.

»In der Zwischenzeit«, sagte der Präsident abschließend, »müssen wir davon ausgehen, binnen kürzester Zeit mit einer Menge Fragen und alarmierendem Gerede seitens der Medien bombardiert zu werden. Ich möchte denen auf keinen Fall unvorbereitet gegenübertreten. Lassen Sie

---

174 Flugzeugträger-Kampf- (bzw. Gefechts-) Verband. (Anm. d. Ü.)

175 DEFense CONdition, Alarmstufe. (Anm. d. Ü.)

für den Morgen eine Presseerklärung entwerfen. Und noch etwas – mein Redenschreiber soll meine Weihnachtsansprache umschreiben.«

»Wird gemacht.«

»Moment. Eins noch. Heute Abend sollten nur bei einer überaus wichtigen Veränderung noch weitere Berater hinzugezogen werden. Sie beide werden erst mal reichen – es ist Heiligabend.«

Das Weiße Haus
Washington, D. C.
25. Dezember 2005, 0245

»Captain Valdez, wie geht es Ihnen?«, fragte der Präsident ins Mikrofon seines Telefonhörers. Endlich war eine Verbindung via SATCOM zum Flughafen von Pattimura zustande gekommen. Von da bestand Sichtverbindung hinauf zur Spitze des Gunung Sirimau und dort oben hatten Valdez und sein Team ihren Beobachtungsposten bezogen. »Können Sie mich einigermaßen verstehen?«

»Ziemlich gut, Sir«, antwortete Valdez.

»Dann erzählen Sie mir mal, was Sie sehen.«

»Yes, Sir. Wir befinden uns hier auf dem Gipfel eines kleinen Berges, Sir. Der ist so um die 900 Meter hoch. Wir haben eine gute Sicht auf die Bucht von Baguala. Der Bodennullpunkt befand sich etwa fünf Kilometer – also rund drei Meilen – von unserer Position entfernt. In der Bucht lag in der Höhe der Kleinstadt Siri eine Flottille kleinerer Boote vor Anker. Die Leute an Bord nannten sich selbst die Söhne des Dschihad.«

»Ja, darüber bin ich bereits informiert«, unterbrach der Präsident.

»Okay, Sir«, fuhr Valdez fort. »Es sieht so aus, als wäre die Bombe im Wasser gezündet worden, ziemlich nah am Ufer jedenfalls, wenn nicht sogar ein kleines Stück auf dem Land selbst. Wer immer es auch gewesen sein mag, Sir, eins steht fest: Für den Dschihad kann er nicht viel übrig gehabt haben. Die Flottille ist praktisch verdampft worden, Sir, und die Stadt gleich mit. Wir können von hier aus auch schwere Explosionsschäden um die gesamte Bucht herum sehen. Es hat eine ziemlich hohe Flutwelle gegeben. Von den sechs oder sieben Städten hier an der Bucht ist nicht mehr allzu viel geblieben – wie weggewischt, Sir. Wir hatten ein ODA – ein A-Team, Sir – in einer der Städte, in Passo. Ich glaube nicht, dass sie es geschafft haben.« Selbst über die gewaltige Entfernung konnte der Präsident hören, dass der Mann schwer schlucken musste, als er dies berichtete.

»Das tut mir Leid«, sagte der Präsident. Er wusste nur zu genau, wie leer dieser Satz klingen musste. »Wir werden sie in unsere Gebete einschließen.«

»Danke, Sir.« Valdez fuhr schnell mit dem Bericht fort, als wollte er nicht über den Verlust seiner Freunde nachdenken. »Die JISF – das sind die indonesischen Spezialkräfte, mit denen wir hier zusammenarbeiten, Sir – haben ebenfalls einige Leute drüben in Siri verloren. Aber sie haben bereits ein paar andere Leute mit Land Rovern an der Bucht entlang hineingeschickt. Ich weiß allerdings noch nicht, ob sie schon Überlebende gefunden haben. Der Berg, auf dem wir uns befinden, hat der Stadt Ambon guten Schutz geboten. So eine Art Schatteneffekt. Ich glaube daher nicht, dass es dort große Verwüstungen gegeben hat, vielleicht sind ein paar Fenster zu Bruch gegangen. Und der Flugplatz liegt auf der gegenüberliegenden Seite der Stadt an einer anderen Bucht, der Ambon Bay. Der Flugplatz ist auch noch in Ordnung. Mit anderen Worten, dort können Rettungsmaschinen landen – und in der Bucht können Schiffe vor Anker gehen.«

»Gut. Wenn ich das richtig verstanden habe, heißt das, die Schäden konzentrieren sich auf die eine Seite der Bucht, oder?«

»So sieht es aus, Sir. Es hätte weitaus schlimmer ausgehen können.«

»Haben Sie eine Vorstellung, Captain, wer dafür verantwortlich sein könnte? Und warum das jemand getan haben mag?«

»Nein, Sir, keine richtig überzeugende. Nur dass da jemand die Söhne des Dschihad überhaupt nicht mochte.«

»Ja, so sieht es aus. Und dieser Jemand hatte eine Atombombe.«

»Yes, Sir.« Dann nahm Valdez die nächste Frage vorweg. »Aber wir haben keinerlei Hinweise auf Atomwaffen in diesem Teil der Welt. Also sollte es die hier eigentlich gar nicht geben.«

»Die sollte es nirgendwo geben«, murmelte der Präsident kaum hörbar.

»Was können Sie mir über den radioaktiven Niederschlag berichten?«, fragte der Präsident weiter (und hakte den nächsten Punkt auf seiner Liste ab). »Lässt sich schon sagen, wohin der sich ausbreiten könnte?«

»Nun, Sir, es war eine *schmutzige* Waffe, das heißt eine Bodenexplosion. Es muss eine Menge Wasser und Schmutz und anderes Zeug mit in die Luft geflogen sein. Das ist die schlechte Nachricht. Die gute ist, dass die Winde um diese Jahreszeit nach Süden ziehen. Na ja, zumindest ist das für uns die gute Nachricht«, setzte er hinzu. »Es sieht auch nicht so aus, als würden wir heute noch Regen bekommen. Wenn das der Fall wäre, würde ich mir echte Sorgen machen. Südlich von hier könnte es aber Probleme geben. Die Insel Timor liegt von hier aus gesehen in Lee, also in südwestlicher Richtung und ist gerade einmal 300 Seemeilen entfernt. Nach Darwin in Australien, sind es weniger als 1000 Seemeilen. Es ist also nicht auszuschließen, dass die einiges von der Scheiße abbekommen werden – Entschuldigung, Sir.«

»Schon gut. Hab schon Schlimmeres gehört. Schließlich beschreibt es die Situation sehr treffend. Ich glaube auch nicht, dass unsere australischen Freunde besonders glücklich darüber sind.«

Der Präsident hielt den Telefonhörer von sich weg und deckte die Sprechmuschel mit der Hand ab. »Ich möchte sofort mit dem australischen Premierminister sprechen, wenn ich mit dem Captain fertig bin«, teilte er seinem Sicherheitsberater mit.

»Wir haben hoch fliegende Aufklärungsflugzeuge vom Typ U-2 von der Kadena AFB auf Okinawa in der Luft, Mr. President«, unterbrach Admiral Croce, »die werden den Niederschlag beobachten und Proben nehmen können. Die Analysen können uns binnen 72 Stunden genaue Auskunft geben, wo die Waffen hergestellt wurden und welche Arten von Niederschlägen zu erwarten sind. Darüber hinaus werden wir auch ein DOE

NEST (Nuclear Emergency Search Team) aus Las Vegas schicken, das die Situation vor Ort überwachen kann.«

»Gut. Das ist doch schon mal was. In der Zwischenzeit werden unsere australischen Freunde allerdings ziemlich sauer sein.« Plötzlich blitzten die Augen des Präsidenten auf. »Aber das muss nicht unbedingt schlecht sein. Die werden nämlich mit Sicherheit etwas dagegen unternehmen wollen. Also könnten sie eine große Hilfe sein.«

»Ja, Mr. President, das werden sie sicherlich«, bestätigte Croce. »Ich habe bereits veranlasst, dass meine Jungs mit den Leuten in Canberra Kontakt aufnehmen.«

»Schön, sehr schön«, meinte der Präsident, »wir müssen uns aber auch beeilen.« Mit diesen Worten nahm er das unterbrochene Gespräch mit Valdez wieder auf. »Können Sie mir noch irgendetwas sagen, Captain?«

»Nein, Sir. Im Augenblick noch nicht, Sir.«

»Dann danke ich Ihnen, Captain.«

»Ja, Sir. Danke, Mr. President.«

* * *

In Washington war es jetzt drei Uhr morgens.

Richard Callenbachs Assistentin trat leise zum Präsidenten. »Mr. President«, sagte sie mit gedämpfter Stimme, »ich denke, Sie sollten sich einen Bericht ansehen, den wir gerade vom BBC World Service übernommen haben.« Damit richtete sie auch schon die Fernbedienung auf einen der Bildschirme und eine hübsche blonde britische Nachrichtensprecherin erschien:

»Vor wenigen Minuten«, berichtete sie, »tauchte der indonesische Generalmajor Nusaution in den Sendungen aller indonesischen Nachrichtenkanäle auf, um eine überraschende Erklärung abzugeben. Dabei nahm er Bezug auf eine noch überraschendere Atomexplosion, die in den frühen Morgenstunden auf den Molukken stattgefunden hat.« Hinter ihr wurde ein Porträtfoto des Generals eingeblendet. »Nach den Worten von General Nusaution«, fuhr die Sprecherin fort, »sind die indonesischen Streitkräfte seit beinahe einem Jahr im Besitz von Atomwaffen. Diese Waffen seien, ich zitiere wörtlich ›ausschließlich zur Verteidigung erworben und unter strengste Sicherheitsüberwachung gestellt worden. Dennoch wurde eine dieser Waffen durch Verrat auf höchster und vertrautester Ebene gestohlen und konnte so in die Hände einer radikalen, fanatischen Separatistengruppe von Christen auf den Molukken gelangen. Sie haben diese Waffe gezündet mit dem Ziel, die Söhne des Dschihad zu vernichten und um gleichzeitig die Möglichkeit einer muslimisch-christlichen Koexistenz in Indonesien für immer zu vereiteln. Wir werden in Kürze eindeutige Beweise für diese christliche Verschwörung vorlegen. Diese Fanatiker stellen eine unmittelbare Gefahr für unser Land dar. Die Armee wird unsere Nation vor allen Feinden – ganz gleich ob sie aus dem In- oder Ausland kommen – schützen, so wie sie es schon immer getan hat.‹ So weit, meine Damen und Herren, die Erklärung des indonesischen Generals Nusaution. Sie hat allerdings mehr Fragen aufgeworfen als beantwortet.«

Die Sprecherin beendete die Berichterstattung mit der Aufzählung einiger Fragen: »Wie haben diese Leute sich Nuklearwaffen beschaffen können – und von wem? Warum haben sie sie beschafft? Und wie war es möglich, dass eine solche Waffe aus einem angeblich doch so sicheren Depot gestohlen werden konnte? Bislang haben wir auf diese Fragen noch keine schlüssigen Antworten. Wir hoffen jedoch, dass wir schon bald Antworten liefern können. Das war Linda Sillitoe aus Jakarta.«

Die Assistentin schaltete den Bildschirm wieder aus.

»Keine schlechte Analyse«, kommentierte Richard Callenbach.

»Aber es gibt immer noch viel mehr Fragen als Antworten«, meinte Admiral Croce.

»Eines jedenfalls wird dadurch bestätigt«, resümierte der Präsident, »nämlich dass Sie Recht hatten, Dick. In diesem Land herrscht ein heilloses Durcheinander von Irreführungen, die Wahrheit wird systematisch vernebelt. Ist Ihnen eigentlich bewusst geworden, dass in der gesamten Verlautbarung des Generals womöglich nicht ein einziger Satz stimmte?«

»Wie kommen Sie darauf, Sir?«, fragte Richard Callenbach. Er war der Skeptiker unter den engsten Mitarbeitern des Präsidenten.

»Ganz einfach, Dick. Meine Nase hat gejuckt und mir hat es in den Fingern gekribbelt. Überlegen Sie doch einmal: Welcher Christ würde am Weihnachtstag eine Atombombe zünden? Lassen Sie sich eines gesagt sein, Dick: Hier versucht irgendein Idiot, der nicht die geringste Ahnung vom Christentum hat, den Christen etwas in die Schuhe zu schieben.«

Skeptisch zog Callenbach eine Augenbraue hoch. Aber Admiral Croces Blick war nachdenklicher. »Wenn Sie mit dieser Vermutung Recht haben sollten, Sir«, meinte er, »dann haben wir in Indonesien vielleicht noch weit größere Probleme vor uns als nur die Rettungsaktionen auf den Molukken.«

»Ich gehe jede Wette ein, dass es so ist«, nickte der Präsident, offenbar erfreut darüber, dass der Admiral seinen Gedankengängen folgte. »Vergessen wir auch nicht, dass es 200 Millionen Indonesier gibt. Da unten könnte sogar noch viel mehr passieren als im ehemaligen Jugoslawien.«

»Könnte diese Atombombe vielleicht so etwas wie der erste Schuss in einem neuen Bürgerkrieg gewesen sein?«

»Nicht auszuschließen. Aber was auch immer da unten vor sich geht, meine Herren, ich möchte keinesfalls auf dem falschen Fuß erwischt werden. Lassen Sie mich bitte bis zum Morgen wissen, welche Möglichkeiten wir haben – sollten wir aktiv werden müssen.«

»In Ordnung, Sir«, versicherte Admiral Croce trocken.

»Wir müssen jetzt auch schon daran denken, dass wir eine Koalition zusammenbekommen«, ergänzte Callenbach. »Es kann und darf keine ausschließlich amerikanische Angelegenheit sein. Für die bestehenden asiatischen Sicherheitssysteme ist diese Sache eine Nummer zu groß, vor allem wenn sich die Befürchtung bewahrheitet, dass es zu einem Bürgerkrieg kommt.«

»Zu dumm«, murmelte der Präsident in Gedanken versunken, »dass die Sache nicht im Einflussbereich der NATO passiert ist. Jedenfalls kann das keine Angelegenheit sein, die Amerika allein angeht. Wir müssen sehen, dass wir auch die Aussies mit ins Boot bekommen und natürlich die Briten. Aber auch Thailand, die Philippinen, Singapur und Malaysia – die werden sich zuerst zieren, aber am Ende werden sie sich doch anschließen, wenn die anderen dabei sind. Also, an die Arbeit, meine Herren.«

Der Präsident wollte seine Berater verabschieden, da fiel ihm noch etwas ein. »Und noch eins: Der indonesischen Regierung – oder *irgendjemandem* da drüben, jemandem, der verrückt genug ist, sie zu benutzen – ist mindestens eine Atombombe in die Hände gefallen. Sollte es noch mehr von den Dingern geben, will ich, dass Sie diese Bastarde ausfindig machen ... *und zwar rasch!* Heute wurde seit Nagasaki zum ersten Mal wieder eine Atombombe im Zorn gezündet. Ich möchte unbedingt sichergestellt wissen, dass diese Verrückten nicht noch eine weitere zünden – die dann womöglich in Jakarta hochgeht.«

Kota Ambon, auf den Molukken
25. Dezember 2005, 1750

Das Hauptquartier der JISF war im ehemaligen Polizeihauptquartier von Kota Ambon untergebracht an der Ecke der Jalan[176] Raya Pattimura und der Jalan Ahmad Yani. Carlos Valdez hoffte dort Oberstleutnant Kumar anzutreffen. Wie sich herausstellte, hatte er gerade eben noch Glück, denn Kumar befand sich offensichtlich im Aufbruch.

»Hi, Kumar«, begrüßte Valdez seinen Freund. »Wie geht's?«

»Ich bin gerade auf dem Weg zu einer Besprechung mit Sam Fireside und ich habe ein Treffen mit allen örtlichen Abteilungsleitern organisiert.« Captain Sam Fireside war der Kommandeur des ODA 146. »Wir haben sie alle zusammengetrommelt: die Christen, die Muslime, die Kommandeure der Miliz, alle, die mit der Katastrophe zu tun haben. Dann werden wir das Wasser vom Mond holen.«

»Das Wasser vom Mond holen?«

»Ja. Ist ein indonesisches Sprichwort, was so viel bedeutet wie ›das Unmögliche möglich machen‹. Sie *werden* kooperieren, und zwar sowohl mit uns als auch untereinander. Wenn sie es nicht tun, werden sie keine Transportmöglichkeiten, keine Nachrichten, keine Unterstützung und keinerlei medizinische Hilfe bekommen.«

»Ja, das wird sie sicher dazu bringen, dass sie zuhören.«

Kumar grinste traurig und schief. »Du bist herzlich eingeladen, wenn du die Absicht haben solltest, dich uns anzuschließen.«

»Würde ich gerne, das kannst du mir glauben. Ich kann mir nämlich gut vorstellen, dass hier ganz schön Funken sprühen werden, ehe wieder so was wie ein Normalzustand eingekehrt ist. Aber ich kann leider nicht. Ich bin nämlich auf dem Rückweg nach Pattimura, um Major Carver Mel-

---

176 Das indonesische Wort für *Straße*.

dung zu machen. Ich hatte mich nur ganz spontan entschlossen, mal bei dir reinzuschauen, um kurz ›Kopf hoch‹ zu sagen.«

Kumar war klein, schlank und drahtig. Er sprach fließend Englisch (Valdez seinerseits konnte recht gut Indonesisch), denn er hatte seine Ausbildung in den Staaten bekommen, an der A&M in Texas.

»Hier, schau dir das mal an.« Damit reichte er Valdez ein beidseitig in Indonesisch beschriebenes Blatt Papier. »Wir haben die Druckerpresse, die du uns beschafft hast, dazu benutzt, Tausende dieser Flugblätter zu drucken. Eure *Chinooks* haben sie schon den ganzen Nachmittag über dem östlichen Teil der Insel abgeworfen.« (Die *Chinooks,* Hubschrauber des Typs CH-47D [4] der California Army National Guard, waren herübergekommen, um die Special Forces aus der Luft und bei Transportaufgaben zu unterstützen.)

Im Flugblatt stand genau das, was Valdez erwartet hatte: »Es hat eine atomare Explosion stattgefunden.« (*Nur für den Fall, dass das jemandem entgangen sein sollte.*) »Beachten Sie die folgenden Hinweise zu Ihrer eigenen Sicherheit: Sollten Sie selbst oder eine Ihnen nahe stehende Person unter Schwindel, Erbrechen, Durchfall, Erschöpfung, Kopfschmerzen, Kurzatmigkeit oder Herzrasen leiden, suchen Sie unverzüglich medizinische Hilfe. Medizinische Hilfe finden Sie in den Krankenstationen folgender Städte: Rutung, Lateri, Hunut und Tulahu.« (Das waren die Städte, die noch relativ unbeschädigt geblieben waren und in der Nähe des Bodennullpunktes lagen.) »Jede betroffene Person muss sich unbedingt mit Kaliumjodid-Tabletten eindecken und umgehend mit der Einnahme beginnen. Nur so kann man gegen Strahlenschäden vorbeugen. Die Tabletten werden in Kürze in den folgenden Ausgabestellen verfügbar sein: ...« (Es folgte eine Liste. Die Tabletten wurden von Australien eingeflogen und Valdez wollte sich schleunigst auch selbst welche beschaffen und dann einnehmen, denn sie halfen einem wirklich, wenn man sich die ekelhaften Begleiterscheinungen vom Leibe halten wollte.) »Schwer Verletzte werden in das Krankenhaus von Kota Ambon transportiert. Sollten Sie erfahren, dass jemand Hilfe benötigt, wenden Sie sich bitte an eine der offiziellen Stelle auf der oben angeführten Liste oder an einen beliebigen Soldaten oder Offizier der JISF, dem Sie begegnen.« Anschließend folgten noch erklärende Karten und andere Grafiken.

Flugblätter gehörten schon seit langer Zeit zu den Spezialitäten der Special Forces. Sie waren zwar eine der ältesten Methoden der Welt, Nachrichten und Meldungen auf dem schnellsten Weg einer großen Menschenmenge zur Kenntnis zu bringen, aber es war immer noch eine wirkungsvolle Methode – ganz besonders in Situationen wie dieser, in der die fortgeschrittene Medientechnik nicht beziehungsweise nicht mehr zur Verfügung stand. Valdez freute sich, dass Kumar und seine Leute von der JISF das Gelernte so gut umgesetzt hatten.

»Sieht sehr gut aus«, lobte er Kumar. »Aber wie ist der Stand der Dinge da draußen?«

»Wir haben Leute in Booten und mit Fahrzeugen. Die kämmen die Städte um die Baguala-Bucht durch ... oder zumindest das, was noch davon übrig ist. Nicht viele Überlebende da ...«

»Was ist mit deinen Jungs in Siri?«

Kumars resigniertes Schulterzucken sagte mehr als Worte. Aber neben Resignation steckte auch eine gehörige Portion Wut darin. »Da steht kein Stein mehr auf dem anderen. Vollkommen ausgelöscht. Wenigstens ist es uns gelungen, einige Kilometer von der Stelle entfernt noch ein paar Überlebende zu bergen und auch auf der anderen Seite der Bucht haben wir noch welche gefunden.«

In diesem Augenblick kam Valdez noch ein anderer unangenehmer Gedanke. »Es gibt hier keine Schutzkleidung. Deine Leute werden in der Bucht mehr Radioaktivität abbekommen, als gut für sie ist.«

»Ja, wir werden sicherlich einige von ihnen verlieren. Nicht nur die Amerikaner sind Helden«, schnappte Kumar mit unüberhörbarer Bitterkeit in der Stimme.

Valdez warf seinem Freund einen kurzen, schmerzvollen Blick zu. »Tut mir Leid.«

»Nein, *mir* tut es Leid«, antwortete Kumar rasch, der seinen Gefühlsausbruch sofort bereute. (Was für einen Amerikaner kaum als Ausbruch zu bezeichnen ist, gilt für einen Indonesier bereits als schlimmer Ausrutscher.) »Das hätte ich nicht sagen dürfen.«

Valdez konnte den Schmerz und den Druck, unter dem sein Freund stand, nur ahnen. Schließlich waren es seine Leute dort draußen, die das alles durchlitten.

»Eure Leute helfen uns meistens bei der Nachrichtenübermittlung und bei allem, was mit Organisation und Führung zu tun hat«, fuhr Kumar fort. »Eure Sanitäter haben sich in den vier Städten an der Front unseren Kräften angeschlossen.«

»Und wie sieht es da draußen aus?«

»Furchtbar. Absolut furchtbar. Wir haben bisher natürlich vor allem leicht Verletzte – Opfer der Druckwelle, der Hitze und herumfliegender Trümmerstücke. Bislang noch keine große radioaktive Strahlung –, aber die Menschen, die wir finden, werden mit an Sicherheit grenzender Wahrscheinlichkeit sterben. Es war eine schmutzige Bombe und es wird noch sehr viel mehr Verletzte geben.«

Plötzlich schaute er Valdez ungeduldig an. »Ich muss los.«

»Wir werden es durchstehen«, sagte Valdez wie als Abschiedsgruß.

»Wir werden es«, antwortete Kumar bitter.

Krisenzentrum des Verteidigungsministeriums
Merdeka-Platz, Jakarta
25. Dezember 2005, 1930

Das Kommandozentrum des indonesischen Militärs befand sich in einem großen, hohen Raum. Die langen Tische waren in Reihen angeordnet und mit Computern vollgestellt. An der Frontwand hingen drei riesige Leinwände, auf die man Karten, Dias und Videos projizieren konnte.

Der indonesische Vizepräsident Ratu Adil saß am ersten Tisch und war dabei, sich ein Bild von der aktuellen Situation zu machen. Und die war einfach furchtbar. Nusautions Verlautbarung und die anschließend vorgelegten »Beweise« hatten die erwartete Wirkung gehabt: Die Atombombenexplosion hatte die Studenten und die anderen üblichen Aufrührer durchdrehen lassen. In Jakarta und überall im Land, besonders auf Java, waren bereits die ersten religiösen Kämpfe ausgebrochen. Obwohl die Ausbrüche als »angeblich nicht organisiert« bezeichnet wurden, waren allein schon diese ersten Anzeichen übel. Christen und Chinesen (die in Indonesien traditionell als Sündenböcke herhalten mussten) wurden gejagt und ermordet – und alles konnte durchaus noch schlimmer werden.

»*Angeblich nicht organisiert*.« Das war natürlich die offizielle Scheiße und Adil wusste das nur zu gut. Die Aufstände waren das Werk von Aufwieglern der Armee. Sie waren nur das Vorspiel, der Höhepunkt würde noch kommen in Gestalt eines Putschversuchs der Armee. Die große Frage, die sich Adil stellte, lautete: Wie und wann würde es passieren?

Er und seine Freunde und Verbündeten waren vorbereitet. Aber hatten sie auch wirklich genug getan? Noch eine große Frage.

Neben Adil saßen der Verteidigungsminister Untung Sutopo – der wie Adil selbst einmal General bei den Luftstreitkräften gewesen war – und die Oberkommandierenden der Boden-, See- und Luftstreitkräfte: General Yani, Admiral Suwandi und General Omar Dhani. All diese Männer waren Gefolgsleute des Präsidenten Gajah Mada. (Adil selbst zählte zu einer Gruppe, die technisch gesehen zur Opposition gehörte. Seine Ernennung zum Vizepräsidenten war lediglich eine Konsens bildende Maßnahme gewesen.) Zur Zeit saß der Präsident in seinem Büro im Präsidentenpalast und es war eine Standleitung zu ihm geschaltet worden. Hin und wieder ließ das Staatsoberhaupt über die offene Lautsprecheranlage Bemerkungen fallen (die nach Adils Ansicht meist ziemlich dämlich waren).

Im Augenblick starrten alle außer Adil wie gebannt auf eine Leinwand vorne. General Nusaution (der offizielle Sprecher der Armee) gab eine neue Verlautbarung über das staatliche Fernsehen ab. Adil hatte den Kopf pflichtschuldigst in Richtung Leinwand gedreht, hörte aber nur mit halbem Ohr zu. Die »amtlichen«, von Nusaution in ziemlich herablassendem Ton gesprochenen Worte enthielten das, was zu erwarten gewesen war: Schmähungen und Beschimpfungen und nicht bewiesene Beschuldigungen gegen die christlichen Fanatiker und molukkischen »Abspaltler« (eine chinesische Formulierung, die er aufgegriffen hatte, um damit Separatisten und Abweichler zu bezeichnen). Diese Leute hätten den tragischen Tag selbst zu verantworten, klagte er mit von Scheinheiligkeit triefender Stimme. Dies solle allen anderen »Abspaltlern« und »Balkanisierern« eine Warnung sein. Anarchie und Chaos werde man nicht dulden. Das Kriegsrecht sei verhängt worden und die Armee sei unter der Führung einer Gruppe, die sich als »Komitee zur Wiederherstellung der Republik« (KWR) bezeichnete, daran gegangen, für Ordnung zu sorgen. Ruhig bleiben. Zu Hause bleiben. Keinen Widerstand leisten.

»Jetzt geht es also los«, stellte Adil halblaut fest und war noch nicht einmal besonders überrascht über diese Erkenntnis.

Im gleichen Augenblick ergriff er den Hörer eines der vor ihm stehenden Telefone und tippte eine Nummer in das Tastenfeld. Genau nach dem vierzehnten Klingelzeichen nahm jemand ab.

»Merdeka«, sagte die Stimme.

»Mobilisieren Sie Delphi«, sagte Adil nur, legte auf und rief den Präsidenten unter dessen Privatnummer an. Niemand ging ans Telefon, was ihn nicht sehr verwunderte. Er legte den Telefonhörer wieder auf die Gabel zurück und wartete.

Lange brauchte er nicht zu warten. Nur wenige Sekunden, nachdem Nusaution seine Ansprache beendet hatte, waren bereits sämtliche Ausgänge des Verteidigungsministeriums von Armeetruppen in Kampfanzügen besetzt. Sie wurden von einem Oberst angeführt, den Adil nur flüchtig kannte. Sein Name war Cancio.

Schnellen und geschmeidigen Schritts trat Cancio ein und baute sich vor der Leinwand auf.

»Bewahren Sie Ruhe«, sagte er zwar einigermaßen höflich, jedoch nicht gerade in dem Ton, den man gegenüber militärischen Vorgesetzten von ihm eigentlich hätte erwarten dürfen. »Diese Aktion ist eine reine Vorsichtsmaßnahme zur Wiederherstellung der Ordnung. Bitte leisten Sie keinen Widerstand.«

Dann trat er auf Adil zu und beugte sich zu ihm hinunter.

»Der Präsident ist tot«, flüsterte er. »Sie können mit uns kooperieren oder es bleiben lassen. Es ist Ihre Entscheidung. Ihre Familie befindet sich in …«, er machte eine bedeutungsvolle Pause, »… unserer Obhut. Eine Kooperation Ihrerseits wird Sie für meine Vorgesetzten verwendbar machen. Ich würde Ihnen raten, darauf einzugehen. Man wird Sie mit einem Hubschrauber an einen sicheren Ort bringen.«

Adil nickte kurz, was als ein Zeichen der Zustimmung gedeutet werden konnte. Er wusste, dass er keine Wahl hatte.

Cancio zeigte in die Richtung eines Majors. »Er wird für Sie verantwortlich sein. In seiner Begleitung sind Sie sicher.«

Dann zog Cancio seine Pistole aus dem Halfter und gab vier schnelle, gezielte Schüsse auf die Köpfe des Verteidigungsministers und der drei Oberkommandierenden – General Yani, Admiral Suwandi und General Dhani – ab. Die Oberkörper der Ermordeten sackten auf den Tisch.

»Verräter«, sagte er ruhig und führte den Major und Adil auf das Dach, wo ein Hubschrauber abflugbereit wartete.

Jakarta
25. Dezember 2000, 2330

Jakarta war ein einziges Tollhaus. Die Meldung, dass die Armee interveniert hatte, beruhigte die Aufrührer keineswegs, ganz im Gegenteil. Die Verlautbarung hatte im Grunde alles nur noch schlimmer gemacht.

Gebäude und Autos wurden in Brand gesteckt und Geschäfte geplündert. Es gab Dutzende von Toten und Hunderte von Verletzten. Erheblich verstärkte Truppen der Armee hatten versucht, die Ordnung wiederherzustellen, aber sie hatten keinen Erfolg gehabt, weil sie sich äußerst ungeschickt anstellten und außerdem für eine solche Aufgabe viel zu schlecht vorbereitet waren. Im weiteren Verlauf der Nacht war das Chaos in den Straßen immer schlimmer geworden … und hatte am Nachmittag geradezu furchterregende Ausmaße erreicht. (Die Anführer des Putsches hatten eine reibungslose Machtübernahme vorhergesagt. Aber dies war beileibe nicht die einzige und auch nicht die schlimmste Fehleinschätzung, die ihnen unterlaufen war).

* * *

Das *Paradiso 2001* war ein kleines chinesisches Restaurant, das sich auf vegetarische Küche spezialisiert hatte. Es lag nur zehn Minuten von der amerikanischen Botschaft entfernt in einer Allee, die von der Jalan Sabang abging. Zwei Männer, ein Indonesier und ein Amerikaner in Zivilkleidung, trafen sich dort sehr spät am Abend und nahmen in der Hoffnung, dass man sie nicht erkennen würde, in einer dämmrigen Ecke Platz. Der Indonesier hatte sich für eine weite Hose, ein Batikhemd und eine *pitji*-Mütze, die typisch indonesische Kopfbedeckung, entschieden, während der Amerikaner wie ein Tourist gekleidet war: Shorts, ein geblümtes Hemd und eine Baseball-Kappe (von den *New York Mets*). Doch dieser Amerikaner war alles andere als ein Tourist. Es war der amerikanische Militärattaché von der Air Force, Colonel Anthony Meyer (und er war lange genug im Land, um zu wissen, dass Indonesier etwas gegen Shorts haben). Der Indonesier hieß Widodo Suratman und war die rechte Hand von Ratu Adil.

Das Treffen trug das Codewort *Delphi*.

Suratman, der seit dem Morgen nichts mehr gegessen hatte, bestellte gedünsteten chinesischen Brokkoli, gebratenen Reis und Tee. Meyer nippte an seinem Tsingtao-Bier, während Suratman auf sein Essen wartete.

»Ich bin von Vizepräsident Adil autorisiert«, begann Suratman nach einer diplomatischen Pause, »Ihnen bestimmte wichtige Informationen zu übermitteln. Er wird, ebenfalls durch mich, eine Anfrage an die Vereinigten Staaten von Amerika richten und möchte der Hoffnung Ausdruck verleihen, dass Ihr Land dieser entsprechen wird.«

In seinen Augen stand eine dringende Bitte. »In welcher Form Sie diese Informationen auch verwenden werden und ganz gleich, ob Sie der Anfrage des Vizepräsidenten entsprechen oder nicht – ich bitte Sie zu verstehen, dass dieses Treffen offiziell niemals stattgefunden hat.«

»Selbstverständlich«, antwortete Meyer.

»Sie müssen wissen, dass der Präsident umgebracht wurde. Die Oberbefehlshaber und der Verteidigungsminister wurden ebenfalls im Kommandozentrum des Verteidigungsministeriums ermordet. Man hat beobachtet, dass der Vizepräsident das Ministerium in Begleitung eines Obersten des Heeres namens Cancio und eines unbekannten Majors per Hubschrauber verlassen hat. Es wird angenommen, dass er noch lebt – denn sie hätten ihn leicht zusammen mit den anderen töten können, haben es aber nicht getan.«

»Ist er freiwillig mitgegangen?«

»Wenn Sie damit meinen: ›Ist er einer der Verschwörer?‹, lautet die Antwort: ›Wohl kaum‹. Wahrscheinlich denken die, dass er ihnen von Nutzen sein könnte. Er genießt sowohl innerhalb wie außerhalb des Militärs einigen Respekt. Er würde eine gute Galionsfigur abgeben.«

»Ist er schwach genug, sich dazu machen zu lassen?«

»Ich denke, er wird sich in erster Linie für das Überleben entscheiden, bis die Alternativen sich noch weiter verschlechtern.«

Suratman sprach gleich weiter. »Der Putsch, der im Augenblick stattfindet, kann immer noch fehlschlagen. Ich denke, die Chancen für die Verschwörer stehen keinesfalls besser als fifty-fifty, denn sie haben ihren Rückhalt in der Bevölkerung völlig falsch eingeschätzt ... und genauso die Unterstützung des Militärs. Weder die Marine noch die Luftstreitkräfte werden sie unterstützen. Gleiches gilt für den Teil der Armee, der außerhalb Javas steht. Aber auf Java selbst sind sie zweifelsohne sehr stark. Die Verschwörer nennen sich Komitee zur Wiederherstellung der Republik, kurz KWR.« Meyer nickte, er hatte den Namen schon einmal gehört. »Ihr Anführer ist General Tono Bungei, der Kommandierende General des Heeres auf Java.«

»Nicht Nusaution?«

»Der ist nur so etwas wie ihr Sprachrohr, obwohl die anderen ihn glauben lassen, dass er mehr wäre als das. Sie geben ihm das Gefühl, tatsächlich die Nummer zwei zu sein. Aber die eigentlichen Anführer benutzen ihn lediglich als – wie sagt man bei Ihnen? – Aushängeschild.«

»In etwa.«

»Wir haben eine Liste der Spitzenleute beim KWR angefertigt und darüber hinaus auch noch andere wichtige Informationen zusammengestellt – Militäreinheiten, die sie möglicherweise unterstützen, Einheiten die sich ihnen entgegenstellen, und Einheiten, die sich aus allem raushalten.« Mit diesen Worten händigte der Indonesier seinem Gegenüber einen ZIP-Datenträger aus, den der Amerikaner sofort in einer Hemdtasche verschwinden ließ.

»Das einzige Häkchen an der ganzen Sache ...«

»Häkchen ist gut«, korrigierte Meyer mit freundlichen Lächeln. »Es sollte wohl besser von einem ausgewachsenen Haken die Rede sein.«

»Na gut. Also, der einzige Haken«, korrigierte sich Suratman, »sind die Atomwaffen.«

Meyer sah den anderen scharf an, sein Blick bekam eine stählerne Härte.

»Ich denke, dass es erforderlich ist, alles, was ich jetzt sage, so einfach und unmissverständlich wie möglich zu formulieren«, setzte der Indonesier an. »Es lag nie im Interesse meiner Regierung, Atomwaffen zu besitzen. Ich betone: *Niemals*. Genauso wenig befand sich auch die Waffe, die heute Morgen gezündet wurde, *jemals* im Besitz meiner Regierung. Es war eine von insgesamt fünf, die Tono Bungei und seine Handlager beim Heer erworben haben … und zwar ausschließlich, um sie zum eigenen Nutzen einzusetzen.«

Meyer dachte einen Moment über das Gesagte nach.

»Und von wem haben sie diese Waffen?«, fragte er dann.

»Wir wissen es nicht, aber ich tippe auf Pakistan. Die Generäle dort sind Muslime, genau wie die hier bei uns. Für die verbindet sich mit der Vorstellung einer islamischen Atombombe eine Art Mysterium. Sie vertreten die Ansicht, es sei nur recht und billig, ein solches Geschenk Allahs mit ihren muslimischen Freunden zu teilen. Aber davon einmal abgesehen, brauchen die Pakistani Geld. Bei denen wächst die Armut mit jeder Sekunde, die vergeht.«

»Und warum haben Sie bis jetzt damit gewartet, uns das alles zu erzählen?«

»Nun, schließlich ist das hier immer noch unser Land und wir haben unseren Stolz. Aber Sie müssen wissen, dass die ganze Geschichte, die von den Gaunern über die Tragödie des heutigen Morgens verbreitet wird, von vorn bis hinten eine einzige Lüge ist. Die Verbrecher sind für dieses Geschehen selbst *in vollem Umfang* verantwortlich.«

»Die haben also gedacht, sie könnten gleich vier Fliegen mit einer Klappe schlagen. Erstens wollten sie den Christen *richtig* schaden, deshalb haben sie ihnen die Schuld zugeschoben. Zweitens hatten sie vor, überall Chaos zu stiften, besonders auf Java. Und das ist ihnen zweifelsfrei auch gelungen. Drittens wollten andere ermutigen nach dem Motto: Bürger Indonesiens! Seht her, wir haben Atomwaffen und die werden wir auch einsetzen, falls sich dies als notwendig erweisen sollte! Und viertens wollten sie eine Rechtfertigung haben, die Regierungsgewalt zu übernehmen – natürlich um Recht und Ordnung wiederherzustellen, die übliche Umschreibung für eine Machtübernahme.«

»Es ist gar kein so schlechter Plan … wenn man die Moral eines Hitler besitzt. Wer sonst würde denn Massenvernichtungswaffen gegen die eigenen Leuten einsetzen? Wer außer vielleicht noch Saddam Hussein?«

»Genau. Es ist ein Plan des *Seten*.« Des Satans.

»Vizepräsident Adil möchte diese Instrumente des Seten gern aus unserem Land entfernt wissen.«

»Und er möchte gern, dass wir das erledigen?«

Der Indonesier antwortete nicht und sprach weiter, als habe er diese Frage gar nicht registriert.

»Diese Verbrecher haben die Atomwaffen in einer Einrichtung der Armee in der Nähe von Bandung gelagert. Das Gelände grenzt unmittelbar an den Flugplatz Bandung Husein Sastranegara.« Es handelte sich um eine ehemalige Vorzeige-Flugzeugfabrik, die *Merdeka Aircraft* (ein von Habibie gefördertes Unternehmen, als dieser noch Entwicklungsminister unter Suharto war. Eben einer von Habibies Träumen). Nach dem unvermeidlichen Scheitern wurde die Firma in aller Heimlichkeit in eine Einrichtung der Armee umgewandelt.

»Wir sind nicht nur im Besitz von Zeichnungen und Plänen des Geländes, sondern auch von Karten, Fotos und anderen wichtigen Dokumenten. Sie werden alles auf dem Datenträger finden.«

Meyer blickte sein Gegenüber mit wachsendem Respekt an.

»Ich möchte nicht vergessen, Sie auf die Möglichkeit hinzuweisen, dass man Vizepräsident Adil genau dorthin verschleppt hat, und ich vertraue darauf, dass Sie diese Information ebenso vorsichtig wie wohl überlegt nutzen werden. All dies mag für eine Großmacht wie die Vereinigten Staaten von Amerika vielleicht nur eine vorübergehende Irritation sein. Für mein Land jedoch bedeutet es eine einschneidende geschichtliche Veränderung.«

»Sie können auf uns zählen.«

Das Weiße Haus
Washington, D. C.
27. Dezember 2005, 1525

Der Vorsitzende der Vereinigten Stabschefs begrüßte den Präsidenten, als er in das Oval Office eintrat. Der höchste Offizier der USA hatte eine Akte in der Hand, die seiner Meinung nach so aufregende Meldungen enthielt, dass er seinem Oberkommandierenden sofort Bericht erstatten musste. Er wollte seinem Boss die Situation in Indonesien selbst erläutern.

Len Croce zeigte eindeutige Anzeichen von Übermüdung, denn er hatte in den vergangenen achtundvierzig Stunden kaum geschlafen. Der Präsident hingegen wirkte sehr ausgeruht. Nur wenige Minuten zuvor war er von einer Weihnachtstour durch seinen Heimatstaat zurückgekehrt. Die Begeisterung der Menschen dort hatte ihm neue Kraft verliehen. Heute trug der Präsident eine hellrote Strickjacke. Die Farbe passte einerseits zu den Feiertagen und andererseits wollte er damit seine Entschlossenheit unterstreichen.

»Nun, Len, wie sieht es aus?«, fragte der Präsident fröhlich. Offensichtlicher erwartete er gute Nachrichten.

»Wir haben recht ordentliche Fortschritte gemacht, Mr. President«, antwortete Croce und reichte ihm die Akte. Doch ohne einen Blick hineinzuwerfen ließ er sie auf den Schreibtisch fallen. »Meldungen, Karten und so weiter«, erklärte Croce. »Ganz informativ.«

»Ich werde mir das alles noch ansehen«, antwortete der Präsident wenig begeistert. Er war bekannt dafür, dass ihn militärisches Besprechungsmaterial nicht besonders interessierte.

»Bisher«, begann Croce, »haben wir eine vorläufige Analyse der Partikel aus der Atmosphäre, die unsere U-2 mitgebracht hat.« Der Präsident nickte ihm ermunternd zu. »Es handelte sich um eine Waffe, die in Pakistan hergestellt wurde. Sie basiert auf einer chinesischen Konstruktion und wurde wahrscheinlich vor etwa vier Jahren gebaut, also ein älteres pakistanisches Modell. Sie hatte eine Sprengkraft von ungefähr 50 bis 60 Kilotonnen. Ein übles Ding zwar, aber nicht besonders groß – bitte im Sinne von Waffen zu verstehen. Eine Atombombe, aber keine Thermonuklearwaffe.«

»Ich möchte, dass sich das Außenministerium damit befasst«, brummte der Präsident. »Damit können wir die Pakistani und die Chinesen ganz schön unter Druck setzen. Dann werden die beiden ein bisschen kürzer treten müssen«, setzte er mit nur kaum verhohlener Freude hinzu. Den Chinesen eins auszuwischen war politisch immer nützlich. »Das wird uns einen netten Vorteil verschaffen.«

»Ja, Sir«, pflichtete Admiral Croce bei und fuhr schnell fort: »Was die Nachwirkungen der Explosion anbetrifft ...«

»Radioaktiver Niederschlag?«

»Richtig. Die Waffe war keine saubere Angelegenheit und die Druckwelle – eine Explosion am Boden – hat eine Menge von örtlichem Bodenmaterial mitgerissen. Timor im Süden von Ambon hat gestern schon eine ordentliche Portion davon abbekommen. Es wird dort mit Sicherheit auch Opfer geben.«

»Tote?«

»Sehr wahrscheinlich.«

»Wie können wir helfen?«

»Es steht immer noch eine UN-Einheit in Ost-Timor, hauptsächlich Australier. Die Aussies haben sich bereit erklärt, die Einheit mit medizinischem Personal zu verstärken. West-Timor – also die indonesische Seite – wird ebenfalls australische Hilfe annehmen.«

»Dann ist es also nicht unser Problem?«

»Nicht alle Probleme gehen uns etwas an.«

»Allerdings!«, stimmte der Präsident ziemlich nachdrücklich zu.

»Natürlich haben die Aussies selbst auch einige Probleme mit dem radioaktiven Fallout. Er ist bereits in Darwin zu spüren.«

»Schlimm?«

»Bis jetzt noch nicht ... und wir erwarten auch nicht, dass es so schlimm wird wie in Timor. Das verdammte Zeug hatte bis dort einige hundert Meilen, auf denen es sich verteilen konnte. Aber da und dort könnten sich Krisensituationen einstellen. Diese Dinge nehmen nun mal nie den einfachen und vorhersehbaren Weg.«

»Und die Aussies ...?«

»... sind sauer«, beendete Croce die Frage seines Chefs. »Genau, wie wir es vorausgesagt haben. Der diplomatische Notenwechsel zwischen Canberra und Jakarta schlägt noch höhere Wellen als die Regierungserklärungen des Premierministers – und die waren schon überaus heftig formuliert.«

»Gut«, sagte der Präsident, nicht im Geringsten überrascht. Schließlich bestätigte das nur seine eigene Einschätzung der australischen Reaktion.

»Überflüssig, darauf hinzuweisen, dass die Australier in der South East Asia Coalition[177] eine unnachgiebige Position einnehmen.« Die eilig gebildete Koalition, die sich mit dem Problem in Indonesien beschäftigen sollte, war kurzerhand SEAC getauft worden. »Sie sind alle mit dabei – sowohl bei den Rettungsmaßnahmen als auch in militärischer Hinsicht. Sie hätten sich uns so oder so angeschlossen, aber als sie eine Portion radioaktiven Niederschlag abbekamen … und als sie dann noch hörten, was Adil dazu zu sagen hatte …« Er ließ den Satz unausgesprochen in der Luft hängen.

»Fabelhaft.« Der Präsident wirkte sehr zufrieden. »Und was ist mit dem Rest der SEAC?«

»Wir leiten nicht allen Mitgliedern sämtliche Informationen weiter. Aber das Außenministerium hat mal wegen Militäraktionen vorgefühlt. Unserer Einschätzung nach werden sie letzten Endes ihre Zustimmung geben. Niemand hat große Lust zuzusehen, wie Atombomben hochgehen. Schon gar nicht, wenn es in seiner unmittelbaren Nachbarschaft geschieht. Und jeder hat ein Interesse daran, dass die Situation in Indonesien stabil und friedlich ist. Aber sie reagieren nervös, was unsere Intervention angeht. Am besten wird es sein, wenn wir alles ganz vorsichtig angehen lassen. Es sollte alles so aussehen, als hätte es sich absolut unumgänglich und zwingend ergeben. Das Außenministerium arbeitet daran.«

»Sehr gut.«

»Und ich würde gerne noch die Rettungsmaßnahmen ansprechen, Mr. President.«

»Einverstanden.«

»Die Rettungstrupps haben das Gebiet erreicht«, berichtete Croce. »Aber es wird noch mal zwei Tage dauern, bis alles eingetroffen ist. Im Wesentlichen haben wir die 82nd Airborne dort, die sich um das Gebiet der Explosion kümmern soll, und ihr Kommandierender General wird auch die Aufgabe eines JTF-Kommandeurs erfüllen. Die CVBG aus Perth wird ebenfalls in einigen Tagen dort sein. Außerdem werden wir die bereits vor Ort befindlichen Special Forces verstärken. Die haben bislang zusammen mit ihren indonesischen Kameraden die ganze Last allein getragen – und haben *großartige* Arbeit geleistet. Außerdem ist auch logistische und Luftunterstützung auf dem Weg. Die Tabelle über Zeiten und Abschnitte der Verlegungen finden Sie in der Akte. Sie geben Ihnen einen kleinen Überblick, wie alles ablaufen soll.«

Der Präsident öffnete die Akte und ließ seinen Blick über die Seiten schweifen. »In Ordnung«, sagte er dann.

---

177 Ein fiktives südostasiatisches Bündnissystem. (Anm. d. Ü.)

Einheit	derzeit	Transport	Transport-zeit	Bestimmungs-ort
In der AOR vor Ort befindliche Einheiten				
ODB 140 (Balance Patrol[178])	Im Einsatz, Indonesien	entfällt	entfällt	entfällt
ODA 142 (Balance Patrol)	Im Einsatz, Indonesien	entfällt	entfällt	entfällt
ODA 144 (Balance Patrol)	Im Einsatz, Indonesien	entfällt	entfällt	entfällt
ODA 146 (Balance Patrol)	Im Einsatz, Indonesien	entfällt	entfällt	entfällt
CH-47D (4) California Army National Guard (ANG)	Im Einsatz mit ODB 140 in Indonesien	entfällt	entfällt	entfällt
13th MEU (SOC) und USS *Bataan* (LHD-6) ARG	Hafenbesuch in Perth, Australien	selbst, auf dem Wasserweg	A + 4 Tage	nach Bedarf
USS *Abraham Lincoln* (CVN-76) CVBG mit dem CVW-11	Hafenbesuch in Perth, Australien	selbst, auf dem Wasserweg	A + 4 Tage	nach Bedarf
Regionale Einheiten				
Company B, 1/1st SFG	Okinawa	4 C-130 (374th AW/ Yokota AFB)	A + 2 Tage	nach Bedarf
Company F, 2/1st SFG	Okinawa	4 C-130 (374th AW/ Yokota AFB)	A + 3 Tage	nach Bedarf
HQ (FOB 11) 1/1st SFG	Okinawa	4 C-130 (374th AW/ Yokota AFB)	A + 2 Tage	nach Bedarf

178 Balance Patrol ist die Code-Bezeichnung für sämtliche Einsätze, die die 1st SFG für das Pacific Command (PACOM) durchführt. (Anm. d. Ü.)

Einheit	derzeit	Transport	Transport-zeit	Bestimmungs-ort
Regionale Einheiten				
AC-130U *Spectre* Gunships (4)	Hurlburt Field	Verlegung mit eigenen Maschinen	A + 4 Tage	nach Bedarf
MC-130H/P (4)	Kadena AFB	Verlegung mit eigenen Maschinen	A + 2 Tage	nach Bedarf
MH-53J *Pave Low* Heli-kopter (4)	Kadena AFB	4 C-17A (62nd AW/ Fairchild AFB)	A + 3 Tage	nach Bedarf
SOCPAC HQ	PACOM HQ, Pearl Harbor	2 C-17A (62nd AW/ Fairchild AFB)	A + 2 Tage	nach Bedarf
MPS Geschwader der Army	Agana Harbor, Guam	selbst, auf dem Wasserweg	A + 6 Tage	Explosionsgebiet zu Rettungs- und friedenssichernden Maßnahmen
MPS Squadron-2	Diego Garcia	selbst, auf dem Wasserweg	A + 4 Tage	Explosionsgebiet zu Rettungs- und friedenssichernden Maßnahmen
III MEF	Okinawa	verschiedene Formen des Lufttransports	A + 6 Tage	Explosionsgebiet zu Rettungs- und friedenssichernden Maßnahmen
In die AOR zu verlegende CONUS-Einheiten				
1/505th PIR	Fort Bragg/ Pope AFB	6 C-17A (437th AW/ Charleston AFB)	A + 36 Stunden	Explosionsgebiet zu Rettungs- und friedenssichernden Maßnahmen

Einheit	derzeit	Transport	Transportzeit	Bestimmungsort
In die AOR zu verlegende CONUS-Einheiten				
2/505th PIR	Fort Bragg/ Pope AFB	6 C-17A (437th AW/ Charleston AFB)	A + 48 Stunden	Explosionsgebiet zu Rettungs- und friedenssichernden Maßnahmen
3/505th PIR	Fort Bragg/ Pope AFB	6 C-17A (437th AW/ Charleston AFB)	A + 56 Stunden	Explosionsgebiet zu Rettungs- und friedenssichernden Maßnahmen
505th PIR HQ und dazu gehörende Einheiten	Fort Bragg/ Pope AFB	12 C-17A (437th AW/ Charleston AFB)	A + 56 Stunden	Explosionsgebiet zu Rettungs- und friedenssichernden Maßnahmen
1/75th Ranger Regiment	Fort Benning	6 C-141B (SOF) (305th AW/McGuire AFB)	A + 56 Stunden	Atomwaffen-Lager
NEST Team	McCarren International Airport, Las Vegas	1 C-130 (Energie-Ministerium)	A + 24 Stunden	nach Bedarf
JTF-Hauptquartier (82nd Airborne Division	Fort Bragg/ Pope AFB	6 C-17A (437th AW/ Charleston AFB)	A + 36 Stunden	Explosionsgebiet zu Rettungs- und friedenssichernden Maßnahmen
1/XVIII Aviation Brigade (OH-58D, CH-60, CH-47E)	Fort Bragg/ Pope AFB	24 C-17A (437th AW/ Charleston AFB)	A + 5 Tage (schrittweise Aufstellung)	Explosionsgebiet zu Rettungs- und friedenssichernden Maßnahmen

Einheit	derzeit	Transport	Transportzeit	Bestimmungsort
In die AOR zu verlegende CONUS-Einheiten				
Company C 1/1st SFG	Fort Lewis,	4 C-17A (62nd AW/Fairchild AFB)	A + 3 Tage	nach Bedarf
Company A, 1/19th SFG (ANG)	Buckley, WA	4 C-17A (62nd AW/ Fairchild AFB)	A + 5 Tage	Explosionsgebiet zu Rettungs- und friedenssichernden Maßnahmen
Company C, 1/19th SFG (ANG)	Murray, Utah	4 C-17A (62nd AW/ Fairchild AFB)	A + 6 Tage	Explosionsgebiet zu Rettungs- und friedenssichernden Maßnahmen
III MEF	Okinawa	verschiedene Formen des Lufttransports	A + 6 Tage	nach Bedarf
7th PSYOP Group	San Francisco CA	3 C-5B (60th AW/ Travis AFB)	A + 2 Tage	Explosionsgebiet zu Rettungs- und friedenssichernden Maßnahmen
2/358th Civil Affairs Brigade (USAR)	Norristown, PA	5 C-5B (436th AW/ Dover AFB)	A + 3 Tage	Explosionsgebiet zu Rettungs- und friedenssichernden Maßnahmen
Alliierte Einheiten				
Tactical Assault Group (TAG) des austral. SAS-Regiments	Perth, Australien	zusammen mit dem 13th MEU (SOC) eingeschifft	A + 4 Tage	nach Bedarf

Der Präsident klappte die Akte zu. »Was machen die indonesischen Behörden?«

»Die sind viel zu sehr mit ihren eigenen Problemen beschäftigt und machen nur eine Menge Geschrei. Es gibt einige Erklärungen, die Adil zugeschrieben werden, der im Augenblick nominell Staatsoberhaupt ist. Darin wird die SEAC mit allgemeinen Worten verurteilt. Über unsere Rettungsmaßnahmen können sie sich wohl kaum beklagen, denn was unternehmen *die* schon groß?«

Croce machte nur eine kurze Pause, eine ernsthafte Antwort erwartete er nicht. »Alles auf den Punkt gebracht, stellt sich das Bild folgendermaßen dar: Die neue Regierung hat es offensichtlich nicht geschafft, Java unter ihre Kontrolle zu bringen. Geschweige denn den Rest des Archipels. Mit anderen Worten: Sie haben keine wirkliche Macht. Es passt ihnen nicht, dass wir uns in ihrem Land befinden, aber ihr Jammern ist nicht mehr als Pissen gegen den Wind.«

»Können sie gewinnen?«

»Sie meinen, ob ihr Putsch Erfolg haben kann? Das ist stark zu bezweifeln, Mr. President. Aber je länger sie die Zügel in der Hand halten – selbst wenn es die Zügel eines Pferdes sind, das nur in ihrer Phantasie existiert –, desto mehr Schaden können sie anrichten. Ein Bürgerkrieg liegt durchaus im Bereich der realen Möglichkeiten und das wäre eine furchtbare Katastrophe, die lang anhaltende, über Jahrzehnte reichende Konsequenzen hätte.«

»Das müssen wir verhindern«, sagte der Präsident und setzte gleich hinzu: »Sie besitzen Atomwaffen.«

»Ja, sie haben Atombomben und sie haben gezeigt, dass sie sie ohne Skrupel sogar gegen die eigenen Leute einsetzen. Dies sind ganz üble Burschen, Mr. President.«

»Und was nun …?«, fragte der Präsident mit einer Geste, die Croce zum Weitersprechen aufforderte.

»Das Material, das wir von Adil bekommen haben, ist unbezahlbar, Mr. President.«

»Und es steht fest, dass die bösen Jungs ihn benutzen, ich meine, dass er sich denen nicht angeschlossen hat?«

»So sicher, wie wir nur sein können. Was die brauchen, ist eine respektable Galionsfigur, und er passt genau in dieses Profil.«

»Er ist ein großer Patriot«, meinte der Präsident. »Und sicherlich weitaus tapferer, als ich es bin. Ich hoffe bloß, dass er alles überlebt. Ich würde ihn gern mal kennen lernen.«

»Mit diesem Material, Sir, haben wir eine verdammt gute Chance, die Atomwaffen in die Hand zu bekommen, und wir werden alles daran setzen, dass er diese Sache überlebt. Die Operation ist im Grunde recht simpel. Durchaus vergleichbar mit den Dingen, die wir vor ein paar Jahren in Panama durchgezogen haben. Im Augenblick sind wir gerade dabei, ein Regiment Ranger nach Darwin zu verlegen. Diese Männer sind unsere erste Wahl für die Einnahme von Flugplätzen, sie schaffen es, jeden Flugplatz der Welt in zwanzig Minuten unter ihre Kontrolle zu bekommen. Ihnen fällt die Aufgabe zu, den Flugplatz in Bandung zu erobern. Die Aussies wiederum haben eine Tactical Assault Group vom SAS, die geradezu ideale Voraussetzungen mitbringt, das Atomwaffendepot einzunehmen.«

»Gute Idee, die Australier einzusetzen.«

»Yeah, und sie sind perfekt für diesen Job geeignet. Wahrscheinlich werden wir auch noch ein paar B-2 einsetzen um eine Gegenwehr im Keim zu ersticken«, fügte der Admiral hinzu.

»Wann soll das alles denn über die Bühne gehen?«

»In der Silvesternacht.«

»Danke, Len. Ach, und noch eins … gehen Sie schlafen.«

»Ich werde es versuchen, Mr. President.«

Jakarta, Java
28. Dezember 2005, 0430

Zwei große Langstreckenhubschrauber vom Typ CH-53E *Super Stallion* von der USS *Bataan* setzten auf dem Merdeka-Platz in der Nähe der amerikanischen Botschaft auf. Sie hatten einen langen Flug von dem Flugzeugträgerverband hinter sich (sie waren in der Luft aufgetankt worden), der im Augenblick nördlich von Perth unterwegs war.

Gestern hatte die Botschaft das indonesische Außenministerium darüber informiert, dass eine Einheit der Marines vom 13th MEU (SOC) mit einem Hubschrauber landen würde, um das Sicherheitspersonal der Botschaft zu verstärken. Das Außenministerium sah dies als notwendige Maßnahme an (bei den meisten Botschaften in Jakarta, einschließlich der amerikanischen, war zu diesem Zeitpunkt bereits alles nicht unbedingt erforderliche Personal evakuiert worden) und hatte die Landung genehmigt. Das war auch nicht weiter verwunderlich, hatten doch die Aufstände an Intensität zugenommen, und der Armee gelang es auch mit immer mehr Gewalt nicht, der Anarchie in den Straßen Einhalt zu gebieten.

Die Marines würden also mit einem anerkannten diplomatischen Auftrag landen und damit selbstverständlich auch diplomatische Immunität genießen.

Glücklicherweise hatte die US-amerikanische Botschaft bislang nur sehr wenig unter dem Aufstand gelitten – es hatte nur einige Stein- und Eierwürfe gegeben. In der Erwartung, dass es auch weiterhin so bleiben würde, trugen die Marines hauptsächlich nicht tödliche Waffen. Nur um ganz sicher zu gehen, hatten sie auch eine Auswahl an tödlichen Waffen mitgebracht, die gegen Menschen gerichtet werden konnten.

Allerdings waren nicht alle Marines auch wirklich Marines. In einem CH-53E saßen zwei ODAs (163 und 168) und sechs Mann eines ODB (161) von der Company F des in Okinawa stationierten 2/1st SFG (alle wie Marines angezogen). Die Männer vom ODB schlugen ihr Lager in der Botschaft auf und setzten ihre Fernmeldeeinrichtung auf dem Dach zwischen dem Wirrwarr der Antennen der Botschaft ab. Was die elektromagnetischen Aussendungen der Botschaft anging, trat damit keinerlei erkennbare Veränderung ein – zumindest für all diejenigen nicht, die dort gerne mal hineingehört hätten.

In der Zwischenzeit legten sich die ODAs für einen ganzen Tag aufs Ohr. Das war nötig, denn von diesem Abend an würden sie sehr beschäftigt sein.

Pattimura Airport
Palau Ambon
28. Dezember 2005

Drei Tage nach der Atombombenexplosion sah der Flugplatz von Pattimura aus wie Tempelhof in den Tagen der Berliner Luftbrücke. Neue und zufällig auch bessere Luftraum-Überwachungsgeräte waren gleich mit den ersten Flügen von der Air Force Base Kadena auf Okinawa angekommen und hatten die zusammengeschmolzene indonesische Elektronik ersetzt. Die Flugzeuge starteten und landeten inzwischen praktisch ununterbrochen – eine Luftbrücke im wahrsten Sinne des Wortes. An jeder freien Stelle stapelten sich Container und Frachtpaletten. Um die Gegenstände dorthin zu bringen, wo sie gebraucht wurden, hatten die JISF die Koordination des Transports vor Ort übernommen. Die meisten Transportfahrzeuge waren entweder gerade auf dem Weg nach Pattimura oder kamen von dort, beschlagnahmte Busse verbanden die Flüchtlingslager mit der Hauptstadt und wurden auch als Krankenwagen eingesetzt.

In den Lagern waren Feldlazarette eingerichtet worden und etwas näher an der Explosionsstelle befand sich eine Triage-Station. In Kota Ambon kümmerten sich Spezialeinheiten um die schlimmsten Brandwunden, Strahlungsverbrennungen und andere Verletzungen.

Etwa um diese Zeit waren die wichtigsten und eiligsten Dinge bereits erledigt. Man hatte Überlebende gefunden und sie gedrängt, die Gefahrenzone des Explosionsgebietes zu verlassen, sie wurden in Lager getragen oder gefahren. Die meisten Menschen, die medizinische Hilfe benötigten, waren erstversorgt worden, und jeder auf der Insel, der auch nur ein bisschen gesunden Menschenverstand hatte, nahm Kaliumjodid-Pillen ein.

Die Flüchtlingslager waren zwar überfüllt, es gab nur wenig Unterschlupf, und was zur Verfügung stand, war auch nicht besonders bequem. Aber alles in allem konnte die Lage nicht als schrecklich angesehen werden … und sie besserte sich von Tag zu Tag.

In der Zwischenzeit war das Hauptkontingent der 82nd Airborne eingetroffen und hatte sein Lager unmittelbar an den Flugplatz angrenzend aufgeschlagen. Zusammen mit der 82nd waren auch Stabselemente angekommen. Dabei handelte es sich um das 505th PIR HQ (unter dem Kommando eines Brigadier General), das JTF HQ (unter dem Kommando eines Major General, der gleichzeitig auch Kommandeur der 82nd Airborne war) und um den verstärkten Stab der Special Forces (die FOB 11 vom 1/1st SFG unter dem Kommando eines Lieutenant Colonel) zur Unterstützung des ODB 140.

Die Sicherheitsmaßnahmen auf dem Flugplatz waren streng, denn es gab *viel,* was geschützt werden musste: ankommendes amerikanisches Sanitätspersonal, weiblich und männlich (zu Tausenden), medizinisches und technisches Personal nebst ihren Geräten (darunter auch Teams verschiedener Nichtregierungsorganisationen wie Ärzte ohne Grenzen) und Hardware, die etliche Millionen Dollar wert war. Allein eine einzige Transportmaschine des Typs C-17A schlug mit rund 200 Millionen Dollar zu Buche. Eine Menge Pausenbrote!

Glücklicherweise war die Insel Ambon in keiner Weise »feindseliges Territorium«. Die Truppen der JISF waren freundlich, kooperativ und effektiv. Die überwiegende Mehrheit der Menschen auf Ambon stellte sich ebenfalls als freundlich und dankbar heraus (was wohl mit auf die jahrelange Anwesenheit der amerikanischen Special Forces zurückzuführen war). Sogar die religiösen Gruppen, die sich bis dahin bekämpft hatten, hielten jetzt Frieden. Und dennoch gab es in Indonesien bedauerlicherweise keinen Mangel an unfreundlichen Zeitgenossen.

Einige davon brachten sich am 28. Dezember wieder in Erinnerung.

Ein Hubschrauber des Typs MH-53J *Pave Low* ist groß, schnell und ein Monster; er wurde nicht von vornherein für die Aufgaben der Air Force Special Forces[179] entwickelt, sondern ist praktisch ein aus vorhandenen Bauteilen zusammengesetztes Gerät (das Innere sieht aus wie die Comic-Version des Labors von Dr. Frankenstein). Die Flugzelle stammt von einem CH-53D *Sea Stallion* in der Basisausführung. Der *Pave Low* ist schwer bewaffnet, schwer gepanzert, schwer mit elektronischen Geräten bestückt (FLIR, TFR – Bodenfolgeradar, eben mit allem Nützlichen). Er hat eine Crew von fünf Mann und bei ihm leckt überall Flüssigkeit so stark, dass man meinen könnte, es regnet[180]. Aber ganz gleich, ob er nun ein Monster ist oder nicht, auf jeden Fall ist es nicht besonders ratsam, sich mit einem davon anzulegen. Er erfüllt nämlich seinen Job.

Air Force Major Al Tatum war der Kommandeur des *Pave-Low*-Teams, das aus Kadena eingeflogen worden war. Sobald seine vier Vögel auf ihre Flugtauglichkeit hin überprüft waren, bat er den Kommandeur des ODA 142, Carlos Valdez, ihn auf einem Orientierungsflug zu begleiten. Er wollte sich ein genaues Bild der Insel machen, von der Explosionsstelle, den Lagern und von allem anderen, worauf er aufpassen musste. Am Morgen des 28. Dezember um 0830 hoben die beiden zu ihrem Flug ab.

Um 1020 trieben sie sich über der Bucht von Ambon herum und warteten auf die Landeerlaubnis in Pattimura. Tatum saß im rechten Pilotensessel und unterhielt sich mit Valdez, der auf einem Klappsitz hinter ihm kauerte. Der Copilot Bob Thornton hatte die Steuerung der Maschine übernommen.

Der Endanflug für Starrflügler[181] führte normalerweise über die westlich des Flugplatzes gelegenen Dörfer Hattu und Leke. Der *Pave Low* von Tatum und Valdez befand sich im Augenblick südlich davon.

---

179 Die Air Force ist nicht gerade bekannt für ausgeprägte elterliche Gefühle für ihre Special-Forces-Komponente.

180 Es gibt da einen Scherz: »Wenn's nicht leckt, kann es entweder kein Sikorsky sein – oder du hast keine Hydraulikflüssigkeit mehr im System.«

181 »Normale« Flugzeuge im Gegensatz zu den Drehflüglern (Hubschraubern). (Anm. d. Ü.)

Während sie dort ihre Warteschleifen drehten, flog eine Transportmaschine des Typs C-130 *Hercules* über Hattu hinweg (die, wie sie später erfuhren, medizinische Vorräte an Bord hatte). Auf einmal brüllte Thornton völlig geschockt »SAM!« und deutete auf ein paar sich windende Rauchschweife hinter und unter dem großen Flugzeug.

Valdez sah fasziniert zu und traute doch seinen Augen kaum. Doch auch er spürte einen kalten Schauer über seinen Rücken laufen, als er sich vorstellte, dass diese Lenkwaffen genau so gut auf sie hätten gerichtet sein können.

»Oh, mein Gott«, stöhnte Tatum, der sich von Valdez abgewendet hatte und in die angegebene Richtung schaute, »verdammte Scheiße!« Dann übernahm er mit den Worten »Ich hab übernommen« die Steuerung der Maschine und schob mit einer Hand die Leistungshebel der Triebwerke nach vorn.

Wie als Antwort auf Valdez' Befürchtungen endeten die korkenzieherartigen Flugbahnen in unmittelbarer Nähe der Backbordtriebwerke der C-130 und fast in der gleichen Sekunde folgten zwei Blitze, als die Gefechtsköpfe der Lenkwaffen explodierten. Sofort stieg die Steuerbordtragfläche der Maschine nach oben, das Flugzeug drehte sich um sich selbst und taumelte aus dem Himmel. Valdez, der wie erstarrt das Geschehen verfolgte, sah die *Hercules* in ein Waldstück stürzen, das auf etwa zwei Drittel der Strecke zwischen Hattu und Leke in der Nähe der Küstenstraße lag.

Inzwischen hatte der *Pave Low* eine Geschwindigkeit von 160 Knoten erreicht und hielt auf die Stelle im Wald zu, aus der die beiden spiralförmigen Rauchbahnen aufgetaucht waren. Valdez entdeckte eine kleine Lichtung, die wahrscheinlich zu einem Jamsfeld gehörte, das ein Bauer in den Dschungel geschlagen hatte.

Neben dem Piloten und dem Copiloten gehören bei einem *Pave Low* auch noch zwei Bordschützen zur Besatzung. Sie bedienen zwei Maschinengewehre Kaliber 7,62 mm, die nach dem Gatling-Prinzip arbeiten. Ein drittes Gatling befindet sich weiter achtern und wird vom Crew Chief bedient. Diese Waffen haben zwar nicht die Feuerkraft schwerer Geschütze, dafür machen sie ihr geringeres Kaliber mit einem *rasanten* Strom von Blei wett (jedenfalls gilt das für die meisten ihrer Einsätze). Die Schützen schießen mit diesen Waffen etwa auf die gleiche Art und Weise, wie Feuerwehrleute mit ihren Wasserschläuchen umgehen. Ein Schwenk schneidet einen Mann glatt in zwei Teile.

Während sie so auf die Küste zu rasten, rief Tatum seinen Bordschützen bereits mir klarer, ruhiger, wenn auch vor Wut angespannter Stimme präzise Instruktionen zu. »Gentlemen, wir werden diese Bastarde schnappen, die unsere C-130 abgeschossen haben. Überprüfen Sie bitte Ihre Waffen.«

Unmittelbar auf diesen Befehl hin ertönte eine Serie von Schnapp- und Klappergeräuschen, als die Schützen ihre Maschinengewehre feuerbereit machten.

Nun hatte auch Valdez die Wut gepackt, die er durch den ganzen Hubschrauber fluten spürte.

Transportflugzeuge sind verletzlich und in einer Situation wie der in Indonesien von lebenswichtiger Bedeutung. Ohne eine solche Luftbrücke wäre jede Rettungsmaßnahme zum Scheitern verurteilt. Wer auch immer die C-130 abgeschossen hatte, wollte offensichtlich aber genau das erreichen. Aber *warum?*

Die United States Air Force nimmt jede Art von Bedrohung ihrer Maschinen *sehr* ernst. Selbst die Transportflugzeuge sind mit Defensiveinrichtungen versehen – Düppel und Wärmescheinziele, und noch ein paar andere Tricks, die zum Handwerk gehören. Tatsächlich können sich diese großen Flugzeuge mit einer überraschenden Behändigkeit bewegen, wenn es erforderlich ist. Sie können sogar Lenkwaffen entgehen (tragbare SAMs haben kurze Beine – ihre Maximalreichweite liegt zwar bei rund fünf Kilometern, doch ihre optimale Reichweite beträgt nur ein bis zwei Kilometer). Tragischerweise hatte niemand mit einer solchen Attacke gerechnet – offensichtlich eine krasse Fehleinschätzung. *Andererseits*, überlegte Valdez, *sollte derjenige, der ein Flugzeug der U.S. Air Force abschießt, nicht erwarten, dass man ihm auch noch die andere Wange hinhält.*

In einer Halterung standen vier Karabiner M-4. Valdez arbeitete sich von seinem Klappsitz hoch und schnappte sich einen davon. Er vergewisserte sich, dass die Waffe feuerbereit war. Sie war es. Dann platzierte er sich auf einer Seite der beiden inzwischen offen stehenden Türen.

Jetzt hatten sie die Küstenlinie überquert und befanden sich im Sinkflug. Tatum betätigte den Leistungshebel und drehte einen engen Kreis, der das kleine Feld zum Mittelpunkt hatte. Der Hubschrauber hatte kaum zwei Minuten gebraucht von der Bucht bis zu der Stelle, an der die Boden-Luft-Lenkwaffen gestartet worden waren.

Die normale Strategie eines SAM-Schützen ist, schnell in Stellung zu gehen und ebenso schnell auch wieder zu verschwinden. »Schieß und kratz die Kurve«, heißt die Devise. Das hatten die bösen Jungs auch vor. Es waren vier, zwei Schützen und zwei Beobachter, die nun hastig dem Dschungel entgegenliefen, und im Augenblick trennten sie vielleicht noch fünfzehn Meter von der erhofften Sicherheit (eine bewaldete Wildnis mit Baumkronen auf drei Ebenen bedeckte das Innere der nördlichen Halbinsel, nur die Küste war bewohnt), als sich der *Pave Low* hinter sie schwang. Keiner der vier hatte damit gerechnet, dass die Kavallerie so schnell da sein würde. Sie gerieten in Panik. Drei versuchten, noch schneller zu laufen, der vierte ließ sich einfach zu Boden fallen. Wie sich herausstellte, hatte er den einzig richtigen Gedanken gehabt. Das Geräusch eines feuernden Gatling-Maschinengewehrs wird allgemein als das große Götterfurzen bezeichnet. Valdez hörte es und war fasziniert davon, wie die Götter zu furzen pflegten, während der Strom von Projektilen des Kalibers 7,62 mm sich wie ein Laserstrahl durch die drei Läufer hindurchschnitt. Anschließend gab der Bordschütze kurze Feuerstöße in Richtung des Mannes auf dem Boden ab, um ihn dort festzunageln.

Der *Pave Low* drehte einige schnelle Kreise um das Jamsfeld, um zu überprüfen, ob sich nicht noch mehr böse Jungs versteckt hielten … und um sicher zu sein, dass die drei Erledigten auch wirklich erledigt waren.

Dann erst setzte er nicht gerade sanft auf dem Boden auf. Die beiden Bordschützen und der Chief stürzten sofort mit Karabinern M-4 und Seitengewehren bewaffnet hinaus, Valdez folgte ihnen.

Valdez hielt auf den vierten Mann zu, während die anderen zu den drei Niedergeschossenen in der Nähe des Waldrandes rannten.

Auch der vierte Mann war getroffen, allerdings hatte er, wie es aussah, keinen direkten Treffer abbekommen, sondern war wohl von einem Querschläger erwischt worden. Er lebte noch. Er trug die Uniform eines indonesischen Armeeoffiziers (ein Hauptmann, wie Valdez schnell erkannte). Sein AK-47 lag, nicht weit von seiner Hand entfernt, an der Stelle, wo er es hatte fallen lassen, und eine Pistole steckte noch im Halfter an seiner Seite. Er hatte Treffer in Oberschenkel und Schulter abbekommen und offensichtlich große Schmerzen. Die Wunden waren jedoch nicht lebensgefährlich.

Valdez war einigermaßen überrascht, den Mann in voller Uniform vorzufinden … gerade wegen dieses Vorfalls. Warum wollte das indonesische Militär so offensichtlich die Verantwortung für den Abschuss eines amerikanischen Flugzeugs übernehmen? Verfügten die etwa auch über Saddams verrückte Chuzpe?

»*Bangsat*[182]*!*«, brüllte Valdez den Mann auf Indonesisch an, während er sich ihm mit dem M-4 im Anschlag näherte. »Kannst du mich verstehen?«, fuhr er indonesisch fort.

»Ja«, murmelte der Hauptmann.

»Wirf die Waffe weg und dann versetzt du deiner Kalaschnikow einen gehörigen Tritt.«

Der indonesische Offizier blickte ihn schmerzerfüllt an und deutete auf seine Wunden.

»Ist mit scheißegal, wie stark deine Schmerzen sind, du Wichser. Wirf endlich deine Waffen weg!« Die letzten Sätze hatte Valdez in Englisch gebrüllt. Trotzdem schien der andere Mann verstanden zu haben, was von ihm verlangt wurde, er zog seine Pistole vorsichtig aus dem Halfter und warf sie in das Feld. Dann kroch er zu seiner AK-47 hinüber, kämpfte eine Sekunde lag mit der Waffe herum und schaffte es schließlich unter großen Mühen, sie fortzustoßen.

»Okay«, sagte Valdez, so weit zufrieden, und näherte sich dem Indonesier. »Jetzt lass mal sehen, ob wir dich zusammenflicken können.«

Kaum hatte er das gesagt, trat einer der Schützen heran und berichtete, dass die anderen drei sich endgültig nicht mehr rührten. Dann machte er kehrt und stapfte in das Feld hinein, um die weggeworfenen Abschussrohre der SAMs zu finden. Einige Minuten später war er schon wieder da. »Russische SA-16«, meldete er Valdez und ging dann hinüber zu Major Tatum, der inzwischen den *Pave Low* verlassen hatte und auf Beschädigungen überprüfte, um ihm das Gleiche mitzuteilen.

Valdez dachte nach. Wenn diese Bastarde nicht auf sich allein gestellt waren, was sehr wahrscheinlich war, dann hatten sie ein geheimes Waf-

182 Derbes indonesisches Schimpfwort, etwa in der Bedeutung von »Bastard« oder »Arschloch«.

fenversteck im Dschungel. Wenn es ihnen gelang, das auszuheben, gab es auch keine SAMs mehr … wahrscheinlich zumindest.

Später, nachdem sie wieder an Bord geklettert waren und die Wunden des Indonesiers so weit versorgt hatten, dass er transportfähig war, und ihn sicher im Hubschrauber verstaut hatten, nahm Valdez Tatum beiseite und wies mit dem Kopf in Richtung des Verwundeten. »Dieser Kerl braucht unbedingt einen Termin bei einem meiner Freunde. Kumar heißt der Mann, er ist der Kommandeur der JISF«, erklärte er dem Major. »Glauben Sie, dass Sie mich und den Indonesier zurück nach Kota Ambon bringen können? Ich könnte mir nämlich gut vorstellen, dass Kumar ihn liebend gern mit in ein Zimmer nehmen und die Türe hinter sich zumachen würde, während ich mir ein Bier genehmige. Wenn ich dann zurückkomme, bin ich mir verdammt sicher, dass Kumar mir sagen kann, wo sie ihre anderen SA-16 versteckt haben.«

Tatum bedachte ihn mit einem breiten und zufriedenen Lächeln. »Mache ich gerne«, sagte er. »Darf ich Ihnen vielleicht Gesellschaft leisten? Bei dem Bier, meine ich. Ich habe gehört, dass sie in Ambon ein verdammt gutes Gebräu ausschenken.«

»Klar doch.«

* * *

Während der *Pave Low* aus dem Jamsfeld abhob, hatten die Air Force Traffic Controller in Pattimura bereits den gesamten regionalen Luftraum in höchste Alarmbereitschaft versetzt. Zwei Hubschrauber des Typs OH-58D (sie waren alles, was im Augenblick zur Verfügung stand) hatten den Befehl bekommen, die An- und Abflugrouten zum Flugplatz zu beobachten. OH-58D sind mit FLIR ausgerüstet und mit einer Vielzahl von Waffen bestückt (Raketenbehälter und Maschinengewehre des Kalibers .50). Sie waren jedenfalls in der Lage, einem erneuten SAM-Angriff sehr schnell und entschieden zu begegnen.

Außerdem hatte man Späher am Boden entlang der Anflugschneise des Flugplatzes ausgeschickt, die Flugzeuge sofort informieren konnten, sollten erneut Flugabwehrraketen auftauchen.

Letzten Endes blieb nichts anderes übrig, als den gesamten Flugverkehr verlangsamt ablaufen zu lassen. Alles, was jetzt noch anfliegen wollte und nichts Lebensnotwendiges an Bord (oder nicht mehr genug Kraftstoff) hatte, wurde auf die Zeit nach Einbruch der Dunkelheit verschoben. Zwangsläufig wurde damit auch das Tempo der Luftbrücke reduziert, aber das war nun einmal nicht zu vermeiden.

Tragbare SAMs sind recht simple Dinger und nachts kaum zu brauchen, weil sie visuell gerichtet und auch visuell verfolgt werden müssen. Bei Dunkelheit ist das schwierig (Dunkelheit oder schlechtes Wetter senken die Verwendbarkeit solcher Waffen um 80 bis 85 Prozent.) Außerdem verfolgen solche Waffen die Hitzequelle ihrer Ziele mit einem einfachen Sensor, der in die Waffe selbst eingebaut ist. Sie verfügt also über keinerlei Wärmebild-Darstellungsfähigkeiten oder Führung vom Boden aus, geschweige denn über irgendwelche ausgeklügelten Radarsysteme zur Verfolgung ihres Ziels. All diese netten Sachen sind nämlich für die Soldaten, die das System zu Fuß transportieren müssen, viel zu schwer. Anders ausgedrückt: Die tragbaren SAMs sind im Grunde Systeme ähnlich einer Bazooka[183], nur dass sie über einen Hitze suchenden Kopf verfügen. Selbst ohne allen Schnickschnack wiegen sie rund fünfzehn Kilo und das ist eine ganze Menge, wenn man damit zu Fuß unterwegs sein muss.

Um dem abzuhelfen, bietet es sich an, eine Art zentralen Lagerort für diese Waffen einzurichten.

Und das war ein guter Grund, weshalb Carlos Valdez dieses Versteck finden wollte.

Mit der Annahme, dass er nicht lange würde warten müssen, lag er gar nicht so falsch.

RAAF[184] Darwin
Darwin, Australien
28. Dezember 2005

Ein Langstreckenflug ist Schwerarbeit. Man verliert Unmengen an Flüssigkeit und Unmengen an Elektrolyten. Man rutscht durch viele Zeitzonen und klettert schließlich als ausgetrockneter Zombie aus dieser silbernen Röhre, die sich Flugzeug nennt, und der Körper hat keinen Schimmer, wie viel Uhr es zum Teufel eigentlich ist.

Man braucht Erholung – Schlaf und reichlich zu trinken.

Ranger sind bissig und sie sind *hart*. Hauptsächlich werden sie darauf trainiert, körperlich jederzeit vollkommen fit zu sein, damit sie sich in ihren Kampfanzügen in ein Flugzeug setzen können und achtzehn Stunden später aussteigen, unverzüglich ausschwärmen und ins Gefecht gehen. (Dazu sollte man allerdings wissen, dass diese Flugzeuge nicht mit niedlichen Stewardessen, Filmvorführungen während des Fluges und bequemen Sitzen ausgestattet sind, auf denen man mehr als nur zehn Minuten sitzen möchte.)

Dass diese Männer dazu in der Lage sind, ist eine gute Sache. Aber auch sie sind nur Menschen mit ihren Schwächen. Lieber wären sie es nicht. Und wenn es geht, nehmen sie sich ein bis zwei Tage nach einem solchen Flug um die Welt frei, um ihre Körper wieder ins Gleichgewicht zu bringen. Das taten sie auch, als sie am 27. Dezember auf der RAAF Darwin ankamen.

In der Zwischenzeit hatten ihre zukünftigen Partner von der Tactical Assault Group des australischen SAS, die bereits am 26. Dezember auf der RAAF Darwin eingetroffen waren, mit dem Aufbau eines, wie es aussah, ziemlich groben Bühnenbildes begonnen. Vierkantbalken, Packpapier und Segeltuch. Special Operations laufen nicht selten nach einem ähnli-

183 Das amerikanische Gegenstück zur deutschen Panzerfaust. (Anm. d. Ü.)

184 Royal Australian Air Force. Die australischen Luftstreitkräfte führen wegen der Verbindung zum britischen Commonwealth immer noch den Zusatz *Royal*. (Anm. d. Ü.)

chen Schema ab wie Theateraufführungen – allerdings Aufführungen, bei denen mit sehr hohem Einsatz gespielt wird. Auf jeden Fall sind Kenntnisse im Schreinerhandwerk, Verlegen von Lichtleitungen und sonstige handwerklichen Begabungen von Vorteil. Proben sind äußerst wichtig. Und wenn man einer der Beteiligten ist, schätzt man sich umso glücklicher, je mehr Zeit man zum Üben hat. (Die Verbrecher in Entebbe ließen den israelischen Einheiten volle drei Tage Zeit zur Vorbereitung. Diese Übungszeit besiegelte das Schicksal der bösen Jungs.) Was man dazu braucht, sind Modelle der Angriffsziele (solche Modelle müssen nicht besonders gut aussehen). Damit kann man sich dann wunderbar beschäftigen und sich mit Anlage, Größe, Proportionen, mit Ausgängen, Sichtlinien, Schusslinien, Wegen und Zeiten vertraut machen. So findet man auch heraus, wo Hindernisse und Gegenwehr zu erwarten sind. Außerdem sollen auch noch die einzelnen Elemente der eigenen Aktionen miteinander synchronisiert werden.

Während sich das $1^{st}/75^{th}$ Ranger Regiment erst einmal ausruhte, hatten die Australier die Kulisse aufgebaut. Sie stellte die ehemalige Flugzeugfabrik Merdeka Aircraft dar, wo jetzt die Atomwaffen lagerten.

Am 29. würden die SAS TAG zusammen mit den Rangern die Proben beginnen. Die Gebäude des Stützpunktes (wie beispielsweise der Kontrollturm) würden dabei die Rolle der Gebäude des Husein Sastranegara Airport von Bandung spielen.

Die Ranger sind in der Lage, 99 Prozent aller Flugplätze auf der Welt innerhalb von zwanzig Minuten einzunehmen. Die SAS TAG ging davon aus, dass sich die Atomwaffen und der indonesische Vizepräsident (immer unter der Voraussetzung, dass er tatsächlich ebenfalls dort festgehalten wurde) innerhalb dieser Zeitspanne in ihren Händen befinden würden.

Es würde nicht schön werden. Aber es würde schnell über die Bühne gehen.

Husein Sastranegara Airport
Bandung, Indonesien
28. Dezember 2005, 1625

Ratu Adil hatte man in einen kleinen, aber wohnlichen Raum gesperrt. Mit seiner Vermutung, dass der Raum sich unterhalb der Erdoberfläche befand, hatte er Recht. Tatsächlich war er nur etwa 100 Meter von dem hastig errichteten Gewölbe entfernt, in dem die Atomwaffen untergebracht waren, und nur einige Türen den Korridor hinunter lag der erheblich größere Raum für das Befehls- und Führungszentrum. General Nusaution hatte man in Jakarta belassen, damit er dort weiterhin als Sprecher auftreten konnte, der Rest der Verschwörer hatte sich in die besser gesicherten Gebäude der Einrichtung in Bandung zurückgezogen.

In Augenblick hatte Adil die Ehre, nicht nur die Anwesenheit des Führers der Verschwörung, des Generals Bungei, genießen zu dürfen, sondern auch die von Oberst Cancio. Bungei, ein Mittfünfziger, machte einen ebenso beleibten wie wohlhabenden Eindruck. Ganz anders Cancio. Er war zehn Jahre jünger, erheblich größer und – im Gegensatz zu seinem Chef – fit und durchtrainiert. Unter anderen Umständen hätte Adil den Mann vielleicht gemocht und er wäre vielleicht sogar stolz gewesen, wenn Cancio unter ihm gedient hätte. Für ihn war es unverständlich, aus welchen Gründen ein solcher Mann auf diese Gauner gesetzt hatte. Beide Männer trugen Kampfanzüge und Cancio hatte einen ledernen Aktenkoffer dabei.

Adil beobachtete die beiden sehr genau in der Hoffnung, irgendwelche Hinweise zu bekommen, was sich außerhalb seiner vier Wände und des winzigen Badezimmers abspielte.

Bisher hatten seine Gefängniswärter die »offizielle« Version aufrechterhalten, dass er ihr Gast war, und er hatte bis jetzt »offiziell« mitgespielt. Er hatte versucht, eine »offizielle« Neutralität beizubehalten. Er gab sich indes keinen Illusionen hin, dass inzwischen in seinem Namen (als Interimspräsident) Befehle gegeben und ausgeführt worden waren und er sah für sich keine Möglichkeit, etwas daran zu ändern. Er hatte sogar seine Zustimmung zu einem Foto gegeben, das ihn zusammen mit Bungei zeigte. Das war für ihn nichts anderes als ein kalkulierter Kompromiss. Er hoffte, dadurch für sich und seine Familie Zeit zu schinden.

Andererseits gab es aber durchaus auch Umstände, die ihn dazu zwingen konnten, sich und seine Familie zu opfern. Er vermutete sogar, dass der Zeitpunkt nicht mehr allzu fern lag, an dem er mit einem dieser Umstände konfrontiert sein würde.

Was wollten sie jetzt schon wieder? General Bungei machte es sich in einem der beiden Sessel bequem, die zu diesem Raum gehörten. Adil nahm in dem anderen Platz, Cancio blieb stehen.

Wie die meisten Asiaten kommen auch die Indonesier nicht sofort auf das Wesentliche zu sprechen. Während seiner Zeit in Amerika hatte sich Adil jedoch ein gerütteltes Maß amerikanischer Ungeduld zugelegt und die Angst um seine Familie vergrößerte sie noch weiter. Während Bungei um den heißen Brei herum redete, wurde Adil immer nervöser. Dennoch ließ er das Gerede des Generals mit höflichem, aber versteinertem Gesicht über sich ergehen. Innerlich schrie er beinahe: *Jetzt komm doch zur Sache!*

Cancio, ein Mann weniger Worte, wirkte desinteressiert.

»Ich muss Sie um einen Gefallen bitten, Ratu«, sagte Bungei endlich, sein Gesicht eine Maske der Freundlichkeit, als er schließlich auf den Grund seines Besuches zu sprechen kam.

»Ach ja?«, fragte Adil vorsichtig.

»Wir haben einen Punkt in unserer Wiederherstellung erreicht, an dem die Menschen in unserem Land ein Wort der Ermutigung seitens einer respektierten Persönlichkeit hören wollen …«

»… wie beispielsweise von einem Interimspräsidenten«.

»Genau. Wir möchten, dass Sie zur Nation sprechen. Wir hätten gern, dass Sie die Leute beruhigen.« Dann führte er Daumen und Zeigefinger der einen Hand so nahe zusammen, dass sie sich beinahe berührten. »So knapp stehen wir vor dem Ziel, mein Freund, so nahe.« Er wirbelte leicht mit der Hand durch die Luft. »Aber wir brauchen jemanden … jemanden in Ihrer Position... der unsere Nation auch noch dieses letzte kleine Stückchen führen kann. Es wird ein Mann der Stunde benötigt. Und dieser Mann könnten Sie sein.«

Adil starrte den anderen Mann an, während sich seine Gedanken überschlugen. »Ich bin mir nicht sicher, was Sie damit meinen«, sagte er langsam.

»Sie haben die Unterstützung des KWR für die Präsidentschaft. Aber wir werden dazu natürlich auch einige Gesten des Entgegenkommens von Ihnen erwarten. Eine solche Übereinkunft könnte für beide Seiten von Nutzen sein.«

»Und was ist, wenn ich zu der Ansicht gelange, dass ich Ihnen nicht helfen kann?«, fragte Adil. Er musste alle seine Willenskraft aufbieten, seine Stimme normal und unberührt klingen zu lassen, während er sich im Zustand inneren Aufruhrs befand. Offensichtlich lief der Putsch nicht besonders gut. Wäre es anders gewesen, hätten sie ihn mit einem solchen Anliegen nicht behelligen müssen.

Wahrscheinlich hatten sie ihn nur für eine solche Eventualität am Leben gelassen.

Fieberhaft überlegte er, wie er da nutzen konnte. Wie konnte er daraus einen Vorteil ziehen? Sollte er ihren Forderungen zustimmen und dann vor den Kameras sagen, was er wirklich sagen wollte? Nein, natürlich ging das nicht. Sie würden die Ansprache aufzeichnen. Wenn er dabei etwas versuchte, wäre er innerhalb von Sekunden ein toter Mann. Nein, das kam nicht in Frage, nicht solange sie nicht vor seinen Augen seine Frau und seine Töchter vergewaltigten und folterten.

»Ich kann mir nicht vorstellen, dass Sie sich Ihrem Volk in einer Zeit der Prüfung vorenthalten«, bemerkte Bungei sanft. »Doch die Exempel, die an Sutopo, Yani, Suwandi und Dhani statuiert werden mussten, dürften Ihnen die Konsequenzen einer Ablehnung deutlich vor Augen geführt haben. Und es gibt tatsächlich auch noch andere Konsequenzen.« Er sah zu Oberst Cancio hinüber, der ein neun mal dreizehn Zentimeter großes Foto aus seiner Aktenmappe zog und Adil übergab.

Das Foto zeigte seine neunzehnjährige Tochter Reni unter einem starken, gleißenden Licht. Sie stand unbekleidet und angstvoll vor einer nackten, verrußten Wand, die Hände hinter dem Rücken, wo sie mit Sicherheit gefesselt waren. Adil hatte seine Tochter nicht mehr unbekleidet gesehen, seit sie ein kleines Kind gewesen war.

Der Anblick brannte sich in seine Seele... und weckte unbändige Wut.

Noch waren keine Verletzungen an ihr zu sehen... noch nicht. Dass es so blieb, hing ganz offensichtlich davon ab, dass er kooperierte.

Adil unterdrückte den Impuls zuzuschlagen. Es hätte keinen Sinn (er hatte bereits aus dem Augenwinkel gesehen, dass Cancios Hand leicht, aber reaktionsbereit auf dem Halfter der Waffe an seiner Seite ruhte). Er unterdrückte auch den genauso überflüssigen Impuls, Beschimpfungen herauszubrüllen.

Er traf seine Entscheidung.

Diese Bastarde hatten einen weiteren Fehler begangen. Sie hatten versucht ihn zu beugen. Damit hatten sie ihn erst richtig auf den Weg des Widerstandes gebracht. Adil hatte genau durchschaut, unter welchem Druck sie standen (das war allerdings auch nicht allzu schwer gewesen). Und er musste zu einer in Stein gemeißelten Erkenntnis kommen: Reni, Suya und Nuri waren tot. Und er war ebenfalls tot. Nicht sofort, aber in ein paar Stunden. Oder Tagen. Auf jeden Fall bald. Man konnte es ihnen gar nicht erlauben, weiterzuleben. Seine Kooperation würde das Ende nur hinauszögern.

Mit diesem Wissen gewann das Ehrgefühl wieder die Oberhand.

»Nein«, sagte er leise, fast flüsternd. »Ich kann mich Ihnen nicht anschließen.«

»Meinen Sie nicht, dass Sie das etwas genauer erklären sollten?«, fragte ein sichtlich überraschter Bungei, während Cancio ihn mit einem Anflug von Respekt anstarrte.

»Nein«, sagte Adil. »Ich glaube nicht, dass ich dazu noch etwas zu sagen habe.«

»Ihre Entscheidung wird Konsequenzen haben«, erwiderte Bungei, dessen Überraschung in Enttäuschung umgeschlagen war. Dahinter stand Sorge, die sich zur Wut steigerte. Er hatte auf Adils Schwäche gesetzt. Mit Adil an ihrer Seite hätte das KWR gewinnen können, ohne weiter mit den nuklearen Säbeln rasseln zu müssen. Ohne ihn hatten sie gar keine andere Wahl. Und was dann passieren würde, konnte niemand vorhersehen.

Bungei entschied sich, auf Zeit zu spielen. Er wusste, dass dies ein Zeichen von Schwäche war – und dass auch Adil das wusste –, aber es gab keinen anderen Weg. Er *musste* Adil auf seiner Seite haben ... zumindest vorerst.

»Sie sollten Ihre Entscheidung ein Weilchen überdenken«, sagte er, während er Adil innerlich verfluchte. Er hasste Adil dafür, dass er ihn brauchte. »Denken Sie an Ihre Tochter. Ein hübsches Mädchen. Schauen Sie nur.« Er zeigte auf das Foto, als er sich aus dem Sessel erhob. »Wir werden später noch einmal wiederkommen.«

Adil nahm das Foto und zerriss es ganz langsam in kleine Stücke, die wie Motten zu Boden flatterten.

Bungei und Cancio hatten den Raum verlassen, bevor er mit der Zerstörung des Bildes fertig war. Das Gesicht des Generals war starr vor Zorn.

Botschaft der Vereinigten Staaten von Amerika
Merdeka-Platz
Jakarta, Indonesien
28. Dezember 2005, 2247

Die Marines, die die Botschaft bewachten, fühlten sich alles andere als wohl. Am frühen Abend hatten indonesische Armeetruppen auf Randalierer geschossen. Einige Schüsse waren »Querschläger« gewesen und hatten einen Corporal und einen Private getroffen. Beide Männer hatten kugelsichere Westen getragen. Dem Corporal war nichts passiert, doch dem Private war das rechte Handgelenk zertrümmert worden. Die Marines hatten Befehl, keinesfalls zurückzuschießen, es sei denn in Notwehr. Der Zwischenfall wurde offiziell als »Unfall« eingestuft (obwohl alle – und das durchaus zu Recht – annahmen, dass eine vorsätzliche Handlung vorgelegen hatte), was die Marines jedoch nicht daran hinderte, sauer zu sein. Ihre Haltung den Indonesiern gegenüber war alles andere als freundlich.

Als sich jetzt ein Indonesier dem First Lieutenant der Marines näherte (sein Name war Kelleher), versuchte er den Mann fortzuscheuchen. Eine rein automatische Bewegung und keineswegs besonders freundlich in ihrer Ausführung, zumal er dem Mann schon zweimal gesagt hatte: »Sie müssen morgen wiederkommen, wenn die Botschaft geöffnet ist.« Doch auch das hatte den Mann nicht zum Weggehen veranlasst. Mit seinem Batikhemd und der *pitji*-Kappe sah er aus wie ein ganz gewöhnlicher Indonesier, und blieb freundlich und geduldig.

»Hau ab, du Arschloch«, kommandierte Kelleher und machte dabei eine unmissverständliche Bewegung mit dem Kolben seines M16.

»Mein Name ist Widodo Suratman«, beharrte der Mann. »Darf ich Sie nochmals bitten, Colonel Anthony Meyer zu sagen, dass ich hier bin? Bitte richten Sie ihm aus, dass es dringend ist.«

Na klar, dachte Kelleher, *weil du Visa für deine Familie haben willst.*

Doch langsam begann sich noch ein anderer Gedanke in ihm zu regen, denn er hatte bemerkt, dass sein Gegenüber intelligent war und eine gewisse Autorität ausstrahlte. *Und wenn er wirklich einen Grund hat, Colonel Meyer sprechen zu wollen, dann stehe ich saublöd da, wenn der Colonel nichts von ihm erfährt.*

Einige Minuten später saß Suratman Colonel Meyer in dessen Büro gegenüber.

»Also, was gibts, Widodo?«, fragte der Colonel und war froh, diesen Mann zu sehen … nein, mehr, er war froh, ihn lebend zu sehen. Er hatte ihm nämlich keine allzu großen Überlebenschancen gegeben, als sie sich beim letzten Mal getrennt hatten.

»Ich muss Ihnen Folgendes mitteilen … und zwar ganz offiziell: Der heutige Abschuss eurer C-130 war das Werk von Banditen, die sich KWR nennen. Es war eine Operation des Heeres. Sie haben ein SAM-Team eingeschleust, um euch in Verlegenheit zu bringen. Ich hoffe nur, dass sie damit keinen Erfolg gehabt haben.«

»Wir sind auch schon zu diesem Schluss gekommen«, antwortete Meyer. »Aber trotzdem: Danke für Ihre Anteilnahme. Es wird wohlwollend vermerkt.«

Meyer erzählte, was passiert war. »Wir hatten einen *Pave Low* vor Ort, der sich gerade im Luftraum aufhielt, als die C-130 abgeschossen wurde. Die Männer haben drei von ihnen erwischt und den vierten gefangen genommen … und der hat geredet. Was er uns erzählt hat, brachte das KWR in einen eindeutigen Zusammenhang mit dem Angriff, und das gibt uns das Recht, mit aller Macht zurückzuschlagen.«

»Das braucht ihr gar nicht«, wandte Suratman sanft ein.

»Nein, eigentlich nicht. Aber es wird die Nervösen unter den Partnern in der Koalition stärken.«

Suratman nickte verständnisvoll und fuhr dann fort: »Nun aber zum eigentlichen Grund meines Besuches. Ich habe Ihnen schon bei unserem letzten Treffen berichtet, dass die Luft- und Seestreitkräfte das KWR nicht unterstützen werden. Das ist nach wie vor zutreffend. Ich kann Ihnen versichern, weder die Luftstreitkräfte noch unsere Marine werden das Vorgehen der SEAC behindern. Gleiches gilt auch für militärische Operationen… sagen wir mal im Gebiet um Bandung, sollten diese in Betracht gezogen werden.« Dabei starrte er sein Gegenüber mit geradezu meisterhafter Ausdruckslosigkeit an.

»In der Zwischenzeit hat das KWR, formell gesehen, weiterhin die Kontrolle über die Hauptstadt. Tatsächlich befindet sich die Stadt im Augenblick aber nur einen Schritt von purer Anarchie entfernt und niemand glaubt daran, dass das KWR das aufhalten kann. Banden junger Leute haben alles an Soldaten ermordet, was nicht wenigstens in der Stärke eines Zuges angetroffen wurde. Die Luftstreitkräfte haben Jakarta abgeriegelt, so dass das Heer keine Verstärkung hereinbringen kann. Somit sieht sich die Armee immer stärker isoliert. Die einzige echte Unterstützung, die sie noch haben, kommt von ganz bestimmten Heereseinheiten… und auch die wird im Laufe der Zeit zusammenschmelzen.«

Er ließ seine Worte wirken und fuhr dann fort: »Diese Leute haben sich völlig verrechnet und auch die Menschen dieses Landes völlig falsch eingeschätzt. Nach dem ersten Schock glauben nur noch sehr wenige ihren Lügen. Niemand, der sich ein wenig Zeit genommen hat, darüber nachzudenken, hat ihrer Behauptung Glauben geschenkt, dass die Christen die Bombe gestohlen haben. Das war einfach eine riesengroße Lüge zu viel. Niemand glaubt an ihre Legitimität. Das KWR selbst ist nichts anderes als eine weitere große Lüge. Wir werden sterben, wenn wir keine Demokratie, keine Freiheit und nicht die *Merdeka* haben können, die unser Recht ist. Alles weniger als das kann kein wirklicher Anbeginn sein.«

»Sie meinen Neubeginn?«, korrigierte ihn Meyer mit einem Lächeln.

»Ein Neubeginn? Ja, in Ordnung.«

»Wie verzweifelt sind sie?«, fragte Meyer, dessen Stimmlage mit dieser Frage ganz plötzlich scharf geworden war.

»Meinen Sie damit: Sind sie verzweifelt genug, um Atomwaffen einzusetzen? Ja? Nun, die Antwort ist: Ich weiß es nicht. Man kann nur hoffen, dass sie zur Vernunft kommen werden. Aber Vernunft ist leider eine dünn gesäte Eigenschaft in den Reihen dieser Leute.« Er hielt Meyers Blick fest. »Ich hoffe darauf, dass es jemanden gibt, der *sofortige* Maßnahmen ergreift, diese Waffen zu neutralisieren.«

Meyer blieb dem Indonesier eine Antwort schuldig.

»Ein letztes Wort noch«, setzte Suratman hinzu. »Ich habe eine definitive Bestätigung dafür, dass Ratu Adil in der ehemaligen Flugzeugfabrik in der Nähe des Flughafens Bandung festgehalten wird.«

»Ich bin froh, dass er lebt.«

»Ich muss los«, sagte Suratman.

»Haben Sie einen Ort, an dem Sie sicher sind? Wenn Sie wollen, finde ich hier etwas für Sie… und für Ihre Familie, wenn es nötig ist.«

»Nein, danke. Mir wird schon nichts passieren. Meine Familie ist sicher auf Bali. Ich bin draußen von größerem Nutzen.«

»Nun, dann viel Glück, Suratman. *Selamat jalan.*«
»*Selamat tinggal*[185], mein Freund.«

* * *

Während Widodo Suratman und Anthony Meyer sich unterhielten, verließen vier Fahrzeuge in Abständen zwischen fünf und fünfzehn Minuten die Tiefgarage der Botschaft. Das erste Fahrzeug war ein Range Rover, das zweite ein 16-sitziger Minibus (mit der Aufschrift COUNTRY WALKERS auf Indonesisch und Englisch an den Seiten). Auch das dritte Fahrzeug war ein Minibus gleicher Bauart und als viertes folgte ein alter ziviler Geländewagen vom Typ Mitsubishi Pajero.

Eine halbe Stunde später fuhr der Range Rover über die mautpflichtige Straße in das rund 120 Kilometer entfernte Bandung.

Bandung, Indonesien
29. Dezember 2005, 0530

Die Stadt Bandung liegt in einem großen Tal, das von über 2000 Meter hohen Bergen umschlossen wird. Der Flugplatz befindet sich auf der nordwestlichen Seite der Stadt, unmittelbar neben der Mautstraße nach Jakarta. Die niedrigeren Ausläufer des Vulkans Tangkuban Prahu erheben sich einige Kilometer nördlich des Flugplatzes, der Gipfel des Vulkans liegt gut dreißig Kilometer nördlich der Stadt. (Seit 1969 hat es zwar keine ernsthaften Eruptionen mehr gegeben, doch er rumpelt ständig und stößt Gase aus dem Krater.)

Wenn man den Flugplatz von einer versteckten Stelle aus beobachten wollte – wie es die beiden ODAs vorhatten, die auf dem Weg nach Bandung waren –, konnte man keinen besseren Platz finden als die schwer zugänglichen Ausläufer des Vulkans. Natürlich waren damit auch Nachteile verbunden (aber hatte jemand wirklich gehofft, es würde leicht werden?). So waren beispielsweise die Entfernungen sehr groß. Es musste mit einer Sichtlinie von rund fünf Kilometern gerechnet werden. Andererseits stellen fünf Kilometer für moderne optische und Wärmebildgeräte kein größeres Problem dar als 500 Meter. Man hatte daran gedacht, eine Reihe von Mini-Fernsehkameras in der Nähe der ehemaligen Flugzeugfabrik aufzustellen (die sich auf der Nordseite des Flugplatzes befand), hatte diese Idee aber wieder verworfen. Das Risiko, dass sie trotz ihrer geringen Größe entdeckt wurden, war einfach zu groß. Niemand in der Fabrik durfte auch nur ahnen, dass sie bald das Ziel einiger ziemlich böser Überraschungen werden würden.

* * *

185 »Auf Wiedersehen«. In Indonesien sagt derjenige, der bleibt, »*Selamat jalan*«, und derjenige, der geht, »*Selamat tinggal*«.

Die in Amerika auch als SUVs bezeichneten Geländewagen und die Minibusse, die alle sehr vorsichtig bewegt wurden, trafen um 0130 in der Nähe von Bandung ein. Anderthalb Stunden später waren die Passagiere und Gerätschaften, die sie an Bord hatten, an der Seite einer der Straßen, die zum Berg hoch führten, abgeladen. Abermals eine Stunde später hatten sich die beiden ODAs (wie sich herausstellte, bestand jede Gruppe aus weniger Männern, als ihre Sollstärke gewesen wäre) in zwei Teams zu jeweils fünf Männern aufgeteilt und damit begonnen, Verstecke auszuheben. Diese waren so platziert, dass sie jeweils an einer Ecke eines groben Vierecks von etwa 200 Metern Kantenlänge lagen.

Der Grundgedanke war der, zwei Tage lang genau die Arbeiten auf dem Flugplatz und im Bombendepot zu beobachten. Ein Team hatte die Aufgabe, sich mit dem Flugverkehr zu befassen, das zweite sollte den Verkehr am Boden rund um den Terminal und die Gebäude im Auge behalten. Ein drittes Team verfolgte das Kommen und Gehen in die ehemalige Flugzeugfabrik – Eingänge, Ausgänge, Laderampen, Sicherheitsvorkehrungen rund um die Gebäude und auf dem Dach. Das vierte Team schließlich fertigte eine »Wärmekarte« des Geländes an. Menschen zum Beispiel erscheinen auf einer Infrarotdarstellung in hellem Licht, und das sogar über eine Entfernung von fünf Kilometern. Ein Wärmebild vom Inneren der Fabrik zu bekommen war dagegen schon problematischer. Trotzdem, Schlafräume, Kantinen, Arbeitszimmer, Befehls- und Führungsräume und Nachrichtenstellen – von der Lage dieser Bereiche konnte man sich ein recht gutes Bild machen, wenn man die thermische Signatur, die aus dem Gebäude abgestrahlt wurde, genau analysierte.

Aber ein ganz wichtiger Punkt war, dass Atomwaffen kühl gelagert werden müssen. Die Entwicklung von Hitze ist ein normales Nebenprodukt hoch radioaktiver Materialien. Ein fünf Pfund schweres Stück Plutonium ist ganz schön warm, wenn man es berührt.

In einer Atomwaffe müssen sich eine Anzahl wichtige Teile auf äußerst präzise Weise bewegen können, damit die Waffe auch tatsächlich so funktioniert, wie sie konstruiert wurde. Werden diese Teile zu stark erwärmt, dehnen sie sich aus und bewegen sich nicht mehr so, wie sie sollen. Das ist der Grund, weshalb man die Bombe gekühlt lagert.

Bomben zu kühlen ist nicht sonderlich schwer. Die Kühltechnik gibt es schließlich schon seit geraumer Zeit. Die Sache funktioniert nach dem Prinzip des Wärmeaustausches: Auf der einen Seite, zum Beispiel aus einer Klimaanlage, kommt kühle Luft heraus und auf der anderen Seite warme Luft.

Natürlich kann einem ein guter Spezialist für Wärmeaufzeichnung schon eine ganze Menge darüber sagen, was in einem solchen System passiert. Es ist aber noch mehr möglich. In einem Entwicklungsland der Dritten Welt kann man sich nicht immer sicher sein, dass die Energieversorgung auch wirklich zuverlässig arbeitet. Deswegen wird man wahrscheinlich ein separates Generatorsystem aufbauen, das die Atomwaffen stets kühl hält. Sinnvollerweise stellt man einen solchen Generator dann nicht allzu weit von dem Gewölbe entfernt auf, in dem sich die Waffen befinden.

Generatoren erzeugen aber erhebliche Mengen an Hitze und sind deshalb gut zu orten. Zieht man alles zusammen in Betracht, heißt das, dass dort, wo man die Generatoren gefunden hat, die Bomben nicht weit sind.

Palau Ambon
29. Dezember 2005, 2200

Es dauerte nicht sehr lange, bis der indonesische Hauptmann das geheime Versteck der SAMs verriet. Er hatte nicht den geringsten Wunsch, für das Komitee zur Restauration der Republik zu leiden.

Am Morgen (des 29. Dezember) hatte noch ein anderes, vier Mann starkes SA-16-Team versucht, einen *Chinook* abzuschießen, der ein NEST-Team an den Ort der Kernexplosion bringen sollte. Die Piloten des *Chinook* hatten sich (anders als die Piloten der C-130 am Vortag) auf die zweifachen, spiralförmigen Rauchfahnen der Lenkwaffen einstellen können, die aus etwa drei Kilometern Entfernung auf sie zukamen. Sie stießen Wärmescheinziele aus und führten mit dem *Chinook* einige heftige Ausweichmanöver durch. Das NEST-Team wurde zwar durcheinandergewirbelt (einer der Männer kugelte sich dabei die Schulter aus), aber die Flugkörper verfehlten ihr Ziel.

Dummerweise waren dieses Mal aber keine MH-53J oder OH-58D zur Stelle, um die Verfolgung aufzunehmen, und den bösen Jungs gelang die Flucht in den Regenwald.

Kurz darauf flog ein *Pave Low* in 2000 Metern Höhe über die Stelle, die der indonesische Hauptmann als Versteck für die SAMs identifiziert hatte. Die FLIRs des *Pave Low* bestätigten, dass der Hauptmann die Wahrheit gesagt hatte.

Um 2200 schwebte ein *Chinook*, der von einem OH-58D und einem *Pave Low* begleitet wurde, mit dem ODA 142 an Bord hinter einen Hügel in der Nähe des Verstecks. Gleichzeitig kreiste eine AC-130U *Spectre* in 2500 Metern Höhe über dem Versteck. An Bord der Maschine wurden die kurzläufigen 105-mm-Haubitzen feuerbereit gemacht. Das sind ganz einfach fantastische Waffen, wenn sie von einem Flugzeug aus abgefeuert werden. Es ist fast so, als würde man eine Haubitze auf dem bestmöglichen, überhöhten Gelände in Stellung bringen – mit dem Unterschied, dass man mit einem Flugzeug das Gelände dahin bringen kann, wo man es am meisten braucht.

Um 2202 begann die *Spectre* mit dem Beschuss durch ihre 105 mm. Um 2208 stellte sie das Feuer ein, damit die kleineren Vögel sich einen Überblick verschaffen konnten. Viel zu sehen gab es allerdings nicht mehr, nur noch Flammen und Rauch, die gelegentlich von der Detonation eines schmelzenden SA-16-Gefechtskopfes auseinander gerissen wurden. Um aber ganz auf Nummer Sicher zu gehen – und weil sie schließlich auch etwas dazu beitragen wollten –, feuerten die Jungs im OH-58D eine Serie von Raketen in die Umgebung des Lagers im Dschungel, während der *Pave Low* es aus seinen Gatlings hageln ließ.

Um 2210 hatten sie einen einigermaßen freien Landepunkt gefunden, etwa einen halben Kilometer vom Versteck entfernt. Dort setzte der *Chinook* auf, damit das ODA 142 mit dem Rest, der jetzt noch übrig war, aufräumen konnte.

Die Männer fanden nichts, was unbeschädigt, und niemanden, der noch am Leben war. Insgesamt lagen fünfzehn durchsiebte Leichen und Tausende von Trümmerteilen zerborstener Waffen und Ausrüstungsgegenstände herum. Überall stolperten sie über Körperteile. Fast hätte man meinen können, jemand hätte alles, was sich im Lager befand, durch eine Schneefräse (mit einem fehlerhaften Messer) gejagt.

Natürlich bestand immer noch die Möglichkeit, dass es der eine oder andere von ihnen geschafft hatte, in den Dschungel zu entkommen, als der schwere Beschuss durch die *Spectre* einsetzte, aber denen fehlten jetzt Zähne und Krallen. Schaden konnten sie jedenfalls keinen mehr anrichten.

In der Zwischenzeit hieß es, wichtige Informationen zu sammeln, und das war die Aufgabe, mit der Valdez und sein ODA den Rest der Nacht verbrachten. So sehr er und seine Jungs es auch verabscheuten, was diese Leute den Amerikanern angetan hatten – und offensichtlich noch weiterhin antun wollten –, dies hier war eine grauenvolle Pflicht, die das ODA lieber nicht gehabt hätte.

Kurz nach Einbruch der Morgendämmerung schlurften sie mit ihren Säcken voller »Beweisstücke« zurück zum *Chinook.* Um das Weitere würden sich die Laborleute kümmern.

Im *Chinook* fühlte Valdez sich elend. Sicher, er war Kämpfer und er war Realist, er wusste, was Krieg bedeutete. Diese Kerle da waren der Feind. Sie hatten es verdient, mit äußerster Gewalt behandelt zu werden.

Und dennoch: Das Töten und die Zerstörungen des Krieges trafen ihn immer noch bis ins Innerste. Auch diese Kerle hatten ihre Frauen, Freundinnen, Kinder gehabt. Menschen würden um sie trauern, so wie Karen um ihn getrauert hätte, wenn die Situation umgekehrt gewesen wäre. Es war Irrsinn, aber so war es nun mal.

Aber trotz und alledem – von solchen Augenblicken abgesehen, liebte er seinen Job.

Husein Sastranegara Airport
Bandung, Indonesien
31. Dezember 2005, 0100

Atomwaffen können die merkwürdigsten Dinge bei Menschen bewirken. Diesen Eindruck hatte zumindest Captain Chuck Verbalis, der Kommandeur des ODA 163, nach den Ausführungen von Dr. Ben Sobel, einem Mitglied des NEST-Teams aus Nevada, bei der Besprechung in der amerikanischen Botschaft von Jakarta. (Beim endgültigen Zugriff auf die Atomwaffen würde auch eine NEST-Komponente dabei sein.) »Wenn Menschen Atombomben in ihrer unmittelbaren Nachbarschaft wissen, drehen sie durch«, hatte Sobel erklärt, »vor allem dann, wenn Leute, die mit den verdammten Dingern nicht vertraut sind, in den Besitz von Atombomben gelangen. Damit will ich nicht sagen, dass irgendjemand jemals damit vertraut sein wird.«

Sobel ließ seine Worte einen Augenblick wirken und wandte sich dann den Details zu. »Man kann jedenfalls einige echt merkwürdige Dinge erwarten. Verbrecher werden auf einmal überfürsorglich. Sie leiden wirklich unter Verfolgungswahn. Es ist wie mit dem Ring in Tolkiens Buch. Je länger man ihn besitzt, umso mehr Macht gewinnt er über einen. Wenn sie sich die Scheißdinger um den Hals hängen könnten, würden sie es tun. Man sollte eigentlich annehmen, dass man sich als der Mega-Macho schlechthin fühlt, wenn man die Dinger besitzt. Aber weit gefehlt – ganz im Gegenteil, man sieht überall nur noch Feinde. Es ist fast so, als würde man eine millionenschwere Halskette in der New Yorker U-Bahn tragen. Nie kann man wissen, wer sie sich als Erster schnappt.« Dem Akzent nach zu urteilen, hatte Dr. Ben Sobel viel Zeit in der New Yorker U-Bahn verbracht. »Die Atom-Jungs werden also bei allem, was ihren Schutz betrifft, eher des Guten zu viel tun.«

Jetzt, nach zwei Tagen am Flugplatz, war Verbalis zu dem Schluss gekommen, dass Sobel Recht hatte. Er hatte genauso wie die anderen Männer des Teams, das den Flugplatz überwachte, erwartet, dass sich die Generäle vom KWR ruhig verhielten. Sie hatten angenommen, dass der Zivilflugplatz ganz normal weiterarbeiten würde und die Sicherheitsmaßnahmen mehr oder weniger unsichtbar blieben. Warum unnötige Aufmerksamkeit erregen?

Aber die Dinge entwickelten sich nicht so. Wie Sobel vorausgesagt hatte, steigerten sich die Generäle immer mehr in ihre Paranoia hinein (Verbalis nannte das den »Sobel-Faktor«). Sie schlossen den Flugplatz komplett für den zivilen Luftverkehr und holten ein ganzes Bataillon von Kostrad, wo die 15 000 Mann starke, gut ausgebildete und bestens ausgerüstete strategische Reserve Indonesiens lag. Das Kostrad-Bataillon sicherte die Umzäunung um den Flugplatz, brachte Flak und SAMs in Stellung und befestigte die ehemalige Flugzeugfabrik.

Nach zwei Tagen Beobachtung hatte man eine Menge Informationen gesammelt, die über SATCOM an die Einsatzleitung der FOB in Darwin weitergeleitet wurden (die Mission selbst lief inzwischen unter dem Namen *Operation Merdeka*).

Die Sicherung des Flugplatzes gegen Luftangriffe stellte sich wie folgt dar:

- Fünf Batterien zu je vier der in Schweden hergestellten Bofors-Maschinenkanonen Typ L70, Kaliber 40 mm. (Dabei handelte es sich um die direkten Nachkommen der sehr ähnlich gebauten Bofors-Maschinenkanonen, die in den Filmen über den Zweiten Weltkrieg immer bei der Luftabwehr von Schiffen aus abgefeuert werden. Sie werden nach wie vor auf der ganzen Welt eingesetzt, weil sie ihre Sache immer noch sehr gut machen.) Die Bofors verfeuern Munition mit Zeit-, Aufschlag- und Annäherungszündern und sind im Einsatz gegen Luft- und Bodenziele äußerst wirkungsvoll. Je zwei Batterien wurden in der Nähe der beiden

Enden der Hauptstart- und Landebahn in Stellung gebracht und die fünfte wurde etwas näher an der Merdeka-Fabrik platziert.

- Zu beiden Seiten der Landebahn war eine in Großbritannien hergestellte SAM-Batterie des Typs *Rapier* in Stellung gebracht worden. Die *Rapier* ist eine Konstruktion, die speziell für die Verteidigung von Flugplätzen entworfen wurde. Diese Lenkwaffen sind am Tag wie bei Nacht und unter allen Witterungsbedingungen gegen in niedrigen bis mittleren Höhen fliegende Flugzeuge einsetzbar. Jede Batterie besteht entweder aus drei oder vier Startgeräten, wobei jedes davon vier abschussbereite Lenkwaffen trägt (jede knapp 2,45 Meter lang). Flugabwehr-Lenkwaffen des Typs *Rapier* benötigen einen direkten Treffer, um ihr Ziel zu zerstören (haben also keinen Annäherungszünder), aber sie sind sehr präzise.

Auf dem Boden:

- Ein Bataillon (drei Kompanien plus Stab, also etwa 600 Mann) der Elitedivision aus Kostrad. Zwei Kompanien davon schützten mit Wacheinheiten in Zugstärke im zwölfstündigen Wechsel die Umzäunung des Flughafens (ein Zug befand sich auf dem Dach) von (in erster Linie mit Sandsäcken) befestigten Stellungen aus. Die Kostrad-Soldaten waren in einem Zeltlager untergebracht, das man ungefähr zweihundert Meter nördlich der ehemaligen Merdeka-Fabrik aufgeschlagen hatte.
- An sämtlichen strategisch wichtigen und befestigten Stellungen rund um den Flugplatz waren Maschinengewehrnester mit schweren Maschinengewehren vom Kaliber .50 und mit leichten Maschinengewehren eingerichtet worden. Für die ODAs war klar, dass die leichten Maschinengewehre ebenso auf Flugzeuge wie auf Ziele am Boden feuern konnten.
- Die Kostrad-Truppe war darüber hinaus auch noch mit sechs in Frankreich gebauten leichten AMX-13-Panzern verstärkt worden (mit einer 105-mm-Kanone als Hauptwaffe und zusätzlich mit leichten Maschinengewehren bestückt), die außerhalb der Fabrikumzäunung aufgezogen waren.
- Eine Reihe von schnell improvisierten Hindernissen waren innerhalb des Grenzzaunes der Fabrik aufgebaut worden: in erster Linie zwölf mittlere (Fünftonner-) LKWs, die mit Zementblöcken und Schrott beladen waren, um so den Zugang zu den Laderampen und zum Haupteingang der Fabrik zu erschweren.
- Auf dem Abfertigungsgebäude, dem Kontrollturm auf der anderen Seite der Start- und Landebahn und auf sämtlichen Hangars und anderen Gebäuden auf der Nordseite des Flugfeldes waren Scharfschützen in Stellung gegangen.
- Entlang der Hauptstart- und Landebahn zog sich eine Schlange von sechs mittelschweren LKWS dahin, die ebenfalls mit Zementblöcken beladen waren. Wenn nötig, konnten sie schnell auf die Landebahnen gefahren werden und damit als Hindernisse für Flugzeuge im Landeanflug dienen. Ebenso schnell waren sie auch wieder beiseite zu schaffen. Die Indonesier waren auf alles vorbereitet: Sie konnten die Zündverteiler aus den Motoren entfernen (die ganz leicht wieder eingebaut

werden konnten, wenn die Lastwagen weggefahren werden mussten). Für den Fall aber, dass sie unverrückbare Hindernisse benötigten, hatten sie 20 Kilogramm schwere Sprengsätze (TNT mit einer Zündschnur, keine elektrischen Zünder) unter Zementblöcken und Schrott befestigt.

Innerhalb der Fabrik:

- Wärmebildsysteme sind zwar keine Röntgengeräte, aber etwas Ähnliches. Sie konnten keine »gesicherten« Bilder liefern, wo sich die Atomwaffenlager und Vizepräsident Adil befanden, aber sehr genaue Anhaltspunkte. Die Laborleute konnten anhand der vom ODA zusammengetragenen Informationen und der Pläne, die Widodo Suratman beschafft hatte, ziemlich genaue Vermutungen über das Innere der Fabrik anstellen. Eine große Hilfe waren dabei die Hitzesignaturen von Generatoren, Klimaanlagen und anderen Hitzekonzentrationen. Diese Vermutungen wurden an die australische SAS-TAG weitergeleitet.

In der Zwischenzeit waren vom US-amerikanischen Festland (CONUS) zwei B-2 gestartet. Als Waffen trugen sie JSOWs (das sind Flugkörper des Typs AGM-154 Joint Stand-Off Weapon mit INS/GPS-Führung und einem Gewicht von 1000 Pfund) und JDAMs (Joint Direct Attack Munitions, mit 2000 Pfund hochexplosiven Sprengstoffs gefüllte, GPS-gelenkte Waffen). Die JSOW – so genannte Abstandswaffen – können aus einer sicheren Entfernung gestartet werden, über ihr Ziel gleiten und dann ihre Schüttmunition freisetzen, die aus einer Mischung von Sprengstoff, Brandsätzen und Schrapnellen besteht. JSOWs sind äußerst nützlich beim Einsatz gegen Flugabwehrstellungen und andere mehr oder weniger leicht gepanzerte Ziele. Hingegen sind JDAMs bei härteren Ziele wie Brücken und Gebäuden wirksamer. Beide werden auf einer revolvierenden Startrampe im Bombenschacht einer B-2 transportiert.

Während der letzten beiden Tage hatten die ODAs 163 und 168 schon vorsichtig mit ihren PAQ-10 Ground-Laser-Target-Designatoren, die mit GPS-Systemen gekoppelt waren, die Positionen der Flugabwehr auf dem Flugfeld vermessen. Diese Koordinaten wurden per Uplink an die FOB Darwin weitergeleitet, die sie ihrerseits per Downlink an die B-2 schickte. Diese Daten wurden anschließend an Bord der B-2 in die Waffen eingespeist, wodurch diese eine Zielgenauigkeit zwischen drei und vier Metern bekamen.

Darüber hinaus wurden noch die Koordinaten einiger anderer strategischer Positionen auf dem Flugplatz festgehalten und weitergeleitet.

***

Der »Zugriff« war das Schlüsselelement der Operation Merdeka und setzte eine präzise Abfolge von Aktionen voraus (die datenmäßig an die ODAs 163 und 168 übertragen wurden):

- Die Flugabwehr in Husein Sastranegara musste ausgeschaltet werden.
- Die Landebahnen mussten freigeräumt werden.

- Abwehrstellungen am Boden mussten ausgeschaltet und Hindernisse beseitigt werden.
- Und grundsätzlich war es erforderlich, die Verteidiger in Verwirrung, Chaos und Panik zu stürzen. Je näher sie der völligen Lähmung waren, desto besser. Deshalb war es eines der ersten Ziele, Schock und Durcheinander zu erzeugen – und das würde sehr bald geschehen.

Während des Angriffes würden die ODAs die Feuerleitung und ein sofortiges BDA (Bomb Damage Assessment, eine Einschätzung der Bombenwirkung) liefern.

Am 31. Dezember um 0100 hatten die beiden ODAs bereits alles von ihrer Ausrüstung zusammengepackt, was nicht von lebenswichtiger Bedeutung war, und ihre Stellungen aufgeräumt (man musste schon sehr genau hinsehen, um erkennen zu können, dass sie überhaupt dort gewesen waren). Die Fahrzeuge, mit denen sie vor zwei Tagen aus Jakarta hierher gefahren waren, warteten in einiger Entfernung auf einer der Bergstraßen.

Allerdings konnten sie noch nicht gleich aufbrechen, denn es gab noch einiges zu erledigen.

Um 0100 herrschte bei Chuck Verbalis und seinen Kameraden völliges Schweigen, jeder Mann lauschte angestrengt. Nur Sekunden später hörten sie dann, worauf sie gewartet hatten: das leise, aber unverwechselbare Rauschen der JSOWs, denen fast im gleichen Augenblick vom Ende der Landebahn der grelle Lichtschein detonierender Clustermunition folgte. (Das Wummern der explodierenden Sprengkörper näherte sich mit Schallgeschwindigkeit und war erst später zu hören.)

»Zwei *Rapier*-Stellungen abgehakt«, sagte Verbalis halblaut zu sich selbst. Kurz danach ereilte zwei *Bofors*-Geschützstellungen dasselbe Schicksal. Augenblicke später beobachtete er weitere Blitze über dem Lager der Kostrad-Truppen im Norden der Merdeka-Fabrik. Verbalis überschlug im Kopf, dass dort um die zwei- bis dreihundert Mann geschlafen haben mussten. Sie würden jetzt eine *sehr* lange Zeit schlafen. (Später ergaben Zählungen, dass 266 Kostrads gefallen waren.) Als das Grollen der Detonationen zu Ende ging, setzte unter den Jungs vom ODA gedämpfter Jubel ein.

Während all das geschah, leitete der Fernemelde-Sergeant unter Verbalis' Kommando den Live-Bericht an die B-2, an die zweite Welle der *Spectre* Gunships und an die in der Nähe wartenden *Pave Low*s weiter und seine übermittelten Daten liefen zeitgleich auch noch über SATCOM in der FOB Darwin ein.

Nach den JSOWs kamen die JDAMs. Lange brauchten die Männer nicht auf sie zu warten. Zuerst gab es ein paar Blitze, Sekunden später folgte krachender Donner. Anschließend war der Kontrollturm des Flugplatzes nur noch ein Haufen Schutt und Trümmer, das Abfertigungsgebäude nur noch eine rauchende Ruine und Hangar und Verwaltungsgebäude zu beiden Seiten des Flugfeldes waren nicht mehr »funktionsfähig«. Das bedeutete auch, dass die meisten Scharfschützenstellungen der Kostrad-Truppe ebenfalls »nicht mehr funktionsfähig« waren.

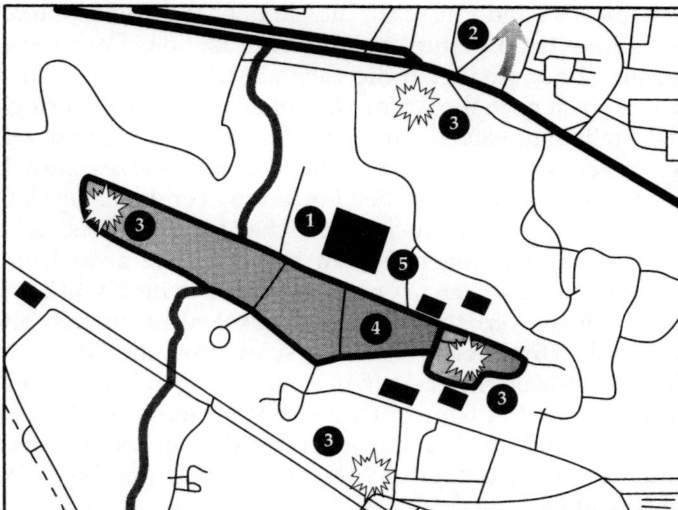

1. In der aufgegebenen Flugzeugfabrik auf dem Gelände des Flughafens von Bandung wurden an dieser Stelle Atomwaffen gelagert und Regierungsangehörige als Geiseln festgehalten.
2. Teams der Special Forces der U. S. Army beobachten aus dem Gebirgsausläufern im Norden die Vorgänge auf dem Flughafengelände.
3. Amerikanische Bomber und Kanonenflugzeuge greifen indonesische Flak- und SAM-Stellungen an, zerstören diese und schalten Garnisonstruppen aus.
4. Elemente des 75th Ranger Regiment landen per Fallschirm und beginnen mit der Säuberung und Sicherung des Flughafens.
5. Australische SAS-Teams greifen die Flugzeugfabrik an, befreien die Geiseln und stellen die Atomwaffen sicher.

Rubicon. Inc., von Laura DeNinno

Dieser Erfolg wurde den verschiedenen Einsatzkräften und Leitern mitgeteilt.

Nachdem sie ihre vordringliche Aufgabe erledigt hatten, wurden die B-2 aus ihrer primären Rolle entlassen und konnten sich nun der Zerstörung der örtlichen Nachrichtengebäude und Zufahrtswege zum Flughafen widmen. Dazu zerstörten sie einige ausgewählte Brücken und Straßenüberführungen (was die Nachführung weiterer Verstärkung unterbinden würde).

Kaum hatten die B-2 das Feld geräumt, übernahmen zwei AC-130U *Spectre* Gunships (in einer Höhe von 3000 Metern) und drei Hubschrauber MH-53J *Pave Low* (in Bodennähe) und begannen mit dem Beschuss der Ziele, die von den ODAs mit den PAQ-10 GLTDs ausgewählt worden waren.

Verbalis konnte zusehen, wie die 105-mm-Haubitzen und die 20-mm-Gatling-Kanonen der *Spectres* die Maschinengewehrnester und AMX-13-Panzer zerstörten. In kürzester Zeit waren nicht nur die Panzer bewegungsunfähig und in Flammen aufgegangen, sondern auch die Maschinengewehrstellungen nicht mehr zu gebrauchen. Nachdem diese Bedrohungen eliminiert waren, konzentrierten sich die Haubitzen auf die

Lastwagen, die als Hindernisse für die Landebahn bereitstanden. Gleichzeitig zertrümmerten die *Pave-Low*-Hubschrauber das Dach der ehemaligen Flugzeugfabrik, schalteten die Geländesicherung aus und feuerten auf alles, was sonst noch die Aufmerksamkeit der Schützen erregte.

Um 0110 stellten die *Spectre* und *Pave Low* das Feuer ein und die Hubschrauber zogen sich zur Abgrenzung des Flugplatzes zurück. Diese Bewegung war erforderlich, um den Luftraum über dem Flugplatz freizumachen. Gleichzeitig war es auch das Zeichen für die ODAs, sich zurückzuziehen. Von diesem Augenblick an brauchten sie zwar keine aktive Feuerleitung mehr zu leisten, würden aber auch weiterhin BDAs liefern.

Um 0114 richtete Verbalis seine Aufmerksamkeit auf die ehemalige Merdeka-Fabrik. Unmittelbar darüber schwebten drei *Pave Lows*, aus denen sich die australischen SAS-TAGs (eine Kompanie in der Stärke von 36 Mann, die sich in drei Teams zu je zwölf Mann aufgeteilt hatte) per Fast Rope auf das Fabrikdach abseilten. Jeder der Männer war mit einer schall- und mündungsfeuergedämpften Maschinenpistole des Typs H&K Kaliber 9 mm bewaffnet.

Obwohl die Gatling-Kanonen der *Pave-Low*-Hubschrauber die Posten auf den Dächern ausgeschaltet hatten, war es doch einer Handvoll Kostrad-Soldaten gelungen, auf das Fabrikdach zu kommen, nachdem der allgemeine erste Tumult vorüber war. Sie eröffneten sofort das Feuer auf die sich schnell abseilenden SAS-Soldaten. (Wie Verbalis später erfuhr, wurde dabei einer der eigenen Männer getroffen.) Doch dieser Angriff stellte sich als lediglich geringfügige Unannehmlichkeit für die Jungs vom SAS heraus. Die H&Ks der TAG erledigten die Sache rasch. (Die Wunde des SAS-Mannes war nicht lebensgefährlich, aber doch schwer genug, um ihn außer Gefecht zu setzen. Er wurde mit dem Hubschrauber zurück zum Flugzeugträger geflogen, der inzwischen eine Position südlich von Java erreicht hatte.)

Auf dem Dach angekommen, trennten sich die TAGs. Ein Team blieb zur Sicherung auf dem Dach zurück und gab der Ranger-Kompanie Feuerschutz. Die anderen beiden jagten über die Leiter eines Luftschachtes hinunter in den Keller.

Jetzt musste Chuck Verbalis warten. Er tröstete sich mit dem Gedanken, dass es, sollte es einen größeren Fehlschlag geben, sein Ende wahrscheinlich sofort und schmerzlos eintreten würde.

Die Wartezeit verstrich alles andere als ereignislos. Schon als die TAGs sich aus ihren *Pave Lows* abseilten, schwebten drei Ranger-Kompanien, verstärkt durch gepanzerte HMMWVs mit Maschinengewehren des Kalibers .50, Maschinenkanonen vom Kaliber 40 mm und TOWs, an ihren Fallschirmen auf das Flugfeld zu. Zwei Kompanien schwärmten sofort zusammen mit allen HMMWVs aus, um alles abzusichern und die Landebahn für den Flugverkehr vorzubereiten (wobei ihr größtes Problem die Beseitigung der Fallschirme darstellte – sie waren eine *erhebliche* Gefahr für die Propeller der C-130). Die dritte Ranger-Kompanie griff die verbliebenen Stellungen rund um die Merdeka-Fabrik an. Auf der Seite des Geländes, die der Hauptstartbahn am nächsten lag, stand ein riesiges, einem Hangar ähnliches Gebäude mit sehr hoher Decke. Dort war früher die Endmontage der Flugzeuge erfolgt. Die Ranger begannen sofort mit dem Angriff auf die großen Schiebetore dieses Schuppens.

Verbalis konnte beobachten, dass es zu einem kurzen Feuergefecht mit den verbliebenen Kostrad-Widerständlern kam. Dann waren auch schon Sprengsätze an den Schiebetoren angebracht, es gab einen Blitz, dem kurze Zeit später ein dumpfes *Wumm* folgte – und die Ranger waren im Gebäude.

* * *

Gegen 0135 war fast alles vorüber. Ein oder zwei dickköpfige Scharfschützen hielten sich hartnäckig und mussten noch ausgeschaltet werden, aber sonst waren die Kostrad-Truppen entweder tot oder hatten sich ergeben.

Um 0145 landete eine NEST C-130 und das NEST-Team, begleitet von einer Technical Escort Unit (TEU) der Defense Non-Proliferation Agency aus Fort Belvoir in Maryland – sie sollten die Leitung der Sicherheitsmaßnahmen übernehmen –, wurde von Rangern in die Fabrik geführt. Etwa eine halbe Stunde später tauchte ein HMMWV auf und fuhr durch das Tor in Richtung der NEST C-130. Verbalis betrachtete das Fahrzeug sorgfältig. Auf der Lagerfläche des »Hummer« war eine Palette befestigt und darauf ein grauer, etwa ein Meter langer, tödlich aussehender Rhombus.

Verbalis war Katholik, allerdings betete er nicht sehr oft. Jetzt betete er.

Erst nachdem noch drei weitere Atom-Sprengköpfe sicher in die C-130 geschafft worden waren, gab Verbalis seinen Jungs den Befehl zum Rückzug. Eine halbe Stunde später befanden sich die ODAs 163 und 168 bereits in nördlicher Richtung auf dem Weg zur Küste, wo sie sich dann westlich hielten und auf der Küstenstraße nach Jakarta weiterfuhren. Wie immer waren sie auch diesmal wieder die »stillen Profis« gewesen, einmal mehr waren sie so heimlich wie eine B-2 in ihre Verstecke hinein- und wieder hinausgeschlüpft.

* * *

Später erfuhr Verbalis, dass die TAG Ratu Adil in einer Zelle vorgefunden hatten (die früher wohl einmal ein Büro gewesen war), nicht weit von dem großen Raum entfernt, den die Führer des KWR als vorläufiges Befehls- und Führungszentrum genutzt hatten. Das war die »Aktionszentrale«, die sowohl in der Nähe der Atomwaffen (ein weiteres Beispiel für den »Sobel-Faktor«) lag, als auch Sicherheit vor dem Chaos in Jakarta bot.

Die Wachen vor Adils Zelle waren zwar darauf vorbereitet, ihn zu töten, aber der Befehl kam nicht. Die TAG hatten die Wachen mit Schüssen aus ihren 9-mm-Waffen bereits niedergestreckt, bevor sie auch nur begriffen hatten, dass die schwarz gekleideten Männer, die da plötzlich im Korridor auftauchten, keine Freunde waren.

Adil selbst war körperlich unverletzt, psychisch aber sehr angeschlagen, denn seine Frau und seine Töchter waren am Tag vor dem gemeinsamen amerikanisch-australischen Angriff vor seinen Augen erschossen worden. (Ranger fanden ihre nicht gekennzeichneten Gräber etwas später an diesem Morgen.)

Ohne Zweifel hatte er die richtige Entscheidung getroffen, aber die Folge war die Ermordung seiner Familie gewesen – dieser Schmerz würde ihn für den Rest seines Lebens begleiten.

Wenig später wurden die Generäle Bungei und Nusaution und ihre Mitverschwörer verhaftet. Innerhalb weniger Wochen wurden alle Putschisten verurteilt und exekutiert.

Oberst Cancio (dessen Aufgabe es gewesen war, die Exekution Adils zu befehlen – Adil erfuhr nie, ob er die Erteilung des Befehls absichtlich versäumt hatte) wurde nie gefunden.

Adil glaubte, dass er überlebt hatte.

Um 0230 hob die NEST C-130 mit den Atomwaffen an Bord ab und flog nach Darwin.

Am nächsten Tag wurden die Waffen in eine C-17 umgeladen und in die USA gebracht. Dort untersuchten sie Spezialisten.

Kota Ambon
25. Dezember 2006, 1100

Carlos Valdez war ein Mann starker Gefühle, die er jedoch unter normalen Umständen ganz professionell unter Kontrolle hielt. Doch an diesem Weihnachtsmorgen fiel ihm das schwer. Er und einige hundert andere – der Präsident der Vereinigten Staaten, Präsident Adil von Indonesien, der Kommandierende General der SOCOM, der Kommandeur des Special Forces Command sowie etliche andere Teilnehmer aus Amerika, Australien und Indonesien (einschließlich seines Freundes Kumar, des frisch gebackenen Brigadegenerals) und nicht zuletzt Karen und seine beiden Jungs – warteten. Sie alle warteten in Taman Victoria, einem Park in der Innenstadt von Victoria, auf den Beginn der Zeremonie.

Die hohen Tiere, darunter auch Kumar, standen auf einem Podium neben einer verhüllten Statue. Es wurden Ansprachen gehalten, die Valdez einfach ignorierte. Anschließend enthüllten die beiden Präsidenten gemeinsam die Statue. Sie war aus Bronze gegossen und zeigte mehrere Figuren – leidende indonesische Kinder und eine indonesische Mutter, denen ein Soldat der amerikanischen Special Forces und ein Kamerad von den indonesischen JISF zu Hilfe kommen. Valdez hatte die Statue natürlich schon gesehen, bevor sie jetzt enthüllt wurde (er war schon vor drei Tagen in Ambon eingetroffen – drei Tage lang hatte er mit seinen indonesischen Freunden gefeiert), und doch war er wieder tief bewegt.

Er musste schlucken. Und noch mehr schlucken musste er, als der Präsident der Vereinigten Staaten von Amerika ausgerechnet ihn auf das Podium rief. Anscheinend wollten die Indonesier ihm eine Art Orden verleihen. Karen drückte seine Hand, als er aufstand, um sich einen Weg durch den sehr unwillkommenen Applaus zu bahnen.

Scheiße, dachte er. *Warum zum Teufel wollen sie mir das antun?*

Glossar

AAM — **A**ir-to-**A**ir **M**issile. Allgemeine Bezeichnung für Luft-Luft- (auch: Luftkampf-) Flugkörper bzw. Lenkwaffen.

AAQ-13/14 LANTIRN — **L**ow **A**ltitude **N**avigation **T**argeting **I**nfra**r**ed for **N**ight = Nacht-Navigations- und Zielverfolgungsgerät auf Infrarotbasis. Zwei Sensor-Behälter (Gondeln), die beispielsweise an F-15E oder F-16C/D montiert werden. Der AAQ-13-Navigationsbehälter setzt sich aus einem in Vorausrichtung blickenden Infrarotsensor und einem Terrainfolgeradar zusammen. In dem anderen Behälter, dem AAQ-14-Zielverfolgungs-Behälter, sind ein in Vorausrichtung blickender Infrarot- und ein Laserdesignator miteinander kombiniert. Das gegenwärtig verwendete System wird bei Martin Marietta (inzwischen Lockheed Martin) hergestellt und ist eng mit den Steuersystemen und der Waffenkontrollsoftware verknüpft. Eine Version des AAQ-14-Zielbehälters mit einem internen GPS/INS-System findet an Bord der F-14 *Tomcat* Verwendung.

AAR — **A**fter **A**ction **R**eview. Beim deutschen Militär kurz als Schlussbesprechung bezeichnet, Beurteilung der Leistungen und Ergebnisse eines eben beendeten Einsatzes. Derartige Besprechungen bieten eine ausgezeichnete Gelegenheit, konstruktive Kritik und Selbstkritik zu üben, weil dabei Selbstdarstellung, Rangunterschiede und Karriereaspekte keinerlei Rolle spielen dürfen.

AC-130 — Die AC-130-Version der viermotorigen Maschine vom Typ *Hercules* (→ C-130) der Firma Lockheed trägt den Spitznamen *Spectre* (Schreckgespenst). Das »fliegende Kanonenboot« ist mit Nacht-Zielsensoren ausgerüstet und trägt eine beeindruckende Bandbreite schwerer Waffen. Zu diesen gehören üblicherweise die Kurzrohrversion der 105-mm-Haubitze, automatische Bofors-Kanonen vom Kaliber 40 mm und die sechsläufige »Gatling«-Maschinenkanone Kaliber 20 mm. Die *Spectre* wird bevorzugt von den Special Operations Squadrons (Spezialeinsatzstaffeln) der Air Force geflogen. Durch ihre Bewaffnung können diese Kampfflugzeuge eine verheerende Wirkung auf Bodenziele ausüben.

ACRI — Bei der **A**frican **C**risis **R**esponse **I**nitiative handelte es sich um eine diplomatische Initiative der U.S.-Regierung mit dem Ziel, die Aufstellung einer gut ausgebildeten und schlagkräftigen multinationalen Friedenssicherungstruppe für Afrika zu fördern. Sie begann im Jahre 1996. Zu den ersten Staaten, die darin eingebunden waren, gehörten Ghana, Malawi, Mali, Senegal, Uganda und Benin.

Aegis Bezeichnung für ein hoch entwickeltes kybernetisches System amerikanischer Herkunft. Es kann im Gefecht sowohl für die Aufklärung als auch für Feuerleitaufgaben eingesetzt werden und verschafft einem Überwasser-Kriegsschiff die Möglichkeit, den See- und Luftraum im Umkreis von bis zu 400 Kilometern zu überwachen.

AEW **A**irborne **E**arly **W**arning. Dieser Begriff (deutsche Bezeichnung: fliegendes bzw. luftgestütztes Frühwarnsystem) beschreibt Flugzeuge in der Art der Grumman E-2C *Hawkeye*, der Boeing E-3 *Sentry* und vergleichbare Maschinen, die bei den Luftstreitkräften anderer Nationen im Einsatz sind.

AFB **A**ir **F**orce **B**ase = Stützpunkt (Horst) der Luftstreitkräfte der Vereinigten Staaten von Amerika. NATO-Stützpunkte und Stützpunkte verbündeter Nationen werden üblicherweise als **AB** (**A**ir **B**ase) bezeichnet. Die Royal Air Force bezeichnet ihre Stützpunkte mit den Ortsnamen: RAF Lakenheat, RAF Brüggen oder RAF Wildenrath.

AFSOC **A**ir **F**orce **S**pecial **O**perations **C**ommand. Das Spezialeinsatzkommando der U. S. Air Force hat seinen Stützpunkt auf der Eglin → AFB in Florida. Es setzt sich in erster Linie aus speziellen Hubschrauber- und Transportflugzeug-Einheiten und deren Unterstützungspersonal zusammen.

AGM **A**ir-to-**G**round **M**issile = Lenkwaffe für den Bodenkampfeinsatz. Deutsche Bezeichnung: Luft-Boden-Flugkörper.

ALICE **A**ll-purpose **L**ightweigt **I**ndividual **C**arrying **E**quipment. Inzwischen veraltetes Verpackungs- und Tragesystem der U. S. Army.

ANG **A**ir bzw. **A**rmy **N**ational **G**uard. Hierbei handelt es sich um Gefechts- und Unterstützungseinheiten der amerikanischen Nationalgarde, die normalerweise der Befehlsgewalt der jeweiligen Gouverneure der einzelnen Bundesstaaten unterstehen. Sie sind ebenso wie die Mutterorganisation – also die amerikanische Nationalgarde – in erster Linie für inneramerikanische Aufgaben vorgesehen, können jedoch in Krisen- und Kriegssituationen ohne Verzug aktiven Einheiten des Militärs zugewiesen und unterstellt werden. Gewöhnlich sind die Besatzungen so genannte »Wochenendkrieger« wie Reservisten und Piloten ziviler Luftfahrtgesellschaften.

AOR **A**rea **O**f **R**esponsibility = Verantwortungsbereich. Im militärischen Sinne verwendet, bezeichnet die AOR den vorgegebenen Einsatzbereich für eine bestimmte Truppe bzw. den Befehlsbereich eines Oberbefehlshabers teilstreitkraftübergreifender Kräfte oder eines hochrangigen Kommandeurs. Manchmal auch als **A**rea **O**f **O**perations (dann: **AOO**) genannt, ist sie das, was früher »Schlachtfeld« hieß und heute meist »Gefechtsfeld«. Oft wird auch von »Trouble Spot« gesprochen.

ATV All-Terrain Vehicle. Kurzbezeichnung für ein allradgetriebenes Ein-Mann-Geländefahrzeug auf der Basis ziviler Motorradtechnologie.

AWACS Airborne Warning And Control System = (Luftgestütztes) Fliegendes (Früh-)Warn- und Kontrollsystem. Die Abkürzung wird jedoch in erster Linie mit der Boeing-E-3-Sentry-Familie identifiziert, obwohl es auch bei anderen Teilstreitkräften (z. B. im Bereich der Navy) und Nationen Maschinen dieser Art gibt, die identische Funktionen erfüllen.

BDU Battle Dress Uniform. Kurzbezeichnung für den Standard-Kampfanzug der US-amerikanischen Streitkräfte, meist aus Baumwolle oder einer Mischung von Baumwolle und Polyester. Die Kampfanzüge werden in verschiedenen Tarnfarben und Mustern hergestellt. Sie sind sehr bequem zu tragen und außerordentlich praktisch, dennoch reklamieren ihre Träger immer wieder ihren sackartigen Schnitt.

Blue Light Codebezeichnung für eine kleine Anti-Terror-Einheit der U.S. Army, die in den 70er-Jahren in Europa aufgestellt wurde.

Brigadier General Entspricht dem Brigadegeneral der Bundeswehr (NATO-Code OF-7). Niedrigster Generalsrang mit einem Stern.

C4 Bezeichnung für einen militärisch zur Sabotage und zum Räumen von Sperren und sonstigen Hindernissen verwendeten (Plastik-) Sprengstoff.

C-130 *Hercules* Taktisches Transportflugzeug von Lockheed Martin. Vier Allison-T56-Turboprop-Triebwerke. Weit über zweitausend Einheiten dieses Klassikers wurden seit 1955 gebaut und die Maschine wird weiterhin produziert. Es existieren vielfältige Modellvarianten wie beispielsweise die AC-130U *Gunship* (»Kanonenboot«) und die EC-130H mit Funkstöreinrichtungen. 1995 lief die Entwicklung der neuen C-130J an. Sie ist mit weiter entwickelter Avionik und den neuen Allison-T406-Turboprop-Triebwerken mit sechsblättrigen Propellern ausgerüstet.

CA Civil Affairs = Zivile Angelegenheiten. Darunter werden bei den Special Operation Forces (→ SOF) Einsätze verstanden, um die Kooperation der einheimischen Bevölkerung zu fördern oder Reibungspunkte zu beseitigen.

Captain (1) Im Bereich der Luft- und Landstreitkräfte entspricht der Captain einem Hauptmann (NATO-Code OF-3),
(2) im Bereich der Seestreitkräfte einem Kapitän zur See (NATO-Code OF-6), der wiederum im adäquaten Rang zu einem Oberst bei den Luft- und Landstreitkräften steht. Sowohl bei den amerikanischen wie auch bei den britischen Streitkräften gibt es jedoch eine Marineinfanterie, die sich an Bord von Kriegsschiffen befinden kann. So sind in der Literatur sehr leicht Missverständnisse möglich, welcher Dienstrang der zutreffende ist. Es kann nur aus dem Zusammenhang entschieden werden, ob der Captain (Hauptmann) der

Marineinfanterie oder der Captain (Kapitän zur See) des jeweiligen Schiffes gemeint ist.

CAS Close Air Support = Luft-Nahunterstützung von Bodentruppen vor und während des Gefechts durch Flugzeuge und Hubschrauber.

CBT Combating Terrorism = Terrorismusbekämpfung. Bezeichnung für Einsätze der Special Operations Forces mit dem Ziel, vor Aktionen feindseliger Terroristengruppen zu schützen oder diese zu neutralisieren. Solche Einsätze laufen nicht selten in Kooperation mit Polizeikräften und diplomatischen Diensten. Ebenfalls gebräuchlich ist die Abkürzung CT.

CENTCOM Central Command = Oberkommando (regional) amerikanischer (und eventuell auch alliierter) Truppen. Hierbei handelt es sich um ein teilstreitkraftübergreifendes Kommando (Joint Services: teilstreitkraftübergreifende Streitkräfte aller Truppen- und Waffengattungen), dessen Verantwortungs- und Einflussbereich (→ AOR) seit Beginn der 90er-Jahre der Nahe Osten und Südwestasien ist. Dieser Bereich wurde 1999 auf Zentralasien ausgeweitet. Hauptquartier ist die McDill → AFB in Florida. Oberkommandierender ist grundsätzlich ein Vier-Sterne-General der U.S. Army. Normalerweise (also in Friedenszeiten) unterstehen dem CENTCOM selbst keine größeren Truppenkontingente. In Krisen- und Kriegssituationen hingegen wird es sehr schnell durch Einheiten des XVIII. Airborne Corps (Luftlandetruppen) der Army, des U.S. Marine Corps und alliierter Streitkräfte verstärkt.

CinC Commander in Chief. Bezeichnung für die Funktion eines hochrangigen Offiziers, üblicherweise eines Vier-Sterne-Generals oder Admirals, der die Position eines Oberbefehlshabers für einen bestimmten Einsatzbereich des US-Militärs bekleidet. So ist zum Beispiel der CINCPAC (Commander in Chief of the U.S. Pacific Command) der Oberkommandierende der US-Pazifikflotte.

CinCSOC Commander in Chief U.S. Special Operations Command. Normalerweise ein General der U.S. Army, der über profunde Kenntnisse und Gefechtserfahrungen mit Luftlande-, Ranger- und Spezialeinsatzkräften verfügt.

Colonel Oberst in der Bundeswehr (NATO-Code OF-6). Da aus Höflichkeitsgründen auch schon der → Lieutenant Colonel mit Colonel angesprochen wird, ist es (ähnlich wie beim Captain der Navy) üblich, den »richtigen« Colonel auch als »Full Colonel« zu bezeichnen.

Commander Unterschiedlich im Rang bei USN und R.N. Der Commander der Royal Navy entspricht dem Lieutenant Commander in der U.S. Navy und damit dem Korvettenkapitän der Marine der Bundesrepublik. Der Commander in der U.S. Navy entspricht dagegen dem Senior Commander der Royal Navy und damit dem deutschen Fregattenkapitän (NATO-Code OF-6), der wiederum dem Oberstleutnant den Luft- und Landstreitkräften entspricht.

Command Sergeant Major Oberster Unteroffiziers-Dienstrang mit Portepee bei den US-amerikanischen Streitkräften.

COA **C**ourse **O**f **A**ction. Hierbei handelt es sich um eine Einsatzbesprechung oder ein Papier, in dem systematisch und logisch strukturiert sämtliche Alternativen aufgezeichnet sind, die einem Kommandeur zur Erreichung eines vorgegebenen Einsatzzieles offen stehen. Eine der Schlüsselfähigkeiten eines guten Stabsoffiziers, mit denen dieser seinen Kommandeur unterstützen kann, liegt darin, diesem die Entscheidungsfindung durch klar umrissene COAs zu erleichtern – in der Regel sollten nicht mehr als drei Auswahlmöglichkeiten gleichzeitig angeboten werden.

Combat Talon Bezeichnung für die Transportmaschine MC-130 *Hercules* (→ C-130) in Spezialausführung für Transportaufgaben im Bereich der Special Operations Forces. Transportflugzeuge dieses Typs sind dem Special Operations Command der U.S. Air Force unterstellt.

CONOPS **Con**cept of **Op**eration**s**. Kurz gefasstes Befehls- und Führungskonzept eines Befehlshabers, gerichtet an untergeordnete Einheiten, über die Durchführung einer Operation. In einem solchen Papier sind die Planungen, Vorhaben und alle Informationen festgehalten, wie eine bestimmte Mission ablaufen soll.

CONUS **Con**tinental **U**nited **S**tates. Militärische Bezeichnung für die 48 aneinander grenzenden Bundesstaaten der USA. Der Gegenbegriff dazu ist »Übersee« oder → »Downrange«.

CP **C**ounter **P**roliferation = Unterbindung der Ausbreitung, eine sehr wichtige Mission der → SOF. Sie dient der Verhinderung des Baus und der Entwicklung von (atomaren, biologischen, chemischen und strahlenden) Massenvernichtungswaffen durch potenzielle Gegner.

CRD **C**hemical **R**econnaissance **D**etachments. Die chemischen Aufklärungseinheiten sind relativ kleine Abteilungen der U.S. Army, die über eine entsprechende Ausrüstung mit Detektoren und die Ausbildung verfügen, um sehr schnell Bereiche auf ihre mögliche Kontamination mit Giftstoffen hin zu überprüfen und den Grad der Kontamination einzuschätzen. Diese sehr wichtigen Fähigkeiten sind dem Special Forces Command unterstellt.

CS **C**oalition **S**upport = Koalitions-Unterstützung. Darunter versteht man bei den → SOF die Hilfestellung für befreundete Staaten durch gemeinsame Ausbildung, Übungen und »Militärdiplomatie«.

CSAR **C**ombat **S**earch **A**nd **R**escue (→ SAR). Such- und Rettungsaktion im Gefechtseinsatz gehören ebenfalls zum Missionsprofil der → SOF. Dabei geht es darum, militärisches Personal wie zum Beispiel abgeschossene Flugzeugbesatzungen hinter den feindlichen Linien aufzufinden und zu bergen.

CSEL PRQ-7 **C**ombat **S**urvivor/**E**vader **L**ocator = Gefechts-Überlebens-/Entkommens-Ortungsgerät. Dabei handelt es sich praktisch um ein miniaturisiertes Funkfeuer, das Mitglieder von Flugzeugbesatzungen bei sich tragen. Ein solches Gerät ermöglicht es den → SAR-Teams, mit einem speziellen Empfänger verirrte oder abgestürzte Personen sicher zu orten und zu identifizieren. Das CSEL soll nun endlich, nach einer beschämend langen Verzögerung in der Entwicklungsphase, ab 2001 bei der Truppe eingeführt werden.

CST **C**lose **S**upport **T**eam. Ein Trupp der → SOF, der speziell für die Aufgabe der Bodenbeobachtung ausgerüstet und ausgebildet ist. Kann Ziele ausfindig machen und Flugzeuge zu Zielen leiten.

CTF **C**ommander **T**ask **F**orce (häufig undeutlich als »Commander's Task Force« ausgesprochen). Eine Komponente einer Joint Task Force unter dem Kommando eines bestimmten Kommandeurs. Solche CTFs sind keine ständigen Einrichtungen, sondern werden nach Bedarf für eine spezielle Mission in der notwendigen Größe und Ausrüstung praktisch maßgeschneidert. Ihre jeweiligen Bezeichnungen erhalten sie nach dem Zahlenschlüssel der U.S. Navy wie zum Beispiel CTF 958.1.2.

CVBG Aircraft **C**arrier **V**ehicle **B**attle **G**roup = Flugzeugträger-Kampf- bzw. Gefechtsverband. Besteht aus einem Flugzeugträger und in Abhängigkeit von seiner Größe und der Bedeutung der Mission unterschiedlich großen und starken Geleit- bzw. Sicherungsgeschwadern an der Oberfläche sowie grundsätzlich noch mindestens zwei Jagd-Unterseebooten.

DA **D**irect **A**ction. Einsatzprofil der → SOF. Dabei handelt es sich um kurze Überfälle mit dem Ziel der Einnahme, Gefangennahme oder Ausschaltung bestimmter feindlicher Personen, Einrichtungen oder Ausrüstungsgegenstände.

Delta Force Geheimnisumwitterte Antiterror-Truppe der U.S. Army. Sie orientiert sich in Ausbildung und Taktik sehr stark am britischen Special Air Service (S.A.S.). Die Delta Force war im Jahre 1980 auch an der missglückten Geiselbefreiungsaktion im Iran beteiligt.

DMA **D**efense **M**apping **A**gency = Kartographie-Behörde des amerikanischen Verteidigungsministeriums. Die DMA erstellt anhand sämtlicher verfügbarer Informationen (Vermessungen, Satellitenbilder, Luftaufnahmen) möglichst genaue Karten der ganzen Welt. Diese werden dann digitalisiert und beispielsweise für Truppeneinsätze oder Flugpläne von Marschflugkörpern, UAVs oder für die Verwendung als »Moving Maps« in Kampfflugzeugen bereitgestellt.

DoD — **D**epartment **o**f **D**efense = Amerikanisches Verteidigungsministerium, das in dieser Form seit 1947 besteht und für die vier Teilstreitkräfte, eine Vielzahl von Behörden, Programmbüros und teilstreitkraftübergreifenden Projekten verantwortlich ist.

Downrange — Slangbezeichnung in der U.S. Army für »in Übersee auf einer gefährlichen Mission«. Ursprünglich wurde dieser Ausdruck für Schießbahnen verwendet, auf denen mit scharfer Munition geübt wurde, dann wurde er von Räumkommandos und anderen Spezialtrupps übernommen, deren Arbeit sehr gefährlich ist.

DZ — **D**rop **Z**one = Abwurf- bzw. Absprungzone. Gemeint ist damit ein freies Gelände, auf dem aus Flugzeugen abgesprungene Fallschirmjäger oder abgeworfene Versorgungsgüter (hoffentlich) sicher ankommen. DZs sollten möglichst nahe an einem Angriffsziel liegen.

E&E — **E**scape **&** **E**vasion = Flucht und Entkommen. Der Begriff bezeichnet die Taktiken, Techniken und Abläufe (von denen einige im Grunde recht simpel sind, andere strengster Geheimhaltung unterliegen), die verhindern sollen, hinter den feindlichen Linien gefangen genommen zu werden, und die eine sichere Rückkehr ermöglichen sollen.

ECWCS — **E**xtended **C**old **W**eather **C**lothing **S**ystem. Ergänzungsbekleidung zur → BDU. Im Grunde eine Winterbekleidung für tiefe Außentemperaturen bis hin zu arktischen Bedingungen. Sie wird in zwei verschiedenen Stärken produziert, in beiden Fällen wird Gore-Tex (ein atmungsaktives, wasserabweisendes Synthetikmaterial) zur Isolierung verwendet.

ELINT — **El**ectronic **Int**elligence = Aufklärung mittels Elektronik. Alle Formen der elektronischen Überwachung wie das Abhören von Radar, Funk- und Radio-Kanälen, um Ort, Stärke und Aktivitäten des Gegners festzustellen.

ESM — **E**lectronic **S**ecurity (auch: **S**upport) **M**easures = Elektronische Sicherheits- bzw. Unterstützungssysteme. Diese Bezeichnung wird meist für alle elektronischen Systeme verwendet, die das elektromagnetische Spektrum überwachen können, um potenzielle Bedrohungen aufzuspüren, sie zu lokalisieren und gegebenenfalls vor ihnen zu warnen.

EUCOM — U.S. **Eu**ropean **Com**mand. Bezeichnung für ein teilstreitkraftübergreifendes Oberkommando, das den Oberbefehl bei Kampfhandlungen von Streitkräften in Europa und Afrika hat. Das Hauptquartier des EUCOM liegt in Stuttgart-Vaihingen. Der CinC EUCOM ist gleichzeitig auch der Supreme Allied Commander, Europe (SACEUR) der NATO.

EW — **E**lectronic **W**arfare = Elektronische Gefechtsführung.

FARC — Bezeichnung für die Revolutionsarmee Kolumbiens. Ursprünglich eine links gerichtete Guerillagruppe, die sich jedoch sehr schnell auf multinationale Drogen-Terror-Abenteuer verlegte.

FID Foreign Internal Defense. Dieses Missionsprofil der → SOF hat zum Ziel, die Sicherheitskräfte befreundeter Gastnationen zu verstärken. Solche Einsätze erfordern in der Regel viel kulturelles Fingerspitzengefühl und beinhalten nicht selten ethische Risiken beim komplizierten Umgang mit den Menschenrechten.

Fighter Amerikanische Gruppenbezeichnung für militärische Kampfflugzeuge, die im Sprachgebrauch der Luftwaffe sowohl Jäger wie auch Jagdbomber umfasst.

Fire-and-forget »Schieß und vergiss«, hat sich als Bezeichnung für Projektile und Lenkwaffen eingebürgert, die sich heute in (fast) allen Waffengattungen durchzusetzen beginnen. Ihr enormer Vorteil besteht darin, dass sie nach Aufschaltung auf ein Ziel nur noch gestartet bzw. abgefeuert zu werden brauchen und sich den Weg dann selber suchen. Der Schütze kann sie sofort »vergessen« und sich anderen Dingen wie z. B. der Aufschaltung eines neuen Ziels zuwenden.

FLIR Forward-Looking Infrared = In Vorausrichtung orientierter Infrarotsensor. Ein elektrooptisches Gerät, das ähnlich wie eine Videokamera arbeitet, aber das Infrarotspektrum und nicht das Spektrum des sichtbaren Lichtes »sieht«. Das »vorausschauende Infrarot« erzeugt ein Bild auf Grund von aktuellen Temperaturänderungen – und seien sie noch so geringfügig – in seinem Blickfeld. Dadurch werden beispielsweise die heißen Abgasdüsen eines Triebwerks als heller Fleck dargestellt. Mit diesem Gerät ist es möglich, bei Nacht und bei schlechten Witterungsbedingungen sicher zu navigieren und zu zielen.

FOB Forward Operation Base = Vorgeschobene Operationsbasis.

Force Protection Oberbegriff für sämtliche Maßnahmen zur Verhinderung terroristischer Angriffe auf amerikanische Streitkräfte und Einrichtungen. Dazu gehören Zugangssperren (Check-Points), die Einschränkung von Aktivitäten außerhalb des Stützpunktes, Perimeter-Überwachung sowie die bauliche Verstärkung von Einrichtungen gegen Druck- und Splitterwirkung von Sprengkörpern (so gibt es beispielsweise bei neueren Gebäuden keine Außenfenster mehr).

G7 Bezeichnung von Stabsangehörigen des amerikanischen Militärs für ein Ausrüstungs-, Entwicklungs- und Beschaffungsamt (auch »Laden« genannt).

G-Bands Bei den → SOF übliche Bezeichnung für Guerilla-Gruppen.

***g*-Force** Deutsche Bezeichnung *g*-Wert. Damit wird die Erdanziehung auf stationäre Objekte bezeichnet, auch Erdbeschleunigung genannt (= 9,80655 m/sec^2). Die in g angegebenen Beschleunigungswerte errechnen sich aus dem Gewicht eines Körpers multipliziert mit dem g-Faktor. 4 g bei einem Gewicht von einer Tonne würde also die Beschleunigungskraft von knapp 4 Tonnen ergeben. Bei Hochgeschwindigkeitsmanövern von Kampfflugzeugen können Belastungen von bis zu 9 g auf Material und Piloten wirken. Modernste Lenkwaffen können bei scharfen Wenden Belastungen von bis zu 60 g produzieren.

GAC FAC Grupo de Acciones Comandos de la Guardia Nacional de Venezuela. Elite-Antiterror-Einheit der venezolanischen Streitkräfte. Diese Einheit wird zwar als Bataillon geführt, hat tatsächlich aber nur die Stärke einer aufgestockten Kompanie.

Geosynchron Auch als »geostationär« bezeichnet. Satelliten, die sich in einem äquatorialen Orbit in einer Höhe von 35786 km über der Erdoberfläche befinden, benötigen für einen Umlauf genau 24 Stunden. Da die Erde exakt 24 Stunden für eine einmalige Rotation um die eigene Achse braucht, scheinen diese Satelliten über ein und demselben Punkt der Erde »fixiert« zu verweilen. Es sind natürlich andere Umlaufbahnen mit demselben Effekt erreichbar.

Gilly Suit Bezeichnung für die lockeren, weiten Überzieher, die bevorzugt von Scharfschützen getragen werden. Schnitt und Farbe sind so konzipiert, dass sie sich hervorragend mit der Bodenvegetation decken und so zu einem extrem wirksamen Tarnmedium werden. Der Name »Gilly« leitet sich aus dem gälischen *ghillie* ab: So heißen in Schottland die Wildhüter, die traditionell ähnliche Umhänge tragen.

GLTD **G**round **L**aser **T**arget **D**esignator. Die Typenbezeichnung für diesen Laser-Kennzeichner für die Verwendung an Bodenzielen ist PAQ-10. Dabei handelt es sich um ein rund 5,5 kg schweres, also tragbares Gerät, mit dem Angriffsziele für aus der Luft gestartete Präzisions-Lenkwaffen markiert werden können. Die Reichweite des Lasermarkers liegt bei bis zu 10 km.

GMV **G**round **M**obility **V**ehicle. Unter dieser Bezeichnung wird das bekannte Standard-Vielzweckfahrzeug HMMWV (»Hummer«) der U.S. Army in der Sonderausführung zur Verwendung bei den → SOF geführt.

Goldwater-Nichols Gebräuchliche Bezeichnung für das amerikanische Militärreform-Gesetz aus dem Jahr 1986, im Rahmen dessen es zu einer Reihe von Zusammenlegungen in der militärischen Befehls- und Führungsstruktur kam. In erster Linie betraf dies die amerikanischen Oberkommandos aller Truppengattungen. Dabei wurden traditionelle Kompetenzbereiche drastisch beschnitten und gleichzeitig wurde die Position des Chairman of the Joint Chiefs of Staff (des Vorsitzenden der Vereinigten Generalstabschefs) erheblich gestärkt. Resultat von Goldwater-Nichols war unter anderem die Reorganisation von Kampfgruppen der amerikanischen Streitkräfte unter »teilstreitkraftübergreifenden Oberbefehlshabern« wie beispielsweise → PACOM (Pacific Command), → EUCOM oder STRATCOM (Strategic Command).

GPS **G**lobal **P**ositioning **S**ystem. Konstellation von 24 NAVSTAR-Satelliten in erdnahen Orbits, die ununterbrochen Navigationssignale senden, die mit ultragenauen Atomuhren synchronisiert sind. Normalerweise können von jedem Punkt der Erde (außer den Polkappen) mindestens vier Satelliten im gleichzeitigen Durchgang beobachtet bzw empfangen werden. Ein spezieller Computer, der in einem tragbaren Empfänger eingebaut ist, kann dann aus den empfangenen Daten exakte (dreidimensionale) Positionsbestimmungen und Geschwindigkeitsangaben ableiten, indem er die Informationen eines Satellitensignals in Beziehung zu den Daten von drei weiteren Satelliten setzt. Ein Teil der Signale wurde bis zum Jahr 2000 zum ausschließlichen Gebrauch durch das Militär verschlüsselt gesendet (PY-Code). Ein ähnliches, jedoch unvollständiges System wird von den Russen unter der Bezeichnung GLONASS betrieben. In Krisen- oder Kriegssituationen werden die Satelliten vom Betreiber dahingehend manipuliert, dass sie die für zivile Nutzer ohnehin bestehende, künstlich herbeigeführte Ungenauigkeit (Radius ca. 30 m) um ein Vielfaches vergrößern. Danach können nur noch Geräte, die PY-codefähig sind, genaue Positions- und Navigationsdaten liefern.

HA — **H**umanitarian **A**ssistance. Die humanitären Hilfeleistungen gehören zu den Einsatzprofilen der → SOF und umfassen Hilfe bei Naturkatastrophen, Flüchtlingskrisen und anderen komplexen Notfällen, von denen Menschen in großer Zahl betroffen sind.

HAHO — **H**igh **A**ltitude, **H**igh **O**pening. Bezeichnung für eine spezielle Fallschirmsprungtechnik, bei der aus großen Höhen (oberhalb 9000 Metern) mit steuerbaren Fallschirmen gesprungen wird. Mit dieser Technik sind – gerechnet vom Absprungpunkt – Gleitdistanzen von bis zu 50 km möglich.

HALO — **H**igh **A**ltitude, **L**ow **O**pening. Eine schwierige Sprungtechnik mit einem langen freien Fall unter Einsatz von Sauerstoffgeräten. Auf diese Weise können Spezialkräfte in ein Zielgebiet eingeschleust werden.

HD — **H**umanitarian **D**emining. Bei diesem Missionsprofil ist es die Aufgabe der → SOF, Gastnationen beim Aufspüren und bei der Entschärfung von Landminen und gefährlichen Blindgängern zu helfen. Dabei stützt sich die Truppe wesentlich stärker auf eine gute Ausbildung und einfache handwerkliche Fähigkeiten als auf High-Tech-Ausrüstung.

HMMWV — **H**igh **M**obility **M**edium **W**heeled **V**ehicle. Typenklassifizierung M998. Dieses als höchst bewegliches, mittelgroßes Radfahrzeug bezeichnete Vielzweck-Geländefahrzeug ist der Nachfolger des legendären Willys Overland »Jeep«. Es trägt den Spitznamen »Hummer«. Dieses lautmalerische Wort für den HMMWV bedeutet im amerikanischen Slang so viel wie »Mordskerl« und ist gleichzeitig der warenrechtlich geschützte Name des Herstellers, hat also mit dem gleichnamigen Krustentier nichts zu tun. Der in großer Stückzahl bei den U. S. Streitkräften im Einsatz befindliche HMMWV ist im Grunde eine Basis in der Größenordnung eines Kleinlasters, auf der eine Vielzahl von Varianten aufgebaut werden (Ambulanzen, Kommandofahrzeuge, Waffenträger).

IDP **I**nternally **D**isplaced **P**ersons. Jargonausdruck des amerikanischen Militärs für »Flüchtlinge«.

IO **I**nformation **O**perations. Hierunter werden sämtliche Einsätze (sowohl bei den → SOF als auch bei anderen Truppengattungen) verstanden, die dem Zweck dienen, Informationssysteme, Computer sowie Befehls- und Führungsnetzwerke eines Feindes durch Einschleusung zerstörerischer Software, Einspielung von falschem Informationsmaterial, physische Zerstörung oder andere geeignet erscheinende Maßnahmen lahm zu legen.

ISOFAC **Iso**lation **Fac**ilities. Hierbei handelt es sich um spezielle Kasernen oder Lager, in denen die Einheiten der → SOF vor einem Einsatz isoliert untergebracht werden, um sie einerseits mental auf die bevorstehende Aufgabe optimal vorzubereiten und andererseits die operative Sicherheit besser gewährleisten zu können.

JCET **J**oint **C**ooperative **E**ngagement **T**raining. Eine Übung, die normalerweise auf → CinC-Ebene stattfindet, jedoch von kleineren Gruppen durchgeführt wird. Sinn und Zweck solcher Übungen ist es, Fachkenntnisse auszutauschen und gute Arbeitsbeziehungen zu bestimmten Teilstreitkräften von Gastnationen aufzubauen.

JCS **J**oint **C**hiefs of **S**taff = Vereinigte Stabschefs. Sie stellen die oberste Führungs-(Kommando-)ebene des US-Militärs dar und sind verantwortlich für die Beratung des Präsidenten in Angelegenheiten der nationalen Verteidigung. Die JCS setzen sich aus einem Vorsitzenden (dem sog. »Chairman« der General-/Admiralstabschefs), der aus jeder Teilstreitkraft kommen kann, seinem Stellvertreter und den Vertretern der vier Teilstreitkräfte, also dem Oberkommandierenden der Navy (CNO), dem Generalstabschef der Army, dem Kommandierenden General (Commandant) des Marine Corps und dem Generalstabschef der Air Force zusammen. Die JCS verwalten ein beträchtliches Budget und führen einen zahlenmäßig umfangreichen Personalstab (den sog. Joint Staff) im Pentagon.

JRTC **J**oint **R**eadiness **T**raining **C**enter. Teilstreitkraftübergreifendes Übungs- und Ausbildungszentrum der U.S. Army für Infanterieeinheiten in der abgeschiedenen Wildnis von Fort Polk in Louisiana. Bei diesem Ausbildungs- und Übungszentrum handelt es sich um einen der wenigen großen Truppenübungsplätze der USA, der kein Wüstengebiet ist.

JSOC **J**oint **S**pecial **O**perations **C**ommand. Geheimnisumwitterte, teilstreitkraftübergreifende Einheit in Brigadegröße mit Stützpunkt in Fort Bragg, North Carolina, die sich aus Luft-

und Bodenkampfelementen zusammensetzt. Das JSOC ist für alle heiklen Antiterror-Einsätze zuständig.

JTF Diese Abkürzung kann je nach Zusammenhang in zwei Bedeutungen aufgelöst werden:
(1) **J**oint **T**ask **F**orce = kombinierte (teilstreitkraftübergreifende) Einsatz- (bzw. Eingreif-) Truppe. Einheit des Militärs, die aus zwei oder mehr Teilstreitkräften kombiniert werden kann und unter dem Befehl eines höherrangigen Offiziers steht. JTFs können für spezielle Missionen aufgestellt werden oder – wie die Anti-Drogen-JTF-4 mit Stützpunkt in Florida – als »fast ständige« Organisationen arbeiten.
(2) **J**oint **T**actical **F**orce = ein aus mehreren Teilstreitkräften gebildeter Kampfverband.

JTFEX **J**oint **T**ask **F**orce **Ex**ercise. Übung für teilstreitkraftübergreifende Einsatz- bzw. Eingreiftruppen. Eine Übung beträchtlicher Größenordnung, in die normalerweise Einheiten aller Truppen und Waffengattungen eingebunden sind. JTFEX-Übungen werden sechsmal jährlich unter Leitung des amerikanischen Joint Forces Command (des ehemaligen U.S. Atlantic Command) abgehalten. JTFEX hat den Stellenwert eines »Abschlussexamens« für die Flugzeugträger-Kampfgruppen der Navy und die Expeditionary Units des U.S. Marine Corps (MEU).

Knoten Abkürzung kt., oft auch kn. 1 Knoten = 1 nautische Meile (nm) pro Stunde = 1,852 km/h. Wird für die Geschwindigkeitsangabe von Schiffen verwendet. Lediglich bei Luftkissenfahrzeugen findet man oft Angaben in kn und km/h nebeneinander, da diese Fahrzeuge sich sowohl über Land wie auch im Wasser fortbewegen können. Seit dem Beginn der Luftfahrt auch zur Angabe von Flugzeuggeschwindigkeiten, hauptsächlich im Unterschallbereich, verwendet. Überschallgeschwindigkeitsangaben erfolgen meist in Mach.

LCE **L**iaison **C**oordination **E**lement. Eine kleine, aber sehr leistungsfähige Abteilung der → SOF, die auf Sprach- und Kommunikationskenntnisse spezialisiert ist. Ihre Aufgabe besteht in der Koordination alliierter Operationen mit ausländischen Streitkräften.

Lieutenant General Ranggleich mit einem Generalleutnant der Bundeswehr. Drei-Sterne-General (NATO-Code OF-9).

Lieutenant Colonel In der Bundeswehr Oberstleutnant (NATO-Code OF-5).

Lieutenant Commander Bei der Marine der Bundesrepublik Deutschland Korvettenkapitän. Entspricht bei den Luft- und Landstreitkräften dem Major (NATO-Code OF-4).

Lieutenant Offiziersdienstränge ohne Stabsprüfung. Bei den amerikanischen Streitkräften beginnend mit dem 2nd Lieutenant (US-Code O-1), etwa auf der gleichen Stufe wie der Leutnant bei der Bundeswehr angesiedelt. Ein 1st Lieutenant (US-Code

O-2) entspricht etwa dem Oberleutnant bei den deutschen Streitkräften.

LRP Ration Long Range Patrol Ration = Marschverpflegung für Einsätze über weite Entfernungen. Gefriergetrocknete, vakuumverpackte Speisen, die leichter und konzentrierter sind als die normalen → MREs. Ursprünglich liefen diese Feldrationen unter der Bezeichnung MCW (Meal Cold Weather, Kaltwetter-Mahlzeiten) und waren speziell für die Verwendung bei Gebirgsjägereinheiten vorgesehen.

LVRS Lightweight Video Reconnaissance System. Ein leichtes, kompaktes und robustes, standbildfähiges Videokamerasystem, das an eine Vielzahl von Datennetzwerken und Aufzeichnungsgeräten angeschlossen werden kann.

LZ Landing Zone. Damit werden bei der Army Bereiche bezeichnet, in denen Einheiten der Air-Assault-Luftlandetruppen abgesetzt werden. Dazu wurden im Zweiten Weltkrieg Gleiter (deutsche Bezeichnung: Lastensegler) verwendet, heute wird diese Aufgabe mit Hubschraubern erledigt. Soldaten der Air-Assault-Einheiten haben zwar auch die Springerschule durchlaufen und dort ihre Qualifikation erhalten, werden aber abgesetzt und springen nicht am Schirm ins Gefecht. Grundsätzlich schweben bei solchen Aktionen die Hubschrauber so kurz wie möglich in Bodennähe über der Absetzzone. Wird eine LZ als *hot*, also *heiß* bezeichnet, bedeutet dies, dass das Gebiet unter feindlichem Beschuss liegt. LZ ist auch eine beim Marine Corps gebräuchliche Bezeichnung für die Bereiche von Stränden, an denen die Marineinfanterie von den Landungsbooten abgesetzt wird.

M-4 Karabiner Leichtgewichtige, kurzläufige Ausführung des automatischen M-16-Standard-Sturmgewehrs der amerikanischen Streitkräfte.

Major General Entspricht einem Generalmajor der Bundeswehr. Zwei-Sterne-General (NATO-Code OF-8).

MBITR Multiband Intra-Team Radio. Ein neues Kommunikationssystem, über das sowohl sichere UHF- und VHF-Daten- als auch Sprechfunkverbindungen im Kurz- und Ultrakurzwellenbereich möglich sind.

MERC Mobility Enhancing Ration Components. Bei dieser Art von Marschverpflegung handelt es sich um eine ganze Familie von sehr kompakt verpackten, langlebigen Rationen in der Art von »Taschengebäck«, das zum schnellen Verzehr und für eine gute Akzeptanz bei der Truppe entwickelt wurde.

METL Mission Essential Task List. In dieser Liste wird sehr detailliert alles aufgeführt, was im Rahmen eines militärischen Einsatzes »zu erledigen« ist. Die Listen enthalten auch Einschätzungen von Erfolgsaussichten und Risiken, sie werden allerdings in erster Linie bei Übungseinsätzen verwendet.

MEU (SOC) Marine Expeditionary Unit (Special Operations Capable). Landungs-(Expeditions-)einheit des US-Marine Corps von etwa Bataillonsgröße mit besonderer Qualifikation für Kommandoeinsätze. MEU (SOC) umfassen integrierte Luft- und Bodenkampfkomponenten und gehen normalerweise mit einer aus drei Schiffen bestehenden Amphibious Ready Group (ARG) der U.S. Navy in den Einsatz.

MILES **M**ultiple **I**ntegrated **L**aser **E**xercise **S**ystem. Bei diesem elektronischen System handelt es sich um eine äußerst realistische und sehr sichere Simulation. MILES wird von der U.S. Army in ihren Feld-Gefechtsübungen eingesetzt. Die Funktion ist etwa Folgende: In einem bestimmten Code pulsierende Lasergeneratoren werden auf Waffen befestigt, sämtliche Fahrzeuge und alle beteiligten Personen werden mit entsprechenden Laserdetektoren ausgerüstet, die in der Lage sind, Treffer zu registrieren. Die Funktion ähnelt denen der »Laser-Tag«-Simulationsspiele, ist jedoch wesentlich ernsthafter und leistungsfähiger. Das wird man spätestens dann feststellen, wenn man zu den Opfern gehört.

MIPM **M**ulti-**P**urpose **I**nfantry **M**unition. Einschüssiges Raketenstartgerät zur Verwendung von der Schulter aus. Diese Waffe soll Infanteristen eine gewisse Panzerabwehr- und Bunkersprengkapazität verschaffen, sofern die Ziele nicht weiter als 500 Meter entfernt sind. Wenn alles nach Plan läuft, soll diese Waffe im Laufe des Jahres 2002 bei der Truppe eingeführt werden.

MOLLE **Mo**dular **L**eightweight **L**oad-carrying **E**quipment = Individual-Rucksack-/Sturmgepäcksystem, das zuerst vom U.S. Marine Corps übernommen wurde als Ersatz für das veraltete → ALICE-System. Die Übernahme durch die Special Forces der U.S. Army ist geplant.

MOS **M**ilitary **O**ccupational **S**peciality Code. Alphanumerische Codes (zwei bis drei Zahlen und ein Buchstabe), die Aufschluss darüber geben, für welche Aufgabenbereiche die entsprechenden Soldaten ausgebildet wurden und sich qualifiziert haben. Bei den Special Forces gibt es insgesamt 18 Serien von MOS.

MOUT **M**ilitary **O**perations in **U**rban **T**errain = Militärisches Vorgehen in Stadtgebieten (Straßen- und Häuserkampf). Dabei handelt es sich um eine der schwierigsten taktischen Herausforderungen für eine Truppe, besonders dann, wenn ihr daran gelegen ist, Opfer zu vermeiden und die Infrastruktur eines Ortes zu erhalten.

MRC **M**ajor **R**egional **C**ontingency. Derzeitiger Euphemismus des Pentagon für größere, schwer einschätzbare Kampfhandlungen, Krisen und kleinere Kriege regionaler Ausdehnung (z.B. Irak, Nordkorea), die einen Einsatz militärischer Kräfte der USA (falls vom Präsidenten angeordnet) notwendig machen.

MRE **M**eals **R**eady to **E**at = Fertigmahlzeiten. Derzeitige Standard-Marschverpflegung bei den US-amerikanischen Land- und

Luftstreitkräften. MREs werden im Einsatz verzehrt, bis reguläre Kantineneinrichtungen erstellt sind. Humorvoll als »Meals Rejected by Ethiopians/the Enemy/Everyone« (»von Äthiopiern/vom Feind/von jedermann abgelehnte Mahlzeiten«) bezeichnet und nicht sonderlich beliebt bei der Truppe, obwohl es sie inzwischen in rund einem Dutzend Variationen gibt. Sie sind sehr lange haltbar und können ohne Kochen verzehrt werden. Unabhängig von ihrem Geschmack sind sie kalorienreich und sättigend. Der Nachteil ist jedoch, dass sie Unmengen an Abfall in Form von Plastik und Pappdeckeln verursachen.

MSS — **M**ission **S**upport **Si**te. Bezeichnung für ein sicheres Gelände, auf dem sich die Abteilung der Special Forces im Laufe eines Einsatzes verstecken kann. Solche Gelände sollten gute Deckung bieten und gleichzeitig nicht allzu weit von einer Frischwasserquelle entfernt sein.

NATO — **N**orth **A**tlantic **T**reaty **O**rganization. Nordatlantisches Verteidigungsbündnis, geschlossen 1949. Im Rahmen der NATO abgeschlossene Verträge standardisieren beispielsweise in ganz erheblichem Maß die von den 16 Mitgliedsstaaten verwendeten Munitionstypen und deren Kaliber.

NAVSPEC-WARCOM — U. S. **Navy Spec**ial **War**fare **Com**mand. Das Oberkommando für die Spezial-Einsatzkommandos der U. S. Navy mit Stützpunkt Coronado in Kalifornien. NAVSPECWARCOM ist verantwortlich für die Ausbildung, Ausrüstung und die Erstellung der Richtlinien für die → SEALs der Navy. Darüber hinaus unterstützt es die Einsätze der Special Boat Squadrons und anderer Einheiten.

NBC — **N**uclear-**B**iological-**C**hemical. Analoge deutsche Bezeichnung ABC für Atomar-Biologisch-Chemisch. Allgemeine Bezeichnung für Massenvernichtungswaffen einschließlich Atombomben und Waffen, die dafür konstruiert wurden, radioaktives Material, Giftgase, giftige Flüssigkeiten oder Pulver, infektiöse Mikroorganismen oder biologische Toxine zu verstreuen. Waffen dieser Art wurden durch etliche internationale Verträge geächtet, doch werden die Verträge selbst von einigen Unterzeichnerstaaten weitgehend ignoriert.

NCA — **N**ational **C**ommand **A**uthority (oder Authorities). Oberste Befehlsinstitutionen Amerikas, also der Präsident, beraten vom Verteidigungsminister, den Vereinigten Stabschefs usw.

NCO — **N**on-**C**ommissioned **O**fficer. Oberbegriff für die amerikanischen Unteroffiziere, im Grunde Soldaten mit Führungsverantwortung oder besonderer technischer Qualifikation. Insgesamt gibt es bei den US-amerikanischen Streitkräften in diesem Bereich neun standardisierte Dienstränge, für die jedoch bei jeder Teilstreitkraft eine eigene Nomenklatur gilt. Bei der Navy sind dies der Petty Officer (PO), Chief Petty Officer (CPO), Senior Chief Petty Officer (SCOP) und Master Chief Petty Officer (MCPO). Der ranghöchste NCO an Bord eines Schiffes wird immer unabhängig von seinem tatsächlichen Rang als »Command Master Chief« bezeichnet. NCOs sind der »Klebstoff«, der militärische Organisationen zusammenhält.

NEO **N**on-combatant **E**vacuation **O**peration = friedliche Evakuierungsoperation.

NRO **N**ational **R**econnaissance **O**ffice. Das »nationale Aufklärungs-Büro« (im Sinne von nachrichtendienstlicher Aufklärungsarbeit) war früher eine höchst geheime Organisation, die im Laufe der späten 50er- und Anfang der 60er-Jahre als »schwarze« Dienststelle im → DoD eingerichtet wurde. Die Existenz des NRO wurde bis in die 90er-Jahre hinein offiziell nicht zugegeben. Verantwortlich für Beschaffung, Betrieb, Steuerung und Verwaltung verschiedener Typen von Aufklärungs-(»Spionage«-)Satelliten. Zum NRO gehört auch das Central Imagery Office (CIO), das für die Erstellung, Auswertung und Verteilung der Satellitenbilder verantwortlich ist. Es ist immer noch nicht frei der Öffentlichkeit zugänglich, wird großzügig mit Finanzmitteln ausgestattet und hat seinen Hauptsitz in Chantilly, Virginia.

NSA Für diese Abkürzung gibt es zwei mögliche Auflösungen:

(1) **N**ational **S**ecurity **A**gency. Eine Behörde, die dem Sicherheitsberater des Präsidenten der Vereinigten Staaten von Amerika untersteht und in erster Linie die Aufgabe hat, diesen mit den nötigen nachrichtendienstlichen Informationen zu versorgen. Nach entsprechender Analyse und Aufbereitung kann er das Material bei seiner Beratungsaufgabe verwenden. Daten dieser Behörde stehen gegebenenfalls auch Einheiten des US-Militärs zur Verfügung. Genau wie das → NRO ist auch die NSA nach wie vor geheimnisumwittert und erhält üppige finanzielle Mittel aus dem Staatshaushalt. Hauptaufgabenbereiche sind verschlüsselte Kommunikation, das Knacken von Codes und globale elektronische Aufklärung. Das Hauptquartier der NSA befindet sich in Fort Meade, Maryland, und ist auch unter den Spitznamen »Puzzle Palast« und »No Such Agency« bekannt.

(2) **N**ational **S**ecurity **A**dvisor = Nationaler Sicherheitsberater des amerikanischen Präsidenten.

NTC **N**ational **T**raining **C**enter. Das nationale Ausbildungszentrum ist das Übungs- und Qualifikationsgelände samt zugehöriger Einrichtungen der U.S. Army in Fort Irwin, Kalifornien. Es ist für die besonderen Bedürfnisse von Panzertruppen optimiert. Das in unwegsamem Wüstengelände gelegene NTC ist eine hochtechnisierte Einrichtung und zeichnet zu einem erheblichen Teil verantwortlich für die erstaunlichen Erfolge der U.S. Army im Laufe der Operation Desert Storm im Jahr 1991.

Nunn-Cohen Name einer 1987 ratifizierten Gesetzesvorlage, durch die das U.S. Special Operations Command (SOCOM) geschaffen und dessen eigener, völlig unabhängiger Etat eingerichtet wurde. Gleichzeitig wurde sichergestellt, dass die Kräfte des U.S. Marine Corps nicht dem Befehl der neu geschaffenen Institution unterstellt sind.

NVG — **N**ight **V**ision **G**oggles = Nachtsichtgerät bzw. Restlichtverstärker. Die amerikanischen NVGs stützen sich auf die dritte Generation der optischen Restlichtverstärker, sind batteriegetrieben und werden mit Gurten direkt am Kopf des Trägers befestigt. Das derzeit verwendete Standardmodell trägt die Bezeichnung PVS-7D.

O/C — **O**bserver/**C**ontroller. Bezeichnung für höherrangige Angehörige des Militärs, die die Aufgabe haben, Übungen zu leiten, aufzuzeichnen und zu beurteilen. Bisweilen tragen sie auch die Verantwortung für die Sicherheit des Übungsgeländes.

ODA — **O**perational **D**etachment **A**lpha (früher als A-Team bezeichnet). Ein aus zwölf Mann bestehender Trupp der Army Special Forces mit Spezialkenntnissen in Gefechtsführung, Sprachen, Technik, Medizin und Kommunikation. Entspricht grob einem Platoon (Zug) und steht normalerweise unter dem Kommando eines → Captain, O-3.

ODB — **O**perational **D**etachment **B**ravo. Stabskompanie der Special Forces mit der Aufgabe, verschiedene im Einsatz befindlicher ODAs zu führen.

OpFor — **Op**posing **For**ce = gegnerische Kräfte. Sie werden im Rahmen von Übungen von speziell für die Rolle als »Feinde« geschulten Einheiten gespielt. Dabei bedienen sie sich dann der Taktiken, Strategien und Vorgehensweisen potenzieller Gegner der USA. Die Ausrüstung von OpFor besteht entweder aus echten Ausrüstungsteilen anderer Nationen oder ist so simuliert, dass sie diesen in Leistung und Aussehen fast gleicht. Allerdings sind die verwendeten Abzeichen frei erfunden, um zu vermeiden, dass real existierende Nationen daran Anstoß nehmen.

OPSEC — **Op**erational **Sec**urity = Einsatz-Sicherheit. Hierunter werden sämtliche Maßnahmen verstanden, die dafür sorgen sollen, dass keinerlei Einsatz- und Planungsinformationen sowie Informationen über Truppenstärken in die Hände feindlicher Streitkräfte gelangen. Umfasst alles von »Kein Kommentar« bis zum detaillierten Verschleierungsplan.

OpTempo — **Op**erational **Tempo**. Operations- bzw. Vorgehensgeschwindigkeit im Einsatz. Subjektives Maß für die Intensität militärischer Operationen. In einer Gefechtssituation kann eine hohe Operationsgeschwindigkeit die Reaktionsmöglichkeiten des Feindes einschränken bis völlig unterbinden, allerdings mit dem Risiko, dass die eigenen Streitkräfte dabei ausgezehrt werden. In Friedenzeiten kann eine hohe Operationsgeschwindigkeit zu Unmut und schnellem Verbrauch der wirtschaftlichen Mittel führen. OpTempo bezeichnet auch die Anzahl von Tagen, die sich eine Einheit – berechnet auf das Jahr – nicht auf ihrem Stützpunkt oder ihrer Station befindet.

Ordnance Bei den US-Streitkräften üblicher Oberbegriff für Waffen, Munition und andere Verbrauchs-Rüstungsmaterialien. Nicht zu verwechseln mit Ordonance = Steward bzw. Ordonanz = Bedienung z. B. im Offizierskasino.

OSS **O**ffice of **S**trategic **S**ervices. Deckname für den im Jahre 1941 gebildeten, teilstreitkraftübergreifenden Stab des amerikanischen Kriegsministeriums, dessen Hauptaufgabe in der Koordination von Agenteneinsätzen hinter den feindlichen Linien bestand. Veteranen des heute nicht mehr existierenden OSS spielten nach dem Ende des Zweiten Weltkrieges noch einige Zeit Schlüsselrollen in der Geheimdienstszene.

PACOM U. S. **Pa**cific **Com**mand. Teilstreitkraftübergreifendes Kommando mit Hauptquartier auf Hawaii, das für die im pazifischen, fernöstlichen und südostasiatischen Raum stationierten amerikanischen Truppen verantwortlich ist. Kommandeur des PACOM ist normalerweise ein Admiral der Navy.

PAO (1) **P**ublic **A**ffairs **O**fficer. Offizier (meist im Stabsrang) für Öffentlichkeitsarbeit. Meistens handelt es sich dabei um Reservisten mit journalistischer Ausbildung (deutsche Bezeichnung: Presseoffizier).

(2) **PAO** kann auch für **P**ublic **A**ffairs **O**ffice stehen und ist dann die Pressestelle oder das Büro für Öffentlichkeitsarbeit. Es handelt sich aber auf jeden Fall um einen Stabsoffizier oder eine Dienststelle, der bzw. die für die Beziehungen zu den Medien, Koordination mit Zivilbehörden, Pflichten bei der Begleitung von VIPs und ähnliche Routineaufgaben zuständig ist.

PASGT **P**ersonal **A**rmor **S**ystem – **G**round **T**roups. Körperschutz, bestehend aus einer leichtgewichtigen (kugelsicheren) Weste und einem (ebenfalls leichten) Helm, beides bevorzugt aus synthetischem Kevlar-Fasergewebe.

Pave Hawk Typenbezeichnung für eine Version des MH-60K/L-Hubschraubers von Sikorsky. Diese Ausführung wurde speziell auf die Bedürfnisse der Special Operations abgestimmt (wozu auch eine Einrichtung für die Betankung während des Fluges und Avionik für den Nachtflug, unter schlechten Witterungsbedingungen und Geländekonturen-Tiefflug gehören).

Pave Low Typenbezeichnung für den MH-53J-Hubschrauber von Sikorsky. Bei diesem Modell handelt es sich um einen großen Langstreckenhubschrauber, der für Tiefflugoperationen bei Nacht optimiert wurde, um Einsätze der Special-Operations-Truppen in feindlichem Terrain unterstützen zu können.

Peace Operations Mit »Friedensoperationen« werden bei den → SOF Einsatzprofile bezeichnet, die der Überwachung von friedenssichernden und friedensdurchsetzenden Maßnahmen dienen.

PERC **P**erformance **E**nhancing **R**ation **C**omponents. Spezialverpflegung für Special-Operations-Einheiten, in erster Linie Mixgetränke und Riegelnahrung mit außerordentlich hohem Nährwert. Zusammensetzung und Gehalt basieren auf den neuesten Forschungsergebnissen aus dem Bereich der Physiologie und Sportmedizin.

PGM **P**recision **G**uided **M**unition = Präzisions-Lenkwaffen. Gewöhnlich als »Smart Bombs« (»Intelligente Bomben«) bezeichnet. Sammelbegriff für alle Waffen, bei denen Elektronik, elektrooptische, Trägheits- oder andere fortschrittliche Navigations- und Lenksysteme verwendet werden, um mit höchstmöglicher Genauigkeit ein vorgegebenes Ziel zu treffen.

Pitch (1) Längsneigung eines Flugzeugs.
(2) Höhenwechsel eines Flugzeugs in Relation zu seiner Lateral- oder Querachse (eine von links nach rechts durch die Symmetrieebene bzw. das Gravitationszentrum gezogene [gedachte] Linie, bei der die Werte auf der Steuerbordseite definitionsgemäß ein positives Vorzeichen tragen). Im »Pitch up« (Steigflug) hebt sich der Bug eines Flugzeugs, im »Pitch down« (Sinkflug) weist die Nase der Maschine nach unten.

Platoon Zug beim U.S. Marine Corps und den amerikanischen Fallschirmspringern und Rangern. Da er in seiner Stärke je nach Teilstreitkraft zwischen siebzig und achtzig Mann umfasst, entspricht er weder vom Umfang noch von der Aufteilung her völlig einem Zug bei der Bundeswehr.

PLGR **P**ortable **L**ight **G**PS **R**eceiver. Der tragbare Leichtgewicht-GPS-Empfänger von Rockwell International mit der Typenbezeichnung AN/PSN-11. Dieses GPS-»Handy« ist batteriebetrieben und wiegt gerade einmal 1,5 kg, liefert dabei jedoch äußerst genaue dreidimensionale Positions-, Zeit- und Geschwindigkeitsdaten auf der Basis der von den Satelliten der → GPS-Konstellation. Dieses Gerät ist auch in einer »Zivilversion« (dann ohne PY-Decoder) frei zu erwerben.

PSYOP **Psy**chological **Op**erations = Psychologische Operationen. Nachfolgebegriff für die früher verwendete Bezeichnung »Psychologische Kriegführung«. Dieses Einsatzprofil der → SOF ist darauf ausgelegt, Einstellung und Verhalten feindlicher Truppen, von Nicht-Kombattanten und anderen Beteiligten zu beeinflussen.

»Q«-Kurs Qualifikations-Lehrgang bei den Special Forces. Er findet in drei Abschnitten statt und ist ein Fortbildungslehrgang für alle Angehörigen der U.S. Army, die den → SFAS-Lehrgang bereits absolviert haben.

Ranger Der Begriff bezeichnet zweierlei:
(1) Name des 75th Ranger Regiment der U.S. Army, einer Eliteeinheit aus zwei Bataillonen Fallschirmjägern, die eine Spezialausbildung für die Bewältigung besonders schwieriger Einsätze durchlaufen haben.

(2) Qualifikationsbezeichnung, die all jenen Soldaten der U.S. Army verliehen wird, die die überaus anstrengende Ranger-Ausbildung erfolgreich absolviert haben. (Das »Ranger«-Abzeichen wird grundsätzlich über dem Abzeichen der eigenen Einheit auf dem rechten Ärmel getragen.)

Rear Admiral Bei der U.S. Navy wird dieser Dienstgrad in eine »lower« und eine »upper half« geteilt. Die deutsche Entsprechung zur »lower half« ist der Flottillenadmiral, ranggleich mit dem Brigade-(Ein-Stern-) General der Luft- und Bodenstreitkräfte (NATO-Code OF-7). Der Rear Admiral »upper half« entspricht dem deutschen Konteradmiral bzw. dem Generalmajor der Luft- und Bodenstreitkräfte (Nato-Code OF-8).

Robin Sage Name der äußerst anstrengenden Übung, die praktisch das Abschlussexamen für die Teilnehmer der Special Forces am »Q«-Kurs darstellt.

ROE **R**ules **O**f **E**ngagement = Regeln für Kampfhandlungen. Dabei handelt es sich um die Richtlinien, die meist durch höchste Regierungsstellen oder CinCs für im Feld stehende Einheiten festgelegt werden und das *Wie, Wann, Wo* und *Durch wen* eines Waffeneinsatzes beschreiben. Läuft ein Bodenkampfeinsatz, verbieten die ROE gewöhnlich Flugzeugen den Angriff auf bestimmte Ziele, wenn dabei nicht auszuschließen ist, dass Zivilpersonen oder religiöse Stätten zu Schaden kommen können. Von den ROE jedoch *grundsätzlich* unberührt bleibt das Recht auf Selbstverteidigung gegen unmittelbare bewaffnete Angriffe auf die eigene Person oder Gruppe.

S-3 Der Operations-(Einsatz-)Offizier oder kurz »OpsO« einer Truppe. Dabei handelt es sich um einen Stabsoffizier, der dafür zuständig ist, die Vorstellung seines Kommandeurs von einem Einsatz durch die Ausformulierung entsprechender Befehle, die Verwaltung der Ressourcen des Stabes sowie die richtige zeitliche und räumliche Koordination von Bewegungen umzusetzen. Darüber hinaus fällt es in seinen Aufgabenbereich, das Leben des Kommandeurs durch vorausschauendes Erkennen seiner Bedürfnisse zu erleichtern.

SA **S**ecurity **A**ssistance = Sicherheits-Unterstützung. Bezeichnung für alle Programme unter dem Mandat des amerikanischen Kongresses, die Gastnationen Ausbildung und Beistand beim Umgang amerikanischer Waffentechnologie geben.

Saber Radio Bezeichnung für das unter der Typenbezeichnung PRC-126 von Motorola hergestellte tragbare Funkgerät. Seiner Formgebung wegen wird es auch als »Brick« (»Ziegel«) bezeichnet. Dieses Sprechfunkgerät erfreut sich bei Militär- und Polizeikräften auf der ganzen Welt großer Beliebtheit. Seine Reichweite beträgt bis zu 10 Kilometer.

SAG **S**urface **A**ction **G**roup = Oberflächen-Gefechtsverband. Verband von Kampfschiffen der U.S. Navy oder bei multinationalen Übungen auch Verbände von Seestreitkräften befreundeter (oder NATO-) Staaten, die unter einem gemeinsamen Oberbefehl vorgehen. Unterseeboote werden lediglich in die Planungen, nicht jedoch in die Operationsabläufe von SAGs einbezogen.

SA/MTT **S**ecurity **A**ssistance/**M**obile **T**raining **T**eam. Beim → SA-Team handelt es sich um eine Abteilung der → SOF, die gebildet wurde, um die Sicherheitskräfte von Gastnationen in bestimmten Fähigkeiten zu unterweisen oder die Sicherheit einer VIP vor Ort zu gewährleisten.

SAM **S**urface-to-**A**ir-**M**issile = Boden-Luft-Lenkwaffe (Flugkörper). Lenkflugkörper mit der primären Aufgabe, ein feindliches Flugzeug anzugreifen und vom Himmel zu holen. Die meisten SAMs haben Raketenantrieb, einige verfügen über Radar- oder Infrarot-Lenksysteme.

SAR Die Abkürzung kann für Verschiedenes stehen:
(1) **S**earch **a**nd **R**escue, ziviler und militärischer Such- und Rettungsdienst zu Lande und zu Wasser. Sonderform beim Militär CSAR = Combat Search and Rescue (Such- und Rettungsdienst im Kampfeinsatz). In Kampfsituationen eine vordringliche und gefährliche Mission, um abgeschossene Flugzeugbesatzungen oder Überlebende aus vom Feind kontrollierten Gebieten abzubergen. Üblicherweise unter Verwendung von Hubschraubern, die im versteckten Tiefflug – mit oder ohne Jagdschutz – operieren.
(2) **S**ynthetic **A**perture **R**adar. Radar mit künstlicher Blendenöffnung, das speziell in der (militärischen) Luftfahrt verwendet wird. Hierbei handelt es sich um einen speziellen Betriebsmodus eines dafür ausgelegten Radargerätes. Durch den SAR-Modus können äußerst genaue Bodenkarten erzeugt werden.

SAS **S**pecial **A**ir **S**ervice ist die Bezeichnung für das auf Geheimoperationen spezialisierte Regiment der britischen Armee (und nicht, wie der Name vermuten lassen könnte, der Royal Air Force).

SAW **S**quad **A**utomatic **W**eapon. Typenklassifizierung M249. Leichtes Maschinengewehr Kaliber 5,56 mm. Damit kann diese Waffe die gleiche Munition verfeuern wie ein Karabiner des Typs M4 und das Sturmgewehr M16. Die Bezeichnung SAW lässt sich nicht direkt ins Deutsche übersetzen. »Automatische Waffe für Schützengruppen« kommt dem Sinn am nächsten, ist jedoch in der Terminologie des deutschen Militärs nicht gebräuchlich.

SCUBA **S**elf-**C**ontained **U**nderwater **B**reathing **A**pparatus. Ein aus Tanks, Ventilen, Druckminderer und Mundstück bestehender Tauchautomat, der auf einen im Jahre 1940 vom französischen Kapitän zur See Jacques-Yves Cousteau erfundenen Lungenautomaten zurückgeht.

SCUD Bei der NATO gebräuchliche Bezeichnung für die sowjetischen ballistischen (also Waffen, die mit Nuklearsprengköpfen ausgerüstet werden können) R-11-(SCUD-A) und R-17-(SCUD-B)Kurzstrecken-Flugkörper. SCUDs basieren weitestgehend auf deutscher Technologie aus dem Zweiten Weltkrieg, haben Reichweiten zwischen 180 und 290 Kilometern und können Gefechtsköpfe bis zu 900 kg tragen. Sie wurden 1965 erstmals bei den Truppen der UdSSR vorgestellt. Die mit einem vergleichsweise ungenauen Trägheits-Lenksystem ausgerüsteten SCUD-Flugkörper können von einem großen LKW transportiert und von dort aus mit einer speziellen Rampe auch gestartet werden. Waffen dieser Art wurden in erheblichem Umfang in den Irak, nach Nordkorea und an andere Verbündete der ehemaligen UdSSR geliefert. Die Iraker modifizierten die Grundversion der SCUD und bauten daraus die *Al-Abbas-* und *Al-Hussein-*Marschflugkörper mit größerer Reichweite und wesentlich kleineren Sprengköpfen. Weitere Nachbauten werden in China, im Iran, Nordkorea und noch einigen anderen Staaten produziert.

SERE **S**urvival, **E**vasion, **R**esistance, and **E**scape = Überleben, Rückzug, Widerstand und Flucht. Das ist der Titel eines extrem harten Lehrgangs, mit dem Soldaten auf die Risiken vorbereitet werden sollen, mit denen sie sich konfrontiert sehen können, falls sie einmal in Kriegsgefangenschaft geraten. Gerüchten zufolge ist dies einer der ganz wenigen Lehrgänge des amerikanischen Militärs, bei denen Soldaten systematisch realer physischer und psychischer Folter ausgesetzt werden.

SFAS **S**pecial **F**orces **A**ssessment and **S**election = Beurteilungs- und Auswahlverfahren für Special Forces. Titel eines physisch und mental anspruchsvollen Zugangskurses, dessen Aufgabe es ist, die Soldaten herauszufiltern, die für eine weitere Ausbildung bei den Special Forces geeignet sind.

SFG **S**pecial **F**orces **G**roup. Bezeichnung für eine Einheit, die von der Größenordnung her etwa einem Regiment bei anderen Teilstreitkräften entspricht. Eine SFG setzt sich aus drei kleinen Bataillonen und einigen Unterstützungselementen zusammen. Zu Beginn des 21. Jahrhunderts wird es in Amerika fünf aktive und zwei SFGs bei der → ANG geben, die alle auf bestimmte geografische Bereiche fokussiert sind.

SHP **S**haft **H**orse **P**ower = PS an der (Antriebs-)Welle, auch Wellen-PS.

SIGINT **Sig**nal **Int**elligence = Funkaufklärung. Das Aufnehmen und Überwachen des gesamten (feindlichen) Funkverkehrs und elektromagnetischer Ausstrahlungen zum Zweck der Informationssammlung. Daten, die aus SIGINT-Maßnahmen gewonnen werden, können zusammen mit HUMINT (Human Intelligence), also Informationen, die direkt von Agenten vor Ort geliefert werden, unschätzbar wichtige Hinweise über den bestmöglichen Ablauf einer geplanten Operation liefern.

SMRS Special **M**issions **R**adio **S**ystem. Dieser tragbare Satelliten-Kommunikations-Terminal mit der Typenbezeichnung PRC-137F ist mit einem eingebauten Verschlüsselungssystem für Sprach- und Datenübertragung ausgerüstet.

SOC Special **O**perations **C**apable. Einheit mit Spezialausbildung für die Durchführung einer Vielzahl, aber nicht aller Arten von Kommandoeinsätzen (→ MEU [SOC]).

SOCCE Special **O**perations **C**ommand and **C**ontrol **E**lement. Das Befehls- und Führungselement der Special Operations, bestehend aus einer vergleichsweise kleinen »Zelle« von einigen Offizieren und Mannschaften mit speziellen Kenntnissen im Bereich Technik, die zum Stab einer → Joint Task Force abgestellt werden, damit sie dort die Einsätze der → SOF mit dem generellen Gefechtsplan eines CinC koordinieren.

SOCCENT Special **O**perations **C**omponent of U.S. **Cent**ral Command. Bei dieser Komponente handelt es sich um den Stab der Special Operations Forces im Rahmen des U.S. → CENTCOM, die gewöhnlich unter dem Kommando eines → Brigadier General steht. (Allerdings galt noch zu Zeiten von Desert Shield/Desert Storm lediglich ein → Colonel als Kommandeur als ausreichend). Er ist für sämtliche amerikanische Special Operations Forces im Mittleren Osten und Zentralasien verantwortlich. Eine der wichtigsten ist die 5th → SFG der U.S. Army.

SOCEUR Special **O**perations **C**omponent of U.S. **Eur**opean Command. Das ist in erster Linie die 10th SFG. SOCEUR ist auf den Balkan und Osteuropa fokussiert.

SOCKOR Special **O**perations **C**omponent U.S. Forces **Kor**ea. Diese Komponente steht unter dem Kommando eines → Brigadier General. Anders als bei anderen Komponenten dieser Art stehen bei SOCKOR keine größeren Truppenkontingente im Land selbst, können aber unverzüglich aus Okinawa oder anderen Stützpunkten zur Verstärkung herangeführt werden.

SOCOM Das U.S. **S**pecial **O**perations **Com**mand ist ein teilstreitkraftübergreifendes Kommando mit Hauptquartier auf der MacDill → AFB in Tampa in Florida. Es ist für die Ausbildung, Ausrüstung und die Richtlinien der Special Operation Forces (→ SOF) verantwortlich.

SOCPAC Special **O**perations **C**omponent of U.S. **Pac**ific Command. Zu dieser Komponente mit Hauptquartier auf Hawaii gehören die 1st und die 19th → SFG. Sie ist auf Ost- und Südostasien fokussiert.

SOCSOUTH Special **O**perations **C**omponent of U.S. **South**ern Command. Sie übernimmt mit der 7th → SFG Drogenbekämpfungsmissionen und Einsätze in tropischen Dschungelgebieten und im lateinamerikanischen Bereich.

SOF Special **O**peration **F**orces ist der Oberbegriff für sämtliche Kräfte der U.S. Army, Navy, Air Force und teilstreitkraftübergreifender Einheiten, die dem U.S. Special Operations Command unterstellt sind.

SOPMOD Special **Op**erations **Mod**ification bezeichnet ein Programm für eine Reihe von Modernisierungen und Zusatzgeräten, die im Laufe der Zeit beim Karabiner M4 durchgeführt wurden.

SOUTHCOM U.S. **South**ern **Com**mand. Teilstreitkraftübergreifendes Oberkommando für amerikanische Truppen in Lateinamerika und der Karibik. Kampferprobtes Kommando der amerikanischen Streitkräfte, nahm 1981 an der Invasion Panamas teil. 1998 wurde das Hauptquartier von Panama wieder zurückverlegt nach Miami in Florida.

SR **S**pecial **R**econnaissance. Die Spezialaufklärung ist eines der klassischen Einsatzprofile der → SOF. Dabei werden verdeckte Aufklärung und Überwachung (heimliche Aktionen, die abgestritten werden können) in »verwehrten Territorien« (also hinter den feindlichen Linien) durchgeführt.

Stoßtruppen Als Fremdwort in die amerikanische Sprache übernommener deutscher Begriff. Stoßtruppen wurden erstmals 1917 nach den Vorstellungen eines relativ niedrigrangigen Offiziers namens Hutier aufgestellt. Ihre Ausbildung war schwerpunktmäßig darauf ausgerichtet, feindliche Stellungen unter Umgehung von befestigten Stellungen zu infiltrieren. Schon damals wurden die Mitglieder solcher Trupps in erster Linie mit leichten automatischen Waffen ausgerüstet. Synonyme englische Bezeichnung: »shock troops«.

Stealth »Heimlichkeit« oder »Unsichtbarkeit«, bezeichnet die »Tarnkappentechnologie«, eine Kombination von Konstruktionsmerkmalen, Technologien und Materialien, die zum Teil strengster Geheimhaltung unterliegen. Ihr Sinn besteht darin, die Radar-, Infrarot-, optische und akustische Signatur eines Flugzeugs, Schiffes oder anderen Fahrzeugs oder Geräts auf einen Punkt zu reduzieren, so dass es höchst unwahrscheinlich ist, dass feindliche Erfassungs- und Gegenmaßnahmen greifen, bevor das Fahr-/Flugzeug seine Mission erfüllt hat und entkommen ist. Die F-117A ist wohl das bekannteste Beispiel dafür (Stand 1999).

SUV **S**port **U**tility **V**ehicle. Bezeichnung für einen Kleinlaster, der von Special Forces im Überseeeinsatz gern als Mietwagen genommen wird.

SVD Abkürzung für den russischen Scharfschützenkarabiner vom Typ Dragonow. Eine im Zweiten Weltkrieg berühmt gewordene Waffe, die sehr durchschlagkräftige Patronen des Kalibers 7,62 mm verschoss. Allerdings produzierte die Waffe dabei einen Rückstoß wie ein auskeilender Maulesel. Sie wurde damals in enormen Stückzahlen produziert. Heute könnte sie sich im Hinblick auf Präzision und Reichweite nicht mehr mit modernen Scharfschützenwaffen messen.

T-Rations Vorgekochte Mahlzeiten, die auf große Aluminiumtabletts verpackt und in Kasernen ausgegeben werden, wo Truppen gruppenweise zum Essenfassen antreten können.

TEL **T**ransporter **E**rector **L**auncher = Transport-, Aufrichtungs- und Startgerät, kurz eine mobile Abschussrampe für Flugkörper-, speziell Marschflugkörper (des Typs → SCUD beispielsweise).

TFR **T**errain-Following **R**adar. Radarsystem, das der Geländekontur folgt. Dabei handelt es sich um einen speziellen Sensor, der normalerweise direkt mit einem Autopiloten gekoppelt ist. Durch ihn kann ein Flugzeug relativ sicher bei Nacht und/oder schlechten Witterungsbedingungen selbst extrem niedrig über dem Erdboden und mit relativ geringem Risiko der Entdeckung geflogen werden.

Title 10 Abschnitt des U. S. Federal Code, der sich mit der nationalen Verteidigung befasst. Hier wird der gesetzliche und finanzielle Befugnisrahmen von Aktionen des amerikanischen Militärs abgesteckt. Unter anderem ist hier auch geregelt, dass Frauen nicht für Kampfaufgaben eingesetzt werden dürfen.

TOW **T**ube-launched, **O**ptical tracked, **W**ire-guided Missile. Aus einem Rohr gestarteter, optisch verfolgter, drahtgelenkter Flugkörper. Ein schwerer amerikanischer Panzerabwehr-Flugkörper, der von Land- oder Luftplattformen aus gestartet werden kann.

TRANSCOM U. S. **Trans**portation **Com**mand. Teilstreitkraftübergreifendes Kommando, zu dem das Air Mobility Command (AMC) der U. S. Air Force, der Military Sea Transportation Service der U. S. Navy und das Military Traffic Management Command (Güterzüge und LKW) der U. S. Army gehören.

UAV **U**nmanned **A**erial **V**ehicle = unbemanntes Luftfahrzeug. Auch unter der Bezeichnung RPV: Remotely Piloted Vehicle (»ferngesteuertes Fahr-/Flugzeug«) oder als »Drohne« bekannt. Ein wiedereinsetzbares Flugzeug ohne Pilot, das entweder über eine Funkdatenverbindung ferngesteuert oder über einen modernen Autopiloten vorprogrammiert wird. Die Air Force neigt dazu, den Einsatz von UAVs – außer als Zielflugzeuge – grundsätzlich abzulehnen, da sie angeblich die Aufgabenbereiche der Piloten schmälern. Schwer wiegende Sicherheitsbedenken bestehen beim Einsatz von unbemannten und bemannten Maschinen im selben Luftraum, weil die UAVs meist sehr klein und schwer auszumachen sind. Außerdem gibt es große Widerstände gegen den Einsatz autonomer »Killer«-UAVs.

USASOC **U. S. A**rmy **S**pecial **O**perations **C**ommand. Hierzu gehören die Special Forces (Green Berets), das Ranger Regiment, die Heeresfliegerei der Special Operations, das JFK (John Fitzgerald Kennedy) Special Warfare Center and School und darüber hinaus noch etliche andere Einheiten. Das Hauptquartier befindet sich in Fort Bragg in North Carolina.

USMC Unites States Marine Corps. Marineinfanterie der Vereinigten Staaten von Amerika.

USN United States Navy. Die Seestreitkräfte der Vereinigten Staaten von Amerika.

UXO Unexploded Ordnance. Jargonausdruck beim amerikanischen Militär für Blindgänger, also nicht detoniertes Gefechtsmaterial, das in die Luft fliegt, wenn es unsachgemäß behandelt oder bewegt wird.

Vice Admiral Vizeadmiral.

Warrant Officer Rangbezeichnung für eine ganze Dienstgradgruppe bei den amerikanischen Streitkräften, entspricht in etwa der Gruppe der Fachoffiziere bei der Bundeswahr. WOs sind in Degrees (Stufen) von W1 bis W4 aufgeteilt. Der wichtigste Unterschied zur Bundeswehr besteht darin, dass sämtliche Warrant-Officer-Dienstränge zwar Unteroffiziere sind, jedoch Offiziersdienst leisten.

WMD Weapons of Mass Destruction = Massenvernichtungswaffen. Jargonausdruck für atomare, biologische, chemische und Strahlwaffen. Zu WMD-Abwehr-Einsätzen gehören auch die Verhinderung der Verbreitung und die Behandlung der Folgen.

XO Executive Officer. Stellvertretender Kommandeur bei den Luft- und Landstreitkräften, oder Erster Offizier (Stellvertreter des Kommandanten = Number One) eines Kriegsschiffs (oder Unterseebootes) in der Navy.

Bibliografie

Bücher

Adams, James: *Secret Armies: Inside the American, Soviet and European Special Forces*. Atlantic Monthly Press, 1987.
Adan, Avraham (Bren): *On the Banks of the Suez*. Presidio Press, 1980.
Adkin, Mark: *Urgent Fury: The Battle for Grenada*. Lexington Books, 1989.
Admiral U. S. G. Sharp: *Strategy for Defeat*. Presidio Press, 1978.
Albrecht, Gerhard (Hg.): *Weyers Flotten Taschenbuch (Warships of the World) 1994/96*. Bernard & Graefe Verlag, 1992.
Alexander, Joseph H.; Merrill L. Bartlett: *Sea Soldiers in the Cold War*. Naval Institute Press, 1995.
Ambrose, Stephen E.: *D-Day, June 6, 1944: The Climactic Battle of World War II*. Simon & Schuster, 1994.
Pegasus Bridge: June 6, 1944., Simon & Schuster, 1985.
Asprey, Robert B.: *War in the Shadows: The Guerrilla in History*. Morrow, 1994.
Atkinson, Rick: *Crusade: The Untold Story of the Persian Gulf War*. Houghton Mifflin, 1993.
Axelrod, Alan: *The War Between the Spies: A History of Espionage During the American Civil War*. Atlantic Monthly Press, 1992.

Bank, Col. Aaron, USA (a. D.): *From OSS to Green Berets*. Pocket Books, 1986.
Barnett, Jeffrey R.: *Future War: An Assessment of Aerospace Campaigns in 2010*. Air University Press, 1996.
Baxter, William P.: *Soviet Air Land Battle Tactics*. Presidio Press, 1986.
Beaumont, Roger A.: *Joint Military Operations: A short History*. Greenwood, 1993.
Bin Sultan, Khaled: *Desert Warrior: A Personal View of the Gulf War by the Joint Forces Commander*. Harper Collins, 1995.
Bishop, Chris; David Donald: *The Encyclopedia of World Military Power*. The Military Press, 1986.
Blackwell, James: *Thunder in the Desert: The Strategy and Tactics of Persian Gulf War*. Bantam Books, 1991.
Blair, Arthur, H., Colonel (a. D.) U. S. Army: *At War in the Gulf*. A & M University Press, 1992.
Blair, Clay: *The Forgotten War: America in Korea, 1950-1953*. Times Books, 1987.
Bolger, Daniel P.: *The Battle for Hunger Hill*. Presidio Press, 1997.
Bowden, Mark: *Black Hawk Down: A Story of Modern War*. Atlantic Monthly Press, 1999.
Bradin, James W.: *From Hot Air to Hellfire: The History of Army Attack Aviation*. Presidio Press, 1994.
Briggs, Clarence E. III. (1Lt. USA): *Operation Just Cause: Panama, December 1989*, Stackpole Books, 1990.

Burrows, William E.: *Deep Black*. Random House, 1988.
Exploring Space: Voyages in the Solar System and Beyond. Random House, 1990.
Burrows, William E.; Robert Windham: *Critical Mass*. Simon & Schuster, 1989.

Cardwell, Thomas A. III. (Col. USAF): *Airland Combat*. Air University Press, US Air Force, 1992.
Chadwick, Frank: *Gulf War Fact Book*. Games Designers Workshop, 1992.
Chant, Christopher: *Encyclopedia of Modern Aircraft Armament*. IMP Publishing Services Ltd., 1988.
Chetty, P. R. K.: *Satellite Technology and Applications*. 2. Aufl. McGraw-Hill, 1991.
Clancy, Tom: *Airborne. Die Luftlande-Eingreiftruppe der US Army*. Heyne, 2000.
Armored Cavalry. Die verbundenen amerikanischen Panzereinheiten. Heyne, 1997.
Atom-U-Boot. Reise ins Innere eines Nuclear Warship. Heyne, 1997.
Befehl von oben. Hoffmann und Campe, 1997.
Fighter Wing. Eine Reise in die Welt der modernen Kampfflugzeuge. Heyne, 1998.
Das Echo aller Furcht. Blanvalet, 1992.
Der Kardinal im Kreml. Goldmann 1996. (Heyne, 1999.)
Der Schattenkrieg. Scherz, 1990 (Bertelsmann-Club, 1994).
Ehrenschuld. Heyne, 1997.
Im Sturm. Blanvalet, 1994.
Jagd auf Roter Oktober. Heyne, 2001.
Operation Rainbow. Heyne, 1999.
Supercarrier. Die Welt der amerikanischen Flugzeugträger. Heyne, 2001.
Stunde der Patrioten. Goldmann, 1998.
US Marines. Die legendäre Elitetruppe, Heyne, 1998.
Clancy, Tom, mit Chuck Horner (Gen. USAF, a. D.): *Every Man a Tiger*. Putnam, 1999.
Clancy, Tom, mit Fred Franks Jr. (Gen. USA, a. D.): *Into the Storm: A Study in Command*. Putnam, 1997.
Clark, Robert M.: *Intelligence Analysis: Estimation and Prediction*. American Literary Press, 1996.
Cohen, Elliot A.: *Gulf War Air Power Survey Summary Report*. U.S. Government Printing Office, 1993.
Gulf War Air Power Survey, Vol. I. U.S. Government Printing Office, 1993.
Gulf War Air Power. Survey, Vol. II. U.S. Government Printing Office, 1993.
Gulf War Air Power Survey, Vol. III. U.S. Government Printing Office, 1993.
Gulf War Air Power Survey, Vol. IV. U.S. Government Printing Office, 1993.
Gulf War Air Power Survey, Vol. V. U.S. Government Printing Office, 1993.
Cooling, Benjamin F. (Hg.): *Case Studies in the Development of Close Air Support*. Office of Air Force History, 1990.
Coyne, James P.: *Airpower in the Gulf*. Air Force Association, 1992.
Crampton, William: *The World's Flags*. Mallard Press, 1990.
Crowe, Admiral William J., Jr.: *The Line Of Fire: From Washington to the Gulf, the Politics and Battles of the New Military*. Simon & Schuster, 1993.

Darwish, Adel; Alexander Gregory: *Unholy Babylon: The Secret History of Saddam's War*. St. Martin's Press, 1991.
David, Peter: *Triumph in the Desert*. Random House, 1991.
De Jomini, Baron Antoine Henri: *The Art of War*. Green Hill Books, 1992.
Dean, David J.: *The Air Force Role in Low Intensity Conflict*. Air University Press, 1986.
Dempster, Chris, Dave Tomkins: *Firepower*. St. Martin's Press, 1980.
Der Koran. Übersetzung von Max Henning. Wissenschaftliche Buchgesellschaft, o. J.
Devereaux, Tony: *Messenger Gods of Battle: Radio, Radar, Sonar. The Story of Electronics in War*. Brassey's, 1991.
Doleman, Edgar C., Jr.: *The Vietnam Experience: Tools of War*. Boston Publishing Company, 1985.
Donnelly, Ralph W.: *The Confederate States Marine Corps: The Rebel Leathernecks*. White Mane Publishing, 1989.
Dorr, Robert F.: *Desert Shield: The Buildup: The Complete Story*. Motorbooks International, 1991.
Desert Storm: Air War. Motorbooks International, 1991.
Doubler, Michael D.: *Closing with the Enemy: How GI's Fought the War in Europe, 1944-1945*. University Press of Kansas, 1994.
Dunnigan, James F.: *Digital Soldiers: The Evolution of High-tech Weaponry and Tomorrow's Brave New Battlefield*. St. Martin's Press, 1996.
Dunnigan, James F.; Albert Nofi: *Victory and Deceit: Dirty Tricks at War*. Quill, 1995.
Dunnigan, James F.; Austin Bay: *A Quick and Dirty Guide to War*. 3. Aufl. Morrow, 1996.
From Shield to Storm. Morrow Books, 1992.
Dunnigan, James F.; Raymond M. Macedonia: *Getting It Right: American Military Reforms after Vietnam to the Gulf War and Beyond*. Morrow, 1993.
Dupuy, Trevor N., Colonel (a. D.): *Attrition: Forecasting Battle Casualties and Equipment Losses in Modern War*. Hero Books, 1990.
Future Wars: The World's Most Dangerous Flashpoints. Warner Books, 1993.
Numbers, Predictions & War: The Use of History to Evaluate and Predict the Outcome of Armed Conflict. Hero Books, 1985.
Options of Command. Hippocrene Books, Inc., 1984.
Saddam Hussein: Scenarios and Strategies for the Gulf War. Warner Books, 1991.
The Evolution of Weapons and Warfare. Bobbs-Merrill, 1980.
Understanding Defeat: How to Recover from Loss in Battle to Gain Victory in War. Paragon House, 1990.
Understanding War: History and Theory of Combat. Paragon House, 1987.
Dydynski, Krzysztof: *Venezuela*. Lonely Planet, 1998.

Edwards, John E., Major (a. D.) USA: *Combat Service Support Guide*. 2. Aufl. Stackpole Books, 1993.
Eshel, David: *The U. S. Rapid Deployment Forces*. Arco Publishing, 1985.
Ethell, Jeffrey L.; Alfred Price: *Air War South Atlantic*. Macmillan, 1983.
Evans, Thomas J.; James M. Moyer: *Mosby's Confederacy*. White Mane Publishing, 1991.

Fall, Bernard B.: *Street Without Joy*. Schocken, 1972.
Felix, Christopher: *A Short Course in the Secret War*. Madison Books, 1992.
Follett, Ken: *Auf den Schwingen des Adlers. Tatsachen-Thriller aus dem Iran der Revolution*. Lübbe, 1993.
Francillon, René J.: *World Military Aviation, 1995*. Naval Institute Press, 1995.
Friedman, Norman: *Desert Victory: The War for Kuwait*. U.S. Naval Institute Press, 1991.

Gallagher, James J. CSM (USA, a. D.): *Combat Leaders' Field Guide*. 11. Aufl. Stackpole Books, 1994.
Low Intensity Conflict. Stackpole Books, 1994.
Gibson, James William: *The Perfect War: Technowar in Vietnam*. Atlantic Monthly Press, 1986.
Goldstein, Donald L.; et. al.: *D-Day, Normandy: The Story and the Photographs*. Brassey's, 1994.
Goldstein, Frank L. (Col. USAF): *Psychological Operations: Principles and Case Studies*. Air University Press, 1996.
Gordon, Michael R.; Bernard E. Trainor: *The General's War: The Inside Story of the Conflict in the Gulf*. Little Brown, 1995
Gray, Colin S.: *The Leverage of Seapower: The Strategic Advantage of Navies in War*. Free Press.
Griswold, Terry; D. M. Giangreco: *Delta: America's Elite Counterterrorist Force*. Motorbooks International, 1992.
Grove, Eric: *Battle for the Fiords: Nato's Forward Maritime Strategy in Action*. Naval Institute Press, 1991.
»Guardia Nacional de Venezuela«, Venezolanische Nationalgarde, 1998.

Haas, Michael E. (Col. USAF, a. D.): *Apollo's Warriors: United States Air Force Special Operations During the Cold War*. Air University Press, 1997.
Halberstadt, Hans: *Desert Storm: Ground War*. Motorbooks International, 1991.
Army Aviation. Presidio Press, 1990.
NTC: A Primer of Modern Land Combat. Presidio Press, 1989.
Hallion, Dr. Richard P.: *Storm over Iraq: Air Power and The Gulf War*. Smithsonian Books, 1992.
Strike from the Sky: The History of Battlefield Air Attack 1911-1945. Smithsonian Books, 1989.
Hansen, Chuck: *US Nuclear Weapons: The Secret History*. Orion Books, 1988.
Hanson, Victor Davis: *The Western Way of War: Infantry Battle in Classical Greece*. Alfred Knopf, 1989.
Hartcup, Guy: *The Silent Revolution: Development of Conventional Weapons 1945-58*. Brassey's, 1993.
Hastings, Max: *Unternehmen Overlord: D-Day und die Invasion in der Normandie 1944*. Jugend und Volk, 1985.
Heinlein, Robert A. *Starship Troopers*. Lübbe, 1998.
Hersh, Seymour M.: *Atommacht Israel. Das geheime Vernichtungspotential im Nahen Osten*. Droemer Knaur, 1991.
Hogg, Ian: *Jane's Guns Recognition Guide*. Jane's Information Group, 1996.

Hudson, Heather E.: *Communication Satellites: Their Development and Impact.* Free Press, 1990.
Hughes, David R.: *The M16 Rifle and Its Cartridge.* Armory Publications, 1990.

Isby, David: *Weapons and Tactics of the Soviet Army.* Jane's Information Group, 1981.

Jane's Balkan Handbook, Jane's Information Group, 1999.
Jessup, John E., Jr.; Robert W. Coakley: *A Guide to the Study and Use of Military History.* U.S. Government Printing Office, 1991.
Jones, Virgil Carrington: *Gray Ghosts and Rebel Raiders: The Daring Exploits of the Confederate Raiders.* Promontory Press, 1956.

Kaplan, Robert D.: *Die Geister des Balkan: Eine Reise durch die Geschichte und Politik eines Krisengebiets.* Kabel, 1993.
Keany, Thomas A.; Eliot A. Cohen: *Revolution in Warfare? Air Power in the Persian Gulf.* Naval Institute Press, 1995.
Keegan, John: *A History of Warfare.* Alfred A. Knopf, 1993.
The Illustrated Face of Battle. Viking, 1988.
The Second World War. Viking, 1989.
Kelly, Mary Pat: *»Good to Go«: The Rescue of Scott O'Grady from Bosnia.* Naval Institute Press, 1994.
Kershaw, Robert J.: *D-Day: Piercing the Atlantic Wall.* Naval Institute Press, 1994.
Kinzey, Bert: *US Aircraft & Armament of Operation Desert Storm.* Kalmbach Books, 1993.
Kohn, George C.: *Dictionary of Wars.* Überarbeitete Aufl., Facts on File, 1999.
Kyle, James H., Colonel (a. D.), USAF: *The Guts to Try: The Untold Story of The Iran Hostage Rescue Mission by the On-scene Desert Commander.* Orion Books, 1990.

Lake, Donald; David; Jon (Hg.): *U.S. Navy and Marine Corps Air Power Directory.* Aerospace Publishing, 1992.
Lambert, Mark (Hg.): *Jane's All the World's Aircraft, 1992-93.* Jane's Publishing Group, 1992.
Langguth, A. J.: *Patriots: The Men Who Started the American Revolution.* Simon & Schuster, 1988.
Liddell Hart, Basil H.: *Strategie.* Rheinische Verlagsanstalt, 1955.
Luttwak, Edward; Stuart L. Koehl: *The Dictionary of Modern War: A Guide to the Ideas, Institutions and Weapons of Modern Military Power.* Harper Collins, 1991.

Marquis, Susan, L.: *Unconventional Warfare: Rebuilding U.S. Special Operations Forces.* Brookings, 1997.
McConnell, Malcom: *Just Cause: The Real Story of America's High Tech Invasion of Panama.* St. Martin's Press, 1991.
McNab, Andy, *Immediate Action.* Dell, 1995
Bravo Two Zero. Dell 1993.
McRaven, William H.: *Spec Ops: Case Studies in Special Operations Warfare.* Presidio Press,1987.

Meisner Arnold: *Desert Storm: Sea War*. Motorbooks International, 1991.
Mets, David R.: *Land-based Air Power in Third World Crises*. Air University Press, 1986.
Michell, Simon (Hg.): *Jane's Aircraft Upgrades, 1997-98*. 5. Aufl., Jane's Information Group, 1997.
Middlebrook, Martin: *Task Force: The Falklands War*, 1982. Penguin Books, 1987.
Miller, Charles E. (Lt. Col, USAF): *Airlift Doctrine*. Air University Press, 1988.
Morgan, Tom (Hg.): *Jane's Space Dictionary: 1998-99*. 14. Aufl., Jane's Information Group, 1998.
Morse, Stan (Hg.): *Gulf Air War Debrief*. Aerospace Publishing Ltd., 1991.

Newhouse, John: *Krieg und Frieden im Atomzeitalter. Von Los Alamos bis SALT*. Kindler, 1990.
Norton, Oliver W.: *The Attack and Defense of Little Round Top*. Nachdruck der Ausgabe von 1913, Morningside Bookshop, 1983.

O'Ballance, Edgar: *No Victor, No Vanquished*. Presidio Press, 1978.
O'Grady, Scott (Capt., USAF): *Return with Honor*. Doubleday, 1995.

Pagonis, Lt. General William G., mit Jeffrey Cruikshank: *Moving Mountains: Lessons in Leadership and Logistic from the Gulf War*. Harvard Business School Press, 1992.
Peebles, Curtis: *Guardians: Strategic Reconnaissance Satellites*. Presidio Press, 1987.
Pelton, Robert: *The World's Most Dangerous Places*. 3. Aufl., Fielding, 1998.
Polmar, Norman; Floyd D. Kennedy: *Military Helicopters of the World*. Naval Institute Press, 1981.
Prados, John: *Presidents' Secret Wars: CIA and Pentagon Covert Operations from World War II through the Persian Gulf*. Ivan R. Dee Publisher, 1996.

Rapaport, Anatol (Hg.): *Carl von Clausewitz on War*. Penguin Books, 1968.
Rhodes, Richard: *Die Atombombe oder die Geschichte des 8. Schöpfungstages*. Greno, 1988.
Richelson, Jeffrey T.: *American Espionage and Soviet Target*. William Morrow and Company, 1987.
America's Secret Eyes in Space. Harper & Row Publishers,1990.
Sword and Shield: Soviet Intelligence and Security Apparatus. Ballinger Publishing Company, 1986.
The US Intelligence Community. Ballinger Publishing Company, 1985.
Ricks, Thomas E.: *Making the Corps*. Scribner, 1997.
Robison, Gordon: *Arab Gulf States*. Lonely Planet, 1996.
Rommel, Erwin: *Krieg ohne Hass*. 3. Aufl., Verlag Heidenheimer Zeitung, 1950.

Santoli, Al: *Leading the Way: How Vietnam Veterans Rebuilt the U. S. Military*. Ballantine Book. 1993.
Scales, Brig. General Robert H., Jr. (USA): *Certain Victory: The US Army in the Gulf War*. Brassey's, 1994.
Schmitt, Gary: *Silent Warfare: Understanding the World of Intelligence*. Brassey's, 1993.

Schneider, Wolfgang (Hg.): *Taschenbuch der Panzer.* 7. Aufl., Bernard & Graefe Verlag, 1990.
Serber, Robert: *The Los Alamos Primer: The First Lectures on How to Build an Atomic Bomb.* University of California Press, 1992.
Shaara, Michael: *The Killer Angels.* Ballantine, 1974.
Sidell, Frederick; William C. Patrick III.; Thomas R. Dashiell: *Jane's Chem-Bio Handbook.* Jane's Information Group, 1999.
Silber, Laura; Alan Little: *Yugoslavia: Death of a Nation.* Penguin, 1997.
Sky Soldiers, Time Life Books, 1991.
Skorzeny, Otto: *Meine Kommandounternehmen.* Limes. 1976.
Smith, Gordon. *Battles of the Falkland War.* Ian Allen, 1989.
Smith, Peter C.: *Close Air Support: An Illustrated History, 1914 to the Present.* Orion Books, 1990.
Sokolski, Henry: *Fighting Proliferation: New Concerns for the Nineties.* Air University Press, 1996.
Special Forces and Missions, Time Life Books, 1990.
Stevenson, William: *90 Minutes at Entebbe.* Bantam Books, 1976.
Summers, Harry G., Jr., Colonel USA (a. D.): *A Critical Analysis of the Gulf War.* Dell Publishing, 1992.
The New World Strategy. Simon & Schuster, 1995.
Sutherland, LTC Ian D. W., USA (a. D.): *Special Forces of the United States Army: 1952/1982.* R. James Bender Publishing, 1990.
Suworow, Viktor: *Spetznaz: The Inside Story of the Soviet Special Forces.* Norton, 1987.
Swanborough, Gordon; Peter Bowers: *United States Military Aircraft since 1909.* Smithsonian, 1989.
United States Navy Aircraft since 1911. Naval Institute Press, 1990.

The World's Missile Systems. General Dynamics, 1988
Thornborough, Anthony: *Sky Spies: The Decades of Airborne Reconnaissance.* Arms and Armour, 1993.
Toffler, Alvin; Heidi Toffler: *Überleben im 21. Jahrhundert.* Deutsche Verlagsanstalt, 1994.
TRW Space Data, 4. Auflage. TRW, 1992.

U.S. News and World Report Staff. *Triumph without Victory: The Unreported History of the Persian Gulf War.* Random House, 1992.

Von Hassel, Agostino: *Strike Force: US Marine Special Operations.* Howell Press, 1991.

Wagner, William: *Fireflies and other UAV's.* Midland Publishing Ltd., 1992.
Lightning Bugs and Other Reconnaissance Drones. Aero Publishers, 1982.
Waller, Douglas C.: *The Commandos: The Inside Story of America's Secret Soldiers.* Simon & Schuster,1994.
Warden, John A., III, Colonel USAF: *The Air Campaign: Planning for Combat.* Brassey's Publishing, 1989.
Ware, Lewis B.: *Low Intensity Conflict in the Third World.* U. S. Government Printing Office, 1988.

Watson Bruce W.; Bruce George; MP; Peter Tsouras; B. L. Cyr: *Military Lessons of the Gulf War*. Greenhill Books, 1991.

Watson, Bruce W.; Peter Tsouras (Hg.): *Operation Just Cause*, Westview Press, 1991.

Wedertz, Bill: *Dictionary of Naval Abbreviations*. Naval Institute Press, 1977.

Weinberg, Gerhard: *Eine Welt in Waffen. Die globale Geschichte des Zweiten Weltkriegs*. Deutsche Verlagsanstalt, 1995.

Weinberger, Casper: *Fighting for Peace: Seven Critical Years in the Pentagon*. Warner Books, 1990.

Weissman, Steve; Herbert Krosney: *The Islamic Bomb*. Times Book, 1981.

Winnefeld, James A.; Dana J. Johnson: *Joint Air Operations: Pursuit of Unity in Command and Control 1942-1991*. Naval Institute Press, 1993.

Woodward, Robert: *Die Befehlshaber*. Kiepenheuer & Witsch, 1991.

Woodward, Sandy (Admiral, RN): *One Hundred Days: The Memoirs of the Falkland Battle Group Commander*. Naval Institute Press, 1992.

Zaloga, Steven J.: *Inside the Blue Berets: A Combat History of Soviet and Russian Airborne Forces, 1930-1995*. Presidio Press, 1995.

Red Trust: Attack on the Central Front, Soviet Tactics and Capabilities in the 1990's. Presidio Press, 1989.

Zurick, Tim (Cap., USAR), *Army Dictionary and Desk Reference*. Stackpole Books, 1992.

Broschüren und Handbücher:

A Short History of Support to Special Operations. U.S. Army Special Operations Command, 1995.

Close Air Support and Close-in-Fire Support. Headquarters, U.S. Marine Corps, 1992.

FM 100-5, Operations, June 1993. U.S. Army, 1993.

FM 101-10-1/1 Staff Officers' Field Manual. Organizational, Technical, and Logistical Data (Volume 1). Headquarters, U.S. Marine Corps, 1987.

FMFM 0-9 Field Firing for the M16A2 Rifle. Headquarters, U.S. Marine Corps, 1995.

FMFM 5-40 Offensive Air Support. Headquarters, U.S. Marine Corps, 1992.

FMFM 5-42 Deep Air Support. Headquarters, U.S. Marine Corps, 1993.

FMFM 5-60 Control of Aircraft and Missiles. Headquarters, U.S. Marine Corps, 1993.

FMFM 6-18 Techniques and Procedures for Fire Support Coordination. Headquarters, U.S. Marine Corps, 1992.

FMFM 6-8 Supporting Arms Observer, Spotter and Controller. Headquarters, U.S. Marine Corps, 1994.

FMFM 6-9 Marine Artillery Support. Headquarters, U.S. Marine Corps, 1993.

FMFM 7-32 Raid Operations. Headquarters, U.S. Marine Corps, 1993.

FMFRP 0-55 Desert Water Supply. Headquarters, U.S. Marine Corps, 1990.

FMFRP 0-59 The Environment and Its Effects on Material, Personnel and Operations with Special Emphasis on the Middle East. Headquarters, U.S. Marine Corps, 1990.

FMFRP 12-18 Mao Tse-tung on Guerrilla Warfare (Nachdruck der Ausgabe von 1961, Übersetzung von Brig. General Samuel B. Griffith). Headquarters, U.S. Marine Corps, 1989.
FMFRP 12-33 The Defense of Duffer's Drift. Headquarters, U.S. Marine Corps, 1991.
FMFRP 12-46 Advanced Base Operations in Micronesia (Nachdruck eines unveröffentlichten Manuskripts von 1921). Headquarters, U.S. Marine Corps, 1992.
FMFRP 4-34 Battlefield Damage Assessment and Repair. Headquarters, U.S. Marine Corps, 1993.
Former Yugoslavia Handbook. Department of Defense, 1993.
General Design and Construction Criteria for Kuwait. Headquarters, U.S. Marine Corps, 1990.
GPS: A Guide to the Next Utility. Trimble Navigation, 1989
Joint Pub 0-2 Unified Action Armed Forces. Joint Chiefs of Staff, 1995.
Joint Pub 1-01.1 Compendium of Joint Publications. Joint Chiefs of Staff, 1995.
Joint Pub 3-02.2 Joint Doctrine for Amphibious Embarkation. Joint Chiefs of Staff, 1993.
Joint Pub 3-05.5 Joint Special Operations Targeting and Mission Planning Procedures. Joint Chiefs of Staff, 1995.
Joint Pub 5-0 Doctrine for Planning Joint Operations. Joint Chiefs of Staff, 1995.
Joint Pub 6-0 Doctrine for Command, Control, Communications and Computer (C4) Systems Supports to Joint Operations. Joint Chiefs of Staff, 1995.
Ranger Handbook, Desert. Ranger Training Brigade, 1992.
Remote Sensing Field Guide, Desert. Headquarters, U.S. Marine Corps, 1990.
Sine Pari. U.S. Army Special Operations Command, 1995.
Small Wars Manual (Nachdruck der Ausgabe von 1940). Headquarters, U.S. Marine Corps, 1987.
Space Log, 1993. TRW, 1994.
Standing Up the MACOM: The U.S. Army Special Operations Command 1987-92. U.S. Army Special Operations Command, 1995.
To Free From Oppression. U.S. Army Special Operations Command, 1995.
United States Special Operations Command History. U.S. Army Special Operations Command, 1998.
Worldwide Geographic Locations Codes. U.S. General Services Administration, 1987.

Zeitschriften:

Air and Space Smithsonian. Smithsonian Institute.
Air Forces Monthly. Key Publishing, Ltd.
Air International. Expediters of the Printed World, Ltd.
Airpower Journal. United States Air Force.
Aviation Week and Space Technology. McGraw-Hill Publications.
Command: Military History, Strategy and Analysis. XTR Corporation.
Joint Forces Quarterly. National Defense University.
KORUS. IMC.
Naval History. United States Naval Institute.
Naval War College Review. U.S. Army.

Military Heritage. Sovereign Media.
Military Review. U.S. Army.
Proceedings. United States Naval Institute.
Sine Pari. U.S. Special Operations Command.
The Economist. The Economist.
The Hook. The Thailhook Association.
The Rucksack. U.S. Special Operations Command.
U.S. News and World Report. U.S. News and World Report.
World Airpower Journal. Aerospace Publishing Ltd., Airtime Publishing, Inc.

Videokassetten:

America's Commandos. Hoagie Films.
Army TACMS. Loral Vought Systems.
C-17 the 2nd Year. McDonnell Douglas-Teleproductions.
CIA: The Secret Files, parts 1-4. A&E Home Video, 1992.
Fighting Men: The Green Berets, Sunwood Entertainment Company.
Hercules and Beyond. Lockheed Aeronautical Systems Company.
Hercules Multi-Mission Aircraft. Lockheed Aeronautical Systems Company.
Heroes of the Storm. Media Center,1991.
It's about Performance. Sight & Sound Media, 1994.
Joint Stars. Grumman.
Joint Stars One System Multiple Missions. Grumman.
Predator Presentation & 2 MPV Shots. Loral Aeronutronic.
The Canadian Forces in the Persian Gulf. DGPA-Director General Public Affairs, 1991.
War in the Gulf Video Series 1-4. Video Ordinance Inc., 1991.
Wings over the Gulf, Volume 1, 2, 3. Discovery Communications Inc., 1991.

CD-ROMs:

Army Experiment Six: Training the Forces of Army XXI. U.S. Army, TRADOC.
DESERT STORM: The War in the Persian Gulf. Warner New Media, 1991.
EADTB Demonstration Suite. Raytheon, 1999.
Encarta Professional 2002. Microsoft 2001.
Infopedia. Future Vision Multimedia, 1995.
Warplanes: Modern Fighting Aircraft. Maris, 1994.
WINGS (4 CDs). Discovery Communications, 1995.
World Factbook 1995. Wayzata, 1995.